2026
The Newest Edition
최신판

한국산업인력공단 최신 출제 기준에 따른 최신판

위험물 산업기사 필기

저자 김재호

적중예상문제 저자직강
동영상강의 무료
cafe.naver.com/sehwabooks

도서출판 세화

주기율표(Periodic table)

족 / 주기	1A	2A	3A	4A	5A	6A	7A	8	8	8	1B	2B	3B	4B	5B	6B	7B	0	족 / 주기
	알칼리 금속 원소	알칼리 토금속 원소						철족 원소(위 3) 백금족 원소(아래 6개)			구리족 원소	아연족 원소	붕소족 원소	탄소족 원소	질소족 원소	산소족 원소	할로겐족 원소	비활성 기체	
1	1.00797 1 H 1 수소																	4.0026 0 He 2 헬륨	1
2	6.939 1 Li 3 리튬	9.0122 2 Be 4 베릴륨											10.811 3 B 5 붕소	12.01115 2 ±4 C 6 탄소	14.0067 ±3 5 N 7 질소	15.9994 −2 O 8 산소	18.9984 −1 F 9 플루오르	20.179 0 Ne 10 네온	2
3	22.9898 1 Na 11 나트륨	24.312 2 Mg 12 마그네슘											26.9815 3 Al 13 알루미늄	28.086 4 Si 14 규소	30.9738 ±3 5 P 15 인	32.064 −2 4 6 S 16 황	35.453 −1 3 5 7 Cl 17 염소	39.948 0 Ar 18 아르곤	3
4	39.098 1 K 19 칼륨	40.08 2 Ca 20 칼슘	44.956 3 Sc 21 스칸듐	47.90 3 4 Ti 22 티탄	50.942 3 5 V 23 바나듐	51.996 2 3 6 Cr 24 크롬	54.9380 2 3 4 6 7 Mn 25 망간	55.847 2 3 Fe 26 철	58.9332 2 3 Co 27 코발트	58.70 2 3 Ni 28 니켈	63.546 1 2 Cu 29 구리	65.38 2 Zn 30 아연	69.72 2 3 Ga 31 갈륨	72.59 4 Ge 32 게르마늄	74.9216 ±3 5 As 33 비소	78.96 −2 4 6 Se 34 셀렌	79.904 −1 3 5 7 Br 35 브롬	83.80 0 Kr 36 크립톤	4
5	85.47 1 Rb 37 루비듐	87.62 2 Sr 38 스트론튬	88.905 3 Y 39 이트륨	91.22 4 Zr 40 지르코늄	92.906 3 5 Nb 41 나오브	95.94 3 4 6 Mo 42 몰리브덴	[97] 6 7 Tc 43 테크네튬	101.07 3 4 6 8 Ru 44 루테늄	102.905 3 Rh 45 로듐	106.4 2 4 6 Pd 46 팔라듐	107.868 1 Ag 47 은	112.40 2 Cd 48 카드뮴	114.82 3 In 49 인듐	118.69 2 4 Sn 50 주석	121.75 3 5 Sb 51 안티몬	127.60 −2 4 6 Te 52 텔루르	126.9044 −1 3 5 7 I 53 요오드	131.30 0 Xe 54 크세논	5
6	132.905 1 Cs 55 세슘	137.34 2 Ba 56 바륨	☆ 57~71 란탄계열	178.49 4 Hf 72 하프늄	180.948 5 Ta 73 탄탈	183.85 6 W 74 텅스텐	186.2 1 4 7 Re 75 레늄	190.2 2 3 4 8 Os 76 오스뮴	192.2 3 4 Ir 77 이리듐	195.09 2 4 Pt 78 백금	196.967 1 3 Au 79 금	200.59 1 2 Hg 80 수은	204.37 1 3 Tl 81 탈륨	207.19 2 4 Pb 82 납	208.980 3 5 Bi 83 비스무트	[209] 2 4 Po 84 폴로늄	[210] 1 3 5 7 At 85 아스타틴	[222] 0 Rn 86 라돈	6
7	[233] 1 Fr 87 프랑슘	[226] 2 Ra 88 라듐	◎ 89~ 악티늄계열																

☆ 란탄계열	138.91 3 La 57 란탄	140.12 3 4 Ce 58 세륨	140.907 3 Pr 59 프라세오디뮴	144.24 3 Nd 60 네오디뮴	[145] 3 Pm 61 프로메튬	150.35 2 3 Sm 62 사마륨	151.96 2 3 Eu 63 유로퓸	157.25 3 Gd 64 가돌리늄	158.925 3 Tb 65 테르븀	162.50 3 Dy 66 디스프로슘	164.930 3 Ho 67 홀뮴	167.26 3 Er 68 에르븀	168.934 3 Tm 69 툴륨	173.04 2 3 Yb 70 이테르븀	174.97 3 Lu 71 루테튬
◎ 악티늄계열	[227] 3 AC 89 악티늄	232.038 4 Th 90 토륨	[231] 5 Pa 91 프로트악티늄	238.08 4 6 U 92 우라늄	[237] 4 5 6 Np 93 넵투늄	[244] 3 4 5 6 Pu 94 플루토늄	[243] 3 Am 95 아메리슘	[247] 3 Cm 96 퀴륨	[247] 3 4 Bk 97 버클륨	[251] 3 Cf 98 칼리포르늄	[254] Es 99 아인시타이늄	[257] Fm 100 페르뮴	[258] Md 101 멘델레븀	[259] No 102 노벨륨	[260] Lr 103 로렌슘

금속 원소

비금속 원소

전이 원소, 나머지는 전형 원소

원자량 ← 55.847 / 원소기호 ← Fe / 원자번호 ← 26 / 원소명 ← 철 ; 2 3 → 원자가

고딕글자는 보다 안정한 원자가

[ ] 안의 원자량은 가장 안전한 동위체의 질량수

머리말

오늘날 우리는 급속도로 변화하는 산업사회에 살고 있다. 이러한 경제 성장과 함께 중화학공업도 급진적으로 발전하면서 여기에 사용되는 위험물의 종류도 다양해지고, 이에 따른 안전사고도 증가함으로써 많은 인명 손실과 재산상의 피해가 늘고 있는 실정이다. 그러므로 사업주들도 심각한 지경에 이른 안전 문제를 노사간의 차원으로 신중하게 인식해야 한다.

이러한 시대적 요청에 따라 위험물 취급사의 수요는 더욱 증가하리라 생각하여 위험물을 취급하고자 하는 관계자들에게 조금이나마 도움이 되길 바라는 마음으로 이 책을 출간하게 되었다. 그러나 복잡한 생활 속에서 시간적인 여유가 없을 뿐더러 짧은 시간에 위험물 취급에 대한 전반적인 지식을 습득하기에는 많은 어려움이 있을 것이다.

이에 따라 그동안 강단에서의 오랜 강의 경험과 틈틈이 준비하였던 자료와 현장실무 경험을 바탕으로 책으로 펴내게 되었다. 따라서, 위험물 산업기사 수험생과 산업 현장에서 실무에 종사하시는 산업역군들에게 조그마한 도움이 되었으면 저자로서는 다행이라고 생각이 되며, 미흡한 점을 수정 보완하여 판이 거듭될 때마다 완벽한 기술도서가 될 수 있도록 노력할 것을 약속하면서 끝으로 본서의 출간을 위해 온갖 정성을 기울여 주신 세화출판사 박 용 사장님 그리고 임직원 여러분들에게 감사의 뜻을 표한다.

저자 씀

출제기준(필기)

- 직무 분야 : 화학 · 위험물
- 자격 종목 : 위험물산업기사
- 검정 방법 : 객관식(시험시간 : 1시간 30분)
- 직무내용 : 위험물제조소등에서 위험물을 제조 · 저장 · 취급하고 작업자를 교육 · 지시 · 감독하며, 각 설비에 대한 점검과 재해 발생 시 사고대응 등의 안전관리 업무를 수행하는 직무이다.

시험 과목	출제 문제 수	주요 항목	세부 항목	세세 항목
물질의 물리 · 화학적 성질	20	1. 기초 화학	(1) 물질의 상태와 화학의 기본법칙	❶ 물질의 상태와 변화 ❷ 화학의 기초법칙 ❸ 화학 결합
			(2) 원자의 구조와 원소의 주기율	❶ 원자의 구조 ❷ 원소의 주기율표
			(3) 산, 염기	❶ 산과 염기 ❷ 염 ❸ 수소이온농도
			(4) 용액	❶ 용액 ❷ 용해도 ❸ 용액의 농도
			(5) 산화, 환원	❶ 산화 ❷ 환원
		2. 유기화합물 위험성 파악	(1) 유기화합물 종류 · 특성 및 위험성	❶ 유기화합물의 개념 ❷ 유기화합물의 종류 ❸ 유기화합물의 명명법 ❹ 유기화합물의 특성 및 위험성
		3. 무기화합물 위험성 파악	(1) 무기화합물 종류 · 특성 및 위험성	❶ 무기화합물의 개념 ❷ 무기화합물의 종류 ❸ 무기화합물의 명명법 ❹ 무기화합물의 특성 및 위험성 ❺ 방사성 원소
화재예방과 소화방법	20	1. 위험물 사고 대비 · 대응	(1) 위험물 사고 대비	❶ 위험물의 화재예방 ❷ 취급 위험물의 특성 ❸ 안전장비의 특성
			(2) 위험물 사고 대응	❶ 위험물시설의 특성 ❷ 초동조치 방법 ❸ 위험물의 화재시 조치
		2. 위험물 화재예방 · 소화방법	(1) 위험물 화재예방 방법	❶ 위험물과 비위험물 판별 ❷ 연소이론 ❸ 화재의 종류 및 특성 ❹ 폭발의 종류 및 특성
			(2) 위험물 소화방법	❶ 소화이론 ❷ 위험물 화재 시 조치방법 ❸ 소화설비에 대한 분류 및 작동방법 ❹ 소화약제의 종류 ❺ 소화약제별 소화원리
		3. 위험물 제조소등의 안전계획	(1) 소화설비 적응성	❶ 유별 위험물의 품명 및 지정수량 ❷ 유별 위험물의 특성 ❸ 대상물 구분별 소화설비의 적응성
			(2) 소화 난이도 및 소화설비 적용	❶ 소화설비의 설치기준 및 구조 · 원리 ❷ 소화난이도별 제조소등 소화설비 기준
			(3) 경보설비 · 피난설비 적용	❶ 제조소등 경보설비의 설치대상 및 종류 ❷ 제조소등 피난설비의 설치대상 및 종류 ❸ 제조소등 경보설비의 설치기준 및 구조 · 원리 ❹ 제조소등 피난설비의 설치기준 및 구조 · 원리
위험물 성상 및 취급	20	1. 제1류 위험물 취급	(1) 성상 및 특성	❶ 제1류 위험물의 종류 ❷ 제1류 위험물의 성상 ❸ 제1류 위험물의 위험성 · 유해성
			(2) 저장 및 취급방법의 이해	❶ 제1류 위험물의 저장방법 ❷ 제1류 위험물의 취급방법
		2. 제2류 위험물 취급	(1) 성상 및 특성	❶ 제2류 위험물의 종류 ❷ 제2류 위험물의 성상 ❸ 제2류 위험물의 위험성 · 유해성
			(2) 저장 및 취급방법의 이해	❶ 제2류 위험물의 저장방법 ❷ 제2류 위험물의 취급방법
		3. 제3류 위험물 취급	(1) 성상 및 특성	❶ 제3류 위험물의 종류 ❷ 제3류 위험물의 성상 ❸ 제3류 위험물의 위험성 · 유해성
			(2) 저장 및 취급방법의 이해	❶ 제3류 위험물의 저장방법 ❷ 제3류 위험물의 취급방법

〈적용 기간 : 2025. 1. 1. ~ 2029. 12. 31.〉

시험 과목	출제 문제 수	주요 항목	세부 항목	세세 항목
위험물 성상 및 취급	20	4. 제4류 위험물 취급	(1) 성상 및 특성	① 제4류 위험물의 종류 ② 제4류 위험물의 성상 ③ 제4류 위험물의 위험성 · 유해성
			(2) 저장 및 취급방법의 이해	① 제4류 위험물의 저장방법 ② 제4류 위험물의 취급방법
		5. 제5류 위험물 취급	(1) 성상 및 특성	① 제5류 위험물의 종류 ② 제5류 위험물의 성상 ③ 제5류 위험물의 위험성 · 유해성
			(2) 저장 및 취급방법의 이해	① 제5류 위험물의 저장방법 ② 제5류 위험물의 취급방법
		6. 제6류 위험물 취급	(1) 성상 및 특성	① 제6류 위험물의 종류 ② 제6류 위험물의 성상 ③ 제6류 위험물의 위험성 · 유해성
			(2) 저장 및 취급방법의 이해	① 제6류 위험물의 저장방법 ② 제6류 위험물의 취급방법
		7. 위험물 운송 · 운반	(1) 위험물 운송기준	① 위험물운송자의 자격 및 업무 ② 위험물 운송방법 ③ 위험물 운송 안전조치 및 준수사항 ④ 위험물 운송차량 위험성 경고 표지
			(2) 위험물 운반기준	① 위험물운반자의 자격 및 업무 ② 위험물 용기기준, 적재방법 ③ 위험물 운반방법 ④ 위험물 운반 안전조치 및 준수사항 ⑤ 위험물 운반차량 위험성 경고 표지
		8. 위험물 제조소등의 유지관리	(1) 위험물 제조소	① 제조소의 위치기준 ② 제조소의 구조기준 ③ 제조소의 설비기준 ④ 제조소의 특례기준
			(2) 위험물 저장소	① 옥내저장소의 위치, 구조, 설비기준 ② 옥외탱크저장소의 위치, 구조, 설비기준 ③ 옥내탱크저장소의 위치, 구조, 설비기준 ④ 지하탱크저장소의 위치, 구조, 설비기 ⑤ 간이탱크저장소의 위치, 구조, 설비기준 ⑥ 이동탱크저장소의 위치, 구조, 설비기준 ⑦ 옥외저장소의 위치, 구조, 설비기준 ⑧ 암반탱크저장소의 위치, 구조, 설비기준
			(3) 위험물 취급소	① 주유취급소의 위치, 구조, 설비기준 ② 판매취급소의 위치, 구조, 설비기준 ③ 이송취급소의 위치, 구조, 설비기준 ④ 일반취급소의 위치, 구조, 설비기준
			(4) 제조소등의 소방시설 점검	① 소화난이도 등급 ② 소화설비 적응성 ③ 소요단위 및 능력단위 산정 ④ 옥내소화전설비 점검 ⑤ 옥외소화전설비 점검 ⑥ 스프링클러설비 점검 ⑦ 물분무소화설비 점검 ⑧ 포소화설비 점검 ⑨ 불활성가스 소화설비 점검 ⑩ 할로겐화물소화설비 점검 ⑪ 분말소화설비 점검 ⑫ 수동식소화기설비 점검 ⑬ 경보설비 점검 ⑭ 피난설비 점검
		9. 위험물 저장 · 취급	(1) 위험물 저장기준	① 위험물 저장의 공통기준 ② 위험물 유별 저장의 공통기준 ③ 제조소등에서의 저장기준
			(2) 위험물 취급기준	① 위험물 취급의 공통기준 ② 위험물 유별 취급의 공통기준 ③ 제조소등에서의 취급기준
		10. 위험물 안전관리 감독 및 행정처리	(1) 위험물시설 유지관리감독	① 위험물시설 유지관리 감독 ② 예방규정 작성 및 운영 ③ 정기검사 및 정기점검 ④ 자체소방대 운영 및 관리
			(2) 위험물안전관리법상 행정사항	① 제조소등의 허가 및 완공검사 ② 탱크안전 성능검사 ③ 제조소등의 지위승계 및 용도폐지 ④ 제조소등의 사용정지, 허가취소 ⑤ 과징금, 벌금, 과태료, 행정명령

차례

PART 01 일반화학

Chapter 01 물질의 상태와 구조

Chapter 02 원자 구조 및 화학 결합

차례

차례

PART 02 화재 예방과 소화 방법

PART 03 위험물의 성질과 취급

Chapter 01 제1류 위험물

Chapter 02 제2류 위험물

차례

Chapter 03 제3류 위험물

Chapter 04 제4류 위험물

차례

PART 04 위험물안전관리법

Chapter 01 위험물안전관리법

부록 과년도 출제 문제

※ 위험물 산업기사 필기 기출문제(2019~2020년)는 세화 홈페이지(www.sehwapub.co.kr)에서 다운로드 가능

PART 01

일반화학

Chapter 01 물질의 상태와 구조

01 물질과 에너지

1-1 물체와 물질

(1) 물체

일정한 형태나 크기를 가지는 것

예 가위, 칼, 그릇, 책상 등

(2) 물질

물체를 구성하는 본질, 즉 재료

예 철, 목재, 물 등

1-2 물질의 성질

(1) 화학적 성질

물질의 성질 가운데 반응성을 나타내는 것

예 화합, 분해, 치환, 복분해 등

(2) 물리적 성질

물질이 가지는 고유의 성질을 나타내는 것

예 색깔, 용해도, 비중, 비등점, 전기 전도성 등

1-3 물질의 변화

(1) 물리적 변화

물질의 본질에는 아무런 변화가 없고 그 상태나 모양만이 변하는 것

예 얼음이 녹아 물이 되는 것, 소금이 녹아 소금물이 되는 것 등

① 물질의 상태

모든 물질은 고체, 액체, 기체 상태로 존재하는 것이 가능하므로 이것을 물질의 삼태라 한다.

② 물질의 상태 변화

㉮ **융해** : 고체가 액체로 되는 변화

㉯ **응고** : 액체가 고체로 되는 변화

㉰ **기화** : 액체가 기체로 되는 변화

㉱ **액화** : 기체가 액체로 되는 변화

㉲ **승화** : 고체가 기체로 되는 변화
또는 기체가 고체로 되는 변화

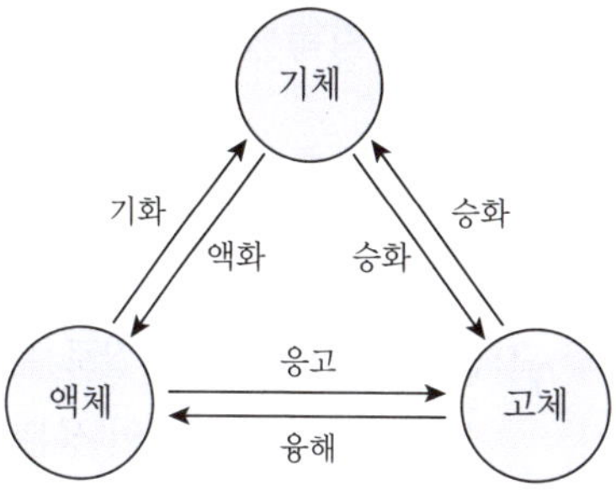

(2) 화학적 변화

물질의 본질이 변하여 전혀 다른 물질로 변화되는 본질적인 변화

예 철(Fe)이 녹슬어 산화철(Fe_2O_3)로 되는 것, 발효, 양초가 타는 것

① **화합(combination)** : 두 가지 이상의 물질이 결합하여 한 가지 새로운 물질이 생기는 화학 변화

$$A+B \longrightarrow AB$$

예 $C+O_2 \longrightarrow CO_2$

② **분해(decomposition)** : 한 물질이 쪼개져서 두 가지 이상의 새로운 물질로 되는 화학 변화

$$AB \longrightarrow A+B$$

예 $2H_2O \longrightarrow 2H_2+O_2$

③ **치환(substitution)** : 화합물의 성분 중 일부가 다른 원소로 바뀌는 화학 변화

$$A+BC \longrightarrow AC+B \text{ 또는 } A+BC \longrightarrow AB+C$$

예 $Zn+H_2SO_4 \longrightarrow ZnSO_4+H_2$

④ **복분해(double decomposition)** : 두 종류 이상의 화합물 성분 중 일부가 서로 바뀌는 화학 변화

$$AB+CD \longrightarrow AD+BC \text{ 또는 } AB+CD \longrightarrow AC+BD$$

예 $HCl+NaOH \longrightarrow NaCl+H_2O$

1-4 순물질과 혼합물

(1) 순물질

한 가지 물질만으로 되어 있는 것

① **단체(홑몸)** : 다른 물질로 분해될 수 없는 한 종류의 원자만으로 된 물질을 말한다. 즉 물질을 구성하는 가장 기본적인 성분으로 이루어져 있다.

예 산소(O_2), 황(S), 철(Fe), 수소(H_2), 염소(Cl_2) 등

② **화합물** : 두 종류 이상의 원소로 이루어진 순물질이며, 화학적 방법으로 분해가 가능하다.

예 물(H_2O), 소금(NaCl), 황산(H_2SO_4), 이산화탄소(CO_2) 등

(2) 혼합물

두 종류의 순물질이 섞여 있는 것으로서 균일 혼합물과 불균일 혼합물로 나뉜다.

① **균일 혼합물** : 혼합물 중 그 성분이 고르게 되어 있는 것

예 소금물, 설탕물, 공기, 사이다 등

② **불균일 혼합물** : 혼합물 중 그 성분이 고르지 못한 것

예 우유, 찰흙, 흙탕물, 화강암 등

1-5 혼합물의 분리 방법

(1) 기체 혼합물의 분리법

① 액화 분류법

액체의 비등점의 차를 이용하여 분리하는 방법

예 공기를 액화시켜 질소(bp : −196℃), 아르곤(bp : −186℃), 산소(bp : −183℃) 등으로 분리하는 방법

1. 액화되는 순서 : 산소 – 아르곤 – 질소
2. 기화되는 순서 : 질소 – 아르곤 – 산소

② 흡수법

혼합 기체를 흡수제로 통과시켜 성분을 분석하는 방법

예 오르자트, 게겔법 등

(2) 액체 혼합물의 분리법

① 여과법(거름법)

고체와 액체의 혼합물을 걸러서 분리하는 방법

예 흙탕물 등과 같은 고체와 액체를 여과기를 통해 물과 흙으로 분리하는 것

② 분액 깔대기법

액체의 비중차를 이용하여 분리하는 방법

예 물이나 니트로벤젠 등과 같이 섞이지 않고, 비중차에 의해 두 층으로 분리되는 것을 이용하는 방법

③ 증류법

액체의 비등점의 차를 이용하여 분리하는 방법

예 1. 에틸알코올과 물과의 혼합물을 증류하면 비등점이 낮은 에틸알코올(bp : 78℃)이 먼저 기화되는 것을 이용하여 분리하는 방법

2. 물의 끓는점을 높이기 위한 방법 : 밀폐된 그릇에서 끓인다.

3. 물의 끓는점을 낮출 수 있는 방법 : 외부 압력을 낮추어 준다.

참고

증류 실험 장치의 구성

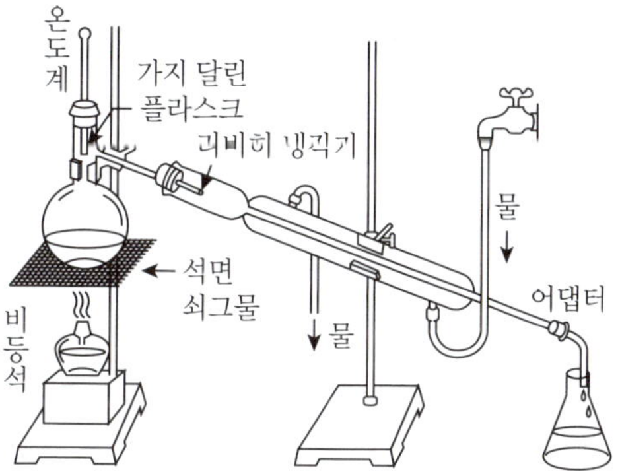

<실험실에서의 증류 장치>

(3) 고체 혼합물의 분리법

① **재결정법** : 용해도의 차를 이용하여 분리 · 정제하는 방법

예 질산칼륨(KNO_3) + 소금

② **추출법** : 특정한 용매에 녹여서 추출하여 분리하는 방법

③ **승화법** : 승화성이 있는 고체 가연 물질을 가열하여 분리하는 방법

예 장뇌, 나프탈렌, 요오드, 드라이아이스(CO_2) 등

1-6 원소와 동소체

(1) 원소

물질을 구성하는 가장 기본적 성분으로, 더 이상 나누어져 다른 물질로 만들 수 없다.

(2) 동소체

① 같은 원소로 되어 있으나 성질이 다른 단체

동소체의 구성 원소	동소체의 종류	연소 생성물
산소(O)	산소(O_2), 오존(O_3)	–
탄소(C)	다이아몬드, 흑연, 숯, 금강석, 활성탄	이산화탄소(CO_2)
인(P_4)	황린(백린), 적린(붉은인)	오산화인(P_2O_5)
황(S_8)	사방황, 단사황, 고무상황(무정형황)	이산화황 (SO_2)

② 동소체의 구별 방법

연소 생성물이 같은가를 확인하여 동소체임을 구별한다.

③ 원소의 종류보다 단체의 종류가 많은 것은 동소체가 있기 때문이다.

02 원자, 분자

2-1 원자, 분자

(1) 원자

물질을 구성하는 가장 작은 입자이다.

① 원자량

탄소 원자 ${}^{12}_{6}C$ 1개의 질량을 12로 정하고, 이와 비교한 다른 원자들의 질량비를 원자량이라 하며, 원소 질량의 표준이 된다.

② 그램 원자(1g 원자, 1mole의 원자)

원자량에 g을 붙여 나타낸 값

예 탄소 1g 원자는 12g

③ 원자량을 구하는 방법

㉮ 뒬롱–프티(Dulong–Petit)의 법칙

상온에서 고체인 단체의 근사치 원자량과 비열의 관계이다.

원자량×비열≒6.4(원자 열용량)

예제

텅스텐의 비열은 약 0.035cal/g이다. 텅스텐의 근사한 원자량은? (단, 원자 열용량은 6.3이다.)

풀이 $\frac{6.3}{0.035}=180$

답 180

(2) 분자

순물질의 성질을 띠고 있는 가장 작은 입자로서 1개 또는 그 이상의 원자가 모여 형성된 것으로서 원자수에 따라 구분된다.

① 분자의 종류

㉮ 단원자 분자 : 1개의 원자로 구성된 분자

예 He, Ne, Ar, Kr, Xe, Rn 등 주로 불활성 기체

㉯ 이원자 분자 : 2개의 원자로 구성된 분자

예 H_2, O_2, CO, F_2, Cl_2, HCl 등

㉰ 삼원자 분자 : 3개의 원자로 구성된 분자

예 H_2O, O_3, CO_2 등

㉱ 고분자 : 다수의 원자로 구성된 분자

예 녹말, 수지 등

② 분자량

분자를 구성하는 각 원자의 원자량 합

예 물(H_2O)의 분자량$=1\times2+16=18$

③ 그램 분자량(1g 분자, g 분자량, 1mole 분자)

분자량에 g 단위를 붙여 질량을 나타낸 값으로서 6.02×10^{23}개 분자의 질량을 나타낸 값

예 산소(O_2) 1mole은 32g이다.

2-2 원자 및 분자에 관한 법칙

(1) 원자에 관한 법칙

① 질량 불변(보존)의 법칙

화학 변화에서 그 변화의 전후에서 반응에 참여한 물질의 질량 총합은 일정 불변이다. 즉, 화학 반응에서 반응 물질의 질량 총합과 생성된 물질의 총합은 같다.

예 $C + O_2 \longrightarrow CO_2$

[12g＋32g＝44g]

② 일정 성분비(정비례)의 법칙

순수한 화합물에서 성분 원소의 중량비는 항상 일정하다. 즉, 한 가지 화합물을 구성하는 각 성분 원소의 질량비는 항상 일정하다.

예 $2H_2 + O_2 \longrightarrow 2H_2O$

[4g : 32g] 즉, 물을 구성하는 수소(H_2)와 산소(O_2)의 질량비는 항상 1 : 8이다.

예제

수소 2g과 산소 24g을 반응시켜 물을 만들 때 반응하지 않고 남아있는 기체의 무게는?

풀이 일정 성분비의 법칙

$2H_2 + O_2 \longrightarrow 2H_2O$

4g 32g

2g 16g

∴ 24g－16g＝산소 8g

답 산소 8g

③ 배수 비례의 법칙

두 가지 원소가 두 가지 이상의 화합물을 만들 때, 한 원소의 일정 중량에 대하여 결합하는 다른 원소의 중량 간에는 항상 간단한 정수비가 성립된다.

예 H_2O(물)과 H_2O_2(과산화수소) 간에는 수소(H)의 일정량 2와 화합하는 산소(O)의 질량 사이에 16 : 32, 즉 1 : 2의 정수비가 성립된다.

참고

배수 비례의 법칙

1. 배수 비례의 법칙이 성립되는 경우
   두 원소가 두 가지 이상의 화합물을 만드는 경우에만 성립
   예 CO와 CO_2, H_2O와 H_2O_2, SO_2와 SO_3, NO와 NO_2, $FeCl_2$와 $FeCl_3$ 등
2. 배수 비례의 법칙이 성립되지 않는 경우
   ㉠ 한 원소와 결합하는 원소가 다를 경우
   예 CH_4와 CCl_4, NH_3와 NO_2 등
   ㉡ 세 원소로 된 화합물인 경우
   예 H_2SO_3와 H_2SO_4 등

(2) 분자에 관한 법칙

① 기체 반응의 법칙

화학 반응을 하는 물질이 기체일 때 반응 물질과 생성 물질의 부피 사이에는 간단한 정수비가 성

립된다.

예 $2H_2 + O_2 \longrightarrow 2H_2O$

2부피 1부피 2부피

즉, 수소 20mL와 산소 10mL를 반응시키면 수증기 20mL가 얻어진다. 따라서 이들 기체의 부피 사이에는 간단한 정수비 2 : 1 : 2가 성립된다.

예제

1.5L의 메탄을 완전히 태우는 데 필요한 산소의 부피 및 연소의 결과로 생기는 이산화탄소의 부피는?

풀이 $CH_4 + 2O_2 \longrightarrow CO_2 + 2H_2O$

1.5L $2\times1.5L$ 1.5L

① 산소의 부피 : $2\times1.5L=3L$

② 이산화탄소의 부피 : 1.5L

답 산소 3L, 이산화탄소 1.5L

② 아보가드로의 법칙

온도와 압력이 일정하면 모든 기체는 같은 부피 속에 같은 수의 분자가 들어 있다. 즉, 모든 기체 1mole이 차지하는 부피는 표준 상태(0℃, 1기압)에서 22.4 L이며, 그 속에는 6.02×10^{23}개의 분자가 들어 있다. 따라서 0℃, 1기압에서 22.4 L의 기체 질량은 그 기체 1mole(6.02×10^{23}개)의 질량이 되며, 이것을 측정하면 그 기체의 분자량도 구할 수 있다.

예 공기 중에 포함되어 있는 질소와 산소의 부피비는 0.79 : 0.21이므로 질소와 산소의 분자수의 비도 0.79 : 0.21이다.

예제

8g의 메탄을 완전 연소시키는 데 필요한 산소 분자의 수는?

풀이 메탄의 완전 연소 반응식

$CH_4 + 2O_2 \longrightarrow CO_2 + 2H_2O$

16g → 2몰의 산소

8g → 1볼의 산소

∴ 산소 분자 1몰의 산소 분자수$=6.02\times10^{23}$개

답 6.02×10^{23}개

2-3 화학식과 화학 반응식

(1) 원자가와 당량

① 원자가

어떤 원소의 원자 한 개가 수소 원자 몇 개와 결합 또는 치환할 수 있는가를 나타내는 수

원자가 \ 주기율표의 족	Ⅰ족	Ⅱ족	Ⅲ족	Ⅳ족	Ⅴ족	Ⅵ족	Ⅶ족
양성 원자가	+1	+2	+3	+4 +2	+5 +3	+6 +4	+7 +5
음성 원자가				−4	−3	−2	−1

참고

원자가와 화학식과의 관계

화합물은 전체가 중성이므로 원자가를 알면 다음과 같이 구한다.

(+)원자가×원자수=(-)원자가×원자수

예 원자가가 +3가인 Al과 원자가가 −2가인 O의 화학식은 다음과 같이 구한다.

$Al^{3+}+O^{2-} \longrightarrow Al_2^{3+}O_3^{2-}=Al_2O_3$

② 원소의 당량

수소 1g(1/2몰, 11.2L) 또는 산소 8g(1/4몰, 5.6L)과 결합하거나 치환되는 다른 원소의 양. 즉, 수소 원자 1개의 원자량과 결합하는 원소의 양으로서 원자가 1에 해당하는 원소의 양

$$당량=\frac{원자량}{원자가}$$

예 CO_2에서 탄소(C)의 g당량은 12÷4=3g이다.

(2) 화학식

① 실험식(조성식)

물질의 조성을 원소 기호로서 간단하게 표시한 식

㉮ 분자가 없는 물질인 경우(즉, 이온 화합물인 경우)

예 NaCl

㉯ 분자가 있는 물질인 경우

예

물질	분자식	실험식	비고
물	H_2O	H_2O	분자식과 실험식이 같다.
과산화수소	H_2O_2	HO	실험식을 정수배하면 분자식으로 된다.
벤젠	C_6H_6	CH	

참고

실험식을 구하는 방법

화학식 $A_mB_nC_p$라고 하면

$$m:n:p=\frac{\text{A의 질량}(\%)}{\text{A의 원자량}}:\frac{\text{B의 질량}(\%)}{\text{B의 원자량}}:\frac{\text{C의 질량}(\%)}{\text{C의 원자량}}$$

즉, 화합물 성분 원소의 질량 또는 백분율을 알면 그 실험식을 알 수 있으며, 실험식을 정수배하면 분자식이 된다.

예제

1. 유기 화합물을 질량 분석한 결과 C 84%, H 16%의 결과를 얻었다. 이 물질의 실험식은?

풀이 $C:H=\frac{84}{12}:\frac{16}{1}=7:16$

답 C_7H_{16}

예제

2. 탄소, 산소, 수소로 되어 있는 유기물 8mg을 태워서 CO_2 15.40mg, H_2O 9.18mg을 얻었다. 이 실험식은?

풀이 ① 각 원소의 함량을 구한다.

$$\text{C의 양}=CO_2\text{의 양}\times\frac{\text{C의 양}}{CO_2\text{의 분자량}}=15.40\times\frac{12}{44}=4.2$$

$$\text{H의 양}=H_2O\text{의 양}\times\frac{2\text{H의 양}}{H_2O\text{의 분자량}}=9.18\times\frac{2}{18}=1.02$$

$$\text{O의 양}=8-(4.2+1.02)=2.78$$

② 각 원소의 원소수 비를 구한다.

$$C:H:O=\frac{4.2}{12}:\frac{1.02}{1}:\frac{2.78}{16}=2:6:1$$

∴ 실험식$=C_2H_6O$

답 C_2H_6O

② 분자식

분자를 구성하는 원자의 종류와 그 수를 나타낸 식. 즉, 조성식에 양수를 곱한 식

$$분자식 = 실험식 \times n$$

여기서, n : 양수

예 아세틸렌 : $(CH) \times 2 = C_2H_2$

예제

실험식이 CH_2O이고, 분자량이 60인 물질의 분자식은?

풀이 분자량은 실험식 양의 정수 비례이므로

$n = \frac{60}{30} = 2$

$\therefore CH_2O \times 2 = C_2H_4O_2$

답 $C_2H_4O_2$

③ 시성식

분자식 속에 원자단(라디칼) 등의 결합 상태를 나타낸 식으로서, 물질의 성질을 나타낸 것

④ 구조식

분자 내의 원자의 결합 상태를 원소 기호와 결합선을 이용하여 표시한 식

예

물질	NH_3(암모니아)	CH_3COOH(초산)	H_2SO_4(황산)	H_2O(물)
구조식	H | H − N − H	H O | ‖ H − C − C − O − H | H	O O − H ⫽ / S / ⫽ H − O O	O / \\ H H

(3) 화학 반응식

화학 반응식이란 물질의 화학 반응 변화에서 반응 물질과 생성 물질의 화학식을 이용하여 나타낸 것

예 화학 반응식이 나타내는 의미

반응식	$2H_2 + O_2 \longrightarrow 2H_2O$		
물질명	수소	산소	물
몰(mole)	2mole	1mole	2mole
분자수	$2 \times 6.02 \times 10^{23}$개	$1 \times 6.02 \times 10^{23}$개	$2 \times 6.02 \times 10^{23}$개
부피	2×22.4L	1×22.4L	2×22.4L
질량	2×2g	1×32g	2×18g

03 기체에 관한 법칙

(1) 보일의 법칙(Boyle's law)

일정한 온도에서 기체가 차지하는 부피는 압력에 반비례한다. 즉, 압력을 P, 부피를 V라 하면 PV=Const(일정)하다.

$$PV = P_1V_1 = \text{Const(일정)}$$

예제

1. 게이지 압력이 7atm일 때, 4L로 압축 충전되어 있는 공기를 온도를 바꾸지 않고 게이지 압력 1atm으로 하면 몇 L의 체적을 차지하는가?

풀이 보일의 법칙에 적용한다.

$PV = P_1V_1$

$(7+1)\times 4 = (1+1)\times V_1$

$\therefore V_1 = \dfrac{(7+1)\times 4}{(1+1)} = \dfrac{32}{2} = 16\text{L}$

답 16L

예제

2. 1기압에서 100L를 차지하고 있는 용기를 내용적 5L의 용기에 넣으면 압력은 몇 기압이 되겠는가? (단, 온도는 일정하다.)

풀이 온도가 일정하므로 보일의 법칙에 의해 $PV = P_1V_1$에서 P_1을 구한다.

$P_1 = P\times\dfrac{V}{V_1} = 1\times\dfrac{100}{5} = 20$기압

답 20기압

(2) 샤를의 법칙(Charles's law)

일정한 압력에서 기체 부피는 온도가 1℃ 상승할 때마다 0℃일 때 부피의 $\dfrac{1}{273}$만큼 증가한다. 즉, 일정한 압력하에서 기체의 부피는 절대 온도에 비례한다.
따라서 절대 온도를 T, 부피를 V라 하면 V/T=Const(일정)하다.

$$\frac{V}{T} = \frac{V_1}{T_1} = \text{Const(일정)}$$

예제

기체 산소가 있다. 1℃에서 부피는 274cc이다. 2℃에서의 부피는? (단, 압력은 일정)

풀이 $\frac{V}{T}=\frac{V_1}{T_1}$

$\therefore V_1=V\times\frac{T_1}{T}=274\times\frac{(273+2)}{(273+1)}=275\text{cc}$ 답 275cc

(3) 보일-샤를의 법칙(Boyle-Charles's law)

일정량의 기체가 차지하는 부피는 압력에 반비례하고 절대 온도에 비례한다. 즉, 압력을 P, 부피를 V, 절대 온도를 T라 하면

$$\frac{PV}{T}=\frac{P_1V_1}{T_1}=\text{Const(일정)}$$

예제

273℃, 5기압에 있는 산소 10L를 100℃, 압력 2기압으로 하면 부피는?

풀이 보일-사를의 법칙에 의해 $\frac{PV}{T}=\frac{P_1V_1}{T_1}$에서 부피($V_1$)를 구한다.

$\therefore V_1=V\times\frac{P}{P_1}\times\frac{T_1}{T}=10\times\frac{5}{2}\times\frac{(273+100)}{(273+273)}=17\text{L}$ 답 17L

(4) 이상 기체의 상태 방정식

① 이상 기체

분자 상호 간의 인력을 무시하고 분자 자체의 부피가 전체 부피에 비해 너무 적어서 무시될 때의 기체로서, 보일-사를의 법칙을 완전히 따르는 기체

참고

실제 기체가 이상 기체에 가까울 조건

1. 기체 분자 간의 인력을 무시할 수 있는 조건 : 온도가 높고, 압력이 낮을 경우

   실제 기체 $\xrightarrow{\text{(고온, 저압)}}$ 이상 기체

2. 분자 자체의 부피를 무시할 수 있는 경우 : 분자량이 적고, 비점이 낮을 경우

   예 H_2, He 등

② 이상 기체 상태 방정식

㉮ 보일-사를의 법칙에 아보가드로의 법칙을 대입시킨 것으로서, 표준 상태(0℃, 1기압)에서

기체 1mole이 차지하는 부피는 22.4L이며,

$$\frac{PV}{T}=\frac{1\text{atm}\times 22.4\text{L}}{(273+0)\text{K}}=0.082\ \text{atm}\cdot\text{L/K}\cdot\text{mole}=R(\text{기체 상수})$$

$\therefore PV=RT$

만약, n(mole)의 기체라면 표준 상태에서 기체 n(mole)이 차지하는 부피는 22.4L × n이므로

$$\frac{PV}{T}=\frac{1\text{atm}\times 22.4\text{L}\times n}{(273+0)\text{K}}=n\times 0.082\text{atm}\cdot\text{L/K}\cdot\text{mole}=nR(\text{기체 상수})$$

$$\therefore PV=nRT\left(n=\frac{W(\text{무게})}{M(\text{분자량})}\right)$$

예제

730mmHg, 100℃에서 257mL 부피의 용기 속에 어떤 기체가 채워져 있으며 그 무게는 1.671g이다. 이 물질의 분자량은?

풀이 $PV=\frac{W}{M}RT$이므로

$$\therefore M=\frac{WRT}{PV}=\frac{1.671\text{g}\times(0.082\text{atm}\cdot\text{L/K}\cdot\text{mol})\times(100+273)\text{K}}{(730/760)\text{atm}\times 0.257\text{L}}=207.04\fallingdotseq 207$$

답 207

㉯ 이상 기체의 밀도 : 절대 온도에 반비례하고, 압력에 비례한다.

$$PV=\frac{W}{M}RT,\ \text{밀도}=\frac{W}{V}=\frac{PM}{RT}$$

(5) 돌턴(Dalton)의 분압 법칙

① 혼합 기체의 전압은 각 성분 기체들의 분압의 합과 같다.

$$P=P_A+P_B+P_C$$

여기서, P : 전압

P_A, P_B, P_C : 성분 기체 A, B, C의 각 분압

② 혼합 기체에서 각 성분의 분압은 전압에 각 성분의 몰 분율(부피 분율)을 곱한 것과 같다.

$$\text{분압}=\text{전압}\times\frac{\text{성분 기체의 몰수}}{\text{전체 몰수}}=\text{전압}\times\frac{\text{성분 기체의 부피}}{\text{전체 부피}}$$

$$P_A=P\times\frac{n_A}{n_A+n_B+n_C}=P\times\frac{V_A}{V_A+V_B+V_C}$$

예제

질소 2몰과 산소 3몰의 혼합 기체가 나타나는 전압력이 10기압일 때 질소의 분압은?

풀이 질소의 분압=전압력×$\frac{\text{질소의 몰수}}{\text{전체 몰수}}=10\times\frac{2}{2+3}=4$

답 4기압

③ 기체 $A(P_1, V_1)$와 기체 $B(P_2, V_2)$를 혼합했을 때 전압을 구하는 식

$$\therefore PV=P_1V_1+P_2V_2,\ P=\frac{P_1V_1+P_2V_2}{V}$$

예제

1기압의 수소 2L와 3기압의 산소 2L를 동일 온도에서 5L의 용기에 넣으면 전체 압력은 몇 기압이 되는가?

풀이 전압 $P=\frac{P_1V_1+P_2V_2}{V}=\frac{1\times2+3\times2}{5}=\frac{8}{5}$

답 $\frac{8}{5}$

④ 몰비(mole %)=압력비(압력 %)=부피비(vol %)≠무게비(중량 %)

(6) 그레이엄(Graham)의 기체 확산 속도 법칙

일정한 온도에서 기체의 확산 속도는 그 기체 밀도(분자량)의 제곱근에 반비례한다. 이는 미지의 기체 분자량을 측정에 이용할 수 있다. 즉, A기체의 확산 속도를 u_1 그 분자량을 M_1, 밀도를 d_1이라 하고, B기체의 확산 속도를 u_2 그 분자량을 M_2, 밀도를 d_2라고 하면,

$$\frac{u_1}{u_2}=\sqrt{\frac{M_2}{M_1}}=\sqrt{\frac{d_2}{d_1}}$$

예제

분자량의 무게가 4배이면 확산 속도는 몇 배인가?

풀이 $\frac{u_1}{u_2}=\sqrt{\frac{M_2}{M_1}}=\sqrt{\frac{1}{4}}=\frac{1}{2}=0.5$배

답 0.5배

04 열역학의 법칙

(1) 열역학 제0(열평형의)법칙

온도가 서로 다른 두 물체를 접촉시키면 높은 온도를 지닌 물체의 온도는 내려가고(열량을 방출), 낮은 온도의 물체는 온도가 올라가서(열량을 흡수), 두 물체의 온도차가 없어지고 두 물체는 열평형이 된다.

$$t_m(\text{평균 온도}) = \frac{G_1C_1t_1 + G_2C_2t_2}{G_1C_1 + G_2C_2}$$

여기서, G_1, G_2 : 물질의 무게(kg)

C_1, C_2 : 물질의 비열(kcal/kg · ℃)

t_1, t_2 : 물질의 온도(℃)

예제

10℃의 물 400kg과 90℃의 더운물 100kg을 혼합하면 혼합 후의 물의 온도는?

풀이 $\frac{(G_1C_1t_1 + G_2C_2t_2)}{(G_1C_1 + G_2C_2)} = \frac{(400\times1\times10 + 100\times1\times90)}{(400\times1 + 100\times1)} = 26℃$

답 26℃

(2) 열역학 제1(에너지 보존의)법칙

에너지 변환의 양적 관계를 나타낸 것이며 열(Q)은 일(W) 에너지로, 일 에너지는 열로 상호 쉽게 바뀔 수 있으며, 그 비는 일정하다.

$$Q = AW \text{ 또는 } W = \frac{1}{A}Q = JQ$$

여기서, Q : 열량(kcal)

W : 일(kg · m)

A : 일의 열당량$\left(\frac{1}{427}\text{kcal/kg} \cdot \text{m}\right)$

J : 열의 일당량(427kg · m/kcal)

(3) 열역학 제2법칙

열 이동의 방향성을 나타내는 경험 법칙이다.

① 켈빈－플랭크(Kelvin－Plank)의 표현

열을 일로 전부 바꿀 수 없다. 즉, 열효율이 100%인 기관은 만들 수 없다.

② 클라우시우스(Clausius)의 표현

저온체에서 고온체로 아무 일도 없이 열을 전달할 수 없다.

열은 높은 곳에서 낮은 곳으로 흐르며, 일을 열로 바꾸기는 쉬워도 열을 일로 바꾸기는 쉽지 않다.

(4) 열역학 제3법칙

어떠한 이상적인 방법으로도 어떤 계를 0K(절대 영도)에 이르게 할 수 없다. 0K(절대 영도)에서 물질의 엔트로피는 0이다.

05 용액과 용액의 농도

5-1 용액과 용해도

(1) 용액(solution)의 성질

① 정의

두 종류의 순물질이 균일 상태에 섞여 있는 것으로서 용매(녹이는 물질)와 용질(녹는 물질)로 이루어진 것을 용액이라 한다.

예 설탕물(용액)=설탕(용질)+물(용매)

② 용액의 분류

㉮ **포화 용액** : 일정한 온도, 압력하에서 일정량의 용매에 용질이 최대한 녹아 있는 용액(용해 속도=석출 속도)

㉯ **불포화 용액** : 용질이 더 녹을 수 있는 상태의 용액(용해 속도>석출 속도)

㉰ **과포화 용액** : 용질이 한도 이상으로 녹아 있는 용액(용해 속도<석출 속도)

(2) 용해도(solubility)와 용해도 곡선

① 용해도

일정한 온도에서 용매 100g에 녹을 수 있는 용질의 최대 g수

$$\text{용해도} = \frac{\text{용질의 g수}}{\text{용매의 g수}} \times 100$$

예제

질산나트륨의 물 100g에 대한 용해도는 80℃에서 148g, 20℃에서 88g이다. 80℃의 포화 용액 100g을 70으로 농축시켜서 20℃로 냉각시키면 약 몇 g의 질산나트륨이 석출되는가?

풀이 ① 80℃에서 248g의 포화 용액에는 148g의 질산나트륨이 녹아 있다.
100g의 포화 용액에는 248 : 148 = 100 : x, $x=59.68$g
여기서, 물은 100 − 59.68g = 40.32g

② 70g으로 농축하면 물만 30g 증발하여 물 10.32g, 질산나트륨 59.69g의 상태가 된다. 그러므로 20℃로 냉각시키면 100 : 88 = 10.32 : x, $x=9.082$g
80℃에서 석출되는 59.68g에서 20℃에서 석출되는 9.082g을 제외하면 석출된 질산나트륨의 g양을 구할 수 있다.
∴ 59.68 − 9.082 = 50.68g

답 50.68g

② 용해도 곡선

온도 변화에 따른 용해도의 변화를 나타낸 것

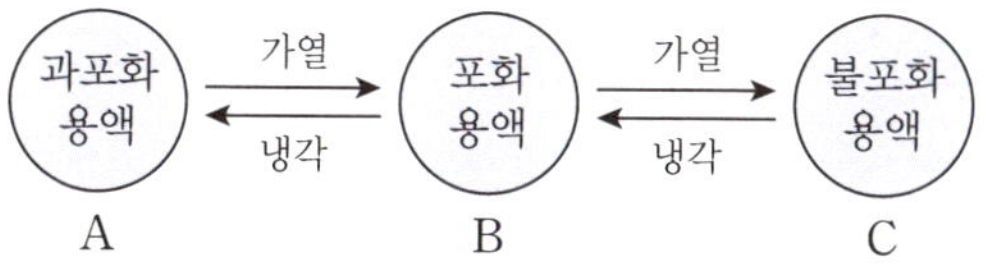

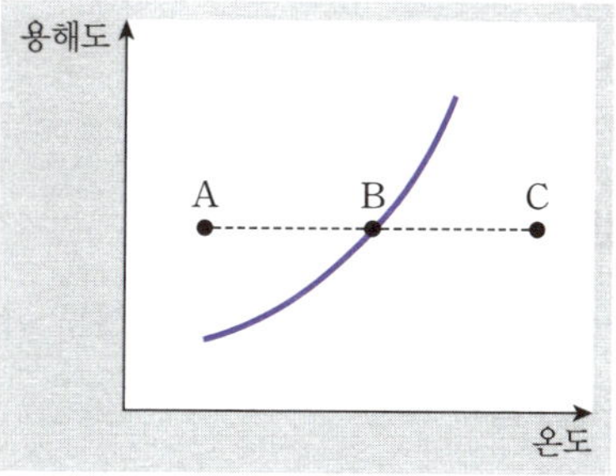

즉, 용해도 곡선에서 곡선의 점(B)은 모두 포화 상태, 온도를 올려 곡선보다 오른쪽인 점(C)은 불포화 상태, 포화 상태(B)보다 온도를 내려 곡선보다 왼쪽인 점(A)은 과포화 상태이다.

(3) 고체, 액체, 기체의 용해도

① 고체의 용해도

대부분이 온도 상승에 따라 용해도가 증가하며, 압력의 영향은 받지 않는다. 그러나 NaCl의 용해도는 온도에 영향을 거의 받지 않으며, $Ca(OH)_2$ 등은 발열 반응이므로 온도가 상승함에 따라 오히려 용해도는 감소하는 경향이 있다.

② 액체의 용해도

액체의 용해도는 용매와 용질의 극성 유무와 관계가 깊다. 즉, 극성 물질은 극성 용매에 잘 녹고, 비극성 물질은 비극성 용매에 잘 녹는다.

㉮ 극성 용매 : 물(H_2O), 아세톤(CH_3COCH_3) 등

예 극성 물질 : HF, HCl, NH_3 H_2S 등

㈏ 비극성 용매 : 벤젠(C_6H_6), 사염화탄소(CCl_4) 등

예 비극성 물질 : CH_4, CO_2, BF_3, H_2, O_2, N_2 등

③ 기체의 용해도

기체의 용해도는 온도가 올라감에 따라 감소하고, 압력을 올리면 용해도는 커진다.

예 1. 찬물을 컵에 담아서 더운 방에 놓아두었을 때 유리와 물의 접촉면에 기포가 생기는 이유이다.

2. 탄산 음료수의 병마개를 열면 거품이 솟아오르는 이유 : 용기 내부 압력이 줄어들어 기체의 용해도가 감소하기 때문이다.

참고

헨리(Henry)의 법칙

일정 온도에서 일정량의 용매에 용해하는 그 기체의 질량은 압력에 정비례한다. 그러나 보일의 법칙에 따라 기체의 부피는 압력에 반비례하므로 결국, 녹아 있는 기체의 부피는 압력에 관계없이 일정하다. 또한, 헨리의 법칙은 용해도가 큰 기체에는 잘 적용되지 않는다.

1. 적용되는 기체(물에 대한 용해도가 작다.)

   예 CH_4, CO_2, H_2, O_2, N_2 등

2. 적용되지 않는 기체(물에 대한 용해도가 크다.)

   예 HF, HCl, NH_3, H_2S 등

(4) 용해도곱(K_{sp})

① 고체 염이 용액 내에서 녹아, 성분 이온으로 나누어지는 반응에 대한 평형 상수

② 용해도곱의 표현

$$PbI_2(s) \rightleftharpoons [Pb^{2+}] + Z[I^-]$$

$$K = \frac{[Pb^{2+}]+[I^-]^2}{[PbI_2(s)]}$$ 에서, 고체는 평형 상수식에서 제외함

$$K \times [PbI_2(s)] = K_{sp} = [Pb^{2+}][I^-]^2$$

예제

25℃에서 $Cd(OH)_2$ 염의 몰 용해도는 1.7×10^{-5}mol/L다. $Cd(OH)_2$ 염의 용해도곱 상수(K_{sp})를 구하면 얼마인가?

풀이 $Cd(OH)_2 \rightleftharpoons Cd^{2+} + 2OH^-$, $K_{sp} = [Cd^{2+}][OH^-]^2$

$Cd(OH)_2$ 염의 몰 용해도가 1.7×10^{-5}mol/L이므로 $[Cd^{2+}] = 1.7 \times 10^{-5}$

$K_{sp} = (1.7 \times 10^{-5})(2 \times 1.7 \times 10^{-5})^2$ $\quad \therefore K_{sp} = 2.0 \times 10^{-14}$

답 2.0×10^{-14}

③ 침전 생성

AB $\rightleftarrows$ $[A^+]+[B^-]$에서,

$K_{sp}=[A^+][B^-]$: 평형 상태(포화)

$K_{sp}>[A^+][B^-]$: 불포화

$K_{sp}<[A^+][B^-]$: 침전 생성(과포화)

여기서 K_{sp} : 용해도곱

$[A^+][B^-]$: 이온곱

5-2 용액의 농도

(1) 중량 백분율(% 농도)

용액 100g 속에 녹아 있는 용질의 g수를 나타낸 농도

$$\% \text{ 농도}=\frac{\text{용질의 양(g)}}{\text{용액의 양(g)}}\times 100$$

예제

물 100g에 10g의 소금이 용해되어 있다. 소금물은 몇 % 농도인가?

풀이 % 농도(중량 백분율)

용액 속에 녹아 있는 용질의 양(g수)을 %로 나타낸 농도

$$\therefore \% \text{ 농도}=\frac{\text{용질의 g수}}{\text{용액의 g수}}\times 100=\frac{\text{용질}}{\text{용매}+\text{용질}}\times 100=\frac{10}{100+10}\times 100=9.1\%$$

답 9.1%

(2) 몰 농도(M 농도, mole 농도)

① 용액 1L 속에 녹아 있는 용질의 몰수(용질의 무게/용질의 분자량)를 나타낸 농도

$$\text{몰 농도}=\frac{\text{용질의 무게(g)}}{\text{용질의 분자량}(M)}\times\frac{1,000}{\text{용액의 부피(mL)}}$$

예제

순황산 9.8g을 물에 녹여 전체 부피가 500mL가 되게 한 용액은 몇 M인가?

풀이 $\frac{9.8}{98}\times\frac{1,000}{500}=\frac{9.8\times 1,000}{98\times 500}=0.2\text{M}$

답 0.2M

② 1,000 × 비중 × % ÷ 용질의 분자량

예제

20% HCl(비중 1.10)은 몇 M 농도인가?

풀이 $M = 1{,}000 \times 비중 \times \% \div 용질의\ 분자량$

$= 1{,}000 \times 1.10 \times \frac{20}{100} \div 36.5 = 6M$

답 6M

(3) 몰랄 농도(m 농도, molality 농도)

용매 1kg(1,000g)에 녹아 있는 용질의 몰수(용질의 무게/용질의 분자량)를 나타낸 농도

$$m\ 농도 = \frac{용질의\ 무게(g)}{용질의\ 분자량(M)} \times \frac{1{,}000}{용매의\ 무게}$$

예제

물 500g 중에 설탕($C_{12}H_{22}O_{11}$) 171g이 녹아 있는 설탕물의 몰랄 농도는?

풀이 $몰랄\ 농도 = \frac{용질의\ 무게(g)}{용질의\ 분자량(M)} \times \frac{1{,}000}{용매의\ 무게(g)}$

$= \frac{171g}{(12 \times 12 + 22 + 16 \times 11)g} \times \frac{1{,}000}{500} = 1$

답 1

(4) 몰분율(mole fraction)

두 성분 이상의 물질계에서 한 성분의 농도를 나타내는 방법의 하나로, 혼합물을 구성하는 한 성분이 전체 몰수에서 차지하는 몰수의 비를 나타낼 때 사용하는 단위

$$A성분의\ 몰분율 = \frac{A성분의\ 몰수}{전체\ 성분의\ 총\ 몰수}$$

$$= \frac{nA}{nT} = \frac{nA}{nA + nB}\ (여기서,\ nT = nA + nB)$$

예제

에탄올 20.0g과 물 40.0g을 함유한 용액에서 에탄올의 몰분율은 약 얼마인가?

풀이 에탄올 : $\frac{20g}{46g}=0.43mol$, 물 : $\frac{40g}{18g}=2.22mol$

∴ 에탄올의 몰분율$=\frac{0.43}{0.43+2.22}=0.162$

답 0.162

(5) 규정 농도(N 농도, 노르말 농도)

① 용액 1L 속에 녹아 있는 용질의 g당량수

$$N\text{ 농도}=\frac{\text{용질의 무게(g)}}{\text{용질의 g당량}}\times\frac{1,000}{\text{용액의 부피(mL)}}$$

예제

다음 중 순황산 9.8g을 물에 녹여 전체 부피가 500mL가 되게 한 용액은 몇 N인가?

풀이 $\frac{9.8}{49}\times\frac{1000}{500}=0.4N$

답 0.4N

② 1,000×비중×%÷용질의 g당량수

예제

45% NaOH 용액의 비중은 1.2이다. 이 용액의 노르말 농도(N)는?

풀이 $N=1,000\times\text{비중}\times\%\div\text{용질의 g당량수}=1,000\times1.2\times\frac{45}{100}\div40=13.5N$

답 13.5N

참고

산, 염기의 당량

1. 계산식
   - 산 또는 염기의 당량$=\frac{\text{산 또는 염기의 g분자량}}{\text{산의 염기도 또는 염기의 산도}}$
2. 산의 염기도 : H^+ 수
   - 염기의 산도 : OH^- 수
3. 1g당량 값
   - HCl의 1g당량=36.5g/1=36.5g, H_2SO_4의 1g당량=98g/2=49g
   - NaOH의 1g당량=40g/1=40g, $Ca(OH)_2$의 1g당량=74g/2=37g

(6) 몰 농도(mole 농도)와 규정 농도(N 농도)와의 관계

$$N\text{ 농도} = \text{mole 농도} \times \text{산도수(염기도수)}$$

(7) % 농도와 몰 농도(mole 농도) 또는 규정 농도(N 농도)와의 관계

$$M\text{ 농도} = \frac{\text{용액의 비중} \times 1{,}000}{\text{용질의 분자량}} \times \frac{\%\text{ 농도}}{100}$$

$$N\text{ 농도} = \frac{\text{용액의 비중} \times 1{,}000}{\text{용질의 1g당량}} \times \frac{\%\text{ 농도}}{100}$$

5-3 묽은 용액과 콜로이드 용액의 성질

(1) 묽은 용액

① 묽은 용액의 비등점 상승과 빙점 강하

소금이나 설탕 등과 같은 비휘발성 물질을 녹인 용액의 증기압은 용매의 증기압보다 작다. 그 이유는 비휘발성 용질이 녹아 있어 증발이 어렵기 때문이다. 따라서 비휘발성 물질이 녹아 있는 용액의 비등점은 순수한 용매(순수한 물 등)일 때보다 높고, 빙점은 낮아진다.

② 비등점 상승도(ΔT_b)와 빙점 강하도(ΔT_f)

$$\text{비등점 상승도}(\Delta T_b) = \text{용액의 비등점} - \text{순용매의 비등점}$$
$$\text{빙점 강하도}(\Delta T_f) = \text{순용매의 빙점} - \text{용액의 빙점}$$

같은 몰 농도에서 비전해질 용액은 전해질 용액보다 비등점 상승도가 작다.

③ 라울(Raoult)의 법칙

일정한 온도에서 비휘발성이며, 비전해질인 용질이 녹는 묽은 용액의 증기 압력 내림은 일정량의 용매에 녹아 있는 용질의 몰수에 비례한다.

$$\text{비등점 상승도}(\Delta T_b) = m\text{(몰랄 농도)} \times K_b\text{ (분자 상승, 몰 오름)}$$
$$\text{빙점 강하도}(\Delta T_f) = m\text{(몰랄 농도)} \times K_f\text{ (분자 강하, 몰 내림)}$$

여기서,

몰랄 농도(m 농도, 중량 몰 농도) : 용매 1,000g에 녹아 있는 용질의 몰수를 나타낸 농도

몰 오름(K_b) : 1몰랄 농도 용액의 비등점 상승도 (예 용매가 물인 경우 K_b=0.52℃)

몰 내림(K_f) : 1몰랄 농도 용액의 빙점 강하도 (예 용매가 물인 경우 K_f=1.86℃)

참고

비전해질의 분자량 측정법

라울의 법칙에 의해 비전해질과 비휘발성 물질 용액의 비등점 상승도(ΔT_b)와 빙점 강하도(ΔT_f)는 몰랄 농도(m 농도)에 비례하므로 분자량을 계산할 수 있다.

$\Delta T_b = m \times K_b$

m 농도$= \dfrac{\text{용질의 무게}(W)(\text{g})}{\text{용질의 분자량}(M)(\text{g})} \times \dfrac{1{,}000}{\text{용매의 무게}(A)(\text{g수})}$

$\therefore \Delta T_b = \dfrac{W}{M} \times \dfrac{1{,}000}{A} \times K_b$ 즉, M(분자량)$= \dfrac{1{,}000 \times W \times K_b}{A \cdot \Delta T_b}$

예제

물 200g에 A물질 2.9g을 녹인 용액의 빙점은? (단, 물의 어는점 내림 상수는 1.86℃ · kg/mol이고, A물질의 분자량은 58이다.)

풀이 $\Delta T_f = \dfrac{2.9}{58} \times \dfrac{1{,}000}{200} \times 1.86 = -0.465$℃

답 -0.465℃

④ 삼투압과 반트 호프의 법칙(Van't Hoff law)

㉮ **삼투압** : 반투막을 사이에 두고 용매와 용액을 접촉시킬 경우 양쪽의 농도가 같게 되려고 용매가 용액쪽으로 침투하는 현상을 삼투라 하고, 이때 나타나는 압력을 삼투압이라 한다.

참고

삼투

용매 분자들이 반투막을 통해서 순수한 용매나 묽은 용액으로부터 좀더 농도가 높은 용액쪽으로 이동하는 알짜 이동

㉯ **반트 호프의 법칙(Van't Hoff law)** : 비전해질인 묽은 용액의 삼투압(P)은 용매와 용질의 종류에 관계없이 용액의 몰 농도와 절대 온도에 비례한다.

따라서, 어떤 물질 n몰이 V(L) 중에 녹아 있을 때의 농도는 n/V(mol/L)이 되므로 관계식은 다음과 같다.

$$\therefore PV = nRT = \frac{W}{M}RT$$

여기서, P : 삼투압

일반적으로 반트 호프에 의한 삼투압은 단백질, 녹말, 고무 등의 고분자 물질의 분자량 측정에 이용된다.

예제

27℃에서 9g의 비전해질을 녹인 수용액 500cc가 나타내는 삼투압은 7.4기압이었다. 이 물질의 분자량은?

풀이 반트 호프의 법칙(Van't Hoff law)

$PV = nRT = \frac{W}{M}RT$이므로

$\therefore M = \frac{WRT}{PV} = \frac{9 \times 0.082 \times (273+27)}{7.4 \times 0.5} = 60$

답 60

(2) 콜로이드 용액

종류 : 우유, 비눗물, 안개

① 콜로이드 용액

㉮ 진용액(용존 물질)과 현탁액(부유 물질)의 중간 크기($0.001 \sim 0.1\mu m$: $10^{-7} \sim 10^{-5}$ cm) 정도의 입자를 콜로이드 입자라 한다.

㉯ 미립자가 액체 중에 분산된 것이다.

㉰ 콜로이드 입자는 (+) 또는 (−)로 대전하고 있다.

㉱ 거름종이를 통과하지만 반투막은 통과하지 못한다.

② 콜로이드의 종류

㉮ **소수 콜로이드** : 물과의 친화력이 작고, 소량의 전해질에 의해 응석이 일어나는 콜로이드

예 주로 무기 물질로서 먹물, $Fe(OH)_3$, $Al(OH)_3$ 등의 콜로이드

㉯ **친수 콜로이드** : 물과의 친화력이 크고, 다량의 전해질에 의해 염석이 일어나는 콜로이드

예 주로 유기 물질로서 녹말, 단백질, 비누, 한천, 젤라틴 등의 콜로이드

㉰ **보호 콜로이드** : 불안정한 소수 콜로이드에 친수 콜로이드를 가하면 친수 콜로이드가 소수 콜로이드를 둘러싸서 안정하게 되며, 전해질을 가하여도 응석이 잘 일어나지 않도록 하는 콜로이드

예 먹물 속의 아교나 젤라틴, 잉크 속의 아라비아 고무 등

③ 콜로이드 용액의 성질

㉮ **틴들(tyndall) 현상** : 콜로이드 입자의 산란성에 의해 빛의 진로가 보이는 현상

예 어두운 방에서 문틈으로 들어오는 햇빛의 진로가 밝게 보이는 것

㉯ **브라운(brown) 운동** : 액체나 기체 안에서 미소 입자가 불규칙적으로 계속 움직이는 것

㉰ **투석(다이알리시스, dialysis)** : 반투막을 이용해서 콜로이드 입자를 전해질이나 작은 분자로부터 분리 정제하는 것

㉱ **흡착** : 콜로이드 입자는 그 무게에 비하여 표면적이 대단히 크므로 흡착력이 강해 수질 오염의 정제에 이용하는 방법

㉲ **전기 영동** : 콜로이드 용액에 (+), (−)의 전극을 넣고 직류 전압을 걸어 주면 콜로이드 입자가 어느 한쪽 극으로 이동하는 현상

㉳ **응석과 염석** : 콜로이드 용액에 전해질을 넣어 주었을 때 침전하는 현상

출제예상문제

01 물질과 에너지

01 다음 중 물에 대한 소금의 용해가 물리적 변화라고 할 수 있는 근거로 가장 옳은 것은?

① 소금과 물이 결합한다.
② 용액이 증발하면 소금이 남는다.
③ 용액이 증발할 때 다른 물질이 생성된다.
④ 소금이 물에 녹으면 보이지 않게 된다.

해설 물리적 변화란 물질의 본질은 변하지 않고 모양, 상태만이 변화되는 것을 말한다.

02 다음 그림은 일정한 질량의 고체를 일정한 비율의 열[Q(cal/sec)]로 가열하였을 때에 시간에 대한 온도의 변화를 나타낸 그래프이다. 설명이 잘못된 것은?

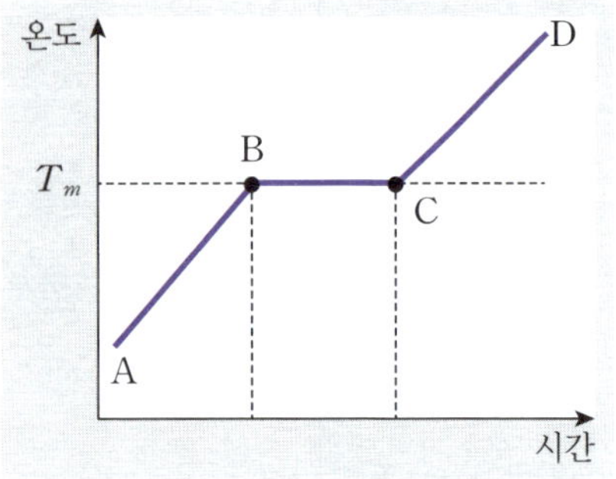

① 이 물질은 AB선상에서는 고체이다.
② 이 물질은 BC선상에서는 액체 상태이다.
③ 이 물질의 융점은 T_m이다.
④ 이 고체의 비열은 질량과 직선 AB의 기울기로 구할수 있다.

해설 물질의 상태 변화를 시간에 따른 온도로 나타낸 것으로서 AB선상은 고체가 가열되는 부분, BC선상은 고체가 융해되는 부분, CD선상은 액체가 가열되는 부분을 나타내며, T_m은 융점(녹는점)을 표시한 것이다.

03 분자 운동 에너지와 분자 간의 인력에 의하여 물질의 상태 변화가 일어난다. 다음 그림에서 (a), (b)의 변화는?

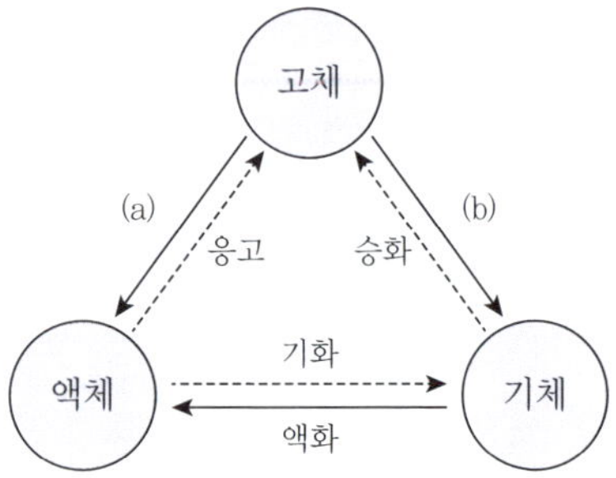

① (a) 융해, (b) 승화　② (a) 승화, (b) 융해
③ (a) 응고, (b) 승화　④ (a) 승화, (b) 응고

해설 고체 —융해→ 액체, 고체 —승화→ 기체

04 물질의 삼태 변화에서 꼭 수반되는 것은?

① 원자량　② 에너지
③ 원자 구조　④ 분자량

해설 물질의 삼태 변화에서 꼭 수반되는 것은 에너지의 변화이다.

05 다음 중 화학 변화가 일어날 때 관계되는 사항은?

① 원자량　② 원자 구조
③ 물질의 성질　④ 운동 에너지

해설 화학 변화란 물질의 성질이 변화가 일어나는 것이다.

06 물리적 변화보다는 화학적 변화에 해당하는 것은?

① 증류　② 발효
③ 승화　④ 용융

정답 01 ②　02 ②　03 ①　04 ②　05 ③　06 ②

해설 ㉠ 물리적 변화 : 물질의 본질에는 변화가 없고, 그 상태나 모양만이 변하는 것

예 증류, 승화, 용융

㉡ 화학적 변화 : 물질의 본질이 변하여 전혀 다른 물질로 변화되는 본질적인 변화

예 발효

07 다음 화학 반응 중 복분해는? (단, A, B, C, D는 원자 또는 라디칼을 나타낸다.)

① A+B → AB
② AB → A+B
③ AB+C → BC+A
④AB+CD → AD+BC

해설 ① 화합, ② 분해, ③ 치환, ④ 복분해

08 고체 유기 물질을 정제하는 과정에서 이 물질이 순물질인지를 알아보기 위한 조사 방법으로 다음 중 가장 적합한 방법은?

① 육안 관찰　② 녹는점 측정
③ 광학 현미경 분석　④ 전도도 측정

해설 순물질은 녹는점이 일정하다.

09 다음 중 단체로만 된 것은?

① 산소, 오존, 금강석　② 수소, 금, 대리석
③ 청동, 은, 철　④ 산소, 금, 수정

해설 단체
한 가지 원소로만 이루어진 것으로서 산소(O_2), 오존(O_3), 금강석(C), 수소(H_2), 은(Ag), 철(Fe) 등이 있다.

10 다음 물질 중 화합물에 해당되는 것은?

① 수소　② 다이아몬드
③ 과산화수소　④ 나트륨

해설 화합물
두 종류 이상의 원소로 이루어진 것으로서 과산화수소(H_2O_2)는 H, O의 두 가지 원소로 구성된 화합물이며, 다이아몬드(C), 수소(H_2), 나트륨(Na) 등은 한 가지 원소로만 이루어진 단체이다.

11 액화 공기로부터 질소와 산소를 분류하는 공업적 방법은 어느 성질의 차이를 이용한 것인가?

① 비등점　② 색
③ 반응성　④ 밀도

해설 공기를 액화시켜 끓는점(비등점)의 차이를 이용하여 질소와 산소를 분리하는 공업적 방법을 분별 증류법이라고 한다.

12 다음 중 물의 끓는점을 높이기 위한 방법으로 가장 타당한 것은?

① 순수한 물을 끓인다.
② 물을 저으면서 끓인다.
③ 감압하에 끓인다.
④ 밀폐된 그릇에서 끓인다.

해설 ④ 압력을 높이면 끓는점이 높아진다.

13 물의 끓는점을 낮출 수 있는 방법으로 옳은 것은?

① 밀폐된 그릇에서 물을 끓인다.
② 끓임쪽을 넣어 준다.
③ 설탕을 넣어 준다.
④ 외부 압력을 낮추어 준다.

해설 ④ 압력을 낮춰주면 끓는점이 낮아진다.

14 증류 작업에 반드시 필요한 것은?

① 리비히 냉각기　② 분액 깔대기
③ 양팔 저울　④ 시험관

해설 증류 작업에서 반드시 필요한 기구는 리비히 냉각기이다.

정답 07 ④ 08 ② 09 ① 10 ③ 11 ① 12 ④ 13 ④ 14 ①

15 질산칼륨 수용액 속에 소량의 염화나트륨이 불순물로 포함된 결정이 있다. 이 불순물을 제거하는 방법으로 적당한 것은?

① 증류 ② 막분리
③ 재결정 ④ 전기 분해

해설 고체 혼합물의 분리에서 재결정은 용해도의 차를 이용하여 분리 정제한다.

16 숯과 금강석이 동소체라는 사실을 증명하는 데 가장 효과적인 실험 방법은?

① 전기 전도도를 측정
② 비중을 측정
③ 융점과 비점을 비교
④ 연소 생성물을 확인

해설 동소체는 같은 원소로 되어 있으므로 확인 방법은 연소 생성물을 비교한다.

02 원자, 분자

01 원소 질량의 표준이 되는 것은?

① ^{1}H ② ^{12}C
③ ^{16}O ④ ^{235}U

해설 원소 질량의 표준
탄소 원자 $^{12}_{6}C$ 1개의 질량을 12로 정하고, 이와 비교한 다른 원자들의 질량비를 원자량이라 한다.

02 텅스텐의 비열은 약 0.035cal/g이다. 텅스텐의 근사한 원자량은? (단, 원자열 용량은 6.3이다.)

① 60 ② 120
③ 180 ④ 240

해설 $\frac{6.3}{0.035}=180$

03 다음 중 단원자 분자에 해당하는 것은?

① 산소 ② 질소
③ 네온 ④ 염소

해설 분자의 종류
㉠ 단원자 분자 : 1개의 원자로 구성된 분자
예 He, Ne, Ar 등 주로 불활성 기체
㉡ 이원자 분자 : 2개의 원자로 구성된 분자
예 H_2, O_2, N_2, Cl_2 등

04 탄소 12g을 공기 중에서 완전 연소시키면 CO_2 44g이 생기나, 늘어난 32g만큼 공기 중의 산소가 줄어드는 것은 다음의 어느 법칙과 관계가 깊은가?

① 배수 비례의 법칙 ② 기체 반응의 법칙
③ 질량 보존의 법칙 ④ 일정 성분비의 법칙

해설 질량 보전(불변)의 법칙
예 $C + O_2 \rightarrow CO_2$
$12g + 32g \rightarrow 44g$

05 수소 2g과 산소 24g을 반응시켜 물을 만들 때 반응하지 않고 남아 있는 기체의 무게는?

① 산소 4g ② 산소 8g
③ 산소 12g ④ 산소 16g

해설 일정 성분비의 법칙
$2H_2 + O_2 \longrightarrow 2H_2O$
2 : 1 : 2
4g 32g
2g 16g
∴ 24g − 16g = 산소 8g

06 다음 중 배수 비례의 법칙은?

① H_3PO_4, H_2SO_4 ② KCl, $CaCl_2$
③ $FeCl_2$, $FeCl_3$ ④ K_2O, K_2SO_4

해설 배수 비례의 법칙
두 가지의 원소가 두 가지 이상의 화합물을 만들 때 한 가지 원소의 일정량과 화합하는 다른 원소의 무게비에는 간단한 정수비가 성립된다.

정답 15 ③ 16 ④ | 01 ② 02 ③ 03 ③ 04 ③ 05 ② 06 ③

07 분자의 개념을 써야만 설명이 가능한 법칙은?

① 질량 보존의 법칙
② 기체 반응의 법칙
③ 배수 비례의 법칙
④ 일정 성분비의 법칙

해설 ① 원자에 관한 법칙 : 질량 보존의 법칙, 일정 성분비의 법칙, 배수 비례의 법칙
② 분자에 관한 법칙 : 기체 반응의 법칙, 아보가드로의 법칙

08 $2H_2+O_2 \longrightarrow 2H_2O$의 반응을 부피로 보면 무슨 법칙이 적용되는가?

① 질량 보존의 법칙　② 정비례의 법칙
③ 배수 비례의 법칙　④ 기체 반응의 법칙

해설 기체 반응의 법칙
두 가지 이상의 기체가 관여하는 반응에서 이들 기체의 부피의 비는 간단한 정수비가 성립된다.

09 1.5L의 메탄을 완전히 태우는 데 필요한 산소의 부피 및 연소의 결과로 생기는 이산화탄소의 부피는?

① 산소 3L, 이산화탄소 4.5L
② 산소 4.5L, 이산화탄소 3L
③ 산소 3L, 이산화탄소 1.5L
④ 산소 4.5L, 이산화탄소 4.5L

해설 $CH_4 + 2O_2 \longrightarrow CO_2+2H_2O$
1.5L　$2\times1.5L$　1.5L

10 산소 16g 속에 존재하는 산소 분자의 수와 가장 가까운 것은?

① 수소 0.5g 속의 수소 원자수
② 탄소 12g 속의 탄소 원자수
③ 수소 0.5g 속의 수소 분자수
④ 염소 71g 속의 염소 분자수

해설 산소 16g은 0.5mole로서, 존재하는 산소 분자의 수는 아보가드로의 법칙에 의해 3×10^{23}개 존재한다. 따라서, 각 물질의 mole수를 구하면 ① 0.5mole, ② 1mole, ③ 0.25mole, ④ 1mole이다.

11 8g의 메탄을 완전 연소시키는 데 필요한 산소 분자의 수는?

① 6.02×10^{23}　② 1.204×10^{23}
③ 6.02×10^{24}　④ 1.204×10^{23}

해설 메탄의 완전 연소 반응식
$CH_4+2O_2 \longrightarrow CO_2+2H_2O$
16g ⟶ 2몰의 산소
8g ⟶ 1몰의 산소
∴ 산소 분자 1몰의 산소 분자수$=6.02\times10^{23}$개

12 0℃, 1기압에서 수소(H_2) 1.12L 속에 포함된 수소 분자의 수는?

① 6.02×10^{23}개　② 3.01×10^{22}개
③ 2.05×10^{23}개　④ 1.04×10^{22}개

해설 $22.4L : 6.02\times10^{23}개=1.12L : x$
$x=\dfrac{1.12\times6.02\times10^{23}}{22.4}$
∴ $x=3.01\times10^{22}$

13 어떤 금속의 원자가 산화물의 조성은 금속이 80%이었다. 금속의 원자량은?

① 27　② 32
③ 64　④ 80

해설 산화물 중 금속의 함량이 80%이므로 산소(O_2)는 20%가 된다. 금속의 당량은 산소(O_2) 8g에 대응하는 값이 된다.
즉, $80 : 20=x : 8$
$x=80\times\dfrac{8}{20}=32$
∴ 원자량=당량×원자가 $=32\times2=64$

14 실험식이 N_xO_y인 질소의 산화물에서 질소의 당량이 14였다고 하면 x와 y의 값은? (단, 질소의 원자량은 14이다.)

① $x=2,\ y=1$　② $x=1,\ y=1$
③ $x=2,\ y=3$　④ $x=1,\ y=2$

해설 x와 y의 값은 N와 O의 원자가에 의해 결정되므로 O의 원자가는 -2이며,

정답　07 ②　08 ④　09 ③　10 ①　11 ①　12 ②　13 ③　14 ①

N의 원자가$=\frac{\text{원자량}}{\text{당량}}=\frac{14}{14}=1$이다.

$\therefore N^{+1}O^{-2} \longrightarrow N_2O(x=2, y=1)$

15 소금의 화학식을 NaCl로 표시하는데 이것은 어느 것인가?

① 분자식 ② 실험식
③ 시성식 ④ 구조식

해설 실험식(조성식)이란 물질의 조성을 원소 기호로 간단하게 표시한 식으로서 주로 이온 화합물에 사용된다.

16 어떤 유기 화합물을 원소 분석한 결과 C : 39.9%, H : 6.7%, O : 53.4%이었다. 이 화합물은? (단, C=12, O=16, H=1)

① $C_2H_4O_2$ ② $C_3H_8O_2$
③ C_2H_4O ④ C_2H_6O

해설 $C:H:O=\frac{39.9}{12}:\frac{6.7}{1}:\frac{53.4}{16}=1:2:1$

17 탄소, 산소, 수소로 되어 있는 유기물 8mg을 태워서 CO_2 15.40mg, H_2O 9.18mg을 얻었다. 이 실험식은?

① C_2H_6O ② C_2H_6
③ C_2H_5O ④ C_2H_4O

해설 ㉠ 각 원소의 함량을 구한다.

C의 양$=CO_2$의 양$\times\frac{\text{C의 양}}{CO_2\text{의 분자량}}=15.40\times\frac{12}{44}=4.2$

H의 양$=H_2O$의 양$\times\frac{2\text{H의 양}}{H_2O\text{의 분자량}}=9.18\times\frac{2}{18}=1.02$

O의 양$=8-(4.2+1.02)=2.78$

㉡ 각 원소의 원소수비를 구한다.

$C:H:O=\frac{4.2}{12}:\frac{1.02}{1}:\frac{2.78}{16}=2:6:1$

∴ 실험실$=C_2H_6O$

18 실험식이 CH_2O이고, 분자량이 60인 물질의 분자식은?

① C_2H_6O ② $C_3H_5O_3$
③ $C_2H_4O_2$ ④ $C_3H_4O_2$

해설 분자량은 실험식량의 정수 비례이므로

$n=\frac{60}{30}=2 \quad \therefore CH_2O\times2=C_2H_4O_2$

19 분자를 이루고 있는 원자단을 나타내며, 그 분자의 특성을 밝힌 화학식을 무엇이라 하는가?

① 시성식 ② 구조식
③ 실험식 ④ 분자식

해설 시성식의 설명이다.

20 다음 중에서 n−아밀알코올인 것은?

① $(CH_3)_2CH-CH_2-CH_2OH$
② $CH_3-CH_2-CH_2-CH_2-CH_2-OH$
③ $CH_3-CH_2-CH_2-CH_2-CH_2-CH_2-OH$
④ $CH_3-CH_2-CH_2-CH_2-OH$

해설 n−아밀알코올

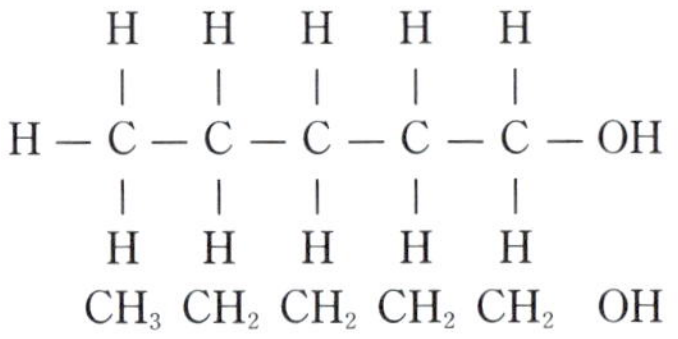

21 다음 중 부탄의 구조식은?

①
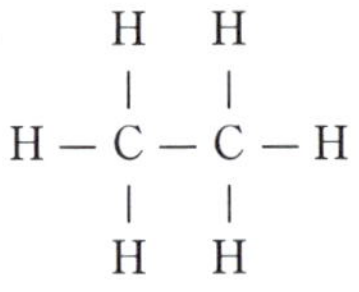

②
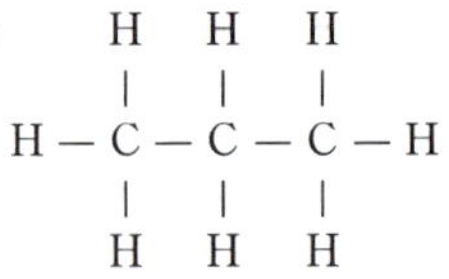

정답 15 ② 16 ① 17 ① 18 ③ 19 ① 20 ② 21 ④

③

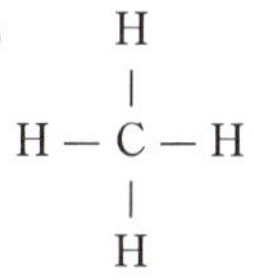

④

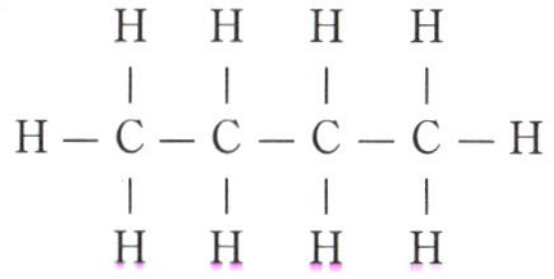

해설 ① 에탄, ② 프로판, ③ 메탄, ④ 부탄

22 프로판 1kg을 완전 연소시키기 위해 표준 상태의 산소는 약 몇 m^3가 필요한가?

① 2.55　　② 5
③ 7.55　　④ 10

해설 $C_3H_8 + 5O_2 \longrightarrow 3CO_2 + 4H_2O$

44kg　$5 \times 22.4m^3$
1kg　$x\ (m^3)$

$$x = \frac{1 \times 5 \times 22.4}{44}$$

$\therefore x = 2.55m^3$

23 다음은 에탄올의 연소 반응이다. 반응식의 계수 x, y, z를 순서대로 옳게 표시한 것은?

$$C_2H_5OH + xO_2 \longrightarrow yH_2O + zCO_2$$

① 4, 4, 3　　② 4, 3, 2
③ 5, 4, 3　　④ 3, 3, 2

해설 $C_2H_5OH + xO_2 \longrightarrow yH_2O + zCO_2$
양변에 각각의 원자수를 동일하게 계수를 맞춘다.
$C : 2 = z$, $H : 6 = 2y$, $y = 3$, $O : 2x + 1 = y = 2z$
미지수의 값을 대입한다.
$\therefore x = 3, y = 3, x = 2$

03 기체에 관한 법칙

01 보일의 법칙을 설명한 것은?

① 일정한 온도에서 기체의 부피는 그 압력에 비례한다.
② 일정한 온도에서 기체의 부피는 그 압력에 반비례한다.
③ 일정한 압력에서 기체의 부피는 그 온도에 비례한다.
④ 일정한 압력에서 기체의 부피는 그 온도에 반비례한다.

해설 보일의 법칙
$PV = P_1V_1$

02 1기압에서 100L를 차지하고 있는 용기를 내용적 5L의 용기에 넣으면 압력은 몇 기압이 되겠는가? (단, 온도는 일정하다.)

① 10　　② 20
③ 30　　④ 40

해설 보일의 법칙 : $PV = P_1V_1$, $1 \times 100 = P_1 \times 5$
$P_1 = \frac{1 \times 100}{5}$, $P_1 = 20$

03 기체 산소가 있다. 1℃에서 부피는 274cc이다. 2℃에서의 부피는? (단, 압력은 일정)

① 584cc
② 275cc
③ $274 \times \frac{275}{273}$cc
④ $274 \times \frac{274}{273}$cc

해설 샤를의 법칙 : $\frac{V}{T} = \frac{V_1}{T_1}$, $\frac{274}{(1+273)} = \frac{V_1}{(2+273)}$,

$$V_1 = \frac{274 \times (2+273)}{(1+273)}$$

$V_1 = 275cc$

정답 22 ① 23 ④ | 01 ② 02 ② 03 ②

04 273℃, 5기압에 있는 산소 10L를 100℃, 압력 2기압으로 하면 부피는?

① 24L ② 20L
③ 17L ④ 15L

해설 보일샤를의 법칙 : $\frac{PV}{T}=\frac{P_1V_1}{T_1}$,

$\frac{5\times 10}{(273+273)}=\frac{2\times V_1}{(100+273)}$

$V_1=\frac{5\times 10\times(100+273)}{(273+273)\times 2}$

$V_1=17$

05 보일－샤를의 법칙은 다음 어느 경우에 잘 적용되는가?

① 온도가 높고, 압력이 높을 때
② 온도가 낮고, 압력이 낮을 때
③ 온도가 낮고, 압력이 높을 때
④ 온도가 높고, 압력이 낮을 때

해설 이상 기체의 조건
온도가 높고, 압력이 낮을 때

06 실제 기체가 다음 중 어떤 상태일 때 이상 기체의 상태 방정식에 잘 맞는가?

① 온도가 높고, 압력도 높을 때
② 온도가 높고, 압력이 낮을 때
③ 온도가 낮고, 압력이 높을 때
④ 온도가 낮고, 압력도 낮을 때

해설 이상 기체는 기체 분자 간의 인력을 무시하고, 기체 자신의 체적도 무시한 상태의 기체로서, 온도가 높고, 압력이 낮을 경우에 잘 적용된다.

07 어떤 물질 1g을 증발시켰더니 그 부피가 0℃, 4atm에서 329.2mL였다. 이 물질의 분자량은? (단, 증발한 기체는 이상 기체라 가정한다.)

① 17 ② 23
③ 30 ④ 60

해설 $PV=\frac{W}{M}RT$이므로

$\therefore M=\frac{WRT}{PV}=\frac{1\times 0.082\times 273}{4\times 329.2\times 10^{-3}}=17$

08 이상 기체 상수 R값이 0.082라면 그 단위로 옳은 것은?

① $\frac{\text{atm}\cdot\text{mol}}{\text{L}\cdot\text{K}}$ ② $\frac{\text{mmHg}\cdot\text{mol}}{\text{L}\cdot\text{K}}$
③ $\frac{\text{atm}\cdot\text{L}}{\text{mol}\cdot\text{K}}$ ④ $\frac{\text{mmHg}\cdot\text{L}}{\text{mol}\cdot\text{K}}$

해설 $R=\frac{PV}{T}=\frac{1\times 22.4}{273}=0.082\left(\frac{\text{L}\cdot\text{기압}}{\text{mol}\cdot\text{K}}\right)$

09 어떤 기체가 탄소 원자 1개당 2개의 수소 원자를 함유하고 0℃, 1기압에서 밀도가 1.25g/L일 때 이 기체에 해당하는 것은?

① CH_2 ② C_2H_4
③ C_3H_6 ④ C_4H_8

해설 밀도(g/L)$=\frac{\text{분자량(g)}}{22.4\text{(L)}}$

① $CH_2=\frac{(12+2)\text{g}}{22.4\text{L}}=0.625\text{g/L}$

② $C_2H_4=\frac{(24+4)\text{g}}{22.4\text{L}}=1.25\text{g/L}$

③ $C_3H_6=\frac{(36+6)\text{g}}{22.4\text{L}}=1.875\text{g/L}$

④ $C_4H_8=\frac{(48+8)\text{g}}{22.4\text{L}}=2.5\text{g/L}$

10 2기압의 산소 4L와 4기압의 산소 5L를 같은 온도에서 7L의 용기에 넣으면 전체 압력은?

① 4기압 ② 6기압
③ 2기압 ④ 3기압

해설 $PV=P_1V_1+P_2V_2$

$\therefore P=\frac{P_1V_1+P_2V_2}{V}=\frac{(2\times 4)+(4\times 5)}{7}=4$기압

정답 04 ③ 05 ④ 06 ② 07 ① 08 ③ 09 ② 10 ①

11 그레이엄의 법칙에 따른 기체의 확산 속도와 분자량의 관계를 옳게 설명한 것은?

① 기체 확산 속도는 분자량의 제곱에 비례한다.
② 기체 확산 속도는 분자량의 제곱에 반비례한다.
③ 기체 확산 속도는 분자량의 제곱근에 비례한다.
④ 기체 확산 속도는 분자량의 제곱근에 반비례한다.

해설 그레이엄(Graham)의 확산 속도 법칙
일정한 온도에서 기체의 확산 속도는 그 기체 분자량의 제곱근에 반비례한다.

$$\frac{u_A}{u_B}=\sqrt{\frac{M_B}{M_A}}$$

여기서, u_A, u_B : 기체의 확산 속도
M_A, M_B : 분자량

12 0℃, 1atm하에서 22.4L의 무게가 가장 적은 기체는?

① 질소 ② 산소
③ 아르곤 ④ 이산화탄소

해설 모든 기체는 0℃, 1atm·22.4L에서 1mol 존재
① 28g/mol ② 32g/mol ③ 40g/mol ④ 44g/mol

04 열역학의 법칙

01 열의 평형과 관계되는 법칙은?

① 열역학 제0법칙 ② 열역학 제1법칙
③ 열역학 제2법칙 ④ 열역학 제3법칙

해설 열의 평형과 관계되는 법칙은 열역학 제0법칙

02 에너지는 결코 생성될 수도 없어질 수도 없고 단지 형태의 이변이라는 에너지의 보존 법칙은?

① 열역학 제1법칙 ② 열역학 제2법칙
③ 열역학 제3법칙 ④ 열역학 제4법칙

해설 열역학 제1법칙을 에너지 불변의 법칙이라고도 한다.

03 열의 일당량 "줄(J)" kg·m/kcal의 값은?

① 427 ② 539
③ 632 ④ 778

해설 A=일의 열당량$\left(\frac{1}{427}\text{kcal/kg·m}\right)$
J=열의 일당량(427kg·m/kcal)

04 일을 열로 바꾸는 것은 용이하나, 열을 일로 바꾸는 것은 제한을 받는다. 이 법칙은?

① 열역학 제1법칙 ② 열역학 제2법칙
③ 게이뤼삭의 법칙 ④ 보일－샤를의 법칙

해설 열역학 제2법칙
열을 일로 전부 바꿀 수 없다. 열효율이 100%인 기관을 만들 수 없다.

05 '0K(절대영도)에서 완전한 결정을 이루고 있는 물질의 엔트로피는 0이다.'라는 것은 열역학 제 몇 법칙을 의미하는가?

① 열역학 제0법칙 ② 열역학 제1법칙
③ 열역학 제2법칙 ④ 열역학 제3법칙

해설 열역학 제3법칙
어떤 계를 절대영도(0K)에 이르게 할 수 없다는 법칙

05 용액과 용액의 농도

01 40℃에서 어떤 물질은 그 포화 용액 84g 속에 24g 녹아 있다. 이 온도에서 이 물질의 용해도는?

① 30 ② 40
③ 50 ④ 60

해설 용해도$=\frac{24}{84-24}\times100=40$

정답 11 ④ 12 ① | 01 ① 02 ① 03 ① 04 ② 05 ④ | 01 ②

02 다음 중 용해도의 정의로 옳은 것은?

① 용매 1L에 녹는 용질의 몰수
② 용매 1,000g에 녹는 용질의 몰수
③ 용매 100g 중에 녹아 있는 용질의 g수
④ 용매 100g 중에 녹아 있는 용질의 g당량수

해설 용해도
용매 100g 중에 녹아 있는 용질의 g수

03 20℃에서 NaCl의 용해도는 36이다. 20℃에서 NaCl 포화 용액인 것은?

① 용액 100g 중에 NaCl이 35g 녹아 있을 때
② 용액 100g 중에 NaCl이 36g 녹아 있을 때
③ 용액 136g 중에 NaCl이 36g 녹아 있을 때
④ 용액 100g 중에 NaCl이 136g 녹아 있을 때

해설 용해도
일정한 온도에서 용매 100g에 녹일 수 있는 용질의 최대 g수

$\therefore 36 = \frac{36g}{100g} \times 100$

04 다음 중 질산칼륨(KNO_3)의 포화 용액을 불포화 용액으로 만들 수 있는 조건은?

① 압력을 가한다. ② 온도를 올린다.
③ 용질을 가한다. ④ 물을 증발시킨다.

해설 포화 용액 $\xrightarrow{\text{가열}}$ 불포화 용액

05 다음 중 고체 물질이 물에 녹을 때 온도가 높아지면 용해도가 감소하는 것은?

① 소금 ② 질산칼륨
③ 염화칼슘 ④ 수산화칼슘

해설 NaCl의 용해도는 온도의 영향을 거의 받지 않으며 $Ca(OH)_2$, Na_2SO_4는 발열 반응이므로 온도가 상승함에 따라 오히려 용해도는 감소한다.

06 극성인 용매 P와 비극성 용매 N이 있다. 다음 중 옳은 것은?

① P와 N은 서로 섞인다.
② P는 물에 섞인다.
③ CCl_4는 P와 N에 섞인다.
④ NaCl은 P와 N에 녹는다.

해설 극성은 극성끼리, 무극성은 무극성끼리 녹는다.

07 물, 벤젠, 석유의 3가지 용매가 있다. 이 중 서로 혼합되는 것으로만 짝지어진 것은?

① 물, 벤젠 ② 물, 석유
③ 벤젠, 석유 ④ 물, 벤젠, 석유

해설 ㉠ 물 – 극성 용매
㉡ 벤젠, 석유 – 무극성 용매

08 다음 중 물에 대한 용해도가 가장 작은 것은?

① HCl ② NH_3
③ CO_2 ④ HF

해설 물은 극성이며, 극성 물질은 극성 용매에 잘 녹는다. CO_2는 무극성이다.

09 기체의 용해도는 다음 어느 경우에 커지는가?

① 온도 · 압력이 모두 낮을 때
② 온도 · 압력이 모두 높을 때
③ 온도가 낮고, 압력이 높을 때
④ 온도는 높고, 압력이 낮을 때

해설 기체의 용해도는 온도가 낮고, 압력이 높을 때 커진다.
예 고압 gas

10 탄산 음료수의 병마개를 개방하면 왜 거품(기포)이 솟아오르는가?

① 수증기가 생기기 때문이다.
② 이산화탄소가 분해하기 때문이다.
③ 온도가 올라가게 되어 용해도가 증가하기 때문이다.

정답 02 ③ 03 ③ 04 ② 05 ④ 06 ② 07 ③ 08 ③ 09 ③ 10 ④

④ 액체 위의 압력이 줄어들어 용해도가 줄기 때문이다.

해설 헨리의 법칙 적용의 예이다.

11 다음 중 침전을 형성하는 조건은?

① 이온곱>용해도곱
② 이온곱=용해도곱
③ 이온곱<용해도곱
④ 이온곱+용해도곱=1

해설 **침전을 형성하는 조건**
이온곱이 용해도곱보다 클 때, 이온곱과 용해도곱이 같아질 때까지 침전이 된다.
∴ 이온곱>용해도곱일 때 침전이 일어남.

12 다음 중 헨리의 법칙에 따르지 않는 기체는?

① 이산화탄소 ② 수소
③ 질소 ④ 암모니아

해설 ㉠ 물에 약간 녹는 기체(헨리의 법칙에 따름) : CO_2, O_2, N_2, H_2 등
㉡ 물에 잘 녹는 기체(헨리의 법칙에 따르지 않음) : NH_3, HCl, SO_2, H_2S 등

13 물 100g에 10g의 소금이 용해되어 있다. 소금물은 몇 % 농도인가?

① 11% ② 10.1%
③ 10% ④ 9.1%

해설 $\%\ \text{농도} = \dfrac{\text{용질의 g수}}{\text{용액의 g수}} \times 100 = \dfrac{\text{용질}}{\text{용매}+\text{용질}} \times 100$

$= \dfrac{10}{100+10} \times 100 = 9.1\%$

14 다음 중 순황산 9.8g을 물에 녹여 전체 부피가 500mL가 되게 한 용액은 몇 M인가?

① 0.2 ② 0.4
③ 2 ④ 4

해설 $M\ \text{농도} = \dfrac{\text{용질의 무게}}{\text{용질의 분자량}} \times \dfrac{1,000}{\text{용액의 부피(mL)}}$

$= \dfrac{9.8}{98} \times \dfrac{1,000}{500} = \dfrac{9,800}{49,000} = 0.2\text{M}$

15 20% HCl(비중 1.10)은 몇 *M* 농도인가?

① 3 ② 5 ③ 6 ④ 9

해설 $M = 1,000 \times \text{비중} \times \% \div \text{용질의 분자량}$

$= 1,000 \times 1.10 \times \dfrac{20}{100} \div 36.5 = 6$

16 물 500g 중에 설탕($C_{12}H_{22}O_{11}$) 171g이 녹아 있는 설탕물의 몰랄 농도는?

① 2.0 ② 1.5
③ 1.0 ④ 0.5

해설 $\text{몰랄 농도} = \dfrac{\text{용질의 무게}(W)}{\text{용질의 분자량}(M)} \times \dfrac{1,000}{\text{용매의 무게(g)}}$

$= \dfrac{171\text{g}}{(12 \times 12 + 22 + 16 \times 11)\text{g}} \times \dfrac{1,000}{500} = 1$

17 다음 중 순황산 9.8g을 물에 녹여 전체 부피가 500mL가 되게 한 용액은 몇 N인가?

① 0.2 ② 0.4
③ 2 ④ 4

해설 $N\ \text{농도} = \dfrac{\text{용질의 무게}}{\text{용질의 g당량}} \times \dfrac{1,000}{\text{용액의 부피(mL)}}$

$\dfrac{9.8}{49} \times \dfrac{1,000}{500} = 0.4\text{N}$

18 비중이 1.84이고 무게 농도가 96%인 진한 황산(분자량=98g)의 *N* 농도는 대략 얼마인가?

① 1.8M ② 3.6M
③ 18M ④ 36M

해설 $N = 1,000 \times \text{비중} \times \% \div \text{용질의 g당량수}$

$1,000 \times 1.84 \times \dfrac{96}{100} \div 49 = 36\text{M}$

정답 11 ① 12 ④ 13 ④ 14 ① 15 ③ 16 ③ 17 ② 18 ④

19 10%의 NaOH에서 1N 용액 100mL 만들고자 할 때 옳은 방법은?

① 원용액 40g에 60mL의 물을 가한다.
② 원용액 40g에 물을 가하여 100mL로 한다.
③ 원용액 40mL에 60mL의 물을 가한다.
④ 원용액 40mL에 물을 가하여 100mL로 한다.

해설 1N−NaOH 100mL 속에는 NaOH 4g이 포함되며, NaOH 용액은 10%이므로 4/0.1=40g이 필요하다. 따라서 원용액 40g에 물을 가하여 100mL로 만들면 1N 용액이 된다.

20 물 2.5L 중에 어떤 불순물이 10mg 함유되어 있다면 약 몇 ppm으로 나타낼 수 있는가?

① 0.4　② 1
③ 4　④ 40

해설 $\frac{10\text{mg}}{2.5\text{L}}=4\text{mg/L}=4\text{ppm}$

21 다음에서 설명하는 법칙은 무엇인가?

> 일정한 온도에서 비휘발성이며, 비전해질인 용질이 녹은 묽은 용액의 증기 압력 내림은 일정량의 용매에 녹아 있는 용질의 몰수에 비례한다.

① 헨리의 법칙　② 라울의 법칙
③ 아보가드로의 법칙　④ 보일−샤를의 법칙

해설 라울의 법칙의 설명이다.

22 물 200g에 아세톤 2.9g을 녹인 용액의 빙점은? (단, 아세톤의 분자량 58, 물의 몰 내림은 1.86이다.)

① −0.465℃　② −0.932℃
③ −1.871℃　④ −2.453℃

해설 $\Delta T_f=\frac{2.9}{58}\times\frac{1{,}000}{200}\times1.86=-0.465℃$

23 용매 분자들이 반투막을 통해서 순수한 용매나 묽은 용액으로부터 좀 더 농도가 높은 용액쪽으로 이동하는 알짜 이동을 무엇이라 하는가?

① 총괄 이동　② 등방성
③ 국부 이동　④ 삼투

해설 삼투의 설명이다.

24 어떤 물질 1.5g을 물 75g에 녹인 용액의 어는점이 −0.310℃이다. 이 물질의 분자량은? (단, 물의 어는점 계수는 1.86이다.)

① 180　② 150
③ 120　④ 100

해설 라울의 법칙

$\Delta T_b=m\times K_b$

$m\text{ 농도}=\frac{\text{용질의 무게}(W)}{\text{용질의 분자량}(M)}\times\frac{1{,}000}{\text{용매의 무게 }A(\text{g수})}$

$\therefore \Delta T_b=\frac{W}{M}\times\frac{1{,}000}{A}\times K_b$

즉, $M=\frac{1{,}000\times W\times K_b}{A\cdot\Delta T_b}=\frac{1{,}000\times1.5\times1.86}{75\times0.31}=120$

25 다음 수용액 중 가장 빙점이 낮은 것은?

① 포도당 0.1몰/L　② 식초산 0.1몰/L
③ NaCl 0.1몰/L　④ $CaCl_2$ 0.1몰/L

해설 같은 몰수에서는 비전해질보다 전해질의 빙점이 낮고, 전해질끼리는 이온의 수가 많은 것이 빙점이 낮다. 이온수가 가장 많은 것은 $CaCl_2$이다. 그러므로 $CaCl_2$가 가장 빙점이 낮다.

26 27℃에서 9g의 비전해질을 녹인 수용액 500cc가 나타내는 삼투압은 7.4기압이었다. 이 물질의 분자량은?

① 70　② 60
③ 40　④ 15

해설 $PV=nRT=\frac{W}{M}RT$이므로

$\therefore M=\frac{WRT}{PV}=\frac{9\times0.082\times(273+27)}{7.4\times0.5}=60$

정답 19 ② 20 ③ 21 ② 22 ① 23 ④ 24 ③ 25 ④ 26 ②

27 다음 중 고분자 물질의 분자량 측정에 이용되는 법칙은?

① 라울의 법칙 ② 보일의 법칙
③ 그레이엄의 법칙 ④ 반트 호프의 법칙

해설 일반적으로 반트 호프 법칙에 의한 삼투압은 단백질, 녹말, 고무 등 고분자 물질의 분자량 측정에 이용한다.

28 콜로이드 용액에 대한 다음 설명 중 옳지 않은 것은?

① 콜로이드 용액은 틴들 현상을 보인다.
② 콜로이드 입자의 지름은 대략 0.001~0.1μm이다.
③ 콜로이드 입자는 (+) 혹은 (−)로 대전되어 있다.
④ 콜로이드 용액은 거름종이와 투석막을 통과한다.

해설 콜로이드 용액은 거름종이를 통과하지만, 투석막을 통과하지는 못한다.

29 먹물에 아교나 젤라틴을 약간 풀어주면 탄소 입자가 쉽게 침전되지 않는다. 이때 가해준 아교는 무슨 콜로이드로 작용하는가?

① 서스펜션 ② 소수
③ 복합 ④ 보호

해설 보호 콜로이드 : 먹물 속의 아교나 젤라틴, 잉크 속의 아라비아 고무 등

30 콜로이드의 엉김(coagulation)을 일으키는 데 효과가 가장 큰 것은?

① NaCl ② $Al_2(SO_4)_3$
③ $BaCl_2$ ④ $CaCl_2$

해설 $Al_2(SO_4)_3$는 응집제이므로 엉김을 일으킨다.

31 액체나 기체 안에서 미소 입자가 불규칙적으로 계속 움직이는 것을 무엇이라 하는가?

① 틴들 현상 ② 다이알리시스
③ 브라운 운동 ④ 전기 영동

해설 브라운 운동의 설명이다.

32 콜로이드의 정제에 이용되는 것은?

① 틴들 현상 ② 투석
③ 삼투 현상 ④ 브라운 운동

해설 투석이란 반투막을 이용하여 보통 분자나 이온과 콜로이드 입자를 분리시키는 방법이다.

33 굴뚝에서 나오는 연기를 하전된 판 사이로 통과시킴으로써 연기를 제거할 수 있는 것은 콜로이드의 어떤 성질을 이용한 것인가?

① 틴들 현상 ② 브라운 운동
③ 투석법 ④ 전기 영동

해설 전기 영동이란 콜로이드 용액에 (+), (−)의 전극을 넣고 직류 전압을 걸어 주면 콜로이드 입자가 어느 한쪽 극으로 이동하는 현상이다.

34 비누나 두부를 만들 때 진한 소금물이나 간수를 가하는 것은 콜로이드의 어떤 성질을 이용한 것인가?

① 브라운 운동 ② 틴들 현상
③ 전기 분해 ④ 염석

해설 염석이란 다량의 전해질로 콜로이드를 침전시키는 것을 말한다.

정답 27 ④ 28 ④ 29 ④ 30 ② 31 ③ 32 ② 33 ④ 34 ④

Chapter 02 원자 구조 및 화학 결합

01 원자 구조

1-1 원자의 구성 입자

(1) 원자 구조

① 원자는 (+)전기를 띤 원자핵과 그 주위에 구름처럼 퍼져 있는 (−)전기를 띤 전자로 되어 있다.

② 원자핵은 (+)전기를 띤 양성자와 전기를 띠지 않는 중성자로 되어 있다.

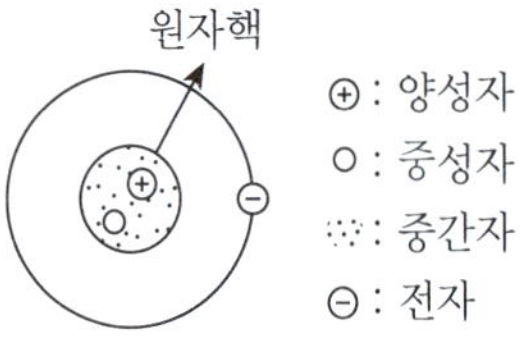

<원자의 구조>

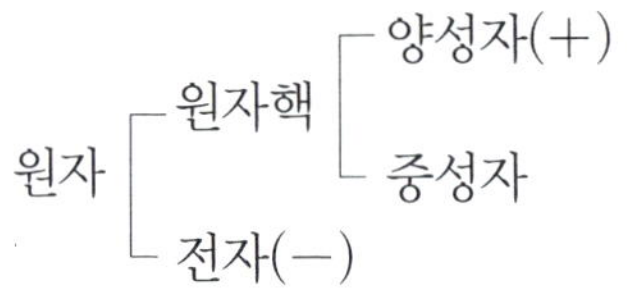

〈원자의 구성 입자〉

소립자		전하	실제 질량	원자량 단위	기호	발견자	비고
원자핵	양성자 (proton)	(+)	1.673×10^{-24}g	1(가정)	P 또는 $^{1}_{1}H$	러더퍼드 (Rutherford) (1919)	원자 번호를 정함
	중성자 (neutron)	중성	1.675×10^{-24}g	1	n 또는 $^{1}_{1}n$	채드윅 (Chadwick) (1932)	
전자(electron)		(−)	9.11×10^{-28}g	양성자의 1/1,840	e^{-}	톰슨 (Thomson) (1898)	양성자수와 같음

(2) 원자 번호와 질량수

① **원자 번호** : 중성 원자가 가지는 양성자수

원자 번호=양성자수=전자수

② **질량수** : 원자핵의 무게로 양성자와 중성자의 무게를 각각 1로 했을 경우 상대적인 질량값

질량수=양성자수+중성자수

예 $^{39}_{19}K$

1. 질량수 : 39
2. 양성자수(원자 번호=전자수) : 19
3. 중성자수 : 20

(3) 동위 원소(동위체)

양성자수는 같으나 질량수가 다른 원소, 즉 중성자수가 다른 원소이다.

동위 원소는 핵의 전자수가 같으므로 화학적 성질은 같고, 질량수가 달라 물리적 성질은 서로 다르다.

예 수소(H)의 동위 원소

$^{1}_{1}H$(경수소), $^{2}_{1}D$(중수소), $^{3}_{1}T$(삼중수소)

예제

염소는 2가지 동위 원소로 구성되어 있는 데 원자량이 35인 염소가 75% 존재하고, 37인 염소는 25% 존재한다고 가정할 때, 이 염소의 평균 원자량은?

풀이 평균 원자량$=35\times0.75+37\times0.25=35.5$

답 35.5

1-2 전자 껍질과 전자 배열

(1) 전자 껍질

원자핵을 중심으로 하여 에너지 준위가 다른 몇 개의 전자층을 이루는데 이 전자층을 전자 껍질이라 하며, 주전자 껍질(K, L, M, N, … 껍질)과 부전자 껍질(s, p, d, f 껍질)로 나눈다.

〈전자 껍질의 종류〉

전자 껍질	K 껍질($n=1$)	L 껍질($n=2$)	M 껍질($n=3$)	N 껍질($n=4$)
최대 전자수($2n^2$)	2	8	18	32
부전자 껍질	$1s^2$	$2s^2$, $2p^6$	$3s^2$, $3p^6$, $3d^{10}$	$4s^2$, $4p^6$, $4d^{10}$, $4f^{14}$

① 부전자 껍질(s, p, d, f)에 수용할 수 있는 전자수는 s : 2개, p : 6개, d : 10개, f : 14개

② 주기율표의 족의 수=가전자수(화학적 성질을 결정)

주기율표의 주기수=전자 껍질의 수

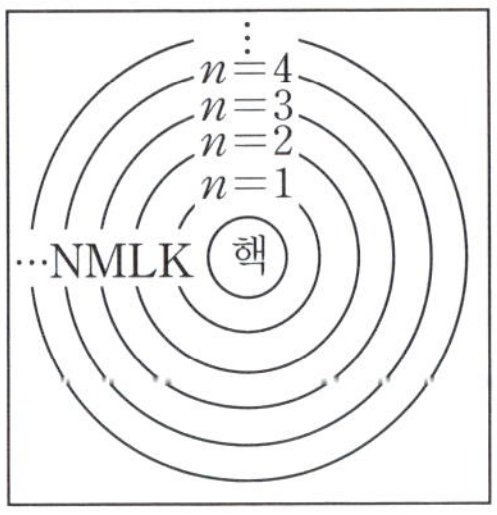

<전자 껍질의 예>

(2) 전자의 에너지 준위

전자 껍질을 전자의 에너지 상태로 나타낼 때를 전자의 에너지 준위라 한다.

① 주전자 껍질은 핵에서 가까운 층으로부터 에너지 준위(n : 주 양자수) 1, 2, 3, 4, … 또는 K, L, M, N, … 층으로 나눈다.

② 각 층에 들어갈 수 있는 전자의 최대수는 $2n^2$이다.

③ 전자의 에너지 준위 크기는 K<L<M<N … 순이다.

(3) 가전자(최외각 전자)

전자 껍질에 전자가 채워졌을 때 제일 바깥 전자 껍질에 들어 있는 전자로서 최외각 전자라고 하며, 그 원자의 화학적 성질을 결정한다.

예제

염소, 요오드의 최외각 전자수는?

답 7개

참고

팔우설(octet rule)

모든 원자들은 주기율표 0족에 있는 비활성 기체(Ne, Ar, Kr, Xe 등)와 같이 최외각 전자 8개를 가져서 안정되려는 경향(단, He은 2개의 가전자를 가지고 있으며 안정하다.)이 있다.

예제

게르마늄이 반응할 때, 다음 중 어떤 원소의 전자수와 같아지려고 하는가?

답 Kr

(4) 이온

중성 원자가 전자를 잃어서 (+)이온이 되고, 전자를 얻어서 (−)이온이 되는 것은 최외각 전자가 옥테드(전자수 8개)를 이루어 불활성 기체와 같이 안정하게 되는 것이다.

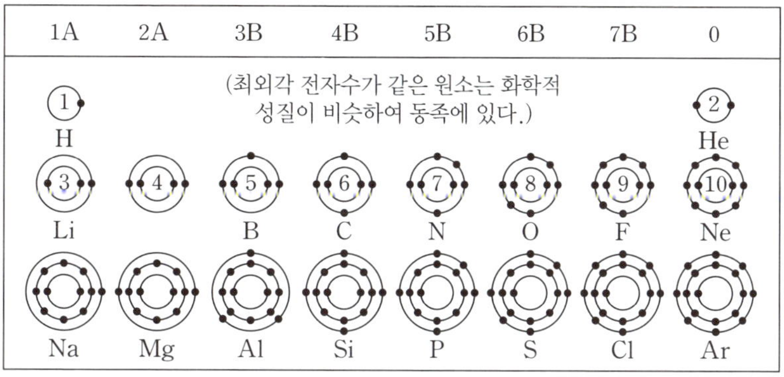

<원자의 전자 배열(1, 2, 3, …은 주기율표의 족 번호)>

(5) 궤도 함수(오비탈, orbital)

원자핵 주위에 분포되어 있는 전자의 확률적 분포 상태

오비탈의 이름	s−오비탈	p−오비탈	d−오비탈	f−오비탈
전자수	2	6	10	14
오비탈의 표시법	s^2	p^6	d^{10}	f^{14}
	[↑↓]	[↑↓][↑↓][↑↓]	[↑↓][↑↓][↑↓][↑↓][↑↓]	[↑↓][↑↓][↑↓][↑↓][↑↓][↑↓][↑↓]

(6) 오비탈의 전자 배열

원자의 전자 배열 순서(에너지 준위의 순서)는 다음과 같다.

$1s < 2s < 2p < 3s < 3p < 4s < 3d < 4p < 5s$ …순으로 전자가 채워진다.

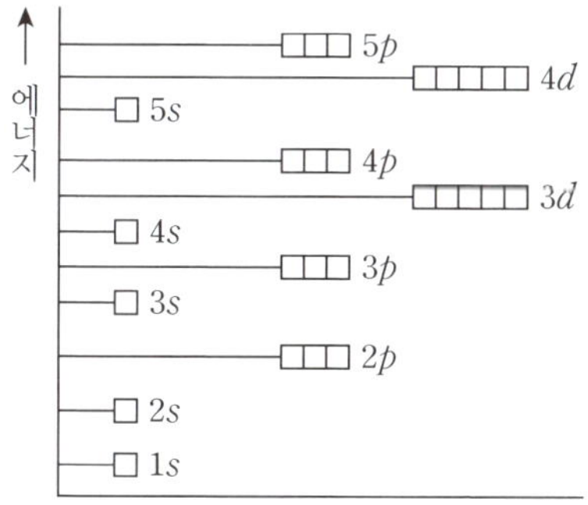

<오비탈의 에너지 준위>

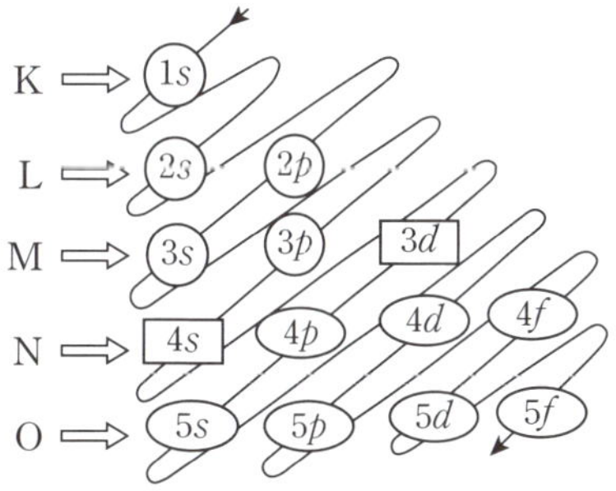

<오비탈의 전자 배열 순서>

예 1. $_{17}Cl$의 전자 배열 : $1s^2$ $2s^2$ $2p^6$ $3s^2$ $3p^5$

2. $_{19}K$의 전자 배열 : $1s^2$ $2s^2$ $2p^6$ $3s^2$ $3p^6$, $4s^1$

참고

훈트(Hunt)의 법칙

같은 에너지 준위의 오비탈이 여러 개가 있고 여기에 여러 개의 전자가 들어갈 때에는 모든 오비탈에 분산되어 들어가는 성실

1. p 오비탈에 전자가 채워지는 순서 :

① ④	② ⑤	③ ⑥

2. 부대 전자 : s, p, d, f 등의 오비탈에 전자가 들어갈 때 쌍을 이루지 않고 혼자 있는 전자

예 O : $1s^2\ 2s^2\ 2p^4$

↑↓	↑↓	↑↓	↑	↑

: 부대 전자 2개

(7) 전자 배치의 원리

① 파울리(Pauli)의 배타 원리

한 원자에서 네 양자수가 똑같은 전자가 2개 이상 있을 수 없다. 즉 한 오비탈에는 전자가 2개까지만 배치된다.

② 훈트(Hunt)의 규칙

같은 에너지 준위의 오비탈에는 먼저 전자가 각 오비탈에 1개씩 채워진 후, 두 번째 전자가 채워진다. 그러므로 홀전자수가 많을수록 에너지가 안정한 전자 배치가 된다.

③ 쌓음의 원리

전자는 낮은 에너지 준위의 오비탈부터 차례로 채워진다.

02 원소의 주기율

2-1 원소의 주기율

(1) 원소의 주기율

① 주기율

원소를 원자 번호 순으로 배열하면 성질이 비슷한 원소가 주기적으로 나타나는 성질

② 멘델레예프(Mendeleev)의 주기율표

원소를 원자량 순으로 배열한 주기율표

③ 모즐리(Moseley)의 주기율표

㉮ 원소를 원자 번호 순으로 배열한 주기율표

㉯ 원자핵의 양성자수 기준

(2) 주기율표

주기율에 따라 원소를 배열한 표

① 족(group)

주기율표의 세로줄을 족(group)이라 하며, 1족부터 7족까지와 0족이 있음

㉮ 족(group)은 최외각 전자(가전자)를 결정

㉯ 같은 족의 원소를 동족 원소(동족 원소는 가전자수가 같기 때문에 화학적 성질이 비슷)

② 주기(period)

주기율표의 가로줄을 주기(period)라 하며, 1~7주기가 있고 전자 껍질을 결정

㉮ **단주기형 주기표** : 2주기와 3주기의 8개의 원소를 기준으로 만든 것

㉯ **장주기형 주기표** : 4주기와 5주기의 18개의 원소를 기준으로 만든 것

같은 주기에 있는 원소들은 왼쪽에서 오른쪽으로 갈수록 산화물들이 점점 산성이 강해진다.

족 / 주기	1A	2A	3A	4A	5A	6A	7A	8			1B	2B	3B	4B	5B	6B	7B	0
1	1 H																	2 He
2	3 Li	6 Be											5 B	6 C	7 N	8 O	9 F	10 Ne
3	11 Na	6 Mg											13 Al	14 Si	15 P	16 S	17 Cl	18 Ar
4	19 K	20 Ca	21 Sc	22 Ti	23 V	24 Cr	25 Mn	26 Fe	27 Co	28 Ni	29 Cu	30 Zn	31 Ga	32 Ge	33 As	34 Se	35 Br	36 Kr
5	37 Rb	38 Sr	39 Y	40 Zr	41 Nb	42 Mo	43 Tc	44 Ru	45 Rh	46 Pd	47 Ag	48 Cd	49 In	50 Sn	51 Sb	52 Te	53 I	54 Xe
6	55 Cs	56 Ba	57~71* 란타니드	72 Hf	73 Ta	74 W	75 Re	76 Os	77 Ir	78 Pt	79 Au	80 Hg	81 Tl	82 Pb	83 Bi	84 Po	85 At	86 Rn
7	87 Fr	88 Ra	89 ~ 103* * 악티니드															

* 란탄계	57 La	58 Ce	59 Pr	60 Nd	61 Pm	62 Sm	63 Eu	64 Gd	65 Tb	66 Dy	67 Ho	68 Er	69 Tm	70 Yb	71 Lu
* *악티늄계	89 Ac	90 Th	91 Pa	92 U	93 Np	94 Pu	95 Am	96 Cm	97 Bk	98 Cf	99 Es	100 FM	101 Md	102 No	103 Lr

<장주기형 주기율표>

예제

제3주기에서 음이온이 되기 쉬운 경향성은? (단, 0족 기체는 제외한다.)

풀이 최외각 전자수가 많은 것

(3) 전형 원소와 전이 원소

① 전형 원소

㉮ 전자 배열에서 s나 p 오비탈에서 전자가 채워지는 원소(1A, 2A족, 3B~7B족, 0족 원소)

㉯ 원자 번호 1~20번까지의 원소와 1~3주기의 원소

㉰ 전형 원소의 같은 족의 원자들은 가전자수(최외각 전자)가 같아 화학적 성질이 비슷

② 전이 원소

전자 배열에서 s 오비탈을 채우고 d나 f 오비탈에 전자가 채워지는 원소(3A~7A족, 8족, 1B, 2B족 원소)

예 $_{21}SC$, $_{22}Ti$, $_{29}Cu$ 등

2-2 주기표에 의한 원소의 주기성

(1) 금속성과 비금속성

① 금속성

최외각의 전자를 방출하여 양이온으로 되려는 성질(전자를 잃고자 하는 성질)

② 비금속성

최외각의 전자를 받아들여 음이온으로 되려는 성질(전자를 얻고자 하는 성질)

(2) 원자 반지름과 이온 반지름

① 원자 반지름

㉮ 같은 주기에서는 I족에서 VII족으로 갈수록 원자 반지름이 작아진다.

㉯ 같은 족에서는 원자 번호가 증가할수록 원자 반지름이 커진다(전자 껍질이 증가하기 때문이다).

예제

할로겐 원소 중 원자 반지름이 가장 작은 원소는?

답 F

② 이온 반지름

㉮ 양이온은 원자로부터 전자를 잃어 이온 반지름이 원자 반지름보다 작아진다.

㉯ 음이온은 전자를 얻어서 전자가 서로 반발함으로써 이온 반지름이 원자 반지름보다 커진다.

참고

전자 친화력의 개념

기체 상태의 원자가 전자 1개를 받아들여 음이온으로 될 때 방출되는 에너지로서, 전자 친화력이 큰 원소일수록 음이온이 되기 쉽다.

(3) 이온화 에너지

바닥 상태에 있는 원자로부터 전자를 제거하는 데 필요한 에너지이다.

① 이온화 에너지는 0족으로 갈수록 증가하고, 같은 족에서는 원자 번호가 증가할수록 작아진다. 즉, 비금속성이 강할수록 이온화 에너지는 증가한다.

② 이온화 에너지가 가장 작은 것은 I족 원소인 알칼리 금속이다. 즉, 양이온이 되기 쉽다.

③ 이온화 에너지가 가장 큰 것은 0족 원소인 불활성 원소이다. 즉, 이온이 되기 어렵다.

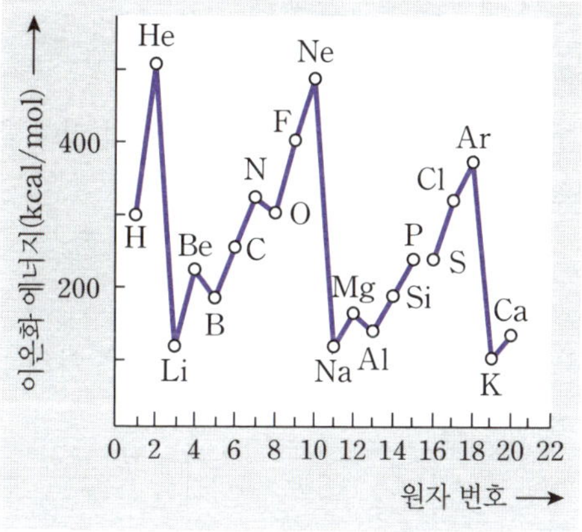

(4) 전기 음성도[폴링(Pauling)이 발견]

중성인 원자가 전자 1개를 잡아당기는 상대적인 수치이다.

① 전기 음성도는 비금속성이 강할수록 커진다.

(증가)	F	>	O	>	N	>	Cl	>	Br	>	C	>	S	>	I	>	H	>	P	(감소)
	4.10		3.50		3.07		2.83		2.74		2.50		2.44		2.21		2.10		2.06	

② 전기 음성도가 클수록 음이온의 비금속성이 커지며, 산화성이 큰 산화제가 된다.

2-3 원자핵 화학

(1) 방사성 원소의 종류와 성질

방사선	본 체	전기량	질 량	투과력	감광, 전리, 형광
α 선	헬륨의 원자핵 $_2He^4$	+2	4	가장 약함	가장 강함
β 선	전자(e^-)의 흐름	−1	H의 $\frac{1}{1,840}$	중간	중간
γ 선	전기장의 영향을 받지 않아 휘어지지 않는 선으로 파장이 가장 짧다.	0	0	가장 강함	가장 약함

(2) 방사성 원소의 붕괴

① α 붕괴

방사성 원소가 α 선을 방출하고 다른 원소로 되는 현상으로서, 원자 번호가 2 감소되며, 질량수는 4 감소한다(붕괴 원인은 He 원자핵의 방출).

② β 붕괴

방사성 원소에서 β선을 방출하고 다른 원소로 되는 현상으로서, 원자 번호는 1 증가하며, 질량수는 변화하지 않는다(붕괴 원인은 전자 방출).

③ γ 붕괴

방사성 원소에서 γ선을 방출하고 전기장의 영향을 받지 않아 휘어지지 않는 선으로, 원자 번호나 질량수가 변하지 않는 현상이 발생한다.

(3) 반감기

방사성 원소가 붕괴하여 다른 원소로 될 때 그 질량이 처음 양의 1/2이 되는 데 걸리는 시간

$$m = M \times \left[\frac{1}{2}\right]^{\frac{t}{T}}$$

여기서, m : t시간 후에 남은 질량

M : 처음 질량

t : 경과된 시간

T : 반감기

예제

방사성 동위 원소의 반감기가 20일 때 40일이 지난 후 남은 원소의 분율은?

풀이 $m=M\left(\frac{1}{2}\right)^{\frac{t}{T}}$

여기서, m : t시간 후에 남은 질량

M : 처음 질량

t : 경과된 시간

T : 반감기

$\therefore m=M\left(\frac{1}{2}\right)^{\frac{40}{20}}=\frac{1}{4}M$

답 $\frac{1}{4}M$

(4) 원자핵 반응

① 원자핵 에너지(아인슈타인의 상대성 이론) : 질량 결손과 에너지와의 관계식

$$E=mc^2$$

여기서, E : 생성되는 에너지(erg), m : 질량 결손(g), c : 광속(3×10^{10} cm/sec)

② 핵분열 : U에 속도가 느린 중성자(n)로 충격을 주면 원자 핵분열이 연쇄 반응으로 일어나며, 막대한 에너지가 생기는 반응(원자 폭탄의 원리)

예 $^{235}_{92}\text{U}+^{1}_{0}\text{n} \longrightarrow ^{92}_{36}\text{Kr}+^{141}_{56}\text{Ba}+$에너지

③ 핵융합 : 가벼운 원자핵 몇 개가 하나로 합쳐져 다른 종류의 원자핵으로 변하는 것(수소 폭탄의 원리)

예 $^{2}_{1}\text{D}+^{3}_{1}\text{T} \longrightarrow ^{4}_{2}\text{He}+^{1}_{0}\text{n}+$에너지

03 화학 결합

3-1 화학 결합의 종류

(1) 이온 결합(ionic bond)

① 정의

양이온과 음이온의 정전 인력(전기적 인력이 작용하여 쿨롱의 힘)에 의해 결합하는 화학 결합으로 주로 전기 음성도의 차이가 심한(1.7 이상) 금속성이 강한 원소(1A, 2A족)와 비금속성이 강

한 원소(6B, 7B족) 간의 결합을 말한다.

예 NaCl, KCl, BeF_2, MgO, CaO 등

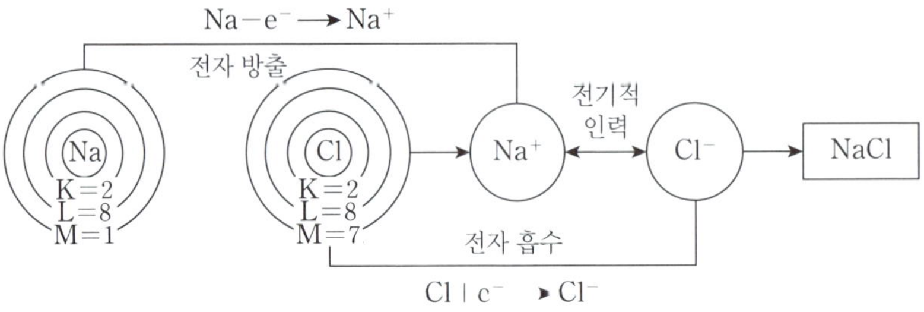

② 특성

㉮ 결합되는 물질은 분자가 존재하지 않는 이온성 결정으로 전기 전도성 등이 없으나, 용융되거나 수용액 상태에서는 전기 전도성이 있다.

㉯ 쿨롱의 힘에 의한 강한 결합이므로 융점(mp)이나 비등점(bp)이 높다.

㉰ 극성 용매(물, 암모니아 등)에 잘 녹는다.

(2) 공유 결합(covalent bond)

① 정의

안정된 물질 형태인 비활성 기체(0족 원소)의 전자 배열을 이루기 위해 두 원자가 서로 전자 1개 또는 그 이상을 제공하여 전자쌍을 서로 공유함으로써 이루어지는 결합이다.

주로 전기 음성도가 같은 비금속 단체나 전기 음성도의 차이가 심하지 않은(1.7 이하) 비금속과 비금속 간의 결합을 말한다.

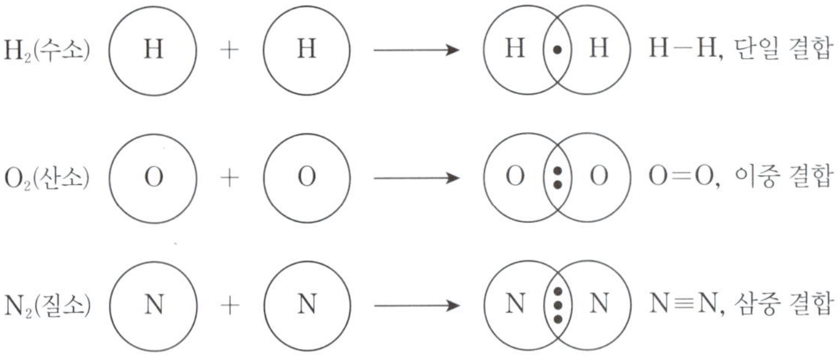

※ 전자쌍(:) 한 개는 결합선(−) 하나로 표시한다.

② 종류

㉮ **극성 공유 결합** : 전기 음성도가 다른 두 원자(또는 원자단) 사이에 결합이 이루어질 때 형성되며, 전기 음성도가 큰 쪽의 원자가 더 강하게 전자쌍을 잡아당기게 되어 분자가 전기적인 극성을 가지게 되는 공유 결합이며, 주로 비대칭 구조로 이루어진 분자

예 HF, H_2O, HCl, NH_3, CH_3COOH, CH_3COCH_3 등

㉯ **비극성 공유 결합** : 전기 음성도가 같거나 비슷한 원자들 사이의 결합으로, 극성을 지니지 않아 전기적으로 중성인 결합으로, 단체(동종 이원자 분자) 및 대칭 구조로 이루어진 분자

예 Cl_2, O_2, F_2, CH_4, CO_2, BF_3, CCl_4, C_2H_2, C_2H_4, C_2H_6, C_6H_6 등

③ 특성

㉮ 분자성 물질이므로 분자 간의 인력이 약하여 융점과 비등점이 낮다(다만, 그물 구조를 이루고 있는 다이아몬드, 흑연, 수정 등의 공유 결합 물질은 원자성 결정이므로 mp와 bp가 높다).

㉯ 모두 전기의 부도체이다.

㉰ 극성 용매(H_2O)에 잘 녹지 않으나 비극성 용매(C_6H_6, CCl_4, CS_2 등)에 잘 녹는다.

㉱ 반응 속도가 느리다.

참고

전기 음성도 차이에 의한 화학 결합

1. 전기 음성도의 차이가 1.7보다 크면 극성이 강한 이온 결합
2. 전기 음성도의 차이가 1.7보다 작으면 극성 공유 결합
3. 전기 음성도의 차이가 비슷하거나 같으면 비극성 공유 결합

(3) 배위 결합(배위 공유 결합, coordinate covalent bond)

① 정의

공유할 전자쌍을 한쪽 원자에서만 일방적으로 제공하는 형식의 공유 결합으로 주로 착이온을 형성하는 물질이다(단, 배위 결합을 하기 위해서는 반드시 비공유 전자쌍을 가진 원자나 원자단이 있어야 한다).

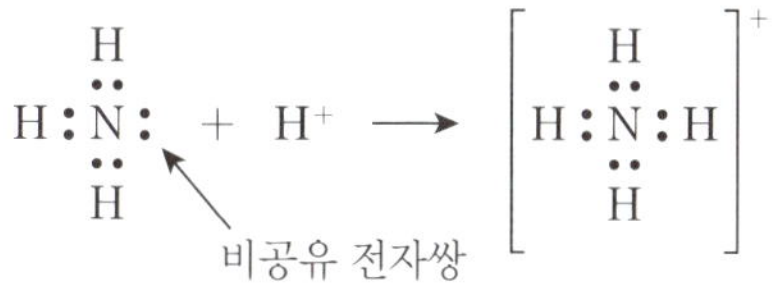

② 종류

NH_4^+, H_3O^+, SO_4^{2-}, NO_3^-, $Cu(NH_3)_4^+$, $Ag(NH_3)_2^+$ 등

참고

공유, 배위 결합을 모두 가지는 화합물 : $[NH_4^+]$

예 $N+3H \xrightarrow{\text{공유}} NH_3$, $NH_3+H^+ \xrightarrow{\text{배위}} [NH_4^+]$

(4) 금속 결합(metallic bond)

① 정의

금속의 양이온들이 자유 전자와의 정전기적 인력에 의해 형성되는 결합이며, 모든 금속은 금속 결합을 한다.

② 특성

㉮ 자유 전자에 의해 열, 전기의 전도성이 크다.

㉯ 일반적으로 융점이나 비등점이 높다.

㉰ 금속 광택이 있고 연성, 전성이 크나 자유 전자에 의한 결합이므로 방향성이 없다.

(5) 수소 결합(hydrogen bond)

① 정의

전기 음성도가 매우 큰 F, O, N와 전기 음성도가 작은 H 원자가 공유 결합을 이룰 때 H 원자가 다른 분자 중의 F, O, N에 끌리면서 이루어지는 분자와 분자 사이의 결합이다.

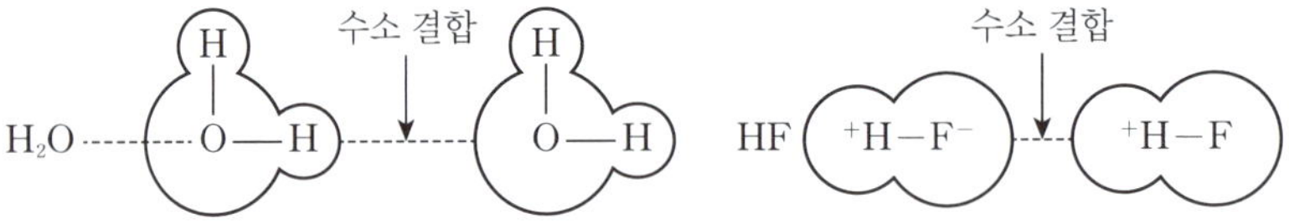

예 HF, H_2O, NH_3, CH_3OH, CH_3COOH, 4℃의 물이 얼음의 밀도보다 큰 이유 등

② 특성

㉮ 전기 음성도의 차이가 클수록 극성이 커지며, 수소 결합이 강해진다.

㉯ 분자 간의 인력이 커져서 같은 족의 다른 수소 화합물보다 비등점이 높고, 증발열도 크다.

예 물(H_2O)의 비등점은 100℃, 산소(O) 원자 대신에 같은 족의 황(S) 원자를 바꾼 황화수소(H_2S)는 분자량이 큼에도 불구하고 비등점이 −61℃이다.

(6) 반 데르 발스 결합(van der Waals bond)

① 정의

분자와 분자 사이에 약한 전기적 쌍극자에 의해 생기는 반 데르 발스 힘으로 액체나 고체를 이루는 분자 간의 결합이다.

예 요오드(I_2), 드라이아이스(CO_2), 나프탈렌, 장뇌 등의 승화성 물질

② 특성

㉮ 결합력이 약하여 가열하면 결합이 쉽게 끊어지는 승화성을 갖는다.

㉯ 분자 간의 결합력이 약해 일반적으로 융점이나 비등점이 낮다.

참고

결합력의 세기

1. 공유 결합(그물 구조체) > 이온 결합 > 금속 결합 > 수소 결합 > 반 데르 발스 결합
2. 공유 결합 : 수소 결합 : 반 데르 발스 결합 = 100 : 10 : 1

3-2 분자 궤도 함수와 분자 구조

(1) 분자 궤도 함수

공유 결합 물질에서 공유 결합을 하는 물질들은 전자를 서로 공유함으로써 새로운 전자 구름을 형성하게 되는데, 이 새로운 전자 구름을 분자 궤도 함수라 한다.

(2) 분자 궤도 함수와 분자 모형

분자 궤도 함수	s 결합	sp 결합	sp^2 결합	sp^3 결합	p^3 결합	p^2 결합	p 결합
분자 모형	구형	직선형	평면 정삼각형	정사면체형	피라미드형	굽은 형(V자형)	직선형
결합각	180°	180°	120°	109° 28′,	90～93°	90～92°	180°
화합물	H_2	$BeCl_2$ BeF_2 BeH_2 C_2H_2	BF_3 BH_3 C_2H_4 NO_3^-	CH_4 CCl_4 SiH_4 NH_4^+,	PH_3(93.3°) AsH_3(91.8°) SbH_3(91.3°) NH_3	H_2S(92.2°) H_2Se(90.9°) H_2Te(90°) H_2O	HF HCl HBr HI

04 화학 반응

4-1 화학 반응과 에너지

(1) 열화학 반응식

① 정의

물질이 화학 반응을 일으키는 경우에는 반드시 열의 출입(열의 발생 또는 흡수)이 따르며, 이때 발생되는 열을 반응열(Q)이라 한다. 이와 같은 반응열을 포함시켜 나타낸 화학 반응식을 열화학 반응식이라 한다.

② 화학 반응의 종류

㉮ **발열 반응** : 열이 발생하는 반응. 즉, 반응계 에너지>생성계 에너지, $\Delta H=(-)$, $Q=(+)$

$$H_2(g)+\frac{1}{2}O_2(g) \longrightarrow H_2O(l)+68.3\text{kcal}, \quad \therefore \Delta H=-68.3\text{kcal}$$

㉯ **흡열 반응** : 열을 흡수하는 반응. 즉, 반응계 에너지<생성계 에너지, $\Delta H=(+)$, $Q=(-)$

$$\frac{1}{2}N_2(g)+\frac{1}{2}O_2(g) \longrightarrow NO-21.6\text{kcal}, \quad \therefore \Delta H=+21.6\text{kcal}$$

㉰ **반응열과 안정성** : 화학 반응에서 방출하는 반응열이 클수록 생성 물질은 안정하다. 즉, 엔탈피가 적어질수록 안정하다.

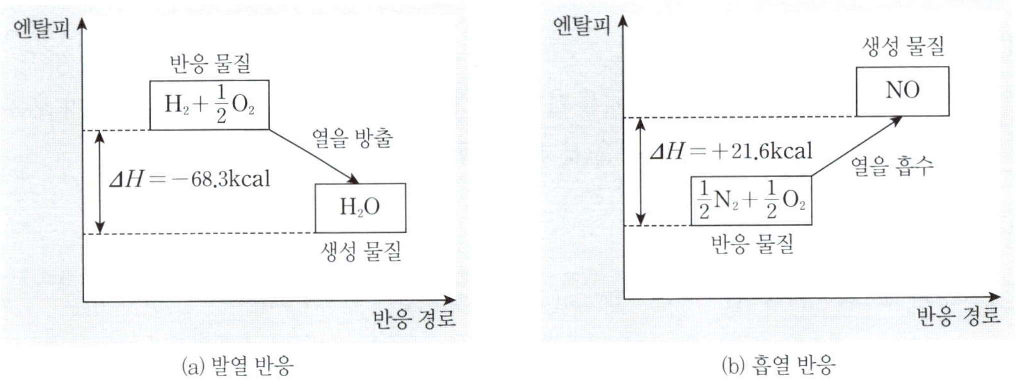

<화학 반응에 따른 엔탈피의 변화>

(2) 반응열의 종류

① 생성열(heat of formation) : 물질 1몰이 그 성분 원소의 단체로부터 생성될 때 발생 또는 흡수되는 에너지

$$H_2+\frac{1}{2}O_2 \longrightarrow H_2O(l)+68.3\text{kcal}, \quad \therefore \Delta H=-68.3\text{kcal}$$

예제

1. $N_2+O_2 \rightarrow 2NO-43$kcal에서 NO의 생성열은 몇 kcal인가?

풀이 $2NO-43$kcal

$\therefore NO-21.5$kcal

답 -21.5kcal

예제

2. 다음의 열화학 반응식에서 물의 생성열은 몇 kcal인가?

$$2H_2+O_2 \longrightarrow 2H_2O+136\text{kcal}$$

풀이 $2H_2O+136kcal$

$\therefore H_2O+68kcal$

답 $+68kcal$

② 분해열(heat of decomposition) : 물질 1몰을 그 성분 원소로 분해하는 데 발생 또는 흡수하는 에너지

$$H_2O(l) \longrightarrow H_2(g)+\frac{1}{2}O_2(g)-68.3kcal, \quad \therefore \Delta H=+68.3kcal$$

③ 연소열(heat of combustion) : 물질 1몰을 완전 연소시킬 때 발생하는 에너지

$$C+O_2 \longrightarrow CO_2+94.1kcal, \quad \therefore \Delta H=-94.1kcal$$

예제

프로판가스(C_3H_8)의 연소 반응식은 다음과 같다. $C_3H_8+5O_2 \rightarrow 3CO_2+4H_2O+530cal$ 프로판가스 1g을 연소시켰을 때 나오는 열량은 몇 cal인가?

풀이 $C_3H_8+5O_2 \longrightarrow 3CO_2+4H_2O+530cal$

44g　　530cal

lg　　x(cal)

$\therefore x=\frac{1\times 530}{44}$　　$\therefore x=12.05cal$

답 12.05cal

④ 융해열(heat of solution) : 물질 1몰이 물에 녹을 때 수반되는 에너지

$$H_2SO_4+aq \longrightarrow H_2SO_4(aq)+17.9kcal, \quad \Delta H=-17.9kcal$$

⑤ 중화열(heat of neutralization) : 산 lg당량과 염기 lg당량이 중화할 때 발생하는 에너지

$$HCl(aq)+NaOH(aq) \longrightarrow NaCl(aq)+H_2O+13.7kcal, \quad \therefore \Delta H=-13.7kcal$$

(3) 총열량 불변(에너지 보존)의 법칙(Hess's law)

화학 반응에서 발생 또는 흡수되는 열량은 그 반응 최초의 상태와 최종의 상태만 결정되면, 그 도중의 경로와는 무관하다. 즉, 반응 경로와는 관계없이 출입하는 총열량은 같다.

예 1. $C+O_2 \longrightarrow CO_2+94.1kcal : Q$

2. $\begin{cases} C+\frac{1}{2}O_2 \longrightarrow CO+26.5kcal : Q_1 \\ CO+\frac{1}{2}O_2 \longrightarrow CO_2+67.6kcal : Q_2 \end{cases}$

$\therefore Q=Q_1+Q_2=26.5+67.6=94.1kcal$

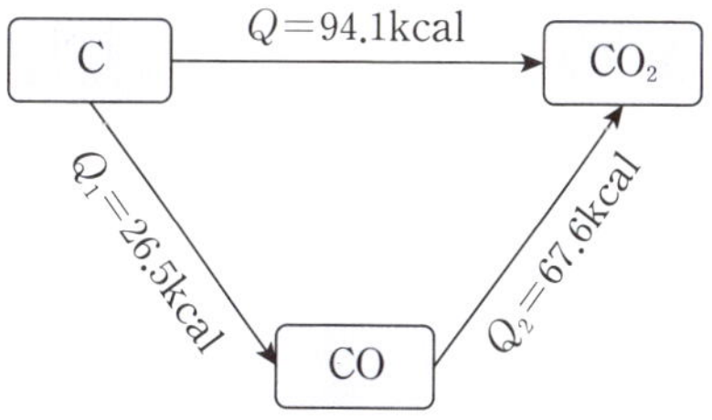

4-2 반응 속도

(1) 정의

단위 시간 동안 감소된 물질의 양(몰수) 또는 생성된 물질의 증가량(몰수)이다.

(2) 영향 인자

① 농도

반응 속도는 반응하는 각 물질의 농도의 곱에 비례한다. 즉, 농도가 증가함에 따라 단위 부피 속의 입자수가 증가하므로 입자 간의 충돌 횟수가 증가하여 반응 속도가 빨라진다.

예제

$CH_4(g)+2O_2(g) \longrightarrow CO_2(g)+2H_2O(g)$의 반응에서 메탄의 농도를 일정하게 하고 산소의 농도를 2배로 하면 동일한 온도에서 반응 속도는 몇 배로 되는가?

풀이 반응 속도는 반응하는 물질의 농도의 곱에 비례하므로 $[CH_4][O_2]^2=1\times2^2=4$배

답 4배

② 온도

온도가 상승하면 반응 속도는 증가한다. 일반적으로 아레니우스의 화학 반응 속도론에 의해서 온도가 10℃ 상승할 때마다 반응 속도는 약 2배 증가한다(2^n배).

예제

온도가 10℃ 올라감에 따라 반응 속도는 2배 빨라진다. 10℃에서 50℃로 온도를 올리면 반응 속도는 몇 배 빨라지는가?

풀이 온도가 상승하면 반응 속도는 증가(약 10℃ 온도 상승 시 반응 속도는 2배 증가, 즉 2^n배 증가)한다. 따라서, $50-10=40$℃이므로 반응 속도는 16배 증가한다. 즉 2^n로서 $2^4=16$배이다.

답 16배

③ 압력

④ 촉매

㉮ 정촉매 : 활성화 에너지를 낮게 하여 반응 속도를 빠르게 하는 물질

㉯ 부촉매 : 활성화 에너지를 높게 하여 반응 속도를 느리게 하는 물질

참고

활성화 에너지

물질이 반응을 일으키는 데 필요한 최소한의 에너지이다.

⑤ 반응물 표면적을 크게 한다.

05 화학 평형

5-1 화학 평형

(1) 정의

가역 반응에서 정반응 속도와 역반응 속도가 같아져서 외관상 반응이 정지된 것처럼 보이는 상태, 즉 정반응 속도(V_1)=역반응 속도(V_2)

$$A+B \underset{V_2}{\overset{V_1}{\rightleftarrows}} C+D$$

여기서, V_1 : 정반응 속도, V_2 : 역반응 속도

(2) 평형 상수(K)

① 화학 평형 상태에서 반응 물질의 농도의 곱과 생성 물질의 농도의 곱의 비는 일정하며, 이 일정한 값을 평형 상수(K)라 한다.

② 평형 상수 K값은 각 물질의 농도의 변화에는 관계없이 온도가 일정할 때는 일정한 값을 가진다. 즉, 평형 상수는 반응의 종류와 온도에 의해서만 결정되는 상수이다.

[가역 반응] $aA+bB \underset{V_2}{\overset{V_1}{\rightleftarrows}} cC+dD$($a$, b, c, d는 계수)

$V_1=K_1[A]^a[B]^b$, $V_2=K_2[C]^c[D]^d$, $V_1=V_2$

$K_1[A]^a[B]^b=K_2[C]^c[D]^d$

$\therefore \dfrac{[C]^c[D]^d}{[A]^a[B]^b}=\dfrac{K_1}{K_2}=K$(일정) ($K$: 평형 상수)

5-2 르 샤틀리에의 법칙(Le Chatelier's principle)

(1) 정의

평형 상태에 있는 어떤 물질계의 농도, 온도, 압력의 조건을 변화시키며 이 조건의 변화를 없애려는 방향으로 반응이 진행되어 새로운 평형 상태에 도달하려는 것이다.

(2) 평형 이동에 영향을 주는 인자

① 농도

㉮ 농도를 증가시키면 → 농도가 감소하는 방향

㉯ 농도를 감소시키면 → 농도가 증가하는 방향

② 온도

㉮ 온도를 올리면 → 온도가 내려가는 방향(흡열 반응 쪽)

㉯ 온도를 내리면 → 온도가 올라가는 방향(발열 반응 쪽)

③ 압력

㉮ 압력을 높이면 → 분자수가 감소하는 방향(몰수가 적은 쪽)

㉯ 압력을 내리면 → 분자수가 증가하는 방향(몰수가 큰 쪽)

참고

공통 이온 효과

이온 평형계에서 평형에 참여하는 이온과 같은 종류의 이온을 외부에서 넣어주면 그 이온의 농도를 감소시키는 방향으로 평형이 이동한다는 이론

06 산화와 환원

6-1 산화와 환원

(1) 산화

한 원소가 낮은 산화 상태로부터 전자를 잃어서 보다 높은 산화 상태로 되는 화학 변화

(2) 환원

한 원소가 높은 산화 상태로부터 전자를 얻어서 보다 낮은 산화 상태로 되는 화학 변화

구분	산화(oxidation)	환원(reduction)
산소 관계	산소와 결합하는 현상 (산화: C → CO_2) $C+O_2 \longrightarrow CO_2$	산소를 잃는 현상 (환원: CuO → Cu) $CuO+H_2 \longrightarrow Cu+H_2O$
수소 관계	수소를 잃는 현상 (산화: H_2S → S) $2H_2S+O_2 \longrightarrow 2S+2H_2O$	수소와 결합하는 현상 (환원: S → H_2S) $H_2S+S \longrightarrow H_2S$

전자 관계	전자를 잃는 현상 산화 $Na \longrightarrow Na^+ + e^-$	전자를 얻는 현상 환원 $Ag^+ + e^- \longrightarrow Ag$
산화수 관계	산화수가 증가되는 현상 산화 $Cu^{2+} + O + H_2^0 \longrightarrow Cu^0 + H_2^+O$ 환원	산화수가 감소되는 현상 환원 $H_2S^{2-} + Cl_2^0 \longrightarrow 2HCl^{1-} \longrightarrow + S^0$ 산화

참고

산화수의 결정법

1. 단체의 산화수는 0이다.
2. 화합물에서 수소(H)의 산화수는 +1로 한다(단, 수소(H)보다 이온화 경향이 큰 금속과 화합되어 있을 때는 수소(H)의 산화수는 -1이다).
3. 화합물에서 산소(O)의 산화수는 -2로 한다(단, 과산화물인 경우 산소는 -1이다).
4. 이온의 산화수는 그 이온의 전하와 같다.
5. 화합물 중에 포함되어 있는 원자의 산화수의 총합은 0이다.
   예 $NH_3 \longrightarrow N + (+1) \times 3 = O$ ∴ N의 산화수 = -3
   $H_2SO_4 \longrightarrow (+1) \times 2 + S + (-2) \times 4 = 0$ ∴ S의 산화수 = +6
   $KMnO_4 \longrightarrow (+1) + Mn + (-2) \times 4 = 0$ ∴ Mn의 산화수 = +7
6. 화학 결합이나 반응에서 산화와 환원을 나타내는 척도이다.

예제

$Cl_2 + H_2O \longrightarrow HClO + HCl$**에서 염소 원소는?**

답 Cl_2는 HClO에서 산소와 결합하여 산화되 었고, HCl에서 수소를 얻었으므로 환원되었다.

6-2 산화제와 환원제

(1) 산화제

다른 물질을 산화시키는 성질이 강한 물질이며 산화수는 증가한다. 즉 자신은 환원되기 쉬운 물질

① 산소를 내기 쉬운 물질 : H_2O_2, $KClO_3$

② 수소와 결합하기 쉬운 물질 : O_2, Cl_2

③ 전자를 받기 쉬운 물질 : MnO_4^-, $Cr_2O_3^{7-}$, 비금속 단체

④ 발생기 산소[O]를 내기 쉬운 물질 : O_2, MnO_2, $KMnO_4$, HNO_3, $c-H_2SO_4$ 등

예제

$H_2S+I_2 \longrightarrow HI+S$에서 I_2의 역할은?

풀이 반응식에서 요오드(I_2)는 환원되었으므로 산화제 역할을 한다.

$I_2^0 \xrightarrow[\text{환원}]{} 2HI^{-1}$

답 산화제

(2) 환원제

다른 물질을 환원시키는 성질이 강한 물질, 즉 자신은 산화되기 쉬운 물질

① 수소를 내기 쉬운 물질 : H_2S
② 산소와 결합하기 쉬운 물질 : H_2, SO_2
③ 전자를 잃기 쉬운 물질 : H_2SO_3, 금속 단체
④ 발생기 수소 [H]를 내기 쉬운 물질 : H_2, CO, H_2S, SO_2, $FeSO_4$, 황산제1철 등

참고

산화제와 환원제 양쪽으로 작용하는 물질

SO_2(아황산 가스), H_2O_2(과산화수소) 등

07 전기 화학

7-1 금속의 이온화 경향

(1) 정의

금속 원자는 최외각 전자를 잃어 양이온이 되려는 성질이 있다.

(2) 금속의 이온화 경향의 크기와 성질

카	카	나	마	알	아	철	니	주	납	수	구	수	은	백	금
K	Ca	Na	Mg	Al	Zn	Fe	Ni	Sn	Pb	[H]	Cu	Hg	Ag	Pt	Au

←————————————————————————→

1. 이온화 경향이 크다.
2. 양이온이 되기 쉽다
   (전자를 방출하기 쉽다.)
3. 산화되기 쉽다.

※ 이온화 경향이 큰 금속일수록 강환원제이다.

1. 이온화 경향이 작다.
2. 양이온이 되기 어렵다.
   (전자를 방출하기 어렵다.)
3. 환원되기 쉽다.

(3) 금속의 이온화 경향과 화학적 성질

① 공기 속 산소와의 반응

㉮ K, Ca, Na, Mg : 산화되기 쉽다.

㉯ Al, Zn, Fe, Ni, Sn, Pb, Cu : 습기 있는 공기 속에서 산화된다.

㉰ Hg, Ag, Pt, Au : 산화되기 어렵다.

② 물과의 반응

㉮ K, Ca, Na : 찬물과 반응해도 심하게 수소를 발생시킨다.

㉯ Mg, Al, Zn, Fe : 고온의 수증기와 반응하여 수소를 발생시킨다.

③ 산과의 반응

㉮ 수소(H)보다 이온화 경향이 큰 금속은 보통 산과 반응하여 수소를 발생시킨다.

㉯ Cu, Hg, Ag : 보통의 산에는 녹지 않으나, 산화력이 있는 HNO_3, c－H_2SO_4 등에는 녹는다.

7-2 전지

(1) 정의

화학 변화로 생긴 화학적 에너지를 전기적 에너지로 변환시키는 장치

(2) 전지의 종류

① 볼타 전지

동판과 아연판을 도선으로 연결하고 묽은 황산에 넣어 전기를 얻는 구조

(－) Zn ∥ H_2SO_4 ∥ Cu (＋)

(−)극 : $Zn \rightarrow Zn^{2+} + 2e^-$: 산화 반응

(+)극 : $2H^+ + 2e^- \rightarrow H_2$: 환원 반응

∴ 전체 반응 : $Zn + 2H^+ \longrightarrow Zn^{2+} + H_2$(구리판에서 수소 발생)

참고

1. 분극 현상 : 갑자기 전류가 약해지는 현상
2. 감극제 : 분극 현상을 방지해 주는 것 예 MnO_2

② 다니엘 전지

분극 작용을 없애기 위해 볼타 전지를 개량한 것

(−) Zn ‖ $ZnSO_4$ 용액 ‖ $CuSO_4$ 용액 ‖ Cu (+)

(−)극 : $Zn \longrightarrow Zn^{2+} + 2e^-$

(+)극 : $Cu^{2+} + 2e^- \longrightarrow Cu$

∴ 전체 반응 : $Zn + Cu^{2+} \longrightarrow Zn^{2+} + Cu$

③ 건전지

아연통 속에 염화암모늄의 포화 용액과 흑연, 그리고 소극제로 이산화망간(MnO_2)을 넣고 중앙에 탄소 막대를 꽂아 도선으로 연결한 전지

(−) Zn ‖ NH_4Cl 용액 ‖ $MnO_2 \cdot C$ (+)

(−)극 : $Zn \longrightarrow Zn^{2+} + 2e^-$

(+)극 : $2MnO_2 + 2NH_4^+ + 2e^- \longrightarrow Mn_2O_3 + 2NH_3 + H_2O$

④ 납축전지

납(Pb)을 (−)극으로 하고 과산화납(PbO_2)을 (+)극으로 하여 묽은 황산에 담근 구조

(−) Pb ‖ H_2SO_4 용액 ‖ PbO_2 (+)

(−)극 : $Pb + SO_4^{2-} \longrightarrow PbSO_4 + 2e^-$

(+)극 : $PbO_2 + 2H^+ + H_2SO_4 + 2e^- \longrightarrow PbSO_4 + 2H_2O$

∴ 전체 반응 : $Pb + PbO_2 + 2H_2SO_4 \rightleftarrows 2PbSO_4 + 2H_2O$(방전 및 충전 원리식)

㉮ **방전** : (−)극의 $Pb \longrightarrow PbSO_4$, (+)극의 $PbO_2 \longrightarrow PbSO_4$로 되어 두 극의 무게가 증가하며 용액의 비중은 감소한다(H_2SO_4 감소).

㉯ **충전** : 납축전지를 그대로 놓고 전기 분해시키면 전지의 역반응이 일어나서 처음의 전지로 되돌아간다.

7-3 전기 분해 및 패러데이 법칙

(1) 전기 분해

① 원리

전해질의 수용액이나 용융점에 전극을 담그고 직류 전류를 통하면 두 극에서 화학 변화를 일으키는 것을 전기 분해라 한다.

예 전해질 $\rightleftarrows$ ⊕ 이온+ ⊖ 이온

(+)극 : ⊖ 이온 → 중성+e^- : 산화 반응

(−)극 : ⊕ 이온+e^- → 중성 : 환원 반응

② 전기 분해의 예

㉮ 소금물(NaCl)의 전기 분해

$NaCl \rightleftarrows Na^+ + Cl^-$, $H_2O \rightleftarrows H^+ + OH^-$

(+)극에서의 변화 : $2Cl^- \longrightarrow Cl_2 + 2e^-$(산화)

(−)극에서의 변화 : $2H^+ + 2e^- \longrightarrow H_2$(환원)

∴ 전체 반응 : $2NaCl + 2H_2O \xrightarrow{\text{전기 분해}} 2NaOH + \underset{(-)극}{\underline{H_2}} + \underset{(+)극}{\underline{Cl_2}}$

㉯ 물(H_2O)의 전기 분해

(+)극에서의 변화 : $2OH^- \longrightarrow H_2O + \frac{1}{2}O_2 + 2e^-$(산화)

(−)극에서의 변화 : $2H^+ + 2e^- \longrightarrow H_2$(환원)

전체 반응 : $H_2O \xrightarrow{\text{전기 분해}} H_2 + \frac{1}{2}O_2$

㉰ 황산구리($CuSO_4$) 수용액의 전기 분해

$CuSO_4 \longrightarrow Cu^{2+} + SO_4^{2-}$, $H_2O \rightleftarrows H^+ + OH^-$

(+)극에서의 변화 : $2OH^- \rightarrow H_2O + \frac{1}{2}O_2 + 2e^-$

(−)극에서의 변화 : $Cu^{2+} + 2e^- \longrightarrow Cu$

참고

1F(패러데이)

물질 1g당량을 석출하는 데 필요한 전기량(96,500쿨롬, 전자(e^-) 1몰(6.02×10^{23}개)의 전기량)

<1F(96,500C)로 석출(또는 발생)되는 물질의 양>

전해액	전극	(−)극	(+)극
NaCl 수용액	Pt	NaOH 40g, H_2 1g(11.2L)	Cl_2 35.5g(11.2L)
물(NaOH 또는 H_2SO_4 용액)	Pt	H_2 1g(11.2L)	O_2 8g(5.6L)
$CuSO_4$ 수용액	Pt	Cu 31.7g	O_2 8g(5.6L)

(2) 패러데이(Faraday) 법칙

전극에서 유리되고 화학 물질의 무게가 전지를 통하여 사용된 전류의 양에 정비례하고 또한 주어진 전류량에 의하여 생성된 물질의 무게는 그 물질의 당량에 비례한다.

① 제1법칙

같은 물질에 대하여 전기 분해로 전극에서 석출 또는 용해되는 물질의 양은 통한 전기량에 비례한다.

② 제2법칙

전기 분해에서 일정량의 전기량에 대하여 석출되는 물질의 양은 그 물질의 당량에 비례한다.

예제

$CuSO_4$ 수용액을 10A의 전류로 32분 10초 동안 전기 분해시켰다. 음극에서 석출되는 Cu의 질량은 몇 g인가? (단, Cu의 원자량은 63.6이다.)

풀이 전기량 1F(패러데이)=96,500C에 의하여 석출되는 Cu의 양은 63.6/2=31.8g(1g당량)이다.

전기량(C)=I(전류)×T(시간)

$=10 \times (32 \times 60 + 10) = 19{,}300$C

여기서 석출되는 Cu의 양은 다음과 같다.

96,500C : 31.8g=19,300C : x

$\therefore x = 6.36$g

답 6.36g

08 산과 염기 및 염

8-1 산(acid)과 염기(base)

(1) 산의 정의와 성질

① 정의 : 수용액에서 수소 이온(H^+)을 내는 물질이다.

예 $HCl \rightleftharpoons H^+ + Cl^-$, $H^+ + H_2O \longrightarrow H_3O^+$(하이드로늄 이온 또는 옥소늄 이온)

$HCl + H_2O \rightleftharpoons H_3O^+ + Cl^-$

② 성질

㉮ 수용액은 신맛이다.

㉯ 푸른색 리트머스 종이를 붉게 변화시킨다.

㉰ 염기와 작용하여 염과 물을 생성(중화 작용)한다.

㉱ 이온화 경향이 (H)보다 큰 금속과 반응하여 수소(H_2)가 발생한다.

㉲ pH값이 작을수록 강산이다.

(2) 염기의 정의와 성질

① 정의 : 수용액에서 수산화 이온(OH^-)을 내는 물질이다.

예 $NaOH \rightleftharpoons Na^+ + OH^-$, $Ca(OH)_2 \rightleftharpoons Ca^{2+} + 2OH^-$, $C_6H_5NH_2$

② 성질

㉮ 수용액은 쓴맛이다.

㉯ 붉은 리트머스 종이를 푸르게 변화시킨다.

㉰ 산과 작용하여 염과 물을 생성(중화 반응)한다.

㉱ 양쪽성 원소(Al, Zn, Sn, Pb 등)와 반응하여 수소(H_2)가 발생한다.

(3) 산, 염기의 학설

학설	산(acid)	염기(base)
아레니우스설	수용액에서 H^+(H_3O^+)을 내는 것	수용액에서 OH^-을 내는 것
브뢴스테드설	H^+을 줄 수 있는 것	H^+를 받을 수 있는 것
루이스설	비공유 전자쌍을 받는 물질	비공유 전자쌍을 줄 수 있는 물질

예제

브뢴스테드(J.N. Bronsted)설을 설명하시오.

풀이 H^+을 주는 물질을 산, H^+을 받는 물질을 염기라 한다.

$NH_3 + H_2O \rightleftharpoons NH_4^+ + OH^-$

염기　산　　산　염기

(4) 산, 염기의 구분

① 산도 : 산 1분사 속에 포함되어 있는 H^+의 수

구분	산	
	강산	약산
1가의 산	HCl, HNO_3	CH_3COOH
2가의 산	H_2SO_4	H_2CO_3, H_2S
3가의 산	H_3PO_4	H_3BO_3

② 염기도 : 염기의 1분자 속에 포함되어 있는 OH^-의 수

구분	염기	
	강염기	약염기
1가의 염기	$NaOH$, KOH	NH_4OH
2가의 염기	$Ca(OH)_2$, $Ba(OH)_2$	$Mg(OH)_2$
3가의 염기		$Fe(OH)_3$, $Al(OH)_3$

(5) 산, 염기의 강약

① 강전해질 : 전리도가 커서 전류를 잘 통하는 물질

예 강산(HCl, HNO_3, H_2SO_4), 강염기($NaOH$, KOH, $Ca(OH)_2$, $Ba(OH)_2$ 등)

② 약전해질 : 전리도가 적어서 전류를 잘 통하지 못하는 물질

예 약산(CH_3COOH, H_2CO_3 등), 약염기(NH_4OH 등)

참고

전리도(α) : 전해질이 수용액에서 전리되어 이온으로 되는 비율로서 전리도가 클수록 강전해질이며, 일반적으로 전리도는 온도가 높을수록, 농도(c)가 묽을수록 커진다.

$CH_3COOH \rightleftharpoons CH_3COO^- + H^+$

전리 전 농도 : c

전리 후 농도 : $c - c\alpha$

$\therefore$ 전리 상수 $K=\dfrac{[CH_3COO^-][H^+]}{[CH_3COOH]}=\dfrac{c^2\alpha^2}{c(1-\alpha)}=\dfrac{c\alpha^2}{1-\alpha}$

약산의 전리도는 매우 작은 $1-\alpha \fallingdotseq 1$이므로

$\therefore \alpha=\sqrt{\dfrac{K}{c}}$

8-2 산화물

(1) 정의

물에 녹으면 산 또는 염기가 될 수 있는 산소와의 화합물

(2) 산화물의 종류

① 산성 산화물

물에 녹아 산이 되거나 염기와 반응할 때 염과 물을 만드는 비금속 산화물(대부분 산화수가 +3가 이상)

예 CO_2, SiO_2, NO_2, SO_3, P_2O_5 등

② 염기성 산화물

물에 녹아 염기가 되거나 산과 반응하여 염과 물을 만드는 금속 산화물(대부분 산화수가 +2가 이하)

예 CaO, MgO, BaO, Na_2O, CuO 등

③ 양쪽성 산화물

양쪽성 원소(Al, Zn, Sn, Pb 등)의 산화물로서 산, 염기와 모두 반응하여 염과 물을 만드는 양쪽성 산화물

예 Al_2O_3, ZnO, SnO, PbO 등

참고

산화물의 성질과 주기율표와의 관계

족	I	II	III	IV	V	VI	VII
원소	Na	Mg	Al	Si	P	S	Cl
산화물	Na_2O	MgO	Al_2O_3	SiO_2	P_2O_5	SO_3	Cl_2O_7

분류	염기성 산화물		양쪽성 산화물	산성 산화물			
산 · 염기의 강약	강염기성 ⟵⟶ 약염기성			약산성 ⟵⟶ 강산성			
물과의 화합물	NaOH	$Mg(OH)_2$	$Al(OH)_3$, $HAlO_2$	H_2SiO_3	H_3PO_4	H_2SO_4	$HClO_4$

8-3 염과 염의 가수 분해

(1) 염(salt)의 정의

산의 수소 원자 일부 또는 전부가 금속 또는 NH_4^+기로 치환된 화합물

염＝염기의 양이온(금속 또는 NH_4^+) ＋ 산의 음이온(산기)

(2) 염의 종류

① **산성염** : 염 속에 수소 원자(H)가 들어 있는 염

예 $Na\underline{H}CO_3$, $Na\underline{H}SO_4$, $Ca(\underline{H}CO_3)_2$ 등

② **염기성염** : 염 속에 수산기(OH)를 포함하는 염

예 $Mg(\underline{OH})Cl$ 등

③ **중성염(정염)** : 염 속에 수소 원자(H)나 수산기(OH)를 포함하지 않는 염

예 NaCl 등

④ **복염** : 2종의 염이 결합하여 만들어진 새로운 염으로서, 이들 염이 물에 녹아서 성분염이 내는 이온과 동일한 이온으로 전리되는 염

예 $KAl(SO_4)_2 \cdot 12H_2O$(백반) 등

⑤ **착염** : 2종의 염이 결합하여 만들어진 염으로서, 성분염의 이온과 다른 이온으로 전리되는 염

예 $K_4Fe(CN)_6$(황혈염) 등

(3) 염의 가수 분해

염과 물이 반응하여 산과 염기로 되는 현상

① **강산과 강염기로 된 염** : 가수 분해하지 않음, 중성

예 NaCl, KCl, $NaNO_3$

② **강산과 약염기로 된 염** : 가수 분해, 산성

예 $NaHSO_4$

③ 약산과 강염기로 된 염 : 가수 분해, 염기성

예 $H_2CO_3 + 2NaOH \longrightarrow Na_2CO_3 + 2H_2O$

④ 약산과 약염기로 된 염 : 가수 분해, 중성

(4) 산기, 염기와 염의 반응

① 약산의 염+강산 → 강산의 염+약산

② 약염기의 염+강염기 → 강염기의 염+약염기

③ 휘발성 산의 염+비휘발성 산 → 비휘발성 산의 염+휘발성 산

④ 휘발성 염기의 염+비휘발성 염기 → 비휘발성 염기의 염+휘발성 염기

⑤ 가용성 염+가용성 염 → 불용성 염+가용성 염

8-4 중화 반응과 수소 이온 지수

(1) 중화와 당량의 관계

① 중화 반응

산과 염기가 반응하여 염과 물이 생기는 반응, 즉 산의 수소 이온(H^+)과 염기의 수산화 이온(OH^-)이 반응하여 중성인 물을 만드는 반응이다.

② 중화 반응의 예

$HCl + NaOH \longrightarrow NaCl(염) + H_2O(물)$

$H^+ + OH^- \longrightarrow H_2O$

(2) 중화 적정

① 산과 염기가 완전 중화하려면 산의 g당량수와 염기의 g당량수가 같아야 한다.

② g당량수

$$g당량수 = 규정\ 농도(N) = \frac{g당량수}{용액\ 1L} \times 용액의\ 부피[V(L)]$$

$$\therefore g당량수 = N \times V$$

③ 중화 공식

N 농도의 산 V(mL)을 완전히 중화시키는 데 N_1 농도의 염기 V_1(mL)가 소비되었다면 다음 식이 성립된다.

$$N \times \frac{V}{1,000} = N_1 \times \frac{V_1}{1,000}$$

$$\therefore NV = N_1 V_1$$

예제

0.2N 산 10mL를 중화시키는 데 11.4mL의 염기 용액이 소비되었다. 이 염기의 노르말 농도(N)는?

풀이 $NV = N_1V_1$

$0.2 \times 10 = N_1 \times 11.4$

$N_1 = \dfrac{0.2 \times 10}{11.4}$

$\therefore N_1 = 0.175\text{N}$

답 0.175N

(3) 수소 이온 지수(power of Hydrogen, pH)

① 물의 이온적(K_w)

㉮ 물의 전리와 수소 이온 농도

$H_2O = H^+ + OH^-$

$[H^+] = [OH^-] = 10^{-7}$ mole/L(g이온/L)

㉯ 물의 이온적 상수(K_w)

$H_2O = H^+ + OH^-$에서 전리 상수를 구하면

$K = \dfrac{[H^+][OH^-]}{[H_2O]}$

$[H^+][OH^-] = K[H_2O] = K_w$(물의 이온적 상수)

$\therefore K_w = [H^+][OH^-] = 10^{-7} \times 10^{-7} = 10^{-14}(\text{mole/L})^2$

물의 이온적(K_w)은 용액의 농도에 관계없이 온도가 높아지면 커지며, 온도가 일정하면 항상 일정하다.

② 수소 이온 지수(pH)

㉮ 수소 이온 지수(pH) : 수소 이온 농도의 역수를 상용대수(log)로 나타낸 값

$\text{pH} = \log\dfrac{1}{[H^+]} = -\log[H^+]$

$\therefore \text{pH} + \text{pOH} = 14$

예제

1. $H^+ = 2 \times 10^{-6}$ M인 용액의 pH는 약 얼마인가?

풀이 $\text{pH} = -\log[H^+] = -\log(2 \times 10^{-6}) = 5.699 = 5.7$

답 5.7

예제

2. 0.001N−HCl의 pH는?

풀이 $pH=-\log[H^+]=-\log[10^{-3}]=3$

답 3

예제

3. 우유의 pH는 25℃에서 6.4이다. 우유 속의 수소 이온 농도는?

풀이 $pH=-\log[H^+]$, 여기서 $[H^+]$: 몰농도
$[H^+]=10^{-pH}=10^{-6.4}=3.98\times10^{-7}$ M

답 3.98×10^{-7}M

예제

4. 25℃에서 83% 해리된 0.1N HCl의 pH는 얼마인가?

풀이 $[H^+]$=몰농도×전리도$=0.1\times0.83=0.083$mol/L
$\therefore pH=-\log[0.083]=1.08$

답 1.08

㉯ 용액의 액성과 pH

액성	산성						중성							알칼리성
pH	0	1	2	3	4	5	6	7	8	9	10	11	12	13	14
$[H^+]$	1	10^{-1}	10^{-2}	10^{-3}	10^{-4}	10^{-5}	10^{-6}	10^{-7}	10^{-8}	10^{-9}	10^{-10}	10^{-11}	10^{-12}	10^{-13}	10^{-14}
$[OH^-]$	10^{-14}	10^{-13}	10^{-12}	10^{-11}	10^{-10}	10^{-9}	10^{-8}	10^{-7}	10^{-6}	10^{-5}	10^{-4}	10^{-3}	10^{-2}	10^{-1}	1
$[H^+][OH^-]$	10^{-14}	10^{-14}	10^{-14}	10^{-14}	10^{-14}	10^{-14}	10^{-14}	10^{-14}	10^{-14}	10^{-14}	10^{-14}	10^{-14}	10^{-14}	10^{-14}	10^{-14}

(4) 지시약과 완충 용액

① 지시약

㉮ 지시약 : 색의 변화로 용액의 액성을 나타내는 시약

pH / 지시약	1 (산성←)	2	3	4	5	6	7 (중성)	8	9	10	11 (→알칼리성)	pH의 변색 범위
메틸오렌지		적색			등황색							3.2~4.4
메틸레드			적색				황색					4.2~6.3
리트머스					적색			청색				6.0~8.0

크레졸레드							황색			적색			7.0~8.8
페놀프탈레인								무색			적색		8.0~10.0

㉯ 지시약의 선택

㉠ 강산+강염기(HCl+NaOH) → 메틸오렌지 또는 페놀프탈레인

㉡ 강산+약염기($HCl+NH_4OH$) → 메틸오렌지 또는 메틸레드

㉢ 약산+강염기($CH_3COOH+NaOH$) → 페놀프탈레인

㉣ 약산+약염기($CH_3COOH+NH_4OH$) → 적합한 시약 없음

② 완충 용액(buffer solution)

약산에 그 약산의 염을 포함한 혼합 용액에 산을 가하거나 또는 약염기에 그 약염기의 염을 포함한 혼합 용액에 염기를 가하여도 혼합 용액의 pH는 그다지 변하지 않는다.

참고

pH가 변하지 않는 이유

평형 이동 법칙에 의한 공통 이온 효과와 전리 평형에 의하여 H^+ 또는 OH^-의 농도가 별로 변하지 않기 때문이다.

예 완충 용액 : $CH_3COOH+CH_3COONa$(약산+약산의 염)
└ 완충 용액 ┘

$CH_3COOH+Pb(CH_3COO)_2$(약산+약산의 염)
└ 완충 용액 ┘

NH_4OH+NH_4Cl(약염기+약염기의 염)
└ 완충 용액 ┘

출제예상문제

01 원자 구조

01 다음 중 원자핵을 구성하는 물질이 아닌 것은?

① 전자 ② 양성자
③ 중간자 ④ 중성자

해설 원자핵은 양성자 및 중성자를 연결하는 중간자로 구성되어 있다.

02 원자를 이루고 있는 전자의 발견자는?

① 러더퍼드 ② 채드윅
③ 돌턴 ④ 톰슨

해설 러더퍼드는 양성자 발견, 채드윅은 중성자 발견, 돌턴은 원자설 주장, 톰슨은 전자 발견

03 F^- 이온의 전자수, 양성자수, 중성자수는 각각 얼마인가? (단, F의 원자량은 19이다.)

① 9, 9, 10 ② 9, 9, 19
③ 10, 9, 10 ④ 10, 10, 10

해설 ㉠ 전자수는 F^-이므로 : 양성자수 +1이므로, 즉 10
㉡ 양성자수=원자 번호=9
㉢ 중성자수=원자량−양성자수=19−9=10

04 다음 중 전자의 수가 같은 것으로 나열된 것은?

① Ne, Cl^- ② Mg^{2+}, O^{2-}
③ F, Ne ④ Na, Cl^-

해설 ① Ne : 10, Cl^- : 17+1
② Mg^{2+} : 12−2, O^{2-} : 8+2
③ F : 9, Ne : 10
④ Na : 11, Cl^- : 17+1

05 원자 번호 19, 질량수 39인 칼륨 원자의 중성자수는?

① 19 ② 20 ③ 39 ④ 58

해설 원자 번호=양성자수=전자수
원자량=양성자수+중성자수
$39=19+x \quad \therefore x=20$

06 동위 원소인 두 중성 원자에 대하여 틀린 것은?

① 전자의 수는 같다. ② 양자의 수는 같다.
③ 중성자수는 같다. ④ 화학적 성질이 같다.

해설 동위 원소란 양성자수는 같으나 중성자수가 다른 원소, 즉 원자 번호는 같으나 질량수가 다른 원소

07 염소는 2가지 동위 원소로 구성되어 있는데 원자량이 35인 염소가 75% 존재하고, 37인 염소는 25% 존재한다고 가정할 때, 이 염소의 평균 원자량은?

① 34.5 ② 35.5
③ 36.5 ④ 37.5

해설 평균 원자량$=35\times0.75+37\times0.25=35.5$

08 염소 원자의 최외각 전자수는 몇 개인가?

① 1 ② 2 ③ 7 ④ 8

해설 전자 껍질의 종류

전자 껍질	K	L	M
Cl	2	8	7

09 다음과 같은 전자 배열을 갖는 원소 중에서 −2가 이온으로 될 수 있는 것은?

① (2, 8, 8) ② (2, 8, 8, 2)
③ (2, 8, 8, 6) ④ (2, 8, 4)

정답 01 ① 02 ④ 03 ③ 04 ② 05 ② 06 ③ 07 ② 08 ③ 09 ③

해설 제일 마지막이 6이므로 8개가 되려면 2개의 전자가 더 필요하다.

10 어떤 원소의 화학적 성질을 지배하는 것은?

① 제일 바깥 전자 껍질의 전자수
② 원자 번호와 원자량
③ 끓는점과 녹는점
④ 전자의 총수

해설 최외각 전자(가전자)는 족의 번호이며, 원자가를 결정하고 화학적 성질을 결정한다.

11 원자의 M껍질에 들어 있지 않는 오비탈은?

① s ② p ③ d ④ f

해설 K껍질은 $n=1(s)$, L껍질은 $n=2(s, p)$, M껍질은 $n=3(s, p, d)$, N껍질은 $n=4(s, p, d, f)$

12 에너지 준위의 순서를 옳게 나타낸 것은?

① $2s<2p<3s<3p<4s<4p$
② $2s<2p<3s<3p<3d<3s$
③ $2s<3s<4s<2p<3p<4p$
④ $2s<2p<3s<3p<4s<3d$

해설 오비탈의 에너지 준위는
$1s<2s<2p<3s<3p<4s<3d<4p<5s$ … 순이다.

13 $1s^2 2s^2 2p^5$의 전자 배치를 갖는 원자의 원자 가전자수는 몇 개인가?

① 2개 ② 5개 ③ 7개 ④ 9개

해설 최외각 전자는 $2s$ 오비탈에 2개, $2p$ 오비탈에 5개를 가지므로 7개의 전자를 갖는다.

14 산소의 원자 번호는 8이다. O^{2-} 이온의 바닥 상태의 전자 배치로 맞는 것은?

① $1s^2$, $2s^2$, $2p^4$ ② $1s^2$, $2s^2$, $2p^6$, $3s^2$
③ $1s^2$, $2s^2$, $2p^6$ ④ $1s^2$, $2s^2$, $2s^4$, $3s^2$

해설 O^{2-} 전자수는 10개이다.

15 다음 중 에너지를 가장 많이 가지는 빛은?

① 빨강 ② 노랑
③ 파랑 ④ 보라

해설 파장이 짧을수록 많은 에너지를 가지므로 에너지를 가장 많이 가지는 것은 자외선쪽(보라)이 짧다.

16 수소가 빛을 발산하였다. 보어의 원자 모델에 의하여 옳은 것은?

① 바깥 전자가 안으로 뛰어들어왔다.
② 안의 전자가 밖으로 튀어나왔다.
③ 전자가 갑자기 빨리 돌았다.
④ 전자가 밖으로 튀어나왔다.

해설 핵에서 먼 높은 에너지 준위의 전자가 낮은 에너지 준위로 떨어질 때 빛을 발산한다.

17 다음에서 설명하는 이론의 명칭으로 옳은 것은?

> 같은 에너지 준위에 있는 여러 개의 오비탈에 전자가 들어갈 때는 모든 오비탈에 분산되어 들어가려고 한다.

① 러더퍼드의 법칙 ② 파울리의 배타 원리
③ 헨리의 법칙 ④ 훈트의 규칙

해설 훈트(Hunt)의 법칙에 대한 설명이다.

02 원소의 주기율

01 주기율표에서 원소의 배열 순서를 결정하는 것은?

① 원자핵의 양성자수 ② 원자핵의 중성자수
③ 원자의 산화수 ④ 원자핵의 질량수

정답 10 ① 11 ④ 12 ④ 13 ③ 14 ③ 15 ④ 16 ① 17 ④ | 01 ①

해설 현재 사용되고 있는 주기율표는 모즐리가 만든 것으로서, 원자 번호 순으로 배열된 주기표를 사용하고 있다(원자번호=양성자수=전자수).

02 주기율표를 보면 같은 족이 아래로 갈수록 점차 증가하는 성질이 있는데, 이에 해당되지 않는 것은?

① 원자 번호 ② 원자량
③ 가전자의 수 ④ 오비탈의 총수

해설 주기율표를 보면 같은 족이 아래로 갈수록 가전자의 수는 같다.

03 주기율표의 알칼리족에서는 위에서 아래로 갈수록 점차 증가하는 성질이 있는데, 옳지 않은 것은?

① 원자 번호 ② 원자 반지름
③ 가전자의 수 ④ 금속성

해설 같은 족의 최외각 전자수는 같으므로 성질이 비슷하다.

04 주기율표상에서 원자 번호 7의 원소와 비슷한 성질을 가진 원소의 원자 번호는 다음 중 어느 것인가?

① 2 ② 11
③ 15 ④ 17

해설 같은 족의 원소들은 화학적 성질이 비슷하다.
예 $^{14}_{7}N$, $^{30}_{15}P$, $^{75}_{35}As$, …

05 주기율표의 같은 주기에서 일반적으로 원자 번호가 증가함에 따라 증가하는 것이 아닌 것은?

① 원자 반지름이 증가한다.
② 산화성이 증가하다.
③ 이온 반지름이 증가한다.
④ 이온화 에너지가 증가한다.

해설 같은 주기에서 원자 번호가 증가함에 따라 핵의 하전량이 커지므로 전자를 강하게 잡아당겨 원자 반지름이 감소한다.

06 알칼리 금속이 다른 금속 원소에 비해 반응성이 큰 이유와 밀접한 관련이 있는 것은?

① 밀도가 작기 때문이다.
② 물에 잘 녹기 때문이다.
③ 이온화 에너지가 작기 때문이다.
④ 녹는점과 끓는점이 비교적 낮기 때문이다.

해설 ㉠ 이온화 에너지 : 원자로부터 하나의 전자를 떼어내는 데 필요한 에너지
㉡ 알칼리 금속은 이온화 에너지가 가장 작다. 따라서 양이온이 되기 쉬우므로 다른 금속 원소에 비해 반응성이 크다.

07 다음 중 가장 높은 이온화 에너지를 갖는 것은?

① 비활성 기체 ② 할로겐 원소
③ 비금속 ④ 금속

해설 안정한 상태에 있는 비활성 기체는 전자를 떼어내기 어렵기 때문에 가장 높은 이온화 에너지값을 갖는다.

08 다음에 열거한 원소 중 이온화 에너지가 가장 큰 것은?

① C ② N ③ O ④ F

해설 같은 주기에서 족↑ → 이온화 E↑

09 다음 원소들 중 전기 음성도 값이 가장 큰 것은?

① C ② N ③ O ④ F

해설 전기 음성도
F>O>N>Cl>Br>C>S>I>H>P

10 반응이 일어나기 어려운 것은?

① $2I^- + Cl_2 \rightarrow 2Cl^- + I_2$
② $2Br^- + Cl^2 \rightarrow 2Cl^- + Br_2$
③ $2Cl^- + F_2 \rightarrow 2F^- + Cl_2$
④ $2F^- + Br_2 \rightarrow 2Br^- + F_2$

해설 할로겐 원소의 활성도 순서
$F_2 > Cl_2 > Br_2 > I_2$

정답 02 ③ 03 ③ 04 ③ 05 ① 06 ③ 07 ① 08 ④ 09 ④ 10 ④

11 α, β, γ의 방사선 중 투과력의 강약 순서가 맞는 것은?

① $\alpha > \beta > \gamma$
② $\alpha < \beta < \gamma$
③ $\beta < \alpha < \gamma$
④ $\gamma < \alpha < \beta$

해설 $\gamma > \beta > \alpha$이므로 γ선이 가장 강하다.

12 방사선 원소에서 방출되는 방사선 중 전기장의 영향을 받지 않아 휘어지지 않는 선은?

① α선 ② β선
③ γ선 ④ α, β, γ선

해설 γ선의 설명이다.

13 다음 불활성 기체 중 방사성 원소가 α 붕괴할 때 방출되는 것은?

① He ② Ne
③ Ar ④ Kr

해설 원자 번호 2 감소, 질량이 4 감소한다.
예 ${}^{238}_{92}U \longrightarrow {}^{234}_{90}Th + {}^{4}_{2}He$

14 ${}^{237}_{93}Np$ 방사선 원소가 β선을 1회 방출한 경우 생성되는 원소는?

① Pa ② U
③ Po ④ Pu

해설 β 붕괴하면 원자 번호가 1이 증가한다.

15 ${}^{222}_{86}Rn$이 ${}^{210}_{81}Ra$로 변하려면 다음 붕괴 중 어느 것인가?

① 1회의 α 붕괴와 3회의 β 붕괴
② 3회의 α 붕괴와 1회의 β 붕괴
③ 3회의 α 붕괴와 2회의 β 붕괴
④ 2회의 α 붕괴와 2회의 β 붕괴

해설 질량수 차이로 α 붕괴의 횟수를 알 수 있다.

16 반감기가 5일인 미지 시료가 2g 있을 때 10일이 경과하면 남은 양은 몇 g인가?

① 2 ② 1
③ 0.5 ④ 0.25

해설 $m = M\left(\frac{1}{2}\right)^{\frac{t}{T}}$

여기서, m : t시간 후에 남은 질량, M : 처음 질량
t : 경과된 시간, T : 반감기

$\therefore\ 2g \times \left(\frac{1}{2}\right)^2 = 0.5g$

17 다음 핵화학 반응에서 ( ) 안에 들어갈 수 있는 것은?

$${}^{9}_{4}Be + {}^{4}_{2}He \longrightarrow (\quad) + {}^{1}_{0}n$$

① ${}^{10}_{4}Be$ ② ${}^{11}_{5}B$
③ ${}^{12}_{6}C$ ④ ${}^{13}_{7}N$

해설 핵반응에서 반응 전후의 원자 번호와 질량수는 같다.

18 다음 핵화학 반응식에서 산소(O)의 원자 번호는?

$${}^{14}_{7}N + {}^{4}_{2}He(\alpha) \longrightarrow O + {}^{1}_{1}H$$

① 6 ② 7 ③ 8 ④ 9

해설 ${}^{14}_{7}N + {}^{4}_{2}He(\alpha) \longrightarrow {}^{17}_{8}O + {}^{1}_{1}H$

03 화학 결합

01 알칼리 금속에 속하는 원소와 할로겐족에 속하는 원소가 결합하여 화합물을 생성하였다. 이 화합물의 화학 결합은? (단, 수소는 제외한다.)

① 이온 결합 ② 공유 결합
③ 금속 결합 ④ 배위 결합

해설 예 NaCl, KCl

정답 11 ② 12 ③ 13 ① 14 ④ 15 ② 16 ③ 17 ③ 18 ③ | 01 ①

02 비금속 원소와 금속 원소 사이의 결합은 일반적으로 어떤 결합에 해당되는가?

① 공유 결합 ② 금속 결합
③ 비금속 결합 ④ 이온 결합

해설 이온 결합에 대한 설명이다.

03 수소 분자(H_2)에서 수소 원자(H) 사이의 결합은?

① 금속 결합 ② 수소 결합
③ 배위 결합 ④ 공유 결합

해설 동종 이원자 분자는 모두 공유 결합을 한다.

04 다이아몬드의 결합 형태는?

① 금속 결합 ② 이온 결합
③ 공유 결합 ④ 수소 결합

해설 다이아몬드는 공유 결합 형태로 그물 구조로 결합력이 가장 크다.

05 비공유 전자쌍을 가지고 있는 분자는?

① NH_3 ② CH_4
③ H_2 ④ C_2H_4

해설 ①
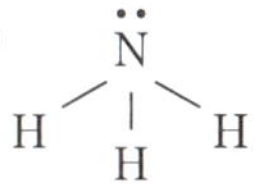
②
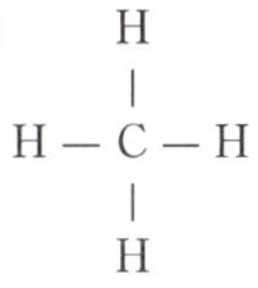
③

④
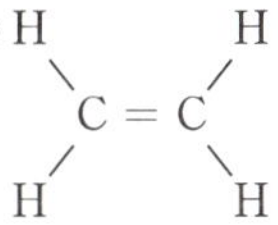

06 $NH_3 + H_2O \rightleftharpoons NH_4^+ + OH^-$에 있어서 NH_4^+이 생성될 때의 결합 양식은?

① 이온 결합 ② 공유 결합
③ 배위 결합 ④ 수소 결합

해설 한 원자에서만 전자쌍을 내어서 서로 공유하는 결합을 배위 결합이라 한다.

07 다음 중 배위 결합 물질이 아닌 것은 어느 것인가?

①
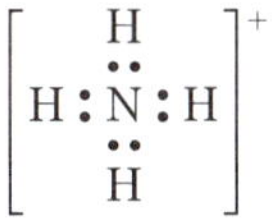
②
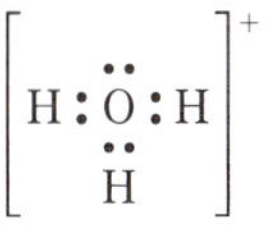
③
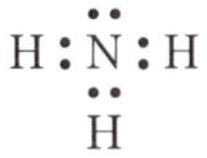
④ $Cu(NH_3)_4^{2+}$

해설 배위 결합 물질은 비공유 전자쌍에서 이온·원자·분자가 결합한다.

08 한 분자 내에서 배위 결합과 이온 결합을 동시에 가지고 있는 것은?

① NH_4Cl ② K_2CO_3
③ $MgCl_2$ ④ $CHCl_3$

해설 NH_4Cl은 한 분자 내에 공유, 배위, 이온 결합을 동시에 한다.
㉠ 공유 결합 : $N + 3H \longrightarrow NH_3$
㉡ 배위 결합 : $NH_3 + H^+ \longrightarrow NH_4^+$
㉢ 이온 결합 : $NH_4^+ + Cl^- \longrightarrow NH_4Cl$

09 자유 전자의 존재하에서 이루어지는 화학 결합은?

① 금속 결합 ② 수소 결합
③ 배위 결합 ④ 공유 결합

해설 금속 결합은 모두 자유 전자에 의한 결합 형태이다.

10 금속이 전기의 양도체인 이유는 어느 것인가?

① 질량수가 크기 때문에
② 중성자가 많기 때문에
③ 양자수가 많기 때문에
④ 자유 전자수가 많기 때문에

해설 금속 결합은 자유 전자에 의한 결합이므로 전기의 양도체이다.

정답 02 ④ 03 ④ 04 ③ 05 ① 06 ③ 07 ③ 08 ① 09 ① 10 ④

11 물(H_2O)의 끓는점이 황화수소(H_2S)의 끓는점보다 높은 이유는?

① 분자량의 차이 때문
② 분자 간의 수소 결합 차이 때문
③ 용액의 pH 차이 때문
④ 극성 결합의 차이 때문

해설 물은 수소 결합에 의해 끓는점이 높다.

12 4℃의 물이 얼음의 밀도보다 큰 이유는 물분자의 무슨 결합 때문인가?

① 이온 결합 ② 공유 결합
③ 배위 결합 ④ 수소 결합

해설 4℃의 물이 얼음의 밀도보다 큰 이유
보통 다른 물질들은 고체가 되면 분자끼리 최대한 거리를 줄이는 배열을 하게 되어 부피가 줄어들지만, 물의 경우, 수소 결합을 하게 되면 사이 공간이 약간 벌어지면서 육각형 구조를 형성하기 때문에 부피가 늘어나게 된다. 그러므로 물은 얼음이 되면서 부피가 늘어나기 때문에 밀도가 낮아진다.

13 결합력의 크기 순으로 되어 있는 것은?

① 수소 결합>반 데르 발스 결합>공유 결합
② 공유 결합>수소 결합>반 데르 발스 결합
③ 반 데르 발스 결합>수소 결합>공유 결합
④ 수소 결합>공유 결합>반 데르 발스 결합

해설 결합력의 세기
㉠ 공유 결합(그물 구조체) > 이온 결합 > 금속 결합 > 수소 결합 > 반 데르 발스 결합
㉡ 공유 결합 : 수소 결합 : 반 데르 발스 결합=100 : 10 : 1

14 다음 물질 중 sp^3 혼성 궤도 함수와 가장 관계가 있는 것은?

① CH_4 ② $BeCl_2$
③ BF_3 ④ HF

해설 ① sp^3 결합, ② sp 결합, ③ sp^2 결합, ④ p 결합

04 화학 반응

01 수소와 질소로 암모니아를 합성하는 반응의 화학 반응식은 다음과 같다. 암모니아의 생성률을 높이기 위한 조건은?

$$N_2+3H_2 \rightarrow 2NH_3+22.1\text{kcal}$$

① 온도와 압력을 낮춘다.
② 온도는 낮추고, 압력은 높인다.
③ 온도를 높이고, 압력은 낮춘다.
④ 온도와 압력을 높인다.

해설 발열 반응 : 온도를 낮추고, 압력을 높인다.

02 다음 화학 평형을 오른쪽으로 진행시키기 위한 조건은?

$$C+CO_2 \rightleftarrows 2CO-40\text{kcal}$$

① 고온, 가압
② 저온, 가압
③ 저온, 감압
④ 고온, 감압

해설 흡열 반응이므로 온도를 높이고, 반응계의 몰수는 1몰(CO_2), 생성계의 몰수는 2몰(2CO)이므로 압력을 낮춘다.

03 다음 중 온도와 압력을 함께 낮게 할 때 평형이 오른쪽으로 이동하는 것은?

① $2H_2(g)+O_2(g) \rightarrow 2H_2O(g)+58.7\text{kcal}$
② $2CO_2(g) \rightarrow 2CO(g)+O_2(g)-134.4\text{kcal}$
③ $2CH_3OH(g)+3O_2(g)$
$\rightarrow 2CO_2(g)+4H_2O(g)+156.8\text{kcal}$
④ $H_2S(g) \rightarrow H_2(g)+S(g)-4.5\text{kcal}$

해설 발열 반응이며, 몰수가 증가한다.

정답 11 ② 12 ④ 13 ② 14 ① | 01 ② 02 ④ 03 ③

04 다음 반응 중 평형 상태가 압력의 영향을 받지 않는 것은?

① $2NO_2 \rightleftarrows N_2O_4$
② $2CO+O_2 \rightleftarrows 2CO_2$
③ $N_2+O_2 \rightleftarrows 2NO$
④ $NH_3+HCl \rightleftarrows NH_4Cl$

해설 반응물과 생성물의 몰수, 즉 분자수가 같은 것은 압력의 영향을 받지 않는다.

05 다음의 반응 화합물 중 가장 안정한 화합물의 반응식은?

① $H_2+F_2 \rightarrow 2HF+128kcal$
② $H_2+Cl_2 \rightarrow 2HCl+44kcal$
③ $H_2+Br_2 \rightarrow 2HBr+25kcal$
④ $H_2+I_2 \rightarrow 2HI+2.5kcal$

해설 방출되는 반응열이 클수록 생성 물질이 안정하다.

06 다음의 열화학 반응식에서 물의 생성열은 몇 kcal인가?

$$2H_2+O_2 \rightarrow 2H_2O+136kcal$$

① −68 ② +68
③ −136 ④ +136

해설 생성열
물질 1몰이 성분 원소로부터 생성될 때 발생 또는 흡수되는 열

07 $N_2+O_2 \rightarrow 2NO-43kcal$에서 NO의 생성열은 몇 kcal인가?

① −21.5 ② +21.5
③ −43 ④ +43

해설 생성열
물질 1몰이 성분 원소로부터 생성될 때 발생 또는 흡수되는 열

08 프로판가스(C_3H_8)의 연소 반응식은 다음과 같다. $C_3H_8+5O_2 \rightarrow 3CO_2+4H_2O+530cal$ 프로판가스 1g을 연소시켰을 때 나오는 열량은 몇 cal인가?

① 12.05 ② 23.69
③ 120.5 ④ 530.6

해설 $C_3H_8+5O_2 \rightarrow 3CO_2+4H_2O+530cal$
44g 530cal
1g x(cal)
$x=\frac{1\times530}{44}$ $\therefore x=12.05cal$

09 $C_2H_6(g) \rightarrow 2C(s)+3H_2(g)$ $\Delta H=+20.4kcal$
$2C(s)+2O_2(g) \rightarrow 2CO_2(g)$ $\Delta H=-188.0kcal$
$3H_2(g)+\frac{3}{2}O_2(g) \rightarrow 3H_2O(g)$ $\Delta H=-173.0kcal$
일 때 에탄이 산소 중에서 연소하여 CO_2와 수증기로 될 때의 연소열을 계산하면?

① $\Delta H=-340.6kcal$
② $\Delta H=340.6kcal$
③ $\Delta H=-35.4kcal$
④ $\Delta H=35.4kcal$

해설 $C_2H_6(g) \rightarrow 2C(s)+3H_2(g)$
$\Delta H=+20.4kcal$ …… ㉠
$2C(s)+2O_2(g) \longrightarrow 2CO_2(g)$
$\Delta H=-188.0kcal$ …… ㉡
$3H_2(g)+\frac{3}{2}O_2(g) \longrightarrow 3H_2O(g)$
\+ $\Delta H=-173.0kcal$ …… ㉢

㉠+㉡+㉢
$C_2H_6(g)+\frac{7}{2}O_2(g) \longrightarrow 2CO_2(g)+3H_2O(g)$
$\therefore \Delta H=(+20.4)+(-188.0)+(-173.0)$
$=-340.6kcal$

10 화학 반응에서 반응 전과 반응 후의 상태가 결정되면 반응의 경로와 관계없이 반응열의 총량은 일정하다는 법칙은?

① 르 사틀리에의 법칙 ② 헨리의 법칙
③ 화학 평형의 법칙 ④ 헤스의 법칙

해설 총열량 불변(헤스)의 법칙이다.

정답 04 ③ 05 ① 06 ② 07 ① 08 ① 09 ① 10 ④

11 다음 중 화학 반응 속도에 영향을 미치지 아니하는 것은?

① 반응계의 온도 변화
② 촉매의 유무
③ 반응 물질의 농도 변화
④ 일정한 농도에서의 부피 변화

해설 반응 속도 영향 인자 : 온도, 압력, 농도, 촉매

12 다음과 같은 반응에서 A와 B의 농도를 각각 2배로 해주면 반응 속도는 몇 배가 되겠는가?

$$A+2B \longrightarrow 3C+D$$

① 2배　② 4배
③ 6배　④ 8배

해설 $v=[A][B]^2=2\times2^2=8$배

13 다음과 같은 반응에서 A와 B의 농도를 모두 2배로 해주면 반응 속도는 이론적으로 몇 배가 되겠는가?

$$A+3B \longrightarrow 3C+5D$$

① 2배　② 4배
③ 8배　④ 16배

해설 $v=[A][B]^3=2\times2^3=16$배

14 온도가 10℃ 올라감에 따라 반응 속도는 2배 빨라진다. 10℃에서 50℃로 온도를 올리면 반응 속도는 몇 배 빨라지는가?

① 10배　② 14배
③ 16배　④ 20배

해설 온도가 상승하면 반응 속도는 증가(약 10℃ 온도 상승 시 반응 속도는 2배 증가, 즉 2^n배 증가)한다.
따라서, $50-10=40$℃이므로 반응 속도는 16배 증가한다. 즉 2^n로서 $2^4=16$배이다.

15 활성화 에너지란 어느 것인가?

① 물질이 반응할 때 방출하는 에너지
② 물질이 반응할 때 흡수하는 에너지
③ 물질이 반응을 일으키기 전에 가지고 있는 에너지
④ 물질이 반응을 일으키는 데 필요한 에너지

해설 활성화 에너지란 물질이 반응을 일으키는 데 필요한 에너지로서 활성화 에너지가 클수록 반응 속도가 느려진다.

05 화학 평형

01 화학 반응이 평형 상태에 도달하였다는 것은 다음 중 어느 것인가?

① 정반응과 역반응이 같은 속도로 진행된다.
② 촉매를 넣으면 발열 반응 쪽으로 평형이 이동된다.
③ 온도를 높이면 발열 반응 쪽으로 평형이 이동된다.
④ 분자 사이의 모든 반응은 완전히 끝났다.

해설 화학 평형이란 가역 반응에서 정반응 속도와 역반응 속도가 같아져서 외관상 반응이 정지된 것처럼 보이는 상태로서 정반응 속도$(V_1)=$역반응 속도(V_2)이다.

02 화학 반응에서 정반응과 역반응의 속도가 같아지는 상태를 화학 평형(chemical equilibrium)이라 한다. 이 화학 평형에 영향을 끼치는 인자는 온도, 압력 및 농도인데 평형 상태에 놓여 있는 반응계의 온도, 압력, 농도를 변화시키면 그 변화에 대하여 영향을 적게 받는 쪽으로 반응이 진행된다. 이것을 무슨 법칙이라 하는가?

① 보일　② 샤를
③ 아레니우스　④ 르 샤틀리에

해설 르 샤틀리에의 법칙에 대한 설명이다.

03 반응의 평형에 영향을 미치지 않는 것은?

① 온도　② 압력　③ 농도　④ 촉매

정답 11 ④　12 ④　13 ④　14 ③　15 ④　|　01 ①　02 ④　03 ④

해설 평형 이동에 영향을 주는 인자 : 온도, 압력, 농도

04 $CO+2H_2 \rightarrow CH_3OH$의 반응에 있어서 평형 상수 K 나타내는 식은?

① $K=\frac{[CH_3OH]}{[CO][H_2]}$ ② $K=\frac{[CH_3OH]}{[CO][H_2]^2}$

③ $K=\frac{[CO][H_2]}{[CH_3OH]}$ ④ $K=\frac{[CO][H_2]^2}{[CH_3OH]}$

해설 $CO+2H_2 \longrightarrow CH_3OH$의 반응에서 평형 상수 K는 $K=\frac{[CH_3OH]}{[CO][H_2]^2}$이다.

05 다음 평형식에 맞는 화학 반응식은?

$$K=\frac{[NO_2]^4[H_2O]^6}{[NH_3]^4[O_2]^7}$$

① $NH_3(s)+7O_2(g) \rightleftharpoons NO_2(g)+H_2O(g)$
② $4NH_3(s)+7O_2(g) \rightleftharpoons 4NO_2(g)+6H_2O(g)$
③ $NH_3(g)+O_2(g) \rightleftharpoons NO_2(g)+H_2O(g)$
④ $4NH_3(g)+7O_2(g) \rightleftharpoons 4NO_2(g)+6H_2O(g)$

해설 $aA(g)+bB(g) \rightleftharpoons cC(g)+dD(g)$

$\therefore K=\frac{[C]^c[D]^d}{[A]^a[B]^b}$

06 다음 반응의 평형 상수는? (단, 평형 상태에서 A, B, C 및 D의 각 농도는 1L당 1.0, 2.0, 6.0 및 20mole이었다.)

$$A+B \rightarrow C+D$$

① 20 ② 40
③ 60 ④ 80

해설 $K=\frac{[C][D]}{[A][B]}=\frac{6\times20}{1\times2}=60$

06 산화와 환원

01 다음 산화에 대한 설명이다. 다음 중 틀린 것은?

① 산소와 결합하거나 잃은 상태
② 원자가 산화수가 증가한 상태
③ 원자가 전자를 잃은 상태
④ 수소를 빼앗긴 상태

해설 ㉠ 산화 : 산소와 결합하는 것
㉡ 환원 : 산소를 잃는 것

02 $Cl_2+H_2O \rightarrow HClO+HCl$에서 염소 원소는?

① 산화만 되었다.
② 환원만 되었다.
③ 산화도 되고, 환원도 되었다.
④ 산화도 되지 않고, 환원도 되지 않았다.

해설 Cl_2는 HClO에서 산소와 결합하여 산화되었고, HCl에서 수소를 얻었으므로 환원되었다.

03 다음 중 산화제가 될 수 있는 조건으로서 옳지 않은 것은?

① 산소를 잃기 쉬운 것
② 수소와 결합하기 쉬운 것
③ 전자를 버리기 쉬운 것
④ 산화수가 감소되기 쉬운 것

해설 전자를 버리기 쉬운 것은 산화수가 증가되는 산화 반응으로서 환원제가 된다.

04 $K_2Cr_2O_7$에서 Cr의 산화수를 구하면?

① +2 ② +4
③ +6 ④ +8

해설 $K_2Cr_2O_7 : (+1\times2)+2Cr+(-2\times7)=0$

$2Cr=12 \quad \therefore Cr=+6$

정답 04 ② 05 ④ 06 ③ | 01 ① 02 ③ 03 ③ 04 ③

05 중크롬산이온($Cr_2O_7^{2-}$)에서 Cr의 산화수는?

① +3　② +6
③ +7　④ +12

해설 ($Cr_2O_7^{2-}$)에서 Cr의 산화수
㉠ O의 산화수 : −2
㉡ Cr의 산화수를 x라고 할 때
$2x+(-2)\times 7=-2$
$2x=12 \quad \therefore x=6$

06 이산화황이 산화제로 작용하는 화학 반응은?

① $SO_2+H_2O \rightarrow H_2SO_4$
② $SO_2+NaOH \rightarrow NaHSO_3$
③ $SO_2+2H_2S \rightarrow 3S+2H_2O$
④ $SO_2+Cl_2+2H_2O \rightarrow H_2SO_4+2HCl$

해설 ㉠ 환원력이 강한 H_2S와 반응하면 산화제로 작용한다.
$S^{4+}O_2+2H_2S \rightarrow 2H_2O+3S^0$
└ 환원(산화제로 작용) ┘
㉡ 환원제로 작용한 것
$S^{4+}O_2+2H_2O+Cl_2 \rightarrow H_2S^{6+}O_4+2HCl$
└ 산화(환원제로 작용) ┘

07 다음 중 환원제(reducing agent)로 작용할 수 없는 물질은?

① 수소 원자를 내기 쉬운 물질
② 산소와 화합하기 쉬운 물질
③ 전자를 잃기 쉬운 물질
④ 발생기의 산소를 내는 물질

해설 ④ 산화제

08 표준 전극 전위(E^o)가 다음과 같을 때 가장 강한 환원제는?

① $F_2=+2.87V$
② $MnO_4^-=+1.51V$
③ $Cr_2O_7^{2-}=+1.33V$
④ $NO_3^-=+0.96V$

해설 표준 전위 전극이 클수록 강한 산화제이다.

09 다음 물질 중 환원제로 이용되는 물질인 것은?

① H_2SO_4　② HNO_3
③ $KMnO_4$　④ SO_2

해설 환원제란 다른 물질을 환원시켜 주는 물질로서 자기 자신은 산화된다.

10 A는 B 이온과 반응하나 C 이온과는 반응하지 않고 D는 C 이온과 반응한다고 할 때 A, B, C, D 이온의 환원력의 세기는?

① B>A>C>D　② D>C>A>B
③ B>D>A>C　④ C>A>D>B

해설 A>B, C>A, D>C　∴ D>C>A>B이다.

11 +2, +4, +7의 원자가를 갖고 있는 원소는?

① Mn　② As
③ N　④ S

해설 Mn은 +2, +4, +7의 원자가를 가질 수 있다.

12 다음 중 Mn의 산화수가 +6인 것은?

① $KMnO_4$　② MnO_2
③ $MnSO_4$　④ K_2MnO_4

해설 ① $(+1)+Mn+(-2)\times 4=0$
$\therefore Mn=+7$
② $Mn+(-2)\times 2=0$
$\therefore Mn=+4$
③ (SO_4)가 −2이므로
$\therefore Mn=+2$
④ $(+1)\times 2+Mn+(-2)\times 4=0$
$\therefore Mn=+6$

13 다음 화학식 중에서 밑줄 친 원소의 산화수가 +5인 것은?

① $Ca\underline{C}O_3$　② $Na_2\underline{Cr}O_4$
③ $K\underline{N}O_3$　④ $Ba\underline{S}O_4$

정답 05 ② 06 ③ 07 ④ 08 ④ 09 ④ 10 ② 11 ① 12 ④ 13 ③

해설 KNO_3에서 K : +1, O : −2가
$+1+x+(-2\times3)=0$
$\therefore\ x=5$

14 다음 반응식 중에서 실제로 수소 가스가 발생하지 않는 화학 반응은?

① $2Na+2H_2O \rightarrow 2NaOH+H_2$
② $3Fe+4H_2O \rightarrow Fe_3O_4+4H_2$
③ $H_2SO_4+Zn \rightarrow ZnSO_4+H_2$
④ $H_2SO_4+Cu \rightarrow CuSO_4+H_2$

해설 ㉠ 금속의 이온화 경향
K > Ca > Na > Mg > Al > Zn > Fe > Ni > Sn > Pb > (H) > Cu > Hg > Ag > Pt > Au
㉡ 수소보다 이온화 경향이 작은 금속은 수소가 발생하지 않는다.

15 다음 물질을 반응시켜 수소를 얻을 수 없는 것은?

① 구리에 황산을 가한다.
② 철에 묽은 염산을 가한다.
③ 나트륨을 물속에 넣는다.
④ 알루미늄을 수산화나트륨 용액에 넣는다.

해설 ㉠ 금속의 이온화 경향
K > Ca > Na > Mg > Al > Zn > Fe > Ni > Sn > Pb > (H) > Cu > Hg > Ag > Pt > Au
㉡ 수소보다 이온화 경향이 작은 금속은 수소가 발생하지 않는다.

16 다음 (   ) 안에 알맞는 것은?

> $CuSO_4$에 Zn을 넣으면 Cu가 석출된다. 그 이유는 아연이 구리보다 (   ).

① 이온화 경향이 크기 때문이다.
② 원자 번호가 크기 때문이다.
③ 원자와 전자가 많기 때문이다.
④ 전기 저항이 크기 때문이다.

해설 이온화 경향이 작은 금속이 석출된다.

17 다음 중 반응이 정반응으로 진행되는 것은?

① $Pb^{2+}+Zn \rightarrow Zn^{2+}+Pb$
② $I_2+2Cl^- \rightarrow 2I^- + Cl_2$
③ $2Fe^{3+}+3Cu \rightarrow 3Cu^{2+}+2Fe$
④ $Mg^{2+}+Zn \rightarrow Zn^{2+}+Mg$

해설 ㉠ 금속의 이온화 경향
K > Ca > Na > Mg > Al > Zn > Fe > Ni > Sn > Pb > H > Cu > Hg > Ag > Pt > Au
㉡ 전기 음성도 : F > O > N > Cl > Br > C > S > I > H > P

07 전기 화학

01 다음과 같은 구조를 가진 전지를 무엇이라 하는가?

> (−) Zn | H_2SO_4 | Cu (+)

① 볼타 전지(volta cell)
② 다니엘 전지(Daniel cell)
③ 건전지(dry cell)
④ 납축전지(battery)

해설 ① 볼타 전지 : (−) Zn | H_2SO_4 | Cu (+)
② 다니엘 전지 : (−) Zn | $ZnSO_4$ || $CuSO_4$ | Cu (+)
③ 건전지 : (−) Zn | NH_4Cl 포화 용액 | MnO_2, C (+)
④ 납축전지 : (−) Pb | H_2SO_4 | PbO_2 (+)

02 볼타 전지에서 갑자기 전류가 약해지는 현상을 '분극 현상'이라고 한다. 이 분극 현상을 방지해 주는 감극제로 사용되는 물질은?

① MnO_2　　② $CuSO_4$
③ NaCl　　④ $Pb(NO_3)_2$

해설 분극 현상은 수소에 원인이 있으므로 수소를 산화시킬 수 있는 산화제가 되어야 한다.

정답 14 ④　15 ①　16 ①　17 ①　|　01 ①　02 ①

03 볼타 전지의 기전력은 약 1.3V인데, 전류가 흐르기 시작하면 곧 0.4V로 된다. 이러한 현상을 무엇이라고 하는가?

① 감극 ② 소극
③ 분극 ④ 충전

해설 ① 감극 : 전지가 전류를 흘리면 분극 현상을 일으킨다. 이 작용을 제거하는 것이 감극이며, 산화제로 양극에 발생하는 수소를 산화하여 수소 이온의 발생을 방지하는 것
② 소극 : (+)극에 발생한 수소를 산화시켜 없애는 작용
④ 충전 : 전지에 외부로부터 전기 에너지를 공급하여 전지 내에서 이것을 화학 에너지로 축적하는 것

04 전지에서 감극제를 썼을 때 양극으로 적당한 것은?

① 탄소 ② 구리
③ 납 ④ 아연

해설 감극제(소극제)로 MnO_2를 사용하면 (+)극은 탄소(C)를 사용하며 (−)극은 아연(Zn)을 사용한다.

05 전지를 구성할 때, 양극에서 일어나는 반응은?

① 환원 반응 ② 산화 반응
③ 중화 반응 ④ 침전 반응

해설 ㉠ 음극: 산화 반응
㉡ 양극 : 환원 반응

06 납축전지 속에서는 전체적으로 다음 반응이 일어난다. 방전할 때 (−)극에서 일어나는 반응은?

$$2PbSO_4 + 2H_2O \underset{\text{충전}}{\overset{\text{방전}}{\rightleftarrows}} Pb + PbO_2 + 2H_2SO_4$$

① $PbO_2 + 4H^+ + SO_4^{2-} + 2e^- \rightarrow PbSO_4 + 2H_2O$
② $PbSO_4 + 2e^- \rightarrow Pb + SO_4^{2-}$
③ $PbSO_4 + 2H_2O \rightarrow PbO_2 + 4H^+ + SO_4^{2-} + 2e^-$
④ $Pb + SO_4^{2-} \rightarrow PbSO_4 + 2e^-$

해설 ①항은 +극에서 일어나는 반응이다.

07 다음은 납축전지를 충전할 때 일어나는 현상을 설명한 것이다. 옳은 것은?

① 액의 비중은 변하지 않는다.
② 황산이 없어지므로 액의 비중은 작아진다.
③ 황산이 더 많이 생기므로 액의 비중은 커진다.
④ 납(Pb) 이온이 많이 생기므로 액의 비중은 커진다.

해설 황산이 더 많이 생기면 액의 비중은 커진다.

08 물의 전기 분해에서는 두 전극으로부터 발생한 가스가 혼합되면 위험하므로 석면 격막을 쓴다. 이 석면 격막의 역할은?

① 기체의 기포를 통과시키지 않는다.
② 기체의 기포를 통과시킨다.
③ 이온의 이동을 막는다.
④ 물보다 큰 분자의 이동을 막는다.

해설 석면 격막은 기체의 기포를 통과하지 못하게 한다.

09 물을 전기 분해하여 표준 상태에서 22.4L의 산소를 얻는 데 소요되는 전기량은?

① 1F ② 2F
③ 3F ④ 4F

해설 1F란 물질 1g당량을 석출하는 데 필요한 전기량으로서, 산소 22.4L는 1몰이며 4g당량이다. 따라서 1F의 전기량으로 1g당량이 전기 분해되므로 4F의 전기량이 필요하다.

10 $CuSO_4$ 용액에 0.5F의 전자를 흘렸을 때 약 몇 g의 구리가 석출되겠는가? (단, 원자량 Cu : 64, S : 32, O : 16이다.)

① 16 ② 32
③ 64 ④ 128

해설 1F = Cu 0.5mol 석출, 0.5F이므로 Cu 0.25mol 석출
$\therefore 64 \times 0.25 = 16g$

정답 03 ③ 04 ① 05 ① 06 ④ 07 ③ 08 ① 09 ④ 10 ①

11 $CuSO_4$ 수용액을 10A의 전류로 32분 10초 동안 전기 분해시켰다. 음극에서 석출되는 Cu의 질량은 몇 g인가? (단, Cu의 원자량은 63.6이다.)

① 3.18 ② 6.36
③ 9.54 ④ 12.72

해설 전기량 1F=96,500C에 의하여 석출되는 Cu의 양은 63.6/2=31.8g(1g당량)이다.
전기량(C)=I(전류)×T(시간)
=10×(32×60+10)=19,300C
여기서 석출되는 Cu의 양은 다음과 같다.
96,500C : 31.8g=19,300C : x
∴ x=6.36g

12 전극에서 유리되고 화학 물질의 무게가 전지를 통하여 사용된 전류의 양에 정비례하고, 또한 주어진 전류량에 의하여 생성된 물질의 무게는 그 물질의 당량에 비례한다는 화학 법칙은?

① 르 샤틀리에의 법칙 ② 아보가드로의 법칙
③ 패러데이의 법칙 ④ 보일-샤를의 법칙

해설 패러데이의 법칙 설명이다.

13 다음 식 중 전류 효율(%)를 구하는 식으로 알맞는 것은? (단, 실제 생성량 → 전해 후 생성량, 이론 생성량 → 패러데이 법칙에 의한 양임.)

① $\frac{\text{실제 생성량}}{\text{이론 생성량}}\times 100$ ② $\frac{\text{이론 생성량}}{\text{실제 생성량}}\times 100$
③ 실제 생성량×100 ④ 이론 생성량×100

해설 전류 효율 (%)=$\frac{\text{실제 생성량}}{\text{이론 생성량}}\times 100$

14 1F(패러데이)의 전기량은?

① 전자 96,500개가 갖는 전기량이다.
② lamp의 전류로 1초 동안 전기 분해할 때 흐르는 전기량이다.
③ 6×10^{23} 쿨롬의 전기량이다.
④ 아보가드로수만큼의 전자가 가지는 전기량이다.

해설 1F란 물질 1g당량을 석출하는 데 필요한 전기량 [96,500쿨롬, 전자(e^-) 1몰(6×10^{23}개)의 전기량]

15 20%의 소금물을 전기 분해하여 수산화나트륨 1mol을 얻는 데는 1A의 전류를 몇 시간 통해야 하는가?

① 13.4 ② 26.8
③ 53.6 ④ 104.2

해설 F=96485.3383C/mol
$Q=I\cdot t$
여기서, Q의 단위 : C
I의 단위 : A
t의 단위 : s
수산화나트륨 1mol을 전기 분해하기 위해서는 전자 1mol이 필요하다. 즉, 96,485C의 전하를 얻기 위해서는 1A의 전류를 96,485s의 시간만큼 흘려주어야 한다. 96,485초는 약 26.8시간이다.

08 산과 염기 및 염

01 산(acid)의 성질을 설명한 것 중 틀린 것은?

① 수용액 속에서 H^+를 내는 화합물이다.
② pH 값이 작을수록 강산이다.
③ 금속과 반응하여 수소를 발생하는 것이 많다.
④ 붉은색 리트머스 종이를 푸르게 변화시킨다.

해설 ④ 푸른색 리트머스 종이를 붉게 변화시킨다.

02 다음 중 염기의 성질에 해당하지 않는 것은?

① 붉은 리트머스 종이를 푸르게 변화시킨다.
② 페놀프탈레인을 떨어뜨리면 붉게 된다.
③ 쓴맛이 있으며, pH가 7 이하이다.
④ 산기와 반응하여 염을 생성한다.

해설 염기는 PH가 7 이상이다.

정답 11 ② 12 ③ 13 ① 14 ④ 15 ② | 01 ④ 02 ③

03 다음 물질 중에서 염기로 작용할 수 있는 물질은?

① $C_6H_5NH_2$ ② $C_6H_5NO_2$
③ C_6H_5OH ④ $C_6H_5CH_3$

해설

학설	산	염기
루이스설	비공유 전자쌍을 받는 물질	비공유 전자쌍을 줄 수 있는 물질

04 다음 중 물이 산으로 작용하는 반응은?

① $NH_4^+ + H_2O \rightarrow NH_3 + H_3O^+$
② $HCOOH + H_2O \longrightarrow HCOO^- + H_3O^+$
③ $CH_3COO^- + H_2O \longrightarrow CH_3COOH + OH^-$
④ $HCl + H_2O \longrightarrow H_3O^+ + Cl^-$

해설

학설	산	염기
브뢴스테드설	H^+을 줄 수 있는 것	H^+을 받을 수 있는 것

① NH_4^+(산) $+ H_2O$(염기) $\longrightarrow NH_3$(염기) $+ H_3O^+$(산)
② $HCOOH$(산) $+ H_2O$(염기) $\longrightarrow HCOO^-$(염기) $+ H_3O^+$(산)
③ CH_3COO^-(염기) $+ H_2O$(산) $\longrightarrow CH_3COOH$(산) $+ OH^-$(염기)
④ HCl(산) $+ H_2O$(염기) $\longrightarrow H_3O^+$(산) $+ Cl^-$(염기)

05 다음 화합물의 액성이 모두 염기성인 것은?

① SO_2, Na_2O ② CaO, KCl
③ Na_2O, K_2CO_3 ④ CO_2, $NaNO_3$

해설 금속 산화물은 염기성 산화물이다.

06 다음 중 전리도가 가장 커지는 경우는?

① 농도와 온도가 일정할 때
② 농도가 진하고, 온도가 높을수록
③ 농도가 묽고, 온도가 높을수록
④ 농도가 진하고, 온도가 낮을수록

해설 ㉠ 전리도(이온화도): 전해질 수용액에서 용해된 전해질의 몰수에 대한 이온화된 전해질의 몰수의 비

$$\text{전리도(이온화도, }\alpha) = \frac{\text{이온화된 전해질의 몰수}}{\text{전해질의 전체 몰수}} (0 < \alpha < 1)$$

㉡ 전리도는 농도가 묽고, 온도가 높을수록 커진다.

07 다음 산화물 중 산성 산화물은?

① Na_2O ② MgO
③ Al_2O_3 ④ P_2O_5

해설 비금속 산화물은 산성 산화물이다.

08 다음 중에서 염기성 산화물로만 묶어진 것은?

① CaO, Fe_2O_3 ② K_2O, SO_2
③ CO_2, SO_3 ④ Al_2O_3, N_2O_5

해설 금속 산화물은 염기성 산화물이다.

09 다음 중 양쪽성 산화물인 것은?

① NO_2 ② Al_2O_3
③ MgO ④ SO_2

해설 양쪽성 산화물은 ZnO, Al_2O_3, SnO, PbO이다.

10 다음 중 염의 정의에 대한 설명으로 옳은 것은?

① 소금과 같이 짠 물질
② 산과 염기가 중화될 때 생기는 물질
③ 금속과 산의 음이온이 결합한 물질
④ 중성이며 물에 잘 녹는 물질

해설 염이란 산의 음이온(산기)과 염기의 금속(양이온)이 결합한 물질

예 $NaOH + HCl \longrightarrow \underline{NaCl}$(염) $+ H_2O$

11 다음 중 산도 염기도 아닌 것은?

① NH_4Cl ② H_2SO_4
③ $NaOH$ ④ HNO_3

정답 03 ① 04 ③ 05 ③ 06 ③ 07 ④ 08 ① 09 ② 10 ③ 11 ①

해설 $NH_4OH + HCl \longrightarrow \underline{NH_4Cl} + H_2O$
염

12 염(salt)을 만드는 화학 반응식이 아닌 것은?

① $HCl + NaOH \rightarrow NaCl + H_2O$
② $2NH_4OH + H_2SO_4 \rightarrow (NH_4)_2SO_4 + 2H_2O$
③ $CuO + H_2 \rightarrow Cu + H_2O$
④ $H_2SO_4 + Ca(OH)_2 \rightarrow CaSO_4 + 2H_2O$

해설 염 : 산과 염기가 반응을 일으킬 때 물과 함께 생성되는 물질로 산의 음이온과 염기의 양이온으로 만들어지는 화합물이다.

① $HCl + NaOH \longrightarrow NaCl + H_2O$
산 염기 염 물

② $2NH_4OH + H_2SO_4 \longrightarrow (NH_4)_2SO_4 + 2H_2O$
염기 산 염 물

③ $CuO + H_2 \longrightarrow Cu + H_2O$
금속

∴ 구리는 금속이기 때문에 이온이 아니므로 염이 아니다.

④ $H_2SO_4 + Ca(OH)_2 \longrightarrow CaSO_4 + 2H_2O$
산 범기 범 불

13 다음 물질 중 가수 분해되어 산성이 되는 염은?

① $NaHCO_3$　② $NaHSO_4$
③ $NaCN$　④ NH_4CN

해설 강산과 약염기로 된 염 : 가수 분해, 산성
예 $NaHSO_4$

14 다음 중 착염에 해당하는 것은?

① $Al_2(SO_4)_3$　② $Pb(CH_3COO)_2$
③ $KAl(SO_4)_2$　④ $K_4Fe(CN)_6$

해설 착염 : 2종의 염이 결합하여 만들어진 염으로서, 성분 염의 이온과 다른 이온으로 전리되는 염

15 다음 염 가운데 가수 분해되지 않는 것은?

① $(NH_4)_2SO_4$　② NH_4Cl
③ KCl　④ K_2CO_3

해설 강산과 강염기로 생성된 염은 가수 분해되지 않는다.
$\underline{KOH} + \underline{HCl} \longrightarrow \underline{KCl} + H_2O$
강염기 강산 염

16 다음의 염들 중 그 수용액의 액성이 중성이 되는 것은?

① 강산과 강염기의 염
② 강산과 약염기의 염
③ 강염기와 약산의 염
④ 강염기와 유기산(약산)

해설 ① 중성, ② 산성, ③ 염기성, ④ 염기성

17 pH에 대한 설명으로 옳은 것은?

① 건강한 사람의 혈액의 pH는 5.7이다.
② pH 값은 산성 용액에서 알칼리성 용액보다 크다.
③ pH가 7인 용액에 지시약 메틸오렌지를 넣으면 노란색을 띤다.
④ 알칼리성 용액은 pH가 7보다 작다.

해설 ① 건강한 사람의 혈액의 pH는 7.35~7.45의 약알칼리성이다.
② PH 값은 산성 용액에서 알칼리성 용액보다 작다.
④ 알칼리성 용액은 pH가 7보다 크다.

18 0.2N 산 10mL를 중화시키는 데 11.4mL의 염기 용액이 소비되었다. 이 염기의 노르말 농도(N)는?

① 0.160　② 0.570
③ 0.175　④ 0.805

해설 $NV = N_1V_1$에서
$0.2 \times 10 = N_1 \times 11.4$
$N_1 = \dfrac{0.2 \times 10}{11.4}$
$\therefore N_1 = 0.175N$

19 10.0mL의 0.1M−NaOH을 25.0mL의 0.1M −HCl에 혼합하였을 때 이 혼합 용액의 pH는?

① 1.37　② 2.82　③ 3.37　④ 4.82

정답 12 ③　13 ②　14 ④　15 ③　16 ①　17 ③　18 ③　19 ①

해설 10.0mL의 0.1M－NaOH, 25.0mL의 0.1M－HCl에서

$$M=\frac{NV-N_1V_1}{V+V_1}=\frac{25\times0.1-10\times0.1}{10+25}=0.04286$$

$\therefore$ $pH=-\log[H^+]$

$=-\log(0.04286)=1.37$

20 0.001N－HCl 용액의 pH는?

① 1 ② 2
③ 3 ④ 4

해설 $pH=-\log[H^+]$
$=-\log[10^{-3}]=3$

21 염산이 0.365g 녹아 있는 용액이 1L 있다. 이 용액의 pH는?

① 2 ② 0.2
③ 3.65 ④ 0.365

해설 HCl의 몰 농도 $=\frac{0.365}{36.5}=0.01$몰/L

$HCl \rightarrow H^++Cl^-$에서, $[H^+]=0.01=10^{-2}$

$\therefore$ $pH=-\log[10^{-2}]=2$

22 0.001mol/L NaOH 수용액의 pH는?

① 3 ② 10
③ 11 ④ 12

해설 $14-(-\log0.001)=14-3=11$

23 0.0016N에 해당하는 염기의 pH값은?

① 10.28 ② 3.20
③ 11.20 ④ 2.80

해설 0.0016N 염기

$pOH=-\log(0.0016)=-\log(1.6\times10^{-3})=2.80$

$pH+pOH=14$

$\therefore$ $pH=14-pOH=14-2.80=11.20$

24 어떤 용액의 $[OH^-]=2\times10^{-5}$M이었다. 이 용액의 pH는?

① 11.3 ② 10.3
③ 9.3 ④ 8.3

해설 $pOH=-\log[OH^-]=-\log(2\times10^{-5})=4.7$

$\therefore$ $pH=14-pOH=14-4.7=9.3$

25 $[OH^-]=1\times10^{-5}$ mol/L인 용액의 pH와 액성으로 옳은 것은?

① pH 5, 산성
② pH 5, 약알칼리성
③ pH 9, 약산성
④ pH 9, 알칼리성

해설 $[OH^-]=10^{-5}$이므로 $[H^+]=10^{-9}$

$pH=-\log[H^+]=9$

$\therefore$ pH>7이므로 알칼리성

26 pH 2인 수용액의 $[H^+]$는 pH 4인 수용액의 $[H^+]$의 몇 배가 되겠는가?

① 2배 ② 100배
③ 0.5배 ④ 0.01배

해설 pH 2의 $H^+=10^{-2}$, pH 4의 $H^+=10^{-4}$이므로

$\frac{10^{-2}}{10^{-4}}=100$배

27 지시약으로 사용되는 페놀프탈레인 용액은 산성에서 어떤 색을 띠는가?

① 적색 ② 청색
③ 무색 ④ 황색

해설 페놀프탈레인은 산성에서 무색이며, pH 8.3~10.0에서 붉은색으로 변한다.

정답 20 ③ 21 ① 22 ③ 23 ③ 24 ③ 25 ④ 26 ② 27 ③

28 NH_4OH와 NH_4Cl 혼합 용액에 알칼리성 용액을 조금씩 가하면 어떻게 되겠는가?

① 액성이 중성이 된다.
② 액성이 알칼리성이 된다.
③ 액성이 산성이 된다.
④ 액성은 크게 변하지 않는다.

해설 완충 용액은 산, 염기를 가해도 그 액성이 크게 변하지 않는다.

29 다음 중 완충 용액에 해당하는 것은?

① CH_3COONa와 CH_3COOH
② NH_4Cl와 HCl
③ CH_3COONa와 $NaOH$
④ $HCOONa$와 Na_2SO_4

해설 완충 용액
약산에 그 약산의 염을 포함한 혼합 용액에 산을 가하거나 약염기에 그 약염기의 염을 포함한 혼합 용액에 염기를 가하여도 pH의 변화가 거의 없는 용액이다.
예 $CH_3COOH + CH_3COONa$(약산＋약산의 염)
$NH_4OH + NH_4Cl$(약염기＋약염기의 염)

정답 28 ④ 29 ①

Chapter 03 금속 및 비금속 원소와 그 화합물

01 금속과 그 화합물

1-1 금속 원소

(1) 일반적 성질

① 상온에서 고체이다(단, Hg은 액체 상태).

② 비중은 1보다 크다(단, K, Na, Li은 1보다 작다).

③ 염기성 산화물을 만들며, 산에 녹는 것이 많다(단, Au, Pt 등은 왕수에만 녹는다).

④ 수소와 반응하여 화합물을 만들기 어렵다.

⑤ 고체 상태에서 결정 구조를 형성한다.

(2) 물리적 성질

① 열 및 반도체, 절연체에 비하여 전기 전도성이 크다(Ag > Cu > Au > Al …).

② 전성(퍼짐성) 및 연성(뽑힘성)이 크다(Au > Ag > Cu …).

③ 융점이 높다(W > Pt > Au …).

④ 비중이 크다(중금속 > 비중 4 > 경금속).

⑤ 합금을 만든다.

㉮ 황동(brass, 놋쇠) : 구리(Cu) + 주석(Sn)

㉯ 청동(bronze) : 구리(Cu) + 아연(Zn)

㉰ 양은(germansilver) : 구리(Cu) + 니켈(Ni) + 아연(Zn)

㉱ 두랄루민(duralumin) : 알루미늄(Al) + 구리(Cu) + 마그네슘(Mg) + 규소(Si)

1-2 알칼리 금속 (1A족)과 그 화합물

(1) 알칼리 금속(1A족)의 특성

리튬(Li), 나트륨(Na), 칼륨(K), 루비듐(Rb), 세슘(Cs), 프랑슘(Fr) 등의 6개 원소로, 화학적으로 활성이 큰 금속이다.

① 은백색의 연하고 가벼운 금속으로 융점이 낮고, 특유의 불꽃 반응을 한다.

원소	Li	Na	K	Rb	Cs
불꽃 반응색	빨강	노랑	보라	연빨강	연파랑

예 $AgNO_3 + NaCl \longrightarrow \underset{\text{백색 침전}}{AgCl\downarrow} + NaNO_3$

② 최외각 전자(가전자)가 1개이므로 전자를 잃어 1가의 양이온이 되기 쉽다.

③ 물과 쉽게 반응하여 수소가 발생하며, 수용액은 강알칼리성이다.

④ 화합물은 모두 이온 결합을 잘 하며, 물에 잘 녹는다.

(2) 알칼리 금속의 화합물

① NaOH

㉮ 성질 : 조해성이 있는 백색 고체로 수용액은 알칼리성이며, 공기 중의 CO_2를 흡수하여 Na_2CO_3이 된다.

참고

소금물의 전기 분해법

1. 격막법 : (+)극을 탄소, (−)극을 철(Fe)로 하여 두 극 사이에 격막으로 석면을 사용하여 두 극의 생성물이 혼합되는 것을 막는다.
2. 수은법 : (+)극을 탄소, 수은(Hg)을 (−)극으로 하여 소금물을 전기 분해하면 Na^+이 방전하여 Na으로 되고, 이 Na이 수은 속에 녹아서 Na 아말감(수은과 다른 금속의 합금)을 만든다.
   $Na^+ + e^- + Hg(\text{음극}) \longrightarrow Na(Hg)$
   이 아말감[Na(Hg)]을 별실에 보내어 물과 반응시키면 NaOH가 생성된다.
   $2Na(Hg) + 2H_2O \longrightarrow 2NaOH + H_2 + 2Hg$

② Na_2CO_3(소다회)

㉮ 성질 : 무수물은 백색 분말이며, 수화물은 풍해성이 있으며 강산에 의해 CO_2를 발생한다.

참고

풍해

결정(수화물)이 공기 중에서 결정수를 잃고 부스러지는 현상

예 $Na_2CO_3 \cdot 10H_2O$

㉯ 제법(Solvay법, 암모니아소다법)

$2NaCl + CaCO_3 \longrightarrow Na_2CO_3 + CaCl_2$

$NH_3 + CO_2 + H_2O + NaCl \longrightarrow NH_4Cl + NaHCO_3$

$2NaHCO_3 \longrightarrow Na_2CO_3 + CO_2 + H_2O$

$$CaCO_3 \xrightarrow{\text{가열}} CaO + CO_2$$
$$CaO + H_2O \longrightarrow Ca(OH)_2$$
$$2NH_4Cl + Ca(OH)_2 \longrightarrow CaCl_2 + 2NH_3 + 2H_2O$$

참고

솔베이법

1. 솔베이(Solvay)법에서 만들어지는 물질은 Na_2CO_3, NH_4Cl, $CaCl_2$(유일한 부산물)이다.
2. 염화칼슘($CaCl_2$)의 화학식 양 : $40 + 35.5 \times 2 = 111$

1-3 알칼리 토금속(2A족)과 그 화합물

(1) 알칼리 토금속(2A족)의 특성

베릴륨(Be), 마그네슘(Mg), 칼슘(Ca), 스트론튬(Sr), 바륨(Ba), 라듐(Ra)의 6개의 원소로서 반응성이 크며, 원자 가전자가 2개로서 +2가의 양이온을 이루는 금속이다.

① 알칼리 금속과 비슷한 성질을 갖는 은회백색의 금속으로 가볍고 연하다.
② Be, Mg은 찬물과 반응하지 않으나 Ca, Sr, Ba, Ra은 찬물에 녹아 수소를 발생한다.
③ Be과 Mg을 제외한 산화물, 수산화물은 물에 잘 녹으며, 황산염과 탄산염은 물에 잘 녹지 않는다.
④ Be, Mg을 제외한 금속은 불꽃 반응을 하여 독특한 색을 나타낸다.

원소	Ca	Sr	Ba	Ra
불꽃 반응색	등색	적색	황록색	적색

(2) 알칼리 토금속의 화합물

① $MgCl_2 \cdot 6H_2O$(염화마그네슘, 간수)
조해성의 결정으로 단백질을 응고시킨다.

참고

조해

결정이 공기 중에서 수분을 흡수하여 용해하는 현상
예 NaOH, KOH, $CaCl_2$, $MgCl_2$ 등

(3) 센물과 단물

① 센물

물속에 칼슘 이온(Ca^{2+})이나 마그네슘 이온(Mg^{2+})이 비교적 많이 포함되어 비누 거품이 잘 일지 않는 물이다.

② 단물

빗물과 같이 칼슘 이온(Ca^{2+})이나 마그네슘 이온(Mg^{2+})이 적게 포함된 물이다.

③ 센물을 단물로 만드는 방법(연화법)

㉮ 탄산나트륨(Na_2CO_3)법

㉯ 퍼뮤티트(permutite)법

㉰ 이온 교환 수지법

1-4 붕소족(3B족) 원소와 그 화합물

(1) 붕소(B)

① 준금속 원소로 유리 상태로 자연계에 존재하지 않고 붕산이나 붕사($Na_2B_4O_7 \cdot 10H_2O$)로 존재한다.

② 수소와 할로겐 원소와 반응하여 BH_3, BF_3와 같은 옥테드를 이루지 않는 물질을 만들어 루이스 산이 된다.

(2) 알루미늄(Al)

강한 환원력이 있어 금속 산화물을 환원시킨다.

① 테르밋(thermit)법 : Al 가루와 Fe_2O_3 가루의 혼합물(특수 용접에 사용)

② 골드슈미트(Goldschmidt)법 : 금속(Cr, Mn, W 등)을 유리시키는 야금법

1-5 철족(8족) 원소와 기타 화합물

(1) 철족(8족) 원소

Fe(철), Co(코발트), Ni(니켈) 등의 전이 원소로서, 착염과 착이온의 촉매로 많이 사용된다.

① 철이온 검출

㉮ Fe^{2+} : $K_3Fe(CN)_6$를 가하면 푸른색 침전

㉯ Fe^{3+} : $K_4Fe(CN)_6$를 가하면 푸른색 침전

② 착염 생성(착화합물)

㉮ 페로시안화칼륨 : $K_4Fe(CN)_6 \rightleftharpoons 4K^+ + Fe(CN)_6^{4-}$

㉯ 페리시안화칼륨 : $K_3Fe(CN)_6 \rightleftarrows 3K^+ + Fe(CN)_6^{3-}$

참고

자철광 제조법

$3Fe + 4H_2O \longrightarrow Fe_3O_4 + 4H_2$

(2) 기타 화합물

① 염화제1수은(Hg_2Cl_2) : 감홍이라 하며, 물에 녹지 않고 독성이 없다.

② 염화제2수은($HgCl_2$) : 승홍이라 하며, 물에 녹고 맹독성이 있으나 0.1%의 용액은 소독제로 사용된다.

02 비금속과 그 화합물

2-1 비금속 원소

① 상온에서 기체 또는 고체이다(단, Br_2은 액체 상태).

② 비중은 1보다 작다.

③ 주로 전자를 받아들여 음이온으로 되며, 주로 공유 결합을 한다.

④ 전성, 연성을 가지며 일반적으로 융해점이 높다.

⑤ 산성 산화물을 만들며, 산과 반응하기 힘들다.

⑥ 수소와 반응하여 화합물을 만들기 쉽다.

2-2 비활성 기체(0족)와 수소(1A족)

(1) 비활성 기체(0족 원소)

헬륨(He), 네온(Ne), 아르곤(Ar), 크립톤(Kr), 크세논(Xe), 라돈(Rn) 등의 6개 원소이며, 최외각 전자가 8개로 안정하며, 대부분 화합물을 만들지 않는 원소이다.

① 일반적인 성질

㉮ 상온에서 무색, 무미, 무취의 단원자 분자의 기체이다.

㉯ 융점, 비등점이 낮아서 액화하기 어렵다.

㉰ 분자 간에 반 데르 발스 힘만이 존재하므로 비등점이 낮다.

㉣ 이온화 에너지가 가장 크다.

㉤ 낮은 압력에서 방전시키면 독특한 빛깔을 낸다.

② 비활성 기체의 성상

원소 기호	He	Ne	Ar	Kr	Xe	Rn
방전색	황백색	주황색	적색	녹자색	청자색	청록색
비등점(℃)	−185.9	−246.0	−269.0	−152.9	−107.1	−65.0

(2) 수소(H_2)

① 성질

㉮ 무색, 무취, 무미로 원소 중 가장 가벼운 기체이다.

㉯ 공기 중에서 산소와 반응하여 수소 폭명기를 형성하여 폭발한다.

예 $2H_2+O_2 \longrightarrow 2H_2O$

㉰ 햇빛이나 가열에 의해 염소 폭명기를 형성한다.

예 $H_2+Cl_2 \longrightarrow 2HCl$

㉣ 알칼리 금속, 알칼리 토금속과는 이온 결합을 하나, 비금속과는 공유 결합을 한다.

㉤ 고온에서 금속 산화물을 환원시킨다.

예 $CuO+H_2 \longrightarrow Cu+H_2O$

② 제법

㉮ 킵(kipp) 장치를 사용하여 수소보다 이온화 경향이 큰 금속에 묽은 산을 가하여 생성

예 $Zn+2HCl \longrightarrow ZnCl_2+H_2$

㉯ 가열된 코크스에 수증기를 작용시켜 수소 발생

예 $C+H_2O \longrightarrow \underbrace{CO+H_2}_{\text{수성 가스(water gas)}}$

2-3 할로겐족 원소(7B족)와 그 화합물

(1) 할로겐족 원소의 일반적 성질

불소(F), 염소(Cl), 브롬(Br), 요오드(I), 아스타틴(At) 등 5가지 원소를 말하며, 최외각 전자가 7개로서 전자 1개를 받아서 −1가의 음이온이 되는 원소

① 일반적인 특성

㉮ 수소나 금속에 대하여 화합력(산화력)이 매우 크다.

예 HF > HCl > HBr > HI

㈏ 할로겐화 수소는 HF(약산)을 제외하고는 모두 강산이다.

예 HCl > HBr > HI > HF

㈐ 할로겐 원소(요오드는 제외)는 물에 녹는다.

예 용해도 크기 : F > Cl > Br

㈑ 원자 번호가 작을수록 반응성은 커진다(전기 음성도가 증가한다).

예 반응성의 크기 : $F_2 > Cl_2 > Br_2 > I_2$

㈒ 단체의 비등점과 융점은 원자 번호가 커질수록 커진다(반 데르 발스 힘이 강해진다).

② 종류

㈎ 불소(F_2) : 연한 황색 기체이며, 자극성이 강하고 가장 강한 산화제로서 화합력이 강해 모든 원소와 반응한다.

㈏ 염소(Cl_2)

㉠ 황록색의 자극성 기체로 매우 유독하며, 액화하기 쉬운 물질이다.

㉡ 알칼리 용액에 잘 녹는다.

㉢ 탈색(표백)제로 사용한다.

예 집기병 속에 물에 적신 빨간 꽃잎을 넣고 어떤 기체를 채웠더니 얼마 후 꽃잎이 탈색되었다.

참고

수산화칼슘에 염소 가스를 흡수시켜 만든 물질

$Ca(OH)_2 + Cl_2 \longrightarrow \underline{CaOCl_2 \cdot H_2O}$

표백분

㈐ 브롬(Br_2)

비금속 중 유일하게 상온에서 적갈색의 액체로 강한 자극성을 지닌다.

㈑ 요오드(I_2)

㉠ 판상 흑자색의 고체로 승화성이 있다.

㉡ 물에는 녹지 않으나 KI 용액, 알코올, 클로로포름 등에 녹는다.

㉢ 요오드 녹말 반응(I_2 + 녹말 ⟶ 청색으로 변색)을 한다(요오드의 검출법).

㉣ 요오드는 티오황산나트륨($Na_2S_2O_3$)과 작용하여 무색으로 된다.

(2) 할로겐족 원소의 화합물

① 플루오르화수소(HF)

㈎ 무색의 자극성이 있는 기체로 물에 잘 녹으며, 수용액은 약산인 플루오르화수소산이다.

㈏ 모래, 석영을 부식시킨다(특히 유리를 부식시키는 유일한 물질).

예 $CaF_2 + H_2SO_4 \longrightarrow 2HF + CaSO_4$

② 염화수소(HCl)

㉮ 자극성 냄새를 가진 무색 기체로서 공기보다 약 1.3배 무겁다.

㉯ 물에 잘 녹고 수용액은 염산이며, 강한 산성을 나타낸다.

③ 할로겐화수소

HF 이외에 할로겐화수소산은 질산은 수용액을 가하면 침전이 생긴다.

예 $HX + AgNO_3 \longrightarrow HNO_3 + AgX$(X : Cl, Br, I)

AgCl↓(흰색 침전), AgBr↓(담황색 침전), AgI↓(노란색 침전)

참고

감광성

필름이나 인화지 등에 칠한 감광제가 색에 대해 얼마만큼 반응하느냐 하는 감광역을 말한다.

예 AgCl

2-4 산소족(6B족) 원소와 그 화합물

(1) 산소족 원소의 일반적 성질

산소(O), 유황(S), 셀레늄(Se), 텔루르(Te), 폴로늄(Po)의 5개 원소를 산소족 원소라 하며, 최외각 전자가 6개 있어 산화수가 −2로서 전자를 2개 잃는 2가의 음이온이 되는 원소

(2) 산소족 원소의 종류

① 산소(O_2)

㉮ 무미, 무취의 기체로서 물에 조금 녹으며, 수상 치환하여 얻는다.

㉯ 비활성 기체와 금, 은, 백금 등을 제외한 모든 원소와 화합하여 산화물을 생성한다.

② 유황(S)

㉮ 제법 : 실험적으로 황화수소(H_2S)에 이산화황(SO_2)을 반응시켜 황(S)을 얻는다.

예 $2H_2S + SO_2 \longrightarrow 2H_2O + 3S$

(3) 산소족 원소의 화합물

① 오존(O_3)

㉮ 특이한 냄새를 가진 담청색의 기체이며, 산소(O_2)와 동소체이다.

㉯ 강한 산화 작용이 있다.

㉰ 요오드칼륨 녹말 종이를 보라색으로 변화시킨다.

예 $2KI + O_3 + H_2O \longrightarrow I_2 + O_2 + 2KOH$

㉣ 소독제, 산화제, 표백제 등으로 이용된다.

② 이산화황(SO_2, 아황산 가스)

㉮ 무색, 자극성의 유독성 기체이며, 공기보다 약 2.5배 정도 무겁다.

㉯ 물에 잘 녹으며, 약산성을 나타낸다.

③ 황산(H_2SO_4)

㉮ 진한 황산($c-H_2SO_4$)

㉠ 점성이 큰 무색 액체로 비휘발성이다.

㉡ 흡수성이 커서 산성 기체(NO_2, Cl_2, HCl 등)의 건조제로 사용한다.

㉢ 탈수성이 강하다.

㉣ 용해열이 크다. 따라서 묽은 황산을 만들 때는 물에다 진한 황산을 조금씩 가한다.

㉤ 가열된 진한 황산은 발생기 산소를 내므로 산화 작용을 한다.

예 $H_2SO_4 \longrightarrow H_2O + SO_2 + [O]$

㉥ 수소보다 이온화 경향이 작은 금속(Cu, Hg, Ag)과 반응하여 이산화황(SO_2)을 발생한다.

예 $Cu + 2H_2SO_4 \longrightarrow CuSO_4 + 2H_2O + SO_2$

㉯ 묽은 황산($d-H_2SO_4$)

㉠ 강한 산성 작용을 나타내므로 전리도가 크다.

예 $H_2SO_4 \longrightarrow H^+ + HSO_4^- \longrightarrow 2H^+ + SO_4^{2-}$

㉡ 흡수성, 탈수성, 산화성이 없다.

㉢ 수소보다 이온화 경향이 큰 금속과 반응하여 수소를 발생한다.

예 $Zn + H_2SO_4 \longrightarrow ZnSO_4 + H_2$

㉰ 발연 황산

SO_3를 황산에 흡수시킨 것

④ 황화수소(H_2S)

㉮ 성질

㉠ 무색, 달걀 썩는 냄새를 가진 유독한 기체이다.

㉡ 물에 녹아 약산성을 나타낸다.

㉢ 강한 환원제로 작용한다.

예 $2H_2S + SO_2 \longrightarrow 2H_2O + 3S$

㉯ 제법 : 황화철(FeS)에 묽은 황산이나 묽은 염산을 가한다(Kipp 장치를 이용).

예 $FeS + 2HCl \longrightarrow FeCl_2 + H_2S$, $FeS + H_2SO_4 \longrightarrow FeSO_4 + H_2S$

2-5 질소족(5B족) 원소와 그 화합물

(1) 질소족(5B족) 원소의 일반적 성질

질소(N), 인(P), 비소(As), 안티몬(Sb), 비스무트(Bi) 등의 5개 원소로서, 최외각 전자가 5개 있어 산화수가 +5 또는 −3인 원소

(2) 질소족 원소의 종류

① 질소(N_2)

㉮ 무색, 무미, 무취의 기체로 공기 중에 약 79vol%가 존재한다.

㉯ 상온에서는 안정하여 화학적으로 반응성이 작은 기체이다.

② 인(P_4)

㉮ 4원자 분자이다.

㉯ 물에는 녹지 않는다.

(3) 질소족 원소의 화합물

① 암모니아(NH_3)

㉮ 성질

㉠ 무색의 자극성 기체이며, 물에 잘 녹고 액화하기 쉽다.

㉡ 주위의 기화열을 흡수하므로 냉매로 사용한다.

㉢ 수용액은 약한 알칼리성이다.

㉣ 염화수소(HCl)와 반응하여 흰 연기를 낸다(암모니아 검출법).

예 $NH_3 + HCl \longrightarrow NH_4Cl$

㉤ 네슬러 시약에 의해 암모늄염 중 암모니아 적정에서 암모니아가 완전히 추출되었는지를 확인한다.

예 NH_3, NH_4^+ + 네슬러 시약 ⟶ 황갈색이 적갈색으로 변색

㉯ 제법

㉠ 하버보시법 : 질소(N_2)와 수소(H_2)를 500℃, 200기압에서 $Fe + Al_2O_3$ 촉매를 사용하여 반응시킨다.

예 $N_2 + 3H_2 \longrightarrow 2NH_3 + 22kcal$

㉡ 석회질소법

예 $CaCN_2 + 3H_2O \longrightarrow CaCO_3 + 2NH_3$

② 질산(HNO_3)

㉮ 성질

㉠ 수용액은 강산성이며, 분해 시 발생기 산소[O]를 내어 강한 산화력을 가진다.

㉡ Fe, Ni, Cr, Al 등은 묽은 질산에는 녹는다.

㉯ 제법

㉠ 칠레초석($NaNO_3$)의 황산 분해법

예 $NaNO_3 + H_2SO_4 \longrightarrow NaHSO_4 + HNO_3$(저온)

$2NaNO_3 + H_2SO_4 \longrightarrow Na_2SO_4 + 2HNO_3$(고온)

㉡ 오스트발트법(Ostwald process, 암모니아 산화법)

예 $4NH_3 + 5O_2 \longrightarrow 4NO + 6H_2O$(Pt 촉매, 700℃)

$2NO + O_2 \longrightarrow 2NO_2$

$3NO_2 + H_2O \longrightarrow 2HNO_3 + NO$

③ 질소 산화물

㉮ 일산화질소(NO)

㉠ 무색의 기체로 물에 녹지 않는다.

㉡ 상온에서 공기 중의 산소와 반응하여 적갈색의 NO_2가 된다.

예 $2NO + O_2 \longrightarrow 2NO_2$

㉯ 이산화질소(NO_2)

㉠ 산성 산화물로서 물과 반응하여 질산을 만든다.

예 $3NO_2 + H_2O \longrightarrow 2HNO_3 + NO$

㉡ 적갈색의 NO_2를 20℃ 이하로 냉각시키거나, 600℃ 이상으로 가열하면 무색으로 된다.

2-6 탄소족(4B족) 원소와 그 화합물

(1) 탄소족 원소의 일반적 성질

탄소(C), 규소(Si), 게르마늄(Ge), 주석(Sn), 납(Pb) 등의 원소를 탄소족 원소라 하며, C, Si는 비금속 원소, Ge은 준금속 원소, Sn, Pb은 양쪽성 원소이다.

(2) 탄소족 원소의 종류

① 탄소(C)

환원 작용이 강하다.

예 $Fe_2O_3 + 3C \longrightarrow 2Fe + 3CO$

$ZnO + C \longrightarrow Zn + CO$

② 규소(Si)

㉮ 자연계에는 이산화규소(SiO_2)나 규산염의 광석으로 존재한다.

㉯ 게르마늄(Ge) 등과 같이 반도체에 이용된다.

(3) 탄소족 원소의 화합물

① 이산화탄소(CO_2)

㉮ 성질

㉠ 무색, 무취의 불연성 기체로 공기 중에 약 0.03% 정도 존재한다.

㉡ 물에 약간 녹아 약산성(H_2CO_3)이 된다.

㉢ 압력을 가해 액화 · 응고시키면 승화성이 있는 고체 드라이아이스(dry ice)가 된다.

㉣ 소다 및 요소 제조의 원료, 청량음료 등에 사용한다.

㉯ 제법 : Kipp 장치를 이용하여 석회석($CaCO_3$)에 HCl를 가하여 CO_2를 발생시킨다.

예 $CaCO_3 + 2HCl \longrightarrow CaCl_2 + CO_2 + H_2O$

② 일산화탄소(CO)

㉮ 성질

㉠ 무색, 무취의 독성 가스이다.

㉡ 환원성이 강한 기체이며, 금속 산화물을 환원시킨다.

예 $Fe_2O_3 + 3CO \longrightarrow 2Fe + 3CO_2$

㉯ 제법

㉠ 포름산(HCOOH, 개미산)에 $c-H_2SO_4$를 작용시켜 얻는다.

예 $HCOOH \longrightarrow H_2O + CO$

㉡ 옥살산에 $c-H_2SO_4$를 작용시켜 얻는다.

예 $HOOCCOOH \longrightarrow H_2O + CO_2 + CO$

㉢ 가열된 코크스 CO_2를 가하여 생성한다.

예 $C + CO_2 \longrightarrow 2CO$

③ 이산화규소(SiO_2)

㉮ 무색, 투명한 6방정계에 속하며, 수정, 석영, 규사(모래) 등의 주성분이다.

㉯ HF(플루오르화수소산, 불화수소산)에는 잘 녹으나 보통 산이나 물에는 녹지 않는다.

예 $SiO_2 + 4HF \longrightarrow 2H_2O + SiF_4$

④ 탄화규소(SiC, 카보런덤)

탄소와 모래를 전기로에 넣어서 가열하면 연마제로 쓰이는 물질이 생성된다.

출제예상문제

01 금속과 그 화합물

01 상온에서 액체인 금속은?

① Pb　② Hg
③ Ag　④ Br

해설 금속은 상온에서 고체이다. Hg(수은)만이 유일한 액체이며, 비금속 중에서는 Br_2(브롬)만이 유일한 액체이다.

02 다음 합금 중 니켈(Ni)이 들어 있는 것은?

① 양은　② 놋쇠
③ 땜납　④ 활자금

해설 ① 양은(Cu+Ni+Zn), ② 놋쇠(Cu+Zn), ③ 땜납(Pb+Sn), ④ 활자금(Al+Cu+Mn+Mg)

03 알칼리 금속은 반응성이 크다. 그 이유는 무엇인가?

① 물에 잘 녹기 때문에
② 이온화 에너지가 크기 때문에
③ 양이온이 되기 쉽기 때문에
④ 불꽃 반응을 하기 때문에

해설 알칼리 금속은 이온화 에너지가 가장 작은 금속으로서, 양이온이 되기 쉽기 때문에 활성, 즉 반응성이 가장 크다.

04 불꽃 반응 시 보라색을 나타내는 금속은?

① Li　② K
③ Na　④ Ba

해설 ① Li : 빨강 ② K : 보라 ③ Na : 노랑 ④ Ba : 황록색

05 가성소다(NaOH)를 전해법으로 만들 때 격막법이나 수은법을 사용하는 데 격막을 사용하는 이유는 무엇을 막기 위해서인가?

① NaOH, Cl_2　② NaOH, H_2
③ H_2, Cl_2　④ NaCl, NaClO

해설 NaOH의 제조법 중 소금물의 전해법

$2NaCl + 2H_2O \longrightarrow 2NaOH + H_2 + Cl_2$

이때 양극에서 발생한 Cl_2와 음극에서 생성된 NaOH가 반응하여 NaCl과 NaClO를 만든다.

$2NaOH + Cl_2 \longrightarrow NaCl + NaClO + H_2O$

따라서, 이런 반응을 막기 위해서 석면으로 된 격막을 사용하는 격막법이나 수은법을 사용한다.

06 $Na_2CO_3 \cdot 10H_2O$을 건조한 공기 중에 놓아두면 일부분의 결정수를 잃어 Na_2CO£ $\cdot$ H_2O의 조성으로 된다. 이와 같은 현상을 무엇이라 하는가?

① 산화　② 풍해
③ 용융　④ 삼투

해설 풍해란 수화물이 공기 중에서 결정수의 일부 또는 전부를 잃고 백색 분말로 되는 현상이다.

예 $Na_2CO_3 \cdot 10H_2O$(결정) → $Na_2CO_3 \cdot H_2O$(백색 분말)

07 Ca^{2+}과 HCO_3^-이 많이 들어 있는 일시적 경수(센물)를 처리하여 비누가 잘 풀리는 연수(단물)로 만들려고 한다. 다음 중 적당하지 않은 방법은?

① 양이온 교환 수지를 통한다.
② 염화마그네슘을 가한다.
③ 끓인다.
④ 석회수를 가한다.

해설 염화마그네슘($MgCl_2$)을 가하면 더욱 경수가 된다.

정답 01 ② 02 ① 03 ③ 04 ② 05 ④ 06 ② 07 ②

08 알루미늄이 건축 자재에 사용되는 주요 이유는?

① 값이 저렴하기 때문에
② 표면에 산화막이 생겨 내부를 보호하기 때문에
③ 화학적 반응성이 약하기 때문에
④ 단단하고 질기기 때문에

해설 알루미늄(Al)은 공기 중에서 산화(산소와 반응)하여 Al_2O_3(산화알루미늄)의 산화막을 생성하여 내부를 보호한다.

09 테르밋이 되는 주성분은?

① Mg과 Al_2O_3　② Al과 Fe_2O_3
③ Zn과 Fe_2O_3　④ Cr과 Al_2O_3

해설 테르밋(Thermit)법
Al 가루와 Fe_2O_3 가루의 혼합물을 발화시키면 3,000℃ 이상의 열을 내므로 레일의 용접 등에 사용한다.
$2Al + Fe_2O_3 \rightarrow Al_2O_3 + 2Fe$

10 사설광 세조법으로 빨갛게 달군 철에 수증기를 통할 때의 반응식으로 옳은 것은?

① $3Fe + 4H_2O \longrightarrow Fe_3O_4 + 4H_2$
② $2Fe + 3H_2O \longrightarrow Fe_2O_3 + 3H_2$
③ $Fe + H_2O \longrightarrow FeO + H_2$
④ $Fe + 2H_2O \longrightarrow FeO_2 + 2H_2$

해설 자철광 제조법 : $3Fe + 4H_2O \rightarrow Fe_3O_4 + 4H_2$

11 독성이 강한 물질로서 약 0.1 %의 용액을 소독약으로 사용하며 "승홍"이라고 불리는 것의 화학식은?

① $HgCl_2$
② Hg_2Cl_2
③ HgCl
④ AgCl

해설 ㉠ $HgCl_2$: 승홍
㉡ Hg_2Cl_2 : 감홍

02 비금속과 그 화합물

01 다음 물질 중 상온에서 액체이며, 독성이 강한 것은?

① F_2　② Cl_2
③ CO　④ Br_2

해설 브롬(Br_2)은 적갈색의 독성을 지닌 액체이다.

02 비활성 기체의 설명으로 적당하지 않은 것은?

① 단원자 분자이다.
② 화합물을 잘 만든다.
③ 대부분 최외각 전자는 8개이다.
④ 저압에서 방전되면 색을 나타낸다.

해설 비활성 기체는 안정하여 화합물을 만들지 않는다.

03 수성 가스(water gas)의 주성분을 옳게 나타낸 것은?

① CO_2, CH_4　② CO, H_2
③ CO_2, H_2, O_2　④ H_2, H_2O

해설 $C + H_2O \longrightarrow \underbrace{CO + H_2}_{\text{수성 가스}}$

04 할로겐 원소에 대한 설명 중 옳지 않은 것은?

① 요오드의 최외각 전자는 7개이다.
② 할로겐 원소 중 원자 반지름이 가장 작은 원소는 F이다.
③ 염화 이온은 염화은의 흰색 침전 생성에 관여한다.
④ 브롬은 상온에서 적갈색 기체로 존재한다.

해설 ④ 브롬은 상온에서 적갈색의 액체로 존재한다.

05 다음 염소 기체를 건조하는 데 가장 적당한 건조제는?

① 생석회　② 가성소다
③ 진한 황산　④ 진한 질산

정답 08 ② 09 ② 10 ① 11 ① | 01 ④ 02 ② 03 ② 04 ④ 05 ③

해설 염소 기체는 산성이므로 산성 건조제인 c$-H_2SO_4$ 또는 P_2O_5를 사용한다.

06 석영, 유리가 질산이나 황산에는 침식되지 않으나 HF에는 침식되는 이유로 올바르게 설명한 것은?

① HF는 HNO_3나 H_2SO_4보다 강산이기 때문이다.
② HF는 SiO_2와 반응하여 SiF_4가 생성되기 때문이다.
③ HNO_3와 H_2SO_4는 환원성 산이기 때문이다.
④ HNO_3와 H_2SO_4는 산소를 발생하기 때문이다.

해설 HF는 모래 석영을 부식하므로 폴리에틸렌, 베이클라이트, 납그릇에 저장한다.
$SiO_2+4HF \longrightarrow 2H_2O+SiF_4$

07 다음은 할로겐화수소의 결합 에너지 크기를 비교하여 나타낸 것이다. 올바르게 표시된 것은?

① HI > HBr > HCl > HF
② HBr > HI > HF > HCl
③ HF > HCl > HBr > HI
④ HCl > HBr > HF > HI

해설 강산은 쉽게 H^+을 내놓으므로 결합 에너지가 작다. 따라서 약산인 HF의 결합 에너지가 가장 크다.

08 할로겐화수소산의 세기를 옳게 나타낸 것은?

① HF > HCl > HBr > HI
② HCl > HBr > HI > HF
③ HCl > HF > HBr > HI
④ HI > HCl > HBr > HF

해설 ㉠ 강산 : HCl > HBr > HI, ㉡ 약산 : HF

09 무색의 액체가 든 병이 있다. 이 병에 진한 암모니아수가 든 병을 가까이 가져갔더니 흰 연기가 생겼다. 이 병에 든 화합물은?

① H_2SO_4 ② HCl
③ KNO_3 ④ NaOH 수용액

해설 $NH_3+HCl \longrightarrow NH_4Cl$

10 질산은($AgNO_3$) 용액을 가했을 때 노란색 침전이 생기는 것은?

① HF ② HCl
③ HBr ④ HI

해설 질산은($AgNO_3$) 용액과 할로겐화수소산과의 반응
㉠ $AgNO_3+HCl \longrightarrow HNO_3+AgCl\downarrow$ (흰색 침전)
㉡ $AgNO_3+HBr \longrightarrow HNO_3+AgBr\downarrow$ (담황색 침전)
㉢ $AgNO_3+HI \longrightarrow HNO_3+AgI\downarrow$ (노란색 침전)

11 다음 물질 중 감광성이 가장 큰 것은?

① HgO ② CuO
③ $NaNO_3$ ④ AgCl

해설 감광성 : 필름이나 인화지 등에 칠한 감광제가 색에 대해 얼마만큼 반응하느냐 하는 감광역을 말한다.
예 AgCl

12 다음 물질 중 탈수제로 사용되는 물질은?

① N_2 ② H_2SO_4
③ CH_3COOH ④ NaCl

해설 H_2SO_4는 탈수제로 사용한다.

13 다음 중 산소와 같은 족의 원소가 아닌 것은 어느 것인가?

① S ② Se
③ Te ④ Bi

해설 ① 산소족 원소 : O, S, Se, Te, Po
② 질소족 원소 : N, P, As, Sb, Bi

14 대기를 오염시키고 산성비의 원인이 되며, 광화학 스모그 현상을 일으키는 중요한 원인이 되는 물질은?

① 프레온 가스 ② 질소 산화물
③ 할로겐화수소 ④ 중금속 물질

정답 06 ② 07 ③ 08 ② 09 ② 10 ④ 11 ④ 12 ② 13 ④ 14 ②

해설 질소 산화물은 광화학 스모그 현상을 일으키는 중요한 원인이다.

15 NH_4^+을 검출할 수 있는 시약은?

① KI 녹말지 ② 네슬러 시약
③ $BaCl_2$ 용액 ④ $AgNO_3$ 용액

해설 NH_3, NH_4^++네슬러 시약 ⟶ 황갈색이 적갈색으로 변색

16 귀금속인 금이나 백금 등을 녹이는 왕수의 제조 비율로 옳은 것은?

① 질산 3부피+염산 1부피
② 질산 3부피+염산 2부피
③ 질산 1부피+염산 3부피
④ 질산 2부피+염산 3부피

해설 왕수(aqua regia)
염산이나 질산에도 녹지 않는 금, 백금과 같은 귀금속도 염하물로 녹이기 때문에 이런 이름이 붙었다. 진한 질산 1부피와 진한 염산 3부피의 혼합물이지만 오래 보존하면 조성이 변화하므로 사용할 때마다 새로 조제한다.

17 탄소와 모래를 전기로에 넣어서 가열하면 연마제로 쓰이는 물질이 생긴다. 다음 중 어느 것인가?

① 카보런덤
② 카바이드
③ 카본 블랙
④ 규소

해설 ㉠ 탄화규소(SiC : 카보런덤) : 코크스(탄소 성분)와 규사(모래)를 전기로 속에서 1,800~1,900℃로 가열하여 만든다.
㉡ 카본 블랙 : 천연가스, 석유 등을 불완전 연소 또는 열분해하여 얻는 탄소(C) 가루이다.

정답 15 ② 16 ③ 17 ①

Chapter 04 유기 화합물

01 유기 화합물의 기초

1-1 유기 화합물

(1) 유기 화합물의 정의와 특성

① 정의

유기 화합물이란 탄소를 가지는 화합물 즉, 탄소 화합물로서 독일의 화학자 뵐러(WöShler)가 무기 화합물인 NH_4CNO(시안산암모늄)에서 유기 화합물인 $(NH_2)_2CO$(요소)를 합성한 것이 기초가 되었다.

$$\underset{\text{시안산암모늄}}{NH_4CNO} \longrightarrow \underset{\text{요소}}{(NH_2)_2CO}$$

예제

요소[$(NH_2)_2CO$]의 질소 분율은?

풀이 $\dfrac{N_2}{(NH_2)_2CO} \times 100 = \dfrac{28}{(28+4)+12+16} \times 100 = 46.67\%$

답 46.67%

② 특성

㉮ 성분 원소 : 주로 C, H, O이며 기타 N, P, S 등의 비금속 원소를 포함한다.

㉯ 종류 : 이성체가 많아 종류가 대단히 많다.

㉰ 융점과 비등점 : 분자 사이의 힘(반 데르 발스의 힘)이 약하므로 융점이나 비등점이 낮다.

㉱ 화학 결합 : 공유 결합을 하고 있으므로 비전해질이 많다(단, 포름산, 아세트산, 옥살산 등은 전해질이다).

㉲ 연소 : 대부분 연소하여 연소 생성물인 CO_2와 H_2O를 생성한다.

㉳ 용해성 : 대부분 물에 녹기 어려우나 알코올, 벤젠, 아세톤, 에테르 등의 유기 용매에 잘 녹는다.

㉴ 반응 속도 : 유기 화합물은 이온 반응이 아니고 분자와 분자 사이의 반응이므로 반응 속도가 느리다.

(2) 탄소 화합물의 분류

① 탄소 원자의 결합 모양에 따른 분류

- 유기 화합물
  - 사슬 모양
    - 포화 화합물(메탄계) − Alkane(단일 결합) : C_nH_{2n+2}(C_2H_6)
    - 불포화 화합물
      - 에틸렌계 − Alkene(이중 결합) : C_nH_{2n}(C_2H_4)
      - 아세틸렌계 − Alkyne(삼중 결합) : C_nH_{2n-2}(C_2H_2)
  - 고리 모양
    - 포화 고리 화합물 : 시클로헥산(C_6H_{12})
    - 불포화 고리 화합물
      - 탄소 고리 화합물(방향족) : 벤젠(C_6H_6)
      - 이원소 고리 화합물 : 피리딘(C_5H_5N)

㉮ 사슬 모양 화합물(지방족 탄화수소 화합물)의 구조식

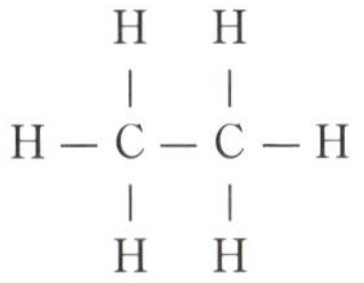

C_2H_6(에탄)

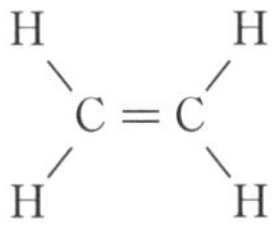

C_2H_4(에틸렌)

$H-C\equiv C-H$

C_2H_2(아세틸렌)

㉯ 고리 모양 화합물(방향족 탄화수소 화합물)의 구조식

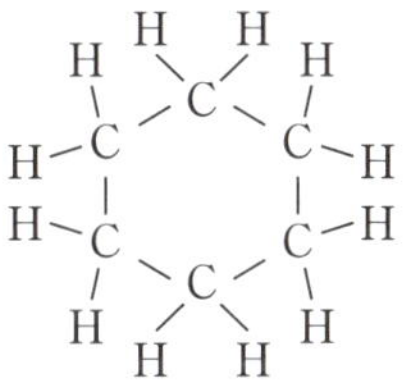

C_6H_{12}(시클로헥산)

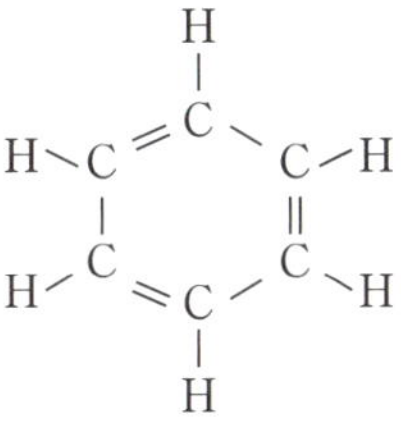

C_6H_6(벤젠)

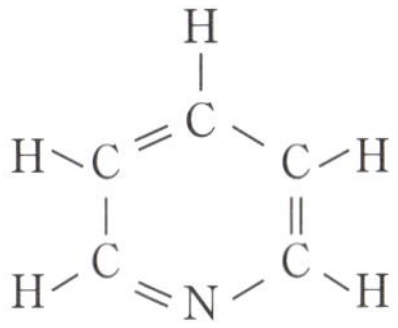

C_5H_5N(피리딘)

예제

사슬 모양의 탄화수소 분자식이 $C_{16}H_{28}$인 물질 1분자 속에 이중 결합이 몇 개 있을 수 있는가?

풀이 알칸족 탄화수소(C_nH_{2n+2})는 단일 결합으로 이중 결합이 없다. 이중 결합은 수소 원자(H)가 2개 감소됨에 따라 1개가 생기므로 알칸족 탄화수소에서 감소된 수소(H)의 수에 의해 계산한다.

$C_{16}H_{34}(C_nH_{2n+2}) \longrightarrow C_{16}H_{28}$

감소된 수소수 $= 34 - 28 = 6$

$\therefore$ 이중 결합수 $= \frac{6}{2} = 3$개

답 3개

② 관능기(작용기, 원자단)에 의한 분류

원자단(관능기)		일반 명칭	특성	보기
히드록시기 (수산기)	-OH	알코올 페놀	지방족 -OH 중성 ┐ Na과 반응하여 방향족 -OH 산성 ┘ H_2 발생	C_2H_5OH(에틸알코올) C_6H_5OH(페놀)
포르밀기 (알데히드기)	-CHO	알데히드	환원성(펠링 용액을 환원, 은거울 반응)	HCHO(포름알데히드) CH_3CHO (아세트알데히드)
카르복시기	-COOH	카르복시산	산성, 알코올과 에스테르 반응	CH_3COOH(아세트산)
카르보닐기	-CO-	케톤	저급은 용매로 사용	CH_3COCH_3(아세톤)
에스테르기	-COO-	에스테르	저급은 방향성, 가수 분해됨	CH_3COOCH_3 (아세트산메틸)
에테르기	-O-	에테르	저급은 마취성, 휘발성, 인화성, 가수 분해 안 됨	CH_3OCH_3(메틸에테르)
비닐기	$CH_2=CH-$	비닐	첨가 반응과 중합 반응을 잘 함	$CH_2=CHCl$(염화비닐)
니트로기	$-NO_2$	니트로 화합물	폭발성이 있으며, 환원하면 아민이 됨	$C_6H_5NO_2$(니트로벤젠)
아미노기	$-NH_2$	아민	염기성을 나타냄	$C_6H_5NH_2$(아닐린)
술폰산기	$-SO_3H$	술폰산	강산성을 나타냄	$C_6H_5SO_3H$(벤젠술폰산)

1-2 이성질체

(1) 정의

분자를 구성하는 원소의 수는 같으나 원자의 배열이나 구조가 달라서 물리적·화학적 성질이 다른 화합물을 이성질체라 한다.

즉, 분자식은 같으나 시성식이나 구조식이 다른 물질이다.

(2) 분류

① 구조 이성질체

㉮ 사슬 이성질체(탄소 골격이 달라서 생기는 이성질체)

분자식	C_4H_{10}	C_5H_{12}	C_6H_{14}	C_7H_{16}	C_8H_{18}	C_9H_{20}	$C_{10}H_{22}$
이성질체	2	3	5	9	18	36	75

예 C_5H_{12}(펜탄)의 경우

$CH_3-CH_2-CH_2-CH_2-CH_3$

노르말(n) —펜탄(bp : 36℃)

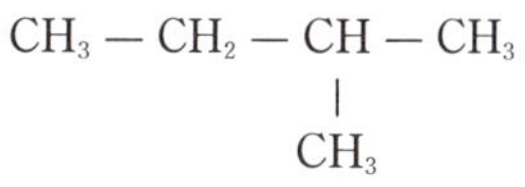

이소(iso)-펜탄(bp : 28℃)

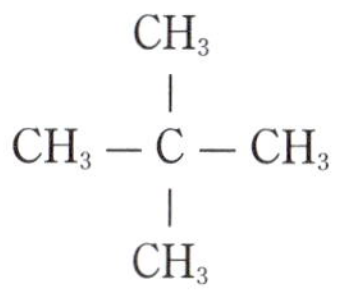

네오(neo)-펜탄(bp : 9.5℃)

참고

사슬 이성질체

같은 탄소수에서는 가지수가 많을수록 bp(비등점)가 낮다.

㉯ 위치 이성질체(치환체나 2중 결합의 위치에 따라 생기는 이성질체)

㉠ 치환체의 위치에 따라 생기는 이성질체

예 C_3H_7Cl(모노클로로프로판)의 경우

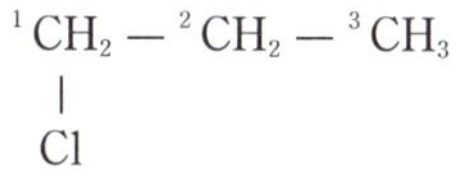

1-모노클로로프로판

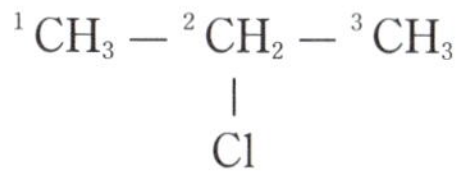

2-모노클로로프로판

㉡ 2중 결합의 위치에 따라 생기는 이성질체

예 C_4H_8(부틸렌)의 경우

$^1CH_2={}^2CH-{}^3CH_2-{}^4CH_3$

1-부텐(1-부틸렌)

$^1CH_3-{}^2CH={}^3CH-{}^4CH_3$

2-부텐(2-부틸렌)

② 입체 이성질체

㉮ **기하 이성질체** : 두 탄소 원자가 2중 결합으로 연결될 때 탄소에 결합된 원자나 원자단의 위치가 다름으로 인하여 생기는 이성질체로서 *cis*형과 *trans*형으로 구분

예 $CH_3-CH=CH-CH_3$(2—부텐)의 경우

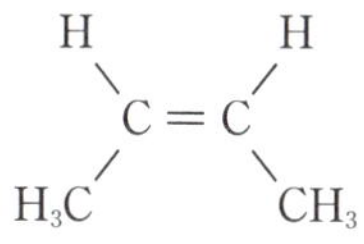

cis-2-부텐

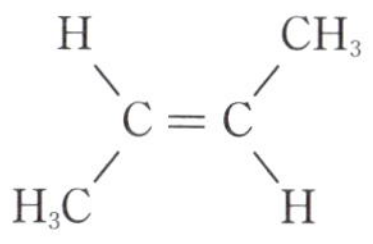

trans-2-부텐

참고

기하 이성질체 때문에 극성 분자와 비극성 분자를 가질 수 있는 것 : $C_2H_2Cl_2$

㉯ **광학 이성질체** : 같은 분자식을 가지면서 각각을 서로 겹치게 할 수 없는 거울상의 구조를 갖는 분자

예 젖산(락트산)의 경우

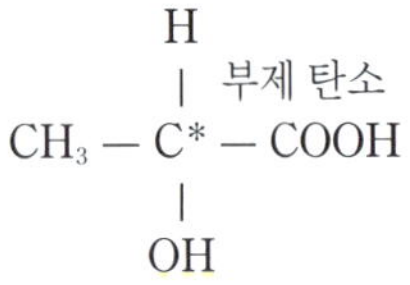

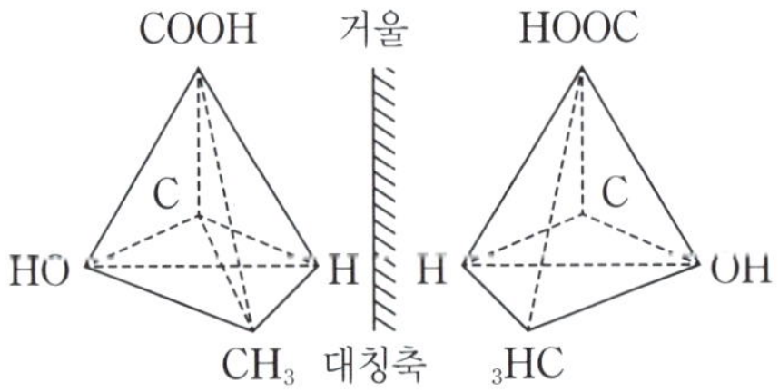

<광학 이성질체>

예제

평면 구조를 가진 $C_2H_2Cl_2$의 이성질체의 수는?

풀이 ①

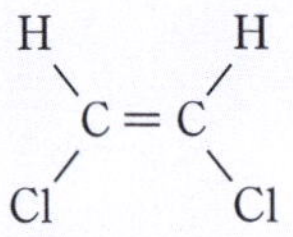

*cis*형

②

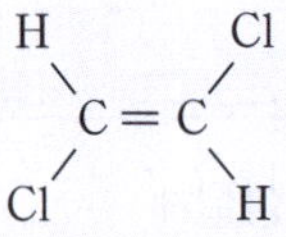

*trans*형

③

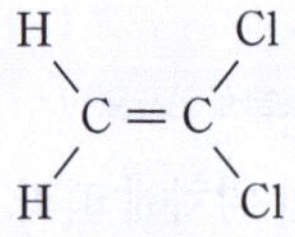

구조 이성질체

답 3개

02 지방족 탄화수소

2-1 지방족 탄화수소의 특성

(1) 정의

탄소와 수소만으로 이루어진 화합물을 탄화수소라고 하며, 탄소가 사슬 모양으로 결합된 화합물을 지방족 탄화수소라 한다.

(2) 분류

- 지방족 탄화수소
  - 포화 탄화수소 —— 알칸계(Alkane : 단일 결합) 일반식 C_nH_{2n+2}
  - 불포화 탄화수소
    - 알켄계(Alkene : 이중 결합) 일반식 C_nH_{2n}
    - 알킨계(Alkyne : 삼중 결합) 일반식 C_nH_{2n-2}

2-2 메탄계 탄화수소(Alkane족, 알칸족 C_nH_{2n+2}, 파라핀계)

(1) 일반적 성질과 명명법

① 일반적인 성질

㉮ 메탄계 또는 파라핀계 탄화수소이다.

㉯ 단일 결합으로 반응성이 작아 안정된 화합물이다.

㉰ 할로겐 원소와 치환 반응을 한다.

㉱ 탄소수가 많을수록 비중, 용융점, 비등점이 높아진다(일반적으로 탄소수가 4개 이하는 기체, 탄소수가 5~16개는 액체, 탄소수가 17개 이상은 고체이다).

② 명명법(이름 끝에－ane을 붙임)

CH_4	C_2H_6	C_3H_8	C_4H_{10}	C_5H_{12}	C_6H_{14}	C_7H_{16}	C_8H_{18}	C_9H_{20}	$C_{10}H_{22}$
methane	ethane	propane	butane	pentane	hexane	heptane	octane	nonane	decane
메탄	에탄	프로판	부탄	펜탄	헥산	헵탄	옥탄	노난	데칸

(2) 메탄(CH_4, methane)

① 성질

㉮ 무색, 무미, 무취의 기체로서 연소 시 파란 불꽃을 내면서 탄다.

㉯ 연료로 사용되며, 열분해나 불완전 연소로서 생성되는 카본 블랙(Carbon black)은 흑색 잉크의 원료로 사용된다.

㉰ 할로겐 원소와 치환 반응을 하여 염화수소와 치환체를 생성한다.

예 $CH_4+Cl_2 \longrightarrow HCl+CH_3Cl$(염화메틸) : 냉동제

$CH_3Cl+Cl_2 \longrightarrow HCl+CH_2Cl_2$(염화메틸렌)

$CH_2Cl_2+Cl_2 \longrightarrow HCl+CHCl_3$(클로로포름) : 마취제

$CHCl_3+Cl_2 \longrightarrow HCl+CCl_4$(사염화탄소) : 소화제

2-3 에틸렌계 탄화수소(Alkene족, 알켄족, C_nH_{2n}, 올레핀계)

(1) 일반적 성질과 명명법

① 일반적인 성질

㉮ 에틸렌계 또는 올레핀계 탄화수소이다.

㉯ 불포화 탄화수소로서 2중 결합을 하여 메탄계보다 반응성이 크다.

㉰ 부가나 부가 중합 반응이 일어나기 쉽고, 치환 반응은 일어나기 어렵다.

㉱ 구조 이성질체와 기하 이성질체(시스형과 트랜스형)를 갖는다.

② 명명법(이름 끝에－ene를 붙임)

$\overset{4}{CH_3} - \overset{3}{CH_2} - \overset{2}{CH} = \overset{1}{CH_2}$
1－butene

$\overset{1}{CH_3} - \overset{2}{CH} = \overset{3}{CH} - \overset{4}{CH_3}$
2－butene

2－methyl propene　　2－methyl 2－butene

(2) 에틸렌(C_2H_4, ethylene)

① 성질

㉮ 달콤한 냄새를 가진 무색의 기체로 물에 녹지 않는 마취성 기체이다.

㉯ Pt(백금)이나 니켈(Ni) 촉매하에서 수소를 첨가시키면 에탄(C_2H_6)이 생성된다(첨가 반응 또는 부가 반응 : $C_2H_4 + H_2 \longrightarrow C_2H_6$).

㉰ 할로겐 원소 또는 할로겐 수소(HCl, HBr 등)와 부가 반응을 한다.

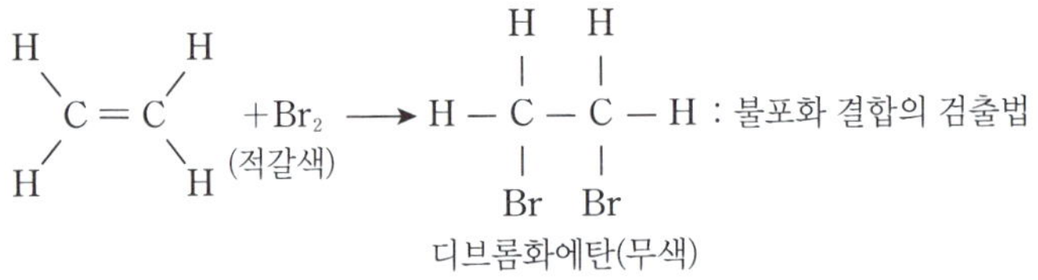

㉱ 묽은 황산을 촉매로 하여 물(H_2O)을 첨가 반응으로 에탄올(C_2H_5OH)이 생성된다.

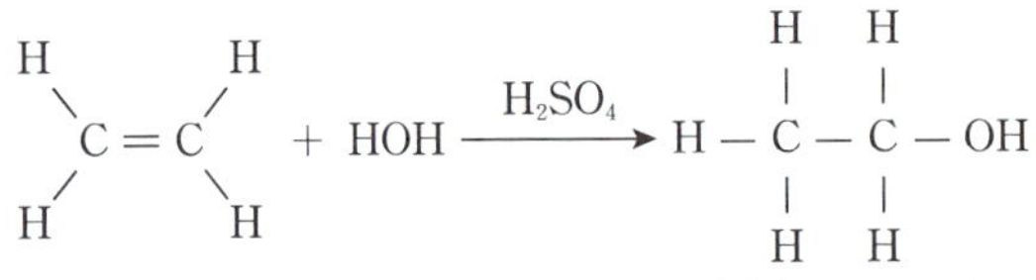
에탄올(C_2H_5OH)

㉲ 에틸렌 기체에 지글러(ziegler) 촉매를 사용하여 1,000～2,000기압으로 부가 중합시키면 폴리에틸렌이 된다.

예 $nCH_2{=}CH_2 \longrightarrow -CH_2-CH_{2-n}$
에틸렌(단량체 : 모노머)　폴리에틸렌(중합체 : 폴리머)

② 제법

에틸알코올(에탄올 : C_2H_5OH)에 c－H_2SO_4을 가하여 160～180℃로 가열하여 탈수시킨다.

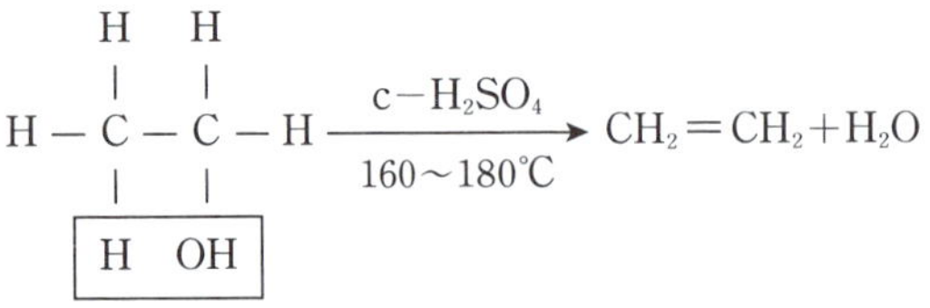

2-4 아세틸렌계 탄화수소(Alkyne족, 알킨족, C_nH_{2n-2})

(1) 일반적 성질과 명명법

① 일반적인 성질

불포화 탄화수소로서 3중 결합을 하여 반응성이 크며, 부가 반응 및 중합 반응이 쉽게 일어나고, 치환 반응도 한다.

참고

반응성의 크기

알킨계(3중 결합) > 알켄계(2중 결합) > 알칸계(단일 결합)

② 명명법(이름 끝에 −yne을 붙임)

$CH \equiv CH$
etyne(에틴) 또는 아세틸렌

$CH_3 - C \equiv CH$
propyne(프로핀)

$\overset{5}{C}H_3 - \overset{4}{C}H_2 - \overset{3}{C} \equiv \overset{2}{C} - \overset{1}{C}H_3$
2−pentyne(펜틴)

$\overset{1}{C}H_3 \equiv \overset{2}{C} - \overset{3}{C}H_2 - \overset{4}{C} \equiv \overset{5}{C} - \overset{6}{C}H_3$
1, 4−hexadyne(헥사딘)

예제

아세틸렌계열 탄화수소는?

풀이 일반식 : C_nH_{2n-2}
$n=5$, $C_5H_{10-2}=C_5H_8$

답 C_5H_8

(2) 아세틸렌(C_2H_2, acetylene)

① 성질

㉮ 순수한 것은 무색, 무취의 기체이나 H_2S, PH_3 등 불순물을 갖는 것은 불쾌한 냄새를 가진다.

㉯ 금속의 용접 또는 절단에 이용한다.

㉰ 합성 수지나 합성 고무의 제조 원료로 이용된다.

② 제법

㉮ 카바이드(CaC_2)에 물을 가하여 얻는다(주수식, 투입식, 접촉식).

예 $CaC_2 + 2H_2O \longrightarrow Ca(OH)_2 + C_2H_2$

㉯ 공업적으로 천연가스나 석유 분해 가스 속에 포함된 탄화수소를 1,200~2,000℃로 열분해하여 얻는다.

예 $C_2H_4 \longrightarrow C_2H_2+H_2$, $C_3H_8 \longrightarrow C_2H_2+CH_4+H_2$

③ 반응성

㉮ 부가 반응

㉠ 수소와 부가 반응(에틸렌 또는 에탄 생성)

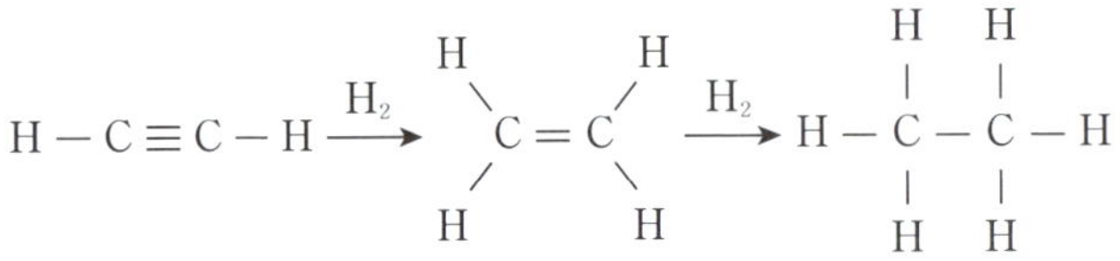

에틸렌(C_2H_4)   에탄(C_2H_6)

㉡ 할로겐과 부가 반응(디클로로에틸렌 생성)

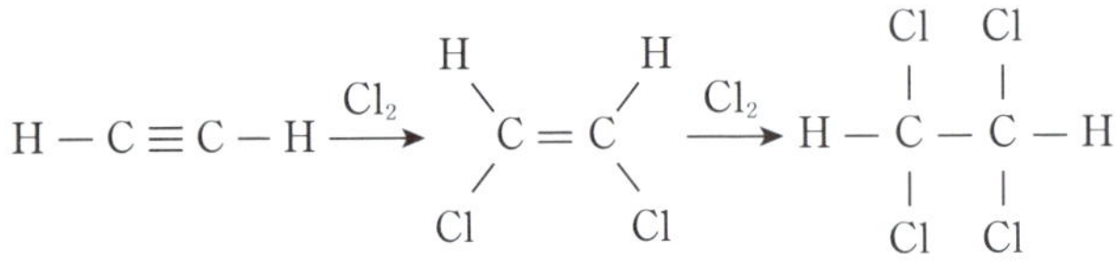

디클로로에틸렌   테트라클로로에탄

㉢ 할로겐 수소와 부가 반응(염화비닐 생성)

$H-C\equiv C-H+HCl \longrightarrow CH_2=CHCl$
염화비닐

※ $CH_2=CH-$: 비닐기

㉣ 초산과 부가 반응(초산비닐 생성)

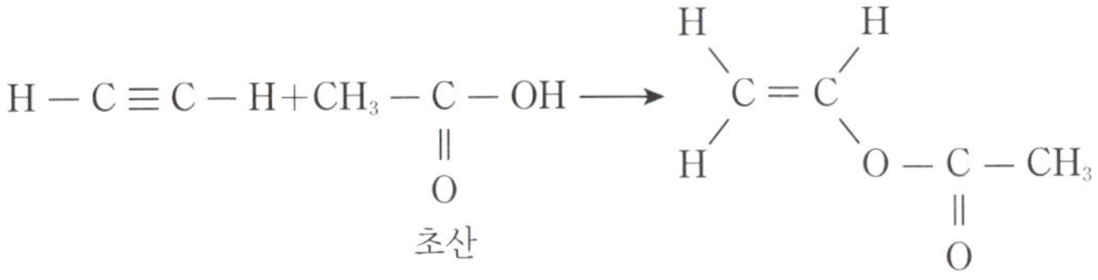

초산   초산비닐

㉤ 물과 부가 반응(아세트알데히드 생성)

$H-C\equiv C-H+HOH \xrightarrow{\text{촉매: } HgSO_4\text{(황산수은)}} [CH_2=CH-OH] \longrightarrow CH_3CHO$
순간적으로 비닐 알코올   아세트알데히드

㉥ HCN(시안화수소)와 부가 반응(아크릴로니트릴 생성)

$H-C\equiv C-H+HCN \longrightarrow CH_2=CH-CN$
아크릴로니트릴

㉯ 중합 반응

㉠ 아세틸렌 2분자의 중합 반응(촉매 : Cu_2Cl_2 – 비닐아세틸렌 생성)

$H-C\equiv C-H+H-C\equiv C-H \xrightarrow[\text{중합}]{Cu_2Cl_2} CH_2=CH-C\equiv CH$
비닐아세틸렌(합성고무의 원료)

ⓛ 아세틸렌 3분자의 중합 반응(벤젠 생성)

$3H-C\equiv C-H \longrightarrow$ 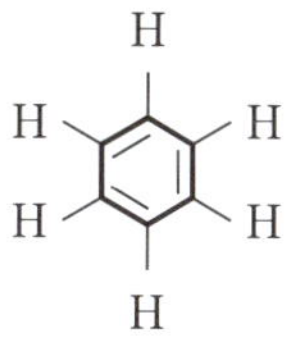 : 벤젠(C_6H_6)

㉰ 치환 반응 : 금속(Ag, Cu 등)과 반응하여 폭발성인 금속 아세틸라이드(M_2C_2)를 생성

$H-C\equiv C-H + Cu_2Cl_2 \longrightarrow \underset{\text{구리아세틸리드}}{Cu-C\equiv C-Cu} + 2HCl$

$H-C\equiv C-H + 2AgNO_3 \longrightarrow \underset{\text{은아세틸리드}}{Ag-C\equiv C-Ag} + 2HNO_3$

2-5 석유(petroleum)

(1) 석유의 성분 및 정유

① 성분

㉮ 파라핀계(메탄계 : C_5H_{12}~$C_{18}H_{38}$)+나프텐계(cyclo계 : C_5H_{10}, C_6H_{12}) : 80~90%

㉯ 방향족 탄화수소 : 5~15%

㉰ 비탄화수소 성분(N, P, S 등) : 4% 이하

② 정유(비등점의 차를 이용)

원유를 가열하면 먼저 에탄, 프로판이 나오며, 계속 증류하면 나프타(가솔린), 등유, 경유, 중유 등이 비등점 차에 의해 분리되어 정제된다.

(2) 크래킹(cracking)과 리포밍(reforming)

① 크래킹

탄소수가 많은 탄화수소를 500~600℃의 고온에서 SiO_2나 Al_2O_3 촉매하에서 가열하여 열분해시켜 탄소수가 적은 탄화수소를 만드는 것

예 펜탄(C_5H_{12})의 열분해 반응

$$C_5H_{12} \xrightarrow[Al_2O_3(\text{촉매})]{\text{열분해}} \underset{\text{에틸렌}}{CH_2=CH_2} + \underset{\text{프로판}}{C_3H_8}$$

$$C_5H_{12} \xrightarrow{\text{열분해}} \underset{\text{프로필렌}}{CH_3-CH=CH_2} + \underset{\text{에탄}}{C_2H_6}$$

② 리포밍

옥탄가가 낮은 탄화수소나 중질 나프타(가솔린 등)를 옥탄가가 높은 가솔린으로 만들거나 파라핀계 탄화수소나 나프텐계 탄화수소를 방향족 탄화수소로 이성화하는 조작

예 $n-C_7H_{16}$($n-$헵탄)과 C_6H_{12}(시클로헥산)의 개질법

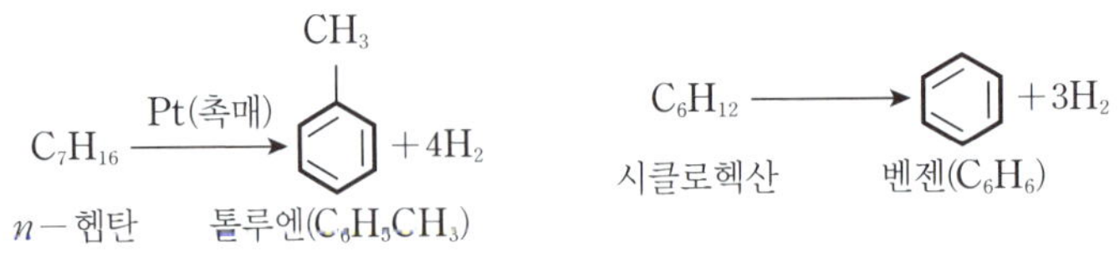

(3) 옥탄가(octane number)

① 정의

옥탄가란 가솔린의 안티 노킹성을 수치로 나타낸 값

참고

안티 노킹제(anti knocking)

휘발유의 옥탄가를 향상시켜 줌으로써 노킹 현상을 방지해 주는 역할을 한다.

예 사에틸납[T.E.L : $Pb(C_2H_5)_4$], 사메틸납[T.M.L : $Pb(CH_3)_4$]

참고

옥탑가 70의 개념

iso-옥탄 : 70%, $n-$헵탄 : 30%의 휘발유를 의미한다.

일반적으로 포화 탄화수소에서는 분자가 많은 탄화수소가 직쇄의 탄화수소보다 옥탄가가 높고 분자량이 적을수록 높다. 또 포화 탄화수소보다는 불포화 탄화수소가 높고, 나프텐계 탄화수소보다는 방향족 탄화수소가 옥탄가가 높다.

03 지방족 탄화수소의 유도체

3-1 지방족 탄화수소의 유도체

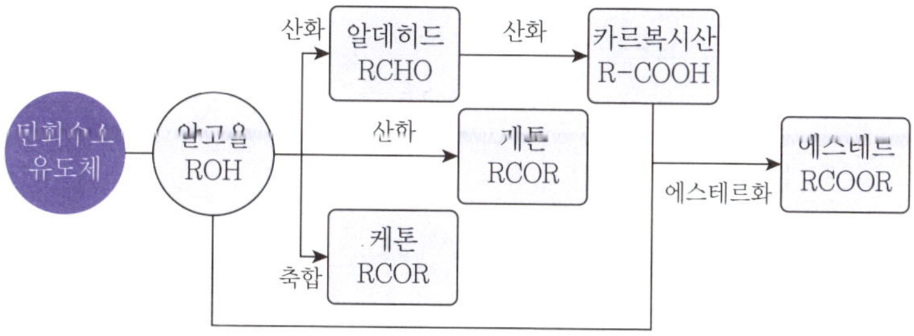

3-2 알코올류(C_nH_{2n+1}, R－OH)

(1) 알코올의 정의와 분류, 성질

① 정의

지방족(사슬 모양) 탄화수소의 수소 원자 일부가 수산기(－OH)로 치환된 것

② 분류

㉮ OH기의 수에 의한 분류

㉠ 1가 알코올(OH수 1개) : CH_3OH, C_2H_5OH 등

㉡ 2가 알코올(OH수 2개) : $C_2H_4(OH)_2$ 등

㉢ 3가 알코올(OH수 3개): $C_3H_5(OH)_3$ 등

㉯ OH기가 결합된 탄소수에 따른 분류

㉠ 1차(급) 알코올 : OH기가 결합된 탄소가 다른 탄소 1개와 연결된 알코올

예 $CH_3CH_2OH \xrightarrow{\text{산화}} CH_3CHO \xrightarrow{\text{산화}} CH_3COOH$

제1차(급) 알코올 $\xrightarrow{\text{산화}}$ 알데히드 $\xrightarrow{\text{산화}}$ 카르복시산

㉡ 2차(급) 알코올 : OH기가 결합된 탄소가 다른 탄소 2개와 연결된 알코올

예 $2CH_3-\underset{\displaystyle OH}{\underset{|}{CH}}-CH_3 + O_2 \longrightarrow 2CH_3-CO-CH_3 + 2H_2O$

제2차(급) 알코올 $\underset{\text{환원}}{\overset{\text{산화}}{\rightleftarrows}}$ 케톤

㉢ 3차(급) 알코올 : OH기가 결합된 탄소가 다른 탄소 3개와 연결된 알코올

예 $(CH_3)_3COH$: 트리메틸카르비놀

3차(급) 알코올은 산화가 안 됨

③ 알코올의 일반적 성질

㉮ 탄소수에 따라 그 성질이 다르다.

㉯ 고급 알코올일수록 비등점과 융점이 높다.

㉰ 물에 녹아 전리되지 않는 비전해질이며, 액성은 중성이다.

㉱ 산과 반응하여 에스테르를 만든다.

$$R-O\boxed{H} + R-CO\boxed{OH} \xrightarrow[\text{에스테르화}]{c-H_2SO_4} R'-COO-R + H_2O$$

㉲ 알코올 2분자에 $c-H_2SO_4$을 가한 후 130℃로 가열하면 에테르(R－O－R)가 생긴다.

$$CH_3CH_2-\boxed{H} + CH_3CH_2\boxed{OH} \xrightarrow[130^{\circ}C]{c-H_2SO_4} \underset{\text{디에틸에테르}}{CH_3CH_2-O-CH_2CH_3} + H_2O$$

3-3 에테르류(R－O－R′)

(1) 일반적인 성질

① 두 개의 알킬기($R : C_nH_{2n+1}$)가 산소 원자 하나와 결합된 형태이다.

② 인화성 및 마취성이 있으며, 유기 용제로 사용한다.

③ 극성을 띠지 않아 물에 불용이다.

3-4 알데히드류(R-CHO)

(1) 일반적인 성질

① 알킬기(R－)와 포르밀기(－CHO)가 결합된 형태이다(R－CHO).

② 알데히드는 쉽게 산화하므로 강한 환원성을 가지며, 은거울 반응(알데히드의 검출법)과 펠링 반응을 한다.

(2) 종류

① 포름알데히드(HCHO)

㉮ 메탄올(CH_3OH)의 증기를 300℃로 가열된 Pt 또는 Cu를 촉매로 하여 산화시켜 얻는다.

예 $CH_3OH + [O] \longrightarrow HCHO + H_2O$

㉯ 자극성의 무색 기체로 물에 잘 녹으며, 40%의 수용액을 포르말린(formalin)이라 한다.

② 아세트알데히드(CH_3CHO)

㉮ 에틸알코올(C_2H_5OH)을 산화시키거나, 아세틸렌(C_2H_2)을 $HgSO_4$ 촉매하에서 물을 작용시켜 얻는다.

예

$$C_2H_5OH \xrightarrow[\text{[O]}]{(K_2Cr_2O_7 + H_2SO_4 : \text{ 산화제})} CH_3CHO + H_2O$$

$$CH \equiv CH + H_2O \xrightarrow{HgSO_4} CH_3CHO$$

㉯ 암모니아성 질산은 용액과 반응하여 은거울을 만든다.

3-5 케톤류(R−CO−R′)

(1) 일반적인 성질

① 알킬기(R—) 두 개와 카르보닐기(−CO−) 한 개가 결합된 형태이다(R−CO−R′).

② 케톤은 알데히드보다 안정되며, 잘 산화되지 않는다.

(2) 아세톤(CH_3COCH_3 : 디메틸케톤)

① 프로필렌($CH_3CH=CH_2$)에 물을 부가시켜 이소프로필알코올[$(CH_3)_2$ CH · OH]을 만들고, 이것을 산화시켜 얻는다.

$$CH_3-CH=CH_2 + H_2O \longrightarrow CH_3-\underset{\displaystyle OH}{\underset{|}{CH}}-CH_3$$

이소프로필알코올

$$\left.\begin{matrix}CH_3\\ \\ CH_3\end{matrix}\right> CH-OH \xrightarrow{\text{[O]}} CH_3COCH_3 + H_2O$$

② 자극성인 무색 액체로 극성 분자이므로 물에 잘 녹는다.

3-6 카르복시산류(R−COOH)

(1) 일반적인 성질

① 유기산이라고도 하며, 유기물 분자 내에 카르복시기(−COOH)를 갖는 화합물을 말한다.

② 알데히드(R−CHO)를 산화시키면 카르복시산(R−COOH)이 된다.

③ 알코올(R－OH)과 반응하여 에스테르(R－O－R′)가 생성된다.

$$CH_3COOH + C_2H_5OH \xrightarrow[\text{탈수 축합}]{c-H_2SO_4} CH_3COOC_2H_5 + H_2O$$

④ 염기와 중화 반응을 한다.

예 $RCOOH + NaOH \longrightarrow RCOONa + H_2O$

참고

옥시산(옥시 카르복시산)

같은 분자 속에 카르복시기(－COOH)와 수산기(－OH)를 동시에 갖는 유기산을 말한다.

이름	락트산(젖산)	타르타르산(주석산)	시트르산(구연산)
화학식	H | CH_3－C－OH | COOH	CH(OH)COOH | CH(OH)COOH	CH_2COOH | C(OH)COOH | CH_2COOH
특성	광학 이성질체를 갖는다.	무색 결정으로 포도 속에 있다.	무색 결정으로 귤 속에 있다.

(2) 종류

① 포름산(HCOOH : 개미산)

㉮ 무색의 자극성 액체로서 물에 잘 녹아 약산성을 나타낸다.

㉯ 포름산(개미산)은 분자 속에 산성을 나타내는 카르복시기(－COOH)와 환원성을 나타내는 알데히드기(－CHO)를 동시에 갖고 있다.

② 아세트산(CH_3COOH, 초산)

㉮ 아세틸렌(C_2H_2)을 $HgSO_4$ 촉매하에서 물을 부가시켜 아세트알데히드(CH_3CHO)를 만들고, 다시 초산망간 촉매하에서 공기로 산화시켜 얻는다.

$$HC \equiv CH + H_2O \xrightarrow{HgSO_4} CH_3CHO \xrightarrow[\text{Mn염}]{[O]} CH_3COOH$$

㉯ 일반적으로 3~4%의 수용액을 식초라 한다.

3-7 에스테르류(R－COO－R′)

(1) 일반적인 성질

① 산과 알코올로부터 물이 빠지고 축합된 화합물(R－COO－R′)이다.

② 저급 에스테르는 무색 액체로 향기가 나며, 고급 에스테르는 고체이다.

04 방향족 탄화수소의 유도체

4-1 방향족 탄화수소와 벤젠

(1) 방향족 탄화수소

방향족 탄화수소란 벤젠 고리 또는 나프탈렌 고리를 가진 탄화수소로서 석탄을 건류할 때 생기는 콜타르를 분별 증류하여 얻는 화합물이며, 벤젠, 톨루엔, 크실렌이 대표적이다.

(2) 벤젠(benzene, C_6H_6)

① 케쿨레(Kekule)의 벤젠 구조

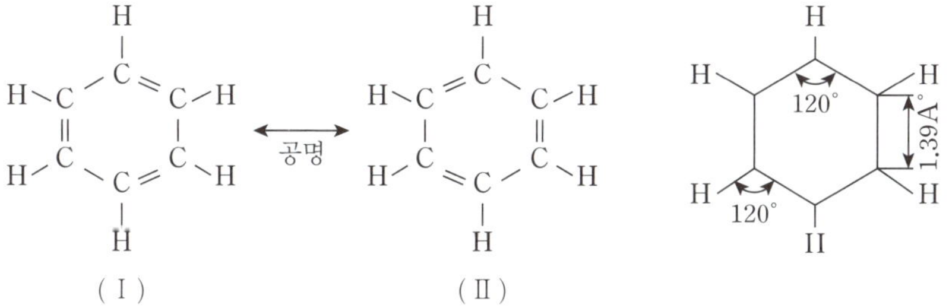

㉮ 벤젠은 반응성이 작고 부가 반응을 하지 않는 것으로 보아 사슬 모양이 아닌 고리 모양으로 되어 있다.

㉯ 벤젠의 탄소(C) 원자는 고리 모양으로 되어 있으며, 하나 건너 2중 결합으로 되어 있기 때문에 탄소의 원자가 수소의 원자가를 모두 만족시키므로 안정한 화합물이다.

㉰ 원자 간의 거리가 1.39Å(단일 결합인 경우 1.54Å, 2중 결합인 경우 1.34Å)으로 단일 결합도 아니고 2중 결합도 아닌 공명 혼성체의 구조로 되어 있다.

㉱ 벤젠의 육각형 구조의 고리 모양을 벤젠핵 또는 벤젠 고리라고 한다.

㉲ 부가 반응보다 치환 반응이 잘 일어난다(공명 혼성체의 구조로 되어 있기 때문에).

㉳ 치환 반응

㉠ 할로겐화(halogenation) : 벤젠을 염화철 촉매하에서 염소(Cl_2)와 반응하여 클로로벤젠(C_6H_5Cl)을 생성한다.

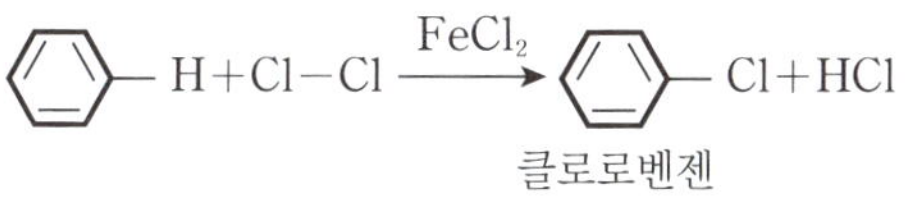

㉡ 니트로화(nitration) : 벤젠에 진한 질산과 진한 황산의 혼합물을 작용시킬 때 황산이 촉매와 탈수제 역할을 하여 얻어진다.

니트로벤젠

㉢ **술폰화**(sulfonation) : 벤젠을 발연 황산(진한 황산)과 가열하면 벤젠술폰산($C_6H_5SO_3H$)을 생성한다.

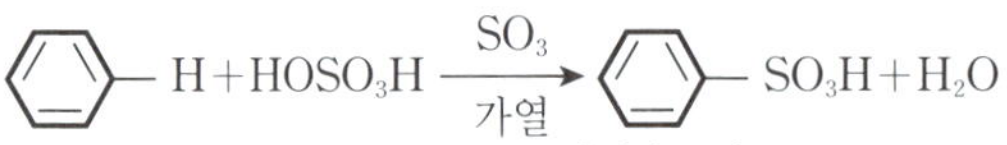

벤젠술폰산

㉣ **알킬화**(alkylnation, **일명 : 프리델-그라프츠 반응**) : 벤젠을 무수 염화알루미늄($AlCl_3$)을 촉매로 하여 할로겐화 알킬(RX)을 치환시키면 알킬기(R)가 치환되어 알킬벤젠(C_6H_5R)을 생성한다.

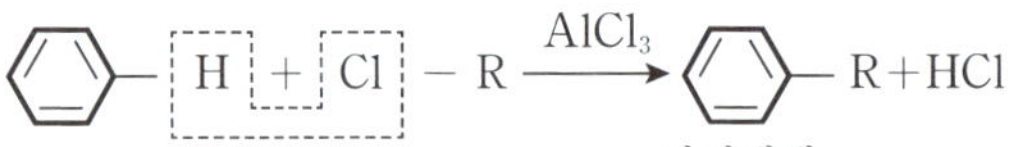

알킬벤젠

㉦ **부가 반응(특수한 촉매와 특수한 조건에 의해서만 발생)**

㉠ **수소(H_2) 부가 반응** : 벤젠을 300℃ 고온에서 Ni 촉매하에 수소(H_2)를 부가시키면 시클로헥산(C_6H_{12})이 생성

예 $C_6H_6+3H_2 \xrightarrow[300℃]{Ni} C_6H_{12}$(cyclo hexane)

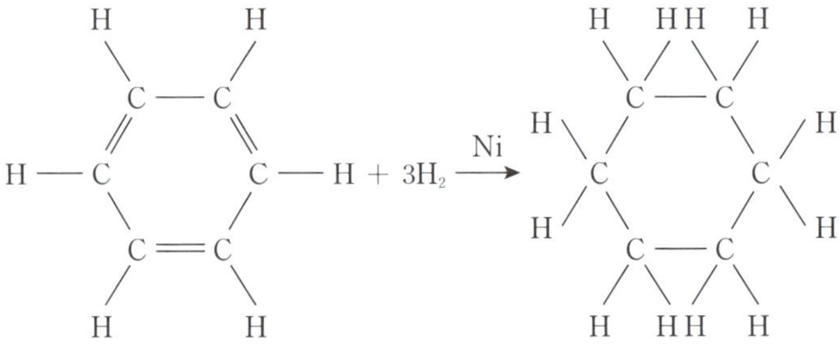

시클로헥산

㉡ **염소(Cl_2) 부가 반응** : 벤젠을 일광 존재하에서 염소(Cl_2)를 작용시키면 B.H.C(Benzene Hexa Chloride)를 생성

예 $C_6H_6+3Cl_2 \longrightarrow C_6H_6Cl_6$

4-2 벤젠의 유도체

(1) 톨루엔(tolune, $C_6H_5CH_3$)

① **핵치환** : 톨루엔에 Fe를 촉매로 하여 염소(Cl_2)를 작용시키면 벤젠핵을 구성하는 6개의 탄소(C)

에 붙은 수소가 치환되는 것으로서 오르토($o-$), 메타($m-$), 파라($p-$)의 3가지 이성질체가 생성된다.

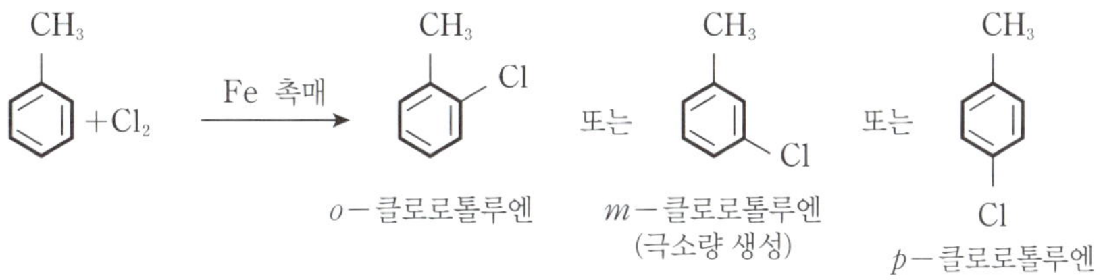

② **측쇄 치환** : 톨루엔에 햇빛을 촉매로 하여 염소(Cl_2)를 작용시키면 벤젠핵에 붙어 있는 메틸기($-CH_3$)의 수소가 치환되는 것이다.

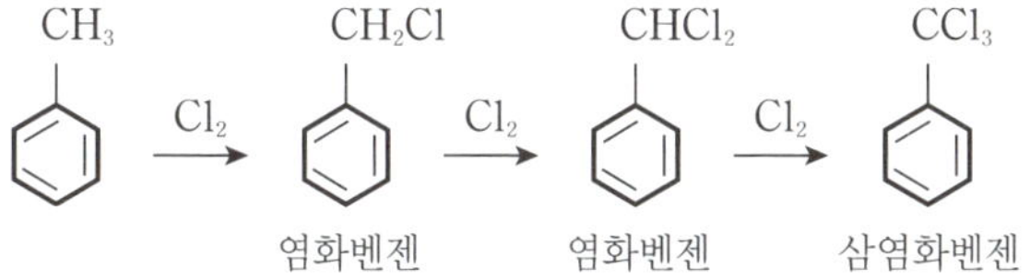

(2) 크실렌[xylene, $C_6H_4(CH_3)_2$]

① 콜타르를 분별 증류하여 얻는다.

② 산화되면 프탈산이 된다.

(3) 나프탈렌($C_{10}H_8$, 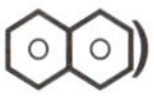)

① 벤젠 고리가 2개 연결된 구조이다.

② 승화성이 있고, 산화시키면 프탈산이 된다.

③ 염료의 원료나 방충제로 이용된다.

4-3 페놀(C_6H_5OH)과 그 유도체

(1) 페놀(석탄산)

① 제조법

㉮ 쿠멘법(cumene)

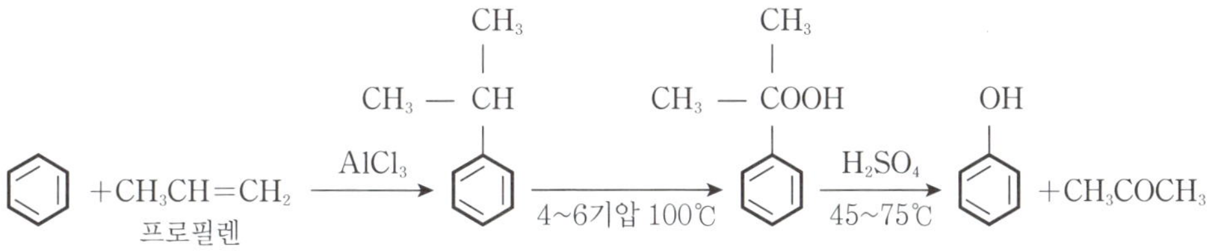

㉯ 벤젠의 알칼리 용융법

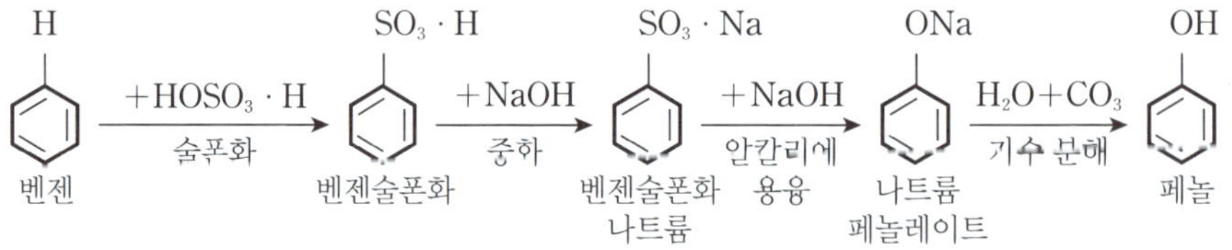

② 성질

㉮ 특유의 강한 냄새를 가진 무색의 결정이며, 물에 약간 녹아 약산성을 나타낸다.

㉯ 공기나 햇빛을 쪼이면 붉은색으로 변하므로 갈색병에 보관한다.

㉰ 염기(NaOH)와 중화 반응을 하여 나트륨페놀레이터(C_6H_5ONa)와 물로 된다.

예 $C_6H_5OH + NaOH \longrightarrow C_6H_5ONa + H_2O$

㉱ **페놀류의 검출법** : 벤젠핵에 수산기(−OH)가 붙어 있는 페놀류의 수용액에 $FeCl_3$ 수용액을 가하면 청자색이나 적자색을 띠는 정색 반응을 한다.

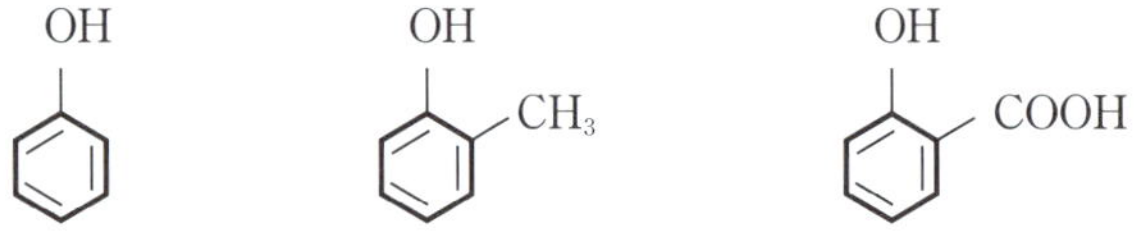

페놀(보라색) 크레졸(청색) 살리실산(적자색)

(2) 페놀의 유도체

① 크레졸[$C_6H_4(CH_3)OH$] : 벤젠에 수소 원자 한 개는 $-CH_3$기로 또 다른 수소 원자 한 개는 −OH 기로 치환한 것

㉮ 이성질체는 3가지가 있다.

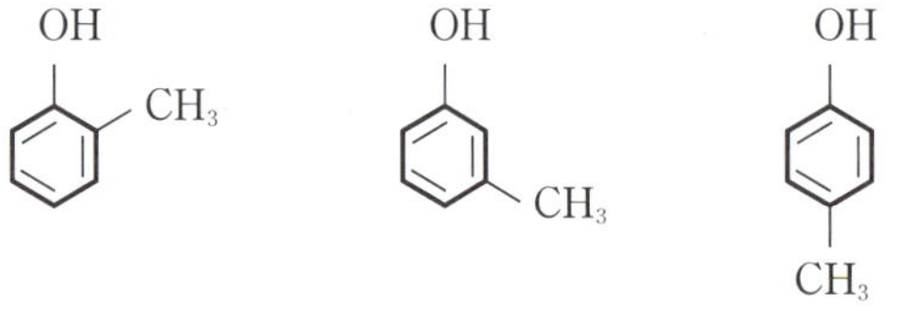

o−크레졸 *m*−크레졸 *p*−크레졸

㉯ 소독 살균제로 이용한다.

4-4 방향족 카르복시산의 종류

① 벤조산(안식향산, C_6H_5COOH)

② 살리실산[$C_6H_4(OH)COOH$]

③ 프탈산[$C_6H_4(COOH)_2$]

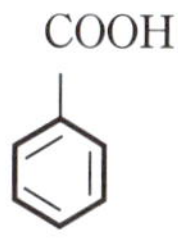

승화성 물질, 방부제 원료
(벤조산)

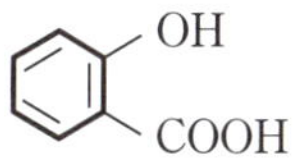

해열제, 신경통 등 의약품 원료
(살리실산)

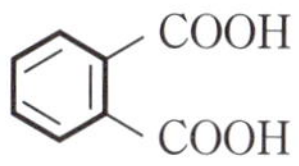

의약품 원료
(프탈산)

4-5 방향족 아민과 염료

(1) 아닐린($C_6H_5NH_2$)

① 제법 : 니트로벤젠을 수소로 환원하여 만든다.

$$C_6H_5NO_2 + 3H_2 \xrightarrow{\text{Fe, Sn+HCl}} C_6H_5NH_2 + 2H_2O$$

② 성질

㉮ HCl과 반응하여 인산염을 만든다.

㉯ 아닐린의 검출법

아닐린에 표백분($CaOCl_2$)을 가하면 붉은 보라색으로 변색된다.

참고

디아조화(diazotation) 반응과 커플링(coupling) 반응

1. 디아조화 반응 : 방향족 1차 아민의 산성 용액에 아질산염을 작용시켜 디아조늄염을 얻는 반응

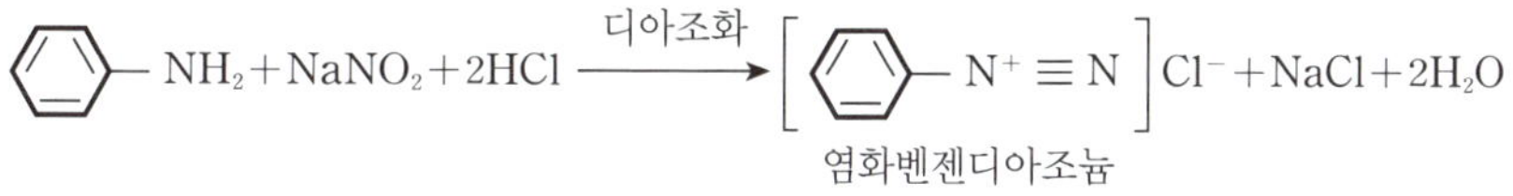

2. 커플링 반응 : 방향족 디아조늄 화합물에 페놀류나 방향족 아민을 작용시키면 아조기(-N=N-)를 갖는 새로운 아조 화합물을 만드는 반응

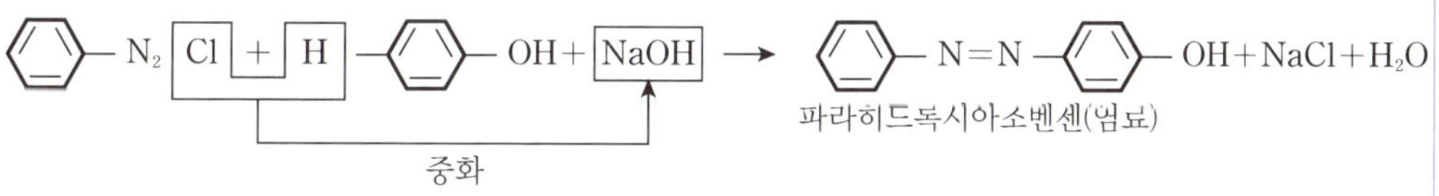

(2) 염료(dye)

① 염료의 분자 구조

발색단과 조색단의 두 가지 원자단을 동시에 가지고 있는 유기 물질

예

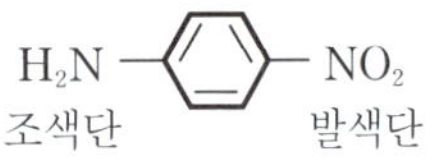

p-니트로아닐린

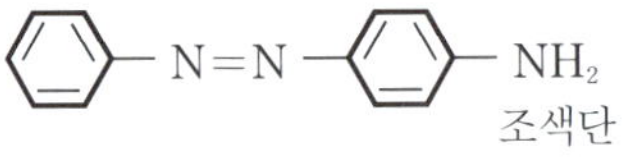

p-아미노아조벤젠

㉮ **발색단** : 염류가 색을 나타내는 원인이 되는 원자단

- 아조기(−N=N−)
- 니트로소기(−N=O)
- 카르보닐기(>C=O)
- 티오카르보닐기(>C=S)
- 에틸렌기(>C=C<)
- 니트로기($-N\langle^{O}_{O}$)

㉯ **조색단** : 색을 진하게 하고 염색이 잘 되도록 하는 산성, 염기성의 원자단

- 아미노기($-NH_2$)
- 히드록시기(−OH)
- 카르복시기(−COOH)
- 술폰산기 ($-SO_3H$)

05 고분자 화합물

5-1 탄수화물

(1) 탄수화물의 정의

C, H, O의 3가지 원소로 되어 있으며, 일반식이 $C_m(H_2O)_n$로 표시되는 탄소와 물의 화합물

(2) 탄수화물의 종류와 성질

분류	정의	분자식	종류	가수 분해 생성물	환원 작용	단맛과 용해성
단당류	가수 분해되지 않는 탄수화물	$C_6H_{12}O_6$ $C_6(H_2O)_6$	포도당 과당 갈락토오스	가수 분해되지 않는다.	있다.	있다.
이당류	가수 분해에 의해 두 분자의 단당류가 생기는 화합물	$C_{12}H_{22}O_{11}$ $C_{12}(H_2O)_{11}$	설탕	포도당+과당	없다.	있다.
			맥아당(엿당)	포도당+포도당	있다.	있다.
			젖당	포도당+갈락토오스	있다.	있다.
다당류 (비당류)	가수 분해에 의해 많은 분자의 단당류가 생기는 화합물	$(C_6H_{10}O_5)_n$ $[C_6(H_2O)_5]_n$	녹말(전분) 셀룰로오스 글리코겐	포도당	없다.	없다.
			이눌린	과당	없다.	없다.

(3) 탄수화물의 종류

참고

$$\underset{\text{맥아당(엿당)}}{C_{12}H_{22}O_{11}} + H_2O \xrightarrow{\text{말타아제}} \underset{\text{포도당}}{2C_6H_{12}O_6}$$

5-2 아미노산과 단백질

(1) 아미노산(amino acid)

① 한 분자 속에 염기성을 나타내는 아미노기($-NH_2$)와 산성을 나타내는 카르복시기($-COOH$)를 모두 가진 양쪽성 물질로서, 수용액은 중성이며, 대표적인 물질은 글리신, 알라닌, 글루탐산 등이 있다.

② 아미노산은 3가지 이성질체가 있다(α, β, γ 아미노산).

(2) 단백질(protein)

① 아미노산의 탈수 축합 반응에 의해 펩티드(peptide) 결합($-CO-NH-$)으로 된 고분자 물질이다. 또한 펩티드 결합을 갖는 물질을 폴리아미드(poly amide)라 한다.

② 물에는 잘 녹지 않으나 산·알칼리 촉매 및 효소 등에 의해 가수 분해되어 아미노산이 된다.

참고

단백질의 검출법

1. 뷰렛(biuret) 반응 : 단백질 용액+NaOH $\xrightarrow{1\%\ CuSO_4}$ 적자색
2. 크산토프로테인(xanthoprotein) 반응 : 단백질 용액 $\xrightarrow[\text{가열}]{HNO_3}$ 노란색 $\xrightarrow{NaOH}$ 오렌지색
3. 밀론(Millon) 반응 : 단백질 용액+밀론시약[$HNO_3+Hg(NO_3)_2$] $\xrightarrow[\text{가열}]{}$ 적색
4. 닌히드린(ninhydrin) 반응 : 단백질 용액+1 % 닌히드린 용액 ⟶ 끓인 후 냉각 ⟶ 보라색 또는 적자색

5-3 합성 고분자 화합물

(1) 합성 수지

① 열가소성 수지

가열하면 부드러워져 소성을 나타내고, 식히면 경화하는 수지

㉮ 폴리에틸렌 수지

㉯ 폴리염화비닐(PVC) 수지

㉰ 폴리스티렌 수지

㉱ 아크릴 수지

㉲ 실리콘(규소) 수지

② 열경화성 수지

축합 중합에 의한 중합체로, 한번 성형되어 경화된 후에는 재차 용융하지 않는 수지

㉮ 페놀 수지(베이클라이트)

㉯ 요소 수지

㉰ 멜라민 수지

(2) 합성 섬유

① 나일론 6, 6(폴리아미드계 합성 수지) : 헥사메틸렌디아민과 아디프산의 축합 중합체로서 펩티드 결합($-\overset{\overset{\displaystyle O}{\|}}{C}-\overset{\overset{\displaystyle H}{|}}{N}-$)을 하는 섬유

② 테트론(폴리에스테르계 합성 수지)

③ 비닐론(폴리비닐계 합성 수지)

5-4 유지와 비누

(1) 유지(fats & oils)

① 정의

고급 지방산과 글리세린의 에스테르 화합물

$$\underset{\text{고급 지방산}}{3RCOOH} + \underset{\text{글리세린}}{C_3H_5(OH)_3} \underset{\text{가수 분해}}{\overset{\text{에스테르화}}{\rightleftarrows}} \underset{\text{유지}}{(RCOO)_3C_3H_5 + 3H_2O}$$

② 유지의 성질

㉮ 무색, 무취, 무미의 중성 물질이다.

㉯ 공기 중에서 방치하면 산성을 띠게 된다(산패).
㉰ 물, 알코올에는 녹지 않으나 벤젠, 사염화탄소, 에테르 등 유기 용매에 잘 녹는다.
㉱ 효소, 산, 알칼리에 의해 가수 분해되어 고급 지방산과 글리세린이 된다.
㉲ 염기(NaOH, KOH)에 의해 비누화되면 고급 지방산의 알칼리염(비누)과 글리세린이 된다.

$$\underset{\text{유지}}{(RCOO)_3C_3H_5} + 3NaOH \xrightarrow{\text{비누화}} \underset{\text{비누}}{3RCOONa} + \underset{\text{글리세린}}{C_3H_5(OH)_3}$$

참고

비누화 값이 작은 지방 : 분자량이 크며, 고급 지방산의 에스테르이다.

(2) 비누(soap)

① 고급 지방산의 알칼리 금속염이다.
② 물에 잘 녹으며, 수용액은 알칼리성이다.
③ 센물에서는 Ca^{2+}, Mg^{2+}과 작용하여 물에 녹지 않는 침전이 생긴다.

참고

비누의 세척 작용

비누는 소수성(친유성)기인 탄화수소기(R)와 친수성기인 $-COONa$, $-SO_3Na$ 등을 모두 가지고 있으므로 세척 작용을 한다.

1. 유화 작용 : 비누의 소수성(친유성)기는 때와 배합하고, 친수성기는 물과 배합하여 때 입자를 물속에 분산시킴으로써 유화시키는 작용
2. 침투, 흡착 작용 : 비누는 계면활성제의 역할을 하므로 섬유소 깊숙히 침투하여 흡착하는 작용

출제예상문제

01 유기 화합물의 기초

01 탄소 화합물(유기물)의 특성을 설명한 것이다. 틀린 것은?

① 유기 용매에 녹는 것이 많다.
② 공유 결합을 하며, 녹는점이 매우 높다.
③ 유기물은 연소하여 CO_2와 H_2O이 생성된다.
④ 구성 원소는 대부분 C, H, O로 되어 있으며, 약간의 N, P, S 등의 원소로 구성되어 있다.

해설 녹는점이 높지 않다.

02 다음의 질소 비료 중 질소 함량이 가장 많은 것은?

① $(NH_4)_2SO_4$　　② NH_4NO_3
③ NH_4Cl　　④ $(NH_2)_2CO$

해설 ① $\frac{N_2}{(NH_4)_2SO_4}\times100=\frac{28}{132}\times100=21.2\%$

② $\frac{N_2}{NH_4NO_3}\times100=\frac{28}{80}\times100=35\%$

③ $\frac{N}{NH_4Cl}\times100=\frac{14}{53.5}\times100=26.1\%$

④ $\frac{N_2}{(NH_2)_2CO}\times100=\frac{28}{60}\times100=46.7\%$

03 유기 화합물 간의 반응이 무기 화합물 간의 반응에 비해 일반적으로 더디게 일어나는 이유는 유기 화합물이 대체로 어떤 화합물이기 때문인가?

① 공유 결합　　② 분자량이 큰 화합물
③ 이온 결합　　④ 끓는점이 높은 화합물

해설 유기 화합물은 공유 결합을 하고 있어 비전해질의 성질을 띠며, 반응 속도도 대체로 느리다. 그에 반해 무기 화합물은 이온 결합을 하고 있어 반응 속도가 빠르다.

04 다음은 관능기와 그 명칭을 적은 것이다. 맞지 않는 것은?

① $-OH$: 히드록시기
② $-NH_2$: 암모니아기
③ $-CHO$: 알데히드기
④ $-NO$: 니트로소기

해설 ② $-NH_2$: 아미노기

05 탄소 사이의 결합 길이가 가장 짧은 것은?

① $-\overset{|}{\underset{|}{C}}-\overset{|}{\underset{|}{C}}-$　　② $-\overset{|}{C}=\overset{|}{C}-$
③ $-C\equiv C-$　　④ 

해설 결합 길이
삼중 결합<이중 결합<단일 결합

06 분자식이 같고, 구조식이 다른 화합물을 서로 무엇이라 하는가?

① 동소체　　② 이성질체
③ 동위 원소　　④ 동족렬

해설 ② 이성질체 : 분자식이 같고, 구조식이 다른 화합물

07 다음 화합물들 가운데 기하학적 이성질체를 가지고 있는 것은?

① $CH_2=CH_2$
② $CH_3-CH_2-CH_2-OH$
③ 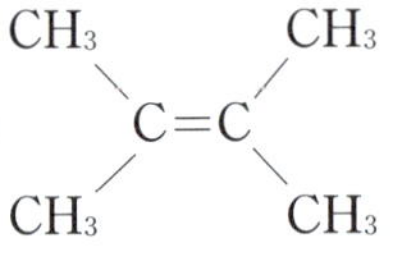
④ $CH_3-CH=CH-CH_3$

정답 01 ② 02 ④ 03 ① 04 ② 05 ③ 06 ② 07 ④

해설 기하학적 이성질체 : 두 탄소 원자가 이중 결합으로 연결될 때 탄소에 결합된 원자나 원자단의 위치가 다름으로 인하여 생기는 이성질체로 *cis*형과 *trans*형이 있다.

예 2−부텐($CH_3-CH=CH-CH_3$)

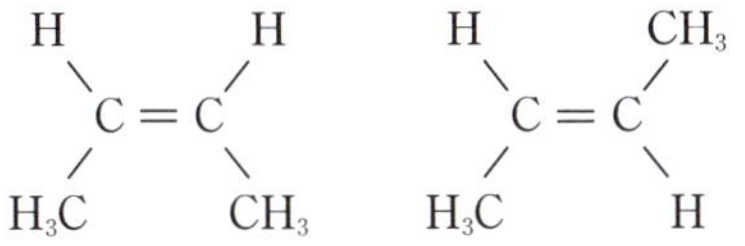

cis−2−부텐   *trans*−2부텐

08 펜탄(C_5H_{12}) 이성질체의 수는 몇 개인가?

① 2개   ② 3개
③ 4개   ④ 5개

해설 이성질체란 분자를 구성하는 원소의 수는 같으나 원자의 배열이나 구조가 달라 물리적, 화학적 성질이 다르게 되는 관계가 있는 화합물 즉, 분자식은 같으나 구조식과 시성식이 다른 물질이다.

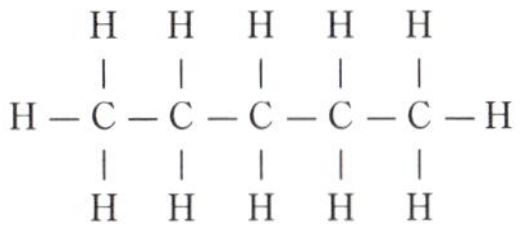

n − pentane

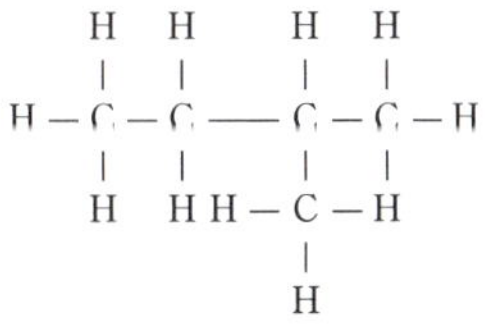

iso − pentane

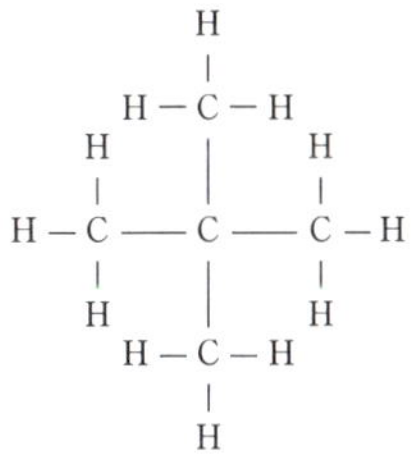

neo − pentane

09 다음 화학식의 올바른 명명법은?

$CH_3 - CH_2 - CH - CH_2 - CH_3$
$\qquad\qquad\quad |$
$\qquad\qquad CH_3$

① 3−메틸펜탄
② 2, 3, 5−트리메틸헥산
③ 이소부탄
④ 1, 4−헥산

해설 $^{3}CH_3-{}^{2}CH_2-{}^{3}CH-{}^{4}CH_2-{}^{5}CH_3$
$\qquad\qquad\qquad |$
$\qquad\qquad\quad CH_3$

구조식에서 직선상의 탄소수가 5개이므로 펜탄이 되며, 세 번째 탄소의 메틸기($-CH_3$)가 붙어 있으므로 3−methyl pentane이 된다.

10 2, 3 − dimethyl −1, 3−butadiene의 화학식(구조식)으로 올바른 것은?

① $CH_2=C-CH=CH_2$
$\qquad\quad |$
$\qquad CH_3$

② $CH_2=C - C=CH_2$
$\qquad\quad |\quad\ |$
$\qquad CH_3\ CH_3$

③ $CH_3-C=CH-CH_3$
$\qquad\quad |$
$\qquad CH_3$

④ CH_3 > $CH - CH-CH_2$
CH_3

해설 2, 3 − dimethyl이란 CH_3 2개가 기본 골격 2번 탄소와 3번 탄소에 연결되어 있다는 뜻이고, 1, 3−butadiene이란 기본 골격 1번 탄소에 이중 결합이 있다는 것이다.

11 포화 탄화수소에 대한 설명 중 옳은 것은?

① 2중 결합으로 되어 있다.
② 치환 반응을 한다.
③ 첨가 반응을 잘 한다.
④ 기하 이성질체를 갖는다.

해설 ㉠ 포화 탄화수소 : 단일 결합으로 되어 있다. → 치환 반응을 한다.
㉡ 불포화 탄화수소 : 2중 결합 또는 3중 결합이 들어 있다. → 첨가 반응을 한다.

12 포화 탄화수소에 해당하는 것은?

① 톨루엔 ② 에틸렌 ③ 프로판 ④ 아세틸렌

해설 포화 탄화수소 : C_nH_{2n+2}
$n=3$, C_3H_8

정답 08 ② 09 ① 10 ② 11 ② 12 ③

02 지방족 탄화수소

01 메탄에 직접 염소를 작용시켜 클로로포름을 만드는 반응을 무엇이라 하는가?

① 환원 ② 치환
③ 탈수 ④ 탈수소

해설 $CH_4 \xrightarrow{\text{치환 반응}(Cl_2)} CHCl_3$

02 다음 중 지방족 화합물이 아닌 것은?

① CH_4 ② C_2H_4
③ C_2H_2 ④ C_6H_6

해설 ① CH_4 : 메탄(알칸계, 파라핀계)
② C_2H_4 : 에틸렌(올레핀계, 알켄계)
③ C_2H_2 : 아세틸렌(알킨계) – 지방족 탄화수소
④ C_6H_6 : 벤젠 – 방향족 탄화수소

03 사슬 모양의 탄화수소 분자식이 $C_{16}H_{28}$인 물질 1분자 속에 이중 결합이 몇 개 있을 수 있는가?

① 1개 ② 2개
③ 3개 ④ 4개

해설 알칸족 탄화수소(C_nH_{2n+2})는 단일 결합으로 이중 결합이 없다. 이중 결합은 수소 원자(H)가 2개 감소됨에 따라 1개가 생기므로 알칸족 탄화수소에서 감소된 수소(H)의 수에 의해 계산한다.
$C_{16}H_{34}(C_nH_{2n+2}) \longrightarrow C_{16}H_{28}$
감소된 수소수 $=34-28=6$
이중 결합수 $=\frac{6}{2}=3$개

04 올레핀계 탄화수소에 해당하는 것은?

① CH_4
② $CH_2=CH_2$
③ $CH\equiv CH$
④ CH_3CHO

해설 ㉠ 메탄계 탄화수소 : C_nH_{2n+2}
㉡ 에틸렌계 탄화수소: C_nH_{2n}
㉢ 아세틸렌계 탄화수소: C_nH_{2n-2}
㉣ 알데히드류(R–CHO)

05 다음 반응식 중에서 첨가 반응에 해당되는 것은?

① $3C_2H_2 \longrightarrow C_6H_6$
② $C_2H_4+Br_2 \longrightarrow C_2H_4Br_2$
③ $C_2H_5OH \longrightarrow C_2H_4+H_2O$
④ $CH_4+Cl_2 \longrightarrow CH_3Cl+HCl$

해설 ① 중합 ③ 분해 ④ 복치환

06 다음 분자식 중 알킨(alkyne)족 화합물에 속하는 것은?

① C_2H_2 ② C_2H_4
③ C_2H_6 ④ C_3H_6

해설 ① 알킨(alkyne)족 : C_nH_{2n-2}

07 에틸렌(C_2H_4)을 원료로 하지 않은 것은?

① 아세트산 ② 염화비닐
③ 에탄올 ④ 메탄올

해설 에틸렌(C_2H_4)을 원료로 하는 물질 : 아세트산, 염화비닐, 에탄올

03 지방족 탄화수소의 유도체

01 일반식이 알코올에 해당하는 것은?

① R–O–R ② R–CHO
③ R–COOH ④ R–OH

해설 ① 에테르
② 알데히드
③ 카르복시산
④ 알코올

정답 01 ② 02 ④ 03 ③ 04 ② 05 ② 06 ① 07 ④ | 01 ④

02 알코올($R-OH$)은 1차, 2차, 3차 알코올로 분류한다. 다음 중 2차 알코올에 해당되는 물질은?

① CH_3CH_2OH

② CH_3CH-CH_2OH
　　　　|
　　　CH_3

　　　CH_3
　　　　|
③ CH_3-C-OH
　　　　|
　　　CH_3

④ CH_3CH-OH
　　　　|
　　　CH_3

해설 ① 1차(급) 알코올
② 1차(급) 알코올
③ 3차(급) 알코올
④ 2차(급) 알코올

03 산화시키면 카르복시산이 되고, 환원시키면 알코올이 되는 것은?

① C_2H_5OH　② $C_2H_5OC_2H_5$
③ CH_3CHO　④ CH_3COCH_3

해설 ㉠ 1차 알코올 $\underset{\text{환원}}{\overset{\text{산화}}{\rightleftharpoons}}$ 알데히드 $\underset{\text{환원}}{\overset{\text{산화}}{\rightleftharpoons}}$ 카르복시산

㉡ 2차 알코올 $\underset{\text{환원}}{\overset{\text{산화}}{\rightleftharpoons}}$ 케톤

04 디에틸에테르는 에탄올과 진한 황산의 혼합물을 가열하여 제조할 수 있는데 이것을 무슨 반응이라고 하는가?

① 중합 반응　② 축합 반응
③ 산화 반응　④ 에스테르화 반응

해설 축합 반응의 설명이다.

05 메탄올의 증기를 300℃ 구리 분말 위에서 공기로 산화시켜 만들고 자극성 냄새가 나는 기체로서, 살균력이 커 방부제나 소독제로 쓰이는 것은?

① 에틸렌글리콜　② 글리세린
③ 에틸알코올　④ 포름알데히드

해설 $CH_3OH \underset{\text{환원}}{\overset{\text{산화}}{\rightleftharpoons}} HCHO \underset{\text{환원}}{\overset{\text{산화}}{\rightleftharpoons}} HCOOH$

06 과망간산칼륨($KMnO_4$)에 의해 쉽게 산화되는 유기 물질은?

① $HCHO$　② CH_3COOH
③ C_2H_5OH　④ $CH_3CH_2CH_3$

해설 포름알데히드($HCHO$)는 환원성이 있기 때문에 과망간산칼륨 등의 산화제에 의해 쉽게 산화되어 포름산($HCOOH$)이 된다.

07 상온에서 무색의 액체 상태의 유기 화합물을 에탄올과 반응시켰더니 에스테르를 형성하였으며, 펠링 용액과 반응시켰더니 붉은 침전이 생겼다. 또한 진한 황산과 함께 가열하 였더니 일산화탄소가 발생하였다. 이 화합물은?

① 에테르　② 개미산
③ 아세톤　④ 포름알데히드

해설 $HCOOH \xrightarrow{H_2SO_4} H_2O+CO$

08 다음 반응 중 에스테르화 반응은?

① $C_6H_6+HNO_3 \longrightarrow C_6H_5NO_2+H_2O$
② $CH_3COOH+C_2H_5OH \longrightarrow CH_3COOC_2H_5+H_2O$
③ $C_{17}H_{35}COOH+NaOH \longrightarrow C_{17}H_{35}COONa+H_2O$
④ $2C_2H_5OH \longrightarrow C_2H_5OC_2H_5+H_2O$

해설 에스테르화 반응
$R-COOH+R'-OH \longrightarrow RCOOR'+H_2O$
① 니트로화, ② 에스테르화, ③ 치환, ④ 축합 중합 반응

04 방향족 탄화수소의 유도체

01 다음 중 방향족 화합물은?

① CH_4　② C_2H_4　③ C_3H_8　④ C_6H_6

해설 ① 메탄(포화 탄화수소)
② 에틸렌(불포화 탄화수소)

정답 02 ④　03 ③　04 ②　05 ④　06 ①　07 ②　08 ② | 01 ④

③ 프로판(포화 탄화수소)

④ 벤젠  (방향족 고리 화합물)

02 다음 중 방향족 화합물이 아닌 것은?

① 톨루엔 ② 아세톤
③ 페놀 ④ 아닐린

해설 ① 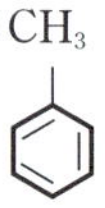 ② CH_3COCH_3 ③  ④ 

03 벤젠의 구조에 관한 설명 중 틀린 것은?

① C−C 결합의 길이는 모두 같다.
② 한 탄소 원자가 다른 두 탄소 원자와 형성하는 결합각은 120°이다.
③ 6개의 C−C 결합 중 3개는 단일 결합이며, 나머지 3개는 2중 결합이다.
④ 같은 탄소수를 가진 사슬 모양의 포화 탄화수소보다 8개의 수소가 부족하다.

해설 벤젠의 구조는 고리 모양으로 된 공명 혼성체로 되어 있다(원자 간의 거리는 1.39Å).

04 벤젠을 햇빛 촉매하에서 염소와 반응시키면 생성되는 물질은?

① BHC ② 시클로헥산
③ 염화벤젠 ④ 벤젠술폰산

해설

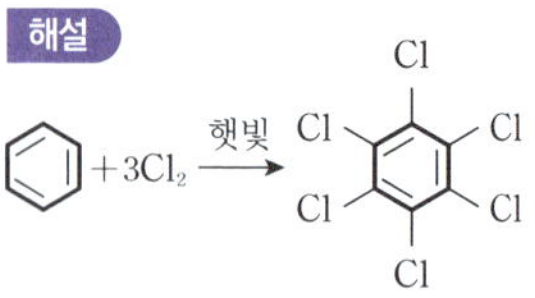
BHC(Benzene Hexa Chloride)

05 다음 중 벤젠의 유도체가 아닌 것은?

① 페놀 ② 톨루엔
③ 아세톤 ④ 크실렌

해설 ①  ②  ③ CH_3COCH_3 ④ 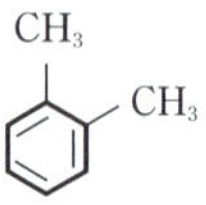

06 톨루엔에 염소를 반응시킬 때 촉매로 $FeCl_3$를 사용하였다. 이때의 생성물은?

① 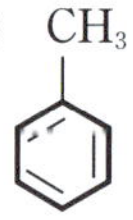
② 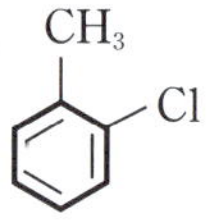
③ 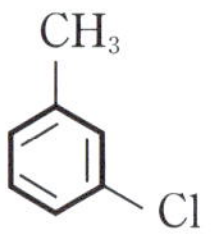
④ 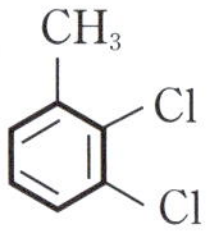

해설

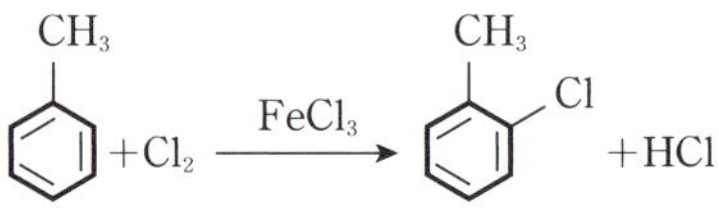

07 다음 반응식 중 프리델−그라프츠 반응을 나타낸 것은?

① $C_6H_6+CH_3Cl \xrightarrow{AlCl_3} C_6H_5CH_3+HCl$
② $C_6H_6+Cl_2 \xrightarrow{Fe} C_6H_5Cl+HCl$
③ $C_6H_6+HNO_3 \xrightarrow{H_2SO_4} C_6H_5NO_2+H_2O$
④ $C_6H_6+3H_2 \xrightarrow{Ni} C_6H_{12}$

해설 ① 프리델−그라프츠 반응(알킬화 반응), ② 할로겐화 반응, ③ 니트로화 반응, ④ 수소 첨가 반응

08 다음 중 *o*−, *m*−, *p*−의 세 가지 이성질체를 갖는 유기 물질은?

① 크실렌 ② 아닐린
③ 페놀 ④ 나프탈렌

해설 크실렌($C_6H_4(CH_3)_2$)은 오르토(*o*−), 메타(*m*−), 파라(*p*−) 크실렌의 3가지 이성질체를 갖는다.

09 다음 중 $FeCl_3$과 반응하면 색깔이 보라색으로 되는 현상을 이용해서 검출하는 것은?

① CH_3OH ② C_6H_5OH
③ $C_6H_5NH_2$ ④ $C_6H_5CH_3$

해설 C_6H_5OH : 벤젠 핵에 −OH기가 붙어 있는 페놀은 수용액에 $FeCl_3$ 수용액을 작용시키면 보라색을 띤다.

정답 02 ② 03 ③ 04 ① 05 ③ 06 ② 07 ① 08 ① 09 ②

10 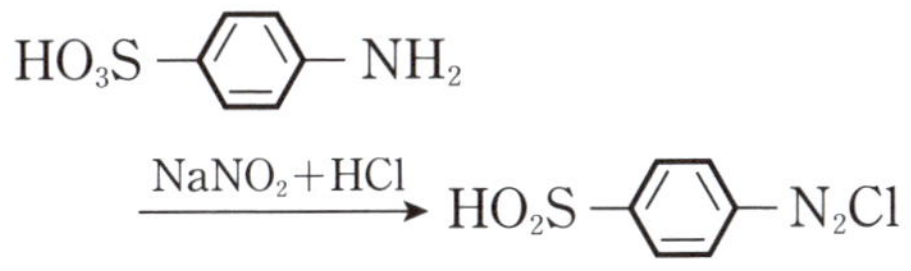

이 되는 반응은?

① 니트로화　　② 디아조화
③ 산화　　④ 환원

해설 방향족 1차 아민과 산성 용액에서 아질산염을 작용시켜 디아조염으로 만드는 반응을 디아조화라고 한다.

11 니트로벤젠의 증기에 수소를 혼합한 뒤 촉매를 사용하여 환원시키면 무엇이 되는가?

① 페놀　　② 톨루엔
③ 아닐린　　④ 나프탈렌

해설 아닐린(aniline, $C_6H_5NH_2$ 제법)

$$C_6H_5NO_2 + 3H_2 \xrightarrow[\text{환원}]{Fe,\ Sn+HCl} C_6H_5NH_2 + 2H_2O$$

니트로벤젠　　아닐린

12 다음 물질 중 벤젠 고리를 함유하고 있는 것은?

① 아세틸렌　　② 아세톤
③ 메탄　　④ 아닐린

해설

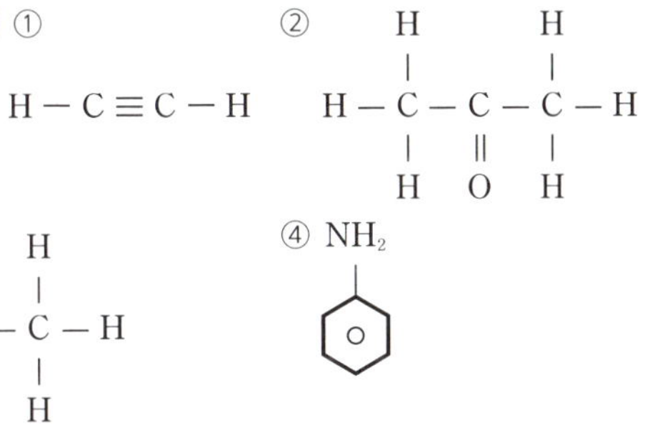

13 다음 중 벤젠핵이 들어 있는 화합물은?

① 젖산(락트산)　　② 아스피린
③ 나일론　　④ 글리세린

해설 ① 젖산(락트산) : $CH_3C(OH)COOH$
② 아스피린(살리실산이 주원료) : $C_6H_4(OH)COOH$
③ 나일론 : 헥사메틸렌디아민과 아디프산의 중합체
④ 글리세린 : $C_3H_5(OH)_3$

14 다음 염료의 구조에서 발색단이 아닌 것은?

① $-N=O$　　② $-N=N-$
③ $-C=C-$　　④ $-NH_2$

해설 ㉠ 발색단 : 아조기($-N=N-$), 니트로소기($-N=O$), 카르보닐기($-C=O$), 니트로기($-NO_2$), 에틸렌기 ($C=C$) 등
㉡ 조색단 : 아미노기($-NH_2$), 히드록시기($-OH$), 카르복시기($-COOH$), 술폰산기($-SO_3H$) 등

05 고분자 화합물

01 포도당의 분자식은?

① $C_6H_{12}O_6$　　② $C_{12}H_{22}O_{11}$
③ $(C_6H_{10}O_5)_n$　　④ $C_{12}H_{20}O_{10}$

해설 포도당은 단당류이다.

02 녹말을 염산과 더불어 가수 분해할 때 마지막으로 생성되는 물질은?

① $C_{12}H_{22}O_{11}$　　② $C_6H_{10}O_6$
③ $(C_6H_{10}O_5)_n$　　④ $C_6H_{12}O_6$

해설 녹말(전분 : Starch)은 염산과 가수 분해하여 최종 포도당($C_6H_{12}O_6$)을 생성한다.

03 다음 반응식은 어떤 과정을 나타낸 것인가?

$$C_6H_{12}C_6 \xrightarrow{\text{치마제}} 2C_2H_5OH + 2CO_2$$

① 에스테르화　　② 가수 분해
③ 축합　　④ 발효

정답 10 ② 11 ③ 12 ④ 13 ② 14 ④ | 01 ① 02 ④ 03 ④

해설 알코올 발효
포도당(glucose)은 물에 녹으면 단맛이 있는 흰색 고체로 효소 치마제(zymase)와 반응하여 알코올을 만든다.

04 다음 중 환원성이 없는 것은?

① 포도당　　② 과당
③ 설탕　　④ 맥아당

해설 이당류에서 설탕과 다당류는 환원성이 없다.

05 아미노기와 카르복시기가 동시에 존재하는 화합물은?

① 식초산　　② 석탄산
③ 아미노산　　④ 아민

해설 아미노산은 이름에서 알 수 있듯이, 아미노기($-NH_2$)와 카르복시기($-COOH$)를 포함하고 있다.
예 가장 간단한 아미노酸인 글라이신의 분자 구조

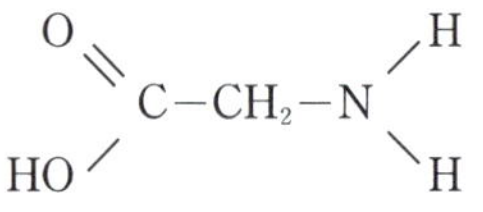

06 펩티드 결합($-NH-CO-$)을 하지 않는 물질은?

① 단백질　　② 아세트아닐리드
③ 6, 6 나일론　　④ 아미노산

해설 아미노산은 펩티드 결합($-NH-CO-$)을 하지 않는다.

07 나일론에는 어떤 결합이 들어 있는가?

① $-S-S-$　　② $-O-$
③ $-\underset{\underset{O}{\|}}{C}-O-$　　④ $-\underset{\underset{O}{\|}}{C}-\underset{\underset{H}{|}}{N}-$

해설 나일론 6, 6은 헥사메틸렌디아민($H_2N(CH_2)_6NH_2$)과 아디프산($HOOC(CH_2)_4COOH$)을 축중합하여 만든 것으로서 $-NH-CO-$ (펩티드 결합)의 결합으로 되어 있다.

08 가열하면 부드러워져 소성을 나타내고, 식히면 경화하는 수지는?

① 페놀 수지　　② 멜라민 수지
③ 요소 수지　　④ 폴리염화비닐 수지

해설 ㉠ 열가소성 수지 : 가열하면 부드러워져 소성을 나타내고, 식히면 경화하는 수지
예 폴리염화비닐 수지, 폴리에틸렌 수지, 폴리스티렌 수지, 아크릴 수지, 실리콘(규소) 수지
㉡ 열경화성 수지 : 축중합에 의한 중합체로 한번 성형되어 경화된 후에는 재차 용융하지 않는 수지
예 페놀 수지, 멜리민 수지, 요소 수지

09 유지에 대한 설명으로 옳은 것은?

① 지방산과 1가 알코올의 에스테르이다.
② 지방산과 2가 알코올의 에스테르이다.
③ 지방산과 글리세린의 에스테르이다.
④ 유지는 상온에서 고체이다.

해설 유지는 지방산과 글리세린의 에스테르이다.

10 다음 유지 중 요오드화 값이 가장 큰 물질은?

① $(C_{17}H_{33}COO)_3C_3H_5$
② $(C_{17}H_{35}COO)_3C_3H_5$
③ $(C_{17}H_{29}COO)_3C_3H_5$
④ $(C_{17}H_{31}COO)_3C_3H_5$

해설 유지의 분자 속에 불포화 결합이 많을수록 요오드화 값은 커진다.

11 비누화 값이 작은 지방에 대한 설명으로 옳은 것은?

① 분자량이 작으며, 저급 지방산의 에스테르이다.
② 분자량이 작으며, 고급 지방산의 에스테르이다.
③ 분자량이 크며, 저급 지방산의 에스테르이다.
④ 분자량이 크며, 고급 지방산의 에스테르이다.

해설 비누화 값이란 유지 1g을 비누화시키는 데 필요한 염기(NaOH, KOH)의 양을 말한다.
비누화 값은 분자량이 작은 물질의 경우 크고, 반대로 분자량이 크고 고급 지방산일 경우 작다.

정답 04 ③ 05 ③ 06 ④ 07 ④ 08 ④ 09 ③ 10 ③ 11 ④

12 비누의 세척 작용의 원인이 되는 것은?

① 소수성 $-COO^-$와 친수성 알킬기 때문
② 친수성 $-NH_2$와 소수성 $-COO^-$ 때문
③ 소수성 $-COO^-$와 소수성 알킬기 때문
④ 친수성 $-COO^-$와 소수성 알킬기 때문

해설 비누의 일반식(RCOONa)은 소수성(친유성)인 R(알킬기)와 친수성인 COONa를 동시에 가지고 있으므로 때(먼지와 기름)가 알킬기(R)에 녹는 것을 친수성인 $-COONa$기가 물에 녹게 하여 세척 작용을 하는 것이다.

13 다음과 같은 유기 화합물의 화학 반응식을 무슨 반응이라 하는가?

$$(C_{15}H_{31}COO)_3C_3H_5 + 3NaOH \longrightarrow 3C_{15}H_{31}COONa + C_3H_5(OH)_3$$

① 중화 ② 산화
③ 발효화 ④ 비누화

해설 염기성 용액에서 에스테르의 가수 분해 반응을 비누화 반응이라 한다.

정답 12 ④ 13 ④

Industrial Engineer Hazardous Material

PART 02

화재 예방과 소화 방법

Chapter 01 화재 예방

01 연소 이론

(1) 연소의 정의

연소란 가연성 물질이 공기 중의 산소와 급격히 반응하여 열과 빛을 내는 현상

① 완전 연소

$C+O_2 \longrightarrow CO_2+94.2kcal$

예제

탄소 1mol이 완전 연소하는 데 필요한 최소 이론 공기량은 약 몇 L인가? (단 0℃, 1기압 기준이며, 공기 중 산소의 농도는 21vol%이다.)

풀이 완전 연소 : $C+O_2 \longrightarrow CO_2$

$\therefore$ 최소 이론 공기량$=\frac{22.4L}{0.21}=107L$

답 107L

② 불완전 연소

$C+\frac{1}{2}O_2 \longrightarrow CO+24.5kcal$

③ 연소라고 볼 수 없는 경우

㉮ 철이 녹스는 경우

$4Fe+3O_2 \longrightarrow 2Fe_2O_3$(산화 반응이지만 발열 반응 아님)

㉯ 질소 산화물이 생성되는 경우

$N_2+O_2 \longrightarrow 2NO-43.2kcal$(산화 반응이면서 흡열 반응임)

④ 탄화수소(C_mH_n)의 연소

완전 연소의 경우에는 탄산 가스(CO_2)와 물(H_2O)이 생성되며, 불완전 연소의 경우에는 일산화탄소(CO)와 수소(H_2)가 생성된다.

예제

프로판 $2m^3$이 완전 연소할 때 필요한 이론 공기량은 약 몇 m^3인가? (단, 공기 중 산소 농도는 21vol% 이다.)

풀이

$$C_3H_8 + 5O_2 \longrightarrow 3CO_2 + 4H_2O$$
$$22.4m^3 \quad 5\times22.4m^3$$
$$2m^3 \quad x(m^3)$$
$$x = \frac{5\times22.4\times2}{22.4} = 10m^3$$
$$\therefore \text{이론 공기량} = \frac{\text{산소량}}{\text{산소 농도}} = \frac{10}{0.21} = 47.62m^3$$

답 $47.62m^3$

(2) 연소의 구비 조건

① 연소의 3요소

㉮ 가연물 : 산화 작용을 일으킬 수 있는 모든 물질이다.

㉠ 가연물이 될 수 없는 경우

ⓐ 원소 주기율표상의 0족 원소(비활성 원소)로서 다른 원소와 화합할 수 없는 물질

예 헬륨(He), 네온(Ne), 아르곤(Ar), 크립톤(Kr), 크세논(Xn), 라돈(Rn) 등

ⓑ 이미 산소와 화합하여 더 이상 화합할 수 없는 물질

예 이산화탄소(CO_2), 오산화인(P_2O_5), 산화알루미늄(Al_2O_3), 삼산화황(SO_3) 등

$C + O_2 \longrightarrow CO_2$

ⓒ 산화 반응은 일어나지만 발열 반응 물질이 아닌 화합물

예 N_2, NO, NO_2 등

$N_2 + O_2 \longrightarrow 2NO$

㉡ 가연물이 되기 쉬운 조건

ⓐ 산소와의 친화력이 클 것

ⓑ 열전도율이 적을 것

ⓒ 산소와의 접촉 면적이 클 것

ⓓ 발열량이 클 것

ⓔ 활성화 에너지가 적을 것

ⓕ 건조도가 좋을 것

㉯ 조연(지연)물 : 다른 물질의 산화를 돕는 물질이다.

㉠ 공기

〈공기의 조성〉

조성 비율 \ 성분	질소(N_2)	산소(O_2)	아르곤(Ar)	이산화탄소(CO_2)
부피(vol%)	78.03	20.99	0.95	0.03
중량(wt%)	75.51	23.15	1.30	0.04

㉡ 산화제(제1류 위험물, 제6류 위험물 등)

㉢ 자기 반응성 물질(제5류 위험물)

㉰ 점화원(열에너지원, 열원): 가연물을 연소시키는 데 필요한 에너 지원으로서 연소 반응에 필요한 활성화 에너지를 부여하는 물질이다.

㉠ 정전기 불꽃

㉡ 낙뢰

㉢ 전기 불꽃 에너지

㉣ 마찰열

㉤ 충격열

㉥ 단열 압축열

㉦ 점화원이 되지 못하는 것

ⓐ 기화열(증발 잠열)　　ⓑ 온도

ⓒ 압력　　ⓓ 중화열

(3) 고온체의 색깔과 온도

① 발광에 따른 온도 측정

㉮ 적열 상태 : 500℃ 부근　　㉯ 백열 상태 : 1,000℃ 이상

② 연소 시 온도에 따른 불꽃의 색상

㉮ 암적색 : 700℃　　㉯ 적색 : 850℃

㉰ 회적색 : 950℃　　㉱ 황적색 : 1,100℃

㉲ 백적색 : 1,300℃　　㉳ 회백색 : 1,500℃

(4) 연소의 형태

① 기체의 연소(발염 연소, 확산 연소)

가연성 가스가 공기 중 누출되어 연소하는 형식

예 산소, 아세틸렌

㉮ 확산 연소(불균질 연소) : 가연성 기체를 대기 중에 분출 · 확산시켜 연소하는 방식(불꽃은 있으나 불티가 없는 연소)

㉯ **혼합 연소(예혼합 연소, 균질 연소)** : 먼저 가연성 기체를 공기와 혼합시켜 놓고 연소하는 방식

② **액체의 연소(증발 연소)**

에테르, 가솔린, 석유, 알코올 등 가연성 액체의 연소는 액체 자체가 연소하는 것이 아니라 액체 표면에서 발생한 가연성 증기가 착화되어 화염을 발생시키고 이 화염의 온도에 의해 액체의 표면이 더욱 가열되면서 액체의 증발을 촉진시켜 연소를 계속해 가는 형태의 연소이다.

참고

액체의 연소

① 액체의 연소 방법

㉮ 액면 연소 : 화염으로부터 연료 표면적에 복사나 대류로 열이 전달되어 증발이 일어나고 발생된 증기가 공기와 접촉하여 유면의 상부에서 확산 연소를 하지만, 화염 시에 볼 수 있을 뿐 실용 예는 거의 없는 연소 형태이다.

㉯ 심화 연소 : 모세관 현상에 의해 심지라고 불리는 헝겊의 일부분으로부터 연료를 빨아 올려서 다른 부분으로 전달하여, 거기서 연소열을 받아 증발된 증기가 확산 연소하는 형태이다.

㉰ 분무(액적) 연소 : 일반적인 석유 난로의 연소 형태로 점도가 높고, 비휘발성인 액체를 안개상으로 분사하여 액체의 표면적을 넓혀 연소시키는 형태이다.

㉱ 증발 연소 : 열면에서 연료를 증발시켜 예혼합 연소나 부분 예혼합 연소를 시키는 연소 형태이다.

② 분해 연소 : 점도가 높고 비휘발성인 가연성 액체의 연소로, 열분해에 의하여 발생된 분해 가스의 연소 형태이다.

예 중유, 제4석유류 등

③ **고체의 연소(표면 연소, 분해 연소, 증발 연소, 내부 연소)**

㉮ **표면(직접) 연소** : 열분해에 의해 가연성 가스를 발생시키지 않고 그 자체가 연소하는 형태

예 숯, 목탄, 코크스, 나트륨, 금속분(마그네슘분, 아연분) 등

㉯ **분해 연소** : 가연성 고체에 충분한 열이 공급되면 가열 분해에 의하여 발생된 가연성 가스(CO, H_2, CH_4 등)가 공기와 혼합되어 연소하는 형태이다.

예 목재, 석탄, 종이, 섬유, 플라스틱 등

㉰ **증발 연소** : 고체 가연물을 가열하면 열분해를 일으키지 않고 승발하여 그 증기가 연소하거나 열에 의한 상태 변화를 일으켜 액체가 된 후 어떤 일정한 온도에서 발생된 가연성 증기가 연소하는 형태

예 황, 나프탈렌, 장뇌 등과 같은 승화성 물질, 촛불(양초, 파라핀), 고급 알코올 등

㉱ **내부(자기) 연소** : 가연성 고체 물질이 자체 내에 산소를 함유하고 있거나 분자 내의 니트로기와 같이 쉽게 산소를 유리할 수 있는 기를 가지고 있어 외부에서 열을 가하면 분해되어 가연성 기체와 산소를 발생하게 되므로 공기 중의 산소를 필요로 하지 않고 그 자체의 산소에 의해 연소하는 형태이다.

예 질산에스터르류, 나이트로셀룰로오스, 셀룰로이드류, 나이트로 화합물(TNT), 하이드라진과 유도체 등과 같은 제5류 위험물(피크린산) 등

(5) 연소에 관한 물성

① 인화점(인화온도)

가연물을 가열하면 한쪽에서 점화원을 부여하여 발화점보다 낮은 온도에서 연소가 일어나는데 이를 인화라고 하며, 인화가 일어나는 최저의 온도를 말한다.

> **참고**
>
> **인화점 50℃의 의미**
>
> 액체의 온도가 50℃ 이상이 되면 가연성 증기를 발생하여 점화원에 의해 인화한다.

② 연소점

상온에서 액체 상태로 존재하는 액체 가연물의 연소 상태를 5초 이상 유지시키기 위한 온도로서 일반적으로 인화점보다 약 10℃ 정도 높은 온도이다.

③ 발화점(발화 온도, 착화점, 착화 온도)

㉮ 외부에서 점화하지 않더라도 발화하는 최저 온도

예 프라이팬에 기름을 붓고 가열한다. 시간이 흐른 후 기름에 불이 붙는다.

㉯ 발화점이 낮아지는 경우

㉠ 압력이 높을 때
㉡ 발열량이 클 때
㉢ 산소의 농도가 클 때
㉣ 산소와 친화력이 좋을 때
㉤ 증기압이 낮을 때
㉥ 습도가 낮을 때
㉦ 분자 구조가 복잡할 때
㉧ 반응 활성도가 클수록

④ 최소 착화 에너지(최소 점화 에너지, 정전기 방전 에너지)

㉮ 최소 착화 에너지란 가연성 혼합 가스에 전기적 스파크로 점화 시 착화하기 위해 필요한 최소한의 에너지를 말한다.

㉯ 최소 착화 에너지가 작을수록 폭발하기 쉽고 위험하다.

㉰ 정전기 방전 에너지(E)를 구하는 공식

$$E=\frac{1}{2}Q\cdot V=\frac{1}{2}C\cdot V^2$$

여기서, E : 정전기 에너지(J), Q : 전기량(C)
V : 전압(V), C : 정전 용량(F)

예제

어떤 가연물의 착화 에너지가 24cal일 때, 이것을 일 에너지의 단위로 환산하면 약 몇 Joule인가?

풀이 1cal=4.186J

∴ 24cal×4.186=100Joule

답 100Joule

⑤ 연소 범위(연소 한계, 폭발 범위, 폭발 한계, 가연 범위, 가연 한계)

㉮ 연소가 일어나는 데 필요한 공기 중 가연성 가스의 농도(vol%)를 말한다. 보통 1atm의 상온(20℃)에서 측정한 측정치로 최고 농도를 상한(UEL), 최저 농도를 하한(LEL)이라 한다.

㉯ **반응열(연소열)의 발생 속도와 일산 속도와의 관계** : 연소 범위가 발생하는 원인은 혼합 가스의 연소 시 발생하는 반응열의 발열 속도와 일산 속도와 밀접한 관계가 있다. 즉, 발열 속도가 방열 속도보다 클 때의 혼합 비율(C_1~C_2)에서만 연소가 일어난다.

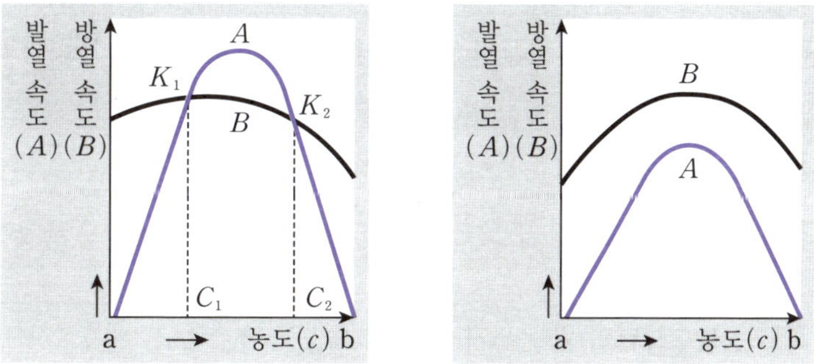

<가연성 혼합기의 발열 속도와 방열 속도의 변화 관계>

⑥ 위험도(H, Hazards)

가연성 혼합 가스 연소 범위의 제한치를 나타내는 것으로서 위험도가 클수록 위험하다.

$$H=\frac{U-L}{L}$$

여기서, H : 위험도

U : 연소 범위의 상한치(UFL ; Upper Flammability Limit)

L : 연소 범위의 하한치(LFL ; Lower Flammability Limit)

예제

1. **아세틸렌(C_2H_2)의 위험도는?**

풀이 아세틸렌의 연소 범위가 2.5~81%이므로 위험도(H)는 다음과 같다.

$H=\frac{81-2.5}{2.5}=31.4$

답 31.4

예제

2. 가솔린의 위험도는?

풀이 가솔린의 연소 범위가 1.4~7.6%이므로 위험도(H)는 다음과 같다.

$$H=\frac{7.6-1.4}{1.4}=4.43$$

답 4.43

02 발화 이론

(1) 자연 발화

가연성 물질이 서서히 산화 또는 분해되면서 발생된 열에 의하여 비교적 적게 방산하는 상태에서 열이 축적됨으로써 물질 자체의 온도가 상승하여 발화점에 도달해 스스로 발화하는 현상

① 조건

㉮ 표면적이 넓을 것

㉯ 발열량이 많을 것

㉰ 열전도율이 적을 것

㉱ 발화되는 물질보다 주위 온도가 높을 것

㉲ 열 축적이 클수록

㉳ 적당량의 수분이 존재할 때

② 형태

㉮ 분해열에 의한 발화

예 셀룰로이드류, 나이트로셀룰로오스(질화면), 과산화수소, 염소산칼륨 등

㉯ 산화열에 의한 발화

예 건성유, 원면, 석탄, 고무 분말, 액체 산소, 발연 질산 등

㉰ 중합열에 의한 발화

예 시안화수소(HCN), 산화에틸렌(C_2H_4O), 염화비닐(CH_2CHCl), 부타디엔(C_4H_6) 등

㉱ 흡착열에 의한 발화

예 활성탄, 목탄 분말 등

㉲ 미생물에 의한 발화

예 퇴비, 퇴적물, 먼지 등

③ 영향을 주는 인자

㉮ 열의 축적
㉯ 열전도율
㉰ 퇴적 방법
㉱ 공기의 유동 상태
㉲ 발열량
㉳ 수분
㉴ 촉매 물질

④ 방지법
㉮ 통풍이 잘 되게 할 것
㉯ 저장실의 온도를 낮출 것
㉰ 습도가 높은 것을 피할 것
㉱ 열의 축적을 방지할 것
㉲ 정촉매 작용을 하는 물질을 피할 것

(2) 혼합 발화

두 가지 또는 그 이상의 물질이 서로 혼합, 접촉하였을 때 발열 발화하는 현상

03 폭발 이론

(1) 분진 폭발

① 분진 폭발 : 고체의 미립자가 공기 중에서 착화 에너지를 얻어 폭발하는 현상이다.

② 분진 폭발 물질
마그네슘 분말, 알루미늄 분말, 황, 실리콘, 금속분, 석탄, 플라스틱, 담뱃가루, 커피 분말, 설탕, 옥수수, 감자, 밀가루, 나뭇가루 등

③ 분진 폭발을 하지 않는 물질
시멘트 가루, 석회분, 염소산칼륨 가루, 모래, 염화아세틸(제4류 위험물) 등

④ 분진 상태일 때 위험성이 증가하는 이유
㉮ 유동성의 증가
㉯ 비열의 감소
㉰ 정전기 발생 위험성 증가
㉱ 표면적의 증가

⑤ 분진의 폭발 범위 : 하한치는 25~45mg/L, 상한치는 80mg/L

⑥ 분진운의 착화에너지 : 10^{-3}~10^{-2}J

(2) BLEVE(Boiling Liquid Expanding Vapor Explosion) 액화 가스 탱크의 폭발(비등 액체 팽창 증기 폭발) : 비등 상태의 액화 가스가 기화하여 팽창하고 폭발하는 현상

주변의 제트 화재(jet fire) 또는 풀 화재(pool fire)의 화염이 LPG 저장 탱크를 가열할 경우에 탱크 속의 휘발성 물질의 온도가 상승하여서 높은 증기압이 발생되며, 이로 인하여 안전 밸브를 작동시킨다. 그리고 급격한 압력의 상승은 열화되기 쉬운 탱크의 기상부와 같은 가장 약한 부분으로부터 찢어져 폭발하는 BLEVE의 사고가 일어난다.

탱크 안에 있는 물질은 가열되어 있으므로 액상 성분이 폭발적으로 증발하고 이에 불이 붙어 그림과 같은 화구(fire ball)를 이루며 상승한다.

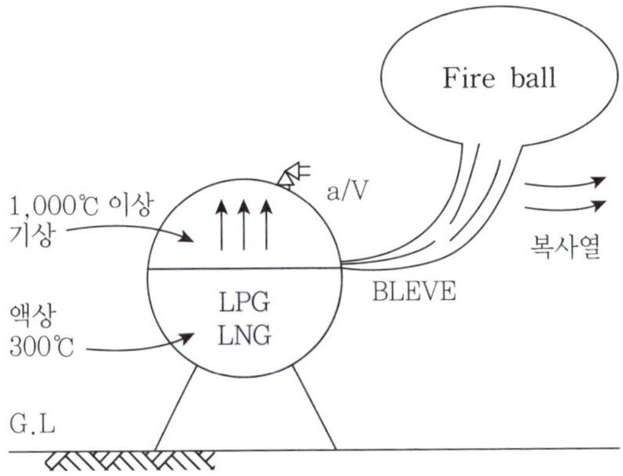

<BLEVE Fire ball 형성>

(3) 탱크의 화재 현상

① **보일 오버(boil over)** : 원추형 탱크의 지붕판이 폭발에 의해 날아가고 화재가 확대될 때 저장된 연소 중인 기름에서 발생할 수 있는 현상으로, 기름의 표면부에서 장시간 조용히 타고 있는 동안 갑자기 탱크로부터 연소 중인 기름이 폭발적으로 분출되어 화재가 일시에 격화된다. 화재가 지속된 부유식 탱크나 지붕과 측판을 약하게 결합한 구조의 기름 탱크에서도 일어난다.

② **슬롭 오버(slop over)** : 원유처럼 비점이 넓은 중질유가 연소하는 경우에는 하나의 비점을 가진 유류의 연소와 달리 연소 시 액체의 증류가 발생한다. 연소 시 표면 가까이의 뜨거운 중질 성분과 그 아래 차가운 경질 성분이 바뀌는 약 1시간 후 거의 균등한 온도 분포를 이루게 되며, 이때 탱크 내에 존재하던 수분이나 소화를 위해 투입된 소화 용수가 뜨거운 액 표면에 유입되면 유류 속의 수분과 투입된 소화 용수가 급격히 증발하여 기름 거품이 되고, 더욱 팽창하여 기름 탱크 밖으로 내뿜어진다. 이처럼 탱크 상부로부터 기름이 넘쳐 흐르는 현상이다.

③ **프로스 오버(froth over)** : 보일 오버 현상과 밀접한 관계를 가지고 있으며 원유, 중유 등 고점도의 기름 속에 수증기를 포함한 볼 형태의 물방울이 형성되는데, 이것은 고점도유로 싸여 있으며, 이러한 액적이 생겨 탱크 밖으로 넘치는 현상이다.

④ 파이어 볼(fire ball) : 대량으로 증발된 가연성 액체가 갑자기 연소했을 때 커다란 구형의 불꽃을 발한다. 이 파이어 볼의 생성 형태는 가연성 액화 가스가 누출되어 지면 등으로부터 흡수된 열에 의해 급속히 기화한다. 결국 액화 가스는 정상적으로 증발이 되어 확산되며 개방 공간에서 증기운(vapor cloud)을 형성한다. 여기에 착화해서 연소한 결과 파이어 볼을 형성한다. 대형 탱크 화재의 경우 화재의 열에 의해 유증기를 순간적으로 다량 방출하여 예측하지도 못한 상태에서 폭발과 동시에 파이어 볼을 형성하는 때가 많다.

참고

1. 플래시 오버(flash over)
   ㉠ 화재가 구획된 방 안에서 발생하면 플래시 오버가 발생한다. 그러면 수 초 안에 온도가 약 5배로 높아지고 산소는 급격히 감소되며, 일산화탄소가 치사량으로 발생하고 이산화탄소는 급격히 증가한다. 이 가연성 가스 농도가 증가하여 연소 범위 내의 농도에 도달하면 착화하여 천장에 화염이 쌓이게 된다. 이 이후에는 천장면으로부터의 복사열에 의하여 바닥면 위의 가연물이 급격히 가열 착화하여 바닥면 전체가 화염으로 덮이게 된다. 이를 순발 연소라 한다.
   순발 연소 영향 인자는 다음과 같다.
   · 내장재의 재질(종류)과 두께
   · 화원 크기
   · 개구부 크기
   ㉡ 국소 화재에서 실내의 가연물이 연소하는 대화재로의 전이
   ㉢ 연료 지배형 화재에서 환기 지배용 화재로 전이
   ㉣ 실내의 천장 쪽에 축적된 미연소 가연성 증기나 가스를 통한 화염의 급격한 전파
   ㉤ 내화 건축물의 실내 화재 온도 상황으로 보아 성장기에서 최성기로의 진입
2. 플래시백(Flash Back) 현상 : 연소 속도보다 가스 분출 속도가 작을 때
3. 백드래프트(Back Draft) 현상 : 산소가 부족하거나 훈소 상태에 있는 실내에 산소가 일시적으로 다량 공급될 때 연소 가스가 순간적으로 발화하는 것

(4) 폭발의 영향 인자

① 온도 : 발화점이 낮을수록 폭발하기 쉽다.

〈가연성 물질의 발화점〉

물질	발화점(℃)	물질	발화점(℃)
메탄	615~682	부탄	430~510
프로판	460~520	가솔린	210~300
건조 목재	280~300	석탄	330~450
목탄	250~320	코크스	450~550

② 조성(폭발) 범위

폭발 범위가 넓을수록 폭발의 위험이 크다. 그러나 아세틸렌, 산화에틸렌, 하이드라진, 오존 등은 조성에 관계없이 조건이 형성되면 단독으로도 폭발할 수 있으며, 일반적으로 가연성 가스의 폭발 범위는 공기 중에서보다 산소 중에서 더 넓어진다.

〈주요 가스의 공기 중 폭발 범위(1atm, 상온 기준)〉

가스	하한계	상한계	가스	하한계	상한계
수소	4.0	75.0	메탄	5.0	15.0
에탄	3.0	12.4	프로판	2.1	9.5
암모니아	15.0	28.0	–	–	–

㉮ 르 샤틀리에(Le Chatelier)의 혼합 가스 폭발 범위를 구하는 식

$$\frac{100}{L}=\frac{V_1}{L_1}+\frac{V_2}{L_2}+\frac{V_3}{L_3}+\cdots$$

여기서, L : 혼합 가스의 폭발 한계치

L_1, L_2, L_3, ⋯ : 각 성분의 단독 폭발 한계치(vol%)

V_1, V_2, V_3, ⋯ : 각 성분의 체적(vol%)

예제

메탄 60vol%, 에탄 30vol%, 프로판 10vol%로 혼합된 가스의 공기 중 폭발 하한값은 약 몇 %인가?

풀이 $\frac{100}{L}=\frac{V_1}{L_1}+\frac{V_2}{L_2}+\frac{V_3}{L_3}$이므로 $\frac{100}{L}=\frac{60}{5}+\frac{30}{3}+\frac{10}{2.1}$

$L=\frac{100}{26.76}$ $\therefore L=3.74\%$

답 3.74%

③ 압력

일반적으로 가스 압력이 높아질수록 발화점은 낮아지고, 폭발 범위는 넓어지는 경향이 있다.

④ 용기의 크기와 형태

온도, 조성, 압력 등의 조건이 갖추어져 있어도 용기가 작으면 발화하지 않거나, 발화해도 화염이 전파되지 않고 도중에 꺼져버린다.

㉮ 소염(quenching, 화염 일주) 현상

발화된 화염이 전파되지 않고 도중에 꺼져버리는 현상

㉯ 안전 간격(최대 안전 틈새, 화염 일주 한계, 소염 거리)

어떤 위험 물질의 화염 전파 속도를 알아보기 위하여 표준 용기(내용적 8L, 틈새 길이 25mm) 내에서 점화시켜 폭발시켰을 때 발생된 화염이 용기 밖으로 전파하여 폭발성 혼합 가

스에 점화되지 않는 한계의 틈사이를 말한다.

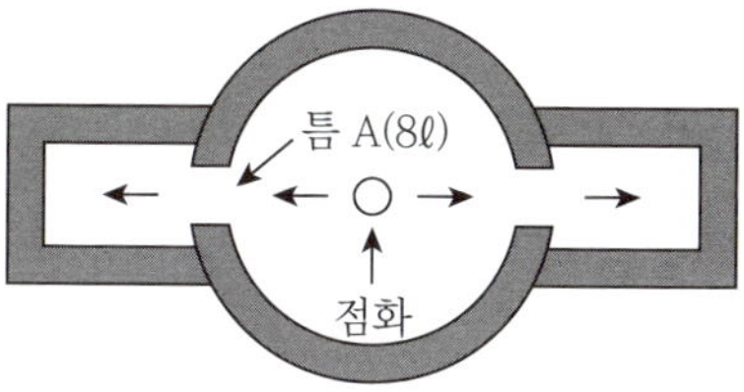

<안전 간격의 측정방법>

㉠ 안전 간격에 따른 폭발 등급 구분

ⓐ 폭발 1등급(안전 간격 : 0.6mm 초과)

예 LPG, 일산화탄소, 아세톤, 벤젠, 에틸에테르, 암모니아 등

ⓑ 폭발 2등급(안전 간격 : 0.4mm 초과 0.6mm 이하)

예 에틸렌, 석탄 가스 등

ⓒ 폭발 3등급(안전 간격 : 0.4mm 이하)

예 아세틸렌, 수소, 이황화탄소, 수성 가스($CO+H_2$) 등

㉡ 결론 : 안전 간격이 작은 물질일수록 폭발하기 쉽다

(5) 연소파와 폭굉파

① 연소파 : 0.1~10m/sec

② 폭굉파 : 1,000~3,500m/sec

(6) 폭굉 유도 거리(DID ; Detonation Induction Distance)

관 중에 폭굉성 가스가 존재할 경우 최초의 완만한 연소가 격렬한 폭굉으로 발전할 때까지의 거리이다. 일반적으로 짧아지는 경우는 다음과 같다.

① 정상 연소 속도가 큰 혼합 가스일수록

② 관 속에 방해물이 있거나 관 지름이 가늘수록

③ 압력이 높을수록

④ 점화원의 에너지가 강할수록

출제예상문제

01 가연성 물질이 산소와 급격히 반응하여 열과 빛을 내는 현상은?

① 자연 발화 ② 산화 반응
③ 연소 현상 ④ 폭발 현상

해설 연소 : 가연물이 공기 중의 산소와 반응하여 열과 빛을 내는 현상

02 다음 중 연소와 관계되는 반응은?

① 산화 반응 ② 환원 반응
③ 연쇄 반응 ④ 치환 반응

해설 연소란 산화 반응과 발열 반응이 동시에 일어나는 것을 말한다.

03 메탄 1g이 완전 연소하면 발생되는 이산화탄소는 몇 g인가?

① 1.25 ② 2.75
③ 14 ④ 44

해설 $CH_4 + 2O_2 \longrightarrow CO_2 + 2H_2O$

16g ⟶ 44g

1g ⟶ x(g)

$$\therefore x = \frac{1 \times 44}{16} = 2.75\text{g}$$

04 산화제와 환원제를 연소의 4요소와 연관지어 연결한 것으로 옳은 것은?

① 산화제 – 산소 공급원, 환원제 – 가연물
② 산화제 – 가연물, 환원제 – 산소 공급원
③ 산화제 – 연쇄 반응, 환원제 – 점화원
④ 산화제 – 점화원, 환원제 – 가연물

해설 연소의 4요소

㉠ 산화제 – 산소 공급원 ㉡ 환원제 – 가연물
㉢ 점화원 ㉣ 순조로운 연쇄 반응

05 다음 중 연소할 수 있는 조건을 갖춘 것은?

① 아세톤＋수소＋성냥불
② 알코올＋수소＋산소
③ 가솔린＋공기＋수소
④ 성냥불＋황＋산소

해설 연소의 3요소

가연물(황), 산소 공급원(산소), 점화원(성냥불)

06 이산화탄소가 불연성인 이유는?

① 산소와의 반응이 잘 되기 때문
② 산소와 반응하지 않기 때문
③ 착화되어도 곧 불이 꺼지기 때문
④ 산화 반응이 되어도 열발생이 없기 때문

해설 이산화탄소는 산소와 산화 반응이 완결된 물질로서, 더 이상 산화 반응이 일어나지 않기 때문에 불연성이 된다.

07 다음 기체 중 화학적 성질이 다른 것은?

① 질소 ② 불소
③ 아르곤 ④ 이산화탄소

해설 ①, ③, ④ : 불연성

② 불소 : 조연(지연)성

08 공기 중 산소는 부피 백분율과 질량 백분율로 각각 약 몇 %인가?

① 79, 21 ② 21, 23
③ 23, 21 ④ 21, 79

해설 산소는 공기 중에 21%(용량) 또는 23%(중량) 존재하고 있으므로 공급되는 공기 중의 산소의 양에 따라 화재가 확대 또는 축소되기도 하므로 가연 물질의 연소 또는 화재에 미치는 산소의 역할은 크다.

정답 01 ③ 02 ① 03 ② 04 ① 05 ④ 06 ② 07 ② 08 ②

09 연소가 잘 일어나지 못하는 이유는?

① 산소와 화학적 친화력이 클 것
② 산소와 접촉 면적이 클 것
③ 열전도율이 클 것
④ 발열량이 클 것

해설 가연물이 되기 쉬운 조건
㉠ 산소와의 친화력이 클 것(화학적 활성이 강할 것)
㉡ 열전도율이 작을 것
㉢ 산소와의 접촉 면적이 클 것
㉣ 발열량(연소열)이 클 것
㉤ 활성화 에너지가 작을 것(발열 반응을 일으키는 물질)
㉥ 건조도가 좋을 것(수분의 함유가 적을 것)

10 가연물이 고체일 때 덩어리보다 가루가 불타기 쉬운 이유는?

① 발화점이 낮기 때문에
② 발열량이 크기 때문에
③ 공기와의 접촉 면적이 크기 때문에
④ 열전도율이 크기 때문에

해설 석탄을 미분탄으로 하면 괴상일 때보다 산소와의 접촉 면적이 커지므로 연소하기 쉽다.

11 고온체의 색깔과 온도 관계에서 다음 중 가장 낮은 온도의 색깔은?

① 적색 ② 암적색
③ 회적색 ④ 백적색

해설 고온체의 색깔과 온도의 관계
㉠ 암적색 : 700℃ ㉡ 적색 : 850℃
㉢ 회적색 : 950℃ ㉣ 황적색 : 1,100℃
㉤ 백적색 : 1,300℃ ㉥ 회백색 : 1,500℃

12 불꽃의 색깔로 온도를 짐작할 수 있다. 몇 도 이상을 백열 상태라 하는가?

① 300℃ ② 600℃
③ 1,000℃ ④ 1,500℃

해설 발광에 따른 온도 구분
㉠ 적열 상태 : 500℃ 부근
㉡ 백열 상태 : 1,000℃ 이상

13 다음 중 위험물의 화재 위험에 관한 사항을 옳게 설명한 것은?

① 비점이 높을수록 위험하다.
② 폭발 한계가 좁을수록 위험하다.
③ 착화 에너지가 작을수록 위험하다.
④ 인화점이 높을수록 위험하다.

해설 ① 비점이 낮을수록 위험하다.
② 폭발 한계가 넓을수록 위험하다.
④ 인화점이 낮을수록 위험하다.

14 수소, 아세틸렌과 같은 가연성 가스가 공기 중에 유출 시, 연소되는 형식으로 옳은 것은?

① 확산 연소 ② 증발 연소
③ 분해 연소 ④ 표면 연소

해설 ① 확산 연소 : 가연성 기체를 대기 중에 분출 · 확산시켜 연소하는 방식(불꽃은 있으나 불티가 없는 연소)이다.

15 고체 및 액체상 물질의 연소 형태에 대한 설명으로 옳지 않은 것은?

① 목탄과 같이 공기와 접촉하는 표면에서 불타는 연소를 표면 연소라 한다.
② 알코올의 연소는 표면 연소이다.
③ 산소 공급원을 가진 물체 자체가 연소하는 것을 자기 연소라 한다.
④ 목재와 같이 열분해되어 가연성 기체가 연소하는 것을 분해 연소라 한다.

해설 알코올의 연소는 증발 연소이다.

16 연소할 때 자기 연소를 일으키지 않는 것은?

① $C_2H_5ONO_2$ ② $[C_6H_7O_2(ONO_2)_3]_n$
③ CH_3ONO_2 ④ $C_6H_5NO_2$

해설 ④ 증발 연소

정답 09 ③ 10 ③ 11 ② 12 ③ 13 ③ 14 ① 15 ② 16 ④

17 일반적인 석유난로의 연소 형태로, 점도가 높고 비휘발성인 액체를 안개상으로 분사하여 액체의 표면적을 넓혀 연소시키는 방법은?

① 액적 연소 ② 증발 연소
③ 분해 연소 ④ 표면 연소

해설 액적(분무)연소의 설명이다.

18 중유의 주된 연소 형태는?

① 표면 연소 ② 분해 연소
③ 증발 연소 ④ 자기 연소

해설 ② 분해 연소 : 점도가 높고 비휘발성인 가연성 액체의 연소로, 열분해에 의하여 발생된 분해 가스의 연소 형태
예 중유, 제4석유류 등

19 고체 가연물의 일반적인 연소 형태에 해당하지 않는 것은?

① 등심 연소 ② 증발 연소
③ 분해 연소 ④ 표면 연소

해설 ① 등심 연소 : 액체 가연물의 연소 형태

20 고체 연료(무연탄, 목탄, 코크스)가 처음에는 화염을 내면서 연소하다가 점차 화염이 없어지고 공기 접촉으로 계속되는 연소는?

① 확산 연소 ② 증발 연소
③ 분해 연소 ④ 표면 연소

해설 표면 연소에 대한 설명이다.

21 촛불의 연소 형태는?

① 분해 연소 ② 표면 연소
③ 내부 연소 ④ 증발 연소

해설 촛불의 연소는 고체 가연물의 연소 형태 중 증발 연소이다.

22 가연성 액체로부터 발생한 증기가 액체 표면에서 연소 범위의 하한에 도달할 수 있는 최저 온도를 무엇이라 하는가?

① 비점 ② 인화점
③ 발화점 ④ 연소점

해설 인화점의 정의이다.

23 다음 중 "인화점 50℃"의 의미를 가장 옳게 설명한 것은?

① 주변의 온도가 50℃ 이상이 되면 자발적으로 점화원 없이 발화한다.
② 액체의 온도가 50℃ 이상이 되면 가연성 증기를 발생하여 점화원에 의해 인화한다.
③ 액체를 50℃ 이상으로 가열하면 발화한다.
④ 주변의 온도가 50℃일 경우 액체가 발화한다.

해설 인화점 50℃란 액체의 온도가 50℃ 이상이 되면 가연성 증기를 발생하여 점화원에 의해 인화하는 것을 말한다.

24 보통 연소점은 인화점보다 몇 ℃ 정도 높은가?

① 5℃ ② 10℃
③ 20℃ ④ 30℃

해설 연소점이란 상온에서 액체 상태로 존재하는 액체 가연물의 연소 상태를 5초 이상 지속시키기 위한 온도로서, 일반적으로 인화점보다 약 10℃ 정도 높은 온도를 말한다.

25 발화점이 낮아지는 요인이 아닌 것은?

① 압력이 높다.
② 습도가 높다.
③ 발열량이 크다.
④ 분자 구조가 복잡하다.

해설 습도가 높으면 발화점이 높아진다.

정답 17 ① 18 ② 19 ① 20 ④ 21 ④ 22 ② 23 ② 24 ② 25 ②

26 **발화점에 대한 설명으로 가장 옳은 것은?**

① 외부에서 점화하지 않더라도 발화하는 최저 온도
② 외부에서 점화했을 때 발화하는 최저 온도
③ 외부에서 점화했을 때 발화하는 최고 온도
④ 외부에서 점화하지 않더라도 발화하는 최고 온도

해설 발화점
외부에서 점화하지 않더라도 발화하는 최저 온도

27 **발화점 600℃의 의미는?**

① 600℃로 가열하면 불탄다.
② 600℃로 가열하면 비로소 인화한다.
③ 600℃ 이하에서는 점화원이 있어도 인화하지 않는다.
④ 600℃로 가열하면 공기 중에서 스스로 불타기 시작한다.

해설 발화점
불씨(점화원) 없이 가열만으로 공기 중에서 스스로 연소하는 최저의 온도를 말한다.

28 **전기 불꽃 에너지 공식에서 ( )에 알맞은 것은? (단, Q는 전기량, V는 방전 전압, C는 전기 용량을 나타낸다.)**

$$E=\frac{1}{2}(\quad)=\frac{1}{2}(\quad)$$

① QV, CV ② QC, CV
③ QV, CV^2 ④ QC, QV^2

해설 전기 불꽃 에너지 공식
$E=\frac{1}{2}QV=\frac{1}{2}CV^2$
여기서, Q : 전기량
V : 방전 전압
C : 전기 용량

29 **그림에서 C_1과 C_2 사이를 무엇이라고 하는가?**

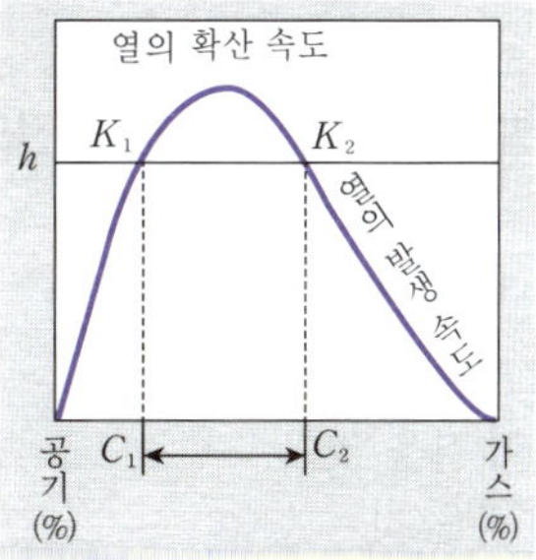

① 폭발 범위 ② 발열량
③ 흡열량 ④ 안전 범위

해설 화염의 전파가 일어나지 않는 농도로서 농도가 낮은 경우를 폭발 하한계, 높은 경우를 폭발 상한계라 하며 그 사이를 폭발 범위라 한다.

30 **연소 이론에 대한 설명으로 가장 거리가 먼 것은?**

① 발화점이 낮을수록 위험성이 크다.
② 인화점이 낮을수록 위험성이 크다.
③ 인화점이 낮은 물질은 발화점도 낮다.
④ 폭발 한계가 넓을수록 위험성이 크다.

해설 인화점이 낮다고 해서 발화점이 낮지는 않다.

31 **아세톤의 위험도를 구하면 얼마인가? (단, 아세톤의 연소 범위는 2~13vol%이다.)**

① 0.846 ② 1.23
③ 5.5 ④ 7.5

해설 $H=\frac{U-L}{L}=\frac{13-2}{2}=5.5$
여기서, H : 위험도
U : 연소 범위의 상한치
L : 연소 범위의 하한치

32 **가연물이 스스로 산화되어 산화열이 축적됨으로써 발열, 발화하는 현상은?**

① 연소 폭발 ② 혼합 발화
③ 자연 발화 ④ 준자연 발화

정답 26 ① 27 ④ 28 ③ 29 ① 30 ③ 31 ③ 32 ③

해설 자연 발화의 설명이다.

33 자연 발화가 일어날 수 있는 조건으로 가장 옳은 것은?

① 주위의 온도가 낮을 것
② 표면적이 작을 것
③ 열전도율이 작을 것
④ 발열량이 작을 것

해설 자연 발화가 일어날 수 있는 조건
㉠ 표면적이 넓을 것
㉡ 발열량이 많을 것
㉢ 열전도율이 작을 것
㉣ 발화되는 물질보다 주위 온도가 높을 것

34 나이트로셀룰로오스의 자연 발화는 일반적으로 무엇에 기인한 것인가?

① 산화열 ② 중합열
③ 흡착열 ④ 분해열

해설 자연 발화의 형태
㉠ 분해열에 의한 발화
예 셀룰로이드류, 나이트로셀룰로오스(질화면), 과산화수소, 염소산칼륨 등
㉡ 산화열에 의한 발화
예 건성유, 원면, 석탄, 고무 분말, 액체 산소, 발연 질산 등
㉢ 중합열에 의한 발화
예 시안화수소(HCN), 산화에틸렌(C_2H_4O), 염화비닐(CH_2CHCl), 부타디엔(C_4H_6) 등
㉣ 흡착열에 의한 발화 예 활성탄, 목탄 분말 등
㉤ 미생물에 의한 발화 예 퇴비, 퇴적물, 먼지 등

35 자연 발화에 영향을 주는 인자 중 가장 영향을 적게 주는 것은?

① 발열량 ② 수분
③ 열축적 ④ 미생물

해설 미생물은 자연 발화의 형태이다.

36 자연 발화 방지법에 해당하지 않는 것은?

① 습도가 높은 것을 피할 것
② 저장실의 온도를 높일 것
③ 통풍을 잘 시킬 것
④ 열이 쌓이지 않도록 퇴적 방법에 유의할 것

해설 자연 발화 방지법
㉠ 통풍이 잘 되게 할 것
㉡ 저장실의 온도를 낮출 것
㉢ 습도가 높은 것을 피할 것
㉣ 열의 축적을 방지할 것
㉤ 정촉매 작용을 하는 물질을 피할 것

37 분진 폭발의 위험이 가장 낮은 것은?

① 아연분 ② 시멘트
③ 밀가루 ④ 커피

해설 ㉠ 분진 폭발하는 물질 : 금속분, 밀가루, 석탄, 플라스틱, 설탕, 황, 실리콘, 옥수수, 감자, 나무 가루 등이 있다.
㉡ 분진 폭발하지 않는 물질 : 시멘트 가루, 석회분, 염소산칼륨 가루, 모래, 염화아세틸(4류) 등이 있다.

38 분진 폭발을 일으킬 때 폭발의 범위의 하한은?

① 15~25mg/L ② 25~45mg/L
③ 45~65mg/L ④ 65~85mg/L

해설 분진 폭발의 폭발 범위(하한치 : 25~45mg/L, 상한치 : 80mg/L)

39 다음 중 유류 저장 탱크 화재에서 일어나는 현상으로 거리가 먼 것은?

① 보일 오버 ② 플래시 오버
③ 슬롭 오버 ④ BLEVE

해설 유류 저장 탱크 화재에서 일어나는 현상
㉠ 보일 오버
㉡ 슬롭 오버
㉢ BLEVE
㉣ 프로스 오버
㉤ 파이어 볼

정답 33 ③ 34 ④ 35 ④ 36 ② 37 ② 38 ② 39 ②

40 탱크 화재 현상 중 BLEVE(Boiling Liquid Expanding Vapor Explosion)에 대한 설명으로 가장 옳은 것은?

① 기름 탱크에서의 수증기 폭발 현상이다.
② 비등 상태의 액화 가스가 기화하여 팽창하고, 폭발하는 현상이다.
③ 화재 시 기름 속의 수분이 급격히 증발하여 기름 거품이 되고, 팽창해서 기름 탱크에서 밖으로 내뿜어져 나오는 현상이다.
④ 고점도의 기름 속에 수증기를 포함한 볼 형태의 물방울이 형성되어 탱크 밖으로 넘치는 현상이다.

해설 BLEVE
액화 가스 탱크의 폭발로, 비등 상태의 액화 가스가 기화하여 팽창하고 폭발하는 현상이다.

41 건축물 화재 시 성장기에서 최성기로 진행될 때 실내 온도가 급격히 상승하기 시작하면서 화염이 실내 전체로 급격히 확대되는 연소 현상은?

① 슬롭 오버(slop over)
② 플래시 오버(flash over)
③ 보일 오버(boil over)
④ 프로스 오버(froth over)

해설 플래시 오버 현상의 설명이다.

42 수소의 공기 중 연소 범위에 가장 가까운 값을 나타내는 것은?

① 2.5~82.0vol%　② 5.3~13.9vol%
③ 4.0~74.5vol%　④ 12.5~55.0vol%

해설

가스	연소 범위(vol%)
수소	4.0~74.5

43 폭발 시 연소파의 전파 속도 범위에 가장 가까운 것은?

① 0.1~10m/s　② 100~1,000m/s
③ 2,000~3,500m/s　④ 5,000~10,000m/s

해설 폭발 시 연소파의 전파 속도 범위는 0.1~10m/s이다.

44 폭굉 유도 거리(DID)가 짧아지는 요건에 해당되지 않는 것은?

① 정상 연소 속도가 큰 혼합 가스일 경우
② 관 속에 방해물이 없거나 관경이 큰 경우
③ 압력이 높을 경우
④ 점화원의 에너지가 클 경우

해설 ② 관 속에 방해물이 없거나 관 지름이 가늘수록

정답 40 ② 41 ② 42 ③ 43 ① 44 ②

Chapter 02 소화 방법

01 화재 이론

(1) 화재의 종류

〈화재의 구분〉

화재별 급수	가연 물질의 종류
A급 화재	종이, 목재, 섬유류 등
B급 화재	유류(가연성 액체 포함)
C급 화재	전기
D급 화재	금속
K급 화재	동식물유

① A급 화재(일반 화재–백색)

다량의 물 또는 수용액으로 화재를 소화할 때 냉각 효과가 가장 큰 소화 역할을 할 수 있는 것으로, 연소 후 재를 남기는 화재

예 종이, 목재, 섬유류 등

② B급 화재(유류 화재–황색)

유류와 같이 연소 후 아무 것도 남기지 않는 화재

예 위험물안전관리법상 제4류 위험물 등

③ C급 화재(전기 화재–청색)

전기에 의한 발열체가 발화원이 되는 화재

예 전기 합선, 과전류, 지락, 누전, 정전기 불꽃, 전기 불꽃 등

④ D급 화재(금속 화재)

가연성 금속류의 화재

예 위험물안전관리법상 제2류 위험물 중 금속분과 제3류 위험물 등

⑤ K급 화재(주방 화재)

주방에서 동식물유류를 취급하는 조리기구에서 일어나는 화재

(2) 열의 이동 원리

① **전도** : 물질의 이동 없이 열이 물체의 고온부에서 저온부로 이동하는 것

예제

열의 전달에 있어서 열전달 면적과 열전도도가 각각 2배로 증가한다면, 다른 조건이 일정한 경우 전도에 의해 전달되는 열의 양은 몇 배가 되는가?

풀이 푸리에의 법칙(Fourier's law)

$$\frac{g}{A} = -k\frac{dT}{dx}$$

여기서, g : 열량

A : 단위 면적

k : 물질의 고유 상수(열전도도)

dT: 온도 변화

dx : 거리 변화

이때 열전달 면적과 열전도도가 각 2배로 증가하면,

$$\frac{g}{2A} = -2k\frac{dT}{dx}$$

$$g = -4k\frac{dT}{dx} \cdot A$$

g는 4배로 증가한다.

답 4배

② **대류** : 유체의 실질적인 흐름에 의해 열이 전달되는 것

예 해풍과 육풍이 일어나는 원리

③ **복사** : 물체의 온도 때문에 에너지를 파장의 형태로 계속적으로 방사하는 에너지

예 그늘이 시원한 이유, 더러운 눈이 빨리 녹는 현상, 보온병 내부를 거울벽으로 만드는 것

예제

불꽃의 표면 온도가 300℃에서 360℃로 상승하였다면 300℃보다 약 몇 배의 열을 방출하는가?

풀이 슈테판－볼츠만의 법칙(Stefan－Boltzman's law)

$$\frac{Q_2}{Q_1} = \frac{(273+t_2)^4}{(273+t_1)^4}$$

$$\frac{Q_2}{Q_1} = \frac{(273+360)^4}{(273+300)^4} = 1.49\text{배}$$

답 1.49배

02 소화 이론

2-1 소화의 원리 및 방법

(1) 소화 방법

① 물리적 소화 방법

㉮ 화재를 물 등의 소화 약제로 냉각시키는 방법

㉯ 혼합기의 조성 변화에 의한 방법

㉰ 유전 화재를 강풍으로 불어 소화하는 방법

㉱ 기타의 작용에 의한 소화 방법

② 화학적 소화 방법 : 첨가 물질의 연소 억제 작용에 의한 방법

(2) 소화 원리

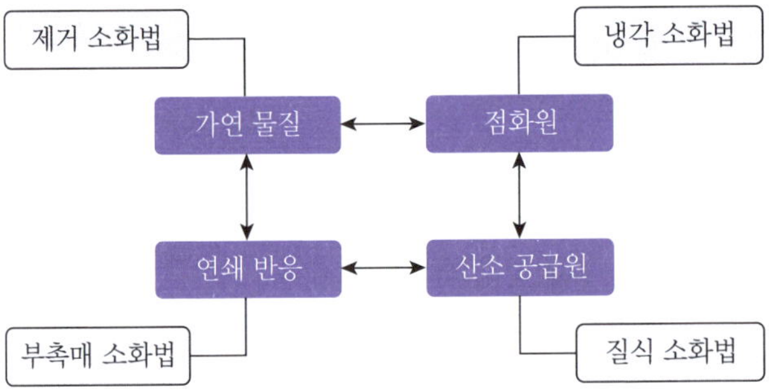

(3) 소화 방법의 종류

① 제거 소화 : 가연물을 연소 구역으로부터 제거함으로써 화재의 확산을 저지하는 소화 방법

㉮ 액체 연료 탱크에서 화재가 발생한 경우 다른 빈 연료 탱크로 펌프 등을 이용하여 연료를 이송하는 방법

㉯ 배관이나 부품 등이 파손되어 발생한 가스 화재의 경우 가스가 분출하지 않도록 가스 공급 밸브를 차단하는 방법

㉰ 산림 화재 시 불이 진행하는 방향을 앞질러 벌목하여 진화하는 방법

㉱ 인화성 액체 저장 탱크에 있어서 저장 온도가 인화점보다 낮거나 빈 탱크로 이송할 수 없는 경우 차가운 아랫부분의 액체를 뜨거운 윗부분의 액체와 교체될 수 있도록 교반함으로써 증기의 발생을 억제시키는 방법

㉲ 목재 물질의 표면을 방염성이 있는 메타인산 등으로 코팅하는 방법

② 질식 소화 : 가연물이 연소할 때 공기 중의 산소 농도를 한계 산소량 이하로 낮추어 산소의 양을

16% 이하로 함으로써 연소를 중단시키는 소화 방법으로 산소 농도는 10~15% 이하이다.

㉮ 무거운 불연성 기체로 가연물을 덮는 방법

예 CO_2, 할로겐 화합물 등

㉯ 불연성 거품(foam)으로 연소물을 덮는 방법

예 화학포, 기계포 등

㉰ 고체로 가연물을 덮는 방법

예 건조사, 가마니, 분말 등

㉱ 연소실을 완전 밀폐하고, 소화하는 방법

예 CO_2, 할로겐 화합물 등의 고정포 소화 설비 등

③ **냉각 소화** : 점화원을 물 등을 사용하여 냉각시킴으로써 가연물을 발화점 이하의 온도로 낮추어 연소의 진행을 막는 소화 방법

㉮ 액체를 이용하는 방법

예 물이나 그 밖의 액체의 증발 잠열을 이용하여 소화하는 방법

㉯ 고체를 이용하는 방법

예 튀김 냄비 등의 기름에 인화되었을 때 싱싱한 야채 등을 넣어 기름의 온도를 내림으로써 냉각하는 방법

④ **희석 소화법** : 가연성 가스나 증기의 농도를 연소 한계(하한) 이하로 소화하는 방법

㉮ 공기 중의 산소 농도를 CO_2 가스로 희석하는 방법

㉯ 수용성의 가연성 액체를 물로 묽게 희석하는 방법(다량의 물을 방사하여 가연 물질의 농도를 연소 농도 이하가 되도록 하여 소화시키는 것)

⑤ **부촉매 소화(억제 소화)** : 가연물의 순조로운 연쇄 반응이 진행되지 않도록 연소 반응의 억제제인 부촉매 소화 약제를 이용하여 소화하는 방법

2-2 소화기

(1) 소화기의 성상

① 포말(포) 소화기

㉮ 화학포 소화기

㉠ 정의 : A제(중조, 중탄산나트륨, $NaHCO_3$)와 B제(황산알루미늄, $Al_2(SO_4)_3$)의 화학 반응에 의해 생성된 포(CO_2)에 의해 소화하는 소화기를 질식 소화 효과를 주로 이용한다.

㉡ 화학 반응식

$$6NaHCO_3 + Al_2(SO_4)_3 + 18H_2O \longrightarrow 3Na_2SO_4 + 2Al(OH)_3 + \underset{(질식)}{6CO_2} + \underset{(냉각)}{18H_2O}$$

ⓐ A제(외통제) : 중조($NaHCO_3$) 등

ⓑ B제(내통제) : 황산알루미늄[$Al_2(SO_4)_3$]

ⓒ 기포 안정제 : 가수 분해 단백질, 젤라틴, 카세인, 사포닌, 계면활성제 등

㉢ 용도 : A, B급 화재

㉯ 기계포(air foam) 소화기

㉠ 정의 : 소화 원액과 물을 일정량 혼합한 후 발포 장치에 의해 거품을 내어 방출하는 소화기

ⓐ 소화 원액 : 가수 분해 단백질, 계면활성제, 일정량의 물

ⓑ 포핵(거품 속의 가스) : 공기

㉡ 발포 배율(팽창비)$=\frac{\text{내용적(용량)}}{\text{전체 중량}-\text{빈 시료 용기의 중량}}$

예제

공기포 발포 배율을 측정하기 위해 중량 340g, 용량 1,800mL의 포 수집 용기에 가득히 포를 채취하여 측정한 용기의 무게가 540g이었다면 발포 배율은? (단, 포 수용액의 비중은 1로 가정한다.)

풀이 발포 배율(팽창비)$=\frac{\text{내용적(용량)}}{\text{전체 중량}-\text{빈 시료 용기의 중량}}=\frac{1,800}{540-340}=$9배

답 9배

㉢ 포 소화 약제의 종류

ⓐ 저팽창 포 소화 약제 : 팽창비 20 이하

예 단백포, 불화 단백포, 수성막포 소화 약제

ⓑ 고팽창 포 소화 약제 : 팽창비 80 이상 1,000 미만

예 합성 계면활성제 포 소화 약제

ⓒ 특수 포 소화 약제 : 알코올 같은 수용성 화재에 사용하는 소화 약제

예 내알코올형 소화 약제

㉣ 용도 : A, B급 화재

참고

기계포(공기포) 소화 약제의 종류

1. 단백포 소화 약제

㉠ 동·식물성 단백질을 가수 분해한 것을 주원료로 하는 소화 약제이다.

㉡ 조정 공정 : 단백포 소화 약제의 제조 공정 등 마지막 단계로서, 소화용 이외의 이·화학적 성능을 향상시키기 위해서 방부제, 부동제 등을 첨가한다.

- 방부제 : 트라이클로로페놀, 펜타클로로페놀 등
- 부동제 : 에틸렌글리콜[$C_2H_4(OH)_2$], 프로필렌글라이콜[$C_3H_6(OH)_2$] 등

2. 불화 단백포 소화 약제
단백포 소화 약제의 소화 성능을 향상시키기 위하여 불소 계통의 계면활성제를 소량 첨가한 약제이다.
3. 수성막포 소화 약제
㉠ 일명 light water라 하며 분말 소화 약제와 함께 사용하여도 소포 현상이 일어나지 않고 트윈 에이전트 시스템에 사용되어 소화 효과를 높일 수 있는 포 소화 약제
㉡ 수용성 알코올 화재 시 사용하면 소화 효과가 떨어지는 이유 : 알코올은 소포성을 가지므로
㉢ 불소계 계면활성제
예 수성막포 소화 약제를 수용성 알코올 화재 시 사용하면 소화 효과가 떨어지는 이유 : 알코올이 포 속의 물을 탈취하여 포가 파괴되므로
4. 합성 계면활성제 포 소화 약제
일반적으로 고급 알코올 황산에스테르염을 기포제로 사용하며 냄새가 없는 황색의 액체로서 밀폐 또는 준밀폐 구조물의 화재 시 고팽창 포로 사용하여 화재를 진압할 수 있는 포 소화 약제
5. 알코올형(내알코올) 포 소화 약제
물과 친화력이 있는 수용성 용매의 화재에 보통의 포 소화 약제를 사용하면 포가 파괴되기 때문에 소화 효과를 잃게 된다. 이와 같은 단점을 보완한 소화 약제로 가연성인 수용성 용매의 화재에 유효한 효과를 가지고 있는 것

㉰ 포(foam)의 성질로서 구비하여야 할 조건
㉠ 화재면과 부착성이 있을 것
㉡ 열에 대한 센 막을 가지며, 유동성이 있을 것
㉢ 바람 등에 견디고 응집성과 안정성이 있을 것

② 분말 소화기
㉮ 정의 : 소화 약제로 고체의 미세한 분말을 이용하는 소화기로서, 분말은 자체압이 없기 때문에 가압원(N_2, CO_2 가스 등)이 필요하며, 소화 분말의 방습 표면 처리제로 금속 비누(스테아린산 아연, 스테아린산 알루미늄 등)를 사용한다.
㉯ 종류
㉠ 1종 분말(dry chemicals)−탄산수소나트륨($NaHCO_3$)
특수 가공한 중조의 분말을 넣어서 방사용으로 축압한 질소, 탄산 가스 등의 불연성 가스를 봉입한 봄베를 개봉하여 약제를 방사한다. 흰색 분말이며 B, C급 화재에 좋다. 특히 식용유 화재(식당, 주방 화재) 시 비누화 반응을 일으켜 질식 효과와 재발화 방지 효과를 나타낸다.
ⓐ 270℃에서 반응

$$2NaHCO_3 \longrightarrow Na_2CO_3 + \underset{\text{질식}}{\underline{CO_2}} + \underset{\text{냉각}}{\underline{H_2O}} - 19.9\text{kcal}(\text{흡열 반응})$$

ⓑ 850℃ 이상에서 반응

$2NaHCO_3 \longrightarrow Na_2O + 2CO_2 + H_2O - Q(kcal)$

예제

분말 소화 약제인 탄산수소나트륨 10kg이 1기압, 270℃에서 방사되었을 때 발생하는 이산화탄소의 양은 약 몇 m^3인가?

풀이 $PV = \frac{W}{M}RT$이므로

$\therefore V = \frac{WRT}{PM} = \frac{10 \times 0.082 \times (273+270)}{1 \times 168} = 2.65m^3$

답 $2.65m^3$

참고

제1종 분말 소화 약제의 소화 효과

1. 열분해 시 발생하는 이산화탄소와 수증기에 의한 질식 효과
2. 열분해 시 흡열 반응에 의한 냉각 효과
3. 분말 운무에 의한 열방사의 차단 효과

ⓛ 2종 분말－탄산수소칼륨($KHCO_3$)

1종 분말보다 2배의 소화 효과가 있다. 보라색(담회색) 분말이며 B, C급 화재에 좋다.

ⓐ 190℃에서 반응

$2KHCO_3 \longrightarrow K_2CO_3 + \underbrace{CO_2}_{\text{질식}} + \underbrace{H_2O}_{\text{냉각}}$

ⓑ 590℃에서 반응

$2KHCO_3 \longrightarrow K_2O + 2CO_2 + H_2O - Q(kcal)$

ⓒ 3종 분말－인산암모늄($NH_4H_2PO_4$)

광범위하게 사용하며, 담홍색(핑크색) 분말이며 A, B, C급 화재에 좋다.

ⓐ 166℃에서 반응

$NH_4H_2PO_4 \longrightarrow H_3PO_4 + NH_3$

ⓑ 360℃에서 반응

$NH_4H_2PO_4 \longrightarrow \underbrace{HPO_3}_{\text{질식}} + NH_3 + \underbrace{H_2O}_{\text{냉각}}$

인산암모늄은 190℃에서 오르토인산, 215℃에서 피로인산, 300℃ 이상에서 메타인산으로 열분해된다.

• 190℃ : $NH_4H_2PO_4 \longrightarrow H_3PO_4 + NH_3$

- 215℃ : $2H_3PO_4 \longrightarrow H_4P_2O_7 + H_2O$
- 300℃ 이상 : $H_4P_2O_7 \longrightarrow 2HPO_3 + H_2O$

인산에는 오르토인산(H_3PO_4), 피로인산($H_4P_2O_7$), 메타인산(HPO_3)이 있으며, 이들은 모두 인(P)을 완전 연소시켰을 때 발생되는 연소 생성물인 오산화인(P_2O_5)으로부터 얻는다. 인산암모늄을 소화 작용과 연관하여 정리하면 다음과 같다.

$$NH_4H_2PO_4 \longrightarrow H_3PO_4 + \underline{NH_3} - Q(\text{kcal})$$

⇩ ↑ (냉각 · 질식 소화 작용)

$$2H_3PO_4 \longrightarrow H_4P_2O_7 + \underline{H_2O} - Q(\text{kcal})$$

⇩ ↑ (냉각 • 질식 소화 작용)

$$H_4P_2O_7 \longrightarrow 2HPO_3 + H_2O - Q(\text{kcal})$$

⇩

$$\underline{2HPO_3} \longrightarrow P_2O_5 + H_2O - Q(\text{kcal})$$

↑ [유리(glass) 상으로 융착]

예제

$NH_4H_2PO_4$ 57.5kg이 완전 열분해하여 메타인산, 암모니아와 수증기로 되었을 때 메타인산은 몇 kg이 생성되는가? (단, P의 원자량은 31)

풀이 $NH_4H_2PO_4 \longrightarrow HPO_3 + NH_3 + H_2O$

115kg　　80kg

57.5kg　　xkg

$$x = \frac{57.5 \times 80}{115}$$

x=40kg

답 40kg

㉣ 4종 분말

탄산수소칼륨($KHCO_3$)+요소[$(NH_2)_2CO$] : 2종 분말 약제를 개량한 것으로 회백색(회색) 분말이며 B, C급 화재에 좋다.

$$2KHCO_3 + (NH_2)_2CO \longrightarrow K_2CO_3 + 2NH_3 + \underbrace{2CO_2}_{\text{질식}}$$

③ 탄산 가스(CO_2) 소화기

㉮ 정의 : 소화 약제를 불연성인 CO_2 가스의 질식과 냉각 효과를 이용한 소화기

예제

소화기 속에 압축되어 있는 이산화탄소 1.1kg을 표준 상태에서 분사하였다. 이산화탄소의 부피는 몇 m^3가 되는가?

풀이 $PV = \frac{W}{M}RT$에서

$$\therefore V = \frac{WRT}{PM} = \frac{1.1 \times 0.082 \times 273}{1 \times 44} = 0.56m^3$$

답 $0.56m^3$

㉯ **종류** : 소형 소화기(레버식), 대형 소화기(핸들식)

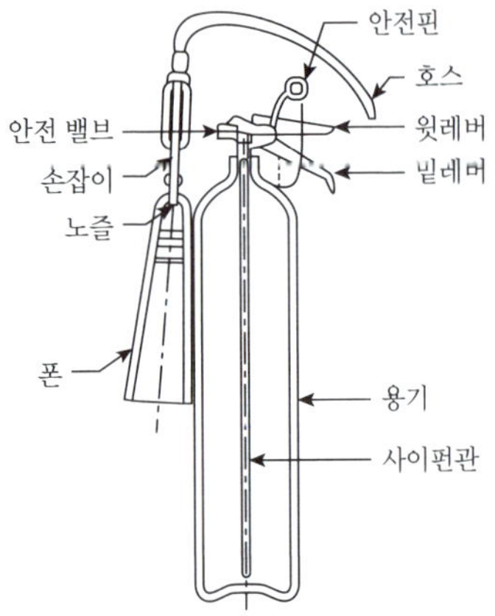

<소형 소화기>

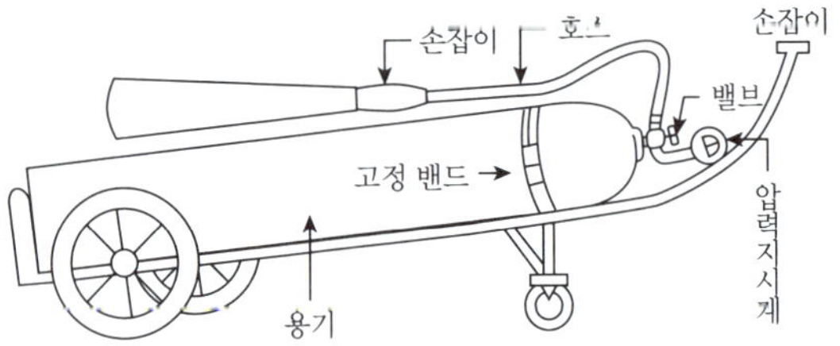

<대형 소화기>

㉰ **소화 약제의 특성**

㉠ 한랭지에서 동결의 우려가 없고 전기 절연성이 있어 고가의 전기 시설의 화재에 적합하다.

㉡ 이산화탄소는 자체 독성은 미약하나 소화에 소요되는 농도하에서 호흡을 계속하면 위험하고 방출 시 보안 대책이 필요하여 밀폐된 지역에서 방출 시 인명 피해의 위험이 있다.

㉢ 탄산 가스의 함량은 99.5% 이상으로 냄새가 없어야 하며, 수분의 중량은 0.05% 이하여야 한다. 만약 수분이 0.05% 이상이면 줄－톰슨 효과에 의하여 수분이 결빙되어 노즐의 구멍을 폐쇄시키기 때문이다.

㉣ 줄－톰슨 효과는 기체 또는 액체가 가는 관을 통과할 때 온도가 급강하하여 고체로 되는 현상이다.

예제

드라이아이스 1kg이 완전히 기화하면 약 몇 몰의 이산화탄소가 되겠는가?

풀이 1kg＝1,000g이므로
∴ 1,000g÷44g＝22.7mol

답 22.7mol

㉱ **소화 농도**

$$CO_2\text{의 소화 농도(vol\%)} = \frac{21 - \text{한계 산소 농도(vol\%)}}{21} \times 100$$

예제

화재 시 이산화탄소를 사용하여 공기 중 산소의 농도를 21vol%에서 13vol%로 낮추려면 공기 중 이산화탄소의 농도는 약 몇 vol%가 되어야 하는가?

풀이 CO_2의 소화 농도(vol%)

$$=\frac{21-\text{한계 산소 농도(vol\%)}}{21}\times 100=\frac{21-13}{21}\times 100=38.1\text{vol\%}$$

답 38.1vol%

㉮ 장 · 단점

㉠ 장점

ⓐ 소화 후 증거 보존이 용이하다.

ⓑ 전기 절연성이 우수하여 전기 화재에 효과적이다.

ⓒ 자체의 압력으로 방출할 수가 있다.

ⓓ 소화 후 소화 약제에 의한 오손이 없다.

㉡ 단점

ⓐ 밀폐된 공간에서 사용 시 질식으로 인명 피해가 발생할 수 있다.

ⓑ 방사 거리가 짧다.

ⓒ 고압이므로 취급에 주의하여야 한다.

ⓓ 금속분 화재 시 연소 확대의 우려가 있다.

예 $2Mg+CO_2 \longrightarrow 2MgO+C$

㉯ 용도 : B, C급 화재

④ 할로겐화합물(증발성 액체) 소화기

㉮ 정의 : 소화 약제로 증발성이 강하고 공기보다 무거운 불연성인 할로겐 화합물을 이용하여 부촉매 효과, 질식 효과 및 냉각 효과를 하는 소화기이다.

㉯ 소화 약제의 조건

㉠ 비점이 낮을 것

㉡ 기화되기 쉽고, 증빌 잠열이 클 것

㉢ 공기보다 무겁고(증기 비중이 클 것) 불연성일 것

㉣ 증발 잔유물이 없을 것

㉤ 전기 절연성이 우수할 것

㉥ 인화성이 없을 것

㉰ 할론 소화 약제의 종류 및 상온에서의 상태

Halon 명칭	상온에서의 상태
Halon 1301	기체
Halon 1211	기체
Halon 2402	액체
Halon 1011	액체
Halon 1040	액체

㉱ 오존 파괴 지수(ODP ; Ozone Depletion Potential)

㉠ 정의 : 삼염화일불화메탄($CFCl_3$)인 CFC—11이 오존층의 오존을 파괴하는 능력을 1로 기준하였을 때 다른 할로겐 화합 물질이 오존층의 오존을 파괴하는 능력을 비교한 지수이다.

$$\text{ODP}=\frac{\text{어떠한 물질 1kg에 의해 파괴되는 오존량}}{\text{CFC}-11\text{ 물질 1kg에 의해 파괴되는 오존량}}$$

㉡ 오존 파괴 지수가 높은 순 : Halon 1301 > Halon 2402 > Halon 1211

㉢ Halon 1301 : 포화 탄화수소인 메탄에 불소 3분자와 취소 1분자를 치환시켜 제조된 물질(CF_3Br)로서, 비점(bp)이 −57.75℃이며, 모든 할론 소화 약제 중 소화 성능이 가장 우수하나 오존층을 구성하는 오존(O_3)과의 반응성이 강하여 오존 파괴 지수가 가장 높으며, 저장 용기에 액체상으로 충전한다.

㉲ 할론 1301(CF_3Br)의 증기 비중$=\dfrac{12+(19\times3)+80}{29}=\dfrac{149}{29}\fallingdotseq 5.14$

㉳ 할론 번호 순서

㉠ 첫째 : 탄소(C) ㉡ 둘째 : 불소(F) ㉢ 셋째 : 염소(Cl)

㉣ 넷째 : 취소(Br) ㉤ 다섯째 : 옥소(I)

예제

할로겐 화합물 중 CH_3I에 해당하는 할론번호는?

답 Halon 1001

㉴ 종류

㉠ 사염화탄소(CCl_4, Halon1040) : CTC 소화기

ⓐ 밀폐된 장소에서 CCl_4를 사용해서는 안 되는 이유

- $2CCl_4+O_2 \longrightarrow 2COCl_2+2Cl_2$ (건조된 공기 중)
- $CCl_4+H_2O \longrightarrow COCl_2+2HCl$ (습한 공기 중)
- $CCl_4+CO_2 \longrightarrow 2COCl_2$ (탄산 가스 중)

• $3CCl_4 + Fe_2O_3 \longrightarrow 3COCl_2 + 2FeCl_3$ (철 존재 시)

ⓑ 설치 금지 장소(할론 1301은 제외)

• 지하층

• 무창층

• 거실 또는 사무실로서 바닥 면적이 $20m^2$ 미만인 곳

ⓛ 일염화일취화메탄(CH_2ClBr, 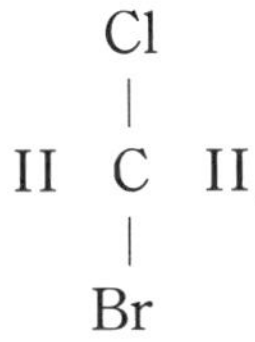, Halon 1011) : CB 소화기

CCl_4에 비해 약 3배의 소화 능력이 있다.

ⓒ 브로모클로로다이플루오로메탄(CF_2ClBr, Halon 1211) : BCF 소화기

ⓔ 브로모트라이플루오로메탄(CF_3Br, Halon 1301) : BT 소화기

비점이 상온보다 낮아서 기화가 용이하다.

ⓜ 다이브로모테트라플루오로에탄($C_2F_4Br_2$, Halon 2402) : FB 소화기

사염화탄소, 일염화일취화메탄에 비해 우수하다.

㉵ 용도 : A, B, C급 화재

⑤ 강화액 소화기

㉮ 정의 : 물의 소화력을 향상시키기 위해서 물에 탄산칼륨(K_2CO_3)을 첨가시킨 고농도의 수용액이며, 동결되지 않도록 하여 재연을 방지하고 −20℃ 이하의 겨울철이나 한랭지에서 사용 가능하도록 개발된 소화기로서, 독성과 부식성이 없으며 질소 가스에 의해 강화액을 방출한다.

㉯ 소화 약제의 특성

㉠ 비중 : 1.3~1.4

㉡ 응고점 : −30~−17℃

㉢ 강알칼리성 : pH 12

㉣ 독성과 부식성이 없다.

㉰ 종류

㉠ 축압식

㉡ 가스 가압식 : $K_2CO_3 + 2H_2O \longrightarrow 2KOH + CO_2 + H_2O$

㉢ 반응식(파병식) : $K_2CO_3 + H_2SO_4 \longrightarrow K_2SO_4 + CO_2 + H_2O$

㉱ 용도

㉠ 봉상일 경우 : A급 화재

㉡ 무상일 경우 : A, C급 화재

⑥ 산알칼리 소화기

㉮ 정의 : 황산과 중조수의 화합액에 탄산 가스를 내포한 소화액을 방사한다.

㉯ 주성분

㉠ 산 : H_2SO_4

㉡ 알칼리 : $NaHCO_3$

㉰ 반응식

$$2NaHCO_3 + H_2SO_4 \longrightarrow Na_2SO_4 + 2CO_2 + 2H_2O$$

㉱ 용도

㉠ 봉상 : A급 화재

㉡ 무상 : A, C급 화재

⑦ 물 소화기

㉮ 정의 : 물을 펌프 또는 가스로 방출한다.

㉯ 소화제로 사용하는 이유

㉠ 기화열(증발 잠열)이 커서(539cal/g) 냉각 능력(기화 시 다량의 열을 제거)이 크기 때문이다.

㉡ 구입이 용이하다.

㉢ 취급상 안전하고, 숙련을 요하지 않는다.

㉣ 가격이 저렴하다.

㉤ 분무 시 적외선 등을 흡수하여 외부로부터의 열을 차단하는 효과가 있다.

㉥ 펌프, 호스 등을 이용하여 이송이 비교적 용이하다.

참고

액체 상태의 물이 1기압, 100℃ 수증기로 변하면 체적은 1,600~1,700배로 증가한다.

㉰ 물의 특성 및 소화 효과

㉠ CO_2보다 기화 잠열이 크다.

㉡ 극성 분자이다.

㉢ CO_2보다 비열이 크다.

〈물과 CO_2의 비열〉

물질명	비열(cal/g · ℃)
물	1.00
CO_2	0.20

㉣ 주된 소화 효과가 냉각 소화이다.

㉤ 유화 효과도 기대할 수 있다.

㉥ 기화 팽창률이 커서 질식 효과가 있다.

예제

1. 1기압, 100℃에서 물 36g이 모두 기화되었다. 생성된 기체는 약 몇 L인가?

풀이 $PV=\frac{W}{M}RT,\ V=\frac{WRT}{PM}=\frac{36\times0.082\times(273+100)}{1\times18}=61.2\text{L}$

답 61.2L

예제

2. 20℃의 물 100kg이 100℃의 수증기로 증발하면 최대 몇 kcal의 열량을 흡수할 수 있는가? (단, 물의 증발 잠열은 540kcal/kg이다.)

풀이 $Q_1=Gc\Delta t=100\times1\times(100-20)=8{,}000\text{kcal}$

$Q_2=Gr=100\times540=54{,}000\text{kcal}$

$Q=Q_1+Q_2=8{,}000+54{,}000=62{,}000\text{kcal}$

답 62,000kcal

예제

3. 15℃의 기름 100g에 8,000J의 열량을 주면 기름의 온도는 몇 ℃가 되겠는가? (단, 기름의 비열은 2J/g·℃이다.)

풀이 기름의 온도 변화를 x라고 하면

$x=\frac{8{,}000\text{J}}{2\text{J/g}\cdot℃\times100\text{g}}=40℃$

∴ 기름의 온도$=15℃+40℃=55℃$

답 55℃

㉣ 용도 : A급 화재

⑧ 청정 소화 약제(clean agent)

㉮ 정의 : 전기적으로 비전도성이며, 휘발성이 있거나 증발 후 잔여물을 남기지 않는 소화 약제이다.

㉯ 할로겐 화합물 청정 소화 약제 : 불소, 염소, 브로민, 아이오딘 중 하나 이상의 원소를 포함하고 있는 유기 화합물을 기본 성분으로 하는 소화 약제

HFC(Hydro Fluoro Carbon)	불화탄화수소
HBFC(Hydro Bromo Fluoro Carbon)	브로민불화탄화수소
HCFC(Hydro Chloro Fluoro Carbon)	염화불화탄화수소
FC, PFC(Perfluoro Carbon)	불화탄소, 과불화탄소
FIC(Fluoro Iodo Carbon)	불화아이오딘화탄소

㉰ 불활성 가스 청정 소화 약제

헬륨, 네온, 아르곤, 질소 가스 중 하나 이상의 원소를 기본 성분으로 하는 소화 약제

소화 약제	상품명	화학식
퍼플루오로부탄(FC-3-1-10)	PFC-410	C_4F_{10}
하이드로클로로플루오로카본 혼화제 (HCFC BLEND A)	NAFS-Ⅲ	• HCFC-22($CHClF_2$) : 82% • HCFC-123($CHCl_2CF_3$) : 4.75% • HCFC-124($CHClFCF_3$) : 9.5% • $C_{10}H_{16}$: 3.75%
클로로테트라플루오로에탄(HCFC-124)	FE-24	$CHClFCF_3$
펜타플루오로에탄(HFC-125)	FE-25	CHF_2CF_3
헵타플루오로프로판(HFC-227ea)	FM-200	CF_3CHFCF_3
트라이플루오로메탄(HFC-23)	FE-13	CHF_3
헥사플루오로프로판(HFC-236fa)	FE-36	$CF_3CH_2CF_3$
트라이플루오로이오다이드(FIC-1311)	Tiodide	CF_3I
도데카플루오로-2-메틸펜탄-3-원(FK-5-1-12)	-	$CF_3CF_2C(O)CF(CF_3)_2$
불연성 · 불활성 기체 혼합 가스(IG-01)	Argon	Ar
불연성 · 불활성 기체 혼합 가스(IG-100)	Nitrogen	N_2
불연성 · 불활성 기체 혼합 가스(IG-541)	Inergen	N_2 : 52%, Ar : 40%, CO_2 : 8%
불연성 · 불활성 기체 혼합 가스(IG-55)	Argonite	N_2 : 50%, Ar : 50%

참고

IG-541(Inergen)

비할로겐 계열로서 화학적 소화보다는 물리적 소화에 의해 화재를 진압하는 소화약제

예제

질소와 아르곤과 이산화탄소의 용량비가 52 : 40 : 8인 혼합물 소화약제는? 답 IG 541

⑨ 간이 소화제

㉮ 건조사(마른 모래)

㉠ 모래는 반드시 건조되어 있을 것

㉡ 가연물이 함유되어 있지 않을 것

㉢ 모래는 반절된 드럼통 또는 벽돌담 안에 저장하며, 양동이, 삽 등의 부속 기구를 항상 비치할 것

㉯ 팽창 질석, 팽창 진주암

㉠ 질석을 고온 처리(약 1,000~1,400℃)해서 10~15배 팽창시킨 것으로 비중이 아주 작다.

㉡ 발화점이 특히 낮은 알킬알루미늄의 화재에 적합

㉰ 중조 톱밥

㉠ 중조($NaHCO_3$)에 마른 톱밥을 혼합한 것

㉡ 인화성 액체의 소화에 적합

(2) 소화기의 유지 관리

① 각 소화기의 공통 사항

㉮ 소화기의 설치 위치는 바닥으로부터 1.5m 이하의 높이에 설치할 것

㉯ 통행이나 피난 등에 지장이 없고 사용할 때에는 쉽게 반출할 수 있는 위치에 있을 것

㉰ 각 소화 약제가 동결, 변질 또는 분출할 염려가 없는 곳에 비치할 것

㉱ 소화기가 설치된 주위의 잘 보이는 곳에 '소화기'라는 표시를 할 것

② 소화기의 사용 방법

㉮ 적응 화재에만 사용할 것

㉯ 성능에 따라 방출 거리 내에서 사용할 것

㉰ 소화 시에는 바람을 등지고 풍상에서 풍하의 방향으로 소화할 것

㉱ 소화 작업은 양옆으로 비로 쓸듯이 골고루 사용할 것

참고

소화기에 "B-2" 표시란?

유류 화재에 대한 능력 단위 2단위에 적용되는 소화기

출제예상문제

01 물질의 연소 후 재를 남기는 화재는?

① 일반 화재 ② 유류 화재
③ 전기 화재 ④ 금속 화재

해설 A급 화재(일반 가연물의 화재)란 연소 후 재를 남긴다.

02 인화성 액체의 화재를 나타내는 것은?

① A급 화재 ② B급 화재
③ C급 화재 ④ D급 화재

해설 화재의 구분

화재별 급수	화재 종류	색상
A급 화재	일반(목재, 종이, 섬유류 등)화재	백색
B급 화재	유류(가연성·인화성 액체 포함)화재	황색
C급 화재	전기화재	청색
D급 화재	금속화재	-
K급 화재	주방화재	-

03 전기 화재의 급수와 표시 색상을 옳게 나타낸 것은?

① C급 – 백색 ② D급 – 백색
③ C급 – 청색 ④ D급 – 청색

해설 2번 해설 참조

04 위험물안전관리법령상 제2류 위험물 중 지정 수량이 500kg인 물질에 의한 화재는?

① A급 화재 ② B급 화재
③ C급 화재 ④ D급 화재

해설 D급(금속) 화재 : 제2류 위험물 중 지정 수량이 500kg인 물질(금속분), 제3류 위험물 등

05 열의 이동 원리 중 복사에 관한 예로 적당하지 않은 것은?

① 그늘이 시원한 이유
② 더러운 눈이 빨리 녹는 현상
③ 보온병 내부를 거울벽으로 만드는 것
④ 해풍과 육풍이 일어나는 원리

해설 대류
액체와 기체를 가열하면 가열된 물질은 가벼워져 위로 올라가고, 차가운 물질은 아래로 내려오면서 전체의 온도가 올라가게 된다. 이와 같은 물질이 이동하면서 열이 이동하는 것

06 다음 중 화학적 소화에 해당하는 것은?

① 냉각 소화 ② 질식 소화
③ 제거 소화 ④ 억제 소화

해설 화학적 소화 방법 : 억제 소화

07 다음 중 제거 소화의 예가 아닌 것은?

① 가스 화재 시 가스 공급을 차단하기 위해 밸브를 닫아 소화시킨다.
② 유전 화재 시 폭약을 사용하여 폭풍에 의하여 가연성 증기를 날려보내 소화시킨다.
③ 연소하는 가연물을 밀폐시켜 공기 공급을 차단하여 소화한다.
④ 촛불 소화 시 입으로 바람을 불어서 소화시킨다.

해설 ③ 질식 소화

08 질식 소화를 하는 경우 공기 중의 산소의 유효 농도는?

① 1~5% ② 5~10%
③ 10~15% ④ 15~20%

해설 질식 소화 시 산소 농도의 유효 한계치 : 산소 농도 10~15% 이하

정답 01 ① 02 ② 03 ③ 04 ④ 05 ④ 06 ④ 07 ③ 08 ③

09 건조사와 같은 불연성 고체로 가연물을 덮는 것은 어떤 소화에 해당하는가?

① 제거 소화 ② 질식 소화
③ 냉각 소화 ④ 억제 소화

해설 질식 소화의 설명이다.

10 소화 효과에 대한 설명으로 틀린 것은?

① 기화 잠열이 큰 소화 약제를 사용할 경우 냉각 소화 효과를 기대할 수 있다.
② 이산화탄소에 의한 소화는 주로 질식 소화로 화재를 진압한다.
③ 할로겐 화합물 소화 약제는 주로 냉각 소화를 한다.
④ 분말 소화 약제는 질식 효과와 부촉매 효과 등으로 화재를 진압한다.

해설 ③ 할로겐 화합물 소화 약제는 주로 질식 효과, 부촉매 효과 및 냉각 효과를 한다.

11 포 소화 약제 중 A제의 주성분으로 틀린 것은?

① 중조 ② 카세인
③ 황산알루미늄 ④ 소다회

해설 화학포의 구성 성분
㉠ A제 : $NaHCO_3$(중조, 탄산수소나트륨, 중탄산나트륨)+기포 안정제(단백질 분해물, 계면활성제, 사포닌, 소다회를 혼합시킨 것)
㉡ B제 : 황산알루미늄[$Al_2(SO_4)_3$]

12 화학포 소화 약제의 주성분은?

① 탄산수소나트륨과 황산알루미늄
② 탄산나트륨과 황산알루미늄
③ 탄산나트륨과 황산나트륨
④ 탄산수소나트륨과 황산나트륨

해설 화학포 소화 약제의 주성분
① A제 : 탄산수소나트륨($NaHCO_3$)
② B제 : 황산알루미륨[$Al_2(SO_4)_3$]

13 탄산수소나트륨과 황산알루미늄으로 만든 소화기를 사용했을 경우 생성되는 것이 아닌 것은?

① 일산화탄소
② 이산화탄소
③ 수산화알루미늄
④ 황산나트륨

해설 $6NaHCO_3+Al_2(SO_4)_3+18H_2O \longrightarrow 3Na_2SO_4+2Al(OH)_3+6CO_2+18H_2O$

14 화학포의 기포 안정제가 아닌 것은?

① 단백질 분해물 ② 사포닌
③ 탄산수소나트륨 ④ 계면활성제

해설 기포 안정제의 종류
단백질 분해물, 사포닌, 계면활성제, 소다회 등

15 포 소화 약제의 주된 소화 효과를 모두 옳게 나타낸 것은?

① 촉매 효과와 억제 효과
② 억제 효과와 제거 효과
③ 질식 효과와 냉각 효과
④ 연소 방지와 촉매 효과

해설 포 소화 약제 화학 반응식

$$6NaHCO_3+Al_2(SO_4)_3+18H_2O \rightarrow 3Na_2SO_4+2Al(OH)_3+\underbrace{6CO_2}_{\text{질식 효과}}+\underbrace{18H_2O}_{\text{냉각 효과}}$$

16 공기포 발포 배율을 측정하기 위해 중량 340g, 용량 1,800mL의 포 수집 용기에 가득히 포를 채취하여 측정한 용기의 무게가 540g이었다면 발포 배율은? (단, 포 수용액의 비중은 1로 가정한다.)

① 3배 ② 5배
③ 7배 ④ 9배

해설 $\text{발포 배율(팽창비)}=\dfrac{\text{내용적(용량)}}{\text{전체 중량}-\text{빈 시료 용기의 중량}}$

$$=\frac{1{,}800}{540-340}=9\text{배}$$

정답 09 ② 10 ③ 11 ③ 12 ① 13 ① 14 ③ 15 ③ 16 ④

17 단백포 소화 약제 제조 공정에서 부동제로 사용하는 것은?

① 에틸렌글리콜 ② 물
③ 가수 분해 단백질 ④ 황산제1철

해설 조정 공정
단백포 소화 약제의 제조 공정 중 마지막 단계로서, 소화용 이외의 이·화학적 성능을 향상시키기 위해서 방부제·부동제 등을 첨가한다. 이 경우 방부제로는 트리클로로페놀, 펜타클로로페놀 등의 수용성 염류 등이 사용되며, 부동제로는 에틸렌글리콜, 프로필렌글라이콜 등이 사용된다.

18 수성막포 소화 약제를 수용성 알코올 화재 시 사용하면 소화 효과가 떨어지는 가장 큰 이유는?

① 유독 가스가 발생하므로
② 화염의 온도가 높으므로
③ 알코올은 포와 반응하여 가연성 가스를 발생하므로
④ 알코올은 소포성을 가지므로

해설 수성막포 소화 약제를 수용성 알코올 화재 시 사용하면 소화 효과가 떨어지는 이유 : 알코올은 소포성을 가지므로

19 물과 친화력이 있는 수용성 용매의 화재에 보통의 포 소화 약제를 사용하면 포가 파괴되기 때문에 소화 효과를 잃게 된다. 이와 같은 단점을 보완한 소화 약제로 가연성인 수용성 용매의 화재에 유효한 효과를 가지고 있는 것은?

① 알코올형 포 소화 약제
② 단백포 소화 약제
③ 합성 계면활성제 포 소화 약제
④ 수성막포 소화 약제

해설 수용성 유류 화재, 가연성 액체 화재 시 내알코올형(알코올형) 포 소화 약제를 사용한다.

20 다음 중 공기 포 소화 약제가 아닌 것은?

① 단백포 소화 약제
② 합성 계면활성제 포 소화 약제
③ 화학포 소화 약제
④ 수성막포 소화 약제

해설 포 소화 약제
(1) 화학포 소화 약제
(2) 공기(기계)포 소화 약제
㉠ 단백포 소화 약제
㉡ 합성 계면활성제 포 소화 약제
㉢ 수성막포 소화 약제
㉣ 불화 단백포 소화 약제
㉤ 알코올형(내알코올) 포 소화 약제

21 다음 중 포 소화제의 조건에 해당되지 않는 것은?

① 부착성이 있을 것
② 유동성이 있을 것
③ 부서지기 어려운 응집성을 가질 것
④ 열에 의해 빨리 증발할 것

해설 열에 의해 센 막을 가질 것

22 분말 소화 설비에서 분말 소화 약제의 가압용 가스로 사용하는 것은?

① CO_2 ② He ③ CCl_4 ④ Cl_2

해설 분말 소화 약제의 가압용 가스 : N_2, CO_2 등

23 다음 중 분말 소화 약제의 주된 소화 작용에 가장 가까운 것은?

① 질식 ② 냉각
③ 유화 ④ 제거

해설 분말 소화 약제의 주된 소화 작용은 질식 효과이다.

24 분말 소화기의 각 종별 소화 약제 주성분이 옳게 연결된 것은?

① 제1종 소화 분말: $KHCO_3$
② 제2종 소화 분말 : $NaHCO_3$
③ 제3종 소화 분말 : $NH_4H_2PO_4$
④ 제4종 소화 분말 : $NaHCO_3+(NH_2)_2CO$

정답 17 ① 18 ④ 19 ① 20 ③ 21 ④ 22 ① 23 ① 24 ③

해설 분말 소화 약제의 종류

종 별	소화 약제 주성분	색상	적응 화재
제1종	$NaHCO_3$	백색	B, C
제2종	$KHCO_3$	보라색 (담회색)	B, C
제3종	$NH_4H_2PO_4$	담홍색 (핑크색)	A, B, C
제4종	$KHCO_3+(NH_2)_2CO$	회백색 (회색)	B, C

25 제1종 분말 소화 약제의 적응 화재 급수는?

① A급　② B, C급
③ A, B급　④ A, B, C급

해설 24번 해설 참조

26 드라이케미컬(dry chemical)로 $10m^3$의 탄산가스를 얻자면 표준 상태에서 몇 kg의 탄산수소나트륨이 사용되겠는가? (단, 탄산수소나트륨의 분자량은 84이다.)

① 18.75　② 37.5
③ 56.25　④ 75

해설 $2NaHCO_3 \longrightarrow Na_2CO_3+CO_2+H_2O$

$2\times84kg$ ─ $22.4m^3$
$x(kg)$ ─ $10m^3$

$$\therefore x=\frac{2\times84\times10}{22.4}=75kg$$

27 분말 소화 약제인 탄산수소나트륨 10kg이 1기압, 270℃에서 방사되었을 때 발생하는 이산화탄소의 양은 약 몇 m^3인가?

① 2.65　② 3.65
③ 18.22　④ 36.44

해설 $PV=\frac{W}{M}RT$

$$V=\frac{WRT}{PM}=\frac{10\times0.082\times(273+270)}{1\times2\times84}=2.65m^3$$

28 요리용 기름의 화재 시 비누화 반응을 일으켜 질식 효과와 재발화 방지 효과를 나타내는 소화 약제는?

① $NaHCO_3$　② $KHCO_3$
③ $BaCl_2$　④ $NH_4H_2PO_4$

해설 $NaHCO_3$의 설명이다.

29 분말 소화 약제 중 제1종과 제2종 분말이 각각 열분해될 때 공통적으로 생성되는 물질은?

① N_2, CO_2　② N_2, O_2
③ H_2O, CO_2　④ H_2O, N_2

해설 ㉠ 제1종 분말 소화 약제

$2NaHCO_3 \longrightarrow Na_2CO_3+CO_2+H_2O$

㉡ 제2종 분말 소화 약제

$2KHCO_3 \longrightarrow K_2CO_3+CO_2+H_2O$

∴ 공통적으로 생성되는 물질 : H_2O, CO_2

30 제3종 분말 소화 약제의 열분해 반응식을 옳게 나타낸 것은?

① $NH_4H_2PO_4 \longrightarrow HPO_3+NH_3+H_2O$
② $2KNO_3 \longrightarrow 2KNO_2+O_2$
③ $KClO_4 \longrightarrow KCl+2O_2$
④ $2CaHCO_3 \longrightarrow 2CaO+H_2CO_3$

해설 분말 소화 약제

종 별	열분해 반응식
제1종	$2NaHCO_3 \longrightarrow Na_2CO_3+CO_2+H_2O$
제2종	$2KHCO_3 \longrightarrow K_2CO_3+CO_2+H_2O$
제3종	$NH_4H_2PO_4 \longrightarrow HPO_3+NH_3+H_2O$
제4종	$2KHCO_3+(NH_2)_2CO \longrightarrow K_2CO_3+2NH_3+2CO_2$

31 제3종 분말 소화 약제의 표시 색상은?

① 백색　② 담홍색
③ 검은색　④ 회색

해설 24번 해설 참조

정답 25 ② 26 ④ 27 ① 28 ① 29 ③ 30 ① 31 ②

32 소화 효과 중 부촉매 효과를 기대할 수 있는 소화 약제는?

① 물 소화 약제
② 포 소화 약제
③ 분말 소화 약제
④ 이산화탄소 소화 약제

해설 **제3종 분말 소화 약제의 부촉매 효과** : 제1인산암모늄($NH_4H_2PO_4$)으로부터 유리되어 나온 활성화된 암모늄 이온(NH_4^+)이 가연 물질 내부에 함유되어 있는 활성화된 수산이온(OH^-)과 반응하여 연속적인 연소의 연쇄 반응을 억제·방해 또는 차단시킴으로써 화재를 소화한다.

33 분말 소화 약제인 인산암모늄을 사용하였을 때 열분해되어 부착성인 막을 만들어 공기를 차단시키는 것은?

① HPO_3 ② PH_3
③ NH_3 ④ P_2O_3

해설 $NH_4H_2PO_4 \longrightarrow HPO_3 + NH_3 + H_2O$

34 $NH_4H_2PO_4$가 열분해하여 생성되는 물질 중 암모니아와 수증기의 부피 비율은?

① 1 : 1 ② 1 : 2
③ 2 : 1 ④ 3 : 2

해설 $NH_4H_2PO_4 \longrightarrow \underset{\text{메타인산}}{HPO_3} + \underset{\text{암모니아}}{NH_3} + \underset{\text{수증기}}{H_2O}$
1 : 1

35 다음 중 이산화탄소(CO_2)의 주된 소화 효과는?

① 가연물 제거
② 인화점 인하
③ 산소 공급 차단
④ 점화원 파괴

해설 CO_2의 소화 효과는 질식 소화 작용과 냉각 소화 작용이 우수하다.

36 이산화탄소 소화기의 사용 중 소화기 출구에 생길 수 있는 물질은?

① 포스겐 ② 일산화탄소
③ 드라이아이스 ④ 수성 가스

해설 줄－톰슨 효과에 의하여 CO_2가 발생한다.

37 이산화탄소 소화기는 어떤 현상에 의해서 온도가 내려가 드라이아이스를 생성하는가?

① 줄－톰슨 효과 ② 사이펀
③ 표면 장력 ④ 모세관

해설 줄－톰슨 효과 : 기체 또는 액체가 가는 관을 통과할 때 온도가 급강하하여 고체로 되는 현상
예 CO_2 소화기가 온도가 내려가 드라이아이스를 생성하는 것

38 드라이아이스 1kg이 완전히 기화되면 약 몇 mol의 탄산 가스가 되겠는가?

① 22.7 ② 51.3
③ 230.1 ④ 515.0

해설 1kg ＝ 1,000g이므로
∴ 1,000g ÷ 44g ＝ 22.7mol

39 94wt% 드라이아이스 100g은 표준 상태에서 몇 L의 CO_2가 되는가?

① 22.40 ② 47.85
③ 50.90 ④ 62.74

해설 94wt% 드라이아이스 100g은 100g × 0.94 ＝ 94g이므로
44g : 22.4L ＝ 94g : x(L)
∴ x ＝ 47.85g

40 소화기 속에 압축되어 있는 이산화탄소 1.1kg을 표준 상태에서 분사하였다. 이산화탄소의 부피는 몇 m^3가 되는가?

① 0.56 ② 5.6
③ 11.2 ④ 24.6

정답 32 ③ 33 ① 34 ① 35 ③ 36 ③ 37 ① 38 ① 39 ② 40 ①

해설 $PV = \frac{W}{M}RT$이므로

$\therefore V = \frac{WRT}{PM} = \frac{1.1\text{kg} \times 0.082 \times (273+0)}{1\text{atm} \times 44\text{kg}} = 0.56\text{m}^3$

41 화재 시 이산화탄소를 방출하여 산소의 농도를 13vol%로 낮추어 소화를 하려면 공기 중의 이산화탄소는 몇 vol%가 되어야 하는가?

① 28.1 ② 38.1
③ 42.86 ④ 48.36

해설 CO_2의 농도(%) $= \frac{21 - O_2}{21} \times 100$

$= \frac{21-13}{21} \times 100 = 38.1\text{vol\%}$

42 이산화탄소 소화기의 장점으로 옳은 것은?

① 전기 설비 화재에 유용하다.
② 마그네슘과 같은 금속분 화재 시 유용하다.
③ 자기 반응성 물질의 화재 시 유용하다.
④ 알칼리 금속 과산화물 화재 시 유용하다.

해설 이산화탄소 소화기의 장점 : 유류 화재 및 전기 화재에 좋다.

43 연소의 연쇄 반응을 차단 및 억제하여 소화하는 방법은?

① 냉각 소화 ② 부촉매 소화
③ 질식 소화 ④ 제거 소화

해설 부촉매 소화의 설명이다.

44 할로겐화합물의 소화 약제의 구비 조건으로 틀린 것은?

① 전기 절연성이 우수할 것
② 공기보다 가벼울 것
③ 증발 잔유물이 없을 것
④ 인화성이 없을 것

해설 할로겐화합물 소화 약제의 구비 조건
㉠ 비점이 낮을 것
㉡ 기화되기 쉽고, 증발 잠열이 클 것
㉢ 공기보다 무겁고(증기 비중이 클 것) 불연성일 것
㉣ 기화 후 잔유물을 남기지 않을 것
㉤ 전기 절연성이 우수할 것
㉥ 인화성이 없을 것

45 다음 [보기] 중 상온에서의 상태(기체, 액체, 고체)가 동일한 것을 모두 나열한 것은?

Halon 1301, Halon 1211, Halon 2402

① Halon 1301, Halon 2402
② Halon 1211, Halon 2402
③ Halon 1301, Halon 1211
④ Halon 1301, Halon 1211, Halon 2402

해설 할로겐 화합물 소화 약제의 상온에서의 상태

Halon 명칭	Halon 1301	Halon 1211	Halon 2402	Halon 1011	Halon 1040
상온에서의 상태	기체	기체	액체	액체	액체

46 다음 중 오존층 파괴 지수가 가장 큰 것은?

① Halon 1040 ② Halon 1211
③ Halon 1301 ④ Halon 2402

해설 오존 파괴 지수(ODP ; Ozone Depletion Potential)가 높은 순 : Halon 1301 > Halon 2402 > Halon 1211

47 할론 1301의 증기 비중은? (단, 불소의 원자량은 19, 브롬의 원자량은 80, 염소의 원자량은 35.5이고 공기의 분자량은 29이다.)

① 2.14 ② 4.15
③ 5.14 ④ 6.15

해설 할론 1301(CF_3Br)의 증기 비중

$= \frac{12+(19\times3)+80}{29} = \frac{149}{29} ≒ 5.14$

정답 41 ② 42 ① 43 ② 44 ② 45 ③ 46 ③ 47 ③

48 할로겐 화합물 중 CH_3I에 해당하는 할론 번호는?

① 1031 ② 1301
③ 13001 ④ 10001

해설 ㉠ Halon 번호
첫째 – 탄소수, 둘째 – 불소수, 셋째 – 염소수,
넷째 – 브로민수, 다섯째 – 아이오딘수
㉡ Halon 10001–CH_3I

49 할로겐 화합물 소화기에서 사용되는 할론의 명칭과 화학식을 옳게 짝지은 것은?

① CBr_2F_2 – 1202 ② $C_2Br_2F_2$ – 2422
③ $CBrClF_2$ – 1102 ④ $C_2Br_2F_4$ – 1242

해설 할론의 명칭 순서
㉠ 첫째 – 탄소 ㉡ 둘째 – 불소
㉢ 셋째 – 염소 ㉣ 넷째 – 브로민

50 밀폐된 장소에서 사용 시 유독한 기체가 발생되어 좋지 않은 소화제는?

① 공기포 ② 액화 이산화탄소
③ 소화 분말 ④ 사염화탄소

해설 밀폐된 장소에서 CCl_4를 사용해서는 안 되는 이유
㉠ 건조된 공기 중 : $2CCl_4 + O_2 \longrightarrow 2COCl_2 + 2Cl_2$
㉡ 습한 공기 중 : $CCl_4 + H_2O \longrightarrow COCl_2 + 2HCl$
㉢ 탄산 가스 중 : $CCl_4 + CO_2 \longrightarrow 2COCl_2$
㉣ 철 존재 시 : $3CCl_4 + Fe_2O_3 \longrightarrow 3COCl_2 + 2FeCl_3$

51 소화제로 사용되는 사염화탄소가 공기 중의 물과 반응하여 생성되는 물질은?

① 포스겐과 염소 ② 포스겐과 수증기
③ 포스겐과 탄산 가스 ④ 포스겐과 염화수소

해설 $CCl_4 + H_2O \longrightarrow COCl_2 + 2HCl$

52 BCF(Bromochlorodifluoromethane) 소화 약제의 화학식으로 옳은 것은?

① CCl_4 ② CH_2ClBr
③ CF_3Br ④ CF_2ClBr

해설 BCF 소화 약제의 화학식 : CF_2ClBr(브로모클로로다이플루오르메탄, Halon 1211)

53 다음은 어떤 화합물의 구조식인가?

```
      Cl
      |
  H — C — H
      |
      Br
```

① 할론 1301
② 할론 1201
③ 할론 1011
④ 할론 2402

해설 할론 1011 : CH_2ClBr,

```
      Cl
      |
  H — C — H
      |
      Br
```

54 강화액 소화기의 소화 약제 액성은?

① 산성 ② 강알칼리성
③ 중성 ④ 강산성

해설 강화액 소화기는 PH 12 이상인 강알칼리성이다.

55 강화액 소화기의 주성분은?

① 물과 탄산칼륨
② CO_2와 물
③ 황산과 탄산수소나트륨
④ 물과 사염화탄소

해설 물 소화기의 소화 능력을 높이기 위하여 물에 탄산칼륨을 용해시킨 소화기이다.

56 산, 알칼리 소화 약제의 화학 반응식으로 옳은 것은?

① $2NaHCO_3 + H_2SO_4 \longrightarrow Na_2SO_4 + 2CO_2 + 2H_2O$
② $2CCl_4 + CO_2 \longrightarrow 2COCl_2$
③ $2K + 2H_2O \longrightarrow 2KOH + H_2$
④ $2Na + 2C_2H_5OH \longrightarrow 2C_2H_5ONa + H_2$

정답 48 ④ 49 ① 50 ④ 51 ④ 52 ④ 53 ③ 54 ② 55 ① 56 ①

해설 내통에 충전되는 황산 수용액은 진한 황산 70%와 물 30%의 비율로 혼합되어 있으며, 외통에 충전되는 탄산수소나트륨 수용액은 물 93%와 탄산수소나트륨 7%의 비율로 혼합되어 있다.

57 화재 시 소화제로 물을 가장 많이 이용하는 이유는?

① 값이 저렴하기 때문에
② 산소를 잘 흡수하기 때문에
③ 기화 잠열이 크기 때문에
④ 연소하지 않기 때문에

해설 물은 기화 잠열(539cal/g)이 크다.

58 다음 중 증발 잠열이 가장 큰 것은?

① 아세톤 ② 사염화탄소
③ 이산화탄소 ④ 물

해설 여러 가지 물질의 증발 잠열

물질명	증발 잠열(cal/g)
아세톤	6.23
사염화탄소	46.6
이산화탄소	56.12
물	539

59 물은 냉각 소화가 주된 대표적인 소화 약제이다. 물의 소화 효과를 높이기 위하여 무상 주수를 함으로써 부가적으로 작용하는 소화 효과로 이루어진 것은?

① 질식 소화 작용, 제거 소화 작용
② 질식 소화 작용, 유화 소화 작용
③ 타격 소화 작용, 유화 소화 작용
④ 타격 소화 작용, 피복 소화 작용

해설 물을 무상 주수하면

㉠ 질식 소화 작용 : 물의 입자 직경이 0.01~1.0mm로 되어 공기 중에 구름모양의 층, 안개모양을 형성하여 화재를 일으키고 있는 가연 물질에 공기 중의 산소가 공급되지 못하도록 차단시킴으로써 한계 산소 농도 이하가 되게 한다.

㉡ 유화 소화 작용 : 분무상의 미립자가 물보다 비중이 큰 제4류 위험물 제3석유류인 중유 또는 윤활유 등의 화재에 접촉하면 화재의 표면에 엷은 막이 유화층을 형성하여 이 유화층의 엷은 막이 공기 중의 산소를 차단함으로써 화재를 소화하는 기능이다.

60 할로겐 화합물 청정 소화 약제 중 HFC−23의 화학식은?

① CF_3I ② CHF_3
③ $CF_3CH_2CF_3$ ④ C_4F_{10}

해설 할로겐 화합물 청정 소화 약제

종 류	화학식
FIC-1311	CF_3I
HFC-23	CHF_3
HFC-236fa	$CF_3CH_2CF_3$
FC-3-1-10	C_4F_{10}

61 질소와 아르곤과 이산화탄소의 용량비가 52 : 40 : 8인 혼합물 소화 약제에 해당하는 것은?

① IG−541 ② HCFC BLEND A
③ HFC−125 ④ HFC−23

해설 불활성 가스 청정 소화 약제

소화 약제	상품명	화학식
IG-541	Inergen	N_2 : 52%, Ar : 40%, CO_2 : 8%
HCFC BLEND A	NAFS-III	· HCFC-22($CHClF_2$) : 82% · HCFC-123($CHCl_2CF_3$) : 4.75% · HCFC-124($CHClFCF_3$) : 9.5% · $C_{10}H_6$: 3.75%
HFC-125	FE-25	CHF_2CF_3
HFC-23	FE-13	CHF_3

정답 57 ③ 58 ④ 59 ② 60 ② 61 ①

62 간이 소화제인 마른 모래의 보관법으로 옳지 않은 것은?

① 가연물이 함유되어 있지 않을 것
② 부속 기구로 삽, 양동이를 비치할 것
③ 포대 또는 반절 드럼에 넣어 보관할 것
④ 충분한 습기를 함유할 것

해설 ④ 습기가 생기지 않도록 항상 건조한 곳에 둔다.

63 인화성 액체의 소화 용도로 개발되었으며, 모세관 현상의 원리를 이용한 소화 기구는?

① 강화액 소화기 ② 중조 톱밥
③ 팽창 질석 ④ 소화탄

해설 중조 톱밥은 마른 톱밥 사이로 중조가 혼합되어 있으며, 소화 시 마른 톱밥 사이로 중조가 방사됨으로 모세관 현상의 원리를 이용한 소화 기구로서 인화성 액체의 화재 진압에 좋다.

64 소화기를 설치하려 할 때 바닥으로부터의 높이는?

① 2m 이상 ② 1.5m 이하
③ 1m 이하 ④ 0.5m 이상

해설 소화기는 바닥으로부터 1.5m 이하의 위치에 설치한다.

65 소화기의 사용 방법에 대한 설명으로 가장 옳은 것은?

① 소화기는 화재 초기에만 효과가 있다.
② 소화기는 대형 소화 설비의 대용으로 사용할 수 있다.
③ 소화기는 어떠한 소화에도 만능으로 사용할 수 있다.
④ 소화기는 구조와 성능, 취급법을 명시하지 않아도 된다.

해설 ② 소화기는 대형 소화 설비의 대용이 될 수 없다.
③ 소화기는 어떠한 소화에도 만능은 없다.
④ 소화기는 구조와 성능, 취급법을 명시하여야 한다.

66 소화기의 사용 방법으로 잘못된 것은?

① 적응 화재에 따라 사용할 것
② 성능에 따라 방출 거리 내에서 사용할 것
③ 바람을 마주보며, 소화할 것
④ 양옆으로 비로 쓸듯이 방사할 것

해설 ③ 바람을 등지고 풍상에서 풍하의 방향으로 사용한다.

67 다음 중 소화기의 외부 표시 사항으로 가장 거리가 먼 것은?

① 유효 기간 ② 적응 화재 표시
③ 능력 단위 ④ 취급상 주의 사항

해설 소화기의 외부 표시 사항
㉠ 소화기의 명칭
㉡ 적응 화재 표시
㉢ 사용 방법
㉣ 용기 합격 및 중량 표시
㉤ 취급상 주의 사항
㉥ 능력 단위
㉦ 제조 연월일

68 소화기에 "B－2"라고 표시되어 있었다. 이 표시의 의미를 가장 옳게 나타낸 것은?

① 일반 화재에 대한 능력 단위 2단위에 적용되는 소화기
② 일반 화재에 대한 압력 단위 2단위에 적용되는 소화기
③ 유류 화재에 대한 능력 단위 2단위에 적용되는 소화기
④ 유류 화재에 대한 압력 단위 2단위에 적용되는 소화기

해설 소화기에 "B－2" 표시 : 유류 화재에 대한 능력 단위 2단위에 적용되는 소화기를 말한다.

정답 62 ④ 63 ② 64 ② 65 ① 66 ③ 67 ① 68 ③

Chapter 03 소방 시설

소화 설비, 경보 설비, 피난 구조 설비, 소화 용수 설비 및 소화 활동에 필요한 설비로 구분한다.

01 소방 시설의 종류

1-1 소화 설비

물 또는 기타 소화 약제를 사용하여 소화하는 기계 · 기구 또는 설비

(1) 소화 기구

① **소화기** : 방호 대상물의 각 부분으로부터 수동식 소화기까지의 보행 거리

㉮ **소형 수동식 소화기** : 20m 이하

㉯ **대형 수동식 소화기** : 30m 이하

② **간이 소화 용구** : 에어로졸식 소화 용구, 투척용 소화 용구, 소공간용 소화 용구 및 소화 약제 외의 것을 이용한 간이 소화 용구

③ **자동 확산 소화기**

(2) 자동 소화 장치

(3) 옥내 소화전 설비(호스릴 옥내 소화전 설비를 포함)

① **개요**

방호 대상물의 내부에서 발생한 화재를 조기에 진화하기 위하여 설치한 수동식 고정 설비

② **설치 기준**

㉮ **옥내 소화전의 개폐 밸브, 호스 접속구의 설치 위치** : 바닥면으로부터 1.5m 이하

㉯ 옥내 소화전의 개폐 밸브 및 방수용 기구를 격납하는 상자(소화전함)는 불연 재료를 제작하고 점검에 편리하고 화재 발생 시 연기가 충만할 우려가 없는 장소 중 쉽게 접근이 가능하고 화재 등에 의한 피해를 받을 우려가 적은 장소에 설치한다.

㉰ 가압 송수 장치의 시동을 알리는 표시등(시동 표시등)은 적색으로 하고 옥내 소화전함의 내부 또는 그 직근의 장소에 설치한다(자체 소방대를 둔 제조소 등으로서 가압 송수 장치의 기동 장치를 기동용 수압 개폐 장치로 사용하는 경우에는 시동 표시등을 설치하지 아니할 수 있다).

㉱ 옥내 소화전함에는 그 표면에 "소화전"이라고 표시한다.

㉲ 옥내 소화전함의 상부의 벽면에 적색의 표시등을 설치하되, 해당 표시등의 부착면과 15° 이상의 각도가 되는 방향으로 10m 떨어진 곳에서 용이하게 식별이 가능하도록 한다.

③ 옥내 소화전 설비의 비상 전원 : 자가 발전 설비 또는 축전지 설비로 45분 이상 작동할 수 있어야 한다.

④ 배관의 설치 기준

㉠ 전용으로 할 것

㉡ 가압 송수 장치의 토출측 직근 부분의 배관에는 체크 밸브 및 개폐 밸브를 설치할 것

㉢ 주배관 중 입상관은 관의 직경이 50mm 이상인 것으로 할 것

㉣ 개폐 밸브에는 그 개폐 방향을, 체크 밸브에는 그 흐름 방향을 표시할 것

⑤ 가압 송수 장치의 설치 기준

㉮ 고가 수조를 이용한 가압 송수 장치

낙차(수조의 하단으로부터 호스 접속구까지의 거리)는 다음 식에 의하여 구한 수치 이상으로 할 것

$$H = h_1 + h_2 + 35\text{m}$$

여기서, H : 필요 낙차(m)

h_1 : 방수용 호스의 마찰 손실 수두(m)

h_2 : 배관의 마찰 손실 수두(m)

㉯ 압력 수조를 이용한 가압 송수 장치

압력 수조의 압력은 다음 식에 의하여 구한 수치 이상으로 할 것

$$P = P_1 + P_2 + P_3 + 0.35\text{MPa}$$

여기서, P : 필요한 압력(MPa), P_1 : 소방용 호스의 마찰 손실 수두압(MPa)

P_2 : 배관의 마찰 손실 수두압(MPa), P_3 : 낙차의 환산 수두압(MPa)

예제

위험물안전관리법령상 압력 수조를 이용한 옥내 소화전 설비의 가압 송수 장치에서 압력 수조의 최소 압력(MPa)은? (단, 소방용 호스의 마찰 손실 수두압은 3MPa, 배관의 마찰 손실 수두압은 1MPa, 낙차의 환산 수두압은 1.35MPa이다.)

풀이 $P = P_1 + P_2 + P_3 + 0.35\text{MPa} = 3 + 1 + 1.35 + 0.35 = 5.70\text{MPa}$ 답 5.70MPa

㉰ 펌프를 이용한 가압 송수 장치

펌프의 전양정을 다음 식에 의하여 구한 수치 이상으로 할 것

$$H = h_1 + h_2 + h_3 + 35\text{m}$$

여기서, H : 펌프의 전양정(m), h_1 : 소방용 호스의 마찰 손실 수두(m)

h_2 : 배관의 마찰 손실 수두(m), h_3 : 낙차(m)

예제

위험물 제조소 등에 펌프를 이용한 가압 송수 장치를 사용하는 옥내 소화전을 설치하는 경우 펌프의 전양정은 몇 m인가? (단, 소방용 호스의 마찰 손실 수두는 6m, 배관의 마찰 손실 수두는 1.7m, 낙차는 32m이다.)

풀이 $H = h_1 + h_2 + h_3 + 35\text{m}$

$= 6\text{m} + 1.7\text{m} + 32\text{m} + 35\text{m} = 74.7\text{m}$

답 74.7m

⑥ 수원의 양(Q) : 옥내 소화전이 가장 많이 설치된 층의 옥내 소화전 설비의 설치 개수(N : 설치 개수가 5개 이상인 경우는 5개의 옥내 소화전)에 7.8m^3를 곱한 양 이상으로 한다.

$$Q(\text{m}^3) = N \times 7.8\text{m}^3$$

여기서, Q : 수원의 양, N : 옥내 소화전 설비의 설치 개수

즉, 7.8m^3란 법정 방수량 260L/min으로 30min 이상 기동할 수 있는 양

예제

위험물 제조소 등에 설치하는 옥내 소화전 설비가 설치된 건축물에 옥내 소화전이 1층에 5개, 2층에 6개가 설치되어 있다. 이때 수원의 수량은 몇 m^3 이상으로 하여야 하는가?

풀이 $Q = N \times 7.8\text{m}^3 = 5 \times 7.8 = 39\text{m}^3$

여기서, Q : 수원의 수량

N : 옥내 소화전 설비의 설치 개수(설치 개수가 5개 이상인 경우는 5개의 옥내 소화전)

답 39m^3

⑦ 소화전의 노즐 선단의 성능 기준 : 방사 압력 350kPa(0.35MPa) 이상, 방수량 260L/mm 이상

⑧ 옥내 소화전은 제조소 등의 건축물의 층마다 하나의 호스 접속구까지의 수평 거리가 25m 이하가 되도록 설치한다. 이 경우 옥내 소화전은 각 층의 출입구 부근에 1개 이상 설치하여야 한다.

⑨ 가압 송수 장치에는 해당 옥내 소화전의 노즐 선단에서 방수 압력이 0.7MPa을 초과하지 아니하도록 한다.

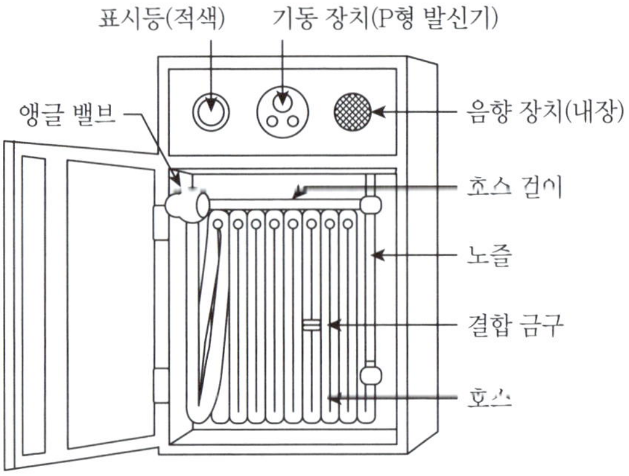

<옥내 소화전>

(4) 옥외 소화전 설비

① 개요

건축물의 1, 2층 부분만을 방사 능력 범위로 하고 지하층 및 3층 이상의 층에 대하여 다른 소화 설비를 설치해야 하는 소화 설비로서, 옥외 설비 및 기타 장치에서 발생하는 화재의 진압 또는 인접 건축물로의 연소 확대를 방지할 목적으로 방호 대상물의 옥외에 설치하는 수동식 고정 소화 설비를 말하며, 주요 구성 요소는 수원(물탱크), 가압 송수 장치, 배관, 호스, 소화전함으로 구성되어 있다.

② 설치 기준

㉮ **수원의 양(Q)** : 옥외 소화전 설비의 설치 개수(설치 개수가 4개 이상인 경우는 4개의 옥외 소화전)에 $13.5m^3$를 곱한 양 이상

$$Q(m^3) = N \times 13.5m^3$$

여기서, Q : 수원의 양

N : 옥외 소화전 설비 설치 개수

즉, $13.5m^3$란 법정 방수량 450L/min으로 30min 이상을 기동할 수 있는 양

예제

위험물 제조소 등에 옥외 소화전을 6개 설치할 경우 수원의 수량은 몇 m^3 이상이어야 하는가?

풀이 $Q(m^3) = N \times 13.5 = 4 \times 13.5 = 54m^3$

여기서, Q : 수원의 양

N : 옥외 소화전 설비 설치 개수

(설치 개수가 4개 이상인 경우는 4개의 옥외 소화전)

답 $54m^3$

㉯ **소화전 노즐 선단의 성능 기준**

방사 압력 350kPa(0.35MPa) 이상, 방수량 450L/min 이상

㉰ **방수구의 설치 기준**

㉠ 당해 소방 대상물의 각 부분으로부터 하나의 옥외 소화전 방수구(호스 접결구)까지의 수평 거리가 40m 이하가 되도록 할 것

㉡ 호스의 구경은 65mm 이상의 것으로 할 것

㉱ **옥외 소화전함의 설치 기준**

옥외 소화전으로부터 보행 거리 5m 이하의 장소에 설치할 것

㉲ **개폐 밸브 및 호스 접속구의 설치 기준**

지반면으로부터 1.5m 이하의 높이에 설치할 것

(5) 스프링클러 설비

1) 스프링클러 설비

① **개요**

물을 소화 약제로 하는 자동식 소화 설비로서 화재가 발생한 경우에 소방 대상물의 천장, 벽 등에 설치되어 있는 스프링클러 헤드로 자동으로 물이 방사되어 화재를 진압할 수 있는 소화 설비이다. 초기 소화에 절대적인 효과를 가지고 있으며, 소화뿐 아니라 화재 경보도 할 수 있다.

② **스프링클러 헤드의 설치 방법**

㉮ 개방형 스프링클러 헤드는 방호 대상물의 모든 표면이 헤드의 유효 사정 내에 있도록 설치한다.

㉠ 스프링클러 헤드의 반사판으로부터 하방으로 0.45m, 수평 방향으로 0.3m의 공간을 보유할 것

㉡ 스프링클러 헤드는 헤드의 축심이 해당 헤드의 부착면에 대하여 직각이 되도록 설치할 것

㉯ 폐쇄형 스프링클러 헤드는 방호 대상물의 모든 표면이 헤드의 유효 사정 내에 있도록 설치한다.

㉠ 스프링클러 헤드의 반사판과 당해 헤드의 부착면과의 거리는 0.3m 이하일 것

㉡ 스프링클러 헤드는 당해 헤드의 부착면으로부터 0.4m 이상 돌출한 보 등에 의하여 구획된 부분마다 설치할 것. 다만, 당해 보 등의 상호간의 거리(보 등의 중심선을 기산점으로 한다)가 1.8m 이하인 경우에는 그러하지 아니하다.

㉢ 급배기 덕트 등의 긴변의 길이가 1.2m를 초과하는 것이 있는 경우에는 당해 덕트 등의 아랫면에도 스프링클러 헤드를 설치할 것

㉣ **스프링클러 헤드의 부착 위치**

ⓐ 가연성 물질을 수납하는 부분에 스프링클러 헤드를 설치하는 경우에는 당해 헤드의 반사판으로부터 하방으로 0.9m, 수평 방향으로 0.4m의 공간을 보유할 것

ⓑ 개구부에 설치하는 스프링클러 헤드는 당해 개구부의 상단으로부터 높이 0.5m 이내의 벽면에 설치할 것

ⓜ 건식 또는 준비 작동식의 유수 검지 장치의 2차측에 설치하는 스프링클러 헤드는 상향식 스프링클러 헤드로 할 것. 다만, 동결할 우려가 없는 장소에 설치하는 경우에는 그러하지 아니하다.

ⓗ 스프링클러 헤드 부착 장소의 평상 시 최고 주위 온도와 표시 온도

부착 장소의 최고 주위 온도(℃)	표시 온도(℃)
28 미만	58 미만
28 이상 39 미만	58 이상 79 미만
39 이상 64 미만	79 이상 121 미만
64 이상 106 미만	121 이상 162 미만
106 이상	162 이상

③ 스프링클러 설비의 장 · 단점

장점	단점
• 화재의 초기 진압에 효율적이다. • 사용 약제를 쉽게 구할 수 있다. • 약제가 물이기 때문에 값이 저렴하고, 복구가 쉽다. • 오동작, 오보가 없다(감지부가 기계적). • 조작이 간편하고 안전하다. • 야간이라도 자동으로 화재 감지 경보, 소화할 수 있다	• 초기 시설비가 많이 든다. • 시공이 다른 설비와 비교했을 때 복잡하다. • 물로 인한 피해가 크다.

④ 스프링클러 설비의 설치 기준

㉮ 수원의 양(Q)

㉠ 폐쇄형 스프링클러 헤드를 사용하는 경우

$$Q(\text{m}^3) = N(\text{헤드의 설치 개수 : 최대 30개}) \times 2.4\text{m}^3$$

여기서, Q : 수원의 양

N : 스프링클러 헤드의 설치 개수

즉 2.4m^3란 법정 방수량 80L/min으로 30min 이상을 기동할 수 있는 양

㉡ 개방형 스프링클러 헤드를 사용하는 경우

ⓐ 헤드 수가 30개 미만인 경우

$$Q(\text{m}^3) = N(\text{헤드의 설치 개수}) \times 2.4\text{m}^3$$

여기서, Q : 수원의 양

N : 스프링클러 헤드의 설치 개수

ⓑ 헤드 수가 30개 초과하는 경우

$$Q(\mathrm{m^3}) = K\sqrt{P}(L/\mathrm{min}) \times 30\mathrm{min} \times N(\text{헤드 설치 개수})$$

여기서, Q : 수원의 양
K : 상수
P : 방수 압력
N : 스프링클러 헤드의 설치 개수

㉯ 수동식 개방 밸브를 개방 조작하는 데 필요한 힘
개방형 스프링클러 헤드를 사용하는 경우 : 15kg 이하

㉰ 가압 송수 장치의 송수량 기준
방사 압력 100kPa(0.1MPa) 이상, 방수량 80L/min 이상

⑤ 제어 밸브의 설치 위치
㉮ 방수 구역마다 제어 밸브를 설치한다.
㉯ 바닥으로부터 0.8m 이상 1.5m 이하에 설치한다.

2) 간이 스프링클러 설비(캐비닛형 간이 스프링클러 설비)

3) 화재 조기 진압용 스프링클러 설비

(6) 물분무 등 소화 설비

1) 물분무 소화 설비

① 개요
화재 발생 시 분무 노즐에서 물을 미립자로 방사하여 소화하고, 화재의 억제 및 연소를 방지하는 소화 설비이다. 즉, 미세한 물의 냉각 작용, 질식 작용, 유화 작용, 희석 작용을 이용한 소화 설비이다.

② 설치 기준
㉮ 위험물 제조소 등

구분	기준
방사 구역	150m² 이상
방사 압력	350kPa 이상
수원의 수량	• $Q(\mathrm{L}) \geq$ 방호 대상물 표면적(m²) × 20L/min · m² × 30min (건축물의 경우 바닥 면적) • $Q(\mathrm{L}) \geq 2\pi r \times$ 37L/min · 20min(탱크 높이 15m마다) (탱크 원주 둘레)
비상 전원	45분 이상 작동할 것

㈏ 옥외 저장 탱크에 설치하는 물분무 설비 기준

㉠ 탱크 표면에 방사하는 물의 양 : 원주 둘레(m)×37L/m · min 이상

㉡ 수원의 양 : 방사하는 물의 양을 20분 이상 방사할 수 있는 수량

예제

높이 15m, 지름 20m인 옥외 저장 탱크에 보유 공지의 단축을 위해서 물분무 설비로 방호 조치를 하는 경우 수원의 양은 약 몇 L 이상으로 하여야 하는가?

풀이 보유 공지의 단축을 위해 물분무 설비로 방호 조치를 하는 경우 수원의 양은 탱크의 원주 길이 1m에 대하여 분당 37L 이상으로 20분 이상 방사할 수 있는 수량으로 한다.

수원의 양 $= 20\text{m} \times \pi \times 37\text{L/min} \cdot \text{m} \times 20\text{min}$ 이상 $= 46{,}472\text{L}$ 이상

답 46,472L

③ 제어 밸브

바닥으로부터 0.8m 이상 1.5m 이하

2) 미분무 소화 설비

3) 포 소화 설비

① 개요

포 소화 약제를 사용하여 포 수용액을 만들고 이것을 화학적 또는 기계적으로 발포시켜 연소 부분을 피복, 질식 효과에 의해 소화 목적을 달성하는 소화 설비이다. 이동식 포 소화 설비는 4개(호스 접속구가 4개 미만인 경우에는 그 개수)의 노즐을 동시에 사용할 경우에 각 노즐 선단의 방사 압력은 0.35MPa 이상이고, 방사량은 옥내에 설치한 것을 200L/min 이상, 옥외에 설치한 것은 400L/min 이상으로 30분간 방사할 수 있는 양이다.

② 설치 기준

㉮ 고정 포 방출구의 포 수용액량 및 방출률

포 방출구의 종류 \ 제4류 위험물		인화점이 21℃ 미만	인화점이 21℃ 이상 70℃ 미만	인화점이 70℃ 이상
Ⅰ형	포 수용액량(L/m^2)	120	80	60
	방출률($L/m^2 \cdot min$)	4	4	4
Ⅱ형	포 수용액량(L/m^2)	220	120	100
	방출률($L/m^2 \cdot min$)	4	4	4
특형	포 수용액량(L/m^2)	240	160	120
	방출률($L/m^2 \cdot min$)	8	8	8
Ⅲ형	포 수용액량(L/m^2)	220	120	100
	방출률($L/m^2 \cdot min$)	4	4	4

Ⅳ형	포 수용액량(L/m²)	220	120	100
	방출률(L/m² · min)	4	4	4

※ 옥외 탱크 저장소의 고정 포 방출구 수에서 정한 고정 지붕 구조의 탱크 중 탱크 직경이 24m 미만인 것은 당해 포 방출구(Ⅲ형 및 Ⅳ형은 제외)의 개수에서 1을 뺀 개수에 유효하게 방출할 수 있도록 설치할 것

② 고정식 포 소화 설비

㉮ 포 방출구

방출구 형식	지붕구조	주입방식
Ⅰ형	고정지붕구조	상부포주입법
Ⅱ형	고정지붕구조 또는 부상덮개부착 고정지붕구조	상부포주입법
특형	부상지붕구조	상부포주입법
Ⅲ형	고정지붕구조	저부포주입법
Ⅳ형	고정지붕구조	저부포주입법

㉯ 보조 포 소화전 설치

㉠ 보조 포 소화전의 상호 간의 보행 거리가 75m 이하가 되도록 설치한다.

㉡ 보조 포 소화전은 3개(호스 접속구가 3개 미만은 그 개수)의 노즐을 동시에 방사 시

ⓐ 방수 압력 : 0.35MPa 이상

ⓑ 방사량 : 400L/min 이상

㉰ 포 헤드 방식의 포 헤드 설치 기준

㉠ 포 헤드는 방호 대상물의 모든 표면이 포 헤드의 유효 사정 내에 있도록 설치

㉡ 방호 대상물 표면적(건축물의 경우 바닥 면적) $9m^2$당 1개 이상의 헤드를 설치

㉢ 방호 대상물의 표면적 $1m^2$당 방사량이 6.5L/min 이상의 비율로 계산한 양의 포 수용액을 표준 방사량으로 방사할 수 있도록 설치

㉣ 방사 구역은 $100m^2$ 이상으로 할 것(방호 대상물 표면적이 $100m^2$ 미만일 경우는 해당 표면적)

③ 공기 포 소화 약제의 혼합 방식

㉮ 펌프 혼합 방식(펌프 프로포셔너 방식)

펌프의 토출관과 흡입관 사이의 배관 도중에 설치된 흡입기에 펌프에서 토출된 물의 일부를 보내고 농도 조절 밸브에서 조정된 포 소화 약제의 필요량을 포 소화 약제 탱크에서 펌프 흡입 측으로 보내어 이를 혼합하는 방식

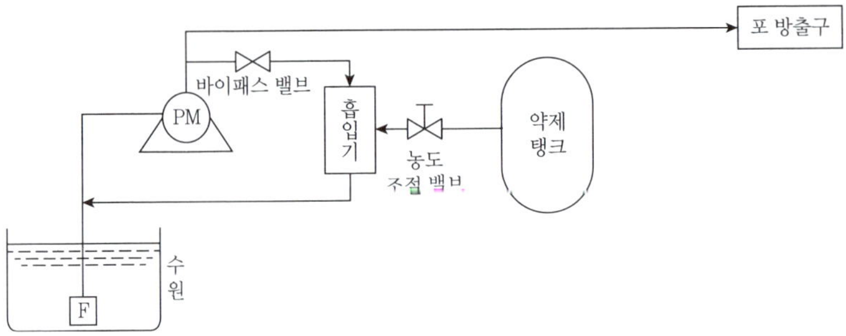

<펌프 프로포셔너 방식>

㉯ 차압 혼합 방식(프레셔 프로포셔너 방식)

펌프와 발포기의 중간에 설치된 벤투리관의 벤투리 작용과 펌프 가압수의 포 소화 약제 저장 탱크에 대한 압력에 의하여 포 소화 약제를 흡입 · 혼합하는 방식

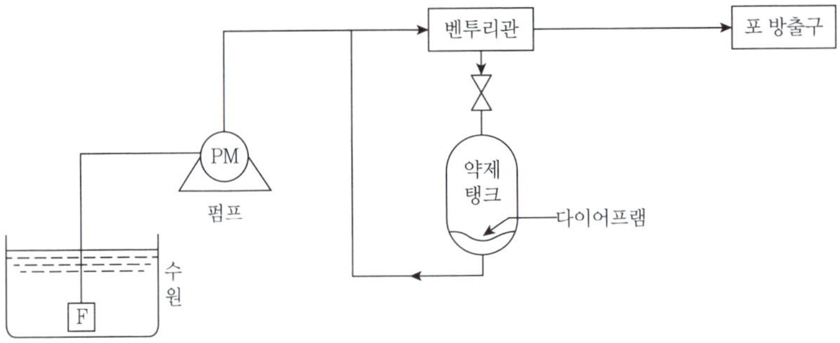

<프레셔 프로포셔너 방식>

참고

벤투리 작용

관의 도중을 가늘게 하여 흡입력으로 약제와 물을 혼합하는 작용

㉰ 관로 혼합 방식(라인 프로포셔너 방식)

펌프와 발포기 중간에 설치된 벤투리관의 벤투리 작용에 의해 포 소화 약제를 흡입하여 혼합하는 방식

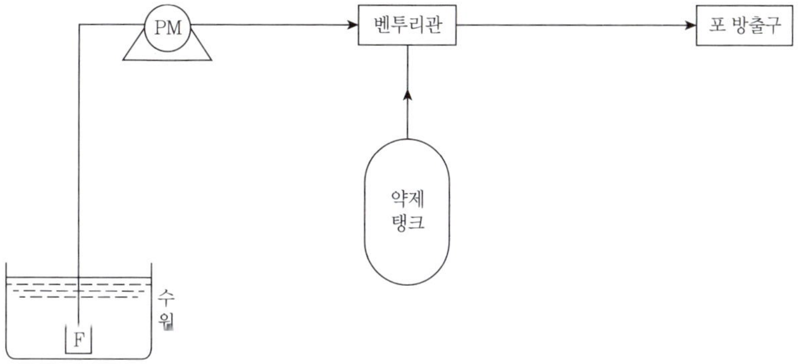

<라인 프로포셔너 방식>

㉣ 압입 혼합 방식(프레셔 사이드 프로포셔너 방식)

포 원액을 송수관에 압입하기 위하여 포 원액용 펌프를 별도로 설치하여 혼합하는 방식

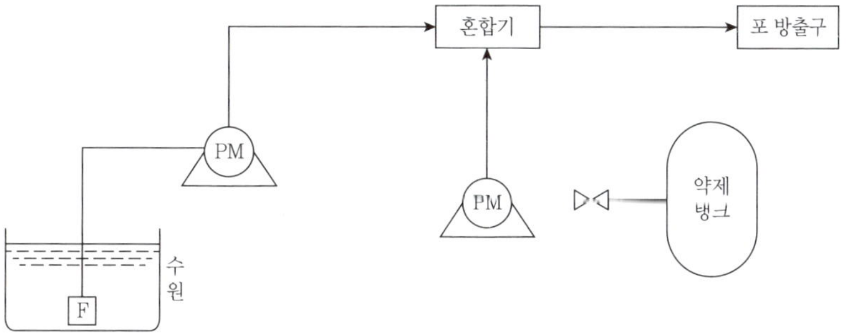

<프레셔 사이드 프로포셔너 방식>

④ 팽창 비율에 따른 포 방출구의 종류

팽창 비율에 의한 포의 종류	포 방출구의 종류
저발포(팽창비가 20 이하인 것)	포 헤드
고발포(팽창비가 80 이상 1,000 미만인 것)	고발포용 고정 포 방출구

㉮ **저발포** : 단백포 소화 약제, 불화 단백포액, 수성막포액, 수용성 액체용 포 소화 약제, 모든 화학포 소화 약제 등

㉯ **고발포** : 합성 계면활성제 포 소화 약제 등

㉰ 팽창비$=\dfrac{\text{포 방출구에 의해 방사되어 발생한 포의 체적 (L)}}{\text{포 수용액(원액+물)(L)}}$

예제

3%의 포 원액을 사용하여 500 : 1의 발포 배율로 할 때 고팽창포 1,700L에는 몇 L의 물이 포함되어 있는가?

풀이 발포 배율(팽창비) $= \dfrac{\text{방출된 포의 체적 (L)}}{\text{방출 전 포 수용액의 체적(L)}}$에서

방출 전 포 수용액의 체적 $= \dfrac{\text{방출된 포의 체적 (L)}}{\text{발포 배율(팽창비)}} = \dfrac{1,700}{500} = 3.4\text{L}$

포 수용액=포 원액+물에서, 포 원액이 3%이므로 물은 97%($w-3=97\%$)가 된다.

즉, 물 $=3.4\text{L} \times 0.97 = 3.298 \fallingdotseq 3.3\text{L}$

답 3.3L

⑤ 가압 송수 장치

압력 수조를 이용한 가압 송수 장치

$$P = P_1 + P_2 + P_3 + P_4$$

여기서, P : 필요한 압력(MPa)

P_1 : 방출구의 설계 압력 또는 노즐 선단의 방사 압력(MPa)

P_2 : 배관의 마찰 손실 수두압(MPa)

P_3 : 낙차의 환산 수두압(MPa)

P_4 : 소방용 호스의 마찰 손실 수두압(MPa)

4) 이산화탄소 소화설비

5) 할론 소화 설비

6) 할로겐화합물 소화 설비

① 개요

할로겐 화합물 소화 약제를 사용하여 화재의 연소 반응을 억제함으로써 소화 가능하도록 하는 것을 목적으로 설치된 고정 소화 설비로서, 불활성 가스 소화 설비와 비슷하다.

참고

할로겐 화합물 소화 약제가 전기 화재에 사용될 수 있는 이유 : 전기적으로 부도체이다.

② 저장 용기의 충전비

약제의 종류		충전비
할론 2402	가압식	0.51 이상 0.67 이하
	축압식	0.67 이상 2.75 이하
할론 1211		0.7 이상 1.4 이하

할론 1301, HFC-227ea	0.9 이상 1.6 이하

③ 축압식 저장 용기 : 압력은 온도 20℃에서 질소 가스로 축압한다.

약제의 종류	저압식	고압식
할론 1301, HFC-227ea	2.5MPa	4.2MPa
할론 1211	1.1MPa	2.5MPa

④ 전역 · 국소 방출 방식 분사 헤드의 방사 압력

약제	방사 압력
할론 2402	0.1MPa 이상
할론 1211	0.2MPa 이상
할론 1301	0.9MPa 이상
HFC-227ea, FK-5-1-12	0.3MPa 이상
HFC-23	0.9MPa 이상
HFC-125	0.9MPa 이상

⑤ 이동식 할로겐화물 소화설비

소화 약제의 종류	소화 약제의 양	분당 방사량
할론 2402	50kg	45kg
할론 1211	45kg	40kg
할론 1301		35kg

7) 불활성 가스 소화설비

① 개요

불연성 가스인 CO_2 가스를 고압 가스 용기에 저장하여 두었다가 화재가 발생할 경우 미리 설치된 소화 설비에 의하여 화재 발생 지역에 CO_2 가스를 방출, 분사시켜 질식 및 냉각 작용에 의하여 소화를 목적으로 설치한 고정 소화 설비이다.

② 방출 방식에 따른 소화 설비의 종류

㉮ 전역 방출 방식(total flooding system) : 일정 방호 구역 전체에 방출하는 경우 해당 부분의 구획을 밀폐하여 불연성 가스를 방출하는 방식

㉯ 국소 방출 방식(local application system): 소방 대상물에 커다란 개구부가 있어 전역 방출 방식으로 소화가 곤란한 경우 한정된 연소 부분에 CO_2 가스를 집중적으로 분사하여 산소의 공급을 일시적으로 급히 차단시켜 소화하는 방법

- 분사 헤드에서 방출되는 소화 약제 방사 기준 : 30초 이내에 균일하게 방사할 수 있을 것

㉰ 이동식(portable installation): 분사 헤드가 배관에 고정되어 있지 않고 고정 설치된 CO_2 용기에 호스를 연결하여 사람이 직접 수동으로 연소 부분에 호스를 최대한 가까이 하고 CO_2를 방사시켜 소화하는 방법

참고

위험물 제조소 등에 설치하는 이동식 불활성 가스 소화 설비의 소화 약제 양은 하나의 노즐마다 90kg 이상으로 하여야 한다.

③ 전역 방출 방식 또는 국소 방출 방식의 저장 용기 설치 기준

㉮ 방호 구역 외의 장소에 설치한다.

㉯ 온도가 40℃ 이하이고, 온도 변화가 적은 곳에 설치한다.

㉰ 직사광선 및 빗물이 침투할 우려가 적은 장소에 설치한다.

㉱ 저장 용기에는 안전 장치(용기 밸브에 설치되어 있는 것 포함)를 설치한다.

㉲ 저장 용기의 외면에 소화 약제의 종류와 양, 제조년도 및 제조사를 표시한다.

④ 불활성 가스를 저장하는 저압식 저장 용기 설치 기준

㉮ 저압식 저장 용기에는 용기 내부의 온도를 −20℃ 이상 −18℃ 이하로 유지할 수 있는 자동 냉동기를 설치한다.

㉯ 저압식 저장 용기에는 액면계 및 압력계와 2.3MPa 이상의 압력 및 1.9MPa 이하의 압력에서 작동하는 압력 경보 장치를 설치한다.

㉰ 저압식 저장 용기에는 파괴판 및 방출 밸브를 설치한다.

⑤ 저장 용기의 충전비

구분		기준
CO_2 충전비	고압식	1.5 이상 1.9 이하
	저압식	1.1 이상 1.4 이하

⑥ 기동 장치

㉮ 기동 장치의 조작부는 바닥으로부터 높이 0.8m 이상 1.5m 이하의 위치에 설치하고 보호판 등에 따른 보호 장치를 설치한다.

㉯ 기동용 가스 용기 및 해당 용기에 사용하는 밸브를 25MPa 이상의 압력에 견딜 수 있는 것으로 한다.

⑦ 저압식 저장 용기에 설치하는 압력 경보 장치의 작동 압력 : 2.3MPa 이상의 압력 및 1.9MPa 이하의 압력

⑧ 동관의 배관

고압식	저압식
16.5MPa 이상	3.75MPa 이상

⑨ 전역 방출 방식 분사 헤드의 방사 압력

고압식	저압식
2.1MPa 이상	1.05MPa 이상

8) 분말 소화 설비

① 가압식의 분말 소화 설비에는 2.5MPa 이하의 압력으로 조정할 수 있는 압력 조정기를 설치한다.

② 축압식의 분말 소화 설비에는 사용 압력의 범위를 녹색으로 표시한 지시 압력계를 설치한다.

방출 방식	분사 헤드 방사 압력
전역 방출 방식	0.1MPa 이상
국소 방출 방식	0.1MPa 이상

9) 강화액 소화 설비

10) 고체 에어로졸 소화 설비

1-2 경보 설비

화재 발생 사실을 통보하는 기계 · 기구 또는 설비

(1) 단독 경보형 검지기

(2) 비상 경보 설비

① 비상벨 설비

② 자동식 사이렌 설비

(3) 시각 경보기

(4) 자동 화재 탐지 설비

① 개요

자동 화재 탐지 설비는 건물의 화재 발생 시 신속한 경보로 초기에 피난할 수 있도록 하며 화재 발생 위치를 파악하여 인명과 재산 피해를 효과적으로 경감시킬 수 있는 설비

㉮ 자동 화재 탐지 설비의 설치 기준

㉠ 경계 구역(화재가 발생한 구역을 다른 구역과 구분하여 식별할 수 있는 최고 단위의 구역을 말한다)은 건축물 그 밖의 공작물의 2 이상의 층에 걸치지 아니하도록 할 것. 다만, 하나의 경계 구역의 면적이 $500m^2$ 이하이면서 당해 경계 구역이 두 개의 층에 걸치는 경우이거나 계단 · 경사로 · 승강기의 승강로 그 밖에 이와 유사한 장소에 연기 감지기를 설치하는 경우에는 그러하지 아니하다.

㉡ 하나의 경계 구역의 면적은 $600m^2$ 이하로 하고, 그 한변의 길이는 50m(광전식 분리형 감지기를 설치할 경우에는 100m) 이하로 할 것. 다만, 당해 건축물 그 밖의 공작물의 주요한 출입구에서 그 내부의 전체를 볼 수 있는 경우에 있어서는 그 면적을 $1,000m^2$ 이하로 할 수 있다.

㉢ 감지기는 지붕(상층이 있는 경우에는 상층의 바닥) 또는 벽의 옥내에 면한 부분(천장이 있는 경우에는 천장 또는 벽의 옥내에 면한 부분 및 천장의 뒷부분)에 유효하게 화재의 발생을 감지할 수 있도록 설치한다.

㉣ 비상 전원을 설치한다.

㉤ 위험물 제조소의 경우 연면적이 최소 $500m^2$일 때 설치한다.

(5) 화재 알림 설비

(6) 비상 방송 설비

(7) 자동 화재 속보 설비

(8) 통합 감시 설비

(9) 누전 경보기

(10) 가스 누설 경보기

1-3 피난 구조 설비

화재가 발생할 경우 피난하기 위하여 사용하는 기구 또는 설비

(1) 피난 기구

① 피난 사다리

② 구조대

③ 완강기

④ 간이 완강기 및 그 밖에 화재 안전 기준으로 정하는 것

(2) 인명 구조 기구

① 방열복

② 방화복(안전모, 보호 장갑 및 안전화 포함)

③ 공기 호흡기

④ 인공 소생기

(3) 유도등

① 피난 유도선

② 피난구 유도등

㉮ 피난구의 바닥으로부터 1.5m 이상의 곳에 설치한다.

㉯ 조명도는 피난구로부터 30m의 거리에서 문자 및 색채를 쉽게 식별할 수 있는 것이어야 한다.

③ 통로 유도등

㉮ 종류

㉠ 복도 통로 유도등

㉡ 거실 통로 유도등

㉢ 계단 통로 유도등

㉯ 조도는 통로 유도등의 바로 밑의 바닥으로부터 수평으로 0.5m 떨어진 지점에서 측정하여 1Lux 이상이어야 한다.

㉰ 백색 바탕에 녹색으로 피난 방향을 표시한 등으로 하여야 한다.

④ 객석 유도등

㉮ 조도는 통로 바닥의 중심선에서 측정하여 0.2Lux 이상이어야 한다.

㉯ 설치 개수 $= \dfrac{\text{객석의 통로 직선 부분의 길이(m)}}{4} - 1$

⑤ 유도 표지

㉮ 피난구 유도 표지는 출입구 상단에 설치한다.

㉯ 통로 유도 표지는 바닥으로부터 높이 1.5m 이하의 위치에 설치한다.

⑥ 비상 조명등 휴대용 비상 조명등

1-4 소화 용수 설비

화재를 진압하는 데 필요한 물을 공급하거나 저장하는 설비

① 상수도 소화 용수 설비

② 소화 수조 · 저수조 그 밖의 소화 용수 설비

1-5 소화 활동 설비

화재를 진압하거나 인명 구조 활동을 위하여 사용하는 설비

(1) 제연(배연) 설비

(2) 연결 송수관 설비

(3) 연결 살수 설비

(4) 비상 콘센트 설비

(5) 무선 통신 보조 설비

(6) 연소 방지 설비

출제예상문제

01 위험물안전관리법령에 따른 대형 수동식 소화기의 설치 기준에서 방호 대상물의 각 부분으로부터 하나의 대형 수동식 소화기까지의 보행 거리는 몇 m 이하가 되도록 설치하여야 하는가? (단, 옥내 소화전 설비, 옥외 소화전 설비, 스프링클러 설비 또는 물분무 등 소화 설비와 함께 설치하는 경우는 제외한다.)

① 10　　② 15
③ 20　　④ 30

해설 수동식 소화기의 설치 기준

구분	설치 거리
소형	보행 거리 20m 이하
대형	보행 거리 30m 이하

02 위험물안전관리법령상 옥내 소화전 설비의 기준에서 옥내 소화전의 개폐 밸브 및 호스 접속구의 바닥면으로부터 설치 높이 기준으로 옳은 것은?

① 1.2m 이하　　② 1.2m 이상
③ 1.5m 이하　　④ 1.5m 이상

해설 옥내 소화전의 개폐 밸브 및 호스 접속구의 설치 높이 : 바닥면으로부터 1.5m 이하

03 다음은 위험물안전관리법령상 위험물 제조소 등에 설치하는 옥내 소화전 설비의 설치 표시 기준 중 일부이다. (　　)에 알맞은 수치를 차례대로 옳게 나타낸 것은?

> 옥내 소화전함의 상부의 벽면에 적색의 표시등을 설치하되, 당해 표시등의 부착면과 (　　) 이상의 각도가 되는 방향으로 (　　) 떨어진 곳에서 용이하게 식별이 가능하도록 할 것

① 5°, 5m　　② 5°, 10m
③ 15°, 5m　　④ 15°, 10m

해설 옥내 소화전 설치 표시 기준 : 옥내 소화전함의 상부의 벽면에 적색의 표시등을 설치하되 당해 표시등의 부착면과 15° 이상의 각도가 되는 방향으로 10m 떨어진 곳에서 용이하게 식별이 가능하도록 할 것

04 위험물을 제조소에서 옥내 소화전이 1층에 4개, 2층에 6개가 설치되어 있을 때 수원의 수량은 몇 L 이상이 되도록 설치하여야 하는가?

① 13,000　　② 15,600
③ 39,000　　④ 46,800

해설 수원의 양 $Q(m^3) = N \times 7.8m^3$
(N : 설치 개수가 5개 이상인 경우는 5개의 옥내 소화전)
$\therefore Q = 5 \times 7.8m^3 = 39m^3 = 39{,}000L$

05 옥내 소화전의 법정 방수량과 방수 압력은?

① 100L/min 이상, 170kPa 이상
② 260L/min 이상, 350kPa 이상
③ 350L/min 이상, 250kPa 이상
④ 80L/min 이상, 100kPa 이상

해설 ㉠ 옥내 소화전 노즐 선단의 성능 기준
방수압 350kPa 이상, 방수량 260L/min 이상
㉡ 옥외 소화전 노즐 선단의 성능 기준
방수압 350kPa 이상, 방수량 450L/min 이상
㉢ 스프링클러 헤드의 성능 기준
방수압 100kPa 이상, 방수량 80L/min 이상

06 압력 수조를 이용한 옥내 소화전 설비의 가압 송수 장치에서 압력 수조의 최소 압력(MPa)은? (단, 소방용 호스의 마찰 손실 수두압은 3MPa, 배관의 마찰 손실 수두압은 1MPa, 낙차의 환산 수두압은 1.35MPa이다.)

① 5.35　　② 5.70
③ 6.00　　④ 6.35

정답 01 ④　02 ③　03 ④　04 ③　05 ②　06 ②

해설 $P=P_1+P_2+P_3+0.35\text{MPa}$
$=3+1+1.35+0.35=5.70\text{MPa}$

07 위험물안전관리법령상 옥내 소화전 설비의 비상 전원은 몇 분 이상 작동할 수 있어야 하는가?

① 45분 ② 30분
③ 20분 ④ 10분

해설 옥내 소화전 설비의 비상 전원 : 45분 이상 작동

08 건축물의 1층 및 2층 부분만을 방사 능력 범위로 하고 지하층 및 3층 이상의 층에 대하여 다른 소화 설비를 설치해야 하는 소화 설비는?

① 스프링클러 설비 ② 포 소화 설비
③ 옥외 소화전 설비 ④ 물분무 소화 설비

해설 옥외 소화전 설비의 설명이다.

09 위험물안전관리법령상 옥외 소화전 설비의 옥외 소화전이 3개 설치되었을 경우 수원의 수량은 몇 m^3 이상이 되어야 하는가?

① 7 ② 20.4
③ 40.5 ④ 100

해설 수원의 양 $Q(m^3)=N\times 13.5m^3$
(N : 설치 개수가 4개 이상인 경우는 4개의 옥외 소화전)
$\therefore Q=3\times 13.5m^3=40.5m^3$

10 위험물안전관리법령상 옥외 소화전 설비는 모든 옥외 소화전을 동시에 사용할 경우 각 노즐 선단의 방수 압력은 얼마 이상이 되어야 하는가?

① 100kPa ② 170kPa
③ 350kPa ④ 520kPa

해설 옥내 소화전 설비와 옥외 소화전 설비

구분	옥내 소화전 설비	옥외 소화전 설비
수평 거리	25m 이하	40m 이하
방수량	260L/min 이상	450L/min 이상
방수 압력	350kPa 이상	350kPa 이상
수원의 수량	$Q\geq 7.8N$ (N : 최대 5개)	$Q\geq 13.5N$ (N : 최대 4개)

11 옥외 소화전의 호스 접결구는 소방 대상물의 각 부분으로부터 하나의 호스 접결구까지의 수평 거리가 몇 m 이하가 되도록 설치하는가?

① 10 ② 20
③ 30 ④ 40

해설 옥외 소화전의 호스 접결구 : 소방 대상물 각 부분으로부터 호스 접결구까지의 수평 거리가 40m 이하

12 위험물안전관리법령상 옥외 소화전 설비에서 옥외 소화전함은 옥외 소화전으로부터 보행 거리 몇 m 이하의 장소에 설치하여야 하는가?

① 5m 이내 ② 10m 이내
③ 20m 이내 ④ 40m 이내

해설 옥외 소화전 설비에서 옥외 소화전함 : 옥외 소화전으로부터 보행 거리 5m 이하의 장소에 설치한다.

13 위험물 제조소 등에 설치해야 하는 각 소화 설비의 설치 기준에 있어서 각 노즐 또는 헤드 선단의 방사 압력 기준이 나머지 셋과 다른 설비는?

① 옥내 소화전 설비
② 옥외 소화전 설비
③ 스프링클러 설비
④ 물분무 소화 설비

해설 위험물 제조소 등에 설치하는 각 소화 설비의 각 노즐 또는 헤드 선단의 방사 압력 기준

소화 설비 종류	방사 압력
옥내 소화전 설비	350kPa 이상
옥외 소화전 설비	350kPa 이상
스프링클러 설비	100kPa 이상
물분무 소화 설비	350kPa 이상

정답 07 ① 08 ③ 09 ③ 10 ③ 11 ④ 12 ① 13 ③

14 **스프링클러 설비 중 소화의 목적을 최종적으로 결정하는 장치는?**

① 감시 장치 ② 경보 장치
③ 헤드 ④ 급수장치

해설 헤드는 화재 발생 시 화재 감지는 물론 가압 송수 장치를 기동하게 하고 화재 경보를 발하는 동시에 헤드로부터 물을 방사하여 소화하도록 하는 장치이다. 즉 소화액의 방사는 헤드에서 행한다.

15 **위험물 제조소 등의 스프링클러 설비의 기준에 있어 개방형 스프링클러 헤드는 스프링클러 헤드의 반사판으로부터 하방 및 수평 방향으로 각각 몇 m의 공간을 보유하여야 하는가?**

① 하방 0.3m, 수평 방향 0.45m
② 하방 0.3m, 수평 방향 0.3m
③ 하방 0.45m, 수평 방향 0.45m
④ 하방 0.45m, 수평 방향 0.3m

해설 개방형 스프링클러 헤드 : 스프링클러 헤드의 반사판으로부터 하방으로 0.45m, 수평 방향으로 0.3m 공간을 보유한다.

16 **폐쇄형 스프링클러 헤드는 설치 장소의 평상시 최고 주위 온도에 따라서 결정된 표시 온도의 것을 사용해야 한다. 설치 장소의 최고 주위 온도가 28℃ 이상 39℃ 미만일 때, 표시 온도는?**

① 58℃ 미만
② 58℃ 이상 79℃ 미만
③ 79℃ 이상 121℃ 미만
④ 121℃ 이상 162℃ 미만

해설 스프링클러 헤드 부착 장소의 평상시 최고 주위 온도와 표시 온도(℃)

부착 장소의 최고 주위 온도(℃)	표시 온도(℃)
28 미만	58 미만
28 이상 39 미만	58 이상 79 미만
39 이상 64 미만	79 이상 121 미만
64 이상 106 미만	121 이상 162 미만
106 이상	162 이상

17 **스프링클러 설비의 장점이 아닌 것은?**

① 화재의 초기 진압에 효율적이다.
② 사용 약제를 쉽게 구할수 있다.
③ 자동으로 화재를 감지하고, 소화할 수 있다.
④ 다른 소화 설비보다 구조가 간단하고, 시설비가 적다.

해설 스프링클러 설비의 장·단점

장점	단점
· 초기 진화에 특히 절대적인 효과가 있다. · 약제가 물이라서 값이 저렴하고, 복구가 쉽다. · 오동작, 오보가 없다(감지부가 기계적). · 조작이 간편하고 안전하다. · 야간이라도 자동으로 화재 감지 경보, 소화할 수 있다.	· 초기 시설비가 많이 든다. · 시공이 다른 설비와 비교했을 때 복잡하다. · 물로 인한 피해가 크다.

18 **스프링클러 설비에 방사 구역마다 제어 밸브를 설치하고자 한다. 바닥면으로부터의 높이 기준으로 옳은 것은?**

① 0.8m 이상 1.5m 이하
② 1.0m 이상 1.5m 이하
③ 0.5m 이상 0.8m 이하
④ 1.5m 이상 1.8m 이하

해설 제어 밸브 : 바닥면으로부터 0.8m 이상 1.5m 이하

19 **위험물안전관리법령에서 정한 "물분무 등 소화설비"의 종류에 속하지 않는 것은?**

① 스프링클러 설비 ② 포 소화 설비
③ 분말 소화 설비 ④ 불활성 가스 소화 설비

해설 물분무 등 소화 설비의 종류
㉠ 물분무 소화 설비
㉡ 미분무 소화 설비
㉢ 포 소화 설비
㉣ 이산화탄소 소화 설비
㉤ 할론 소화 설비
㉥ 할로겐 화합물 및 불활성 기체 소화 설비

정답 14 ③ 15 ④ 16 ② 17 ④ 18 ① 19 ①

ⓢ 분말 소화 설비
ⓞ 강화액 소화 설비
ⓩ 고체에어로졸 소화 설비

20 물분무 소화 설비의 방사 구역은 몇 m^2 이상이어야 하는가? (단, 방호 대상물의 표면적이 $300m^2$이다.)

① 100 ② 150
③ 300 ④ 450

해설 물분무 소화 설비

구분	기준
방사 구역	$150m^2$ 이상
방사 압력	350kPa 이상
수원의 수량	$20L/min \cdot m^2 \times 30min$ 이상

21 고정식 포 소화 설비의 포 방출구의 형태 중 고정 지붕 구조의 위험물 탱크에 적합하지 않은 것은?

① 특형 ② Ⅱ형
③ Ⅲ형 ④ Ⅳ형

해설 포 방출구

탱크의 구조	포 방출구
고정 지붕 구조	· I형 방출구 · II형 방출구 · III형 방출구 · IV형 방출구
부상 덮개 부착 고정 지붕 구조	II형 방출구
부상 지붕 구조	특형 방출구

22 위험물 제조소 등에 설치하는 포 소화 설비에 있어서 포 헤드 방식의 포 헤드는 방호 대상물의 표면적(m^2) 얼마당 1개 이상의 헤드를 설치하여야 하는가?

① 3 ② 6
③ 9 ④ 12

해설 포 헤드 : 특정 소방 대상물의 천장 또는 반자에 설치하되, 바닥 면적 $9m^2$/1개 이상으로 하여 해당 방호 대상물의 화재를 유효하게 소화할 수 있도록 한다.

23 위험물 제조소 등에 설치하는 포 소화 설비의 기준에 따르면 포 헤드 방식의 포 헤드는 방호 대상물의 표면적 $1m^2$당의 방사량이 몇 L/min 이상의 비율로 계산한 양의 포 수용액을 표준 방사량으로 방사할 수 있도록 설치하여야 하는가?

① 3.5 ② 4
③ 6.5 ④ 9

해설 위험물 제조소 등에 설치하는 포 소화 설비의 기준
포 헤드 방식의 포 헤드는 방호 대상물의 표면적 $1m^2$당의 방사량이 6.5L/min 이상의 비율로 계산한 양의 포 수용액을 표준 방사량으로 방사할 수 있도록 설치한다.

24 펌프와 발포기의 중간에 설치된 벤투리관의 벤투리 작용과 펌프 가압수의 포 소화 약제 저장 탱크에 대한 압력에 의하여 포 소화 약제를 흡입·혼합하는 방식은?

① 프레셔 프로포셔너
② 펌프 프로포셔너
③ 프레셔 사이드 프로포셔너
④ 라인 프로포셔너

해설 프레셔 프로포셔너의 설명이다.

25 펌프의 공동 현상(cavitation)을 방지하기 위한 방법이 아닌 것은?

① 흡입 양정을 될 수 있는 한 작게 한다.
② 흡입관의 구경을 펌프의 구경보다 작게 한다.
③ 흡입 배관의 구부림을 적게 한다.
④ 흡입 배관에는 스톱 밸브보다 슬루스 밸브를 사용한다.

해설 관 지름이 작아지면 유속이 증가하며, 속도 손실 수두가 증가하는 공동 현상(cavitation)이 발생한다.

정답 20 ② 21 ① 22 ③ 23 ③ 24 ① 25 ②

26 3%의 포 원액을 사용하여 500 : 1의 발포 배율로 할 때 고팽창 포 1,700L에는 몇 L의 물이 포함되어 있는가?

① 1.3 ② 2.3 ③ 3.3 ④ 4.3

해설 발포 배율(팽창비)

$$=\frac{\text{방출된 포의 체적(L)}}{\text{방출 전 포 수용액의 체적(L)}}\text{에서}$$

$$\text{방출 전 포 수용액의 체적}=\frac{\text{방출된 포의 체적(L)}}{\text{발포 배율(팽창비)}}$$

$$=\frac{1,700}{500}=3.4\text{L}$$

포 수용액=포 원액+물에서, 포 원액이 3%이므로 물은 97%($w-3=97\%$)가 된다.

즉, 물=3.4L×0.97=3.298≒3.3L

27 포 소화 설비의 가압 송수 장치에서 압력 수조의 압력 산출 시 필요 없는 것은?

① 낙차의 환산 수두압
② 배관의 마찰 손실 수두압
③ 노즐선의 마찰 손실 수두압
④ 소방용 호스의 마찰 손실 수두압

해설 압력 수조를 이용한 가압 송수 장치

$P=P_1+P_2+P_3+P_4$

여기서, P : 필요한 압력(MPa)

P_1 : 방출구의 설계 압력 또는 노즐 선단의 방사 압력(MPa)

P_2 : 배관의 마찰 손실 수두압(MPa)

P_3 : 낙차의 환산 수두압(MPa)

P_4 : 소방용 호스의 마찰 손실 수두압(MPa)

28 위험물 제조소 등에 설치하는 전역 방출 방식의 불활성 가스 소화 설비 분사 헤드의 방사 압력은 고압식의 경우 몇 MPa 이상이어야 하는가?

① 1.05 ② 1.7 ③ 2.1 ④ 2.6

해설 전역 방출 방식의 불활성 가스 소화 설비의 분사 헤드의 방사 압력

고압식	저압식
2.1MPa 이상	1.05MPa 이상

29 다음 중 국소 방출 방식의 불활성 가스 소화 설비의 분사 헤드에서 방출되는 소화 약제의 방사 기준은?

① 10초 이내에 균일하게 방사할 수 있을것
② 15초 이내에 균일하게 방사할 수 있을 것
③ 30초 이내에 균일하게 방사할 수 있을 것
④ 60초 이내에 균일하게 방사할 수 있을것

해설 국소 방출 방식의 불활성 가스 소화 설비의 분사 헤드에서 방출되는 소화 약제는 30초 이내에 균일하게 방사하는 것을 기준으로 한다.

30 위험물 제조소 등에 설치하는 이동식 불활성 가스 소화 설비의 소화 약제 양은 하나의 노즐마다 몇 kg 이상으로 하여야 하는가?

① 30 ② 50
③ 60 ④ 90

해설 위험물 제조소 등에 설치하는 이동식 불활성 가스 소화 설비의 소화 약제 등은 하나의 노즐마다 90kg 이상으로 하여야 한다.

31 위험물 제조소 등에 설치하는 불활성 가스 소화 설비의 소화 약제 저장 용기 설치 장소로 적합하지 않은 곳은?

① 방호 구역 외의 장소
② 온도가 40℃ 이하이고, 온도 변화가 적은 장소
③ 빗물이 침투할 우려가 적은 장소
④ 직사일광이 잘 들어오는 장소

해설 불활성 가스 소화 설비의 소화 약제 저장 용기 설치 장소

㉠ 방호 구역 외의 장소에 설치한다.
㉡ 온도가 40℃ 이하이고, 온도 변화가 적은 곳에 설치한다.
㉢ 직사광선 및 빗물이 침투할 우려가 적은 장소에 설치한다.
㉣ 저장 용기에는 안전 장치(용기 밸브에 설치되어 있는 것 포함)를 설치한다.
㉤ 저장 용기의 외면에 소화 약제의 종류와 양, 제조년도 및 제조자를 표시한다.

정답 26 ③ 27 ③ 28 ③ 29 ③ 30 ④ 31 ④

32 불활성 가스 소화 약제의 저장 용기 설치 기준이 아닌 것은?

① 저장 용기의 충전비는 고압식에 있어서는 1.5~1.9 이하, 저압식에 있어서는 1.1~1.4 이하로 한다.
② 저압식 저장 용기에는 2.3MPa 이상 및 1.9MPa 이하의 압력에서 작동하는 압력 경보 장치를 설치한다.
③ 저압식 용기에는 용기 내부의 온도를 −20℃ 이상 −18℃ 이하로 유지할 수 있는 자동 냉동기를 설치한다.
④ 기동용 가스 용기는 20MPa 이상의 압력에 견딜 수있는 것이어야 한다.

해설 기동용 가스 용기 및 당해 용기에 사용하는 밸브는 25MPa 이상의 압력에 견딜 수 있는 것으로 한다.

33 할로겐 화합물 소화 설비의 작동 경로가 바르게 된 것은?

① 화재 발생 – 기동 장치 – 수신반 – 감지기 동작 – 선택 밸브 – 할로겐 화합물 방출
② 화재 발생 – 수신반 – 감지기 동작 – 기동 장치 – 선택 밸브 – 할로겐 화합물 방출
③ 화재 발생 – 감지기 동작 – 수신반 – 선택 밸브 – 기동 장치 – 할로겐 화합물 방출
④ 화재 발생 – 감지기 동작 – 수신반 – 기동 장치 – 선택 밸브 – 할로겐 화합물 방출

해설 할로겐 화합물 소화 설비의 작동 경로
화재 발생 – 감지기 동작 – 수신반 – 기동 장치 – 선택 밸브 – 할로겐 화합물 방출

34 할로겐화합물 소화 설비의 소화 약제 중 축압식 저장 용기에 저장하는 할론 2402의 충전비는?

① 0.51 이상 0.67 이하
② 0.67 이상 2.75 이하
③ 0.7 이상 1.4 이하
④ 0.9 이상 1.6 이하

해설 저장 용기의 충전비

약제의 종류		충전비
할론 2402	가압식	0.51 이상 0.67 이하
	축압식	0.67 이상 2.75 이하
할론 1211		0.7 이상 1.4 이하
할론 1301, HFC-227ea		0.9 이상 1.6 이하

35 다음은 위험물안전관리법령에 따른 할로겐화물 소화 설비에 관한 기준이다. (　　)에 알맞은 수치는?

> 축압식 저장 용기 등은 온도 20℃에서 할론 1301을 저장하는 것은 (　　)MPa 또는 (　　)MPa이 되도록 질소 가스로 가압할 것

① 0.1, 1.0
② 1.1, 2.5
③ 2.5, 1.0
④ 2.5, 4.2

해설 축압식 저장 용기

약제	저압식	고압식
할론 1301, HFC-227ea	2.5MPa	4.2MPa
할론 1211	1.1MPa	2.5MPa

36 전역 방출 방식의 할로겐화합물 소화 설비의 분사 헤드에서 Halon 1211을 방사하는 경우의 방사 압력은 얼마 이상으로 하여야 하는가?

① 0.1MPa
② 0.2MPa
③ 0.5MPa
④ 0.9MPa

해설 전역 방출 방식 할로겐화합물 소화 설비의 분사 헤드 방사압력

할로겐화합물 소화 설비	분사 헤드 방사 압력
Halon 2402	0.1MPa 이상
Halon 1211	0.2MPa 이상
Halon 1301	0.9MPa 이상

정답 32 ④ 33 ④ 34 ② 35 ④ 36 ②

37 이동식 분말 소화 설비를 제3종 소화 분말로 할 경우 하나의 노즐마다 소화 약제의 양은 얼마 이상으로 하여야 하는가?

① 20kg ② 25kg
③ 30kg ④ 50kg

해설

소화 약제의 종별	소화 약제의 양
제1종 분말	50kg
제2종 분말 또는 제3종 분말	30kg
제4종 분말	20kg

38 전역 방출 방식의 분말 소화 설비에서 분사 헤드의 방사 압력(MPa)은 얼마 이상이어야 하는가?

① 0.1 ② 0.5
③ 1 ④ 3

해설 전역 방출 방식의 분말 소화 설비 분사 헤드의 방사 압력은 0.1MPa 이상이다.

39 위험물 제조소 등 별로 설치하여야 하는 경보 설비의 종류에 해당하지 않는것은?

① 비상 방송 설비
② 비상 조명등 설비
③ 자동 화재 탐지 설비
④ 비상 경보 설비

해설 ② 비상 조명등 설비 : 피난 구조 설비

40 위험물안전관리법령상 경보 설비로 자동 화재 탐지 설비를 설치해야 할 위험물 제조소의 규모의 기준에 대한 설명으로 옳은 것은?

① 연면적 $500m^2$ 이상인 것
② 연면적 $1,000m^2$ 이상인 것
③ 연면적 $1,500m^2$ 이상인 것
④ 연면적 $2,000m^2$ 이상인 것

해설 경보 설비로 자동 화재 탐지 설비를 설치해야 할 위험물 제조소의 규모 기준 : 연면적 $500m^2$ 이상인 것

41 위험물안전관리법령에 따른 자동 화재 탐지 설비의 설치 기준에서 하나의 경계 구역의 면적은 얼마 이하로 하여야 하는가? (단, 해당 건축물 그 밖의 공작물의 주요한 출입구에서 그 내부의 전체를 볼 수 없는 경우이다.)

① $500m^2$ ② $600m^2$
③ $800m^2$ ④ $1,000m^2$

해설 자동 화재 탐지 설비의 설치 기준 : 하나의 경계 구역의 면적을 $600m^2$ 이하로 한다.

42 위험물 제조소 등에 설치하여야 하는 자동 화재 탐지 설비의 설치 기준에 대한 설명 중 틀린 것은?

① 자동 화재 탐지 설비의 경계 구역은 건축물, 그 밖의 공작물의 2 이상의 층에 걸치도록 할 것
② 하나의 경계 구역에서 그 한 변의 길이는 50m(광전식 분리형 감지기를 설치할 경우에는 100m) 이하로 할 것
③ 자동 화재 탐지 설비의 감지기는 지붕 또는 벽의 옥내에 면한 부분에 유효하게 화재의 발생을 감지할 수 있도록 설치할 것
④ 자동 화재 탐지 설비에는 비상 전원을 설치할 것

해설 ① 자동 화재 탐지 설비의 경계 구역은 건축물, 그 밖의 공작물의 2 이상의 층에 걸치지 아니하도록 할 것

43 인명 구조 기구에 해당되지 않는 것은?

① 안전모 ② 공기 호흡기
③ 방열복 ④ 인공 소생기

해설 인명 구조 기구
방열복, 방화복(안전모, 보호 장갑 및 안전화 포함), 공기 호흡기, 인공 소생기

44 피난구 유도등의 조명도는 피난구로부터 몇 m의 거리에서 문자 및 색채를 쉽게 식별할 수 있어야 하는가?

① 5 ② 10 ③ 20 ④ 30

해설 30m 이내에서 식별할 수 있어야 한다.

정답 37 ③ 38 ① 39 ② 40 ① 41 ② 42 ① 43 ① 44 ④

45 피난구 유도등은 피난구의 밑바닥으로부터 높이가 얼마 이상인 곳에 설치하여야 하는가?

① 0.5m 이상　② 1.0m 이상
③ 1.5m 이상　④ 2m 이상

해설 유도등의 설치 위치
㉠ 피난구 유도등 : 높이 1.5m 이상
㉡ 통로 유도등 : 높이 1m 이하
㉢ 객석 유도등 : 객석의 통로 바닥 또는 벽

46 피난 방향을 표시한 통로 유도등의 색깔은?

① 적색　② 청색
③ 녹색　④ 황색

해설 통로 유도등은 피난의 방향을 표시한 녹색의 등으로 설치하여야 한다.

47 피난 구조 시설을 해야 할 층은?

① 지하층　② 1층
③ 피난층　④ 11층 이상

해설 1층, 피난층, 11층 이상의 층을 제외한 모든 층에 적당한 피난 구조 설비를 갖추어야 한다.

48 통로 유도등은 바로 밑으로부터 0.5m 떨어진 바닥에서 측정하였을 때 조도는 얼마 이상이어야 하는가?

① 0.2Lux 이상　② 0.5Lux 이상
③ 1Lux 이상　④ 2Lux 이상

해설 ㉠ 통로 유도등의 조명도는 1Lux 이상
㉡ 객석 유도등의 조명도는 0.2Lux 이상

49 소화 용수 설비가 아닌 것은?

① 상수도 소화 용수 설비
② 저수조 설비
③ 하수도 소화 용수 설비
④ 소화 수조 설비

해설 **소화 용수 설비** : 화재를 진압하는데 필요한 물을 공급하거나 저장하는 설비
㉠ 상수도 용수 설비
㉡ 소화 수조 · 저수조 그 밖의 소화 용수 설비

50 소화 활동 설비가 아닌 것은?

① 제연 설비
② 연소 방지 설비
③ 소화 용수 설비
④ 비상 콘센트 설비

해설 **소화 활동 설비** : 화재를 진압하거나 인명 구조 활동을 위하여 사용하는 설비
㉠ 제연(배연) 설비
㉡ 연결 송수관 설비
㉢ 연결 살수 설비
㉣ 비상 콘센트 설비
㉤ 무선 통신 보조 설비
㉥ 연소 방지 설비

정답 45 ③　46 ③　47 ①　48 ③　49 ③　50 ③

Chapter 04 능력 단위 및 소요 단위

(1) 능력 단위

소방 기구의 소화 능력을 나타내는 수치, 즉 소요 단위에 대응하는 소화 설비 소화 능력의 기준 단위

① 마른 모래(50L, 삽 1개 포함) : 0.5단위

예제

메틸알코올 8,000리터에 대한 소화 능력으로 삽을 포함한 마른 모래를 몇 리터 설치하여야 하는가?

풀이 소요 단위 $= \dfrac{\text{저장량}}{\text{지정 수량} \times 10\text{배}} = \dfrac{8,000}{400 \times 10} = 2$단위

마른 모래(50L, 삽 1개 포함)=0.5단위이므로

50L : xL=0.5단위 : 2단위, $x = \dfrac{50 \times 2}{0.5}$

$\therefore x = 200$L

답 200L

② 팽창 질석 또는 팽창 진주암(160L, 삽 1개 포함) : 1단위

③ 소화 전용 물통(8L) : 0.3단위

④ 수조

㉮ 190L(8L 소화 전용 물통 6개 포함) : 2.5단위

㉯ 80L(8L 소화 전용 물통 3개 포함) : 1.5단위

(2) 소요 단위(1단위)

소화 설비의 설치 대상이 되는 건축물, 그 밖의 공작물 규모 또는 위험물 양에 대한 기준 단위

① 제조소 또는 취급소용 건축물의 경우

㉮ 외벽이 내화 구조로 된 것으로 연면적 $100m^2$

예제

위험물 취급소의 건축물 연면적이 $500m^2$인 경우 소요 단위는? (단, 외벽은 내화 구조이다.)

풀이 $\dfrac{500m^2}{100m^2} = 5$단위

답 5단위

㉯ 외벽이 내화 구조가 아닌 것으로 연면적이 $50m^2$

② 저장소 건축물의 경우

㉮ 외벽이 내화 구조로 된 것으로 연면적 $150m^2$

예제

건축물 외벽이 내화 구조이며, 연면적 $300m^2$인 위험물 옥내 저장소의 건축물에 대하여 소화 설비의 소화 능력 단위는 최소 몇 단위 이상이 되어야 하는가?

풀이 $\frac{300m^2}{150m^2}$=2단위

답 2단위

㉯ 외벽이 내화 구조가 아닌 것으로 연면적이 $75m^2$

③ 위험물의 경우 : 지정 수량 10배

예제

1. 가솔린 저장량이 2,000L일 때 소화 설비 설치를 위한 소요 단위는?

풀이 소요 단위 = $\frac{\text{저장량}}{\text{지정 수량} \times 10\text{배}}$

∴ $\frac{2{,}000L}{200L \times 10}$=1단위

답 1단위

예제

2. 디에틸에테르 2,000L와 아세톤 4,000L를 옥내 저장소에 저장하고 있다면 총 소요 단위는 얼마인가?

풀이 소요 단위 = $\frac{\text{저장량}}{\text{지정 수량} \times 10\text{배}} + \frac{\text{저장량}}{\text{지정 수량} \times 10\text{배}}$

$= \frac{2{,}000}{50 \times 10} + \frac{4{,}000}{400 \times 10}$=5단위

답 5단위

예제

3. 위험물안전관리법령상 다음 사항을 참고하여 제조소의 소화 설비의 소요 단위의 합을 옳게 산출한 것은?

A. 제조소 건축물의 연면적은 $3{,}000m^2$이다.
B. 제조소 건축물의 외벽은 내화 구조이다.
C. 제조소 허가 지정 수량은 3,000배이다.
D. 제조소의 옥외 공작물은 최대 수평 투영 면적은 $500m^2$이다.

풀이 소요 단위(1단위)

① 제조소 또는 취급소용 건축물의 경우 외벽이 내화 구조로 된 것으로 연면적 $100m^2$
② 위험물의 경우 : 지정 수량 10배
③ 제조소 등의 옥외에 설치된 공작물은 외벽이 내화 구조인 것으로 간주하고 공작물의 수평 투영 면적을 연면적으로 간주한다.

A, B : $\frac{3{,}000m^2}{100m^2}$=30단위, C : $\frac{3{,}000\text{배}}{10\text{배}}$=300단위, D : $\frac{500m^2}{100m^2}$=5단위

∴ 30+300+5=335단위

답 335단위

출제예상문제

01 위험물안전관리법령에서 정한 소화 설비의 소요 단위 산정 방법에 대한 설명 중 옳은 것은?

① 위험물은 지정 수량의 100배를 1소요 단위로 함
② 저장소용 건축물로 외벽이 내화 구조인 것은 연면적 $100m^2$를 1소요 단위로 함
③ 제조소용 건축물로 외벽이 내화 구조가 아닌 것은 연면적 $50m^2$를 1소요 단위로 함
④ 저장소용 건축물로 외벽이 내화 구조가 아닌 것은 연면적 $25m^2$를 1소요 단위로 함

해설 소요 단위(1단위)
소화 설비의 설치 대상이 되는 건축물, 그 밖의 공작물 규모 또는 위험물 양에 대한 기준 단위
㉠ 제조소 또는 취급소용 건축물의 경우
· 외벽이 내화 구조로 된 것으로 연면적 $100m^2$
외벽이 내화 구조가 아닌 것으로 연면적 $50m^2$
㉡ 저장소 건축물의 경우
· 외벽이 내화 구조로 된 것으로 연면적 $150m^2$
· 외벽이 내화 구조가 아닌 것으로 연면적 $75m^2$
㉢ 위험물의 경우 : 지정 수량 10배

02 마른 모래 0.5단위란?

① 삽을 상비한 10L 이상의 것 1포
② 삽을 상비한 25L 이상의 것 1포
③ 삽을 상비한 50L 이상의 것 1포
④ 삽을 상비한 100L 이상의 것 1포

해설

간이 소화 용구		능력 단위
마른 모래	삽을 상비한 50L 이상의 것 1포	0.5단위
팽창 질석 또는 팽창 진주암	삽을 상비한 160L 이상의 것 1포	1단위

03 간이 소화 용구로 팽창 질석 또는 팽창 진주암을 삽과 함께 준비하는 경우 능력 단위 3단위에 해당하는 양은?

① 240L 이상 ② 300L 이상
③ 480L 이상 ④ 600L 이상

해설 160L는 1단위이므로 160L × 3 = 480L이다.

04 소화 전용 물통 8L의 소화 능력 단위는?

① 0.3단위 ② 0.5단위
③ 1.0단위 ③ 2.5단위

해설 기타 소화 설비의 능력 단위

소화 설비	용량	능력 단위
소화 전용(專用) 물통	8L	0.3
수조(소화 전용 물통 3개 포함)	80L	1.5
수조(소화 전용 물통 6개 포함)	190L	2.5
마른 모래(삽 1개 포함)	50L	0.5
팽창 질석 또는 팽창 진주암(삽 1개 포함)	160L	1.0

05 위험물 취급소의 건축물(외벽이 내화 구조임)의 연면적이 $500m^2$인 경우 소화 기구의 소요 단위는?

① 4단위 ② 5단위
③ 6단위 ④ 7단위

해설 제조소 또는 취급소용 건축물의 경우(외벽이 내화 구조로 된것 : $100m^2$)

$\therefore \frac{500m^2}{100m^2} = 5$단위

06 위험물 저장소의 건축물로서 외벽이 내화 구조로 된 것은 연면적 몇 m^2를 소요 단위 1단위로 하는가?

① 50 ② 100
③ 150 ④ 200

정답 01 ③ 02 ③ 03 ③ 04 ① 05 ② 06 ③

해설 저장소 건축물의 경우
㉠ 외벽이 내화 구조로 된 것으로 연면적이 $150m^2$
㉡ 외벽이 내화 구조가 아닌 것으로 연면적이 $75m^2$

07 외벽이 내화 구조인 위험물 저장소 건축물의 연면적이 $1,500m^2$인 경우 소요 단위는?

① 6 ② 10
③ 13 ④ 14

해설 저장소 건축물의 경우
㉠ 외벽이 내화 구조로 된 것으로 연면적이 $150m^2$
㉡ 외벽이 내화 구조가 아닌 것으로 연면적이 $75m^2$

$\therefore$ 소요 단위$=\dfrac{1,500m^2}{150m^2}=10$

08 제조소 등의 소요 단위 산정 시 위험물은 지정 수량의 몇 배를 1소요 단위로 하는가?

① 5배 ② 10배
③ 20배 ④ 50배

해설 소요 단위 (1단위)
위험물의 경우 : 지정 수량 10배

09 아염소산염류 500kg과 질산염류 3,000kg을 함께 저장하는 경우 위험물의 소요 단위는?

① 2 ② 4
③ 6 ④ 8

해설 소요 단위$=\dfrac{\text{저장량}}{\text{지정 수량}\times 10\text{배}}$
$=\dfrac{500}{50\times 10}+\dfrac{3,000}{300\times 10}=2$

10 탄화칼슘 60,000kg으로 소화 설비의 설치 소요 단위는 몇 단위인가?

① 10 ② 20
③ 30 ④ 40

해설 소요 단위$=\dfrac{\text{저장량}}{\text{지정 수량}\times 10\text{배}}=\dfrac{60,000}{300\times 10}=20$

11 알코올류 20,000L의 소화 설비설치 시 소요 단위는?

① 5 ② 10
③ 15 ④ 20

해설 소요 단위$=\dfrac{\text{저장량}}{\text{지정 수량}\times 10\text{배}}=\dfrac{20,000}{400\times 10}=5$

12 경유 $1,000m^3$를 저장하는 탱크의 소요 단위는?

① 1 ② 10
③ 100 ④ 1,000

해설 소요 단위$=\dfrac{\text{저장량}}{\text{지정 수량}\times 10\text{배}}=\dfrac{1,000\times(10^3)L}{1,000L\times 10\text{배}}$
$=100$

13 피리딘 20,000리터에 대한 소화 설비의 소요 단위는?

① 5단위 ② 10단위
③ 15단위 ④ 100단위

해설 소요 단위$=\dfrac{\text{저장량}}{\text{지정 수량}\times 10\text{배}}=\dfrac{20,000}{400\times 10}=5$단위

14 질산의 비중이 1.5일 때, 1소요 단위는 몇 L인가?

① 150 ② 200
③ 1,500 ④ 2,000

해설 소요 단위(1단위)
㉠ 위험물의 경우 지정 수량의 10배이다.
㉡ 질산의 지정 수량은 300kg이다.
즉, 300kg × 10배 = 3,000kg이다.
$\therefore$ 1소요 단위는 3,000kg이다. 여기서, 비중이 1.5이므로 2,000L가 된다.

정답 07 ② 08 ② 09 ① 10 ② 11 ① 12 ③ 13 ① 14 ④

PART 03

위험물의 성질과 취급

Chapter 01 제1류 위험물

01 제1류 위험물의 종류와 지정 수량

성질	품명	지정 수량	위험 등급
산화성 고체	1. 아염소산염류	50kg	I
	2. 염소산염류	50kg	
	3. 과염소산염류	50kg	
	4. 무기과산화물	50kg	
	5. 브로민산염류	300kg	II
	6. 질산염류	300kg	
	7. 아이오딘산염류	300kg	
	8. 과망가니즈산염류	1,000kg	III
	9. 다이크로뮴산염류	1,000kg	
	10. 그 밖에 행정안전부령이 정하는 것 ① 과아이오딘산염류 ② 과아이오딘산 ③ 크로뮴, 납 또는 아이오딘의 산화물 ④ 아질산염류 ⑤ 염소화이소시아눌산 ⑥ 퍼옥소이황산염류 ⑦ 퍼옥소붕산염류 11. 제1호부터 제10호까지의 어느 하나에 해당하는 위험물을 하나 이상 함유한 것	50kg, 300kg 또는 1,000kg	I, II, III

[비고] 산화성고체

고체[액체(1기압 및 20℃에서 액상인 것 또는 20℃ 초과 40℃ 이하에서 액상인 것을 말한다) 또는 기체(1기압 및 20℃에서 기상인 것을 말한다) 외의 것을 말한다]로서 산화력의 잠재적인 위험성 또는 충격에 대한 민감성을 판단하기 위하여 소방청장이 정하여 고시하는 시험에서 고시로 정하는 성질과 상태를 나타내는 것을 말한다. 이 경우 '액상'이라 함은 수직으로 된 시험관(안지름 30mm, 높이 120mm의 원통형 유리관을 말한다)에 시료를 55mm까지 채운 다음 당해 시험관을 수평으로 하였을 때 시료액면의 끝부분이 30mm를 이동하는 데 걸리는 시간이 90초 이내에 있는 것을 말한다.

02 공통 성질 및 저장·취급 시 유의 사항

(1) 공통 성질

① 대부분 무색 결정 또는 백색 분말로서 비중이 1보다 크고 대부분 물에 잘 녹으며, 물과 작용하여 열과 산소를 발생시키는 것도 있다.

② 일반적으로 불연성이며, 산소를 많이 함유하고 있는 강산화제이다.

③ 조연성 물질로서 반응성이 풍부하여 열, 충격, 마찰 또는 분해를 촉진하는 약품과의 접촉으로 인해 폭발할 위험이 있다.

④ 대부분 산소를 포함하는 무기 화합물이다.

(2) 저장·취급 시 유의 사항

① 대부분 조해성을 가지므로 방습 등에 주의하며, 밀폐하여 저장할 것

② 복사열이 없고 환기가 잘 되는 서늘한 곳에 저장할 것

③ 열원과 산화되기 쉬운 물질 및 화재 위험이 있는 곳을 멀리할 것

④ 취급 시 용기 등의 파손에 의한 위험물의 누설에 주의할 것

⑤ 알칼리 금속의 과산화물을 저장 시에는 다른 1류 위험물과 분리된 장소에 저장한다. 가연물 및 유기물 등과 같이 있을 경우에 충격 또는 마찰 시 폭발할 위험이 있기 때문이다.

(3) 소화 방법

① 산화제의 분해 온도를 낮추기 위하여 물을 주수하는 냉각 소화가 효과적이다.

② 무기(알칼리 금속의) 과산화물은 물과 급격히 발열 반응을 하므로 건조사에 의한 피복 소화를 실시한다.

③ 소화 작업 시 공기 호흡기, 보안경, 방호의 등 보호 장구를 착용한다.

03 위험물의 성상

3-1 아염소산염류(지정 수량 50kg)

아염소산($HClO_2$)의 수소(H)가 금속 또는 다른 원자단으로 치환된 염(Na, K, Ca, Pb)을 말한다. 특히 중금속염은 민감한 폭발성을 가지므로 기폭제로 많이 사용된다.

(1) 아염소산나트륨($NaClO_2$, 아염소산소다)

① 일반적 성질

㉮ 자신은 불연성이며, 무색의 결정성 분말로 조해성이 있어서 물에 잘 녹는다.

㉯ 순수한 무수물의 분해 온도는 약 350℃ 이상이지만, 수분 함유 시에는 약 120~130℃에서 분해된다.

예 $3NaClO_2 \longrightarrow 2NaClO_3 + NaCl$

$NaClO_3 \longrightarrow NaClO + O_2$

㉰ 산을 가하면 이산화염소(ClO_2)를 발생시키기 때문에 종이, 펄프 등의 표백제로 쓰인다.

예 $3NaClO_2 + 2HCl \longrightarrow 3NaCl + 2ClO_2 + H_2O_2$

㉱ 분자량 90.5

② 위험성

㉮ 비교적 안정하나 시판품은 140℃ 이상의 온도에서 발열 분해하여 폭발을 일으킨다.

㉯ 매우 불안정하여 180℃ 이상 가열하면 산소를 발생한다.

예 $NaClO_2 \longrightarrow NaCl + O_2$

$4NaClO_3 \longrightarrow 3NaClO_4 + NaCl$

$NaClO_4 \longrightarrow NaCl + 2O_2$

㉰ 수용액 상태에서도 강력한 산화력을 가지고 있다.

㉱ 환원성 물질(황, 유기물, 금속분 등)과 접촉 시 폭발한다.

예 $2NaClO_2 + 3S \longrightarrow Cl_2 + 2SO_2 + Na_2S$

$4Al + 3NaClO_2 \longrightarrow 2Al_2O_3 + 3NaCl$

$2Mg + NaClO_2 \longrightarrow 2MgO + NaCl$

㉲ 티오황산나트륨, 디에틸에테르 등과 혼합 시 혼촉 발화의 위험이 있다.

③ 저장 및 취급 방법

㉮ 환원성 물질과 격리 저장한다.

㉯ 건조한 냉암소에 저장한다.

㉰ 습기에 주의하며 용기는 밀봉, 밀전한다.

3-2 염소산염류(지정 수량 50kg)

염소산($HClO_3$)의 수소(H)가 금속 또는 다른 원자단으로 치환된 화합물이다.

(1) 염소산칼륨($KClO_3$, 염소산칼리)

① 일반적 성질

㉮ 상온에서 광택이 있는 무색 · 무취의 결정이다. 또는 백색 분말로서 불연성 물질이다.

㉯ 찬물이나 알코올에는 녹기 어렵고, 온수나 글리세린 등에 잘 녹는다.

㉰ 분자량 122.5, 비중 2.32, 융점 368.4℃, 분해 온도 400℃

② 위험성

㉮ 차가운 느낌이 있으며, 인체에 유독하다.
강산화제이며 가열에 의해 분해하여 산소를 발생한다. 촉매 없이 400℃ 정도에서 가열하면서 분해한다.

예 $2KClO_3 \longrightarrow 2KCl+3O_2$

㉯ 약 400℃ 부근에서 열분해되기 시작하여 540~560℃에서 과염소산칼륨($KClO_4$)이 분해하여 염화칼륨(KCl) 과 산소(O_2)를 방출한다.

예 $2KClO_3 \longrightarrow KCl+KClO_4+O_2$
$KClO_4 \longrightarrow KCl+2O_2$

㉰ 촉매인 이산화망간(MnO_2) 등이 존재 시 분해가 촉진되어 산소를 방출하여 다른 가연물의 연소를 촉진시킨다.

㉱ 분해 촉매로 알루미늄이 혼합되면 염화칼륨과 산화알루미늄이 발생된다.

예 $KClO_3+2Al \longrightarrow KCl+Al_2O_3$

㉲ 상온에서 단독으로는 안정하나 이산화성 물질(황, 적린, 목탄, 알루미늄의 분말, 유기 물질, 염화철 및 차아인산염 등), 강산, 중금속염 등 분해 촉매가 혼합 시 약한 자극에도 폭발한다.

㉳ 황산 등 강산과의 접촉으로 격렬하게 반응하여 폭발성의 이산화염소를 발생하고 발열 폭발한다.

예 $KClO_3+H_2SO_4 \longrightarrow KHSO_4+HClO_3+$열
$2HClO_3 \longrightarrow Cl_2O_5+H_2O+$열
$2Cl_2O_5 \longrightarrow 4ClO_2+O_2+$열
$4KClO_3+4H_2SO_4 \longrightarrow 4KHSO_4+4ClO_2+O_2+2H_2O+$열

③ 저장 및 취급 방법

㉮ 산화되기 쉬운 물질이나 강산, 분해를 촉진하는 중금속류와의 혼합을 피하고 가열, 충격, 마찰 등에 주의한다.

㉯ 환기가 잘 되는 차가운 곳에 저장한다.

㉰ 용기가 파손되거나 공기 중에 노출되지 않도록 밀봉하여 저장한다.

(2) 염소산나트륨($NaClO_3$, 염소산소다)

① 일반적 성질

㉮ 무색, 무취의 입방 정계 주상 결정이다.

㉯ 조해성이 있으므로 방습에 유의하며 물, 알코올, 글리세린, 에테르 등에 잘 녹는다.

㉯ 분자량 106.5, 융점 248℃, 분해 온도 300℃

② 위험성

㉮ 매우 불안정하여 300℃의 분해 온도에서 열분해하여 산소를 발생하고, 촉매에 의해서는 낮은 온도에서 분해한다.

예 $2NaClO_3 \longrightarrow 2NaCl + 3O_2$

㉯ 흡습성이 좋아 강한 산화제로서 철제 용기를 부식시킨다.

㉰ 자신은 불연성 물질이지만 강한 산화제이다.

㉱ 염산과 반응하여 유독한 이산화염소(ClO_2)를 발생하며, 이산화염소는 폭발성을 지닌다.

예 $2NaClO_3 + 2HCl \longrightarrow 2NaCl + 2ClO_2 + H_2O_2$

㉲ 분진이 있는 대기 중에 오래 있으면 피부, 점막 및 시력을 잃기 쉬우며, 다량 섭취할 경우에는 생명이 위험하다.

㉳ 강산과 혼합하면 폭발할 수 있다.

③ 저장 및 취급 방법

㉮ 용기는 밀봉시키며, 습기가 없는 찬 장소, 환기가 잘 되는 냉암소에 보관한다.

㉯ 철제 용기에 저장을 피한다.

㉰ 가열, 충격, 마찰 등을 피하고, 점화원의 접촉을 피한다.

(3) 염소산암모늄(NH_4ClO_3)

① 일반적 성질

㉮ 조해성과 금속의 부식성, 폭발성이 크며, 수용액은 산성이다.

㉯ 비중 1.8, 분해 온도 100℃

② 위험성

㉮ 폭발기(NH_4)와 산화기(ClO_3)가 결합되었기 때문에 폭발성이 크다.

㉯ 100℃에서 폭발하고 폭발 시에는 다량의 기체를 발생한다.

예 $2NH_4ClO_3 \longrightarrow N_2 + Cl_2 + O_2 + 4H_2O$

3-3 과염소산염류(지정 수량 50kg)

과염소산($HClO_4$)의 수소(H)가 금속 또는 다른 원자단으로 치환된 화합물이다.

(1) 과염소산칼륨($KClO_4$, 과염소산칼리)

① 일반적 성질

㉮ 무색, 무취의 결정 또는 백색의 분말이다.

㉯ 물에 녹기 어렵고, 알코올이나 에테르 등에도 녹지 않는다.

㉰ 염소산칼륨보다는 안정하나 가열, 충격, 마찰 등에 의해 분해한다.

㉱ 비중 2.52, 융점 610℃, 분해 온도 400℃

② 위험성

㉮ 강력한 산화제이며, 자신은 불연성 물질이다.

㉯ 약 400℃에서 열분해하기 시작하여 약 610℃에서 완전 분해되어 염화칼륨과 산소를 방출한다.

예 $KClO_4 \longrightarrow KCl + 2O_2$

이때 MnO_2와 같은 촉매가 존재하면 분해를 촉진한다.

㉰ 진한 황산과 접촉하면 폭발성 가스를 생성하고 튀는 듯이 폭발할 위험이 있다.

㉱ 목탄, 인, 황, 탄소, 가연성 고체, 유기물 등이 혼합되어 있을 때 가열, 충격, 마찰 등에 의해 폭발한다.

③ **저장 및 취급 방법** : 인, 황, 탄소 등의 가연물, 유기물과 함께 저장하지 않는다.

(2) 과염소산나트륨($NaCO_4$, 과염소산소다)

① 일반적 성질

㉮ 무색, 무취의 사방 정계 결정이다.

㉯ 조해성이 있으며 물, 알코올, 아세톤에 잘 녹으나 에테르에는 녹지 않는다.

㉰ 분자량 122, 비중 2.50, 융점 482℃, 분해 온도 400℃

② 위험성

㉮ 130℃ 이상으로 가열하면 분해하여 산소를 발생한다.

예 $NaClO_4 \longrightarrow NaCl + 2O_2$

㉯ 가연물과 유기물 등이 혼합되어 있을 때 가열, 충격, 마찰 등에 의해 폭발한다.

③ **용도** : 산화제, 폭약, 나염 등에 이용한다.

(3) 과염소산암모늄(NH_4ClO_4)

① 일반적 성질

㉮ 무색, 무취의 결정

㉯ 물, 알코올, 아세톤에는 잘 녹으나 에테르에는 녹지 않는다.

㉰ 비중 1.87, 분해 온도 130℃

② 위험성

㉮ 강산과 접촉하거나 가연물 또는 산화성 물질 등과 혼합 시 폭발의 위험이 있다.

예 $NH_4ClO_4 + H_2SO_4 \longrightarrow NH_4HSO_4 + HClO_4$

㉯ 상온에서는 비교적 안정하나 약 130℃에서 분해하기 시작하여 약 300℃ 부근에서 급격히 가열하면 분해하여 폭발한다.

예 $2NH_4ClO_4 \longrightarrow \underbrace{N_2 + Cl_2 + 2O_2 + 4H_2O}_{\text{다량의 가스}}$

㉰ 충격이나 화재에 의해 단독으로 폭발할 위험이 있으며, 금속분이나 가연성 물질과 혼합하면 위험하다.

㉱ 강한 충격이나 마찰에 의해 발화, 폭발의 위험이 있다.

③ 용도 : 폭약, 성냥, 나염 등

(4) 과염소산마그네슘[$Mg(ClO_4)_2$]

① 일반적 성질

㉮ 백색의 결정성 덩어리이다.

㉯ 조해성이 강하며 물, 에탄올에 녹는다.

② 위험성

㉮ 방수, 방습에 주의한다.

㉯ $KClO_4$와 거의 같은 성질을 가지므로 산화력이 강한 위험성이 있다.

㉰ 금속분, 가연물과 혼합되면 조건에 따라서 폭발의 위험성이 있다.

③ 용도 : 분석 시약, 가스 건조제, 불꽃류 제조

3-4 무기 과산화물(지정 수량 50kg)

무기 과산화물은 불안정한 고체 화합물로서, 분해가 용이하여 산소를 발생하며, 알칼리 금속의 과산화물은 물과 급속히 반응하여 산소를 발생한다.

[1] 알칼리 금속의 과산화물(M_2O_2)

리튬(Li), 나트륨(Na), 칼륨(K), 루비듐(Rb), 세슘(Cs) 등의 과산화물은 물과 접촉을 피해야 하는 금수성 물질이다.

(1) 과산화칼륨(K_2O_2, 과산화칼리)

① 일반적 성질

㉮ 무색 또는 오렌지색의 등축 정계 분말이다.

㉯ 가열하면 열분해하여 산화칼륨(K_2O)과 산소(O_2)를 발생한다.

예 $2K_2O_2 \longrightarrow 2K_2O + O_2$

㉰ 흡습성이 있으므로 물과 접촉하면 수산화칼륨(KOH)과 산소(O_2)를 발생한다.

예 $2K_2O_2 + 2H_2O \longrightarrow 4KOH + O_2$

㉱ 공기 중의 탄산 가스를 흡수하여 탄산염이 생성된다.

예 $2K_2O_2 + 2CO_2 \longrightarrow 2K_2CO_3 + O_2$

㉲ 에틸알코올에는 용해하며, 묽은 산과 반응하여 과산화수소(H_2O_2)를 생성시킨다.

예 $K_2O_2 + 2CH_3COOH \longrightarrow 2CH_3COOK + H_2O_2$

㉳ 분자량 110, 비중 2.9, 융점 490℃

② 위험성

㉮ 물과 접촉하면 발열하면서 폭발 위험성이 증가한다.

㉯ 가열하면 위험하며 가연물과 혼합 시 충격이 가해지면 발화할 위험이 있다.

㉰ 염산과 반응하여 과산화수소를 만든다.

예 $K_2O_2 + 2HCl \longrightarrow 2KCl + H_2O_2$

㉱ 접촉 시 피부를 부식시킬 위험이 있다.

③ 저장 및 취급 방법

㉮ 가열, 충격, 마찰 등을 피하고 가연물, 유기물, 황분, 알루미늄분의 혼입을 방지한다.

㉯ 물과 습기가 들어가지 않도록 용기는 밀전, 밀봉한다.

④ 소화 방법 : 건조사, 소다회(Na_2CO_3), 암분 등으로 피복 소화한다.

(2) 과산화나트륨(Na_2O_2, 과산화소다)

① 일반적 성질

㉮ 순수한 것은 백색이지만 보통은 황색의 분말이다.

㉯ 가열하면 열분해하여 산화나트륨(Na_2O)과 산소(O_2)를 발생한다.

예 $2Na_2O_2 \longrightarrow 2Na_2O_2 + O_2$

㉰ 흡습성이 있으므로 물과 접촉하면 수산화나트륨(NaOH)과 산소(O_2)를 발생한다.

예 $2Na_2O_2 + 2H_2O \longrightarrow 4NaOH + O_2$

㉱ 공기 중의 탄산 가스를 흡수하여 탄산염이 생성된다.

예 $2Na_2O_2 + 2CO_2 \longrightarrow 2Na_2CO_3 + O_2$

㉲ 피부를 부식시킨다.

㉳ 에틸알코올에는 녹지 않으나 묽은 산과 반응하여 과산화수소(H_2O_2)를 생성시킨다.

예 $Na_2O_2 + 2CH_3COOH \longrightarrow 2CH_3COONa + H_2O_2$

㉴ 비중 2.805, 융점 460℃, 분해 온도 600℃

참고

과산화나트륨의 제법

순수한 금속 나트륨을 고온으로 건조한 공기 중에서 연소시켜 얻는다.

$2Na + O_2 \longrightarrow 2Na_2O_2$

② 위험성

㉮ 강력한 산화제로서 금, 니켈을 제외한 다른 금속을 침식하여 산화물을 만든다.

㉯ 상온에서 물과 격렬하게 반응하며, 가열하면 분해되어 산소(O_2)를 발생한다.

㉰ 불연성이나 물과 접촉하면 발열하며, 대량의 경우에는 폭발한다.

㉱ 탄산칼슘, 마그네슘, 알루미늄 분말, 초산, 에테르 등과 혼합하면 폭발의 위험이 있다.

③ 저장 및 취급 방법

㉮ 가열, 충격, 마찰 등을 피하고, 가연물이나 유기물, 황분, 알루미늄분의 혼입을 방지한다.

㉯ 물과 습기가 들어가지 않도록 용기는 밀전, 밀봉한다. 또한 저장실 내에는 스프링클러 설비, 옥내 소화전 설비, 포 소화 설비 또는 물분무 소화 설비 등을 설치하여도 안 되며 이러한 소화 설비에서 나오는 물과의 접촉을 피해야 한다.

④ **소화 방법** : 건조사나, 소다회(Na_2CO_3), 암분 등으로 피복 소화한다.

(3) 과산화리튬(Li_2O_2)

① 일반적 성질

㉮ 백색의 분말로서 에테르에 약간 녹는다.

㉯ 분자량 48.5, 융점 180℃, 비점 1,336℃

② 위험성

㉮ 가열 또는 산화물과 접촉하면 분해하여 산소를 방출한다.

㉯ 물과 심하게 반응하여 발열하고, 산소를 발생한다.

예 $2Li_2O_2 + 2H_2O \longrightarrow 4LiOH + O_2$

㉰ CO_2와 폭발적으로 반응한다.

(4) 기타

과산화세슘(CsO_2)

[2] 알칼리 금속 이외의 무기 과산화물

마그네슘(Mg), 칼슘(Ca), 베릴륨(Be), 스트론튬(Sr), 바륨(Ba) 등의 알칼리 토금속의 산화물이 대부분이다.

(1) 과산화마그네슘(MgO_2)

① 일반적 성질

㉮ 백색 분말로, 시판품은 MgO_2의 함량이 15~25% 정도이다.

㉯ 물에 녹지 않으며, 산에 녹아 과산화수소(H_2O_2)를 발생한다.

예 $MgO_2 + 2HCl \longrightarrow MgCl_2 + H_2O_2$

㉰ 습기 또는 물과 반응하여 발생기 산소[O]를 낸다.

예 $MgO_2 + H_2O \longrightarrow Mg(OH)_2 + [O]$

㉱ 가열하면 산소가 방출한다.

예 $2MgO_2 \longrightarrow 2MgO + O_2$

② 위험성 : 환원제 및 유기물과 혼합 시 마찰 또는 가열, 충격에 의해 폭발의 위험이 있다.

③ 저장 및 취급 방법

㉮ 유기 물질의 혼입, 가열, 충격, 마찰을 피하고, 습기나 물에 접촉되지 않도록 용기를 밀봉, 밀전한다.

㉯ 산류와 격리하고, 용기 파손에 의한 누출이 없도록 한다.

(2) 과산화칼슘(CaO_2, 과산화석회)

① 일반적 성질

㉮ 무정형의 백색 분말이며, 물에 녹기 어렵고 알코올이나 에테르 등에도 녹지 않는다.

㉯ 산과 반응하여 과산화수소를 생성한다.

예 $CaO_2 + 2HCl \longrightarrow CaCl_2 + H_2O_2$

㉰ 수화물($CaO_2 \cdot 8H_2O$)은 백색 결정이며, 물에는 조금 녹고 온수에서는 분해된다.

㉱ 비중 1.7, 분해 온도 275℃

② 위험성

㉮ 분해 온도 이상으로 가열하면 폭발의 위험이 있다.

예 $2CaO_2 \longrightarrow 2Ca+2O_2$

(3) 과산화바륨(BaO_2)

① 일반적 성질

㉮ 백색의 정방 정계 분말로서 알칼리 토금속의 과산화물 중 가장 안정한 물질이다.

㉯ 물에는 약간 녹으나 알코올, 에테르, 아세톤 등에는 녹지 않는다.

㉰ 고온 800~840℃에서 분해하여 산소를 발생한다.

예 $2BaO_2 \longrightarrow 2BaO+O_2$

㉱ 수화물($BaO_2 \cdot 8H_2O$)은 무색 결정으로 묽은 산에 녹으며, 100℃에서 결정수를 잃는다.

㉲ 비중 4.96, 융점 450℃, 분해 온도 840℃

② 위험성

㉮ 산 및 온수에 의해 분해되어 과산화수소(H_2O_2)와 발생기 산소를 발생하면서 발열한다.

예 $BaO_2+H_2SO_4 \longrightarrow BaSO_4+H_2O_2$

$2BaO_2+2H_2O \longrightarrow 2Ba(OH)_2+O_2$

㉯ 유독성이 있다.

㉰ 유기물과의 접촉을 피한다.

3-5 브로민산염류(지정 수량 300kg)

브로민산($HBrO_3$)의 수소(H)가 금속 또는 다른 원자단으로 치환된 염이다.

(1) 브로민산칼륨($KBrO_3$)

① 일반적 성질

㉮ 백색의 결정성 분말이며, 물에는 잘 녹으나 알코올에는 난용이다.

㉯ 융점 이상으로 가열하면 분해되어서 산소를 발생한다.

예 $2KBrO_3 \longrightarrow 2KBr+3O_2$

㉰ 비중 3.27, 융점 370℃

예제

2몰의 브로민산칼륨이 모두 열분해 되어 생긴 산소의 양은 2기압 27℃에서 약 몇 L인가?

풀이 $2KBrO_3 \longrightarrow 2KBr + 3O_2$: 3몰의 산소 생성

$PV = nRT$이므로

$\therefore V = \frac{nRT}{P} = \frac{3 \times 0.082 \times (273+27)}{2} = 36.92L$

답 36.92L

② 위험성

㉮ 황, 숯, 마그네슘 분말, 기타 다른 가연물과 혼합되어 있을 때 가열하면 폭발한다.

㉯ 혈액 속에서 메타헤모글로빈 증세를 일으킨다.

③ 저장 및 취급 방법

㉮ 분진이 비산되지 않도록 조심히 다루며 밀봉, 밀전한다.

㉯ 습기에 주의하며, 열원을 멀리한다.

(2) 브로민산나트륨($NaBrO_3$)

① 일반적 성질

㉮ 무색의 결정 또는 결정성 분말로 물에 잘 녹는다.

㉯ 강한 산화력이 있고, 고온에서 분해하여 산소를 방출한다.

㉰ 비중 3.3, 융점 381℃

(3) 브로민산아연[$Zn(BrO_3)_2 \cdot 6H_2O$]

① 일반적 성질

㉮ 무색의 결정이며 물, 에탄올, 이황화탄소, 클로로포름에 잘 녹는다.

㉯ 강한 산화제이지만, Cl_2보다 약하다.

㉰ 비중 2.56, 융점 100℃

② 위험성

㉮ 가연물과 혼합되어 있을 때는 폭발적으로 연소한다.

㉯ F_2와 심하게 반응하여 불화취소가 생성된다.

3-6 질산염류(지정 수량 300kg)

질산(HNO_3)의 수소(H)가 금속 또는 다른 양이온으로 치환된 화합물을 말한다. 물에 녹고, 폭약의 원료로 많이 사용된다.

(1) 질산칼륨(KNO_3, 초석)

① 일반적 성질

㉮ 무색, 무취의 결정 백색 분말이며 조해성이 있다.

㉯ 물이나 글리세린 등에는 잘 녹고, 알코올에는 녹지 않는다.

㉰ 약 400℃로 가열하면 분해하여 아질산칼륨(KNO_2)과 산소(O_2)가 발생한다.

예 $2KNO_3 \longrightarrow 2KNO_2 + O_2$

㉱ 분자량 101, 비중 2.1, 융점 339℃, 분해 온도 400℃

예제

질산칼륨 1mol 중의 질소 함량은 약 몇 wt%인지 구하시오. (단, K의 원자량은 39이다.)

풀이 질소 : $\frac{14}{101} \times 100 = 13.86$wt%

답 13.86wt%

② 위험성

㉮ 강한 산화제이므로 가연성 분말이나 유기물과 접촉 시 폭발한다.

㉯ 흑색 화약(black powder)을 질산칼륨(KNO3)과 황(S), 목탄분(C)을 75% : 10% : 15%의 비율로 혼합한 것으로 각자는 폭발성이 없으나 적정 비율로 혼합되면 폭발력이 생긴다. 이것은 뇌관을 사용하지 않고도 충분히 폭발시킬 수 있다. 흑색 화약의 분해 반응식은 다음과 같다.

$16KNO_3 + 3S + 21C \longrightarrow 13CO_2 + 3CO + 8N_2 + 5K_2CO_3 + K_2SO_4 + K_2S$

㉰ 혼촉 발화가 가능한 물질로는 황린, 황, 금속분, 목탄분, 나트륨아미드, 나트륨, 에테르, 이황화탄소, 아세톤, 톨루엔, 크실렌, 등유, 에탄올, 에틸렌글리콜, 황화티탄, 황화안티몬 등이 있다.

③ 저장 및 취급 방법

㉮ 유기물과의 접촉을 피한다.

㉯ 건조한 냉암소에 보관한다.

㉰ 가연물과 산류 등의 혼합 시 가열, 충격, 마찰 등을 피한다.

④ 용도 : 흑색 화약 원료, 불꽃놀이의 원료

(2) 질산나트륨($NaNO_3$, 칠레초석)

① 일반적 성질

㉮ 무색, 무취의 투명한 결정 또는 백색 분말이다.

㉯ 조해성이 있으며, 물이나 글리세린 등에는 잘 녹고 알코올에는 녹지 않는다. 수용액은 중성이다.

㉰ 약 380℃에서 분해되어 아질산나트륨($NaNO_2$)과 산소(O_2)를 생성한다.

예 $2NaNO_3 \longrightarrow 2NaNO_2 + O_2$

㉱ 비중 2.27, 융점 308℃, 분해 온도 380℃

② 위험성

㉮ 강한 산화제로서 황산과 접촉 시 분해하여 질산을 유리시킨다.

㉯ 유기물, 가연물과 혼합하면 가열, 충격, 마찰에 의해 발화할 수 있다.

㉰ 티오황산나트륨과 함께 가열하면 폭발한다.

(3) 질산암모늄(NH_4NO_3)

① 일반적 성질

㉮ 상온에서 무색, 무취의 결정 고체이다.

㉯ 흡습성과 조해성이 강하며 물, 알코올, 알칼리 등에 잘 녹으며, 불안정한 물질이고 물에 녹을 때는 흡열 반응을 한다.

㉰ 질산암모늄이 원료로 된 폭약은 수분이 흡수되지 않도록 포장하며, 비료용인 경우에는 우기 때 사용하지 않는 것이 좋다.

㉱ 비중 1.73, 융점 165℃, 분해 온도 220℃

예제

질산암모늄(NH_4NO_3)에 함유되어 있는 질소와 수소의 함량은 몇 wt%인가?

풀이 ① 질소 : $\frac{28}{80} \times 100 = 35wt\%$

② 수소 : $\frac{4}{80} \times 100 = 5wt\%$

답 ① 질소 : 35wt%, ② 수소 : 5wt%

② 위험성

㉮ 가연물, 유기물이 혼합되면 가열, 충격, 마찰에 의해 폭발한다.
100℃ 부근에서 반응하고, 200℃에서 열분해하여 산화이질소와 물로 분해한다.

예 $NH_4NO_3 \longrightarrow N_2O + 2H_2O$

㉯ 급격한 가열이나 충격을 주면 단독으로 폭발한다.

예 $2NH_4NO_3 \longrightarrow 2N_2 + 4H_2O + O_2$

㉰ 황분말, 금속분, 가연성의 유기물이 섞이면 가열 또는 충격에 의해 폭발을 일으킨다.

3-7 아이오딘산염류(지정 수량 300kg)

아이오딘산(HIO_3)의 수소(H)가 금속 또는 다른 원자단으로 치환된 화합물이다. 대부분 결정성 고체로서 산화력이 강하고, 탄소나 유기물과 섞여 가열하면 폭발한다.

(1) 아이오딘산칼륨(KIO_3)

① 일반적 성질

㉮ 무색 결정 또는 광택이 나는 무색의 결정성 분말이다.

㉯ 물에 녹으며, 수용액은 리트머스 시험지에 중성 반응을 나타낸다.

㉰ 비중 3.89, 융점 560℃

② 위험성

㉮ 산화력이 강하고 융점 이상으로 가열하면 분해하여 산소를 발생한다.

㉯ 유기물, 가연물과 혼합한 것은 가열 · 충격 · 마찰에 의해 폭발한다.

㉰ 황린, 목탄분, 금속분, 칼륨, 나트륨, 인화성 액체류, 셀룰로오스, 황 화합물 등과 혼촉 시 가열, 충격, 마찰에 의해 폭발의 위험이 있다.

(2) 아이오딘산 아연[$Zn(IO_3)_2$]

① 일반적 성질

㉮ 백색의 결정성 분말로 물에 약간 녹으나 에탄올에는 녹지 않는다.

㉯ 유기물과 혼합 시 연소 위험이 있다.

㉰ 산화력이 강하다.

㉱ 수용액은 리트머스 시험지에 중성 반응이 나타난다.

㉲ 분자량 204.3, 비중 5.06

3-8 과망가니즈산염류(지정 수량 1,000kg)

과망가니즈산($HMnO_4$)의 수소(H)가 금속 또는 다른 원자단으로 치환된 물질이다.

(1) 과망가니즈산칼륨($KMnO_4$)

① 일반적 성질

㉮ 단맛이 나는 흑자색의 결정이다.

㉯ 에탄올, 빙초산, 아세톤에 녹으며 물에 녹아 진한 보라색이 되며, 강한 산화력과 살균력을 지닌다.

㉰ 240℃에서 가열하면 망가니즈산칼륨, 이산화망간, 산소를 발생한다.

예 $2KMnO_4 \longrightarrow K_2MnO_4 + MnO_2 + O_2$

㉱ 2분자가 중성 또는 알칼리성과 반응하면 3원자의 산소를 방출한다.

㉲ 분자량 158, 비중 2.7, 분해 온도 240℃

② 위험성

㉮ 진한 황산과 접촉하면 폭발적으로 반응한다.

예 $2KMnO_4 + H_2SO_4 \longrightarrow K_2SO_4 + 2HMnO_4$

$2HMnO_4 \longrightarrow Mn_2O_7 + H_2O$

$2Mn_2O_7 \longrightarrow 4MnO_2 + 3O_2$

㉯ 묽은 황산과의 반응은 다음과 같다.

예 $4KMnO_4 + 6H_2SO_4 \longrightarrow 2K_2SO_4 + 4MnSO_4 + 6H_2O + 5O_2$

㉰ 강력한 산화제로 다음과 같은 경우 순간적으로 혼촉 발화하고, 폭발의 위험성이 상존한다.

㉠ 과망가니즈산칼륨＋에테르 : 최대 위험 비율＝8wt%

㉡ 과망가니즈산칼륨＋글리세린 : 최대 위험 비율＝15wt%

㉢ 과망가니즈산칼륨＋염산 : 최대 위험 비율＝63wt%

③ 저장 및 취급 방법

㉮ 일광을 차단하고, 냉암소에 저장한다.

㉯ 용기는 금속 또는 유리 용기를 사용하며 산, 가연물, 유기물 등과의 접촉을 피한다.

(2) 과망가니즈산나트륨($NaMnO_4 \cdot 3H_2O$, 과망간산소다)

① 일반적 성질

㉮ 적자색 결정으로 물에 매우 잘 녹는다.

㉯ 조해성이 있어 수용액($NaMnO_4 \cdot 3H_2O$)으로 시판한다.

㉰ 가열하면 융점 부근에서 분해하여 산소를 발생한다.

예 $2NaMnO_4 \xrightarrow{170℃ \text{ 이상}} Na_2MnO_4 + MnO_4 + O_2$

㉱ 비중 2.46, 융점 170℃

② 위험성

㉮ 적린, 황, 금속분, 유기물과 혼합하면 가열, 충격에 의해 폭발한다.

㉯ 나트륨, 에테르, 이황화탄소, 아닐린, 아세톤, 톨루엔, 에탄올, 진한 초산, 에틸렌글리콜, 황산, 삼산화크로뮴 등과 혼촉 발화의 위험이 있다.

3-9 다이크로뮴산염류(지정 수량 1,000kg)

다이크로뮴산($H_2Cr_2O_7$)의 수소(H)가 금속 또는 다른 원자단으로 치환된 화합물이다. 이 물질을 다이크로뮴산염($M_2Cr_2O_7$)이라 하고, 이들 염의 총칭을 다이크로뮴산염류라 한다.

(1) 다이크로뮴산칼륨($K_2Cr_2O_7$)

① 일반적 성질

㉮ 다이크로뮴산나트륨 용액에 염화칼륨을 가해서 용해, 가열시켜 얻는다.

예 $Na_2Cr_2O_7 + 2KCl \longrightarrow K_2Cr_2O_7 + 2NaCl$

㉯ 흡습성이 있는 등적색의 결정 또는 결정성 분말로, 쓴맛이 있고 물에는 녹으나 알코올에는 녹지 않는다.

㉰ 산성 용액에서 강한 산화제이다.

예 $K_2Cr_2O_7 + 4H_2SO_4 \longrightarrow K_2SO_4 + Cr_2(SO_4)_3 + 4H_2O + 3[O]$

㉱ 독성이 있으며, 쓴맛과 금속성 맛이 있다.

㉲ 분자량 294, 비중 2.69, 융점 398℃, 분해 온도 500℃

② 위험성

㉮ 500℃에서 분해하여 산소를 발생한다.

예 $4K_2Cr_2O_7 \longrightarrow 4K_2CrO_4 + 2Cr_2O_3 + 3O_2$

㉯ 부식성이 강해 피부와 접촉 시 점막을 자극한다.

㉰ 단독으로는 안정된 화합물이지만 가열하거나 가연물, 유기물 등과 접촉할 때 가열, 마찰, 충격을 가하면 폭발한다.

㉱ 수산화칼슘, 히드록실아민, (아세톤+황산)과 혼촉 시 발화 폭발의 위험이 있다.

㉲ 분진은 기관지를 자극하며, 상처와 접촉하면 염증을 일으키며, 흡입 시 중독 증상이 나타난다.

③ 저장 및 취급 방법

㉮ 화기 엄금, 가열, 충격, 마찰을 피한다.

㉯ 산, 황, 화합물, 유지 등의 이물질과의 혼합을 금지한다.

㉰ 용기는 밀봉하여 저장한다.

(2) 다이크로뮴산나트륨($Na_2Cr_2O_7 \cdot 2H_2O$)

① 일반적 성질

㉮ 크로뮴산나트륨에 황산을 가하여 만든다.

예 $2Na_2CrO_4 + H_2SO_4 + H_2O \longrightarrow Na_2Cr_2O_7 \cdot 2H_2O + Na_2SO_4$

㉯ 흡습성을 가진 등황색 또는 등적색의 결정으로 무취이다.

㉰ 물에는 녹으나 알코올에는 녹지 않는다.

㉱ 84.6℃에서 결정수를 잃고, 400℃에서 분해하여 산소를 발생한다.

㉲ 비중 2.52, 융점 356℃, 분해 온도 400℃

② 위험성

㉮ 가열될 경우에는 분해되어 산소를 발생하여 근처에 있는 가연성 물질을 연소시킬 수 있다.

㉯ 황산, 하이드록실아민, (에탄올 + 황산), (TNT + 황산)과 혼촉 시 발화 폭발의 위험이 있다.

㉰ 눈에 들어가면 결막염을 일으킨다.

(3) 다이크로뮴산암모늄[$(NH_4)_2Cr_2O_7$]

① 일반적 성질

㉮ 다이크로뮴산나트륨과 황산암모늄을 복분해하여 만든다.

예 $(NH_4)_2SO_4+Na_2Cr_2O_7 \longrightarrow (NH_4)_2Cr_2O_7+Na_2SO_4$

㉯ 삼산화크로뮴에 암모니아를 작용하여 만든다.

예 $2Cr_2O_3+2NH_3+H_2O \longrightarrow (NH_4)_2Cr_2O_7$

㉰ 적색 또는 등적색의 침상 결정이다.

㉱ 물, 알코올에는 녹지만, 아세톤에는 녹지 않는다.

㉲ 가열 분해 시 질소(N_2) 가스, 물 및 푸석푸석한 초록색의 Cr_2O_3를 만든다.

예 $(NH_4)_2Cr_2O_7 \longrightarrow N_2+4H_2O+Cr_2O_3$

㉳ 비중 2.15, 분해 온도 225℃

② 위험성

㉮ 상온에서 안정하지만, 강산을 가하면 산화성이 증가한다.

㉯ 강산류, 환원제, 알코올류와 반응한다.

㉰ 밀폐 용기를 가열하면 심하게 파열한다.

㉱ 분진은 눈을 자극하고, 상처에 접촉 시 염증이 있으며, 흡입 시에는 기관지의 점막에 침투하고, 중독 증상이 나타난다.

3-10 그 밖에 행정안전부령이 정하는 것-삼산화크로뮴(CrO3, 무수크로뮴산, 지정 수량 300kg)

① 일반적 성질

㉮ 암적색의 침상 결정으로 물, 에테르, 알코올, 황산에 잘 녹는다.

㉯ 융점 이상으로 가열하면 200~250℃에서 분해하여 산소를 방출하고 녹색의 삼산화이크로뮴으로 변한다.

예 $4CrO_3 \longrightarrow 2Cr_2O_3 + 3O_2$

② 위험성

㉮ 강력한 산화제이다. 크로뮴 산화물의 산화성 크기는 다음과 같다.

$CrO_3 > Cr_2O_3 > CrO$

㉯ 산화되기 쉬운 물질이나 유기물, 인, 피크린산, 목탄분, 가연물과 혼합하면 심한 반응열에 의해 연소 · 폭발의 위험이 있다.

㉰ 황, 목탄분, 적린, 금속분 등과 같은 강력한 환원제와 접촉 시 가열, 충격으로 폭발의 위험이 있다.

㉱ $CrO_3 + CH_3COOH$는 혼촉 발화한다.

③ 저장 및 취급 방법

㉮ 물 또는 습기의 접촉을 피하며 냉암소에 보관하다.

㉯ 철제 용기에 밀폐하여 차고 건조한 곳에 보관한다.

출제예상문제

01 위험물안전관리법령상 염소화이소시아눌산은 제 몇 류 위험물인가?

① 제1류　② 제2류
③ 제5류　④ 제6류

해설 제1류 위험물의 종류와 지정 수량

성 질	품 명	지정 수량	위험 등급
산화성 고체	1. 아염소산염류	50kg	I
	2. 염소산염류	50kg	I
	3. 과염소산염류	50kg	I
	4. 무기과산화물	50kg	I
	5. 브로민산염류	300kg	II
	6. 질산염류	300kg	II
	7. 아이오딘산염류	300kg	II
	8. 과망가니즈산염류	1,000kg	III
	9. 다이크로뮴산염류	1,000kg	III
	10. 그 밖에 행정안전부령이 정하는 것 ① 과아이오딘산염류 ② 과아이오딘산 ③ 크로뮴, 납 또는 아이오딘의 산화물 ④ 아질산염류 ⑤ 염소화이소시아눌산 ⑥ 퍼옥소이황산염류 ⑦ 퍼옥소붕산염류 11. 제1호부터 제10호까지의 어느 하나에 해당하는 위험물을 하나 이상 함유한 것	50kg 300kg 또는 1,000kg	I, II, III

02 위험물 제조소에서 다음과 같이 위험물을 취급하고 있는 경우 각각의 지정 수량 배수의 총합은?

- 브로민산나트륨 : 300kg
- 과산화나트륨 : 150kg
- 다이크로뮴산나트륨 : 500kg

① 3.5　② 4.0　③ 4.5　④ 5.0

해설 $\frac{300\text{kg}}{300\text{kg}}+\frac{150\text{kg}}{50\text{kg}}+\frac{500\text{kg}}{1{,}000\text{kg}}=4.5$배

03 다음 위험물에 해당되는 것은?

- 대부분 무색의 결정, 백색 분말이다.
- 물과 작용하여 열과 산소를 발생시키는 것도 있다.
- 가열 등에 의해 산소를 발생한다.

① 제1류 위험물　② 제2류 위험물
③ 제3류 위험물　④ 제5류 위험물

해설 제1류 위험물에 대한 설명이다.

04 제1류 위험물과 제6류 위험물의 공통 성상은?

① 금수성　② 가연성
③ 산화성　④ 자기 반응성

해설 ㉠ 제1류 위험물 : 산화성 고체
㉡ 제6류 위험물 : 산화성 액체

05 다음 중 산을 가하면 이산화염소를 발생시키는 물질로 분자량이 약 90.5인 것은?

① 아염소산나트륨
② 브로민산나트륨
③ 아이오딘산칼륨
④ 다이크로뮴산나트륨

해설 $3NaClO_2+2HCl \longrightarrow 3NaCl+2ClO_2+H_2O_2$

06 제1류 위험물 중 염소산염류는 다음 중 어느 것인가?

① NH_4ClO_3　② $KClO_4$
③ Na_2O_2　④ $Ca(ClO)_2$

정답 01 ① 02 ③ 03 ① 04 ③ 05 ① 06 ①

해설 염소산염류($MClO_3$)는 염소산($HClO_3$)의 수소가 금속 또는 양이온으로 치환된 것이다.
예 $KClO_3$, $NaClO_3$, NH_4Cl_3 등

07 염소산칼륨의 성질이 아닌 것은?

① 황산과 반응하여 이산화염소를 발생한다.
② 상온에서 고체이다.
③ 알코올보다는 글리세린에 더 잘 녹는다.
④ 환원력이 강하다.

해설 ④ 산화력이 강하다.

08 염소산칼륨이 고온에서 완전 열분해할 때 주로 생성되는 물질은?

① 칼륨과 물 및 산소 ② 염화칼륨과 산소
③ 이염화칼륨과 수소 ④ 칼륨과 물

해설 $2KClO_3 \longrightarrow 2KCl + 3O_2$

09 다음 중 염소산나트륨의 화학식을 올바르게 나타낸 것은?

① $NaClO$ ② $NaClO_2$
③ $NaClO_3$ ④ $NaClO_4$

해설 ① 차아염소산나트륨
② 아염소산나트륨
④ 과염소산나트륨

10 염소산나트륨($NaClO_3$)의 성상에 관한 설명으로 올바른 것은?

① 황색의 결정이다.
② 비중은 1.0이다.
③ 환원력에 매우 강한 물질이다.
④ 물, 에테르, 글리세린에 잘 녹으며, 조해성이 강하다.

해설 ① 무색, 무취의 결정이다.
② 비중은 2.5이다.
③ 산화력이 강한 물질이다.

11 염소산나트륨과 반응하여 ClO_2 가스를 발생시키는 것은?

① 글리세린 ② 질소
③ 염산 ④ 산소

해설 $2NaClO_3 + 2HCl \longrightarrow 2NaCl + 2ClO_2 + H_2O_2$

12 염소산나트륨의 성상에 대한 설명으로 옳지 않은 것은?

① 자신은 불연성 물질이지만 강한 산화제이다.
② 유리를 녹이므로 철제 용기에 저장한다.
③ 열분해하여 산소를 발생한다.
④ 산과 반응하면 유독성의 이산화염소를 발생한다.

해설 ② 철을 부식시키므로 철제 용기에 저장하지 말아야 한다.

13 과염소산칼륨과 아염소산나트륨의 공통 성질이 아닌 것은?

① 지정 수량이 50kg이다.
② 열분해 시 산소를 방출한다.
③ 강산화성 물질이며, 가연성이다.
④ 상온에서 고체의 형태이다.

해설 ③ 강력한 산화제이며, 불연성이다.

14 과염소산칼륨의 일반적인 성질에 대한 설명 중 틀린 것은?

① 강한 산화제이다.
② 불연성 물질이다.
③ 과일향이 나는 보라색 결정이다.
④ 가열하여 완전 분해시키면 산소를 발생한다.

해설 ③ 무색, 무취의 결정 또는 백색의 분말이다.

15 다음 중에서 과염소산나트륨의 분자식은?

① $NaClO$ ② $NaClO_2$
③ $NaClO_3$ ④ $NaClO_4$

정답 07 ④ 08 ② 09 ③ 10 ④ 11 ③ 12 ② 13 ③ 14 ③ 15 ④

해설 ① 차아염소산나트륨, ② 아염소산나트륨, ③ 염소산나트륨, ④ 과염소산나트륨

16 과염소산나트륨의 성질이 아닌 것은?

① 수용성이다.
② 조해성이 있다.
③ 분해 온도는 약 400℃이다.
④ 물보다 가볍다.

해설 ④ 물보다 무겁다(비중 2.5).

17 무취의 결정이며, 분자량이 약 122, 녹는점이 약 482℃이고 산화제, 폭약 등에 사용되는 위험물은?

① 염소산바륨　② 과염소산나트륨
③ 과산화바륨　④ 아염소산나트륨

해설 과염소산나트륨($NaClO_4$)의 설명이다.

18 과염소산암모늄의 위험성에 대한 설명으로 올바르지 않은 것은?

① 급격히 가열하면 폭발의 위험이 있다.
② 건조 시에는 안정하나 수분 흡수 시에는 폭발한다.
③ 가연성 물질과 혼합하면 위험하다.
④ 강한 충격이나 마찰에 의해 폭발의 위험이 있다.

해설 ② 강산과 접촉하거나 가연물 또는 산화성 물질 등과 혼합 시 폭발의 위험이 있다.

19 다음에서 설명하는 위험물은?

> 분석 시약, 가스 건조제, 불꽃류 제조에 쓰이는 백색의 결정 덩어리로 조해성이 강하여 방수, 방습에 주의하여야 한다. 또 물, 에탄올에 녹으며, 금속분, 가연물과 혼합하면 위험성이 있고 분말의 흡입은 위험하다.

① 염소산칼륨　② 과염소산마그네슘
③ 과산화나트륨　④ 과산화수소

해설 과염소산마그네슘의 설명이다.

20 다음 중 알칼리 금속의 과산화물이 아닌 것은?

① Li_2O_2　② Na_2O_2
③ Rb_2O_2　④ CaO_2

해설 과산화칼슘(CaO_2)은 알칼리 토금속의 과산화물이다.
㉠ 알칼리 금속 : Li, Na, K, Rb, Cs, Fr 등
㉡ 알칼리 토금속 : Be, Mg, Ca, Sr, Ba, Ra 등

21 알칼리 금속은 화재 예방의 측면에서 다음 중 어떤 기(원자단)를 가지고 있는 물질과 접촉할 때 가장 위험한가?

① $-OH$　② $-O-$
③ $-COO-$　④ $-NO_2$

해설 알칼리 금속은 물과 급속히 반응하여 수소(H_2)를 발생시킨다.

22 일반적으로 다음에서 설명하는 성질을 가지고 있는 위험물은?

> • 불안정한 고체 화합물로서, 분해가 용이하여 산소를 방출한다.
> • 물과 격렬하게 반응하여 발열한다.

① 무기 과산화물　② 과망가니즈산염류
③ 과염소산염류　④ 다이크로뮴산염류

해설 무기 과산화물의 설명이다.

23 분자량이 약 110인 무기 과산화물로 물과 접촉하여 발열하는 것은?

① 과산화마그네슘　② 과산화벤젠
③ 과산화칼슘　④ 과산화칼륨

해설 과산화칼륨의 설명이다.

정답 16 ④ 17 ② 18 ② 19 ② 20 ④ 21 ① 22 ① 23 ④

24 제1류 위험물 중의 과산화칼륨을 다음과 같이 반응시켰을 때 공통적으로 발생되는 기체는?

- 물과 반응을 시켰다.
- 가열하였다.
- 탄산 가스와 반응시켰다.

① 수소 ② 이산화탄소
③ 산소 ④ 이산화황

해설 ㉠ 물과 반응을 시켰다.
$2K_2O_2 + 2H_2O \longrightarrow 4KOH + O_2$
㉡ 가열하였다.
$2K_2O_2 \longrightarrow 2K_2O + O_2$
㉢ 탄산 가스와 반응시켰다.
$2K_2O_2 + 2CO_2 \longrightarrow 2K_2CO_3 + O_2$

25 물과 접촉 시 발열하면서 폭발 위험성이 증가하는 것은?

① 과산화칼륨 ② 과망가니즈산나트륨
③ 아이오딘산칼륨 ④ 과염소산칼륨

해설 물과 접촉 시 발열하면서 폭발 위험이 증가한다.
$2K_2O_2 + 2H_2O \longrightarrow 4KOH + O_2$

26 과산화칼륨과 과산화마그네슘이 염산과 각각 반응했을 때 공통으로 나오는 물질의 지정 수량은?

① 50L ② 100kg
③ 300kg ④ 1,000L

해설 ㉠ $K_2O_2 + 2HCl \longrightarrow 2KCl + H_2O_2$
㉡ $MgO_2 + 2HCl \longrightarrow MgCl_2 + H_2O_2$
위 반응에서 공통으로 나오는 물질은 H_2O_2이므로 지정 수량은 300kg이다.

27 제1류 위험물인 과산화나트륨의 보관 용기에 화재가 발생하였다. 소화 약제로 가장 적당한 것은?

① 포 소화 약제 ② 물
③ 마른 모래 ④ 이산화탄소

해설 과산화나트륨 소화 약제 : 마른 모래, 소금 분말, 건조석회 등

28 과산화나트륨 78g과 충분한 양의 물이 반응하여 생성되는 기체의 종류와 생성량을 옳게 나타낸 것은?

① 수소, 1g ② 산소, 16g
③ 수소, 2g ④ 산소, 32g

해설 $Na_2O_2 + 2H_2O \rightarrow 2NaOH + H_2O + \frac{1}{2}O_2$
78g 고체 액체 기체(16g)

29 물과 접촉하면 가장 위험이 따르는 물질은?

① 과산화마그네슘
② 과산화수소
③ 과산화나트륨
④ 과산화벤조일

해설 물과 심하게 반응하여 발열하고, 폭발의 위험이 있다.
$2Na_2O_2 + 4H_2O \longrightarrow 4NaOH + 2H_2O + O_2$

30 Na_2O_2와 혼합하여도 발화되지 않고, 폭발로 인한 화재 위험이 없는 물질은?

① $C_2H_5OC_2H_5$ ② CH_3COOH
③ CaC_2 ④ C_2H_5OH

해설 과산화나트륨은 에틸알코올(C_2H_5OH)에 녹지 않는다.

31 2몰의 브로민산칼륨이 모두 열분해되어 생긴 산소의 양은 2기압 27℃에서 약 몇 L인가?

① 32.42 ② 36.92
③ 41.34 ④ 45.64

해설 $2KBrO_3 \rightarrow 2KBr + 3O_2$: 3몰의 산소 생성
$PV = nRT$이므로
$$\therefore V = \frac{nRT}{P} = \frac{3 \times 0.082 \times 300}{2} = 36.92L$$

정답 24 ③ 25 ① 26 ③ 27 ③ 28 ② 29 ③ 30 ④ 31 ②

32 다음 중 질산염류가 아닌 것은?

① 질산칼슘 ② 질산바륨
③ 질산섬유소 ④ 질산나트륨

해설 질산섬유소는 나이트로셀룰로오스로 제5류 위험물에 속한다.

33 질산칼륨을 약 400℃에서 가열하여 열분해 시킬 때 주로 생성되는 물질은?

① 질산과 산소
② 질산과 칼륨
③ 아질산칼륨과 산소
④ 아질산칼륨과 질소

해설 $2KNO_3 \longrightarrow \underset{(\text{아질산칼륨})}{\underline{2KNO_2}} + O_2$

34 흑색 화약의 원료로 사용되는 위험물의 유별을 옳게 나타낸 것은?

① 제1류, 제2류 ② 제1류, 제4류
③ 제2류, 제4류 ④ 제4류, 제5류

해설 흑색 화약(blackgun powder) : 질산칼륨(KNO_3)과 황(S), 목탄분(C)을 75% : 10% : 15%의 비율(표준 배합 비율)로 혼합한 것이다.
여기서, ㉠ 질산칼륨(KNO_3) : 제1류 위험물
㉡ 황(S) : 제2류 위험물

35 다음 중 질산나트륨의 성상에 대한 설명으로 틀린 것은?

① 조해성이 있다.
② 강력한 환원제이며, 물보다 가볍다.
③ 열분해하여 산소를 방출한다.
④ 가연물과 혼합하면 충격에 의해 발화할 수 있다.

해설 ② 강력한 산화제이며, 물보다 무겁다(비중 2.27).

36 다음 질산암모늄에 대한 설명 중 옳은 것은?

① 물에 녹을 때는 발열 반응을 하므로 위험하다.
② 가열하면 폭발적으로 분해하여 산소와 암모니아를 생성한다.
③ 소화 방법으로는 질식 소화가 좋다.
④ 단독으로는 급격한 가열, 충격으로 분해 폭발하는 수도 있다.

해설 ① 물에 녹을 때 다량의 물을 흡수하여(흡열 반응) 온도가 내려간다.
② 가열하면 분해가 급격히 일어나 폭발한다.
$2NH_4NO_3 \longrightarrow 2N_2 + 4H_2O + O_2$
③ 소화 방법으로는 주수 소화가 좋다.

37 질산암모늄에 관한 설명 중 틀린 것은?

① 상온에서 고체이다.
② 폭약의 제조 원료로 사용할 수 있다.
③ 흡습성과 조해성이 있다.
④ 물과 반응하여 발열하고, 다량의 가스를 발생한다.

해설 ④ 물과 반응하여 흡열 반응을 한다.

38 다음 아이오딘산칼륨(KIO_3)에 대한 설명 중 옳지 않은 것은?

① 광택이 나는 무색의 결정성 분말이다.
② 융점 이상으로 가열하면 산소를 방출시키며, 가연물과 혼합하면 폭발 위험이 있다.
③ 물이나 알코올에는 녹으나 진한 황산에는 녹지 않는다.
④ 염소산칼륨보다는 위험성이 작다.

해설 물이나 $c-H_2SO_4$에는 용해되나 알코올에는 용해되지 않는다.

39 과망가니즈산칼륨이 240℃의 분해 온도에서 분해되었을 때 생길 수 없는 물질은?

① O_2 ② MnO_2
③ K_2O ④ K_2MnO_4

해설 $2KMnO_4 \longrightarrow K_2MnO_4 + MnO_2 + O_2$

정답 32 ③ 33 ③ 34 ① 35 ② 36 ④ 37 ④ 38 ③ 39 ③

40 다음 중 과망가니즈산칼륨과 혼촉하였을 때 위험성이 가장 낮은 물질은?

① 물 ② 에테르
③ 글리세린 ④ 염산

해설 혼촉 발화 : 일반적으로 2가지 이상 물질의 혼촉에 의해 위험한 상태가 생기는 것을 말하지만, 혼촉 발화가 모두 발화 위험을 일으키는 것은 아니며 유해 위험도 포함된다.
② $KMnO_4+(C_2H_5)_2O$: 최대 위험 비율=8wt%
③ $KMnO_4+CH_2OHCHOHCH_2OH$: 최대 위험 비율=15wt%
④ $KMnO_4+HCl$: 최대 위험 비율=63wt%

41 다이크로뮴산칼륨의 화재 예방 및 진압 대책에 관한 설명 중 틀린 것은?

① 가열, 충격, 마찰을 피한다.
② 유기물, 가연물과 격리하여 저장한다.
③ 화재 시 물과 반응하여 폭발하므로 주수 소화를 금한다.
④ 소화 작업 시 폭발 우려가 있으므로 충분한 안전 거리를 확보한다.

해설 제1류 위험물 : 주수에 의한 냉각 효과(무기 과산화물 제외)

42 다이크로뮴산칼륨에 대한 설명으로 틀린 것은?

① 열분해하여 산소를 발생한다.
② 물과 알코올에 잘 녹는다.
③ 등적색의 결정으로 쓴맛이 있다.
④ 산화제, 의약품 등에 사용된다.

해설 ② 물에 잘 녹고, 알코올에는 녹지 않는다.

43 오렌지색의 단사 정계 결정이며, 약 225℃에서 질소 가스가 발생되는 것은?

① 다이크로뮴산칼륨
② 다이크로뮴산나트륨
③ 다이크로뮴산암모늄
④ 다이크로뮴산아연

해설 $(NH_4)_2Cr_2O_7 \longrightarrow Cr_2O_3+N_2+4H_2O$

정답 40 ① 41 ③ 42 ② 43 ③

Chapter 02 제2류 위험물

01 제2류 위험물의 품명과 지정 수량

성질	품명	지정 수량	위험 등급
가연성 고체	1. 황화인	100kg	II
	2. 적린	100kg	
	3. 유황	100kg	
	4. 철분	500kg	III
	5. 금속분	500kg	
	6. 마그네슘	500kg	
	7. 그 밖의 행정안전부령이 정하는 것 8. 1.~7.에 해당하는 어느 하나 이상을 함유한 것	100kg 또는 500kg	II, III
	9. 인화성 고체	1,000kg	III

[비고] ① 가연성 고체 : 고체로서 화염에 의한 발화의 위험성 또는 인화의 위험성을 판단하기 위하여 고시로 정하는 시험에서 고시로 정하는 성질과 상태를 나타내는 것을 말한다.

② 황 : 순도가 60 중량% 이상인 것을 말하며, 순도 측정을 하는 경우 불순물은 활석 등 불연성 물질과 수분으로 한정한다.

③ 철분 : 철의 분말로서 53μm 표준체를 통과하는 것이 50 중량% 미만인 것을 제외한다.

④ 금속분 : 알칼리금속 · 알칼리토류금속 · 철 및 마그네슘 외의 금속의 분말을 말하고, 구리분 · 니켈분 및 150μm의 체를 통과하는 것이 50 중량% 미만인 것은 제외한다.

⑤ 마그네슘 및 제2류 제8호의 물품 중 마그네슘을 함유한 것에 있어서는 다음 각목의 1에 해당하는 것은 제외한다.

가. 2mm의 체를 통과하지 아니하는 덩어리 상태의 것

나. 지름 2mm 이상의 막대 모양의 것

⑥ 황하인 · 적린ㅍ황 및 철분은 위의 ①의 규정에 의한 성상이 있는 것으로 본다.

⑦ 인화성 고체 : 고형 알코올 그 밖에 1기압에서 인화점이 40℃ 미만인 고체를 말한다.

02 공통 성질 및 저장 · 취급 시 유의 사항

(1) 공통 성질

① 비교적 낮은 온도에서 연소하기 쉬운 가연성 고체로서 이연성, 속연성 물질이다.

② 연소 속도가 매우 빠르고, 연소 시 유독 가스를 발생하며, 연소열이 크고, 연소 온도가 높다.

③ 강환원제로서 비중이 1보다 크고, 물에 녹지 않는다.

④ 산화제와 접촉, 마찰로 인하여 착화되면 급격히 연소한다.

(2) 저장 및 취급 시 유의 사항

① 점화원을 멀리하고, 가열을 피한다.

② 용기 등의 파손으로 위험물이 누출되지 않도록 한다.

③ 금속분(철분, 마그네슘, 금속분 등)은 물이나 산과의 접촉을 피한다.

(3) 소화 방법

① 주수에 의한 냉각 소화 및 질식 소화 실시

② 금속분의 화재에는 건조사 등에 의한 피복 소화 실시

참고

피복 소화

화재 발생 시 가연 물질에 방출하면 미연소된 가연 물질의 표면뿐만 아니라 내부 구석구석까지 침투하여 가연 물질의 주위를 둘러싼 산소의 공급을 차단함으로써 더 이상 연소되는 것을 방지하는 소화 작용

(4) 위험성

① 연소 위험

② 폭발 위험

③ 소화 곤란 위험

④ 특수 위험 : 금속이 덩어리 상태일 때보다 가루 상태일 때 연소 위험성이 증가하는 이유

㉮ 비표면적의 증가 → 반응 면적의 증가

㉯ 비열의 감소 → 적은 열로 고온 형성

㉰ 복사열의 흡수율 증가 → 열의 축적이 용이

㉱ 대전성의 증가 → 정전기가 발생

㉲ 체적의 증가 → 인화, 발화의 위험성 증가

㉳ 보온성의 증가 → 발생열의 축적 용이

㉴ 유동성의 증가 → 공기와 혼합 가스 형성

㉵ 부유성의 증가 → 분진운(dust cloud)의 형성

03 위험물의 성상

3-1 황화인(지정 수량 100kg)

(1) 일반적 성질

성질 \ 종류	삼황화인(P_4S_3)	오황화인(P_2S_5, P_4S_5)	칠황화인(P_4S_7)
색 상	황색 결정	담황색 결정	담황색 결정
비 중	2.03	2.09	2.19
융 점	172.5	290	310
비 점	407℃	514℃	523℃
발화점	약 100℃	142℃	–
물에 대한 용해성	불용성	조해성	조해성

① **삼황화인(P_4S_3)** : 분자량 220.19, 황색의 결정성 덩어리로 물, 염소, 황산, 염산 등에는 녹지 않고, 질산이나 이황화탄소(CS_2), 알칼리 등에 녹는다.

② **오황화인(P_2S_5)** : 분자량 222, 조해성이 있는 담황색 결정성 덩어리로 흡습성과 조해성이 있으며 알코올이나 이황화탄소(CS_2)에 녹으며, 물과 반응하면 분해하여 유독성 가스인 인산(H_3PO_4)과 황화수소(H_2S)로 되며 알칼리와 반응하면 아인산나트륨(Na_3PO_3)와 황화수소(H_2S)가 된다.

예 $P_2S_5+8H_2O \longrightarrow 2H_3PO_4+5H_2S$, $P_4S_5+12NaOH \longrightarrow 4Na_3PO_3+5H_2S$,
$2H_2S+3O_2 \longrightarrow 2H_2O+2SO_2$

③ **칠황화인(P_4S_7)** : 조해성이 있는 담황색 결정으로 이황화탄소(CS_2)에는 약간 녹으며, 냉수에는 서서히, 고온의 물에는 급격히 분해하여 황화수소를 발생한다.

예 $P_4S_7+13H_2O \longrightarrow 3H_3PO_3+H_3PO_4+7H_2S$

(2) 위험성

① 황화인이 눈에 들어가면 눈을 자극하고 피부에 접촉하면 피부염, 탈색을 일으킨다.

② 가연성 고체 물질로서 약간의 열에 의해서도 대단히 연소하기 쉬우며, 때에 따라 폭발한다.

③ 연소 생성물은 모두 유독하다.

예 $P_4S_3+8O_2 \longrightarrow 2P_2O_5+3SO_2$
$2P_2S_5+15O_2 \longrightarrow 2P_2O_5+10SO_2$
$P_4S_7+12O_2 \longrightarrow 2P_2O_5+7SO_2$

④ 단독 또는 유기물, 무기 과산화물류, 과망가니즈산염류, 안티몬, 납, 금속분 등과 혼합하면 가열, 충격, 마찰에 의해 발화, 폭발한다.

⑤ 알칼리, 알코올류, 아민류, 유기산, 강산과 접촉 시 심하게 반응한다.

(3) 저장 및 취급 방법

① 가열 금지, 직사광선 차단, 화기를 엄금하고, 충격과 마찰을 피한다.

② 빗물의 침투를 막고, 습기와의 접촉을 피한다.

③ 소량인 경우 유리병, 대량인 경우 양철통에 넣은 후 나무 상자에 보관한다.

④ 용기는 밀폐하여 보존하고, 밖으로 누출되지 않도록 한다.

⑤ 산화제와의 접촉을 피한다.

3-2 적린(P, 붉은인, 지정 수량 100kg)

(1) 일반적 성질

① 전형적인 비금속의 원소이며, 안정한 암적색 분말로서 황린을 약 260℃로 가열하여 만든다.

② 황린과 성분 원소가 같다.

③ 브로민화인에 녹고 물, 이황화탄소, 에테르, 암모니아 등에는 녹지 않는다.

④ 황린에 비하여 화학적으로 활성이 적고, 공기 중에서 대단히 안정하다.

⑤ 황린과 달리 발화성이 없고, 독성이 약하며, 어두운 곳에서 인광을 발생하지 않는다.

⑥ 비중 2.2, 융점 596℃, 발화점 260℃, 승화 온도 400℃

(2) 위험성

① 염소산염류, 과염소산염류 등 강산화제와 혼합하면 마찰에 의해 착화하기 쉽고, 불안정한 폭발물과 같이 되어 약간의 가열, 충격, 마찰에도 폭발한다.

예 $6P+5KClO_3 \longrightarrow 3P_2O_5+5KCl$

② 공기 중에서 연소하면 유독성이 심한 백색 연기의 오산화인(P_2O_5)이 생성된다.

예 $4P+5O_2 \longrightarrow 2P_2O_5$

③ 오황화인에 물을 흡수시키면 인산이 된다.

예 $P_2O_5+3H_2O \longrightarrow 2H_3PO_4$

④ 불량품에는 황린이 혼재할 수 있으며, 이 경우는 자연 발화할 수 있다.

⑤ 강알칼리와 반응하여 유독성의 포스핀 가스를 발생한다.

(3) 저장 및 취급 방법

① 석유(등유), 경유, 유동파라핀 속에 보관한다.

② 화기 엄금, 가열 금지, 충격, 타격, 마찰이 가해지지 않도록 한다.

③ 직사광선을 피하며, 냉암소에 보관한다.

④ 제1류 위험물, 산화제와 절대 혼합하지 않도록 하며, 화약류, 폭발성 또는 가연성 물질과 격리한다.

3-3 황(S, 지정 수량 100kg)

천연 황, 지하 황에서 직접 얻거나 석유 정제 시 황을 회수하여 얻는다.

(1) 일반적 성질

성질 \ 종류	단사황(S_8)	사방황(S_8)	고무상황(S_8)
결정형	바늘 모양(침상)	팔면체	무정형
비 중	1.95	2.07	–
융 점	119℃	113℃	–
비 점	445℃	–	–
발화점	232℃	–	360℃
물에 대한 용해도	녹지 않음	녹지 않음	녹지 않음
CS_2에 대한 용해도	잘 녹음	잘 녹음	녹지 않음
온도에 대한 안정성	95.5℃ 이상에서 안정	95.5℃ 이하에서 안정	–

① 분자량 32, 물에 불용성인 황색의 결정 또는 미황색의 분말로서 단사황, 사방황 및 고무상황 등이 있으며, 이들은 동소체 관계에 있다. 황의 결정에는 8면체인 사방황 S_α와 바늘 모양의 단사황 S_β가 있으며, 비결정성의 고무상황이 있다. 사방황을 95.5℃로 가열하면 단사황이 되고, 119℃로 가열하면 단사황이 녹아서 노란색의 액체 황이 된다. 계속 444.6℃ 이상 가열 시 비등하게 되며 용융된 황을 물에 넣어 급하게 냉각시키면 탄력성 있는 고무상황을 얻을 수 있다.

② 물, 산에는 녹지 않으며 알코올에는 약간 녹고, 이황화탄소(CS_2)에는 잘 녹는다(단, 고무상황은 녹지 않는다).

③ 전기의 부도체이므로 전기의 절연 재료로 사용되어 정전기 발생에 유의하여야 한다.

④ 높은 온도에서 금속, 할로겐 원소, 탄소 등 비금속과 작용하여 황 화합물을 만든다.

예 $Fe+S \longrightarrow FeS+$발열

$Cl_2+2S \longrightarrow S_2Cl_2+$발열

$C+S \longrightarrow CS_2+$발열

⑤ 고온에서 수소와 반응하였을 때 썩은 달걀 냄새를 발생하며 유독성 기체를 발생한다.

$H_2+S \longrightarrow H_2S+$발열

(2) 위험성

① SO_2는 눈이나 점막을 자극하고 흡입하면 기관지염, 폐염, 위염, 혈담 증상이 발생한다.

② 산화제와 목탄 가루 등이 혼합되어 있을 때 마찰이나 열에 의해 정전기가 발생하여 착화 폭발을 일으킨다.

③ 미세한 분말 상태에서 부유할 때 공기 중의 산소와 혼합하여 폭명기(최저 폭발 한계 30mg/l) 를 만들어 분진 폭발의 위험이 있다.

④ 연소 시 발생하는 아황산 가스는 인체에 유독하다. 소화 종사자에게 치명적인 영향을 주기 때문에 소화가 곤란하다.

예 $S+O_2 \longrightarrow SO_2$

(3) 용도

흑색 화약 원료, 고무가황, 이황화탄소의 제조, 성냥 등

3-4 철분(Fe, 지정 수량 500kg)

(1) 일반적 성질

① 회백색의 분말이며, 강자성체이지만 766℃에서 강자성을 상실한다.

② 공기 중에서 서서히 산화하여 산화철이 되어 은백색의 광택이 황갈색으로 변한다.

예 $4Fe+3O_2 \longrightarrow 2Fe_2O_3$

③ 강산화제인 발연 질산에 넣었다 꺼내면 산화 피복을 형성하여 부동태(passivity)가 된다.

④ 알칼리에 녹지 않지만 산화력을 갖지 않은 묽은 산에 용해가 된다.

예 $Fe+4HNO_3 \longrightarrow Fe(NO_3)_3+NO+2H_2O$

⑤ 분자량 55.8, 비중 7.86, 융점 1,530℃, 비점 2,750℃

(2) 위험성

① 철분에 절삭유가 묻는 것을 장기 방치하면 자연 발화하기 쉽다.

② 상온에서 산과 반응하여 수소를 발생한다.

예 $Fe+2HCl \longrightarrow FeCl_2+H_2$

③ 뜨거운 철분, 철솜과 브로민을 접촉하면 격렬하게 발열 반응을 일으키고 연소한다.

예 $2Fe+3Br_2 \longrightarrow 2FeBr_3+Q(kcal)$

(3) 저장 및 취급 방법

① 가열, 충격, 마찰 등을 피한다.

② 산화제와 격리한다.

③ 직사광선을 피하고, 냉암소에 저장한다.

3-5 금속분(지정 수량 500kg)

(1) 알루미늄분(Al)

① 일반적 성질

㉮ 보크사이트나 빙정석에서 산화알루미늄 분말을 만들며, 이것을 녹여 전해하여 얻는다.

예 $Al_2O_3 \xrightarrow{\text{전해}} 2Al + \frac{3}{2}O_2$

㉯ 연성, 전성이 좋으며 열전도율, 전기 전도도가 큰 은백색의 무른 금속이다.

㉰ 공기 중에서는 표면에 산화피막(Al_2O_3, 알루미나)을 형성하여 내부를 부식으로부터 보호한다.

㉱ 황산, 묽은 질산, 묽은 염산에 침식당한다. 그러나 진한 질산에는 침식당하지 않으며 부동태가 된다.

㉲ 다른 금속 산화물을 환원한다.

예 $3Fe_3O_4 + 8Al \longrightarrow 4Al_2O_3 + 9Fe$

㉳ 비중 2.7, 융점 660.3℃, 비점 2,470℃

② 위험성

㉮ 알루미늄 분말이 발화하면 다량의 열을 발생하며, 광택 및 흰 연기를 내면서 연소하므로 소화가 곤란하다.

예 $4Al + 3O_2 \longrightarrow 2Al_2O_3$

㉯ 대부분의 산과 반응하여 수소를 발생한다(단, 진한 질산 제외).

예 $2Al + 6HCl \longrightarrow 2AlCl_3 + 3H_2$

㉰ 알칼리 수용액과 반응하여 수소를 발생한다.

예 $2Al + 2NaOH + 2H_2O \longrightarrow 2NaAlO_2 + 3H_2$

㉱ 분말은 찬물과 반응하면 매우 느리고, 뜨거운 물과는 격렬하게 반응하여 수소를 발생한다.

예 $2Al + 6H_2O \longrightarrow 2Al(OH)_3 + 3H_2$

활성이 매우 커서 미세한 분말이나 미세한 조각이 대량으로 쌓여 있을 때 수분, 빗물의 침투, 또는 습기가 존재하면 자연 발화의 위험성이 있다.

③ 저장 및 취급 방법

㉮ 가열, 충격, 마찰 등을 피하고, 산화제, 수분, 할로겐 원소와 접촉을 피한다.

㉯ 분진 폭발의 위험이 있으므로 분진이 비산되지 않도록 취급 시 주의한다.

(2) 아연분(Zn)

① 일반적 성질

㉮ 황아연광을 가열하여 산화아연을 만들어 1,000℃에서 코크스와 반응하여 환원시킨다.

예 $2ZnS+3O_2 \longrightarrow 2ZnO+2SO_2$

$ZnO+C \longrightarrow Zn+CO$

㉯ 흐릿한 회색의 분말로 공기 중에서 표면에 흰 염기성 탄산아연의 얇은 막을 만들어 내부를 보호한다.

예 $2Zn+CO_2+H_2O+O_2 \longrightarrow Zn(OH)_2 \cdot ZnCO_3$

㉰ KCN 수용액과 암모니아수에 녹는다.

㉱ 비중 7.142, 융점 420℃, 비점 907℃

② 위험성

㉮ 공기 중에서 융점 이상 가열 시 용이하게 연소한다.

예 $2Zn+O_2 \longrightarrow 2ZnO$

㉯ 석유류, 황 등의 가연물이 혼입되면 산화열이 촉진된다.

㉰ 양쪽성을 나타내고 있어 산이나 알칼리와 반응하고, 뜨거운 물과는 격렬하게 반응하여 수소를 발생한다.

예 $Zn+H_2SO_4 \longrightarrow ZnSO_4+H_2$

$Zn+2NaOH \longrightarrow Na_2ZnO_2+H_2$

$Zn+2H_2O \longrightarrow Zn(OH)_2+H_2$

분말은 적은 양의 물과 혼합하거나 저장 중 빗물이 침투되어 열이 발생 · 축적되면 자연 발화한다.

(3) 주석분(Sn, tin powder)

분말의 형태로서 150μm의 체를 통과하는 50wt% 이상인 것

① 일반적 성질

㉮ 은백색의 청색 광택을 가진 금속이다.

㉯ 공기나 물속에서 안정하고, 습기 있는 공기에서도 녹슬기 어렵다.

㉰ 뜨겁고 진한 염산과 반응하여 수소를 발생한다.

예 $Sn+2HCl \longrightarrow SnCl_2+H_2$

㉱ 뜨거운 염기와 서서히 반응하여 수소를 발생한다.

예 $Sn+2NaOH \longrightarrow Na_2SnO_2+H_2$

㉲ 황산, 진한 질산, 왕수와 반응하면 수소를 발생하지 못한다.

예 $Sn+2H_2SO_4 \longrightarrow SnSO_4+SO_2+2H_2O$

$Sn + 4HNO_3 \longrightarrow SnO_2 + 4NO_2 + 4H_2O$

$Sn + 4HNO_3 + 6HCl \longrightarrow H_2SnCl_6 + 4NO_2 + 4H_2O$

㉳ 원자량 118.69, 비중 7.31, 융점 232℃, 비점 2,270℃

(4) 안티몬분(Sb)

① 일반적 성질

㉮ 은백색의 광택이 있는 금속으로 여러 가지의 이성질체를 갖는다.

㉯ 진한 황산, 진한 질산 등에는 녹으나 묽은 황산에는 녹지 않는다.

㉰ 물, 염산, 묽은 황산, 알칼리 수용액에 녹지 않고 왕수, 뜨겁고 진한 황산에는 녹으며, 뜨겁고 진한 질산과 반응을 한다.

예 $2Sb + 10HNO_3 \longrightarrow Sb_2O_3 + 5NO_2 + H_2O$

㉱ 비중 6.68, 융점 630℃, 비점 1,750℃

(5) 기타 금속 : 구리분(Cu), 니켈분(Ni), 크롬분(Cr), 은분(Ag), 카드뮴분(Cd), 납분(Pb)

(6) 6A족 원소의 금속분

Cr, Mo, W

3-6 마그네슘분(Mg, 지정 수량 500kg)

(1) 일반적 성질

① 은백색의 광택이 있는 가벼운 금속 분말로 공기 중 서서히 산화되어 광택을 잃는다.

② 열전도율 및 전기 전도도가 큰 금속이며 주기율표 상의 2족 원소로 분류한다.

③ 공기 중 부식성은 적지만, 산이나 염류에는 침식된다.

④ 비중 1.74, 융점 650℃, 비점 1,107℃, 발화점 473℃

(2) 위험성

① 공기 중에 부유하면 분진 폭발의 위험이 있다.

② 공기 중의 습기 또는 할로겐 원소와는 자연 발화할 수 있다.

③ 산화제와의 혼합 시 타격, 충격, 마찰 등에 의해 착화되기 쉽다.

④ 일단 점화되면 발열량이 크고, 온도가 높아져 백광을 내고, 자외선을 많이 함유한 푸른 불꽃을 내면서 연소하므로 소화가 곤란할 뿐 아니라 위험성도 크다.

예 $2Mg + O_2 \longrightarrow 2MgO$

⑤ 연소하고 있을 때 주수하면 다음과 같은 과정을 거쳐 위험성이 증대한다.

㉮ 1차(연소) : $2Mg + O_2 \longrightarrow 2MgO$ + 발열

㉯ 2차(주수) : $Mg + 2H_2O \longrightarrow Mg(OH)_2 + H_2$

㉯ 3차(수소 폭발) . $2H_2 + O_2 \longrightarrow 2H_2O$

⑥ CO_2 등 질식성 가스와 연소 시에는 유독성인 CO 가스를 발생한다.

예 $2Mg + CO_2 \longrightarrow 2MgO + C$

$Mg + CO_2 \longrightarrow MgO + CO$

⑦ 사염화탄소(CCl_4)나 일염화일취화메탄(CH_2ClBr) 등과 고온에서 작용 시에는 맹독성인 포스겐($COCl_2$) 가스가 발생한다.

⑧ 알칼리 수용액과 반응하여 수소를 발생하지 않지만 대부분의 강산과 반응하여 수소 가스를 발생한다.

예 $Mg + H_2SO_4 \longrightarrow MgSO_4 + H_2$

⑨ 가열된 마그네슘을 SO_2 속에 넣으면 SO_2가 산화제로 작용하여 다음과 같이 연소한다.

예 $3Mg + SO_2 \longrightarrow 2MgO + MgS$

(3) 저장 및 취급 방법

① 가열, 충격, 마찰 등을 피한다.

② 분진 폭발의 위험이 있으므로 분진이 비산되지 않도록 취급 시 주의한다.

③ 소화 방법은 분말의 비산을 막기 위해 건조사, 가마니 등으로 피복 후 주수 소화를 실시한다.

3-7 인화성 고체(지정 수량 1,000kg)

(1) 고형 알코올

① 합성 수지에 메틸알코올을 침투시켜 만든 고체 상태(페이스트 상태)로 인화점이 30℃이다.

② 등산, 낚시 등 휴대용 연료로 사용한다.

(2) 락카퍼티

(3) 고무풀

(4) 메타알데히드

(5) 제삼부틸알코올

출제예상문제

01 위험물안전관리법령상 제2류 위험물의 위험 등급에 대한 설명으로 옳은 것은?

① 제2류 위험물은 위험 등급 I에 해당되는 품명이 없다.
② 제2류 위험물 중 위험 등급 III에 해당되는 품명은 지정 수량이 500kg인 품명만 해당된다.
③ 제2류 위험물 중 황화인, 적린, 황 등 지정 수량이 100kg인 품명은 위험 등급 I에 해당한다.
④ 제2류 위험물 중 지정 수량이 1,000kg인 인화성 고체는 위험 등급 II에 해당한다.

해설 제2류 위험물의 품명 및 지정 수량

성질	품명	지정 수량	위험 등급
가연성 고체	1. 황화인	100kg	II
	2. 적린	100kg	
	3. 황	100kg	
	4. 철분	500kg	III
	5. 금속분	500kg	
	6. 마그네슘	500kg	
	7. 그 밖에 행정안전부령이 정하는 것 8. 제1호부터 제7호까지의 어느 하나에 해당하는 위험물을 하나 이상 함유한 것	100kg 또는 500kg	II, III
	9. 인화성 고체	1,000kg	III

02 위험물안전관리법령에서 정한 위험물의 지정 수량으로 틀린 것은?

① 적린 : 100g
② 황화인 : 100kg
③ 마그네슘 : 100kg
④ 금속분 : 500kg

해설 ③ 마그네슘 : 500kg

03 제2류 위험물의 일반적인 특징에 대한 설명으로 가장 옳은 것은?

① 비교적 낮은 온도에서 연소하기 쉬운 물질이다.
② 위험물 자체 내에 산소를 갖고 있다.
③ 연소 속도가 느리지만 지속적으로 연소한다.
④ 대부분 물보다 가볍고 물에 잘 녹는다.

해설 ② 위험물 자체 내에 산소를 갖고 있지 않다.
③ 연소 속도가 매우 빠르다.
④ 대부분 물보다 무겁고 물에 잘 녹지 않는다.

04 제2류 위험물의 저장 및 취급 방법이다. 해당되지 않는 것은?

① 산화제와의 접촉을 피한다.
② 타격 및 충격을 피한다.
③ 점화원 또는 가열을 피한다.
④ 물 또는 습기를 피한다.

해설 ④ 금속분(철분, 마그네슘분, 금속분) 등은 물이나 산과의 접촉을 피한다.

05 가연성 고체 위험물의 일반 성질로서 잘못 설명된 것은?

① 모두 단체의 비금속 원소이다.
② 물에 불용하며, 산화되기 쉬운 물질이다.
③ 연소할 때 유독한 기체가 발생하는 것도 있다.
④ 비교적 낮은 온도에서 착화되기 쉬운 가연성 물질이다.

해설 ① 금속 및 비금속 원소가 있다.

06 황화인은 보통 3종류의 화합물을 갖고 있다. 다음에서 그 3종에 속하지 않는 것은?

① PS ② P_4S_3
③ P_2S_5 ④ P_4S_7

정답 01 ① 02 ③ 03 ① 04 ④ 05 ① 06 ①

해설 황화인은 P_4S_3, P_2S_5, P_4S_7이 있다.

07 황화인에 대한 설명 중 옳지 않은 것은?

① 삼황화인은 황색 결정으로 공기 중 약 100℃에서 발화할 수 있다.
② 오황화인은 담황색 결정으로 조해성이 있다.
③ 오황화인은 물과 접촉하여 유독성 가스를 발생할 위험이 있다.
④ 삼황화인은 연소하여 황화수소 가스를 발생할 위험이 있다.

해설 ④ 삼황화인은 연소하여 아황산 가스를 발생할 위험이 있다. $P_4S_3 + 8O_2 \longrightarrow 2P_2O_5 + 3SO_2$

08 삼황화인(P_4S_3)은 다음 중 어느 물질에 녹는가?

① 물 ② 염산
③ 질산 ④ 황산

해설 삼황화인은 물, 염소, 황산, 염산 등에는 녹지 않고 질산, CS_2, 알칼리 등에 녹는다.

09 삼황화인의 연소 생성물을 옳게 나열한 것은?

① P_2O_5, SO_2
② P_2O_5, H_2S
③ H_3PO_4, SO_2
④ H_3PO_4, H_2S

해설 $P_4S_3 + 8O_2 \longrightarrow 2P_2O_5 + 3SO_2$

10 다음은 P_2S_5와 물의 화학 반응이다. ( ) 안에 알맞은 숫자를 차례대로 나열한 것은?

$$P_2S_5 + (\quad)H_2O \longrightarrow (\quad)H_2S + (\quad)H_3PO_4$$

① 2, 8, 5 ② 2, 5, 8
③ 8, 5, 2 ④ 8, 2, 5

해설 $P_2S_5 + 8H_2O \longrightarrow 5H_2S + 2H_3PO_4$

11 오황화인이 물과 반응했을 때 발생하는 물질로 옳은 것은?

① 황화수소, 오산화인 ② 황화수소, 인산
③ 이산화황, 오산화인 ④ 이산화황, 인산

해설 $P_2S_5 + 8H_2O \longrightarrow 5H_2S + 2H_3PO_4$

12 오황화인과 칠황화인이 물과 반응했을 때 공통으로 나오는 물질은?

① 이산화황 ② 황화수소
③ 인화수소 ④ 삼산화황

해설 ㉠ $P_2S_5 + 8H_2O \longrightarrow 5H_2S + 2H_3PO_4$
㉡ $P_4S_7 + 13H_2O \longrightarrow 3H_3PO_3 + H_3PO_4 + 7H_2S$
∴ 공통물질 : H_2S

13 적린의 성상은?

① 암적색 무취의 분말 ② 황색의 무독성 결정
③ 담황색의 결정 ④ 암적색 무취의 결정

해설 적린은 암적색 무취의 분말이다.

14 적린의 일반적인 성질에 대한 설명으로 틀린 것은?

① 비금속 원소이다.
② 암적색의 분말이다.
③ 승화 온도가 약 260℃이다.
④ 이황화탄소에 녹지 않는다.

해설 ③ 승화 온도가 400℃이다.

15 적린이 공기 중에서 연소할 때 생성되는 물질은?

① P_2O ② PO_2
③ PO_3 ④ P_2O_5

해설 $4P + 5O_2 \longrightarrow 2P_2O_5$

정답 07 ④ 08 ③ 09 ① 10 ③ 11 ② 12 ② 13 ① 14 ③ 15 ④

16 표준 상태에서 적린 8mol이 완전 연소하여 오산화인을 만드는 데 필요한 이론 공기량은 약 몇 L인가? (단, 공기 중 산소는 21vol%이다.)

① 1066.7 ② 806.7
③ 224 ④ 22.4

해설 $4P + 5O_2 \longrightarrow 2P_2O_5$

4mol ╲╱ 5×22.4
8mol ╱╲ x(L)

$x = 224L$

$\therefore 224L \times \frac{100}{21} = 1066.7L$

17 적린과 염소산칼륨의 위험물을 혼합하면 안 되는 주된 이유는?

① 용해되기 때문이다.
② 반응하여 수소가 발생하기 때문이다.
③ 저장 용기를 부식, 용해시키기 때문이다.
④ 가열, 충격, 마찰에 의해 폭발하기 때문이다.

해설 염소산염류 및 과염소산염류 등 강산화제와 혼합하면 불안정한 폭발물과 같이 되어 약간의 가열, 충격, 마찰에 의해서도 폭발한다.

$6P + 5KClO_3 \longrightarrow 5KCl + 3P_2O_5$

18 화재 발생 시 주수 소화가 가장 적당한 물질은?

① 마그네슘 ② 철분
③ 칼륨 ④ 적린

해설 적린은 주수 소화하며, 마그네슘, 철분, 칼륨은 건조사에 의한 소화가 좋다.

19 황의 동소체 중 이황화탄소에는 녹지 않고, 350℃로 가열하여 용해한 것을 찬물에 넣으면 생성되는 것은?

① 고무상황 ② 단사황
③ 노란색 유동성 황 ④ 사방황

해설 고무상황은 CS_2에 녹지 않는다.

20 다음은 황의 동소체를 나열한 것이다. 이들 중 이황화탄소(CS_2)에 녹는 것들로 바르게 짝지어 놓은 것은?

> ㉠ 사방황 ㉡ 단사황
> ㉢ 고무상황

① ㉠, ㉡ ② ㉠, ㉢
③ ㉡, ㉢ ④ ㉠, ㉡, ㉢

해설 고무상황은 CS_2에 녹지 않는다.

21 황에 대한 설명으로 옳지 않은 것은?

① 연소 시 황색 불꽃을 보이며, 유독한 이황화탄소를 발생한다.
② 미세한 분말 상태에서 부유하면 분진 폭발의 위험이 있다.
③ 마찰에 의해 정전기가 발생할 우려가 있다.
④ 고온에서 용융된 유황은 수소와 반응한다.

해설 ① 연소 시 푸른 불꽃을 보이며, 유독한 이산화황을 발생한다.

22 황이 연소할 때 발생하는 가스는?

① H_2S ② SO_2
③ CO_2 ④ H_2O

해설 $S + O_2 \longrightarrow SO_2$

23 황분말과 혼합하였을 때 폭발의 위험이 있는 것은?

① 소화제
② 산화제
③ 가연물
④ 환원제

해설 황은 산화제나 목탄 가루 등과 혼합되면 가열, 충격, 마찰로 폭발한다.

정답 16 ① 17 ④ 18 ④ 19 ① 20 ① 21 ① 22 ② 23 ②

24 다음 중 공기 중에서 서서히 산화되어 황갈색으로 되는 은백색의 분말로, 기름이 묻은 분말일 경우에는 자연 발화의 위험이 있는 것은?

① 철분 ② 적린
③ 황화인 ④ 황

해설 철분에 절삭유가 묻는 것을 장기 방치하면 자연 발화하기 쉽다.

25 위험물안전관리법령상 품명이 금속분에 해당하는 것은? (단, 150μm의 체를 통과하는 것이 50wt% 이상인 경우이다.)

① 니켈분 ② 마그네슘분
③ 알루미늄분 ④ 구리분

해설 위험물안전관리법령상 품명이 금속분에 해당하는 것(150μm의 체를 통과하는 것이 50wt% 이상인 경우) : ㉠ 알루미늄분(Al), ㉡ 아연분(Zn), ㉢ 주석분(Sn), ㉣ 안티몬분(Sb)

26 금속분류가 산과 반응하여 발생하는 기체는?

① 일산화탄소 ② 이산화탄소
③ 수소 ④ 산소

해설 $2Al + 6HCl \longrightarrow 2AlCl_3 + 3H_2$

27 다음의 분말은 모두 150마이크로미터의 체를 통과하는 것이 50중량퍼센트 이상이 된다. 이들 분말 중 위험물안전관리법령상 품명이 "금속분"으로 분류되는 것은?

① 철분 ② 구리분
③ 알루미늄분 ④ 니켈분

해설 위험물안전관리법령상 품명이 금속분으로 분류되는 것 : 알루미늄분, 아연분, 티탄분, 코발트분 등

28 알루미늄의 연소 생성물을 옳게 나타낸 것은?

① Al_2O_3 ② $Al(OH)_3$
③ Al_2O_3, H_2O ④ $Al(OH)_3$, H_2O

해설 $4Al + 3O_2 \longrightarrow 2Al_2O_3$

29 알루미늄 분말 화재 시 주수하여서는 안 되는 가장 큰 이유는?

① 수소가 발생하여 연소가 확대되기 때문에
② 유독 가스가 발생하여 연소가 확대되기 때문에
③ 산소의 발생으로 연소가 확대되기 때문에
④ 분말의 독성이 강하기 때문에

해설 $2Al + 6H_2O \longrightarrow 2Al(OH)_3 + 3H_2$

30 공기 중에서 표면에 산화 피막을 형성하는 제2류 위험물로 짝지어진 것은?

① 황화인, 마그네슘
② 적린, 알루미늄분
③ 알루미늄분, 아연분
④ 아연분, 제삼부틸알코올

해설 Al_2O_3, $ZnCO_3 \cdot Zn(OH)_2$

31 분말의 형태로서 150μm의 체를 통과하는 50wt% 이상인 것만 위험물로 취급되는 것은?

① Fe ② Sn
③ Ni ④ Cu

해설 Sn의 설명이다.

32 제2류 위험물인 마그네슘에 대한 설명으로 옳지 않은 것은?

① 2mm 체를 통과한 것만 위험물에 해당한다.
② 화재 시 이산화탄소 소화 약제로 소화가 가능하다.
③ 가연성 고체로 산소와 반응하여 산화 반응을 한다.
④ 주수 소화를 하면 가연성의 수소 가스가 발생한다.

해설 ② 화재 시 건조사로 소화한다.

정답 24 ① 25 ③ 26 ③ 27 ③ 28 ① 29 ① 30 ③ 31 ② 32 ②

33 산화제와 혼합되어 연소할 때 자외선을 많이 포함하는 불꽃을 내는 것은?

① 셀룰로이드
② 나이트로셀룰로오스
③ 마그네슘분
④ 글리세린

해설 마그네슘분의 설명이다.

34 마그네슘 분말이 이산화탄소 소화 약제와 반응하여 생성될 수 있는 유독 기체의 분자량은?

① 28　② 32
③ 40　④ 44

해설 $Mg + CO_2 \longrightarrow MgO + \underline{CO}$ (CO: 유독 기체)

∴ CO 분자량＝12＋16＝28

35 다음은 위험물안전관리법령에서 정한 내용이다. (　) 안에 알맞은 용어는?

> (　　　)라 함은 고형 알코올, 그 밖에 1기압에서 인화점이 섭씨 40도 미만인 고체를 말한다.

① 가연성 고체
② 산화성 고체
③ 인화성 고체
④ 자기 반응성 고체

해설 인화성 고체 : 고형 알코올, 그 밖에 1기압에서 인화점이 섭씨 40도 미만인 고체

정답 33 ③　34 ①　35 ③

Chapter 03 제3류 위험물

01 제3류 위험물의 품명과 지정 수량

성질	품명	지정 수량	위험 등급
자연 발화성 물질 및 금수성 물질	1. 칼륨	10kg	I
	2. 나트륨	10kg	
	3. 알킬알루미늄	10kg	
	4. 알킬리튬	10kg	
	5. 황린	20kg	
	6. 알칼리 금속(칼륨 및 나트륨을 제외한다) 및 알칼리 토금속	50kg	II
	7. 유기 금속 화합물(알킬알루미늄 및 알킬리튬을 제외한다)	50kg	
	8. 금속의 수소화물	300kg	III
	9. 금속의 인화물	300kg	
	10. 칼슘 또는 알루미늄의 탄화물	300kg	
	11. 그 밖에 행정안전부령이 정하는 것 염소화 규소화합물 12. 제1호 내지 제11호의 1에 해당하는 어느 하나 이상을 함유한 것	10kg, 20kg, 50kg 또는 300kg	I, II, III

[비고] ① 자연발화성물질 및 금수성물질 : 고체 또는 액체로서 공기 중에서 발화의 위험성이 있거나 물과 접촉하여 발화하거나 가연성가스를 발생하는 위험성이 있는 것을 말한다.

② 칼륨 · 나트륨 · 알킬알루미늄 · 알킬리튬 및 황린은 위의 ①의 규정에 의한 성상이 있는 것으로 본다.

02 공통 성질 및 저장·취급 시 유의 사항

(1) 공통 성질

① 대부분 무기물의 고체이지만 알킬알루미늄과 같은 액체도 있다.

② 금수성 물질로서 물과 접촉하면 발열 또는 발화한다.

③ 자연 발화성 물질로서 공기와의 접촉으로 자연 발화하는 경우도 있다.

(2) 저장 및 취급 시 유의 사항

① 물과 접촉하여 가연성 가스를 발생하므로 화기로부터 멀리할 것
② 보호액 속에 저장하는 경우에는 위험물이 보호액 표면에 노출되지 않도록 할 것
③ 다량으로 저장하는 경우에는 소분하여 저장하고, 물기의 침입을 막도록 할 것

(3) 소화 방법

① 건조사, 팽창 질석 및 팽창 진주암 등을 사용한 질식 소화를 실시한다.
② 금속 화재용 분말 소화 약제(탄산수소염류 분말 소화 설비)에 의한 질식 소화를 실시한다.

03 위험물의 성상

3-1 금속 칼륨(K, 지정 수량 10kg)

(1) 일반적 성질

① 화학적으로 이온화 경향이 크므로 화학적 활성이 매우 큰 은백색의 광택이 있는 무른 경금속으로, 연하여 칼로 자르기 쉬우며 융점이 낮다.
② 공기 중에서 빠르게 산화하여 피막을 형성하고 광택을 잃는다.
③ 녹는점(mp) 이상으로 가열하면 보라색 불꽃을 내면서 연소한다.

예 $4K + O_2 \longrightarrow 2K_2O$

④ 물 또는 알코올과 반응하지만, 에테르와는 반응하지 않는다.
⑤ 수은과 격렬히 반응하여 아말감을 만든다.
⑥ 분자량 39, 비중 0.86, 융점 63.7℃, 비점 774℃

참고

금속의 불꽃색

K : 보라색, Na : 황색, Li : 적색, Cu : 청록색

(2) 위험성

① 공기 중의 수분 또는 물과 반응하여 수소 가스를 발생하고 발화한다.

예 $2K + 2H_2O \longrightarrow 2KOH + H_2 + 92.4kcal$

② 알코올과 반응하여 칼륨에틸레이트와 수소 가스를 발생한다.

예 $2K + 2C_2H_5OH \longrightarrow 2C_2H_5OK + H_2$

③ 피부에 접촉 시 화상을 입는다.

④ 대량의 금속 칼륨이 연소할 때 적당한 소화 방법이 없으므로 매우 위험하다.

⑤ 습기에서 CO와 접촉 시 폭발한다.

⑥ 소화 약제로 쓰이는 CO_2와 반응하면 폭발 등의 위험이 있고, CCl_4와 접촉하면 폭발적으로 반응한다.

예 $4K + 3CO_2 \longrightarrow 2K_2CO_3 + C$(연소·폭발)

$4K + CCl_4 \longrightarrow 4KCl + C$(폭발)

⑦ 연소 중인 K에 모래를 뿌리면 모래 중의 규소와 결합하여서 격렬히 반응하므로 위험하다.

⑧ 액체 암모니아에 녹아 수소를 발생한다.

예 $2K + 2NH_3 \longrightarrow 2KNH_2 + H_2$

KNH_2는 물과 반응하여 암모니아를 발생한다.

(3) 저장 및 취급 방법

① 습기나 물에 접촉하지 않도록 할 것

② 보호액(등유, 경유, 유동 파라핀) 속에 저장할 것

③ 보호액 속에 저장 시 용기 파손이나 보호액 표면에 노출되지 않도록 할 것

④ 저장 시에는 소분하여 소분병에 넣고, 습기가 닿지 않도록 소분병을 밀전 또는 밀봉할 것

(4) 소화 방법

건조사 또는 금속 화재용 분말 소화 약제

3-2 금속 나트륨(Na, 지정 수량 10kg)

(1) 일반적 성질

① 화학적 활성이 매우 큰 은백색의 광택이 있는 무른 금속이다.

② 녹는점(mp) 이상으로 가열하면 노란색 불꽃을 내면서 연소한다.

예 $4Na + O_2 \longrightarrow 2Na_2O$

③ 물 또는 알코올과 반응하지만 에테르와는 반응하지 않는다.

④ 액체 암모니아에 녹아 청색으로 변하며, 나트륨아미드와 수소를 발생한다.

예 $2Na + 2NH_3 \longrightarrow 2NaNH_2 + H_2$

⑤ 비중 0.97, 융점 97.8℃, 비점 880℃, 발화점 121℃

(2) 위험성

① 물과 격렬하게 반응하여 발열하고, 수소 가스를 발생하고 발화한다.

예 $2Na + 2H_2O \longrightarrow 2NaOH + H_2$

② 알코올과 반응하여 나트륨에틸레이트와 수소 가스를 발생한다.

예 $2Na + 2C_2H_5OH \longrightarrow 2C_2H_5ONa + H_2$

③ 피부에 접촉할 경우 화상을 입는다.

④ 액체 암모니아에 녹아 청색으로 변하고 나트륨아미드와 수소를 발생한다.

예 $2Na + 2NH_3 \longrightarrow 2NaNH_2 + H_2$

나트륨아미드는 물과 반응하여 NH_3를 발생한다.

⑤ 강산화제로 작용하는 염소 가스에서도 연소한다.

예 $2Na + Cl_2 \longrightarrow 2NaCl$

(3) 저장 및 취급 방법

① 습기나 물에 접촉하지 않도록 할 것

② 보호액[석유(등유), 경유, 유동 파라핀] 속에 저장할 것

③ 보호액 속에 저장 시 용기가 파손되거나 보호액 표면에 노출되지 않도록 할 것

④ 저장 시에는 소분하여 소분병에 넣고 습기가 닿지 않도록 소분병을 밀전 또는 밀봉할 것

3-3 알킬알루미늄(RAl, 지정 수량 10kg)

알킬기(C_nH_{2n+1})와 알루미늄(Al)의 유기 금속 화합물이다.

[1] 트라이에틸알루미늄[$(C_2H_5)_3Al$, TEA]

(1) 일반적 성질

① 수소화알루미늄과 에틸렌을 반응시켜 대량으로 제조한다.

예 $AlH_3 + 3C_2H_4 \longrightarrow (C_2H_5)_3Al$

② 상온에서 무색 투명한 액체 또는 고체로, 독성이 있으며 자극적인 냄새가 난다.

③ 대표적인 알킬알루미늄(RAl)의 종류는 다음과 같다.

화학명	약 호	화학식	끓는점(bp)	녹는점(mp)	비 중	상 태
트라이메틸알루미늄	TMA	$(CH_3)_3Al$	127.1℃	15.3℃	0.748	무색 액체
트라이에틸알루미늄	TEA	$(C_2H_5)_3Al$	186.6℃	−45.5℃	0.832	무색 액체
트라이프로필알루미늄	TNPA	$(C_3H_7)_3Al$	196.0℃	−60℃	0.821	무색 액체
트라이이소부틸알루미늄	TIBA	iso−$(C_4H_9)_3Al$	분해	1.0℃	0.788	무색 액체
에틸알루미늄다이클로로라이드	EADC	$C_2H_5AlCl_2$	115℃	32℃	1.21	무색 고체
다이에틸알루미늄하이드라이드	DEAH	$(C_2H_5)_2AlH$	227.4℃	−59℃	0.794	무색 액체
다이에틸알루미늄클로라이드	DEAC	$(C_2H_5)_2AlCl$	214℃	−74℃	0.971	무색 액체

④ 비중 0.83, 증기 비중 3.9, 융점 −46℃, 비점 185℃

(2) 위험성

① 탄소수가 C_1~C_4까지는 공기와 접촉하여 자연 발화한다.

예 $2(C_2H_5)_3Al + 21O_2 \longrightarrow 12CO_2 + Al_2O_3 + 15H_2O$

② 물과 폭발적 반응을 일으켜 에탄(C_2H_6) 가스가 발화 비산되므로 위험하다.

예 $(C_2H_5)_3Al + 3H_2O \longrightarrow Al(OH)_3 + 3C_2H_6$

③ 피부에 닿으면 심한 화상을 입으며, 화재 시 발생된 가스는 기관지와 폐에 손상을 준다.

④ 고온에서 불안정하여 200℃ 이상으로 가열하면 폭발적으로 분해하여 가연성 가스를 발생한다.

예 $(C_2H_5)_3Al \longrightarrow \underset{\text{디에틸수소알루미늄}}{\underline{(C_2H_5)_2AlH}} + C_2H_4$

$(C_2H_5)_2AlH \longrightarrow \frac{3}{2}H_2 + C_2H_4$

⑤ 산과 격렬히 반응하여 에탄을 발생한다.

예 $(C_2H_5)_3Al + HCl \longrightarrow (C_2H_5)_2AlCl + C_2H_6$

⑥ 알코올과 폭발적으로 반응한다.

예 $(C_2H_5)_3Al + 3CH_3OH \longrightarrow Al(CH_3O)_3 + 3C_2H_6$

$(C_2H_5)_3Al + 3C_2H_5OH \longrightarrow Al(C_2H_5O)_3 + 3C_2H_6$

(3) 저장 및 취급 방법

① 용기는 완전 밀봉하고, 공기와 물의 접촉을 피하며, 질소 등 불연성 가스로 봉입할 것

② 실제 사용 시 희석제(벤젠, 톨루엔, 펜탄, 헥산 등 탄화수소 용제)로 20~30% 희석하여 안전을 도모할 것

(4) 용도

미사일 원료, 알루미늄의 도금 원료, 유리 합성용 시약, 제트 연료 등

(5) 소화 방법

팽창 질석, 팽창 진주암

[2] 트라이메틸알루미늄[$(CH_3)_3Al$, TMA]

(1) 일반적 성질

① 무색의 액체이다.

② 증기 비중 2.5, 융점 15℃, 비점 126℃, 인화점 8℃, 발화점 190℃

(2) 위험성

① 공기 중에 노출되면 자연 발화한다.

② 물과 반응 시 메탄(CH_4)을 생성하고 이때 발열, 폭발에 이른다.

예 $(CH_3)_3Al + 3H_2O \longrightarrow Al(OH)_3 + 3CH_4$ + 발열

3-4 알킬리튬(RLi, 지정 수량 10kg)

알킬기(C_nH_{2n+1})와 리튬(Li)의 유기 금속 화합물을 말한다.

(1) 일반적 성질

① 가연성의 액체이다.

② CO_2와는 격렬하게 반응한다.

3-5 황린(P_4, 백린, 지정 수량 20kg)

(1) 일반적 성질

① 백색 또는 담황색의 고체로 강한 마늘 냄새가 난다. 증기는 공기보다 무거우며, 가연성이다. 또한 매우 자극적이며, 맹독성 물질이다.

② 화학적 활성이 커서 황, 산소, 할로겐과 격렬히 반응한다.

③ 상온에서 서서히 산화하여 어두운 곳에서 청백색의 인광을 낸다.

④ 공기 중 O_2는 황린 표면에서 일부가 O_3로 된다.

⑤ 물에는 녹지 않으나 벤젠, 알코올에는 약간 녹고, 이황화탄소 등에는 잘 녹는다.

⑥ 공기를 차단하고, 약 260℃로 가열하면 적린(붉은인)이 된다.

⑦ 다른 원소와 반응하여 인 화합물을 만든다.

⑧ 분자량 123.9, 비중 1.82, 증기 비중 4.3, 융점 44℃, 비점 280℃, 발화점 34℃

(2) 위험성

① 약 50℃ 전후에서 공기와의 접촉으로 자연 발화되며, 오산화인(P_2O_5)의 흰 연기를 발생한다.

예 $P_4 + 5O_2 \longrightarrow 2P_2O_5$

황린이 자연 발화하기 쉬운 이유는 산소와 친화력이 강하고 발화 온도가 낮기 때문이다.

② 독성이 강하며 치사량은 0.05g이다.

③ 흡습성이 강하고 물과 접촉하여 인산을 생성하므로 부식성이 있다. 즉 피부에 닿으면 피부 점막에 염증을 일으키고, 흡수 시 폐의 손상을 유발한다.

예 $2P_2O_5 + 6H_2O \longrightarrow 4H_3PO_4$

④ 황린이 연소 시 공기를 적게 공급하면 P_2O_3가 되며, 이것은 물과 반응하여 아인산을 만든다.

예 $P_4 + 3O_2 \longrightarrow 2P_2O_3$

$2P_2O_3 + 6H_2O \longrightarrow 4H_3PO_3$

⑤ 환원력이 강하므로 산소 농도가 낮은 분위기 속에서도 연소한다.

⑥ 강알칼리성 용액과 반응하여서 가연성, 유독성의 포스핀 가스를 발생한다.

예 $P_4 + 3KOH + 3H_2O \longrightarrow PH_3 + 3KH_2PO_2$

⑦ 온도가 높아지면 용해도가 증가한다.

⑧ $HgCl_2$와 접촉, 혼합한 것은 가열, 충격에 의해 폭발한다.

(3) 저장 및 취급 방법

① 자연 발화성이 있어 물속에 저장하며, 온도 상승 시 물의 산성화가 빨라져 용기를 부식시키므로 직사광선을 막는 차광 덮개를 하여 저장할 것

② 맹독성이 있으므로 취급 시 고무장갑, 보호복, 보호 안경을 착용할 것

③ 인화수소(PH_3)의 생성을 방지하기 위해 보호액은 pH 9로 유지하기 위하여 알칼리제[$Ca(OH)_2$ 또는 소다회 등]로 pH를 높일 것

④ 이중 용기에 넣어 냉암소에 저장할 것

⑤ 산화제와의 접촉을 피할 것

참고

황린을 물속에 보관하는 이유

인화수소(PH_3) 가스의 발생을 억제하기 위해서이다.

3-6 알칼리 금속류 및 알칼리 토금속(지정 수량 50kg)

[1] 알칼리 금속류(K, Na 제외)

(1) 리튬(Li)

① 일반적 성질

㉮ 은백색의 무르고 연한 금속이다.

㉯ 비중 0.53, 융점 180.5℃, 비점 1,350℃

㉰ 가연성 고체로서 건조한 실온의 공기에서 반응하지 않지만 100℃ 이상으로 가열하면 적색 불꽃을 내면서 연소하여 미량의 Li_2O_2와 Li_2O로 산화된다.

② 위험성

㉮ 피부 등에 접촉 시 부식 작용이 있다.

㉯ 물과 만나면 심하게 발열하고, 가연성의 수소 가스를 발생하므로 위험하다.

예 $Li+H_2O \longrightarrow LiOH+0.5H_2$

㉰ 공기 중에서 서서히 가열해도 발화하여 연소하며, 연소 시 탄산 가스 속에서도 꺼지지 않고 연소한다.

㉱ 산소 중에서 격렬히 반응하여 산화물을 생성한다.

예 $4Li+O_2 \longrightarrow 2LiO$

㉲ 질소와 직접 결합하여 생성물로 적갈색 결정의 질화리튬을 만든다.

예 $6Li+N_2 \longrightarrow 2LiN$

(2) 루비듐(Rb)

① 일반적 성질

㉮ 은백색의 금속이다.

㉯ 수은에 격렬하게 녹아서 아말감을 만든다.

㉰ 비중 1.53, 융점 38.89℃, 비점 688℃

(3) 세슘(Cs)

① 일반적 성질

㉮ 염화세슘에 칼슘 환원제를 넣어 가열하여 만든다.

예 $2CsCl+Ca \longrightarrow CaCl_2+2Cs$

㉯ 노란색의 금속이며, 알칼리 금속 중 반응성이 가장 풍부하다.

㉰ 비중 1.87, 융점 28.4℃, 비점 678.4℃

[2] 알칼리 토금속류(Mg 제외)

(1) 베릴륨(Be)

① 일반적 성질

㉮ 회백색의 단단하고, 가벼운 금속이다.

㉯ 진한 질산과는 반응하지 않고 염산, 황산과는 즉시 반응한다.

㉰ 비중 1.85, 융점 1,280℃, 비점 2,970℃

(2) 칼슘(Ca)

① 일반적 성질

㉮ 산화칼슘 분말과 알루미늄 분말을 혼합하여서 고압으로 압축시켜 얻는다.

예 $6CaO+2Al \longrightarrow 3Ca+3CaO \cdot Al_2O_3$

㉯ 은백색의 금속이며, 냄새가 없고, 묽은 액체 암모니아에 녹아서 청색을 띠는 용액이 되는데 이것은 전기를 전도한다.

㉰ 비중 1.55, 융점 839℃, 비점 1,480℃

② 위험성

㉮ 물과 반응하여 상온에서 서서히 고온에서 격렬하게 수소를 발생한다.

예 $Ca+2H_2O \longrightarrow Ca(OH)_2+H_2$

㉯ 실온의 공기에서 표면이 산화되어서 고온에서 등색 불꽃을 내며, 연소하여 CaO이 된다.

㉰ 대량으로 쌓인 분말도 습기에 장시간 방치, 금속 산화물이 접촉하면 자연 발화의 위험이 있다.

(3) 스트론튬(Sr)

① 일반적 성질

㉮ 은백색의 금속이다.

㉯ 묽은 액체 암모니아에 녹아 청색을 띠는 용액이 되며, 이것은 전기를 전도한다.

㉰ 수소와 반응하여 수소화물(SrH_2)을 만든다.

㉱ 비중 2.54, 융점 769℃, 비점 1,380℃

3-7 유기 금속 화합물류(알킬알루미늄, 알킬리튬 제외)(지정 수량 50kg)

유기 금속 화합물이란 알킬기(R : C_nH_{2n+1})와 아닐기(C_6H_5) 등 탄화수소기와 금속 원자가 결합된 화합물, 즉 탄소-금속 사이에 치환 결합을 갖는 화합물을 말한다.

(1) 디에틸텔루륨[$Te(C_2H_5)_2$]

① 일반적 성질

㉮ 가연성이며 무취, 황적색의 유동성 액체이다.

㉯ 공기 또는 물과 접촉하여 분해한다.

㉰ 분자량 185.6, 비점 138℃

(2) 디에틸아연 [$Zn(C_2H_5)_2$]

① 일반적 성질

㉮ 무색, 마늘 냄새가 나는 유동성 액체로 가연성이다.

㉯ 물에 분해한다.

㉰ 비중 1.21, 융점 −28℃, 비점 117℃

(3) 사에틸연[$(C_2H_5)_4Pb$]

① 일반적 성질

㉮ 그리냐르 시약을 전해하여 만든다.

예 $4C_2H_5MgBr + Pb \xrightarrow{\text{전해}} (C_2H_5)_4Pb + 2Hg + 2MgBr$

㉯ 매우 유독하며, 상온에서 무색 액체이고 단맛이 있으며, 특유한 냄새가 난다.

㉰ 비중 1.65, 융점 −136℃, 비점 195℃, 인화점 85~105℃

3-8 금속의 수소화물(지정 수량 300kg)

(1) 수소화리튬(LiH)

① 일반적 성질

㉮ 유리 모양의 무색 투명한 고체로, 물과 작용하여 수소를 발생한다.

예 $LiH + H_2O \longrightarrow LiOH + H_2$

㉯ 알코올 등에 녹지 않고, 알칼리 금속의 수소화물 중 가장 안정한 화합물이다.

㉰ 저장 용기에 아르곤과 같은 불활성 기체를 봉입한다.

㉱ 비중 0.82, 융점 680℃

(2) 수소화나트륨(NaH)

① 일반적 성질

㉮ 회색의 입방 정계 결정으로, 습한 공기 중에서 분해하고, 물과는 격렬하게 반응하여 수소 가스를 발생시킨다.

예 $NaH + H_2O \longrightarrow NaOH + H_2$

㈏ 비중 0.92, 분해 온도 800℃

예제

수소화나트륨 240g과 충분한 물이 완전 반응하였을 때 발생하는 수소의 부피는? (단, 표준 상태를 가정하며, 나트륨의 원자량은 23이다.)

풀이 $NaH + H_2O \longrightarrow NaOH + H_2$

24g —— 22.4L

240g —— x(L)

$x = \frac{240 \times 22.4}{24}$, $\therefore x = 223L$

답 224L

(3) 수소화칼슘(CaH_2)

① 일반적 성질

㈎ 무색의 사방 정계 결정으로 675℃까지는 안정하며, 물에는 용해되지만 에테르에는 녹지 않는다.

㈏ 물과 접촉 시에는 가연성의 수소 가스와 수산화칼슘을 생성한다.

예 $CaH_2 + 2H_2O \longrightarrow Ca(OH)_2 + 2H_2$

㈐ 비중 1.7, 융점 814℃, 분해 온도 675℃

(4) 수소화알루미늄리튬[$Li(AlH_4)$]

① 일반적 성질

㈎ 백색 또는 회색의 분말로서 에테르에 녹고, 물과 접촉하여 수소를 발생시킨다.

㈏ 분자량 37.9, 비중 0.92, 융점 125℃

② 위험성

㈎ 물과 접촉 시 수소를 발생하고 발화한다.

예 $LiAlH_4 + 4H_2O \longrightarrow LiOH + Al(OH)_3 + 4H_2$

㈏ 약 125℃로 가열하면 Li, Al과 H_2로 분해된다.

3-9 금속 인 화합물(지정 수량 300kg)

(1) 인화석회(Ca_3P_2, 인화칼슘)

① 일반적 성질

㈎ 적갈색의 괴상(덩어리 상태) 고체이다.

㈏ 분자량 182.3, 비중 2.51, 융점 1,600℃

② 위험성

㉮ 물 또는 산과 반응하여 유독하고, 가연성인 인화수소 가스(PH_3, 포스핀)를 발생한다.

예 $Ca_3P_2 + 6H_2O \longrightarrow 3Ca(OH)_2 + 2PH_3$

$Ca_3P_2 + 6HCl \longrightarrow 3CaCl_2 + 2PH_3$

㉯ 상온의 건조한 공기 중에서는 비교적 안정하다.

예 $Ca_3P_2 + 3O_2 \longrightarrow 3CaO_2 + 2P$

③ 저장 및 취급 방법

㉮ 물기 엄금, 화기 엄금. 건조되고 환기가 좋은 곳에 저장할 것

㉯ 용기는 밀전하고, 파손에 주의할 것

(2) 인화알루미늄(AlP)

① 일반적 성질

㉮ 암회색 또는 황색의 결정 또는 분말이며, 가연성이다.

㉯ 습기찬 공기 중 탁한 색으로 변한다.

㉰ 분자량 58, 비중 2.40~2.85, 융점 1,000℃

② 위험성

㉮ 공기 중 안정하지만 습기 찬 공기, 물, 스팀과 접촉 시 가연성, 유독성의 포스핀 가스를 발생한다.

$AlP + 3H_2O \longrightarrow Al(OH)_3 + PH_3$

포스핀은 맹독성의 무색 기체로서 연소할 때도 유독성의 P_2O_5를 발생한다.

㉯ 공기 중에서 서서히 포스핀을 발생한다.

3-10 칼슘 또는 알루미늄의 탄화물(지정 수량 300kg)

(1) 탄화칼슘(CaC_2, 카바이드)

① 일반적 성질

㉮ 순수한 것은 정방 정계인 백색 입방체의 결정이며, 시판품은 회색 또는 회흑색의 불규칙한 괴상의 고체이다.

㉯ 건조한 공기 중에서는 안정하나 335℃ 이상에서는 산화되며, 고온에서 강한 환원성을 가지므로 산화물을 환원시킨다.

예 $2CaC_2 + 5O_2 \longrightarrow 2CaO + 4CO_2$

㉰ 질소와는 약 700℃ 이상에서 질화되어 칼슘시안아미드($CaCN_2$, 석회질소)가 생성된다.

예 $CaC_2 + N_2 \longrightarrow CaCN_2 + C$

㉣ 물 또는 습기와 작용하여 아세틸렌 가스를 발생하고, 수산화칼슘을 생성한다.

예 $CaC_2+2H_2O \longrightarrow Ca(OH)_2+C_2H_2$

생성되는 아세틸렌 가스의 발화점 335℃ 이상, 연소 범위 2.5~81%

㉤ 분자량 64, 비중 2.22, 융점 2,300℃

② 위험성

㉮ 생성되는 아세틸렌 가스는 매우 인화되기 쉬운 가스로, 1기압 이상으로 가압하면 그 자체로 분해·폭발한다.

예 $2C_2H_2+5O_2 \longrightarrow 4CO_2+2H_2O$

$C_2H_2 \longrightarrow 2C+H_2$

㉯ 생성되는 아세틸렌 가스는 금속(Cu, Ag, Hg 등)과 반응하여 폭발성 화합물인 금속 아세틸레이드(M_2C_2)를 생성한다.

예 $C_2H_2+2Ag \longrightarrow Ag_2C_2+H_2$

㉰ 탄화칼슘(CaC_2)은 여러 가지 불순물을 함유하고 있어 물과 반응 시 아세틸렌 가스 외에 유독한 가스(AsH_3, PH_3, H_2S, NH_3 등)가 발생한다.

③ 저장 및 취급 방법

㉮ 습기가 없는 건조한 장소에 밀봉·밀전하여 보관할 것

㉯ 저장 용기 등에는 질소 가스 등 불연성 가스를 봉입할 것

④ 기타 카바이드

㉮ 아세틸렌(C_2H_2) 가스를 발생시키는 카바이드

예 $Li_2C_2+2H_2O \longrightarrow 2LiOH+C_2H_2$

$Na_2C_2+2H_2O \longrightarrow 2NaOH+C_2H_2$

$K_2C_2+2H_2O \longrightarrow 2KOH+C_2H_2$

$MgC_2+2H_2O \longrightarrow Mg(OH)_2+C_2H_2$

㉯ 메탄(CH_4) 가스를 발생시키는 카바이드

예 $Be_2C_2+4H_2O \longrightarrow 2Be(OH)_2+CH_4$

㉰ 메탄(CH_4)과 수소(H_2) 가스를 발생시키는 카바이드

예 $Mn_3C+6H_2O \longrightarrow 3Mn(OH)_2+CH_4+H_2$

(2) 탄화알루미늄(Al_4C_3)

① 일반적 성질

㉮ 황색(순수한 것은 백색)의 단단한 결정 또는 분말로서 1,400℃ 이상 가열 시 분해한다.

㉯ 분자량 143.95, 비중 2.36, 융점 2,200℃

② 위험성

㉮ 물과 반응하여 가연성인 메탄(폭발 범위 : 5~15%)을 발생하므로 인화의 위험이 있다.

예 $Al_4C_3 + 12H_2O \longrightarrow 4Al(OH)_3 + 3CH_4$

㉯ 공기중에서 연소하면 위험하다.

예 $Al_4C_3 + 3O_2 \longrightarrow 2Al_2O_3 + 3C$

예제

메탄 1g이 완전 연소하면 발생되는 이산화탄소는 몇 g인가?

풀이 $CH_4 + 2O_2 \longrightarrow CO_2 + 2H_2O$

16g ╲╱ 44g

1g ╱╲ x(g)

$x = \frac{1 \times 44}{16}$, $\therefore x = 2.75g$

답 2.75g

출제예상문제

01 자연 발화성 물질에 대한 설명으로 가장 옳은 것은?

① 고체 또는 액체로서 공기 중에서 발화의 위험성이 있는 것
② 고체 또는 액체로서 물속에서 발화의 위험성이 있는 것
③ 고체로서 공기 중에서 발화의 위험성이 있는 것
④ 고체로서 공기와 접촉하여 발화되거나 가연성 가스의 발생 위험성이 있는 것

해설 자연 발화성 물질은 고체 또는 액체로서 공기 중에서 자연 발화의 위험이 있는 것이다.

02 염소화규소 화합물은 제 몇 류 위험물에 해당되는가?

① 제1류 ② 제2류
③ 제3류 ④ 제5류

해설 염소화규소 화합물은 제3류 위험물이다.

03 Ca_3P_2 600kg을 저장하려 한다. 지정 수량의 배수는?

① 2배 ② 3배
③ 4배 ④ 5배

해설 Ca_3P_2의 지정 수량은 300kg이다.
600kg÷300kg=2배

04 다음 각 위험물의 지정 수량의 총합은 몇 kg인가?

> 알킬리튬, 리튬, 수소화나트륨, 인화칼슘, 탄화칼슘

① 820 ② 900
③ 960 ④ 1,260

해설 지정 수량
㉠ 알킬리튬 : 10kg
㉡ 리튬 : 50kg
㉢ 수소화나트륨 : 300kg
㉣ 인화칼슘 : 300kg
㉤ 탄화칼슘 : 300kg
∴ 10+50+300+300+300=960kg

05 제3류 위험물의 성질로서 적합한 것은?

① 산화력이 강하다.
② 물과 반응하여 화학적으로 활성화된다.
③ 전부 보호액 중에 보관해야 된다.
④ 전부 단체 금속이다.

해설 제3류 위험물은 자연 발화성 물질 및 금수성 물질이다.

06 제3류 위험물에 물을 가했을 때 일어나는 반응은?

① 흡열 반응 ② 산화 반응
③ 발열 반응 ④ 연쇄 반응

해설 제3류 위험물은 자연 발화성 물질 또는 금수성 물질로서, 물과 접촉하면 가연성 가스가 발생하거나 많은 열을 내는 물질을 말한다(발열 반응).

07 제3류 위험물 가운데 보호액 속에 저장하는 것이 있다. 그 이유는?

① 공기와의 접촉을 막기 위하여
② 승화를 막기 위하여
③ 산소 발생을 피하기 위하여
④ 화기를 피하기 위하여

해설 금속 칼륨과 금속 나트륨 등은 공기 중에 노출될 경우 산화되어 폭발하므로 보호액(석유류) 속에 저장한다.

정답 01 ① 02 ③ 03 ① 04 ③ 05 ② 06 ③ 07 ①

08 위험물이 물과 반응하였을 때 발생하는 가연성 가스를 잘못 나타낸 것은?

① 금속 칼륨 – 수소 ② 금속 나트륨 – 수소
③ 인화칼슘 – 포스겐 ④ 탄화칼슘 – 아세틸렌

해설 ① $2K+2H_2O \longrightarrow 2KOH+H_2$
② $2Na+2H_2O \longrightarrow 2NaOH+H_2$
③ $Ca_3P_2+6H_2O \longrightarrow 3Ca(OH)_2+2PH_3$
④ $CaC_2+2H_2O \longrightarrow Ca(OH)_2+C_2H_2$

09 제3류 위험물 중 금수성 물질에 적응할 수 있는 소화 설비는?

① 포 소화 설비
② 불활성 가스 소화 설비
③ 탄산수소염류 분말 소화 설비
④ 할로겐 화합물 소화 설비

해설 제3류 위험물 중 금수성 물질에 적응하는 소화 설비 탄산수소염류 분말 소화 설비

10 제3류 위험물에 적응하는 소화 방법으로 옳은 것은?

① 젖은 거적을 씌운다.
② 마른 모래를 뿌린 뒤에 주수한다.
③ 마른 모래로 질식 소화한다.
④ 거품을 방사한다.

해설 제3류 위험물 적응 소화 방법 : 마른 모래로 질식소화

11 금속 칼륨에 관한 성질로서 틀린 것은?

① 칼륨은 연해서 칼로 자를 수 있다.
② 칼륨의 입자를 수조 중에 넣으면 서서히 녹아 수산화칼륨이 된다.
③ 산소와 결합력이 강하기 때문에 공기 중에서 즉시 광택을 잃는다.
④ 석유류를 보호액으로 해서 저장한다.

해설 실온의 공기 중 빠르게 산화되어 피막을 형성하여 곧 광택을 잃는다.

12 금속 칼륨은 공기 속에서 수분과 반응하여 수소를 발생시킨다. 이때 열량은 약 몇 kcal인가?

$$2K+2H_2O \longrightarrow 2KOH+H_2+Q(\text{kcal})$$

① 62.8 ② 72.8
③ 82.8 ④ 92.4

해설 $2K+2H_2O \longrightarrow 2KOH+H_2+92.4\text{kcal}$

13 다음은 금속 칼륨이 물과 반응했을 때 일어난 것을 나타낸 것이다. 옳은 것은?

① 수산화칼륨+수소+발열
② 수산화칼륨+수소+흡열
③ 수산화나트륨+산소+흡열
④ 산화칼륨+산소+발열

해설 $2K+2H_2O \longrightarrow 2KOH+H_2+92.4\text{kcal}$

14 칼륨이 에틸알코올과 반응할 때 나타나는 현상은?

① 산소 가스를 생성한다.
② 칼륨에틸레이트를 생성한다.
③ 칼륨과 물이 반응할 때와 동일한 생성물이 나온다.
④ 에틸알코올이 산화되어 아세트알데히드를 생성한다.

해설 칼륨은 메탄올, 에탄올, 부탄올 등 알코올과 반응하여 칼륨에틸레이트와 수소를 발생한다.
$2K+2C_2H_5OH \longrightarrow 2C_2H_5OK+H_2$

15 비중은 0.86이고 은백색의 무른 경금속으로 보라색 불꽃을 내면서 연소하는 제3류 위험물은?

① 칼슘 ② 나트륨
③ 칼륨 ④ 리튬

해설 칼륨(K)의 설명이다.

정답 08 ③ 09 ③ 10 ③ 11 ③ 12 ④ 13 ① 14 ② 15 ③

16 다음 중 금속 칼륨(K)을 석유에 넣어 보관하는 이유로 가장 타당한 것은?

① 산화력이 크기 때문에
② 취급이 대단히 위험함을 표시하기 위해서
③ 수분과 접촉을 차단하고 산화를 방지하기 위해서
④ 마찰, 충격에 의한 분진 발생을 방지하기 위해서

해설 K을 석유 속에 보관하는 이유 : 수분과 접촉을 차단하고 산화를 방지하기 위해서

17 금속 칼륨(2mol)을 산소(0.5mol)와 반응시키면 생성되는 물질은?

① KOH ② KCl
③ K_2O ④ KNO_3

해설 $2K+\frac{1}{2}O_2 \longrightarrow K_2O$

18 금속 칼륨 표면이 회백색으로 변했다. 이때의 분자식은?

① KOH ② KCl
③ K_2O ④ KNO_3

해설 $4K+O_2 \longrightarrow 2K_2O$

19 칼륨이나 나트륨을 주수하면 발생하는 기체는?

① 수산화나트륨 ② 수산화칼륨
③ 수소 ④ 인화수소

해설 $2K+2H_2O \longrightarrow 2KOH+H_2$
$2Na+2H_2O \longrightarrow 2NaOH+H_2$

20 금속 나트륨에 대한 설명으로 틀린 것은?

① 제3류 위험물이다.
② 융점은 약 297℃이다.
③ 은백색의 가벼운 금속이다.
④ 물과 반응하여 수소를 발생한다.

해설 ② 융점은 97.8℃이다.

21 금속 나트륨이 물과 반응하면 위험한 이유 중 알맞은 것은?

① 물과 반응해서 질산나트륨이 되기 때문에
② 물과 반응해서 산소를 발생하기 때문에
③ 물과 반응해서 높은 열과 수소를 발생하기 때문에
④ 물과 반응해서 수산화칼륨을 만들기 때문에

해설 $2Na+2H_2O \longrightarrow 2NaOH+H_2+88.2kcal$

22 석유 속에 저장되어 있는 금속 조각을 떼어 불꽃 반응을 하였더니, 노란 불꽃을 나타냈다. 어떤 금속인가?

① 칼륨 ② 나트륨
③ 칼슘 ④ 리튬

해설 나트륨의 불꽃 반응색은 노란색이다.

23 나트륨(Na)을 잘못 취급해 표면이 회백색으로 변했다. 이 나트륨 표면에 생성된 물질의 분자식을 올바르게 표시한 것은?

① Na_2O ② NaCl
③ $NaNO_3$ ④ NaOH

해설 $4Na+O_2 \longrightarrow 2Na_2O$

24 금속 나트륨 화재에 적응하는 소화 약제는?

① 팽창 질석, 마른 모래 ② 할로겐 화합물
③ 분말 소화 약제 ④ 이산화탄소

해설 나트륨, 화재는 팽창 질석, 마른 모래 등의 소화 약제를 사용한다.

25 물과 접촉하였을 때 에탄이 발생되는 물질은?

① CaC_2 ② $(C_2H_5)_3Al$
③ $C_6H_3(NO_2)_3$ ④ $C_2H_5ONO_2$

해설 ① $CaC_2+2H_2O \longrightarrow Ca(OH)_2+C_2H_2$
② $(C_2H_5)_3Al+3H_2O \longrightarrow Al(OH)_3+3C_2H_6$
③ 물에 녹지 않는다.
④ 물에 녹지 않는다.

정답 16 ③ 17 ③ 18 ③ 19 ③ 20 ② 21 ③ 22 ② 23 ① 24 ① 25 ②

26 알킬알루미늄 화재 시 가장 적당한 소화제는?

① CO_2 ② 물
③ 팽창 질석 ④ 산, 알칼리

해설 알킬알루미늄의 화재 시 소화제로는 팽창 질석 또는 팽창 진주암이 가장 효과적이다.

27 알킬리튬에 대한 설명으로 틀린 것은?

① 제3류 위험물이며, 지정 수량은 10kg이다.
② 가연성의 액체이다.
③ 이산화탄소와 격렬하게 반응한다.
④ 소화 방법으로는 물로 주수가 불가하며, 할로겐 화합물 소화 약제를 사용하여야 한다.

해설 ④ 소화 방법으로 물, 포, CO_2, 할로겐 화합물 소화 약제의 사용을 금하며 건조사, 건조 분말을 사용하여 소화한다.

28 다음 물질의 화재 시 내알코올 포를 쓰지 못하는 것은?

① 아세트알데하이드 ② 알킬리튬
③ 아세톤 ④ 에탄올

해설 ㉠ 내알코올 포 : 물에 녹는 위험물이 적합
예 아세트알데하이드, 아세톤, 에탄올
㉡ 건조사 : 물과 심하게 반응하는 위험물
예 알킬리튬

29 다음의 조건을 갖추고 있는 위험물은?

- 지정 수량은 20kg이고, 백색 또는 담황색 고체이다.
- 상온에서 증기를 발생하고, 천천히 산화된다.
- 비중 1.92, 융점 44℃, 비점 280℃, 발화점 34℃이다.

① 적린 ② 황린
③ 황 ④ 마그네슘

해설 황린에 대한 설명이다.

30 다음 위험물을 저장할 때 보호액으로 물을 사용하는 물질은?

① 황 ② 아연
③ 구리 ④ 황린

해설 황린은 자연 발화성이 있어 물속에 저장한다.

31 황린의 연소 생성물은?

① 삼황화인 ② 인화수소
③ 오산화인 ④ 오황화인

해설 $P_4 + 5O_2 \longrightarrow 2P_2O_5$

32 공기를 차단하고, 황린이 적린으로 만들어지는 가열 온도는 약 몇 ℃ 정도인가?

① 260 ② 310
③ 340 ④ 430

해설 황린은 약 260℃로 가열하면 적린이 된다.

33 황린을 취급할 때 다음의 물질이 혼합되었다. 가장 위험한 것은?

① $KClO_3$ ② S
③ H_2O ④ 가솔린

해설 황린을 CS_2 중에서 녹인 뒤 $KClO_3$ 등의 염소산염류와 접촉시키면 발열하면서 심하게 폭발한다.

34 저장 용기에 물을 넣어 보관하고 $Ca(OH)_2$를 넣어 pH 9의 약알칼리성으로 유지시키면서 저장하는 물질은?

① 적린 ② 황린
③ 질산 ④ 황화인

해설 황린 : 반드시 저장 용기에 물을 넣어 보관한다. 저장 시 PH를 측정하여 산성을 나타내면 $Ca(OH)_2$를 넣어 약알칼리성(pH=9)이 유지되도록 하며, 경우에 따라 불활성 가스를 봉입하기도 한다.

정답 26 ③ 27 ④ 28 ② 29 ② 30 ④ 31 ③ 32 ① 33 ① 34 ②

35 다음 중 황린이 자연 발화가 쉽게 일어나는 이유로 올바른 것은?

① 조해성이 커서 공기 중 수분을 흡수하여 분해하기 때문이다.
② 환원력이 강하여 분해되면서 폭발성 가스를 생성하기 때문이다.
③ 발화점이 매우 낮고, 화학적 활성이 크기 때문이다.
④ 상온에서 산화성 고체이기 때문이다.

해설 발화점(34℃)이 매우 낮고, 공기 중의 산소와 산화할 때 산화열이 크고, 발화점 자체가 낮기 때문에 공기 중 노출이 되어 방치하면 액화되면서 자연 발화한다.

36 황린은 공기 속에서 서서히 산화하여 발화점에 달하면 자연 발화하는데, 이때 생기는 흰 연기는?

① P_2O_5 ② PH_3
③ PO_2 ④ P_2O

해설 $P_4+5O_2 \longrightarrow 2P_2O_5$

37 다음 위험물 중에서 발화점이 가장 낮은 것은?

① 황린 ② 황화인
③ 마그네슘 ④ 실린더유

해설 ① 34℃
② 100℃
③ 400℃
④ 170℃

38 다음 중 물과 작용하여도 가연성 기체를 발생시키지 않는 것은?

① 수소화칼슘 ② 탄화칼슘
③ 산화칼슘 ④ 금속 칼륨

해설 ① $CaH_2+2H_2O \longrightarrow Ca(OH)_2+2H_2$
② $CaC_2+2H_2O \longrightarrow C_2H_2+Ca(OH)_2$
③ $CaO+2H_2O \longrightarrow Ca(OH)_2+H_2O$
④ $2K+2H_2O \longrightarrow 2KOH+H_2$

39 다음 제3류 위험물인 금속 수소화물 중에서 가장 안전한 것은?

① $Li(AlH_4)$ ② $NaBH_4$
③ KH ④ LiH

해설 금속 수소화물 중에서 수소화리튬(LiH)이 가장 안전하다.

40 수소화나트륨이 물과 반응 시 발생하는 것은?

① 일산화탄소 ② 산소
③ 아세틸렌 ④ 수소

해설 $NaH+H_2O \longrightarrow NaOH+H_2$

41 수소화나트륨 240g과 충분한 물이 완전 반응하였을 때 발생하는 수소의 부피는? (단, 표준 상태를 가정하며, 나트륨의 원자량은 23이다.)

① 22.4L ② 224L
③ $22.4m^3$ ④ $224m^3$

해설 $NaH+H_2O \longrightarrow NaOH+H_2\uparrow$
24g — 22.4L
240g — x(L)

$\therefore x=\dfrac{240\times22.4}{24}$, $\therefore x=224L$

42 수소화칼슘이 물과 반응하였을 때의 생성물은?

① 칼슘과 수소 ② 수산화칼슘과 수소
③ 칼슘과 산소 ④ 수산화칼슘과 산소

해설 $CaH_2+2H_2O \rightarrow Ca(OH)_2+2H_2$

43 위험물과 그 보호액 또는 안정제의 연결이 틀린 것은?

① 황린 – 물 ② 인화석회 – 물
③ 금속 칼륨 – 등유 ④ 알킬알루미늄 – 헥산

해설 ② 인화석회 – 건조되고 환기가 잘 되는 곳

정답 35 ③ 36 ① 37 ① 38 ③ 39 ④ 40 ④ 41 ② 42 ② 43 ②

44 다음 위험물 중 물과 반응하여 연소 범위가 약 2.5~81%인 위험한 가스를 발생시키는 것은?

① Na ② P
③ CaC_2 ④ Na_2O_2

해설 $CaC_2+2H_2O \longrightarrow Ca(OH)_2+C_2H_2$
아세틸렌은 고도의 가연성 가스로서 연소 범위가 2.5~81%로 대단히 넓다.

45 탄화칼슘에서 아세틸렌 가스가 발생하는 반응식으로 옳은 것은?

① $CaC_2+2H_2O \longrightarrow Ca(OH)_2+C_2H_2$
② $CaC_2+H_2O \longrightarrow CaO+C_2H_2$
③ $2CaC_2+6H_2O \longrightarrow 2Ca(OH)_3+2C_2H_3$
④ $CaC_2+3H_2O \longrightarrow CaCO_3+2CH_3$

해설 탄화칼슘은 물과 심하게 반응하여 수산화칼슘(소석회)과 아세틸렌을 만들며, 공기 중 수분과 반응하여도 아세틸렌을 발생한다. $CaC_2+2H_2O \longrightarrow Ca(OH)_2+C_2H_2$

46 탄화칼슘(CaC_2)의 대량 저장 시 용기에 어떤 가스를 봉입하는가?

① 포스겐 ② 인화수소
③ 질소 가스 ④ 아황산 가스

해설 용기에 질소 가스 등 불연성 가스를 봉입할 것

47 다음 물질 중 물과 반응하여 가연성 가스인 아세틸렌이 발생되지 않는 것은?

① Na_2C_2 ② CaC_2
③ MgC_2 ④ Be_2C

해설 ① $Na_2C_2+2H_2O \longrightarrow 2NaOH+C_2H_2$
② $CaC_2+2H_2O \longrightarrow Ca(OH)_2+C_2H_2$
③ $MgC_2+2H_2O \longrightarrow Mg(OH)_2+C_2H_2$
④ $Be_2C+4H_2O \longrightarrow 2Be(OH)_2+CH_4$

48 물과 작용하여 메탄과 수소를 발생시키는 것은?

① Al_4C_3 ② Mn_3C
③ Na_2C_2 ④ MgC_2

해설 ① $Al_4C_3+12H_2O \longrightarrow 4Al(OH)_3+3CH_4$
② $Mn_3C+6H_2O \longrightarrow 3Mn(OH)_2+CH_4+H_2$
③ $Na_2C_2+2H_2O \longrightarrow 2NaOH+C_2H_2$
④ $MgC_2+2H_2O \longrightarrow Mg(OH)_2+C_2H_2$

49 탄화알루미늄을 저장하는 저장고에 스프링클러 소화 설비를 하면 안 되는 이유는?

① 물과 반응 시 메탄 가스를 발생하기 때문이다.
② 물과 반응 시 수소 가스를 발생하기 때문이다.
③ 물과 반응 시 에탄 가스를 발생하기 때문이다.
④ 물과 반응 시 프로판 가스를 발생하기 때문이다.

해설 $\underset{\text{탄화알루미늄}}{\underline{Al_4C_3}} + \underset{\text{물}}{\underline{12H_2O}} \longrightarrow \underset{\text{수산화알루미늄}}{\underline{4Al(OH)_3}} + \underset{\text{메탄}}{\underline{3CH_4}}$ + 발열

50 탄화알루미늄이 물과 반응하여 폭발의 위험이 있는 것은 어떤 가스가 발생하기 때문인가?

① 수소 ② 메탄
③ 아세틸렌 ④ 암모니아

해설 $Al_4C_3+12H_2O \longrightarrow 4Al(OH)_3+3CH_4$

정답 44 ③ 45 ① 46 ③ 47 ④ 48 ② 49 ① 50 ②

Chapter 04 제4류 위험물

01 제4류 위험물의 품명과 지정 수량

성질	품명		지정 수량	위험 등급
인화성 액체	1. 특수 인화물		50L	I
	2. 제1석유류	비수용성액체	200L	II
		수용성액체	400L	
	3. 알코올류		400L	
	4. 제2석유류	비수용성액체	1,000L	III
		수용성액체	2,000L	
	5. 제3석유류	비수용성액체	2,000L	
		수용성액체	4,000L	
	6. 제4석유류		6,000L	
	7. 동식물유류		10,000L	

[비고] ① "인화성액체"라 함은 액체(제3석유류, 제4석유류 및 동식물유류의 경우 1기압과 섭씨 20도에서 액체인 것만 해당한다)로서 인화의 위험성이 있는 것을 말한다. 다만, 다음 각 목의 어느 하나에 해당하는 것을 법 제20조제1항의 중요기준과 세부기준에 따른 운반용기를 사용하여 운반하거나 저장(진열 및 판매를 포함한다)하는 경우는 제외한다.

가. 「화장품법」제2조제1호에 따른 화장품 중 인화성액체를 포함하고 있는 것

나. 「약사법」제2조제4호에 따른 의약품 중 인화성액체를 포함하고 있는 것

다. 「약사법」제2조제7호에 따른 의약외품(알코올류에 해당하는 것은 제외한다) 중 수용성인 인화성액체를 50부피퍼센트 이하로 포함하고 있는 것

라. 「의료기기법」에 따른 체외진단용 의료기기 중 인화성액체를 포함하고 있는 것

마. 「생활화학제품 및 살생물제의 안전관리에 관한 법률」제3조제4호에 따른 안전확인대상생활화학제품(알코올류에 해당하는 것은 제외한다) 중 수용성인 인화성액체를 50부피퍼센트 이하로 포함하고 있는 것

② 특수인화물 : 이황화탄소, 디에틸에테르 그 밖에 1기압에서 발화점이 100℃ 이하인 것 또는 인화점이 −20℃ 이하이고 비점이 40℃ 이하인 것을 말한다.

③ 제1석유류 : 아세톤, 휘발유 그 밖에 1기압에서 인화점이 21℃ 미만인 것을 말한다.

④ 알코올류 : 1분자를 구성하는 탄소원자의 수가 1개부터 3개까지인 포화 1가 알코올(변성알코올을 포함한다)을 말한다. 다만, 다음 각 목의 1에 해당하는 것은 제외한다.

가. 1분자를 구성하는 탄소원자의 수가 1개 내지 3개의 포화 1가 알코올의 함유량이 60 중량% 미만인 수용액

나. 가연성액체량이 60 중량% 미만이고 인화점 및 연소점(태그개방식 인화점측정기에 의한 연소점을 말한다. 이하 같다)이 에틸알코올 60 중량% 수용액의 인화점 및 연소점을 초과하는 것

⑤ 제2석유류 : 등유, 경유 그 밖에 1기압에서 인화점이 21℃ 이상 70℃ 미만인 것을 말한다. 다만, 도료류 그 밖의 물품에 있어서 가연성 액체량이 40 중량% 이하이면서 인화점이 40℃ 이상인 동시에 연소점이 60℃ 이상인 것은 제외한다.

⑥ 제3석유류 : 중유, 크레오소트유, 그 밖에 1 기압에서 인화점이 70℃ 이상 200℃ 미만인 것을 말한다. 다만, 도료류 그 밖의 물품은 가연성 액체량이 40 중량% 이하인 것은 제외한다.

⑦ 제4석유류 : 기어유, 실린더유 그 밖에 1기압에서 인화점이 200℃ 이상 250℃ 미만의 것을 말한다. 다만, 도료류 그 밖의 물품은 가연성 액체량이 40 중량% 이하인 것은 제외한다.

⑧ 동식물유류 : 동물의 지육 등 또는 식물의 종자나 과육으로부터 추출한 것으로서 1기압에서 인화점이 250℃ 미만인 것을 말한다. 다만, 법 제20조제1항의 규정에 의하여 행정안전부령이 정하는 용기기준과 수납 · 저장기준에 따라 수납되어 저장 · 보관되고 용기의 외부에 물품의 통칭명, 수량 및 화기엄금(화기엄금과 동일한 의미를 갖는 표시를 포함한다)의 표시가 있는 경우를 제외한다.

02 위험성 시험 방법

(1) 인화점 측정 시험

① 태그(tag) 밀폐식 인화점 측정기

시료를 시료컵에 넣고 뚜껑을 덮은 후 규정된 속도로 서서히 가열한다. 규정된 온도로 상승시키면 규정된 크기의 시험 불꽃을 직접 시료컵 중앙으로 접근시켜, 시료의 증기에 인화되는 최저의 온도를 측정한다.

② 태그 개방식 인화점 측정기

시료를 태그 개방식 시험기의 단지에 넣고, 서서히 일정한 속도로 가열한 다음 규정된 간격으로 작은 시험 불꽃을 일정한 속도로 단지 위에 통과시킨다. 그 시험 불꽃으로 단지에 들어 있는 액체의 표면에서 불이 붙는 최저 온도를 인화점으로 한다.

③ 신속 평형법 인화점 측정기

㉮ 시험 장소는 1기압, 무풍의 장소로 할 것

㉯ 시료컵의 온도를 1분간 설정 온도로 유지할 것

㉰ 시험 불꽃을 점화하고 화염의 크기를 직경 4mm가 되도록 조정할 것

㉱ 1분 경과 후 개폐기를 작동하여 시험 불꽃을 시료컵에 7.5초간 노출시키고 닫을 것. 이 경우 시험 불꽃을 급격히 상하로 움직이지 아니하여야 한다.

④ 펜스키 마르텐스(Pensky Martens) 밀폐식 인화점 시험 방법

시료를 밀폐된 시료컵 속에서 교반하면서 규정 속도로 서서히 가열한다. 규정 온도 간격마다 교반을 중지하고, 시험 불꽃을 시료컵 속으로 접근시켜 시료의 증기에 인화하는 최저의 온도를 측정한다.

⑤ 클리브랜드(Cleveland) 개방컵 인화점 측정기
인화점이 80℃ 이상인 시료에 적용하며 통상, 원유 및 연료유에는 적용하지 않는다.

(2) 발화점 측정 시험

용기 안에 물질을 넣고 대기압하에서 용기를 균일하게 가열하여 액체 물질의 고온 불꽃 자연 발화점과 저온 불꽃 자연 발화점을 결정한다.

03 공통 성질 및 저장·취급 시 유의 사항

(1) 공통 성질

① 상온에서 액상인 가연성 액체로 대단히 인화하기 쉽다.
② 대부분 물보다 가볍고, 물에 녹기 어렵다.
③ 증기는 공기보다 무겁다(단, HCN은 제외).
④ 발화점이 낮은 것은 위험하다.
⑤ 증기와 공기가 약간 혼합되어 있어도 연소한다.

참고

고인화점 위험물

인화점이 100℃ 이상인 제4류 위험물

(2) 저장 및 취급 시 유의 사항

① 용기는 밀전하고, 통풍이 잘 되는 찬 곳에 저장할 것
② 화기 및 점화원으로부터 멀리 저장할 것
③ 증기 및 액체의 누설에 주의하여 저장할 것
④ 인화점 이상으로 가열하지 말 것
⑤ 정전기 발생에 주의하여 저장 · 취급할 것
⑥ 증기는 가급적 높은 곳으로 배출할 것

(3) 소화 방법

이산화탄소, 할로겐화물, 분말, 포 등으로 질식 소화한다.

(4) 화재의 특성

① 유동성 액체이므로 연소의 확대가 빠르다.

② 증발 연소하므로 불티가 나지 않는다.
③ 인화성이므로 풍하의 화재에도 인화된다.
④ 소화 후에도 발화점 이상으로 가열된 물체 등에 의해 재연소 또는 폭발한다.

04 위험물의 성상

4-1 특수 인화물류(지정 수량 50L)

위험 성상은 발화점, 인화점, 비점이 매우 낮아서 휘발 · 기화하기 쉽기 때문에 이들의 유증기는 가연성 가스 다음으로 연소, 폭발의 위험성이 매우 높다.

(1) 디에틸에테르($C_2H_5OC_2H_5$, 에테르, 다이에틸에터)

① 일반적 성질

㉮ 비점이 낮고 무색 투명하며, 인화되기 쉬운 휘발성, 유동성의 액체이다.
㉯ 물에는 약간 녹고, 알코올 등에는 잘 녹는다.
㉰ 전기의 불량 도체로서 정전기가 발생하기 쉽다.
㉱ 증기는 마취성이 있다.
㉲ 일반식은 ROR′이다.
㉳ 완전 연소 반응은 다음과 같다.

$$C_2H_5OC_2H_5 + 6O_2 \longrightarrow 4CO_2 + 5H_2O$$

㉴ 분자량 74, 비중 0.71, 증기 비중 2.6, 비점 34.48℃, 인화점 −45℃, 발화점 180℃, 연소 범위 1.9 ~48%

참고

에테르의 제법

에탄올에 진한 황산을 넣고 130~140℃로 가열하면 에탄올 2분자 중에서 간단히 물이 빠지면서 축합 반응이 일어나 에테르가 얻어진다.

$$2C_2H_5OH \xrightarrow{c-H_2SO_4} C_2H_5OC_2H_5 + H_2O$$

② 위험성

㉮ 인화점이 낮고, 휘발성이 강하다(제4류 위험물 중 인화점이 가장 낮다).
㉯ 진한 증기는 마취성이 있어 장시간 흡입 시 위험하다.
㉰ 증기와 공기의 혼합 가스는 발화점이 낮고, 폭발성을 지닌다.

㉣ 정전기 발생의 위험성이 있다.

㉤ 공기 중에 장시간 접촉 시 폭발성의 과산화물이 생성되는 경우 가열, 충격 및 마찰 등에 의해 격렬하게 폭발한다.

※ 아이소펜탄 인화점 : −53.54℃

③ 저장 및 취급 방법

㉮ 직사광선에 분해되어 과산화물을 생성하므로 갈색병을 사용하여 밀전하고 용기는 밀봉하여 냉암소 등에 보관한다.

㉯ 불꽃 등 화기를 멀리하고, 통풍 환기가 잘 되는 곳에 저장한다.

㉰ 탱크나 용기 저장 시 공간 용적을 유지하고, 대량 저장 시에는 불활성 가스를 봉입시킨다.

㉱ 과산화물

㉠ 과산화물 검출 시약은 10% KI 용액(무색 → 황색) : 과산화물 존재

㉡ 과산화물 제거 시약 : 황산제일철($FeSO_4$), 환원철 등

㉢ 과산화물 생성 방지법 : 40메시(mesh)의 구리(Cu)망을 넣는다.

㉲ 정전기 생성 방지를 위해 소량의 $CaCl_2$를 넣어준다.

참고

에테르 중의 과산화물 확인 방법

시료 100mL를 무색의 마개 달린 시험관에 취하고 새로 만든 아이오딘화칼륨 용액 1mL를 가한 후 1분간 계속 흔든다. 흰 종이를 배경으로 하여 정면에서 보았을 때 두 층에 색이 나타나면 과산화물이 생성된 것으로 본다.

(2) 이황화탄소(CS_2)

① 일반적 성질

㉮ 순수한 것은 무색 투명한 액체로 냄새가 없으나, 시판품은 불순물로 인해 황색을 띠고 불쾌한 냄새를 지닌다.

㉯ 비극성이며 물보다 무겁고 물에 녹지 않으나, 알코올, 에테르, 벤젠 등에는 잘 녹으며, 유지, 수지, 생고무, 황, 황린 등을 녹인다.

㉰ 독성을 지니고 있어 액체가 피부에 오래 닿아 있거나 증기 흡입 시 인체에 유해하다.

㉱ 비중 1.26, 증기 비중 2.64, 비점 46℃, 인화점 −30℃, 발화점 100℃, 연소 범위 1.2~44%

② 위험성

㉮ 휘발하기 쉽고 인화성이 강하며, 제4류 위험물 중 발화점이 가장 낮다.

㉯ 연소 시 유독한 아황산(SO_2)가스를 발생한다.

예 $CS_2 + 3O_2 \longrightarrow CO_2 + 2SO_2$

㉰ 연소 범위가 넓고 물과 150℃ 이상으로 가열하면 분해되어 이산화탄소(CO_2)와 황화수소(H_2S) 가스를 발생한다.

예 $CS_2 + 2H_2O \longrightarrow CO_2 + 2H_2S$

③ 저장 및 취급 방법

㉮ 발화점이 낮으므로 화기를 멀리한다.

㉯ 직사광선을 피하고, 통풍이 잘 되는 찬 곳에 저장한다.

㉰ 밀봉, 밀전하여 액체나 증기의 누설을 방지한다.

㉱ 물보다 무겁고 물에 녹지 않아 저장 시 가연성 증기의 발생을 억제하기 위해 콘크리트 물(수조)속의 위험물 탱크에 저장한다.

④ 용도 : 유기 용제, 고무가황 촉진제, 살충제, 방부제, 비스코스레이온의 제조 원료 등

(3) 아세트알데하이드(CH_3CHO)

① 일반적 성질

㉮ 자극성의 과일향을 지닌 무색 투명한 인화성이 강한 휘발성 액체이다.

㉯ 환원성이 커서 은거울 반응을 한다.

㉰ 화학적 활성이 크며, 물에 잘 녹고 유기 용제 및 고무를 잘 녹인다.

㉱ 산화 시 초산, 환원 시 에탄올이 생성된다.

예 $CH_3CHO + \frac{1}{2}O_2 \longrightarrow CH_3COOH$

$CH_3CHO + H_2 \longrightarrow C_2H_5OH$

㉲ 비중 0.783, 증기 비중 1.5, 비점 21℃, 인화점 −37.7℃, 발화점 185℃, 연소 범위 4.1~57%

② 위험성

㉮ 비점이 매우 낮아 휘발하거나 인화하기 쉽다.

㉯ 발화점이 낮고, 연소 범위가 넓어 폭발의 위험이 크다.

㉯ 구리, 마그네슘, 은, 수은 및 그 합금과의 반응은 폭발성인 아세틸라이드를 생성한다.

③ 저장 및 취급 방법

㉮ 공기와 접촉 시 폭발성의 과산화물이 생성된다.

㉯ 산 또는 강산화제의 존재하에서는 격심한 중합 반응을 하기 때문에 접촉을 피한다.

㉰ 취급 설비, 이동 탱크 및 옥외 탱크에 저장 시 용기 내부에는 질소 등 불연성 가스를 봉입한다.

㉱ 자극성이 강하므로 증기의 발생이나 흡입을 피하도록 한다.

(4) 산화프로필렌(CH_3CHOCH_2, 프로필렌옥사이드)

① 일반적 성질

㉮ 무색 투명하며, 에테르 냄새가 나는 휘발성 액체이다.

㉯ 반응성이 풍부하며, 물 또는 유기 용제(벤젠, 에테르, 알코올 등)에 잘 녹는다.

㉰ 분자량 58, 비중 0.83, 증기 비중 2.0, 비점 34℃, 인화점 −37.2℃, 발화점 465℃, 연소 범위 2.5~38.5%

② 위험성

㉮ 휘발, 인화하기 쉽고, 연소 범위가 넓어서 위험성이 크다.

㉯ 증기압이 매우 높으므로(20℃에서 45.5mmHg) 상온에서 쉽게 위험 농도에 도달된다.

㉰ 구리, 마그네슘, 은, 수은 및 그 합금과의 반응은 폭발성인 아세틸라이드를 생성한다.

㉱ 증기는 눈, 점막 등을 자극하며 흡입 시 폐부종 등을 일으키고, 액체가 피부와 접촉할 때에는 동상과 같은 증상이 나타난다.

㉲ 산 및 알칼리와는 중합 반응을 한다.

③ 저장 및 취급 방법

㉮ 중합 반응 요인을 제거하고 강산화제, 산, 염기와의 접촉을 피한다.

㉯ 취급 설비, 이동 탱크 및 옥외 탱크 저장 시는 질소 등 불연성 가스 및 수증기를 봉입하고 냉각 장치를 설치하여 증기의 발생을 억제한다.

(5) 다이메틸설파이드[$(CH_3)_2S$, DMS, 황화디메틸]

① 일반적 성질

㉮ 무색의 무나 양배추 썩는 듯한 불쾌한 냄새가 나는 휘발성, 가연성의 액체이다.

㉯ 분자량 62.1, 비중 0.85, 증기 비중 2.14, 비점 37℃, 인화점 −38℃, 발화점 206℃, 연소 범위 2.2~19.7%

(6) 아이소프로필아민[$(CH_3)_2CHNH_2$]

① 일반적 성질

㉮ 강한 암모니아 냄새가 나는 무색의 액체이며, 물에 녹는다.

㉯ 분자량 59.1, 비중 0.69, 증기 비중 2.04, 비점 34℃, 인화점 −32℃, 발화점 402℃, 연소 범위 2.0~10.4%

(7) 펜타보란(B_5H_9)

① 일반적 성질

㉮ 강한 자극성 냄새가 나는 무색의 액체이며, 물에 녹지 않는다.

㉯ 분자량 63.2, 비중 0.61~0.66, 증기 비중 2.18, 인화점 30℃, 발화점 35℃, 연소 범위 0.4~98%

4-2 제1석유류(지정 수량 $\frac{\text{비수용성 액체 200L}}{\text{수용성 액체 400L}}$)

참고

석유류가 연소할 때 발생하는 가스로 강한 자극적인 냄새가 나며 취급하는 장치를 부식시키는 것 : SO_2

(1) 아세톤(CH_3COCH_3, 다이메틸케톤) – 수용성 액체

① 일반적 성질

㉮ 무색, 투명한 액체로서 자극성의 과일 냄새를 가진다.

㉯ 물과 에테르, 알코올에 잘 녹는다.

㉰ 일광에 쪼이면 분해되어 황색으로 변색되며 유지, 수지, 섬유, 고무 유기물 등을 용해시킨다.

㉱ 아이오딘폼 반응을 한다.

㉲ 완전 연소 반응은 다음과 같다.

$$CH_3COCH_3 + 4O_2 \longrightarrow 3CO_2 + 3H_2O$$

㉳ 분자량 58, 비중 0.79, 증기 비중 2.0, 비점 56℃, 인화점 −18℃, 발화점 538℃, 연소 범위 2.5~12.8%

예제

1기압 27℃에서 아세톤 58g을 완전히 기화시키면 부피는 약 몇 L가 되는가?

풀이 $PV = \frac{W}{M}RT,\ V = \frac{WRT}{PM},\ \frac{58 \times 0.082 \times (273+27)}{1 \times 58} = 24.6\text{L}$

답 24.6L

참고

아세톤의 제법

1. 아이소프로필알코올을 산화구리 또는 산화아연 촉매하에 상압~3atm, 400~500℃에서 탈수 소화한다.
2. 프로필렌은 $PdCl_2 - CuCl_2$ 촉매 존재하에 9~12atm, 90~120℃에서 산소 또는 공기로 산화한다.

② 위험성

㉮ 비점이 낮고 인화점도 낮아 겨울철에도 인화의 위험이 크다.

㉯ 독성은 없으나 피부에 닿으면 탈지 작용을 하고, 장시간 흡입 시 구토가 일어난다.

(2) 휘발유(C_5H_{12} ~ C_9H_{20}, 가솔린)-비수용성 액체

① 일반적 성질

㉮ 물에는 녹지 않으나 유기 용제에는 잘 녹으며 고무, 수지, 유지 등을 잘 용해시킨다.

㉯ 물보다 가벼우며, 전기의 불량 도체로서 정전기 축적이 용이하다.

㉰ 옥탄가를 높히기 위해 첨가제[$(C_2H_5)_4Pb$]를 넣어 착색한다.

㉱ 연소성의 측정 기준을 옥탄값이라 한다.

㉠ $옥탄값 = \frac{이소옥탄}{이소옥탄 + 노르말헵탄} \times 100$

㉡ 옥탄값이 0인 물질 : 노르말헵탄

㉢ 옥탄값이 100인 물질 : 이소옥탄

㉲ 비중 0.65~0.8, 증기 비중 3~4, 증기 밀도 3.21~5.71, 비점 30~225℃, 인화점 −20~−43℃, 발화점 300℃, 연소 범위 1.4~7.6%

② 위험성

㉮ 휘발, 인화, 가연성 증기를 발생하기 쉽고, 증기는 공기보다 3~4배 정도 무거워 누설 시 낮은 곳에 체류되어 연소를 확대시킨다.

㉯ 사에틸납[$(C_2H_5)_4Pb$]의 첨가로 유독성이 있으며, 혈액에 들어가 빈혈 또는 뇌에 손상을 준다.

③ 저장 및 취급 방법

㉮ 화기 등의 점화원을 피하고, 통풍이 잘 되는 냉암소에 저장한다.

㉯ 용기의 누설 및 증기가 배출되지 않도록 취급에 주의한다.

(3) 벤젠(C_6H_6, , 벤졸)-비수용성 액체

① 일반적 성질

㉮ 무색 투명하며, 독특한 냄새를 가진 휘발성이 강한 액체로서 분자량은 78.1로 증기는 마취성과 독성이 있는 방향족 유기 화합물이다.

㉯ 물에는 녹지 않으나 알코올, 에테르 등 유기 용제에는 잘 녹으며 유지, 수지, 고무 등을 용해시킨다.

㉰ 벤젠은 여러 가지 첨가 반응 및 치환 반응을 한다.

㉠ 수소 첨가 : $C_6H_6 + 3H_2 \xrightarrow{Ni} C_6H_{12}$(시클로헥산)

㉡ 니트로화 : $C_6H_6 + HNO_3 \xrightarrow{c-H_2SO_4} C_6H_5 \cdot NO_2 + H_2O$

㉢ 술폰화 : $C_6H_6 + H_2SO_4 \xrightarrow{SO_3} C_6H_5 \cdot SO_3H + H_2O$

㉣ 할로겐화 : $C_6H_6 + Cl_2 \xrightarrow{Fe} C_6H_6 \cdot Cl + HCl$

$C_6H_6 + 3Cl_2 \xrightarrow{햇빛} C_6H_6Cl_6$(B.H.C)

㉣ 연소시키면 그을음을 많이 내면서 탄다(탄소수에 비해 수소수가 적기 때문).

㉤ 융점이 5.5℃이므로 겨울에 찬 곳에서는 고체로 되는 경우도 있다.

㉥ 분자량 78, 비중 0.879, 증기 비중 2.8, 융점 5.5℃, 비점 80℃, 인화점 −11.1℃, 발화점 498℃, 연소 범위 1.4~7.8%

예제

표준 상태에서 벤젠 2mol이 완전연소하는 데 필요한 이론 공기 요구량은 몇 L인가? (단 공기 중 산소는 21vol%이다.)

풀이 $2C_6H_6 + 15O_2 \longrightarrow 12CO_2 + 6H_2O$

2mol　15×22.4L　　　여기서, 15×22.4=336L

즉 $336L \times \frac{100}{21} = 1,600L$

답 1,600L

② 위험성

㉮ 증기는 마취성이고 독성이 강하여 2% 이상 고농도의 증기를 5~10분간 흡입 시에는 치명적이다.

㉯ 융점이 5.5℃이거나, 인화점이 −11.1℃이므로 겨울철에 응고된 고체 상태에서도 인화의 위험이 있다.

③ 저장 및 취급 방법

㉮ 정전기 발생에 주의한다.

㉯ 피부에 닿지 않도록 한다.

㉰ 증기는 공기보다 무거워 낮은 곳에 체류하므로 환기에 주의한다.

㉱ 통풍이 잘 되는 서늘하고 어두운 곳에 저장한다.

(4) 톨루엔($C_6H_5CH_3$, 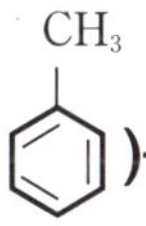)-비수용성 액체

벤젠 수소 원자 하나가 메틸기로 치환된 것이다.

① 일반적 성질

㉮ 벤젠보다는 독성이 적으나 벤젠과 같은 독특한 향기를 가진 무색 투명한 액체이다.

㉯ 물에는 녹지 않으나 알코올, 에테르, 벤젠 등과 잘 섞이며 벤젠보다 휘발하기 어렵다.

㉰ 산화 반응하면 벤조산(C_6H_5COOH, 안식향산)이 된다.

㉱ 톨루엔에 진한 질산과 진한 황산을 가하면 나이트로화가 일어나 트라이나이트로톨루엔(TNT)이 생성된다.

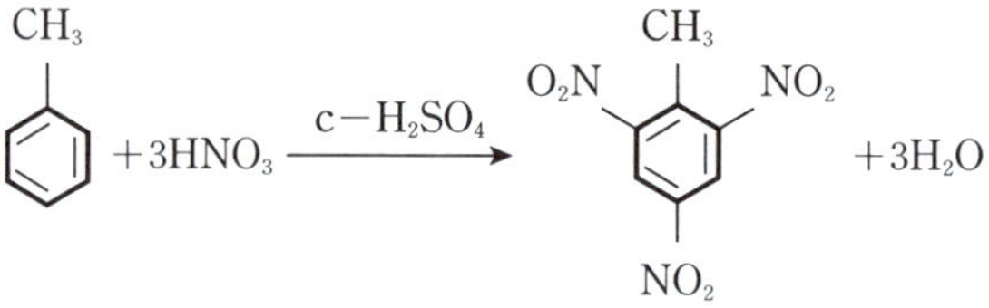

㉤ 완전 연소 반응은 다음과 같다.

$C_6H_5CH_3 + 9O_2 \longrightarrow 7CO_2 + 4H_2O$

㉥ 증기는 마취성이 있다.

㉦ 비중 0.871, 증기 비중 3.17, 비점 111℃, 인화점 4.5℃, 발화점 552℃, 연소 범위 1.4~6.7%

② 위험성

㉮ 연소 시 자극성, 유독성 가스를 발생한다.

㉯ 고농도의 이산화질소 또는 삼불화취소와 혼합 시 폭발한다.

(5) 크실렌[$C_6H_4(CH_3)_2$] – 비수용성 액체

벤젠핵에 메틸기($-CH_3$) 2개가 결합한 물질이다.

① 일반적 성질

㉮ 무색 투명하고 단맛이 있으며, 방향성이 있다.

㉯ 3가지 이성질체가 있다.

구분 \ 명칭	*o*−크실렌	*m*−크실렌	*p*−크실렌
구조식	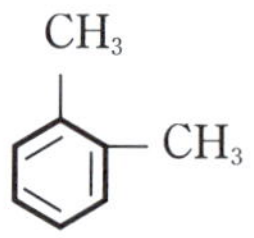	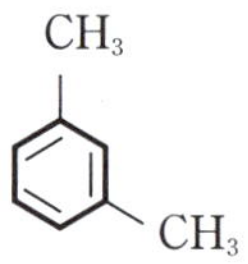	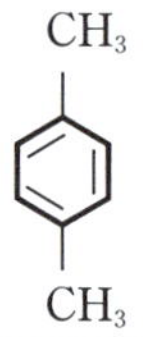
비 중	0.88	0.86	0.86
융 점	−25℃	−48℃	13℃
비 점	144.4℃	139.1℃	138.4℃
인화점	17.2℃	23.2℃	23.0℃
발화점	463.9℃	527.8℃	528.9℃
연소 범위	1.0~6.0%	1.0~6.0%	1.1~7.0%
구 분	제1석유류	제2석유류	제2석유류

㉰ 혼합 크실렌은 단순 증류 방법으로는 비점이 비슷하기 때문에 분리해 낼 수 없다.

㉱ BTX(솔벤트나프타)는 벤젠(C_6H_6), 톨루엔($C_6H_5CH_3$), 크실렌[$C_6H_4(CH_3)_2$]이다.

② 위험성

㉮ 염소산염류, 질산염류, 질산 등과 반응하여 혼촉 발화 폭발의 위험이 높다.

㉯ 연소 시 자극적인 유독 가스를 발생한다.

(6) 콜로디온 – 비수용성 액체

① 일반적 성질

㉮ 무색의 끈기 있는 액체이며, 인화점은 $-18℃$ 이하이다.

㉯ 질화도가 낮은 질화면을 에틸알코올 3, 에테르 1의 비율로 혼합한 액에 녹인 것이다.

㉰ 엷게 늘이면 용제가 휘발하여 질화면의 막(필름)이 된다.

② 위험성 : 상온에서 휘발하여 인화하기 쉬우며, 질화면(나이트로셀룰로오스)이 연소할 때 폭발적으로 연소한다.

③ 저장 및 취급 방법

㉮ 화기, 가열, 충격을 피하고, 찬 곳에 저장한다.

㉯ 용제의 증기를 막기 위해 밀봉, 밀전한다.

④ 용도 : 셀룰로이드, 필림의 제조

(7) 메틸에틸케톤($CH_3COC_2H_5$, MEK) – 비수용성 액체

① 일반적 성질

㉮ 아세톤과 같은 냄새를 가지는 무색의 휘발성 액체이다.

㉯ 물에 잘 녹으며(용해도 26.8), 유기 용제에도 잘 녹고, 수지 및 섬유소 유도체를 잘 용해시킨다.

㉰ 분자량 72, 비중 0.8, 증기 비중 2.5, 비점 80℃, 인화점 $-1℃$, 발화점 516℃, 연소 범위 1.8~10%

참고

메틸에틸케톤의 제법

부탄, 부텐 유분에 황산을 반응한 후 가수 분해하여 얻은 부탄올을 탈수소하여 얻는다.

② 위험성

㉮ 비점, 인화점이 낮아 인화에 대한 위험성이 크다.

㉯ 탈지 작용이 있으므로 피부에 접촉되지 않도록 주의한다.

㉰ 다량의 증기를 흡입하면 마취성과 구토가 일어난다.

(8) 피리딘(C_5H_5N, 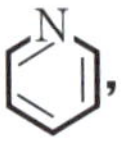, 아딘) – 수용성 액체

① 일반적 성질

㉮ 순수한 것은 무색이며, 불순물을 포함한 경우에는 담황색을 띤 약알칼리성 액체이다.

㉯ 상온에서 인화의 위험이 있으며, 독성이 있다.

㉰ 강한 악취와 흡습성이 있고 물에 잘 녹으며, 질산과 혼합하여 가열할 때 안정하다.

㉱ 분자량 79, 비중 0.982, 증기 비중 2.73, 비점 115℃, 인화점 20℃, 발화점 482℃, 연소 범위 1.8~12.4%

② 위험성

㉮ 증기는 독성(최대 허용 농도 5ppm)을 지닌다.

㉯ 상온에서 인화의 위험이 있으므로 화기 등에 주의한다.

(9) 초산에스테르류(CH_3COOR, 아세트산에스테르류)

초산(CH_3COOH)에서 카르복시기($-COOH$)의 수소(H)가 알킬기(R, C_nH_{2n+1})로 치환된 화합물이다. 분자량의 증가에 따라 수용성, 연소 범위, 휘발성이 감소되고, 인화성, 증기 비중, 점도, 이성질체수가 증가되며, 발화점이 낮아지고, 비중이 작아진다.

① 초산메틸(CH_3COOCH_3)–비수용성 액체

㉮ 일반적 성질

㉠ 향기가 나는 무색 휘발성의 액체로 마취성이 있다.

㉡ 물, 유기 용제 등에 잘 녹는다.

㉢ 가수 분해하여 초산과 메틸알코올로 된다.

예 $CH_3COOCH_3 + H_2O \rightleftharpoons CH_3COOH + CH_3OH$

㉣ 비중 0.92, 증기 비중 2.56, 비점 60℃, 인화점 −10℃, 발화점 454℃, 연소 범위 3.1~16%

② 초산에틸($CH_3COOC_2H_5$)–비수용성 액체

㉮ 일반적 성질

㉠ 무색 투명한 가연성 액체로서 딸기향의 과일 냄새가 난다.

㉡ 물에는 약간 녹고, 유기 용제에 잘 녹는다.

㉢ 가수 분해하여 초산과 에틸알코올로 된다.

예 $CH_3COOC_2H_5 + H_2O \rightleftharpoons CH_3COOH + C_2H_5OH$

㉣ 비중 0.9, 비점 77℃, 인화점 −4.4℃, 발화점 427℃, 연소 범위 2.2~11.4%

(10) 폼산에스테르류(HCOOR, 개미산에스테르류)

폼산(HCOOH)에서 카르복시기(−COOH)의 수소(H)가 알킬기(R, C_nH_{2n+1})로 치환된 화합물이다.

① 폼산메틸($HCOOCH_3$) – 수용성 액체

㉮ 일반적 성질

㉠ 럼주향이 나는 무색의 휘발성 액체로 증기는 약간의 마취성이 있고, 독성은 없다.

㉡ 물 및 유기 용제 등에 잘 녹는다.

㉢ 가수 분해하여 폼산과 메탄올로 된다.

예 $HCOOCH_3 + H_2O \rightleftharpoons HCOOH + CH_3OH$

㉣ 비중 0.97, 비점 32℃, 인화점 −19℃, 발화점 456.1℃, 연소 범위 5.9~20%

② 폼산에틸($HCOOC_2H_5$) – 비수용성 액체

㉮ 일반적 성질

㉠ 럼주향이 나는 무색의 휘발성 액체로 증기는 약간의 마취성이 있고, 독성이 없다.

㉡ 가수 분해하여 폼산과 에탄올로 된다.

예 $HCOOC_2H_5 + H_2O \rightleftharpoons HCOOH + C_2H_5OH$

㉢ 비중 0.92, 비점 54.4℃, 인화점 −20℃, 발화점 455℃, 연소 범위 2.7~13.5%

(11) 사이클로헥세인(C_6H_{12})

① 일반적 성질

㉮ 무색이며, 석유와 같은 자극성 냄새를 가진 휘발성의 강한 액체이다.

㉯ 물에는 녹지 않지만 광범위하게 유기 화합물을 녹인다.

㉰ 분자량 84.16, 비중 0.8, 증기 비중 2.9, 비점 82℃, 인화점 −20℃, 발화점 245℃, 연소 범위 1.3 ~8.0%

② 위험성

㉮ 가열에 의해 발열 발화하며, 화재 시 자극성, 유독성의 가스를 발생한다.

㉯ 산화제와 혼촉하거나 가열, 충격, 마찰에 의해 발열 발화한다.

(12) 에틸벤젠($C_6H_5C_2H_5$, 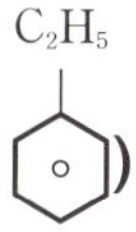)

① 일반적 성질

㉮ 무색의 방향성이 있는 가연성의 액체이다.

㉯ 분자량 106.2, 비중 0.9, 비점 136℃, 인화점 21℃, 발화점 432℃, 연소 범위 0.8~6.9%

(13) 시안화수소(HCN, 청산)

① 일반적 성질

㉮ 독특한 자극성의 냄새가 나는 무색의 액체이며, 물, 알코올에 잘 녹으며, 수용액은 약산성이다.

㉯ 분자량 27, 비중 0.69, 증기 비중 0.94, 비점 26℃, 인화점 −18℃, 발화점 540℃, 연소 범위 6~41%

② 위험성

㉮ 맹독성 물질이며, 휘발성이 매우 높아 인화 위험도 매우 높다.

㉯ 매우 불안정하여 장기간 저장하면 암갈색의 폭발성 물질로 변한다.

4-3 알코올류(R−OH, 지정 수량 400L) − 수용성 액체

참고

탄소수가 증가할수록 변화되는 현상

1. 인화점이 높아진다.
2. 발화점이 낮아진다.
3. 연소 범위가 좁아진다.
4. 수용성이 감소된다.
5. 액체 비중, 증기 비중이 커진다.
6. 비등점, 융점이 좁아진다.

(1) 메틸알코올(CH_3OH, 메탄올, 목정)

① 일반적 성질

㉮ 방향성이 있고, 무색 투명한 휘발성이 강한 액체로 분자량이 32이다.

㉯ 물에는 잘 녹고 유기 용매 등에는 농도에 따라 녹는 정도가 다르며, 수지 등을 잘 용해시킨다.

㉰ 백금(Pt), 산화구리(CuO) 존재하의 공기 속에서 산화되면 포르말린(HCHO)이 되며, 최종적으로 폼산(HCOOH)이 된다.

$$CH_3OH \underset{\text{환원}}{\overset{\text{Pt, CuO존재하에 산화}}{\rightleftarrows}} HCHO \underset{\text{환원}}{\overset{\text{최종 산화}}{\rightleftarrows}} HCOOH$$

㉱ 비중 0.79, 증기 비중 1.1, 증기 밀도 1.43, 비점 64℃, 인화점 11℃, 발화점 464℃, 연소 범위 7.3~36%

참고

메탄올의 검출법과 제법

1. 메탄올의 검출법
시험관에 메탄올을 넣고 여기에 불에 달군 구리줄을 넣으면 자극성의 폼알데히드 냄새가 나며, 붉은색 침전 구리가 생긴다.
$CH_3OH + CuO \longrightarrow Cu\downarrow + H_2O + HCHO$
2. 제법
㉠ 촉매 존재하에서 일산화탄소와 수소를 고온·고압에서 합성시켜 만든다.
$CO + 2H_2 \longrightarrow CH_3OH$
㉡ 천연가스 또는 나프타를 원료로 하여 촉매, 고온, 고압에서 합성하여 만든다.

② 위험성

㉮ 연소할 때 연기가 거의 나지 않아 밝은 곳에서 연소 시 불꽃이 잘 보이지 않으므로 화상의 위험이 있다.
예 $2CH_3OH + 3O_2 \longrightarrow 2CO_2 + 4H_2O$

㉯ 인화점(11℃) 이상이 되면 폭발성 혼합 가스가 생성되어 밀폐된 상태에서 폭발한다.

㉰ 독성이 강하여 소량 마시면 시신경을 마비시키며, 7~8mL를 마시면 실명한다.

㉱ 증기는 환각성 물질이다.

㉲ 30~100mL를 마시면 사망한다.

㉳ 겨울에는 인화의 위험이 여름보다 작다.

㉴ 나트륨과 반응하여 수소 기체를 발생한다.
$2Na + 2CH_3OH \longrightarrow 2CH_3ONa + H_2$

(2) 에틸알코올(C_2H_5OH, 에탄올, 주정)

① 일반적 성질

㉮ 당밀, 고구마, 감자 등을 원료로 발효 방법으로 제조한다.

㉯ 방향성이 있고, 무색 투명한 휘발성 액체이다.

㉰ 물에는 잘 녹고, 유기 용매 등에는 농도에 따라 녹는 정도가 다르며, 수지 등을 잘 용해시킨다.

㉱ 산화되면 아세트알데하이드(CH_3CHO)가 되며, 최종적으로 초산(CH_3COOH)이 된다.

$$C_2H_5OH \underset{\text{환원}}{\overset{\text{산화}}{\rightleftarrows}} CH_3CHO \underset{\text{환원}}{\overset{\text{최종 산화}}{\rightleftarrows}} CH_3COOH$$

㉲ 비중 0.79, 증기 비중 1.59, 비점 78℃, 인화점 13℃, 발화점 423℃, 연소 범위 4.3~19%

참고

에탄올의 검출법과 제법

1. 에탄올의 검출법

에탄올에 KOH와 I_2를 작용시키면 독특한 냄새를 갖는 노란색의 CHI_3(아이오딘폼)가 침전한다.

$$C_2H_5OH+6KOH+4I_2 \longrightarrow \underset{\text{(노란색 침전)}}{CHI_3\downarrow}+5KI+HCOOK+5H_2O$$

2. 제법

㉠ 당밀, 고구마, 감자 등을 원료로 하는 발효 방법으로 제조한다.

㉡ 에틸렌을 황산에 흡수시켜 가수 분해하여 만든다.

$$CH_2=CH_2+H_2SO_4 \longrightarrow C_2H_5OSO_3H$$
$$2CH_2=CH_2+H_2SO_4 \longrightarrow (C_2H_5)_2SO_4$$
$$(C_2H_5)_2SO_4+2H_2O \longrightarrow 2C_2H_5OH+H_2SO_4$$

㉢ 에틸렌을 물과 합성하여 만든다.

$$C_2H_4+H_2O \xrightarrow[\text{300℃, 70kg/cm}^2]{\text{인산}} C_2H_5OH$$

② 위험성

㉮ 밝은 곳에서 연소 시 불꽃이 잘 보이지 않으며, 그을음도 발생하지 않는다. 따라서 화점 발견이 곤란하다.

예 $2C_2H_5OH+6O_2 \longrightarrow 4CO_2+6H_2O$

㉯ 인화점 이상으로 올라가면 폭발성 혼합 가스가 생성되어 밀폐된 상태에서 폭발한다.

㉰ 독성이 없다.

(3) 프로필알코올[$CH_3(CH_2)_2OH$]

① 일반적 성질

㉮ 무색 투명하며 물, 에테르, 아세톤 등 유기 용매에 녹으며, 유지, 수지 등을 녹인다.

㉯ 비중 0.80, 증기 비중 2.07, 비점 97℃, 인화점 15℃, 발화점 371℃, 연소 범위 2.1~13.5%

(4) 아이소프로필알코올[$(CH_3)_2CHOH$]

① 일반적 성질

㉮ 무색 투명하며, 에틸알코올보다 약간 강한 향기가 나는 액체이다.

㉯ 물, 에테르, 아세톤에 녹으며, 유지, 수지 등 많은 유기 화합물을 녹인다.

㉰ 산화하면 프로피온알데하이드(C_2H_5CHO)를 거쳐 프로피온산(C_2H_5COOH)이 되고, 황산(H_2SO_4)으로 탈수하면 프로필렌($CH_3CH=CH_2$)이 된다.

㉱ 비중 0.79, 증기 비중 2.07, 융점 −89.5℃, 비점 81.8℃, 인화점 12℃, 발화점 398.9℃, 연소 범위 2.0~12%

참고

부틸알코올의 인화점

부틸알코올[$CH_3(CH_2)_3OH$]의 인화점 : 28.8℃

(5) 변성 알코올

에틸알코올(C_2H_5OH)에 메틸알코올(CH_3OH), 가솔린, 피리딘을 소량 첨가하여 공업용으로 사용하고, 음료로는 사용하지 못하는 알코올을 말한다.

4-4 제2석유류(지정 수량 비수용성 액체 1,000L / 수용성 액체 2,000L)

(1) 등유(kerosene) – 비수용성 액체

① 일반적 성질

㉮ 탄소수가 C_9~C_{18}가 되는 포화 · 불포화 탄화수소의 혼합물이다.

㉯ 물에는 불용이며, 여러 가지 유기 용제와 잘 섞이고 유지, 수지 등을 잘 녹인다.

㉰ 순수한 것은 무색이며, 오래 방치하면 연한 담황색을 띤다.

㉱ 비중 0.8, 증기 비중 4~5, 비점 150~300℃, 인화점 30~60℃, 발화점 254℃, 연소 범위 1.1~6.0%

② 위험성

㉮ 상온에서는 인화의 위험이 없으나 인화점 이하의 온도에서 안개 상태나 헝겊에 배어 있는 경우에는 인화의 위험이 있다.

㉯ 전기의 불량 도체로서 분위기에 따라서 정전기를 발생 축적하므로 증기가 발생할 때 방전 불꽃에 의해 인화할 위험이 있다.

(2) 경유(디젤류) – 비수용성 액체

① 일반적 성질

㉮ 탄소수가 C_{11}~C_{19}인 포화 · 불포화 탄화수소의 혼합물로 담황색 또는 담갈색의 액체이다.

㉯ 물에는 불용이며, 여러 가지 유기 용제와 잘 섞이고 유지, 수지 등을 잘 녹인다.

㉰ 비중 0.82~0.85, 증기 비중 4~5, 비점 150~300℃, 인화점 50~70℃, 발화점 257℃, 연소 범위 1.0~6.0%

참고

경유의 대규모 화재 시 주수 소화가 부적당한 이유

경유는 물보다 가볍고, 물에 녹지 않기 때문에 화재가 널리 확대되므로

(3) 의산(HCOOH, 개미산, 폼산) – 수용성 액체

① 일반적 성질

㉮ 자극성 냄새가 나는 무색 투명한 액체로 아세트산보다 산성이 강한 액체이다.

㉯ 연소 시 푸른 불꽃을 내면서 탄다.

예 $2HCOOH + O_2 \longrightarrow 2CO_2 + 2H_2O$

㉰ 강한 환원제이며, 물, 에테르, 알코올 등과 어떤 비율로도 섞인다.

㉱ 비중 1.22, 증기 비중 1.59, 융점 9℃, 비점 101℃, 인화점 69℃, 발화점 601℃

② 위험성 : 피부에 닿으면 수종을 일으키고, 진한 증기를 흡입하는 경우에는 점막을 자극하는 염증을 일으킨다.

(4) 초산(CH_3COOH, 아세트산, 빙초산) – 수용성 액체

① 일반적 성질

㉮ 무색 투명의 자극적인 식초 냄새가 나는 물보다 무거운 액체이다.

㉯ 물에 잘 녹고 16.7℃ 이하에서는 얼음 같이 되며, 연소 시 파란 불꽃을 내면서 탄다.

예 $CH_3COOH + 2O_2 \longrightarrow 2CO_2 + 2H_2O$

㉰ 알루미늄 이외의 금속과 작용하여 수용성인 염을 생성한다.

㉱ 묽은 용액은 부식성이 강하나, 진한 용액은 부식성이 없다.

㉲ 분자량 60, 비중 1.05, 증기 비중 2.07, 융점 16.7℃, 비점 118℃, 인화점 42.8℃, 발화점 463℃, 연소 범위 5.4~16%

② 위험성

㉮ 피부에 닿으면 화상을 입게 되고, 진한 증기를 흡입 시에는 점막을 자극하는 염증을 일으킨다.

㉯ 많은 금속을 강하게 부식시키고 금속과 반응하여 수소를 발생한다.

$Zn+2CH_3COOH \longrightarrow (CH_3COO)_2Zn+H_2$

(5) 아크릴산($CH_2=CHCOOH$)

① 일반적 성질

㉮ 무색이고 초산과 같은 자극성 냄새가 나며, 물, 알코올, 에테르에 잘 녹는다.

㉯ 매우 독성이 강하며, 고온에서 중합하기 쉽다.

㉰ 분자량 72.06, 비중 1.05, 증기 비중 2.48, 비점 141℃, 인화점 51℃, 발화점 438℃

(6) 테레빈유 – 비수용성 액체

① 일반적 성질

㉮ 소나무와 식물 및 뿌리에서 채집하여 증류 · 정제하여 만든 물질로, 강한 침엽수 수지 냄새가 나는 무색 또는 담황색의 액체이며, α−피넨($C_{10}H_{16}$)이 주성분이다.

㉯ 공기 중에 방치하면 끈기 있는 수지 상태의 물질이 되며, 산화되기 쉽고 독성을 지닌다.

㉰ 물에는 녹지 않으나 유기 용제 등에 녹으며, 수지, 유지, 고무 등을 녹인다.

㉱ 비중 0.86, 비점 153~175℃, 인화점 35℃, 발화점 253℃

② 위험성 : 공기 중에서 산화 중합하므로 헝겊, 종이 등에 스며들어 자연 발화의 위험성이 있다.

(7) 스타이렌($C_6H_5CH=CH_2$) – 비수용성 액체

① 일반적 성질

㉮ 방향성을 갖는 독특한 냄새가 나는 무색 투명한 액체로서 물에는 녹지 않으나 유기 용제 등에 잘 녹는다.

㉯ 빛, 가열 또는 과산화물에 의해 중합되어 중합체인 폴리스티렌을 만든다.

㉰ 분자량 104.2, 비중 0.91, 증기 비중 3.6, 비점 146℃, 인화점 32℃, 발화점 490℃, 연소 범위 1.1~6.1%

참고

스타이렌의 제법

1. 에틸벤젠을 탈수소 반응으로 만든다.

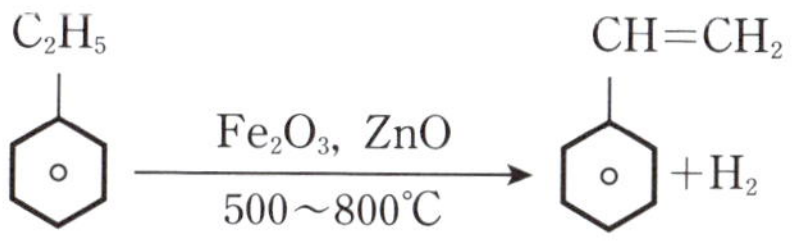

2. 에틸벤젠을 산화, 환원 탈수하여 만든다.

(8) 클로로벤젠(C_6H_5Cl, 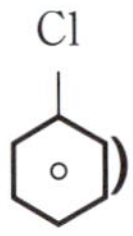) – 비수용성 액체

① 일반적 성질

㉮ 마취성이 있고, 석유와 비슷한 냄새를 가진 무색의 액체이다.

㉯ 물에는 녹지 않으나 유기 용제 등에는 잘 녹고, 천연수지, 고무, 유지 등을 잘 녹인다.

㉰ 비중 1.11, 증기 비중 3.9, 비점 132℃, 인화점 32℃, 발화점 638℃, 연소 범위 1.3~7.1%

② 위험성

㉮ 가열에 의해 용기의 폭발 위험이 있으며, 연소 시 포스겐($COCl_2$), 염화수소(HCl)를 포함한 유독성 가스를 발생한다.

㉯ 마취성이 있고, 독성이 있으나 벤젠보다 약하다.

③ 용도 : 용제, 염료, 향료, DDT의 원료, 유기 합성의 원료 등

(9) 부틸알코올(C_4H_9OH)

① 일반적 성질

㉮ 무색 투명한 액체로서 퓨젤유와 같은 냄새가 난다.

㉯ 액체 에테르, 아세톤 등 유기 용매에 잘 녹고, 물에는 잘 녹지 않는다.

㉰ 분자량 74.12, 비중 0.81, 증기 비중 2.6, 비점 117℃, 인화점 37℃, 발화점 343.3℃, 연소 범위 1.4~ 11.2%

(10) 아밀알코올($C_5H_{11}OH$)

① 일반적 성질

㉮ 감자의 전분을 발효 시 에탄올의 부산물로서 얻어진다.

㉯ 무색의 독특한 냄새가 나는 액체로 물에는 녹지 않으나 에테르, 아세톤, 벤젠 등 많은 유기 용제에는 잘 녹는다.

㉰ 비중 0.82, 인화점 34~43℃, 발화점 343~375℃

(11) 하이드라진(N_2H_4) – 수용성 액체

① 일반적 성질

㉮ 과잉의 암모니아를 차아염소산나트륨 용액에 산화시켜 만든다.

예 $2NH_3 + NaClO \longrightarrow N_2H_4 + NaCl + H_2O$

㉯ 암모니아와 비슷한 냄새가 나고 외관은 물과 같으나 무색의 가연성 액체로 물과 알코올에 녹는다.

㉰ 분해 과정은 상온에서 완만하며, 원래 불안정한 물질이다.

㉱ 공기 중에 180℃에서 가열하면 분해한다.

예 $2N_2H_4 \longrightarrow 2NH_3 + N_2 + H_2$

㉲ H_2O_2와 혼촉 발화한다.

예 $N_2H_4 + 2H_2O_2 \longrightarrow 4H_2O + N_2$

㉳ 석면, 목재, 섬유상의 물질을 흡수하여 자연 발화한다.

㉴ 분자량 32, 비중 1.0, 비점 113℃, 융점 2℃, 인화점 38℃, 발화점 270℃, 연소 범위 4.7~100%

② 용도 : 로켓의 연료, 플라스틱 발포제 등

(12) 큐멘[$(CH_3)_2CHC_6H_5$]

① 일반적 성질

㉮ 방향성 냄새가 나는 무색의 액체이다.

㉯ 물에 녹지 않으며, 알코올, 에테르, 벤젠 등에 녹는다.

㉰ 분자량 120.2, 비중 0.86, 증기 비중 4.14, 비점 152℃, 인화점 36℃, 발화점 425℃, 연소 범위 0.9~6.5%

4-5 제3석유류(지정 수량 $\frac{\text{비수용성 액체 2,000L}}{\text{수용성 액체 4,000L}}$)

(1) 중유(heavy oil) – 비수용성 액체

① 일반적 성질

㉮ 원유의 성분 중 비점이 300~350℃ 이상인 갈색 또는 암갈색의 액체 직류 중유와 분해 중유로 나눌 수 있다.

㉯ 등급은 점도차에 따라 A중유, B중유, C중유로 구분하며, 벙커 C유는 C중유에 속한다.

② 위험성

인화점이 높아서 가열하지 않으면 위험하지 않으나 80℃로 예열해서 사용하므로 인화의 위험이 있다.

(2) 크레오소트유(타르유) – 비수용성 액체

① 일반적 성질

㉮ 황색 또는 암록색의 끈기가 있는 액체로, 물보다 무겁고 물에 녹지 않으며, 유기 용제에는 잘 녹는다.

㉯ 콜타르를 230~300℃에서 증류할 때 혼합물로 얻으며, 주성분으로 나프탈렌과 안트라센을 함유하고 있는 혼합물이다.

㉰ 비중 1.02~1.05, 비점 194~400℃, 인화점 74℃, 발화점 336℃

② 위험성 : 타르산을 많이 함유한 것은 금속에 대한 부식성이 있다.

(3) 아닐린($C_6H_5NH_2$) – 비수용성 액체

① 일반적 성질

㉮ 물보다 무겁고 물에 약간 녹으며, 유기 용제 등에는 잘 녹는 특유한 냄새를 가진 황색 또는 담황색의 끈기 있는 기름 상태의 액체로서 햇빛이나 공기의 작용에 의해 흑갈색으로 변색한다.

㉯ 알칼리 금속 또는 알칼리 토금속과 반응하여 수소와 아닐리드를 생성한다.

㉰ 분자량 93, 비중 1.02, 융점 −6℃, 비점 184.2℃, 인화점 70℃, 발화점 538℃

② 위험성 : 가연성이고 독성이 강하므로 증기를 흡입하거나 액체가 피부에 닿으면 급성 또는 만성 중독을 일으킨다.

(4) 나이트로벤젠($C_6H_5NO_2$, 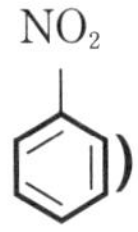) – 비수용성 액체

① 일반적 성질

㉮ 물보다 무겁고 물에 녹지 않으며, 유기 용제 등에는 잘 녹는 암모니아와 같은 냄새가 나는 담황색 또는 갈색의 유상 액체이다.

㉯ 벤젠을 나이트로화시켜 제조하며, 나이트로화제로는 진한 황산과 진한 질산을 사용한다.

㉰ 산이나 알칼리에는 비교적 안정하나 주석, 철 등의 금속 촉매에 의해 염산을 첨가시키면 환원되면서 아닐린이 생성된다.

㉱ 분자량 123.1, 비중 1.2, 융점 5.7℃, 비점 211℃, 인화점 88℃, 발화점 482℃

② 위험성

㉮ 비점이 높아 증기 흡입은 적지만 독성이 강하여 피부와 접촉하면 쉽게 흡수된다.

㉯ 증기를 오래 흡입하면 혈액 속의 메타헤모글로빈을 생성하므로 두통, 졸음, 구토 현상이 나타나며, 심하면 의식 불명 상태에 이르러 사망하게 된다.

(5) 에틸렌글리콜[$C_2H_4(OH)_2$] – 수용성 액체

① 일반적 성질

㉮ 무색, 무취의 단맛이 나고, 흡수성이 있는 끈끈한 액체로서 2가 알코올이다.

㉯ 물, 알코올, 에테르, 글리세린 등에는 잘 녹고, 사염화탄소, 이황화탄소, 클로로포름에는 녹지 않는다.

㉰ 독성이 있으며, 무기산 및 유기산과 반응하여 에스테르를 생성한다.

㉱ 소화 약제로서 물의 단점인 동결 현상을 방지하기 위하여 주로 사용하는 물질

㉲ 분자량 62, 비중 1.113, 융점 −12℃, 비점 197℃, 인화점 111℃, 발화점 402℃

② 위험성 : 가연성이며, 독성이 있다.

③ 용도 : 부동액 원료, 유기 합성, 계면활성제의 제조 원료 등

(6) 글리세린[$C_3H_5(OH)_3$, 감유] – 수용성 액체

① 일반적 성질

㉮ 물보다 무겁고 단맛이 나는 시럽상 무색 액체로서, 흡습성이 좋은 3가의 알코올이다.

㉯ 물, 알코올과는 어떤 비율로도 혼합되며, 에테르, 벤젠, 클로로포름 등에는 녹지 않는다.

㉰ 비중 1.26, 증기 비중 3.1, 융점 19℃, 인화점 160℃, 발화점 393℃

(7) 염화벤조일[$(C_6H_5)COCl$]

① 일반적 성질

㉮ 최루성이 있는 무색의 액체이며, 벤젠, 에테르를 녹인다.

㉯ 비중 1.21, 증기 비중 4.8, 인화점 72℃, 연소 범위 1.2~4.9%

(8) 담금질유

① 일반적 성질

철, 강철 등 기타 금속을 900℃ 정도로 가열하여 기름 속에 넣어 급격히 냉각시킴으로써 금속의 재질을 열처리 전보다 단단하게 하는 데 사용하는 기름이다. 이 중 인화점이 200℃ 이상의 것은 제4석유류에 속한다.

(9) 나이트로톨루엔[$NO_2(C_6H_4)CH_3$]

① 일반적 성질

㉮ 방향성 냄새가 나는 황색의 액체이며, 물에 잘 녹지 않는다.

㉯ 알코올, 에테르, 벤젠 등 유기 용제에 잘 녹는다.

㉰ 분자량 137.1, 비중 1.16, 증기 비중 4.72

4-6 제4석유류(지정 수량 6,000L)

(1) 기어유

(2) 실린더유

(3) 윤활유

(4) 가소제

4-7 동·식물유류(지정 수량 10,000L)

(1) 성상

① 화학적 주성분은 고급 지방산으로 포화 또는 불포화 탄화수소로 되어 있다.

② 순수한 것은 무색 · 무취이나 불순물이 함유된 것은 미황색 또는 적갈색으로 착색되어 있다.

③ 장기간 저장된 것은 냄새가 난다.

(2) 위험성

① 인화점 이상에서는 가솔린과 같은 인화의 위험이 있다.

② 연소하면 열에 의해 액온이 상승하여 화재가 커질 위험이 있다.

③ 건성유는 짚, 헝겊 또는 종이 등에 스며들어 있는 상태로 방치하면 분자 속의 불포화 결합이 공기 중의 산소에 의해 산화 중합 반응을 일으켜 자연 발화의 위험이 있다.

④ 1기압에서 인화점은 대체로 220~250℃ 미만이며, 개자유만 46℃이다.

(3) 저장 및 취급 방법

① 화기 및 점화원을 멀리할 것

② 증기 및 액체의 누설이 없도록 할 것

(4) 소화 방법

① 안개 상태의 분무 주수

② 탄산 가스, 분말, 할로겐 화합물

(5) 종류

① **아이오딘값** : 유지 100g에 부가되는 아이오딘의 g수

② 아이오딘값이 크면 불포화도가 커지고 아이오딘값이 작으면 불포화도가 작아진다. 불포화도가 클수록 자연 발화를 일으키기 쉽다.

③ **아이오딘값에 따른 종류**

㉮ **건성유** : 아이오딘값이 130 이상인 것

이중 결합이 많아 불포화도가 높기 때문에 공기 중에서 산화되어 액 표면에 피막을 만드는 기름

예 들기름(192~208), 아마인유(168~190), 정어리기름(154~196), 동유(145~176), 해바라기유(113~146)

㉯ **반건성유** : 아이오딘값이 100~130인 것

공기 중에서 건성유보다 얇은 피막을 만드는 기름

예 청어기름(123~147), 콩기름(114~138), 옥수수기름(88~147), 참기름(104~118), 면실유(88~121), 채종유(97~107)

※ 참기름 : 인화점 255℃

㉰ **불건성유** : 아이오딘값이 100 이하인 것

공기 중에서 피막을 만들지 않는 안정된 기름

예 낙화생기름(땅콩기름, 82~109), 올리브유(75~90), 피마자유(81~91), 야자유(7~16)

출제예상문제

01 위험물안전관리법령상 위험물의 운반에 관한 기준에 따르면 알코올류의 위험 등급은?

① 위험 등급 I
② 위험 등급 II
③ 위험 등급 III
④ 위험 등급 IV

해설

위험 등급	품 명
II	알코올류

02 하이드라진의 지정 수량은?

① 200kg ② 200L
③ 2,000kg ④ 2,000L

해설 하이드라진(N_2H_4)은 제4류 위험물, 제2석유류이며, 수용성으로 지정 수량은 2,000L이다.

03 산화프로필렌 300L, 메탄올 400L, 벤젠 200L를 저장하고 있는 경우 각 지정 수량 배수의 총합은?

① 4 ② 6
③ 8 ④ 10

해설 $\frac{300}{50}+\frac{400}{400}+\frac{200}{200}=6+1+1=8$배

04 가연성 액체의 증기가 공기보다 무겁다는 것은 위험성과 어떤 관계가 있는가?

① 발화점이 낮다.
② 인화점이 낮다.
③ 자연 발화되기 쉽다.
④ 지면 멀리까지 퍼져 인화의 위험이 크다.

해설 인화성 액체의 누설 시 증기는 공기보다 무겁기 때문에 낮은 곳에 체류하기 쉬워 화재를 확대시키는 경향이 크다.

05 다음 물질 중 공기보다 증기 비중이 낮은 것은?

① 이황화탄소(CS_2)
② 시안화수소(HCN)
③ 아세트알데하이드(CH_3CHO)
④ 에테르($C_2H_5OC_2H_5$)

해설 제4류 위험물의 증기는 공기보다 무겁다. 단, HCN은 $\frac{27}{29}=0.98$이므로 예외이다.

06 화재발생 시 소화 방법으로 공기를 차단하는 것이 효과가 있으며, 연소 물질을 제거하거나 액체를 인화점 이하로 냉각시켜 소화할 수도 있는 위험물은?

① 제1류 위험물 ② 제4류 위험물
③ 제5류 위험물 ④ 제6류 위험물

해설 제4류 위험물 소화 방법 : 질식 효과, 제거 효과, 냉각 효과

07 제4류 위험물의 물에 대한 성질과 화재 위험이 직접 관계가 있는 것은?

① 수용성과 인화성 ② 비중과 인화점
③ 비중과 발화점 ④ 비중과 화재 확대

해설 제4류 위험물은 대부분 물보다 가볍고, 물에 녹지 않으므로 소화 시 주수하면 화재 확대 위험성이 커진다.

08 제4류 위험물의 연소에 대한 설명으로 옳은 것은?

① 수증기와 산소 혼합물의 연소이다.
② 수증기와 산소 화합물의 연소이다.
③ 가연성 증기와 공기 혼합물의 연소이다.
④ 가연성 증기와 공기 화합물의 연소이다.

해설 제4류 위험물은 가연성 증기와 공기 혼합물의 연소이다.

정답 01 ② 02 ④ 03 ③ 04 ④ 05 ② 06 ② 07 ④ 08 ③

09 위험물안전관리법령에서 정의한 특수 인화물의 조건으로 옳은 것은?

① 1기압에서 발화점이 100℃ 이상인 것 또는 인화점이 영하 10℃ 이하이고, 비점이 40℃ 이하인 것
② 1기압에서 발화점이 100℃ 이하인 것 또는 인화점이 영하 20℃ 이하이고, 비점이 40℃ 이하인 것
③ 1기압에서 발화점이 200℃ 이하인 것 또는 인화점이 영하 10℃ 이하이고, 비점이 40℃ 이하인 것
④ 1기압에서 발화점이 200℃ 이상인 것 또는 인화점이 영하 20℃ 이하이고, 비점이 40℃ 이하인 것

해설 특수 인화물의 조건 : 1기압에서 발화점이 100℃ 이하인 것 또는 인화점이 영하 20℃ 이하이고, 비점이 40℃ 이하인 것

10 다음 중 디에틸에테르에 대한 설명으로 틀린 것은?

① 일반식은 R−CO−R′이다.
② 연소 범위는 약 1.9~48%이다.
③ 증기 비중 값이 비중 값보다 크다.
④ 휘발성이 높고 마취성을 가진다.

해설 ① 일반식은 R−O−R′이다.

11 다음 중 분자량이 약 74, 비중이 약 0.71인 물질로서 에탄올 두 분자에서 물이 빠지면서 축합 반응이 일어나 생성되는 물질은?

① $C_2H_5OC_2H_5$　　② C_2H_5OH
③ C_6H_5Cl　　④ CS_2

해설 에테르 제법

$$2C_2H_5OH \xrightarrow{c-H_2SO_4} C_2H_5OC_2H_5 + H_2O$$

12 다음 중 연소 범위가 가장 넓은 위험물은?

① 휘발유　　② 톨루엔
③ 에틸알코올　　④ 디에틸에테르

해설 ① 1.4~7.6%　　② 1.1~7.1%
③ 3.3~19%　　④ 1.9~48%

13 다음 물질 중 인화점이 가장 낮은 것은?

① 디에틸에테르　　② 이황화탄소
③ 아세톤　　④ 벤젠

해설 ① −45℃
② −30℃
③ −18℃
④ −11.1℃

14 디에틸에테르 중의 과산화물을 검출할 때 그 검출 시약과 정색 반응의 색이 옳게 짝지어진 것은?

① 아이오딘화칼륨 용액 − 적색
② 아이오딘화칼륨 용액 − 황색
③ 브로민화칼륨 용액 − 무색
④ 브로민화칼륨 용액 − 청색

해설 디에틸에테르 중의 과산화물 검출
㉠ 검출 시약 : 아이오딘화칼륨 용액
㉡ 정색 반응 : 황색

15 다음 중 발화점이 가장 낮은 것은?

① 이황화탄소　　② 산화프로필렌
③ 휘발유　　④ 메탄올

해설 ① 100℃　② 465℃　③ 300℃　④ 464℃

16 1몰의 이황화탄소와 고온의 물이 반응하여 생성되는 유독한 기체 물질의 부피는 표준 상태에서 얼마인가?

① 22.4L　　② 44.8L
③ 67.2L　　④ 134.4L

해설 $CS_2 + 2H_2O \longrightarrow CO_2 + \underline{2H_2S}$ (유독한 기체 물질)

즉, $2 \times 22.4L = 44.8L$

정답 09 ② 10 ① 11 ① 12 ④ 13 ① 14 ② 15 ① 16 ②

17 다음 중 고무의 용제로 사용되며, 연소할 때 매우 유독한 기체를 생성하는 휘발성 액체는?

① 톨루엔 ② 아세톤
③ 이황화탄소 ④ 클로로포름

해설 $CS_2+3O_2 \longrightarrow CO_2+\underline{2SO_2}$
유독한 기체

18 이황화탄소 저장 시 물속에 저장하는 이유로 가장 옳은 것은?

① 공기 중 수소와 접촉하여 산화되는 것을 방지하기 위하여
② 공기와 접촉 시 환원하기 때문에
③ 가연성 증기의 발생을 억제하기 위하여
④ 불순물을 제거하기 위하여

해설 이황화탄소(CS_2)를 물속에 저장하는 이유 : 가연성 증기의 발생을 억제하기 위하여

19 다음 물질 중 증기 비중이 가장 작은 것은 어느 것인가?

① 이황화탄소 ② 아세톤
③ 아세트알데하이드 ④ 디에틸에테르

해설 ① 2.64 ② 2.0 ③ 1.5 ④ 2.6

20 아세트알데하이드의 연소 범위는?

① 1.4~7.6% ② 1.2~7.5%
③ 4.1~57% ④ 5.6~10%

해설 CH_3CHO(아세트알데하이드)의 연소 범위는 4.1~57%이다.

21 위험물안전관리법령상 은, 수은, 동, 마그네슘 및 이의 합금으로 된 용기를 사용하여서는 안 되는 물질은?

① 이황화탄소 ② 아세트알데하이드
③ 아세톤 ④ 디에틸에테르

해설 금속 사용 제한 조치 기준 : 아세트알데하이드 또는 산화프로필렌의 옥외 탱크 저장소에는 은, 수은, 동, 마그네슘 및 이의 합금으로 된 용기를 사용하여서는 안 된다.

22 연소 범위가 약 2.5~38.5vol%로 구리, 은, 마그네슘과 접촉 시 아세틸라이드를 생성하는 물질은?

① 아세트알데하이드 ② 알킬알루미늄
③ 산화프로필렌 ④ 콜로디온

해설 산화프로필렌의 설명이다.

23 위험물 분류에서 제1석유류에 대한 설명으로 옳은 것은?

① 아세톤, 휘발유, 그 밖에 1기압에서 인화점이 섭씨 21도 미만인 것
② 등유, 경유, 그 밖의 액체로서 인화점이 섭씨 21도 이상 70도 미만인 것
③ 중유, 도료류로서 인화점이 섭씨 70도 이상 200도 미만의 것
④ 기계유, 실린더유, 그 밖의 액체로서 인화점이 섭씨 200도 이상 250도 미만인 것

해설 제1석유류 : 아세톤, 휘발유, 그 밖에 1기압에서 인화점이 섭씨 21도 미만인 것

24 제1석유류 중에서 인화점이 −18℃, 분자량이 58.08이고, 햇빛에 분해되며 발화점이 538℃인 위험물은?

① 가솔린 ② 아세톤
③ 에틸알코올 ④ 벤젠

해설 아세톤에 대한 설명이다.

25 다음 중 인화점이 낮은 것부터 높은 순서로 나열된 것은?

① 톨루엔 – 아세톤 – 벤젠
② 아세톤 – 톨루엔 – 벤젠
③ 톨루엔 – 벤젠 – 아세톤
④ 아세톤 – 벤젠 – 톨루엔

정답 17 ③ 18 ③ 19 ③ 20 ③ 21 ② 22 ③ 23 ① 24 ② 25 ④

해설 인화점 : 아세톤 : −18℃, 벤젠 : −11.1℃, 톨루엔 : 4.5℃

26 휘발유의 일반적인 성질에 대한 설명으로 틀린 것은?

① 인화점은 0℃보다 낮다.
② 액체 비중은 1보다 작다.
③ 증기 비중은 1보다 작다.
④ 연소 범위는 약 1.4~7.6%이다.

해설 ③ 증기 비중은 3~4이다.

27 옥탄가의 정의 중 가장 옳은 것은?

① 노르말옥탄을 100, 헥산을 0으로 한 것
② 노르말옥탄을 100, 헵탄을 0으로 한 것
③ 이소옥탄을 100, 헥산을 0으로 한 것
④ 이소옥탄을 100, 헵탄을 0으로 한 것

해설 옥탄가는 가솔린의 연소성을 이소옥탄과 노르말 헵탄 혼합물의 연소성과 비교한 값

28 벤젠의 연소 시 알코올보다 매연이 많이 발생되는 이유는?

① 비등점이 낮아서
② 인화점이 높아서
③ 분자식 중 탄소의 비율이 크기 때문에
④ 탄소 내 이중 결합 때문에

해설 벤젠(C_6H_6)은 탄소와 수소비 중에서 수소수에 비해 탄소수가 많은 물질로 연소 시 그을음이 발생한다.

29 제4류 위험물 중 무색 투명하고, 휘발하기 쉬운 액체로 BTX라고 부르는 것은?

① 벤젠, 톨루엔, 크실렌
② 벤젠, 티록신, 크레졸
③ 비닐클로라이드, 톨루엔, 크레졸
④ 비닐클로라이드, 테트론, 크실렌

해설 BTX란 Benzene(벤젠), Toluene(톨루엔), Xylene(크실렌)을 말한다.

30 톨루엔의 위험성을 설명한 것 중 틀린 것은?

① 증기는 마취성이 있다.
② 독성이 벤젠보다 대단히 크다.
③ 인화점이 낮다.
④ 유체 마찰 등으로 정전기가 생겨서 인화하기도 한다.

해설 톨루엔의 독성은 벤젠의 $\frac{1}{10}$ 정도이다.

31 다음 중 3개의 이성질체가 존재하는 물질은?

① 아세톤　② 톨루엔
③ 벤젠　④ 자일렌

해설 자일렌(크실렌)의 3가지 이성질체

명칭 / 구분	o−자일렌 (크실렌)	m−자일렌 (크실렌)	p−자일렌 (크실렌)
구조식	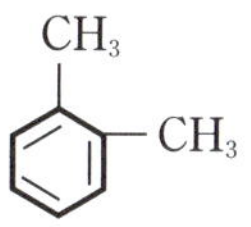	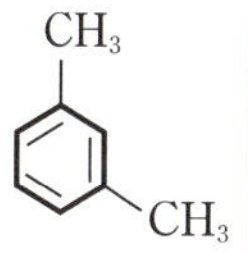	

32 다음 설명은 어떤 물질을 설명하고 있는가?

- 질화도(窒化度)가 낮은 질화면(窒化綿)을 에틸알코올 3, 에테르 1 비율의 혼합액에 녹인 것이다.
- 이 물질의 용제가 알코올, 에테르이므로 상온에서 휘발하여 인화되기 쉽고, 연소할 때는 용제가 휘발한 후에 질화면이 폭발적으로 연소한다.
- 셀룰로이드, 필름의 제조에 사용된다.

① 산화프로필렌　② 에틸나이트리트
③ 에틸클로라이드　④ 콜로디온

해설 콜로디온에 관한 설명이다.

정답 26 ③ 27 ④ 28 ③ 29 ① 30 ② 31 ④ 32 ④

33 메틸에틸케톤을 취급할 때의 주의 사항으로서 옳은 것은?

① 인화점이 -1℃이므로 겨울에는 여름보다 인화의 위험이 적을 것
② 물과 접촉하면 발열하므로 주의할 것
③ 연소 범위가 가솔린보다 넓으므로 증기에 주의할 것
④ 발화점이 등유보다 낮으므로 주의할 것

해설 메틸에틸케톤의 인화점은 -1℃, 증기 비중은 2.44, 비중은 0.806이다.

34 다음 중 C_5H_5N에 대한 설명으로 틀린 것은?

① 순수한 것은 무색이고, 악취가 나는 액체이다.
② 상온에서 인화의 위험이 있다.
③ 물에 녹는다.
④ 강한 산성을 나타낸다.

해설 ④ 약알칼리성을 나타낸다.

35 에스테르의 일반식은?

① $R-COO-R'$ ② $R-CO-R'$
③ $R-O-R'$ ④ $R-COOH$

해설 ① $-COO-$: 에스테르기
② $-CO-$: 케톤기
③ $-O-$: 에테르기
④ $-COOH$: 카르복시기

36 다음 중 증기의 밀도가 가장 큰 것은?

① CH_3OH ② C_2H_5OH
③ CH_3COCH_3 ④ $CH_3COOC_5H_{11}$

해설 ① $\frac{32g}{22.4L}=1.43g/L$
② $\frac{46g}{22.4L}=2.05g/L$
③ $\frac{58g}{22.4L}=2.59g/L$
④ $\frac{130g}{22.4L}=5.80g/L$

37 가수 분해되기 쉽고, 순수한 것은 메탄올과 의산으로 분해되는 물질은?

① 의산에틸 ② 의산메틸
③ 초산메틸 ④ 초산에틸

해설 $HCOOCH_3+H_2O \rightleftharpoons HCOOH+CH_3OH$

38 탄화수소에서 탄소의 수가 증가할수록 나타나는 현상들로 옳게 짝지어 놓은 것은?

> ㉠ 연소 속도가 늦어진다.
> ㉡ 발화점이 낮아진다.
> ㉢ 발열량이 커진다.
> ㉣ 연소 범위가 넓어진다.

① ㉠ ② ㉠, ㉡
③ ㉠, ㉡, ㉢ ④ ㉠, ㉡, ㉢, ㉣

해설 탄화수소에서 탄소의 수가 증가할수록 나타나는 현상
㉠ 연소 속도가 늦어진다. ㉡ 발화점이 낮아진다.
㉢ 발열량이 커진다. ㉣ 연소 범위가 좁아진다.

39 $C_nH_{2n+1}OH$의 명칭은?

① 알코올 ② 유기산
③ 에테르 ④ 에스테르

해설 $R-OH$: 알코올

40 메탄올의 증기를 300℃의 구리 분말 위에서 공기로 산화시켜 만드는 자극성 냄새가 나는 기체로서, 살균력이 커 방부제나 소독제로 쓰이는 것은?

① 에틸렌글리콜 ② 글리세린
③ 에틸알코올 ④ 포름알데하이드

해설 $CH_3OH \underset{환원}{\overset{산화}{\rightleftharpoons}} HCHO \underset{환원}{\overset{산화}{\rightleftharpoons}} HCOOH$

41 메탄올이 산화되었을 때 최종 생성물은?

① 이산화탄소 ② 메탄
③ 포름알데하이드 ④ 개미산

정답 33 ① 34 ④ 35 ① 36 ④ 37 ② 38 ③ 39 ① 40 ④ 41 ④

해설 $CH_3OH \xrightarrow{\text{산화}} HCHO \xrightarrow[\text{(최종)}]{\text{산화}} HCOOH$

42 다음 알코올류 중 분자량이 약 32이고, 취급 시 소량이라도 마시면 시신경을 마비시키는 물질은?

① 메틸알코올 ② 에틸알코올
③ 아밀알코올 ④ n−부틸알코올

해설 메탄올의 치사량은 30~100mL이다.

43 메틸알코올(methyl alcohol)의 비등점은?

① 30℃ ② 65℃
③ 78℃ ④ 100℃

해설 메틸알코올의 비점은 63.9℃이다.

44 다음 사항 중 메탄올과 에탄올의 공통 성질이 아닌 것은?

① 무색 투명하다. ② 휘발성이 있다.
③ 독성이 있다. ④ 비중은 물보다 작다.

해설 메탄올 : 독성 있음, 에탄올 : 독성 없음

45 에틸알코올이 탈 때 그을음이 나지 않는 이유는?

① 산소의 함유량이 적기 때문이다.
② 탄소의 함유량이 적기 때문이다.
③ 증기 밀도가 크기 때문이다.
④ 물에 녹기 때문이다.

해설 연소 시 그을음은 탄소의 함유량과 관계된다.

46 1몰의 에틸알코올이 완전 연소하였을 때 생성되는 이산화탄소는 몇 몰인가?

① 1몰 ② 2몰
③ 3몰 ④ 4몰

해설 $C_2H_5OH + 3O_2 \longrightarrow 2CO_2 + 3H_2O$

47 다음은 어떤 위험물에 대한 내용인가?

- 지정 수량 : 400L
- 증기 비중 : 2.07
- 인화점 : 12℃
- 녹는점 : −89.5℃

① 메탄올 ② 에탄올
③ 아이소프로필알코올 ④ 부틸알코올

해설 아이소프로필알코올[$(CH_3)_2CHOH$]의 설명이다.

48 다음 설명 중 제2석유류에 해당하는 것은? (단, 1기압 상태이다.)

① 착화점이 21℃ 미만인 것
② 착화점이 30℃ 이상 50℃ 미만인 것
③ 인화점이 21℃ 이상 70℃ 미만인 것
④ 인화점이 21℃ 이상 90℃ 미만인 것

해설 석유류의 구분(단, 1기압 상태)
㉠ 제1석유류 : 인화점이 21℃ 미만인 것
㉡ 제2석유류 : 인화점이 21℃ 이상 70℃ 미만인 것
㉢ 제3석유류 : 인화점이 70℃ 이상 200℃ 미만인 것
㉣ 제4석유류 : 인화점이 200℃ 이상 250℃ 미만인 것

49 등유의 성질에 대한 설명 중 틀린 것은?

① 증기는 공기보다 가볍다.
② 인화점이 상온보다 높다.
③ 전기에 대해 불량 도체이다.
④ 물보다 가볍다.

해설 ① 증기는 공기보다 무겁다(증기 비중 4~5).

50 제4류 위험물 중에서 비중이 0.82~0.85 정도이며, 원유의 증류에서 나오는 혼합 탄화 수소로 끓는점이 200~350℃, 탄소수가 11~19인 물질은?

① 휘발유 ② 경유
③ 납사 ④ 초산

해설 경유는 탄소수가 C_{11}~C_{19}이다.

정답 42 ① 43 ② 44 ③ 45 ② 46 ② 47 ③ 48 ③ 49 ① 50 ②

51 다음 약품 중 피부에 대한 부식성이 있고, 점화하면 푸른 불꽃을 내면서 연소하는 것은?

① 폼산 ② 벤조산
③ 아세트산 ④ 황산

해설 $2HCOOH + O_2 \longrightarrow 2CO_2 + 2H_2O$
폼산은 연소 시 푸른 불꽃을 내며 탄다.

52 초산이 응고하여 빙초산을 이룰 때의 융점은?

① 17.6℃ ② 16.7℃
③ 16℃ ④ 17℃

해설 초산은 16.7℃ 이하에서는 얼음과 같이 된다.

53 헝겊, 종이에 스며 배인 기름이 자연 발화를 일으킬 수 있는 위험물은?

① 테레빈유 ② 등유
③ 크레오소트유 ④ 퓨젤유

해설 제2석유류인 테레빈유는 공기 중에서 산화 중합하므로 헝겊, 종이 등에 스며들어 자연 발화의 위험성이 있다.

54 상온에서는 인화의 위험이 없으나 화기가 있으면 위험하고, DDT 제조에 쓰이는 위험물은?

① 톨루엔 ② 아닐린
③ 클로로벤젠 ④ 클로로술폰산

해설 클로로벤젠(C_6H_5Cl)은 DDT, 용제, 염료 등에 이용된다.

55 다음에서 설명하는 위험물을 옳게 나타낸 것은?

- 지정 수량은 2,000L이다.
- 로켓의 연료, 플라스틱 발포제 등으로 사용된다.
- 암모니아와 비슷한 냄새가 나고, 녹는점은 약 2℃이다.

① N_2H_4 ② $C_6H_5CH{=}CH_2$
③ NH_4ClO_4 ④ C_6H_5Br

해설 하이드라진(N_2H_4)에 대한 설명이다.

56 1기압에서 인화점이 70℃ 이상 200℃ 미만 위험물은 어디에 속하는가? (단, 도료류, 그 밖의 물품은 가연성 액체량이 40중량% 이하인 것은 제외한다.)

① 제1석유류 ② 제2석유류
③ 제3석유류 ④ 제4석유류

해설 ③ 제3석유류 : 인화점이 70℃ 이상 200℃ 미민인 액체

57 제3석유류를 대표하는 위험물은?

① 중유, 경유 ② 중유, 등유
③ 중유, 크레오소트유 ④ 중유, 담금질유

해설 위험물안전관리법상 제3석유류란 중유, 크레오소트유, 그 밖의 액체로서 인화점이 70℃ 이상 200℃ 미만인 액체
예 아닐린, 나이트로벤젠, 에틸렌글리콜, 글리세린, 담금질유, 메타크레졸 등

58 크레오소트유에 대한 설명으로 틀린 것은?

① 제3석유로 지정된 품목이다.
② 독특한 냄새를 지녔으나 증기는 독성이 없다.
③ 황록색의 기름 모양의 액체이다.
④ 물보다 무겁고, 물에 녹지 않는다.

해설 ② 황색 또는 암록색의 끈기 있는 액체로, 증기는 독성이 있다.

59 다음 내용에 해당하는 화합물 A의 명칭은?

- 화합물 A는 HCl과 반응하여 염산염을 만든다.
- 화합물 A는 니트로벤젠을 수소로 환원하여 만든다.
- 화합물 A는 $CaOCl_2$ 용액에서 붉은 보라색을 띤다.

① 페놀 ② 아닐린
③ 톨루엔 ④ 벤젠술폰산

정답 51 ① 52 ② 53 ① 54 ③ 55 ① 56 ③ 57 ③ 58 ② 59 ②

해설

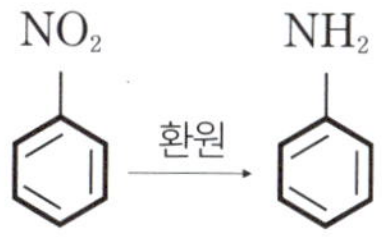

60 **벤젠에 진한 황산과 진한 질산의 혼합물을 적용시킬 때 얻어지는 화합물은?**

① 나이트로벤젠　　② 벤젠술폰산
③ 페놀　　④ 아닐린

해설 $C_6H_6 + HNO_3 \xrightarrow{H_2SO_4} C_6H_5NO_2 + H_2O$

61 **에틸렌글리콜은 몇 가 알코올인가?**

① 1가　　② 2가
③ 3가　　④ 4가

해설 에틸렌글리콜(CH_2OHCH_2OH)은 $-OH$(수산기)를 2개 가진 2가의 알코올

62 **다음 중 에틸렌글리콜과 글리세린의 공통점이 아닌 것은?**

① 독성이 있다.　　② 수용성이다.
③ 무색의 액체이다.　　④ 단맛이 있다.

해설 ① 에틸렌글리콜은 독성이 있으나 글리세린은 독성이 없다.

63 **제4석유류 중 담금질유의 인화점은?**

① 100℃　　② 200℃
③ 300℃　　④ 400℃

해설 담금질유는 인화점이 200℃ 미만인 것은 제3석유류이고, 인화점이 200℃ 이상인 것은 제4석유류이다.

64 **위험물안전관리법령상 동·식물유류의 경우 1기압에서 인화점을 섭씨 몇 도 미만으로 규정하고 있는가?**

① 150℃　　② 250℃
③ 450℃　　④ 600℃

해설 동·식물유류 : 동물의 지육 등 또는 식물의 종자나 과육으로부터 추출한 것으로서 1기압에서 인화점이 250℃ 미만인 것

65 **기름 100g에 부가되는 아이오딘의 g수를 무엇이라 하는가?**

① 비누화값　　② 아이오딘값
③ 옥탄값　　④ 세탄값

해설 아이오딘값의 설명이다.

66 **동·식물유류 중 넝마, 섬유류 등에 스며든 건성유가 자연 발화를 일으키는 이유는?**

① 인화점이 상온보다 낮기 때문에
② 수분과 만나서 분해되기 때문에
③ 공기 중의 산소와 산화 중합하기 때문에
④ 공기 중의 수소와 반응하기 때문에

해설 건성유는 이중 결합이 많아 불포화도가 크므로 공기 중에서 산화 중합되어 자연 발화를 일으키기 쉬운 동·식물유류이다.

67 **다음 중 아이오딘가가 가장 큰 것은?**

① 땅콩기름　　② 해바라기기름
③ 면실유　　④ 아마인유

해설 ① 82~109
② 113~146
③ 88~121
④ 222

정답 60 ① 61 ② 62 ① 63 ② 64 ② 65 ② 66 ③ 67 ④

Chapter 05 제5류 위험물

01 제5류 위험물의 품명과 지정 수량

성질	품명	지정 수량	위험 등급
자기반응성물질	1. 유기과산화물	제1종 : 10kg 제2종 : 100kg	제1종 : I 제2종 : II
	2. 질산에스터류		
	3. 나이트로화합물		
	4. 나이트로소화합물		
	5. 아조화합물		
	6. 다이아조화합물		
	7. 하이드라진 유도체		
	8. 하이드록실아민		
	9. 하이드록실아민염류		
	10. 그 밖에 행정안전부령이 정하는 것 ① 금속의 아지드 화합물 ② 질산구아니딘 11. 제1호부터 제10호까지의 어느 하나에 해당하는 위험물을 하나 이상 함유한 것		

[비고] ① 자기반응성물질 : 고체 또는 액체로서 폭발의 위험성 또는 가열분해의 격렬함을 판단하기 위하여 고시로 정하는 시험에서 고시로 정하는 성질과 상태를 나타내는 것을 말하며, 위험성 유무와 등급에 따라 제1종 또는 제2종으로 분류한다.

② 제5류 제11호의 물품 : 위 물품에 있어서는 유기과산화물을 함유하는 것 중에서 불활성고체를 함유하는 것으로서 다음 각 목의 어느 하나에 해당하는 것은 제외한다.

가. 과산화벤조일의 함유량이 35.5 중량% 미만인 것으로서 전분가루, 황산칼슘 2수화물 또는 인산수소칼슘 2수화물과의 혼합물

나. 비스(4－클로로벤조일)퍼옥사이드의 함유량이 30 중량% 미만인 것으로서 불활성고체와의 혼합물

다. 과산화다이쿠밀의 함유량이 40 중량% 미만인 것으로서 불활성고체와의 혼합물

라. 1 · 4비스(2－터셔리뷰틸퍼옥시아이소프로필)벤젠의 함유량이 40 중량% 미만인 것으로서 불활성고체와의 혼합물

마. 사이클로헥산온퍼옥사이드의 함유량이 30 중량% 미만인 것으로서 불활성고체와의 혼합물

02 공통 성질 및 저장·취급 시 유의 사항

(1) 공통 성질

① 가연성 물질로서 그 자체가 산소를 함유하므로(모두 산소를 포함하고 있지는 않다) 내부(자기) 연소를 일으키기 쉬운 자기 반응성 물질이다.

② 연소 시 연소 속도가 매우 빨라 폭발성이 강한 물질이다.

③ 가열, 충격, 타격 등에 민감하며, 강산화제 또는 강산류와 접촉 시 위험하다.

④ 장시간 공기에 방치하면 산화 반응에 의해 열분해하여 자연 발화를 일으키는 경우도 있다.

⑤ 대부분 물에 잘 녹지 않으며, 물과의 직접적인 반응 위험성은 적다.

(2) 저장 및 취급 시 유의 사항

① 화재 발생 시 소화가 곤란하므로 적은 양으로 나누어 저장할 것

② 용기의 파손 및 균열에 주의하며, 통풍이 잘 되는 냉암소 등에 저장할 것

③ 가열, 충격, 마찰 등을 피하고, 화기 및 점화원으로부터 멀리 저장할 것

④ 용기는 밀전, 밀봉하고, 운반 용기 및 포장 외부에는 '화기 엄금', '충격 주의' 등의 주의 사항을 게시할 것

(3) 소화 방법

대량의 주수 소화가 효과적이다.

03 위험물의 성상

3-1 유기 과산화물(지정 수량 10kg)

(1) 유기 과산화물의 의의

과산화기(−O−O−)를 가진 유기 화합물과 소방청장이 정하여 고시하는 품명을 말한다(단, 함유율 이상인 유기 과산화물을 '지정 과산화물'이라 함).

품명	함유율(중량%)
디이소프로필퍼옥시디카보네이트	60 이상
아세틸퍼옥사이드	25 이상
터셔리부틸퍼피바레이트	75 이상
터셔리부틸퍼옥시이소부틸레이트	

벤조일퍼옥사이드	수성의 것	80 이상
	그 밖의 것	55 이상
터셔리부틸퍼아세이트		75 이상
호박산퍼옥사이드		90 이상
메틸에틸케톤퍼옥사이드		60 이상
터셔리부틸하이드로퍼옥사이드		70 이상
메틸이소부틸케톤퍼옥사이드		80 이상
시클로헥사논퍼옥사이드		85 이상
디터셔리부틸퍼옥시프타레이트		60 이상
프로피오닐퍼옥사이드		25 이상
파라클로로벤젠퍼옥사이드		50 이상
2－4 디클로로벤젠퍼옥사이드		
2－5 디메틸헥산		70 이상
2－5 디하이드로퍼옥사이드		
비스하이드록시시클로헥실퍼옥사이드		90 이상

① 저장 또는 운반 시(화재 예방상) 주의 사항

㉮ 직사광선을 피하고, 냉암소에 저장한다.

㉯ 불티, 불꽃 등의 화기 및 열원으로부터 멀리하고, 산화제 또는 환원제와도 격리시킨다.

② 취급상 주의 사항

㉮ 취급 시에는 보호 안경과 보호구를 착용한다.

㉯ 취급 장소에는 필요 이상의 양을 두지 않도록 하며, 불필요한 것은 저장소에 보관한다.

㉰ 피부나 눈에 들어갔을 경우에는 비누액이나 다량의 물로 씻어낸다.

㉱ 누설 시에는 흡수제 등을 사용하여 이를 제거한 후 폐기 처분한다.

③ 폐기 처분 시 주의 사항

㉮ 누설된 유기 과산화물은 배수구 등으로 흘려버리지 말아야 하며, 강철제의 곡괭이나 삽 등을 사용해서는 안 된다.

㉯ 액체가 누설되었을 경우에는 팽창 질석 또는 팽창 진주암으로 흡수시키고, 고체일 경우에는 혼합시켜 제거한다.

㉰ 흡수 또는 혼합된 유기 과산화물은 소량씩 소각하거나 흙속에 매몰시킨다.

(2) 벤조일퍼옥사이드[$(C_6H_5CO)_2O_2$, 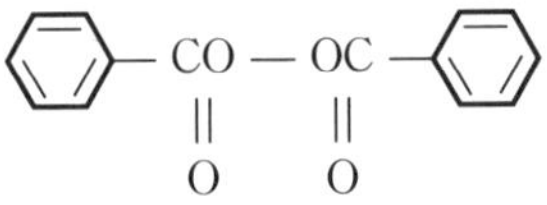, BPO, 과산화벤조일]

① 일반적 성질

㉮ 무색, 무미의 백색 분말 또는 무색의 결정 고체로서 물에는 잘 녹지 않으나 알코올, 식용유에 약간 녹으며, 유기 용제에 녹는다.

㉯ 상온에서는 안정하며, 강한 산화 작용을 한다.

㉰ 가열하면 약 100℃ 부근에서 흰 연기를 내면서 분해한다.

㉱ 비중 1.33, 융점 103~105℃, 발화점 125℃

② 위험성

㉮ 열, 빛, 충격, 마찰 등에 의해 폭발의 위험이 있다.

㉯ 강한 산화성 물질로서 진한 황산, 진한 질산, 초산 등과 혼촉 시 화재나 폭발의 우려가 있다.

㉰ 수분이 흡수되거나 비활성 희석제(프탈산디메틸, 프탈산디부틸 등)가 첨가되면 폭발성을 낮출 수 있다.

③ 저장 및 취급 방법

㉮ 이물질이 혼입되지 않도록 주의하며, 액체가 누출되지 않도록 한다.

㉯ 마찰, 충격, 화기, 직사광선 등을 피하며, 냉암소에 저장한다.

㉰ 저장 용기에는 희석제를 넣어서 폭발의 위험성을 낮추며, 건조 방지를 위해 희석제의 증발도 억제하여야 한다.

(3) 메틸에틸케톤퍼옥사이드[$(CH_3COC_2H_5)_2O_2$, MEKPO]

① 일반적 성질

㉮ 독특한 냄새가 있는 기름 상태의 무색 액체이다.

㉯ 강한 산화 작용으로 자연 분해되며, 알칼리 금속 또는 알칼리 토금속의 수산화물, 과산화철 등에서는 급격하게 반응하여 분해된다.

㉰ 물에는 약간 녹고, 알코올, 에테르, 케톤류 등에는 잘 녹는다.

㉱ 시판품은 50~60% 정도의 희석제(프탈산디메틸, 프탈산디부틸 등)를 첨가하여 희석시킨 것이며, 함유율(중량퍼센트)은 60 이상이다.

㉲ 융점 −20℃, 인화점 58℃, 발화점 205℃

② 위험성

㉮ 상온에서는 안정하고, 40℃에서 분해하기 시작하여 80~100℃에서는 급격히 분해하며, 110℃ 이상에서는 흰 연기를 심하게 내면서 맹렬히 발화한다.

㉯ 상온에서 헝겊, 쇠녹 등과 접하면 분해 발화하고, 다량 연소 시는 폭발의 우려가 있다.

㉰ 강한 산화성 물질로서 상온에서 규조토, 탈지면과 장시간 접촉하면 연기를 내면서 발화한다.

3-2 질산에스터류($R-ONO_2$, 지정 수량 10kg)

질산(HNO_3)의 수소(H) 원자를 알킬기(R, C_nH_{2n+1})로 치환한 화합물이다.

(1) 질산메틸(CH_3ONO_2)

① 일반적 성질

㉮ 무색 투명한 액체이다.

㉯ 물에 약간 녹으며, 알코올에 잘 녹는다.

㉰ 분자량 77, 비중 1.22, 증기 비중 2.66, 비점 66℃

(2) 질산에틸($C_2H_5ONO_2$)

① 일반적 성질

㉮ 에탄올을 진한 질산에 작용시켜 얻는다.

㉯ 무색 투명하고 상온에서 액체이며, 방향성과 단맛을 지닌다.

㉰ 물에는 녹지 않으나 알코올, 에테르 등에 녹는다.

㉱ 인화성이 강해 휘발하기 쉽고 증기 비중이 높아 누설 시 낮은 곳에 체류하기 쉽다.

㉲ 분자량 91, 비중 1.11, 증기 비중 3.1, 융점 −112℃, 비점 87℃, 인화점 −10℃

(3) 나이트로셀룰로오스($[C_6H_7O_2(ONO_2)_3]_n$, NC, 질화면)

① 일반적 성질

㉮ 천연 셀룰로오스를 진한 질산과 진한 황산의 혼합액에 작용시켜 제조한다.

예 $C_6H_{10}O_5 + 11HNO_3 \xrightarrow{H_2SO_4} C_{24}H_{29}O_9(NO_3)_{11} + 11H_2O$

㉯ 맛과 냄새가 없으며, 물에는 녹지 않고 아세톤, 초산에틸, 초산아밀에는 잘 녹는다.

㉰ 에테르(2)와 알코올(1)의 혼합액에 녹는 것을 약면약, 녹지 않는 것을 강면약이라 한다. 또한 질화도가 12.5~12.8% 범위를 피로 면약이라 한다.

㉱ 질화도는 나이트로셀룰로오스 중에 포함된 질소의 농도(%)이다.

㉠ 강질 면약(강면약) : 질화도 12.76% 이상

㉡ 약질 면약(약면약) : 질화도 10.18~12.76%

참고

> 질화면을 강면약과 약면약으로 구분하는 기준
>
> 질산기의 수

㉲ 비중 1.7, 인화점 13℃, 발화점 160~170℃

② 위험성

㉮ 질화도가 클수록 분해도, 폭발성, 위험성이 증가한다. 질화도에 따라 차이는 있지만 점화, 가열, 충격 등에 격렬히 연소하고, 양이 많을 때는 압축 상태에서도 폭발한다.

㉯ 약 130℃에서 서서히 분해되고, 180℃에서 격렬하게 연소하며, 다량의 CO_2, CO, H_2, N_2, H_2O 가스를 발생한다.

예 $2C_{24}H_{29}O_9(ONO_2)_{11} \longrightarrow 24CO + 24CO_2 + 17H_2 + 12H_2O + 11N_2$

㉰ 건조된 면약은 충격, 마찰 등에 민감하여 발화되기 쉽고, 점화되면 폭발한다.

㉱ 햇빛, 산, 알칼리 등에 의해 분해되어 자연 발화하고, 폭발 위험이 증가한다.

㉲ 정전기 불꽃에 의해 폭발 위험이 있다.

③ 저장 및 취급 방법

㉮ 물과 혼합 시 위험성이 감소하므로 저장, 수송할 때 타격 및 마찰에 의한 폭발을 막기 위해 물(20%)이나 알코올(30%)로 습면시킨다. 즉 건조 상태에 이르면 위험하므로 습한 상태를 유지한다.

㉯ 불꽃 등 화기를 멀리하고, 마찰, 충격, 전도, 낙하 등을 피한다.

㉰ 유기 과산화물류, 강산화제와의 접촉을 피한다.

㉱ 저장 시 소분하여 저장한다.

㉲ 직사광선을 피하고, 통풍이 잘 되는 냉암소 등에 보관한다.

(4) 나이트로글리세린[$C_3H_5(ONO_2)_3$]

① 일반적 성질

㉮ 글리세린에 질산과 황산의 혼산으로 반응시켜 만든다.

예 $C_3H_5(OH)_3 + 3HNO_3 \xrightarrow{H_2SO_4} C_3H_5(ONO_2)_3 + 3H_2O$

㉯ 여름철(20℃) 액체, 겨울철(0℃) 고체이다. 순수한 것은 동결 온도가 8~10℃이므로 겨울철에는 동결하며 백색 결정으로 변한다. 이때 체적이 수축하고 밀도가 커진다.

㉰ 순수한 것은 무색 투명한 기름 상태의 액체이나, 공업용으로 제조된 것은 담황색을 띠고 있다.

㉱ 다공질의 규조토에 흡수하여 다이너마이트를 제조할 때 사용한다.

㉲ 물에는 거의 녹지 않으나 메탄올, 벤젠, 클로로포름, 아세톤 등에는 녹는다.

㉳ 점화하면 적은 양은 타기만 하지만 많은 양은 폭발한다.

㉴ 비중 1.6, 융점 2.8℃, 비점 160℃

② 위험성

㉮ 가열, 충격, 마찰 등에 매우 민감하다.

㉯ 다량이면 폭발력이 강하고, 점화하면 즉시 연소한다.

예 $4C_3H_5(ONO_2)_3 \longrightarrow 12CO_2+10H_2O+6N_2+O_2$

㉰ 산과 접촉하면 분해가 촉진되어 폭발할 수도 있다.

㉱ 증기는 유독성이다.

③ 저장 및 취급 방법

㉮ 다공성 물질에 흡수시켜서 운반하며, 액체 상태로 운반하지 않는다.

㉯ 구리제 용기에 저장한다.

④ 용도 : 다이너마이트를 발명하는 데 주원료

(5) 나이트로글리콜[$(CH_2ONO_2)_2$, 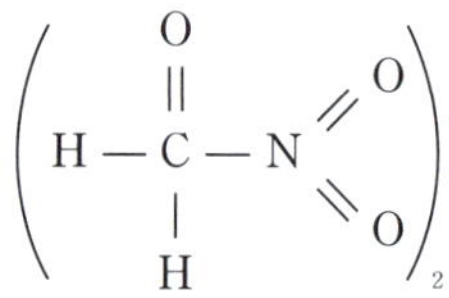]

① 일반적 성질

㉮ 순수한 것은 무색, 공업용은 암황색의 무거운 기름상 액체로 유동성이 있다.

㉯ 나이트로글리세린으로 제조한 다이너마이트는 여름철에 휘발성이 커서 흘러나오는 결점을 가지고 있다.

㉰ 비중 1.5, 발화점 215℃, 응고점 −22℃

예제

나이트로글리콜의 질소 함량(%)은?

풀이 나이트로글리콜$(CH_2ONO_2)_2$의 분자량=152

$\therefore \frac{28}{152}\times 100=53.85\%$

답 53.85%

② 위험성

㉮ 충격이나 급열하면 폭굉하나 그 감도는 NG보다 둔하다.

㉯ 뇌관에 예민하고 폭발 속도는 7,800m/s, 폭발열은 1,550kcal/kg이다.

(6) 펜트리트[$C(CH_2NO_3)_4$, 페틴]

① 일반적 성질

㉮ 아세트알데하이드에 포름알데하이드를 가하며, 질산을 반응시켜서 나이트로화하여 만든다.

예 $CH_3CHO \xrightarrow{HCHO} C(CH_2OH)_4 \xrightarrow{HNO_3} C(CH_2NO_3)_4$

㉯ 백색 분말 결정으로 물, 알코올, 에테르에 녹지 않고, 나이트로글리세린에는 녹는다.

㉰ 안정제도 아세톤을 첨가하여 저장한다.

㉱ 비중 1.74, 융점 141℃, 발화점 215℃

(7) 셀룰로이드(celluloid)

① 일반적 성질

㉮ 질소 함유량 약 11%의 나이트로셀룰로오스를 장뇌와 알코올에 녹여 교질 상태로 만든다.

㉯ 무색 또는 황색의 반투명 유연성을 가진 고체로서 일종의 합성 수지와 같다. 열, 햇빛, 산소의 영향을 받아 담황색으로 변한다.

㉰ 물에 녹지 않지만 진한 황산, 알코올, 아세톤, 초산, 에스테르에 녹는다.

㉱ 비중 1.32, 발화점 165℃

② 위험성

㉮ 열을 가하면 매우 연소하기 쉽고 외부에서 산소 공급이 없어도 연소가 지속되므로 일단 연소하면 소화가 곤란하다.

㉯ 180℃로 가열하면 백색 연기를 발생하고 발화한다.

㉰ 온도 및 습도가 높은 장소에서 취급할 때 자연 발화한다.

3-3 나이트로 화합물(R−NO_2, 지정 수량 100kg)

유기 화합물의 수소 원자[H]가 니트로기($-NO_2$)로 치환된 화합물로서 나이트로기가 2개 이상인 것이다.

(1) 트라이나이트로톨루엔 [$C_6H_2CH_3(NO_2)_3$, TNT, 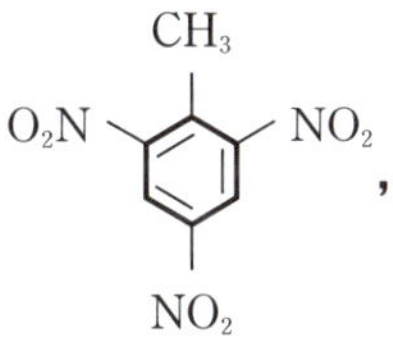, 다이너마이트]

① 일반적 성질

㉮ 담황색의 결정으로 작용기는 $-NO_2$기이며, 햇빛을 받으면 다갈색으로 변한다.

㉯ 물에는 불용이며, 에테르, 벤젠, 아세톤 등에는 잘 녹고, 알코올에는 가열하면 약간 녹는다.

㉰ 충격, 마찰 감도는 피크린산보다 둔하지만, 급격한 타격을 주면 폭발한다. 이때 다량의 가스를 발생한다.

예 $2C_6H_2CH_3(NO_2)_3 \longrightarrow 12CO + 3N_2 + 5H_2 + 2C$

㉱ 3가지의 이성질체(α, β, γ)가 있으며, α형인 2, 4, 6－트리니트로톨루엔의 폭발력이 가장 강하다.

㉲ 폭약의 원료로 사용하며, 폭약류의 폭발력을 비교할 때 기준 폭약으로 활용된다.

㉳ 분자량 227, 비중 1.8, 비점 255℃, 융점 81℃, 비점 240℃, 인화점 150℃, 발화점 300℃

참고

트라이나이트로톨루엔의 제법

톨루엔에 질산, 황산을 반응시켜 mononitro toluene을 만든 후 나이트로화하여 만든다.

$C_6H_5CH_3 + 3HNO_3 \xrightarrow{H_2SO_4} C_6H_2CH_3(NO_2)_3 + 3H_2O$

② 위험성

㉮ 비교적 안정된 니트로 폭약이나 산화되기 쉬운 물질과 공존하면 타격 등에 의해 폭발한다.

㉯ 폭발 시 피해 범위가 크고, 위험성이 크므로 세심한 주의를 요한다.

㉰ 화학적으로 벤젠 고리에 붙은 $-NO_2$기가 TNT의 급속한 폭발에 대한 신속한 산소 공급원으로 작용하여 피해 범위가 넓다.

③ 저장 및 취급 방법

㉮ 마찰, 충격, 타격 등을 피하고, 화기로부터 격리시킨다.

㉯ 순간적으로 사고가 발생하므로 취급 시 세심한 주의를 요한다.

㉰ 운반 시에는 10%의 물을 넣어 운반한다.

(2) 트라이나이트로페놀[$C_6H_2OH(NO_2)_3$, TNP, 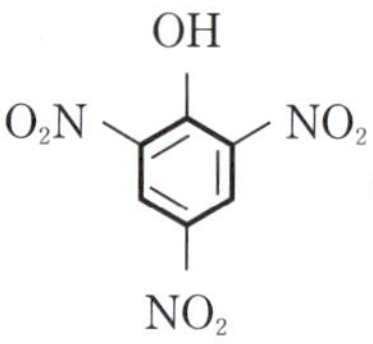, 피크린산]

① 일반적 성질

㉮ 페놀을 진한 황산에 녹여 이것을 질산에 작용시켜 만든다.

예 $C_6H_5OH+3HNO_3 \xrightarrow{H_2SO_4} C_6H_2OH(NO_2)_3+3H_2O$

㉯ 가연성 물질이며, 강한 쓴맛과 독성이 있고 순수한 것은 무색이지만 공업용은 휘황색의 침상 결정으로 분자 구조 내에 하이드록시기를 가지고 있다.

㉰ 찬물에는 거의 녹지 않으나 온수, 알코올, 에테르, 아세톤, 벤젠 등에는 잘 녹는다.

㉱ 중금속(Fe, Cu, Pb 등)과 화합하여 예민한 금속염을 만든다.

㉲ 충격, 마찰에 비교적 둔감하며, 공기 중 자연 분해되지 않기 때문에 장기간 저장할 수 있다.

㉳ 비중 1.8, 융점 122.5℃, 비점 255℃, 인화점 150℃, 발화점 300℃

예제

피크린산의 질소 함량(%)은?

풀이 피크린산[$C_6H_2OH(NO_2)_3$] 의 분자량=229

$\therefore \frac{42}{229}\times 100=18.34\%$

답 18.34%

② 위험성

㉮ 단독으로는 테트릴보다 타격, 마찰, 충격 등에 둔감하고 비교적 안정하지만, 산화철과 혼합한 것과 에탄올을 혼합한 것은 급격한 타격에 의해 격렬히 폭발한다.

㉯ 아이오딘, 가솔린, 황, 요소 등 기타 산화되기 쉬운 유기물과 혼합한 것은 충격, 마찰에 의하여 폭발한다.

㉰ 용융하여 덩어리로 된 것은 타격에 의하여 폭굉을 일으키며, TNT보다 폭발력이 크다.

예 $2C_6H_2OH(NO_2)_3 \longrightarrow 12CO + H_2 + 3N_2 + 2H_2O$

③ 저장 및 취급 방법

㉮ 건조된 것일수록 폭발의 위험이 증대되므로 화기 등으로부터 멀리한다.

㉯ 산화되기 쉬운 물질과 혼합되지 않도록 한다.

㉰ 운반 시에는 10~20%의 물로 젖게 하면 안전하다.

(3) 트라이나이트로페놀나이트로아민[$(NO_2)_4C_6H_2N(CH_3)$, 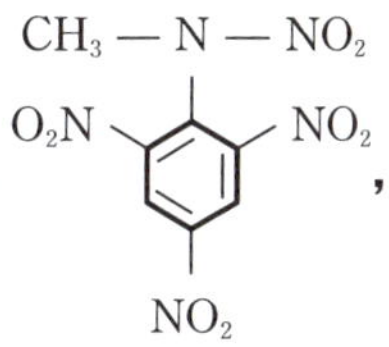 , Tetryl]

① 일반적 성질

㉮ 담황색의 결정형이며, 흡습성이 없다.

㉯ 물에 녹지 않고 알코올, 벤젠, 아세톤 등에 잘 녹는다. 흡습성이 없으며 공기 중 자연 분해하지 않는다.

㉰ 비중 1.57, 융점 131℃, 발화점 190℃

② 위험성

㉮ 열에 대하여 불안정하여 분해하고, 260℃에서 폭발한다.

㉯ 충격과 마찰에 매우 예민하고, 폭발 위력이 큰 물질로 충격 감도는 피크린산이나 TNT에 비해 예민하고 폭발력도 크며, 폭발 속도는 7,500m/s이다.

③ 용도 : 뇌관의 첨장약

(4) 다이나이트로톨루엔(DNT)

① 일반적 성질

㉮ 담황색의 결정으로 물에 녹지 않고, 유기 용제 등에 녹는다.

㉯ 질산암모늄 폭약의 예감제로 사용한다.

㉰ 비중 1.3~1.5, 비점 250℃

3-4 나이트로소 화합물(R－NO, 지정수량 100kg)

나이트로소기(－NO)를 가진 화합물로서 벤젠핵의 수소 원자 대신 나이트로소기가 2개 이상 결합된 화합물이다.

(1) 파라다이나이트로소벤젠[$C_6H_4(NO)_2$]

① 가열, 충격, 마찰 등에 의해 폭발하지만, 그 폭발력은 그다지 크지 않다.

② 고무 가황제 및 퀴논디옥시움의 제조 등에 사용된다.

(2) 다이나이트로소레조르신[$C_6H_2(OH)_2(NO_2)_2$]

① 회흑색의 결정으로 폭발성이 있다.

② 물이나 유기 용제에 녹으며, 목면의 나염 등에 사용된다.

(3) 다이나이트로소펜타메틸렌테드라민[$C_5H_{10}N_4(NO)_2$, DPT]

① 광택이 나는 크림색의 미세한 분말이다.

② 화기나 산과 접촉하면 폭발한다.

③ 비중 1.75, 분해 온도 200℃

3-5 아조 화합물($-N=N-$, 지정 수량 100kg)

아조기($-N=N-$)가 주성분으로 함유된 화합물이다.

(1) 아조다이카르본아미드($H_2N-\overset{\overset{\displaystyle O}{\|}}{C}-N=N-\overset{\overset{\displaystyle O}{\|}}{C}-NH_2$, ADCA)

① 담황색 또는 황백색의 미세 분말이며, 독성이 없고 물보다 무겁다.

② 유기산과 접촉하면 분해 온도가 낮아진다.

③ 비중 1.65, 분해 온도 205℃

(2) 아조비스이소부티로나이트릴($CH_3-\underset{\underset{\displaystyle CN}{|}}{\overset{\overset{\displaystyle CH_3}{|}}{C}}-N=N-\underset{\underset{\displaystyle CN}{|}}{\overset{\overset{\displaystyle CH_3}{|}}{C}}-CH_3$, AIBN)

① 백색의 결정성 분말이며, 물에 잘 녹지 않고, 유기 용제 등에 녹는다.

② 비중 1.64, 분해 온도 100℃

(3) 아조벤젠 ($C_6H_5N=NC_6H_5$)

① 트랜스(trans)형과 시스(sis)형이 있다.

② 트랜스아조벤젠은 등적색 결정이고 융점 68℃, 비점 293℃이며, 물에는 잘 녹지 않고 알코올, 에테르 등에는 잘 녹는다.

3-6 다이아조 화합물(지정 수량 100kg)

디아조기(−N≡N)를 가진 화합물이다.

(1) 다이아조다이나이트로페놀[$C_6H_2ON_2(NO_2)_2$, DDNP]

① 빛나는 황색, 홍황색의 미세한 무정형 분말 또는 결정으로서, 물에는 녹지 않고 $CaCO_3$에 녹으며, NaOH 용액에는 분해한다.

② 비중 1.63, 융점 158℃, 발화점 170~180℃

(2) 다이아조아세토나이트릴(C_2HN_3)

① 담황색의 액체로서 물에 녹고, 에테르 중에서 비교적 안정하다.

② 공기 중에서 매우 불안정하며, 점막 등을 자극하는 물질이다.

③ 비점 45.6℃

(3) 다이아조카르복실산에스테르

① 사슬식 디아조 화합물이다.

② α−아미노산의 에스테르에 아질산(HNO_2)을 작용시켜 만든다.

3-7 하이드라진 유도체(지정 수량 100kg)

(1) 다이메틸하이드라진[$(CH_3)_2NNH_2$]

① 무색 또는 미황색의 기름상 액체로서 암모니아 냄새가 나며, 고농도의 것은 충격, 마찰, 점화원에 의해 인화, 폭발한다.

② 연소 시 유독한 질소 산화물 등을 발생한다.

(2) 염산하이드라진($N_2H_4 \cdot HCl$)

① 백색의 결정성 분말로 물에 녹기 쉬우며, 에탄올에 조금 녹는다.

② 흡습성이 강하고, $AgNO_3$ 용액을 가하면 백색의 침전이 생긴다. 피부 접촉 시 부식성이 매우 강하다.

③ 융점 890℃

(3) 메틸하이드라진(CH_3NHNH_2)

① 가연성 액체로 물에 용해하며, 독성이 강하고 암모니아 냄새가 난다.

② 융점 −52℃, 비점 88℃, 발화점 196℃

(4) 황산하이드라진($N_2H_4 \cdot H_2SO_4$)

① 무색 · 무취의 결정 또는 백색 결정성 분말로 더운물에 녹고 알코올에 녹지 않는다.

② 비중 1.37, 융점 85℃

(5) 하이드라조벤젠($C_6H_5NHHNC_6H_5$)

① 무색 결정으로 물, 아세트산에는 녹지 않으나 유기 용매에는 녹는다.

② 강하게 환원되면 아닐린($C_6H_5NH_2$)이 된다.

③ 융점 126℃

3-8 하이드록실아민(NH_2OH, 지정 수량 100kg)

① 백색의 침상 결정이다.

② 가열 시 폭발의 위험이 있으며, 129℃에서 폭발한다.

③ 비중 1.024, 융점 33.5℃, 비점 70℃

3-9 하이드록실아민염류(지정 수량 100kg)

(1) 황산하이드록실아민[$(NH_2OH)_2 \cdot H_2SO_4$]

① 백색 결정으로 약한 산화제이며, 강력한 환원제이다.

② 융점 170℃

(2) 염산하이드록실아민($NH_2OH \cdot HCl$)

① 무색의 조해성 결정으로 물에 거의 녹지 않고, 에탄올에 잘 녹는다.

② 습한 공기 중에서는 서서히 분해한다.

출제예상문제

01 위험물 운반에 관한 기준 중 위험 등급 I에 해당하는 위험물은?

① 황화인　② 피크린산
③ 벤조일퍼옥사이드　④ 질산나트륨

해설 ① 황화인 : II　② 피크린산 : II
③ 벤조일퍼옥사이드 : I　④ 질산나트륨 : II

02 아조 화합물 800kg, 하이드록실아민 300kg, 유기 과산화물 40kg의 총 양은 지정 수량의 몇 배에 해당하는가?

① 7배　② 9배
③ 10배　④ 11배

해설 $\frac{800kg}{200kg}+\frac{300kg}{100kg}+\frac{40kg}{10kg}=11$배

03 과산화벤조일 100kg을 저장하려 한다. 지정 수량의 배수는?

① 5배　② 7배
③ 10배　④ 15배

해설 과산화벤조일[$(C_6H_5CO)_2O_2$]의 지정 수량은 10kg이다.
$\therefore \frac{100kg}{10kg}=10$배

04 나이트로 화합물, 나이트로소 화합물, 질산에스터류, 하이드록실아민을 각각 50kg씩 저장하고 있을 때 지정 수량의 배수가 가장 큰 것은?

① 나이트로 화합물　② 나이트로소 화합물
③ 질산에스터류　④ 하이드록실아민

해설 ① 나이트로 화합물 : $\frac{50kg}{200kg}=0.25$배
② 나이트로소 화합물 : $\frac{50kg}{200kg}=0.25$배
③ 질산에스터류 : $\frac{50kg}{10kg}=5$배
④ 하이드록실아민 : $\frac{50kg}{100kg}=0.5$배

05 위험물안전관리법령은 위험물의 유별에 따른 저장·취급상의 유의 사항을 규정하고 있다. 이 규정에서 특히 과열, 충격, 마찰을 피하여야 할 류(類)에 속하는 위험물 품명을 나열한 것은?

① 하이드록실아민, 금속의 아지 화합물
② 금속의 산화물, 칼슘의 탄화물
③ 무기 금속 화합물, 인화성 고체
④ 무기 과산화물, 금속의 산화물

해설 제5류 위험물은 특히 과열, 충격, 마찰을 피하여야 할 위험물이다.
예 하이드록실아민, 금속의 아지 화합물

06 제5류 위험물인 자기 반응성 물질에 포함되지 않는 것은?

① CH_3ONO_2　② $[C_6H_7O_2(ONO_2)_3]_n$
③ $C_6H_2CH_3(NO_2)_3$　④ $C_6H_5NO_2$

해설 ① 질산메틸 : 제5류 위험물 중 질산에스터류(자기 반응성 물질)
② 나이트로셀룰로오스 : 제5류 위험물 중 질산에스터류(자기 반응성 물질)
③ 트라이나이트로톨루엔(TNT) : 제5류 위험물 중 나이트로 화합물(자기 반응성 물질)
④ 나이트로벤젠 : 제4류 위험물 중 제3석유류(인화성 액체)

07 제5류 위험물의 위험성에 대한 설명으로 옳지 않은 것은?

① 가연성 물질이다.
② 대부분 외부의 산소 없이도 연소하며, 연소 속도가 빠르다.
③ 물에 잘 녹지 않으며, 물과의 반응 위험성이 크다.
④ 가열, 충격, 타격 등에 민감하며, 강산화제 또는 강산류와 접촉 시 위험하다.

해설 ③ 대부분 물에 잘 녹지 않으며, 물과의 직접적인 반응 위험성은 작다.

정답 01 ③　02 ④　03 ③　04 ③　05 ①　06 ④　07 ③

08 위험물안전관리법령상 제5류 위험물의 판정을 위한 시험의 종류로 옳은 것은?

① 폭발성 시험, 가열 분해성 시험
② 폭발성 시험, 충격 민감성 시험
③ 가열 분해성 시험, 착화의 위험성 시험
④ 충격 민감성 시험, 착화의 위험성 시험

해설 제5류 위험물의 판정을 위한 시험
㉠ 폭발성 시험 : 폭발성으로 인한 위험성의 정도를 판단하기 위한 시험
㉡ 가열 분해성 시험 : 가열 분해성으로 인한 위험성의 정도를 판단하기 위한 시험

09 제5류 위험물의 화재 시 소화 방법에 대한 설명으로 옳은 것은?

① 가연성 물질로서 연소 속도가 빠르므로 질식 소화가 효과적이다.
② 할로겐 화합물 소화기가 적응성이 있다.
③ CO_2 및 분말 소화기가 적응성이 있다.
④ 다량의 주수에 의한 냉각 소화가 효과적이다.

해설 제5류 위험물 화재 시에는 다량의 주수에 의한 냉각 소화를 한다.

10 제5류 위험물에 속하는 위험물의 소화가 곤란한 이유는?

① 연소물이 비산하기 쉽다.
② 물과 발열 반응을 한다.
③ 연소 시 불꽃을 내지 않아 환원의 발전이 곤란하다.
④ 연소에 관여하는 산소를 함유하고 있는 물질이므로 연소 속도가 빠르다.

해설 제5류 위험물은 자기 반응성 물질로서, 그 자체 산소를 함유하고 있어서 연소 시 외부의 산소 공급이 없더라도 연소가 가능한 자기 연소(내부 연소)를 일으켜 연소 속도가 대단히 빠르고 폭발적이다.

11 화재 발생 시 산소 공급원이 될 수 있는 위험물은?

① 제1류 위험물, 제2류 위험물, 제3류 위험물
② 제2류 위험물, 제4류 위험물, 제5류 위험물
③ 제3류 위험물, 제5류 위험물, 제6류 위험물
④ 제1류 위험물, 제5류 위험물, 제6류 위험물

해설 제1류 위험물(산화성 고체), 제5류 위험물(자기 반응성 물질), 제6류 위험물(산화성 액체)는 산소 함유 물질이다.

12 유기 과산화물의 저장 시 주의 사항으로 옳은 것은?

① 일광이 드는 건조한 곳에 저장한다.
② 자신은 불연성이지만 다른 가연물이 있으면 폭발의 위험이 있다.
③ 강한 환원제를 가까이하지 말아야 한다.
④ 산화제이므로 다른 산화제와 같이 저장해도 좋다.

해설 ① 직사광선을 피하고, 냉암소에 저장한다.

13 다음 위험물 중 발화점이 가장 낮은 것은?

① 피크린산 ② TNT
③ 과산화벤조일 ④ 나이트로셀룰로오스

해설 ① 300℃
② 300℃
③ 125℃
④ 160~170℃

14 과산화벤조일의 일반적인 성질로 옳은 것은?

① 비중은 약 0.33이다.
② 무미, 무취의 고체이다.
③ 물에 잘 녹지만 디에틸에테르에는 녹지 않는다.
④ 녹는점은 약 300℃이다.

해설 ① 비중은 1.33이다.
③ 물에는 녹지 않으며, 알코올, 식용유에 약간 녹고 디에틸에테르에 녹는다.
④ 녹는점은 105℃이다.

정답 08 ① 09 ④ 10 ④ 11 ④ 12 ③ 13 ③ 14 ②

15 위험물안전관리법령상 품명이 다른 하나는?

① 나이트로글리콜　② 나이트로글리세린
③ 셀룰로이드　④ 테트릴

해설 (1) 질산에스터르류
㉠ 나이트로글리세린
㉡ 나이트로글리콜
㉢ 셀룰로이드
(2) 나이트로 화합물
· 테트릴(트라이나이트로페놀나이트로아민)

16 질산에스터류의 제법에 대한 기술 중 바른 것은?

① 질산에 알칼리 금속을 반응시켜 만든 화합물이다.
② 질산의 수소 원자를 알킬기로 치환하여 만든 화합물이다.
③ 질산과 황산을 반응시켜 만든 화합물이다.
④ 질산의 수소 원자를 금속으로 치환시켜 만든 화합물이다.

해설 질산에스터류란 질산(HNO_3)의 수소 원자(H)를 알킬기(R, C_nH_{2n+1})로 치환한 형태의 화합물이다.

17 질산메틸의 분자량은? (단, 각 원소의 원자량은 C=12, H=1, N=14, O=16이다.)

① 77　② 88
③ 91　④ 94

해설 $CH_3ONO_2 = 12+1\times3+16+14+16\times2=77$

18 다음 위험물 중 상온에서 액체인 것은?

① 질산에틸
② 트라이나이트로톨루엔
③ 셀룰로이드
④ 피크린산

해설 ① 무색 투명한 액체
② 순수한 것은 무색의 결정
③ 무색 또는 황색의 반투명 유연성을 가진 고체
④ 순수한 것은 무색이지만 보통 공업용은 휘황색의 침상 결정

19 나이트로셀룰로오스의 제법 중 가장 적당한 것은?

① 셀룰로이드에 진한 황산과 진한 질산의 혼산으로 에스테르화한다.
② 글리세린에 진한 황산과 진한 질산의 혼산으로 에스테르화한다.
③ 셀룰로이드에 진한 염산과 진한 질산으로 에스테르화한다.
④ 글리세린에 진한 염산과 진한 질산으로 에스테르화한다.

해설 나이트로셀룰로오스는 셀룰로이드에 나이트로화제(진한 황산 1 : 진한 질산 3)를 혼합하여 축합한 에스테르화물이다.

20 질화면을 강면약과 약면약으로 구분하는 기준은?

① 물질의 경화도　② 수산기의 수
③ 질산기의 수　④ 탄소 함유량

해설 질화면은 질산기의 수를 기준으로 강면약과 약면약으로 구분한다.

21 나이트로셀룰로오스 중 강질화면의 질화도는?

① 6.77%　② 10.18%
③ 10.5%　④ 12.76%

해설 나이트로셀룰로오스(질화면)는 질화도에 따라, 강질화면은 12.76% 이상, 약질화면은 10.8~12.76%이다. 즉 질화도란 나이트로셀룰로오스 중 질소의 농도이다.

22 나이트로셀룰로오스의 저장 방법으로 올바른 것은?

① 물이나 알코올로 습윤시킨다.
② 에탄올과 에테르 혼액에 침윤시킨다.
③ 수은염을 만들어 저장한다.
④ 산에 용해시켜 저장한다.

해설 나이트로셀룰로오스의 저장 방법 : 물이나 알코올로 습윤시킨다.

정답 15 ④ 16 ② 17 ① 18 ① 19 ① 20 ③ 21 ④ 22 ①

23 나이트로글리세린은 여름철(30℃)과 겨울철(0℃)에 어떤 상태인가?

① 여름 – 기체, 겨울 – 액체
② 여름 – 액체, 겨울 – 액체
③ 여름 – 액체, 겨울 – 고체
④ 여름 – 고체, 겨울 – 고체

해설 나이트로글리세린 : 여름철(30℃) 액체, 겨울철(0℃) 고체이다. 순수한 것은 동결 온도가 8~10℃이며, 얼게 되면 백색 결정으로 변한다.

24 충격이나 마찰에 민감하고 가수 분해 반응을 일으키는 단점을 가지고 있어 이를 개선하여 다이너마이트를 발명하는 데 주원료로 사용한 위험물은?

① 셀룰로이드
② 나이트로글리세린
③ 트라이나이트로톨루엔
④ 트라이나이트로페놀

해설 나이트로글리세린의 설명이다.

25 규조토에 흡수시켜 다이너마이트를 제조할 때 사용되는 위험물은?

① 다이나이트로톨루엔
② 질산에틸
③ 나이트로로글리세린
④ 나이트로셀룰로오스

해설 나이트로글리세린[$C_3H_5(ONO_2)_3$]은 규조토에 흡수시켜 다이너마이트를 제조할 때 사용한다.

26 4몰의 나이트로글리세린이 고온에서 열분해·폭발하여 이산화탄소, 수증기, 질소, 산소의 4가지 가스를 생성할 때 발생하는 가스의 총 몰수는?

① 28　　② 29
③ 30　　④ 31

해설 $4C_3H_5(ONO_2)_3 \longrightarrow 12CO_2+10H_2O+6N_2+O_2$
$\therefore 12+10+6+1=29$몰

27 낮은 온도에서 잘 얼지 않는 다이너마이트를 제조하기 위해 나이트로글리세린의 일부를 대체하여 첨가하는 물질은?

① 나이트로셀룰로오스
② 나이트로글리콜
③ 트라이나이트로톨루엔
④ 다이나이트로벤젠

해설 나이트로글리콜의 설명이다.

28 셀룰로이드에 관한 설명 중 틀린 것은?

① 물에 잘 녹으며, 자연 발화의 위험이 있다.
② 지정 수량은 10kg이다.
③ 탄력성이 있는 고체의 형태이다.
④ 장시간 방치된 것은 햇빛, 고온 등에 의해 분해가 촉진된다.

해설 ② 지정 수량은 20kg이다.

29 셀룰로이드류를 저장할 경우 가장 알맞은 장소는?

① 습도가 높고, 온도가 높은 장소
② 습도가 높고, 온도가 낮은 장소
③ 습도가 낮고, 온도가 높은 장소
④ 습도가 낮고, 온도가 낮은 장소

해설 습도가 낮고, 온도가 낮은 장소

30 제5류 위험물 중 나이트로 화합물에서 나이트로기(nitro group)를 옳게 나타낸 것은?

① $-NO$　　② $-NO_2$
③ $-NO_3$　　④ $-NON_3$

해설 나이트로기 : $-NO_2$

31 다음 중 나이트로 화합물은?

① TNT　　② 질산암모늄
③ 질산메틸　　④ 셀룰로이드류

정답 23 ③ 24 ② 25 ③ 26 ② 27 ② 28 ② 29 ④ 30 ② 31 ①

해설 나이트로 화합물
트라이나이트로톨루엔(TNT), 트라이나이트로페놀(TNP), 테트릴, 다이나이트로톨루엔(DNT)

32 다음 위험물 중 톨루엔에 질산, 황산을 반응시켜 생성되는 물질로서, 나이트로글리세린과 달리 장기간 저장해도 자연 분해될 위험 없이 안전한 것은?

① $C_6H_2(NO_2)_3OH$　② $(CH_2)_3(NO_2)_3$
③ $C_6H_2CH_3(NO_2)_3$　④ $C_6H_3(NO_2)_3$

해설
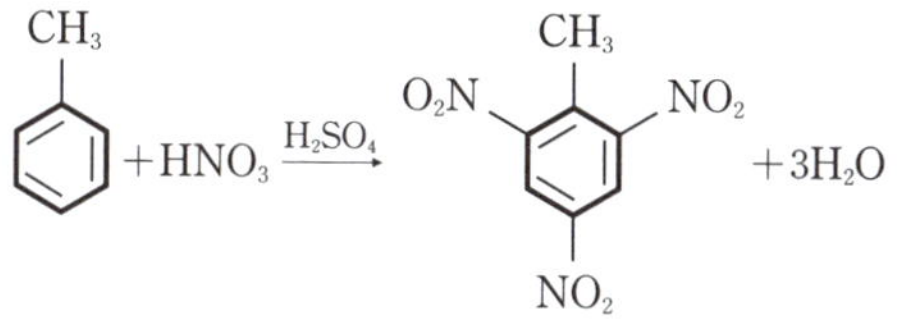

33 TNT(trinitrotoluene)의 분자량은? (단, H=1, C=12, O=16, N=14)

① 77　② 91
③ 227　④ 239

해설 $C_6H_2CH_3(NO_2)_3 = 12\times6+1\times2+12+1\times3+14\times3+16\times6=227$

34 다음 벤젠의 유도체 중에서 TNT(trinitro-toluene)의 구조식은?

①
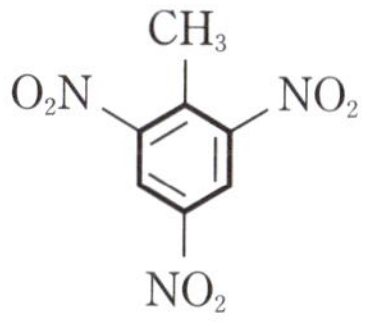

②
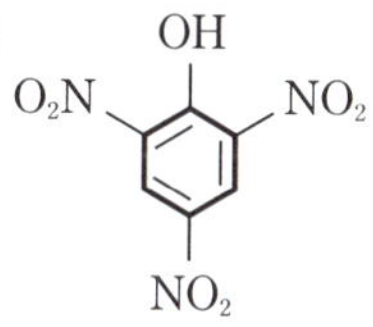

③
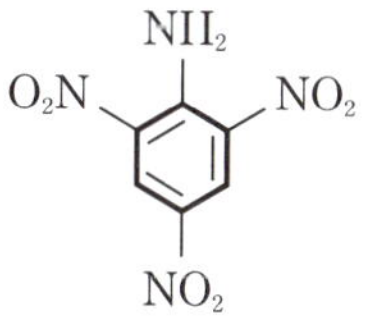

④
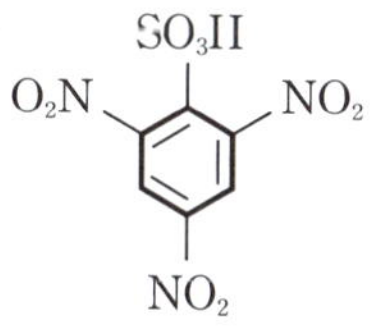

해설 TNT(트라이나이트로톨루엔) : $C_6H_2CH_3(NO_2)_3$

35 제5류 위험물 중에서 취급이 불편하기 때문에 다공질의 규조토에 흡수시켜 폭약으로 사용하고 있는 것이 있다. 그 상품명은?

① 고체 규조토
② 나이트로셀룰로오스
③ 다이너마이트
④ 면화약

해설 다이너마이트는 나이트로글리세린에 다공질 물질을 흡수시킨 것이다.

36 TNT가 폭발 · 분해하였을 때 생성되는 가스가 아닌 것은

① CO　② N_2
③ SO_2　④ H_2

해설 $2C_6H_2CH_3(NO_2)_3 \longrightarrow 12CO+3N_2+5H_2+2C$

37 위험물을 분류할 때 나이트로 화합물류에 속하는 것은?

① 질산에틸($C_2H_5ON_2$)
② 하이드라진(N_2H_4)
③ 질산메틸(CH_3ONO_2)
④ 피크르산[$C_6H_2(OH)(NO_2)_3$]

해설 ① 질산에스터류
② 하이드라진 유도체류
③ 질산에스터류

38 $C_6H_2(NO_2)_3OH$와 $C_2H_5NO_3$의 공통 성질에 해당하는 것은?

① 나이트로 화합물이다.
② 인화성과 폭발성이 있는 액체이다.
③ 무색의 방향성 액체이다.
④ 에탄올에 녹는다.

정답 32 ③　33 ③　34 ①　35 ③　36 ③　37 ④　38 ④

해설

	$C_6H_2(NO_2)_3OH$	$C_2H_5NO_3$
①	나이트로 화합물	질산에스터류
②	폭발성이 있는 침상 결정	인화성과 폭발성이 있는 액체
③	순수한 것은 무색이지만 보통 공업용은 휘황색의 침상 결정	무색 투명한 액체
④	더운물, 알코올, 에테르, 아세톤, 벤젠 등에 녹는다.	물에 약간 녹고, 에탄올에 잘 녹는다.

39 피크린산 제조에 사용되는 물질과 가장 관계가 있는 것은?

① C_6H_6 ② $C_6H_5CH_3$
③ $C_3H_5(OH)_3$ ④ C_6H_5OH

해설 피크린산 제법
페놀을 진한 황산에 녹이고, 이것을 질산에 작용시켜 만든다.

$$C_6H_5OH + 3HNO_3 \xrightarrow{H_2SO_4} C_6H_2(OH)(NO_2)_3 + 3H_2O$$

40 나이트로 화합물류 중 분자 구조 내에 하이드록시기를 갖는 위험물은?

① 피크린산
② 트라이나이트로톨루엔
③ 트라이나이트로벤젠
④ 테트릴

해설 피크린산 :

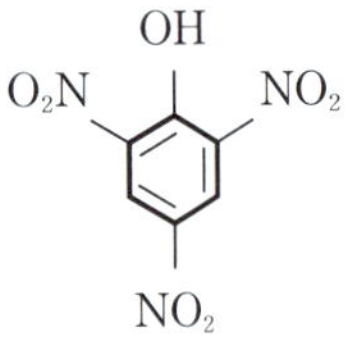

41 피크린산의 성질로 잘못된 것은?

① 빛나는 황색의 결정이다.
② 냉수에는 거의 녹지 않는다.
③ 발화점은 약 300℃이다.
④ 타격, 마찰에 민감하여 약간의 충격으로도 폭발할 위험이 있다.

해설 ④ 단독으로는 타격, 마찰 등에 둔감하고, 연소 시 많은 그을음을 낸다.

42 피크린산의 각 특성 온도 중 가장 낮은 것은?

① 인화점 ② 발화점
③ 녹는점 ④ 끓는점

해설 ① 인화점 : 150℃ ② 발화점 : 300℃
③ 녹는점 : 122.5℃ ④ 끓는점 : 255℃

43 다음 위험물(법령상) 중 단독으로는 마찰 충격에 둔감하나 금속염으로 했을 때 폭발이 쉬운 것은?

① 피크린산 ② 암모니아
③ 알루미늄 ④ 톨루엔

해설 피크린산$[C_6H_2(OH)(NO_2)_3]$의 설명이다.

44 나이트로 화합물 중 쓴맛이 있고 유독하며, 물에 전리하여 강한 산이 되며, 뇌관의 첨장약으로 사용되는 것은?

① 나이트로글리세린
② 셀룰로이드
③ 트라이나이트로페놀
④ 트라이메틸렌트리나이트로아민

해설 트라이나이트로페놀 (

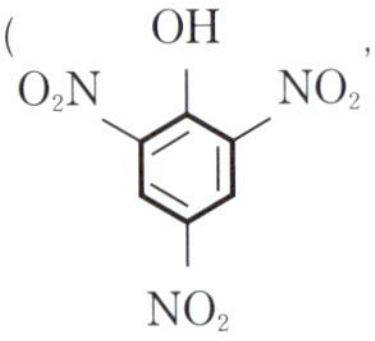

, 피크린산)의 설명이다.

45 충격, 마찰에 예민하고 폭발 위력이 큰 물질로 뇌관의 첨장약으로 사용되는 것은?

① 나이트로글리콜
② 나이트로셀룰로오스
③ 테트릴
④ 질산메틸

해설 테트릴에 대한 설명이다.

정답 39 ④ 40 ① 41 ④ 42 ③ 43 ① 44 ③ 45 ③

46 나이트로소 화합물은 위험물안전관리법상 나이트로소기가 몇 개 이상인가?

① 한 개 ② 두 개
③ 세 개 ④ 네 개

해설 위험물안전관리법상 나이트로소 화합물은 1개의 벤젠핵에 나이트로소기가 2개 이상 결합된 화합물을 말한다.

47 다음 제5류 위험물이며 자기 반응성 물질로서, 목면의 나염 등에 사용하는 물질은?

① 다이나이트로나프탈렌
② 다이아조다이나이트로페놀
③ 다이나이트로소레조르신
④ 트라이메틸렌트라이나이트라민

해설 다이나이트로소레조르신의 설명이다.

정답 46 ② 47 ③

Chapter 06 제6류 위험물

01 제6류 위험물의 품명과 지정 수량

성질	품명	지정 수량	위험 등급
산화성 액체	1. 과염소산	300kg	I
	2. 과산화수소	300kg	
	3. 질산	300kg	
	4. 그 밖에 행정안전부령이 정하는 것 할로겐간 화합물(BrF_3, B_2F_5, IF_5 등)	300kg	
	5. 제1호 내지 제4호의1에 해당하는 어느 하나 이상을 함유한 것	300kg	

[비고] ① 산화성액체 : 액체로서 산화력의 잠재적인 위험성을 판단하기 위하여 고시로 정하는 시험에서 고시로 정하는 성질과 상태를 나타내는 것을 말한다.

② 과산화수소 : 농도가 36 중량% 이상인 것에 한하며, 산화성액체의 성상이 있는 것으로 본다.

③ 질산 : 비중이 1.49 이상인 것에 한하며, 산화성액체의 성상이 있는 것으로 본다.

02 공통 성질 및 저장·취급 시 유의 사항

(1) 공통 성질

① 불연성 물질로서 강산화제이며, 다른 물질의 연소를 돕는 조연성 물질이다.

② 모두 강산성의 액체이다(H_2O_2는 제외).

③ 비중이 1보다 크며, 물에 잘 녹고 물과 접촉하면 발열한다.

④ 가연물과 유기물 등과의 혼합으로 발화한다.

⑤ 분해하여 유독성 가스를 발생하며, 부식성이 강하여 피부에 침투한다(H_2O_2는 제외).

(2) 저장 및 취급 시 유의 사항

① 저장 용기는 내산성 용기를 사용하며, 흡습성이 강하므로 용기는 밀전, 밀봉하여 액체에 누설되지 않도록 한다.

② 증기는 유독하므로 취급 시에는 보호구를 착용한다.

(3) 소화 방법

① 주수 소화는 곤란하다.

② 건조사나 인산염류의 분말 등을 사용한다.

③ 과산화수소는 양의 대소에 관계없이 다량의 물로 희석 소화한다.

03 위험물의 성상

3-1 과염소산($HClO_4$, 지정 수량 300kg)

(1) 일반적 성질

① 무색의 유동하기 쉬운 액체로서 공기 중에 방치하면 분해하고, 가열하면 폭발한다.

② 산화제이므로 쉽게 환원될 수 있다.

③ 염소산 중에서 가장 강한 산이다.

예 $HClO_4 > HClO_3 > HClO_2 > HClO$

④ 분자량 100.5, 비중 1.76, 증기 비중 3.5, 융점 －112℃, 비점 39℃

예제

과염소산 1몰을 모두 기체로 변환하였을 때 질량을 1기압, 50℃를 기준으로 몇 g인가? (단, Cl의 원자량은 35.5이다)

풀이 $HClO_4 = 1 + 35.5 + 64 = 100.5g$

답 100.5g

(2) 위험성

① 불안정하며, 강력한 산화성 물질이다.

② 가열하면 폭발한다.

③ 산화력이 강하여 종이, 나무 조각 등과 접촉하면 연소 시 동시에 폭발한다.

④ 물과 접촉하면 심하게 반응하여 발열한다.

⑤ 불연성이지만 유독성이 있다.

⑥ 유기물과 접촉 시 발화의 위험이 있다.

⑦ 무수과염소산을 상압에서 가열하면 폭발적으로 분해하며 때로는 폭발한다. 이때 유독성 가스인 HCl을 발생한다.

(3) 저장 및 취급 방법

① 비, 눈 등의 물, 가연물, 유기물 등과 접촉을 피하여야 하며, 화기와는 멀리한다.
② 유리 또는 도자기 등의 밀폐 용기에 넣어 밀전, 밀봉하여 저장한다.
③ 누설될 경우는 톱밥, 종이, 나무 부스러기 등에 섞여 폐기되지 않도록 한다.

3-2 과산화수소(H_2O_2, 지정 수량 300kg)

(1) 일반적 성질

① 순수한 것은 점성이 있는 무색의 액체이나, 양이 많을 경우에는 청색을 띤다.
② 강한 산화성이 있고, 물과는 임의로 혼합하며 수용액 상태는 비교적 안정하며 알코올, 에테르 등에는 녹으나 석유, 벤젠 등에는 녹지 않는다.
③ 알칼리 용액에서는 급격히 분해하나, 약산성에서는 분해하기 어렵다.
④ 일반 시판품은 30~40%의 수용액으로 분해하기 쉬워 분해 방지를 위해 보관 시 안정제[인산(H_3PO_4), 요산($C_5H_4N_4O_3$), 인산나트륨, 요소, 글리세린] 등을 가하거나 햇빛을 차단하며, 약산성으로 만든다. 과산화수소는 산화제 및 환원제로 작용한다.
　㉮ 산화제 : $2KI+H_2O_2 \longrightarrow 2KOH+I_2$
　㉯ 환원제 : $2KMnO_4+3H_2SO_4+5H_2O_2 \longrightarrow K_2SO_4+2MnSO_4+8H_2O+5O_2$
⑤ 분해할 때 발생하는 발생기 산소[O]는 난분해성 유기 물질을 산화시킬 수 있다.
⑥ 강한 표백 작용과 살균 작용이 있다.
⑦ 분자량 34, 비중 1.465, 융점 −0.89℃, 비점 152℃

참고

과산화수소의 제법

1. 금속 과산화물을 묽은 산으로 분해하여 수용액으로 얻는다.
$BaO_2+H_2SO_4 \longrightarrow BaSO_4+H_2O_2$
$2Na_2O_2+2H_3PO_4 \longrightarrow 2Na_3PO_4+3H_2O_2$
2. 과산화바륨 분말에 물을 혼합하고 이산화탄소를 통하여 얻는다.
$BaO_2+H_2O+CO_2 \longrightarrow BaCO_3+H_2O_2$

(2) 위험성

① 강력한 산화제로서 분해할 때 발생하는 발생기 산소[O]는 난분해성 유기 물질을 산화시킬 수 있다.
예 $H_2O_2 \longrightarrow H_2O+[O]$

② 가열, 햇빛 등에 의해 분해가 촉진되며, 보관 중에도 분해되기 쉽다.

③ 농도가 높을수록 불안정하여 방치하거나 누출되면 산소를 분해하며, 온도가 높아질수록 분해 속도가 증가하고 비점 이하에서도 폭발한다. 또한 열, 햇빛에 의해서도 쉽게 분해하여 산소를 방출하고 HF, HBr, KI, Fe^{3+}, OH^-, 촉매(MnO_2)하에서 분해가 촉진된다.

$2H_2O_2 \longrightarrow 2H_2O + O_2 +$ 발열

용기가 가열되면 내부에 분해 산소가 발생하기 때문에 용기가 파열하는 경우가 있다.

㉮ 3% : 옥시풀(소독약), 산화제, 발포제, 탈색제, 방부제, 살균제 등

㉯ 30% : 표백제, 양모, 펄프, 종이, 면, 실, 식품, 섬유, 명주, 유지 등

㉰ 85% : 비닐 화합물 등의 중합 촉진제, 중합 촉매, 폭약, 유기 과산화물의 제조, 농약, 의약품, 제트기, 로켓의 산소 공급제 등

④ 농도에 따라 밀도, 끓는점, 녹는점이 달라진다.

⑤ 농도가 66% 이상인 것은 단독으로 분해 폭발하기도 하며, 이 분해 반응은 발열 반응이고, 다량의 산소를 발생한다.

⑥ 농도가 진한 것은 피부와 접촉하면 수종을 일으키며, 고농도의 것을 피부에 닿으면 화상의 위험이 있다.

⑦ 하이드라진과 접촉하면 분해 폭발한다. 이것을 잘 통제하여 이용하면 유도탄의 발사에 사용할 수 있다.

예 $N_2H_4 + 2H_2O_2 \longrightarrow N_2 + 4H_2O$

⑧ 암모니아의 접촉은 폭발의 위험이 있으므로 피한다.

(3) 저장 및 취급 방법

① 용기는 뚜껑에 작은 구멍을 뚫은 갈색 유리병을 사용하며, 직사광선을 피하고 냉암소 등에 저장한다.

② 용기는 밀전하지 말고, 가스가 빠지는 구조로 구멍이 뚫린 마개를 사용한다.

③ 유리 용기는 알칼리성으로 H_2O_2를 분해 촉진하며, 유리 용기에 장기간 보존하지 않아야 한다.

(4) 용도

산화제, 살균제, 소독제, 발포제, 로켓 원료, 의약, 화장품 정성 분석 등

3-3 질산(HNO_3, 지정 수량 300kg)

예제

옥내 서상소에 실산 600L를 저장하고 있다. 저장하고 있는 질산은 지정 수량의 몇 배인가? (단, 질산의 비중은 1.5이다.)

풀이 $1.5kg/L \times 600L = 900kg$

$\therefore \dfrac{900kg}{300kg} = 3$배

답 3배

(1) 일반적 성질

① 무색 액체이나 보관 중 담황색으로 변하며, 직사광선에 의해 공기 중에서 분해되어 유독한 갈색 이산화질소(NO_2)를 생성시킨다.

예 $4HNO_3 \longrightarrow 2H_2O + 4NO_2 + O_2$

예제

유독한 갈색 증기(NO_2)의 분자량은?

풀이 $14 + 16 \times 2 = 46$

답 46

② 금속(Au, Pt, Al은 제외)과 산화 반응하여 부식시키며, 질산염을 생성한다.

예 $Zn + 4HNO_3 \longrightarrow Zn(NO_3)_2 + 2H_2O + 2NO_2$

③ 물과는 임의로 혼합하고, 발열한다.

④ 흡습성이 강하고, 공기 중에서 발열한다.

⑤ 진한 질산을 −42℃ 이하로 냉각하면 응축 결정된다.

⑥ 왕수(royal water, 질산 1 : 염산 3)에 Au, Pt은 녹는다.

⑦ 진한 질산에는 Al, Fe, Ni, Cr 등은 부동태를 만들며, 녹지 않는다.

참고

부동태

금속 표면에 치밀한 금속 산화물의 피막을 형성해 그 이상의 산화 작용을 받지 않는 상태이다.

⑧ 분자량 63, 비중 1.49 이상, 융점 −43.3℃, 비점 86℃

(2) 위험성

① 산화력과 부식성이 강해 피부에 닿으면 화상을 입는다.

② 질산 자체는 연소성, 폭발성이 없으나 환원성 이 강한 물질(목탄분, 나무 조각, 톱밥, 종이 부스러기, 천, 실, 솜뭉치)에 스며들어 방치하면 서서히 갈색 연기를 발생하면서 발화 또는 폭발한다. Na, K, Mg, $NaClO_3$, C_2H_5OH, 강산화제와 접촉 시 폭발의 위험성이 있다.

③ 화재 시 열에 의해 유독성의 질소 산화물을 발생하며, 여러 금속과 반응하여 가스를 방출한다.

④ 불연성이지만 다른 물질의 연소를 돕는 조연성 물질이다.

⑤ 진한 질산을 가열 시 발생되는 증기(NO_2)는 인체에 해로운 유독성이다.

예 $2HNO_3 \longrightarrow 2NO_2+H_2O+O$

⑥ 진한 질산이 손이나 몸에 묻었을 경우에는 다량의 물로 충분히 씻는다.

⑦ 묽은 질산은 칼슘과 반응하면 수소를 발생한다.

예 $2HNO_3+2Ca \longrightarrow 2CaNO_3+H_2$

(3) 저장 및 취급 방법

직사광선에 의해 분해되므로 갈색병에 넣어 냉암소 등에 저장한다.

(4) 다량의 물로 희석 소화

출제예상문제

01 위험물안전관리법령상 제6류 위험물이 아닌 것은?

① H_3PO_4 ② IF_5 ③ BrF_5 ④ BrF_3

해설 ① H_3PO_4 : 화공약품

02 다음 중 위험물안전관리법령상 제6류 위험물에 해당하는 것은?

① 황산 ② 염산
③ 질산염류 ④ 할로겐간 화합물

해설 ①, ② : 화공약품, ③ : 제1류 위험물
④ : 제6류 위험물

〈제6류 위험물(산화성 액체)의 품명 및 지정 수량〉

성질	품 명	지정 수량	위험 수량
산화성 액체	1. 과염소산	300kg	I
	2. 과산화수소	300kg	
	3. 질산	300kg	
	4. 그 밖에 행정안전부령이 정하는 것 할로겐간 화합물(BrF_3, IF_5 등)	300kg	
	5. 제1호 내지 제4호의1에 해당하는 어느 하나 이상을 함유한 것	300kg	

03 다음은 위험물안전관리법령에서 정한 제조소 등에서 위험물의 저장 및 취급에 관한 기준 중 위험물의 유별 저장 · 취급 공통 기준의 일부이다. ( ) 안에 알맞은 위험물 유별은?

> ( )위험물은 가연물과 접촉 · 혼합이나 분해를 촉진하는 물품과의 접근 또는 과열을 피하여야 한다.

① 제2류 ② 제3류 ③ 제5류 ④ 제6류

해설 제6류 위험물
가연물과의 접촉 · 혼합이나 분해를 촉진하는 물품과의 접근 또는 과열을 피하여야 한다.

04 제6류 위험물을 저장하는 제조소 등에 적응성이 없는 소화 설비는?

① 옥외 소화전 설비
② 탄산수소염류 분말 소화 설비
③ 스프링클리 설비
④ 포 소화 설비

해설 제6류 위험물을 저장하는 제조소 등에 적응성이 있는 소화 설비 : 옥외 소화전 설비, 스프링클러 설비, 포 소화 설비

05 제6류 위험물의 화재 예방 및 진압 대책으로 옳은 것은?

① 과산화수소는 화재 시 주수 소화를 절대 금한다.
② 질산은 소량의 화재 시 다량의 물로 희석한다.
③ 과염소산은 폭발 방지를 위해 철제 용기에 저장한다.
④ 제6류 위험물의 화재에는 건조사만 사용하여 진압할 수 있다.

해설 ① 과산화수소 화재 시 다량의 물로 주수 소화함으로써 희석, 연소 확대를 방지한다.
③ 과염소산은 밀폐 용기에 넣어 저장하고, 통풍이 잘 되는 냉암소에 보관한다.
④ 제6류 위험물의 화재 시 마른 모래나 건조 분말로 질식 소화하거나 다량의 물로 희석 및 연소 확대를 방지한다.

06 다음에 설명하는 위험물에 해당하는 것은?

> • 지정 수량은 300kg이다.
> • 산화성 액체 위험물이다.
> • 가열하면 분해하여 유독성 가스를 발생한다.
> • 증기 비중은 약 3.5이다.

① 브로민산칼륨 ② 클로로벤젠
③ 질산 ④ 과염소산

해설 과염소산($HClO_4$)의 설명이다.

정답 01 ① 02 ④ 03 ④ 04 ② 05 ② 06 ④

07 다음 중 약산은?

① HClO ② $HClO_2$
③ $HClO_3$ ④ $HClO_4$

해설 HClO<$HClO_2$<$HClO_3$<$HClO_4$

08 무색의 액체로 융점이 −112℃이고 물과 접촉하면 심하게 발열하는 제6류 위험물은?

① 과산화수소 ② 과염소산
③ 질산 ④ 플루오로아이오딘

해설 과염소산의 설명이다.

09 과염소산 1몰을 모두 기체로 변환하였을 때 질량은 1기압, 50℃를 기준으로 몇 g인가? (단, Cl의 원자량은 35.5이다.)

① 5.4 ② 22.4 ③ 100.5 ④ 224

해설 $HClO_4$−1 | 35.5 | 64−100.5g

10 다음 위험물 중 비중이 물보다 큰 것은 모두 몇 개인가?

> 과염소산, 과산화수소, 질산

① 0 ② 1 ③ 2 ④ 3

해설

종류	비중
과염소산	1.76
과산화수소	1.47
질산	1.49

11 다음 물질 중에서 위험물안전관리법상 위험물의 범위에 포함되는 것은?

① 농도가 40중량퍼센트인 과산화수소 350kg
② 비중이 1.40인 질산 350kg
③ 직경 2.5mm의 막대 모양인 마그네슘 500kg
④ 순도가 55중량퍼센트인 황 50kg

해설 위험물의 범위
㉠ 수용액의 농도가 36wt%(비중 약 1.13) 이상인 과산화수소 300kg
㉡ 비중 1.49(약 89.6wt%) 이상인 질산 300kg
㉢ 직경 2mm 미만의 막대 모양인 마그네슘 500kg
㉣ 순도가 60wt% 이상인 황 100kg

12 제6류 위험물 중 수용액의 농도가 36wt% 이상인 경우만 위험물로 취급하며 분해 시 발생기 산소를 내는 것은?

① 과산화수소 ② 과염소산
③ 할로겐간 화합물 ④ 질산

해설 과산화수소에 대한 설명이다.

13 다음에서 설명하는 물질은?

> • 살균제 및 소독제로도 사용된다.
> • 분해할 때 발생하는 발생기 산소[O]는 난분해성 유기 물질을 산화시킬 수 있다.

① $HClO_4$ ② CH_3OH
③ H_2O_2 ④ H_2SO_4

해설 난분해성 유기 물질 : 산화시키지 못한 물질

14 과산화수소 용액의 분해를 방지하기 위한 방법으로 가장 거리가 먼 것은?

① 햇빛을 차단한다.
② 암모니아를 가한다.
③ 인산을 가한다.
④ 요산을 가한다.

해설 과산화수소 용액의 분해를 방지하기 위한 방법
㉠ 햇빛을 차단한다.
㉡ 인산, 요산, 요소, 글리세린, 인산나트륨을 가한다.

정답 07 ① 08 ② 09 ③ 10 ④ 11 ① 12 ① 13 ③ 14 ②

15 다음의 (㉠)과 (㉡)에 알맞은 용어는?

> 과산화수소는 자신이 분해되어 발생기 산소를 발생시켜 강한 산화 작용을 한다. 이는 (㉠) 종이를 보라색으로 변화시키는 것으로 확인되며, 이 과산화수소는 (㉡) 등에 황산을 작용시켜 얻는다.

① ㉠ 리트머스, ㉡ 염소산칼륨
② ㉠ 아이오딘화칼륨 녹말, ㉡ 염소산칼륨
③ ㉠ 리트머스, ㉡ 과산화바륨
④ ㉠ 아이오딘화칼륨 녹말, ㉡ 과산화바륨

해설 $BaO_2 + H_2SO_4 \longrightarrow H_2O_2 + BaSO_4$

16 과산화수소의 저장 방법으로 옳은 것은?

① 분해를 막기 위해 하이드라진을 넣고 완전히 밀전하여 보관한다.
② 분해를 막기 위해 하이드라진을 넣고 가스가 빠지는 구조로 마개를 하여 보관한다.
③ 분해를 막기 위해 요산을 넣고 완전히 밀전하여 보관한다.
④ 분해를 막기 위해 요산을 넣고 가스가 빠지는 구조로 마개를 하여 보관한다.

해설 과산화수소의 저장 방법 : 분해를 막기 위해 요산을 넣고 가스가 빠지는 구조로 마개를 하여 보관한다.

17 위험물안전관리법상 위험물 분류 기준이 되는 질산의 비중은 얼마 이상인가?

① 1.49　② 1.24　③ 1.14　④ 1.04

해설 질산의 비중은 1.49이다.

18 질산이 공기 중에서 분해되어 발생하는 유독한 갈색 증기의 분자량은?

① 16　② 40　46　④ 71

해설 $4HNO_3 \longrightarrow \underline{4NO_2} + O_2 + 2H_2O$
유독한 적갈색의 기체
∴ NO_2 분자량 $= 14 + 16 \times 2 = 46$

19 질산에 대한 설명으로 틀린 것은?

① 무색 또는 담황색의 액체이다.
② 유독성이 강한 산화성 물질이다.
③ 위험물안전관리법상 비중이 1.49 이상인 것만
• 위험물로 규정한다.
④ 햇빛이 잘 드는 곳에서 투명한 유리병에 보관하여야 한다.

해설 ④ 햇빛이 차단되고, 통풍이 잘 되는 차고 어두운 곳에서 갈색 유리병에 보관해야 한다.

20 위험물안전관리법상 제6류 위험물에 해당하는 물질로서 햇빛에 의해 갈색의 연기를 내며, 분해할 위험이 있으므로 갈색병에 보관해야 하는 것은?

① 질산　② 황산
③ 염산　④ 과산화수소

해설 $2HNO_3 \longrightarrow \underline{2NO_2} + H_2O + O$
갈색 연기

21 제6류 위험물 중 공기 중에서 갈색의 연기를 내며, 갈색병에 보관해야 하는 것은?

① 질산　② 황산
③ 염산　④ 과산화수소

해설 $4HNO_3 \longrightarrow \underline{4NO_2} + O_2 + 2H_2O$
유독한 적갈색의 기체

22 질산은 대부분의 금속을 부식시킨다. 다음 중 부식시키지 못하는 금속은?

① 철　② 구리
③ 은　④ 백금

해설 질산은 금속(Au, Pt, Al은 제외)과 산화 반응하여 부식시키며, 질산염을 생성한다.

23 다음 금속 중 진한 질산에 의하여 부동태가 되는 금속은?

① Fe　② Sb　③ Zn　④ Mg

정답 15 ④　16 ④　17 ①　18 ③　19 ④　20 ①　21 ①　22 ④　23 ①

해설 부동태란 금속 표면에 치밀한 금속 산화물의 피막을 형성하여 그 이상의 산화 작용을 받지 않는 상태이며, Fe, Ni, Al, Cr 등은 묽은 질산에는 녹으나 진한 질산에는 부동태를 만들어 녹지 않는다.

24 왕수의 조합비로 옳은 것은?

① 농질산 1 : 농염산 3
② 농질산 3 : 농염산 1
③ 농질산 1 : 농황산 3
④ 농질산 3 : 농황산 1

해설 왕수란 진한 염산 3 : 진한 질산 1의 비율로 혼합한 용액으로 귀금속인 Pt, Au 등을 녹인다.

25 질산을 보관할 때의 용기 마개로 가장 적합한 것은?

① 코르크 마개 ② 도자기 마개
③ 무명천 ④ 고무 마개

해설 질산 용기에 사용하는 마개는 내산성이 강한 유리 및 도자기 등으로 된 것을 사용한다.

26 다음 중 제6류 위험물로서 분자량이 약 63인 것은?

① 과염소산 ② 질산
③ 과산화수소 ④ 삼플루오로브로민

해설 ① $HClO_4$: 1+35.5+64=100.5
② HNO_3 : 1+14+48=63
③ H_2O_2 : 2+32=34
④ BrF_3 : 80+19×3=137

27 진한 질산이 손이나 몸에 묻었을 때 응급 처치 방법 중 가장 먼저 해야 할 일은?

① 묽은 황산으로 씻는다.
② 암모니아수로 중화시킨다.
③ 다량의 물로 충분히 씻는다.
④ 수산화나트륨 용액으로 중화시킨다.

해설 진한 질산이 손이나 몸에 묻었 때 다량의 물로 충분히 씻어서 응급 처치를 한다.

정답 24 ① 25 ② 26 ② 27 ③

Industrial Engineer Hazardous Material

PART 04

위험물안전관리법

Chapter 01 위험물안전관리법

Chapter 01 위험물안전관리법

01 총칙

(1) 위험물안전관리법의 목적

위험물의 저장 · 취급 및 운반과 이에 따른 안전관리에 관한 사항을 규정함으로써 위험물로 인한 위해를 방지하여 공공의 안전을 확보함을 목적으로 한다.

(2) 용어의 정의

① **위험물** : 인화성 또는 발화성 등의 성질을 가지는 것으로서 대통령령이 정하는 물품을 말한다.

② **지정 수량** : 위험물의 종류별로 위험성을 고려하여 대통령령이 정하는 수량으로서 제조소 등의 설치 허가 등에 있어서 최저의 기준이 되는 수량을 말한다.

③ **제조소** : 위험물을 제조할 목적으로 지정 수량 이상의 위험물을 취급하기 위하여 허가를 받은 장소를 말한다.

④ **저장소** : 지정 수량 이상의 위험물을 저장하기 위한 대통령령이 정하는 장소로서 허가를 받은 장소를 말한다.

⑤ **취급소** : 지정 수량 이상의 위험물을 제조 외의 목적으로 취급하기 위한 대통령령이 정하는 장소로서 허가를 받은 장소를 말한다.

⑥ **제조소 등** : 제조소 · 저장소 및 취급소를 말한다.

(3) 제조소 등의 승계 및 용도 폐지

제조소 등의 승계	제조소 등의 용도 폐지
• 신고처 : 시 · 도지사	• 신고처 : 시 · 도지사
• 신고 기간 : 30일 이내	• 신고 기간 : 14일 이내

(4) 제조소 등의 변경 신고

제조소 등의 위치 · 구조 또는 설비의 변경 없이 해당 제조소 등에서 저장하거나 취급하는 위험물의 품명, 수량 또는 지정 수량의 배수를 변경하고자 하는 자는 변경하고자 하는 날의 1일 전까지 행정안전부령이 정하는 바에 따라 시 · 도지사에게 신고하여야 한다.

(5) 위험물 안전관리자

① 안전관리자를 해임하거나 퇴직한 때에는 그 날로부터 30일 이내에 다시 선임하여야 하고, 선임 시에는 14일 이내에 소방본부장 또는 소방서장에게 신고하여야 한다.

② 안전관리자를 선임한 제조소 등의 관계인은 안전관리자가 여행·질병 그 밖의 사유로 인하여 일시적으로 직무를 수행할 수 없거나 안전관리자의 해임 또는 퇴직과 동시에 다른 안전관리자를 선임하지 못하는 경우에는 국가기술자격법에 따른 위험물의 취급에 관한 자격 취득자 또는 위험물 안전에 관한 기본 지식과 경험이 있는 자로서 행정안전부령이 정하는 자를 대리자(代理者)로 지정하여 그 직무를 대행하게 하여야 한다. 이 경우 대리자가 안전관리자의 직무를 대행하는 기간은 30일을 초과할 수 없다.

참고

위험물 제조소 등의 위험물 안전관리자의 선임 시기

위험물 제조소 등에서 위험물을 저장 또는 취급하기 전

(6) 위험물 안전관리자의 책무

안전관리자는 위험물의 취급에 관한 안전관리와 감독에 관한 다음의 업무를 성실하게 행하여야 한다.

① 위험물의 취급 작업에 참여하여 당해 작업이 법 제5조 제3항의 규정에 의한 저장 또는 취급에 관한 기술 기준과 법 제17조의 규정에 의한 예방 규정에 적합하도록 해당 작업자(당해 작업에 참여하는 위험물 취급 자격자를 포함한다. 이하 같다)에 대하여 지시 및 감독하는 업무

② 화재 등의 재난이 발생한 경우 응급 조치 및 소방관서 등에 대한 연락 업무

③ 위험물 시설의 안전을 담당하는 자를 따로 두는 제조소 등의 경우에는 그 담당자에게 다음 규정에 의한 업무의 지시, 그 밖의 제조소 등의 경우에는 다음의 규정에 의한 업무

㉮ 제조소 등의 위치 · 구조 및 설비를 법 제5조 제4항의 기술 기준에 적합하도록 유지하기 위한 점검과 점검 상황의 기록 · 보존

㉯ 제조소 등의 구조 또는 설비의 이상을 발견한 경우 관계자에 대한 연락 및 응급 조치

㉰ 화재가 발생하거나 화재 발생의 위험성이 현저한 경우 소방관서 등에 대한 연락 및 응급 조치

㉱ 제조소 등의 계측 장치, 제어 장치 및 안전 장치 등의 적정한 유지 · 관리

㉲ 제조소 등의 위치 · 구조 및 설비에 관한 설계 도서 등의 정비 · 보존 및 제조소 등의 구조 및 설비의 안전에 관한 사무의 관리

④ 화재 등의 재해의 방지에 관하여 인접하는 제조소 등과 그 밖의 관련되는 시설의 관계자와 협조 체제의 유지

⑤ 위험물의 취급에 관한 일지의 작성 · 기록

⑥ 그 밖에 위험물을 수납한 용기를 차량에 적재하는 작업, 위험물 설비를 보수하는 작업 등 위험물의 취급과 관련된 작업의 안전에 관하여 필요한 감독의 수행

(7) 예방 규정

제조소 등의 관계인은 제조소 등의 화재 예방과 화재 등 재해 발생 시의 비상 조치에 필요한 사항을 서면으로 작성하여 시 · 도지사 또는 소방서장에게 제출한다.

① 예방 규정 작성 대상

작성 대상	지정 수량의 배수	제외 대상
제조소	10배 이상	지정 수량의 10배 이상의 위험물을 취급하는 일반 취급소. 다만, 제4류 위험물(특수 인화물을 제외한다)만을 지정 수량의 50배 이하로 취급하는 일반 취급소(제1석유류, 알코올류의 취급량이 지정 수량의 10배 이하인 경우에 한한다)로서 다음의 어느 하나에 해당하는 것을 제외한다. ① 보일러 · 버너 또는 이와 비슷한 것으로서 위험물을 소비하는 장치로 이루어진 일반 취급소 ② 위험물을 용기에 옮겨 담거나 차량에 고정된 탱크에 주입하는 일반 취급소
옥내 저장소	150배 이상	
옥외 탱크 저장소	200배 이상	
옥외 저장소	100배 이상	
이송 취급소	전 대상	
일반 취급소	10배 이상	
암반 탱크 저장소	전 대상	

② 예방 규정에서 정할 사항

㉮ 위험물의 안전관리 업무를 담당하는 사람의 직무 및 조직에 관한 사항

㉯ 위험물 안전관리자가 그 직무를 수행할 수 없는 경우 그 직무를 대행하는 사람에 관한 사항

㉰ 자체 소방대의 편성 및 화학 소방 자동차의 배치에 관한 사항

㉱ 위험물 안전에 관계된 작업에 종사하는 사람에 대한 안전 교육에 관한 사항

㉲ 위험물 시설 및 사업장에 대한 안전 순찰에 관한 사항

㉳ 제조소 등의 시설과 관련 시설에 대한 점검 및 정비에 관한 사항

㉴ 제조소 등의 시설의 운전 또는 조작에 관한 사항

㉵ 위험물 취급 작업의 기준에 관한 사항

㉶ 이송 취급소에 있어서는 배관 공사 시의 안전 확보에 관한 사항

㉷ 재난, 그 밖의 비상 시의 경우에 취하여야 하는 조치에 관한 사항

㉸ 위험물의 안전에 관한 기록에 관한 사항

㉹ 제조소 등의 위치 · 구조 및 설비를 명시한 서류와 도면의 정비에 관한 사항

㉺ 그 밖에 위험물의 안전 관리에 관하여 필요한 사항

(8) 정기 점검 대상이 되는 제조소 등

① 예방 규정 작성 대상인 제조소 등

㉮ 지정 수량의 10배 이상의 제조소 · 일반 취급소

㉯ 지정 수량의 100배 이상의 옥외 저장소

㉰ 지정 수량의 150배 이상의 옥내 저장소

㉣ 지정 수량의 200배 이상의 옥외 탱크 저장소

㉤ 암반 탱크 저장소

㉥ 이송 취급소

② 지하 탱크 저장소

③ 이동 탱크 저장소

④ 위험물을 취급하는 탱크로서 지하에 매설된 탱크가 있는 제조소 · 주유 취급소 또는 일반 취급소

참고

예방 규정을 정하여야 하는 제조소 등의 관계인은 위험물 제조소 등에 기술 기준에 적합한지 여부를 연 1회 이상 점검한다(단, 100만L 이상의 옥외 탱크 저장소는 제외한다).

(9) 자체 소방 조직을 두어야 할 제조소 등의 기준

① 제조소 및 일반 취급소 등의 자체 소방대의 기준

사업소의 구분	화학 소방자동차	자체 소방대원의수
제조소 또는 일반취급소에서 취급하는 제4류 위험물의 최대수량의 합이 지정수량의 3천배 이상 12만배 미만의 사업소	1대	5인
제조소 또는 일반취급소에서 취급하는 제4류 위험물의 최대수량의 합이 지정수량의 12만배 이상 24만배 미만인 사업소	2대	10인
제조소 또는 일반취급소에서 취급하는 제4류 위험물의 최대수량의 합이 지정수량의 24만배 이상 48만배 미만인사업소	3대	15인
제조소 또는 일반취급소에서 취급하는 제4류 위험물의 최대수량의 합이 지정수량의 48만배 이상인 사업소	4대	20인
옥외탱크저장소에 저장하는 제4류 위험물의 최대수량이 지정수량의 50만배 이상인 사업소	2대	10인

[비고] 화학 소방 자동차에는 행정안전부령이 정하는 소화 능력 및 설비를 갖추어야 하고, 소화 활동에 필요한 소화 약제 및 기구(방열복 및 개인 장구를 포함한다)를 비치하여야 한다.

② 포 수용액을 방사하는 화학 소방차의 대수는 화학 소방차 대수의 2/3 이상

예제

취급하는 제4류 위험물의 수량이 지정 수량의 30만 배인 일반 취급소가 있는 사업장에 자체 소방대를 설치함에 있어서 전체 화학 소방차 중 포 수용액을 방사하는 화학 소방차는 몇 대 이상 두어야 하는가?

풀이 3대$\times\frac{2}{3}$=2대 이상

답 2대 이상

③ 자체 소방대에 두어야 하는 화학 소방 자동차에 갖추어야 하는 소화 능력 및 설비 기준

화학 소방차의 구분	소화 능력	비치량
분말 방사차	35kg/s 이상	1,400kg 이상
할로겐화물 방사차	40kg/s 이상	1,000kg 이상
CO_2 방사차		3,000kg 이상
포 수용액 방사차	2,000L/min 이상	10만L 이상
제독차		가성소다 및 규조토를 각각 50kg 이상

02 위험물의 저장 및 취급 기준

(1) 위험물의 취급 기준

① 지정 수량 이상의 위험물인 경우 : 제조소 등에서 취급

② 지정 수량 미만의 위험물인 경우 : 특별시·광역시 및 도의 조례에 의해 취급

③ 지정 수량 이상의 위험물을 임시로 제조소 등이 아닌 장소에서 취급할 경우 : 관할 소방서장에게 승인 후 90일 이내

④ 제조소 등의 구분 : 제조소

참고

1. 위험물의 저장 또는 취급에 관한 기술상의 기준과 관련하여 시·도의 규제에 의하여 규제를 받는 경우
   - 윤활유 5,000L를 저장하는 경우 : $\frac{5,000L}{6,000L}=0.83$배
2. 조례 : 지방자치 단체가 고유 사무와 위임 사무 등을 지방의회의 결정에 의하여 제정하는 것

(2) 제조소 등에서의 저장 및 취급에 관한 공통 기준

① 제조소 등에서 허가 및 신고와 관련되는 품명 외의 위험물 허가 및 신고와 관련되는 수량 또는 지정 수량의 배수를 초과하는 위험물을 저장 또는 취급하지 아니하여야 한다.

② 위험물을 저장 또는 취급하는 건축물 그 밖의 인공 구조물 또는 설비는 당해 위험물의 성질에 따라 차광 또는 환기를 해야 한다.

③ 위험물은 온도계, 습도계, 압력계 등으로 감시하여 해당 위험물의 성질에 맞는 적당한 온도, 습도 또는 압력을 유지하도록 저장 또는 취급하여야 한다.

④ 위험물의 변질, 이물의 혼입 등에 의하여 해당 위험물의 위험성이 증대되지 않도록 필요한 조치를 강구하여야 한다.

⑤ 위험물이 남아있거나 남아있을 우려가 있는 설비·기계·기구·용기 등을 수리하는 경우에는 안전한 장소에서 위험물을 완전히 제거한 후에 실시하여야 한다.

⑥ 위험물을 용기에 수납하여 저장 또는 취급할 때에는 그 용기는 해당 위험물의 성질에 적응하고 파손·부식·균열 등이 없는 것으로 하여야 한다.

⑦ 가연성의 액체·증기 또는 가스가 새거나 체류할 우려가 있는 장소 또는 가연성의 미분이 현저하게 부유할 우려가 있는 장소에서는 전선과 전기 기구를 완전히 접속하고 불꽃을 발하는 기계·기구·공구 등을 사용하거나 마찰에 의하여 불꽃을 발산하는 기계·기구·공구·신발 등을 사용하지 않도록 한다.

⑧ 위험물을 보호액 중에 보존하는 경우에는 해당 위험물이 보호액으로부터 노출하지 아니하도록 하여야 한다.

(3) 취급 중 제조 공정 시

① 증류 공정

위험물을 취급하는 설비의 내부 압력의 변동 등에 의하여 액체 또는 증기가 새지 않도록 한다.

② 추출 공정

추출관의 내부 압력이 비정상으로 상승하지 않도록 한다.

③ 건조 공정

위험물의 온도가 국부적으로 상승하지 않는 방법으로 가열 또는 건조한다.

④ 분쇄 공정

위험물의 분말이 현저하게 부유하고 있거나 기계, 기구 등에 부착된 상태로 그 기계 · 기구를 취급하지 않는다.

(4) 취급 중 소비 작업

① 분사 도장 작업

방화상 유효한 격벽 등으로 구획된 안전한 장소에서 실시한다.

② 담금질 또는 열처리 작업

위험물이 위험한 온도에 이르지 않도록 실시한다.

③ 버너를 사용하는 작업

버너의 역화를 방지하고, 위험물이 넘치지 않도록 한다.

(5) 위험물을 폐기하는 작업에 있어서의 취급 기준

① 소각할 경우

안전한 장소에서 감시원의 감시하에 소각하되 연소 또는 폭발에 의하여 타인에게 위해나 손해를 주지 않는 방법으로 해야 한다.

② 매몰할 경우

위험물의 성질에 따라 안전한 장소에서 해야 한다.

③ 폐기하는 경우

위험물은 해중 또는 수중에 유출시키거나 투하해서는 안 된다. 다만, 타인에게 위해나 손해를 줄 우려가 없거나 재해 및 환경 오염 방지를 위하여 적당한 조치를 한 때에는 제외된다.

(6) 위험물의 운반에 관한 기준

위험물	수납률
알킬알루미늄 등	90% 이하(50℃에서 5% 이상 공간 용적 유지)
고체 위험물	95% 이하
액체 위험물	98% 이하(55℃에서 누설되지 않는 것)

(7) 위험물 적재 방법

위험물은 그 운반 용기의 외부에 다음에서 정하는 바에 따라 위험물의 품명, 수량 등을 표시하여 적재하여야 한다.

① 위험물의 품명·위험 등급·화학명 및 수용성('수용성' 표시는 제4류 위험물로서 수용성인 것에 한한다)

② 위험물의 수량

③ 수납하는 위험물에 따라 다음의 규정에 의한 주의 사항

1) 위험물 운반 용기 주의 사항

위험물		주의 사항
제1류 위험물	알칼리 금속의 과산화물 또는 이를 함유한 것	화기 · 충격 주의, 물기 엄금 및 가연물 접촉 주의
	기타	화기 · 충격 주의 및 가연물 접촉 주의
제2류 위험물	철분 · 금속분 · 마그네슘 또는 이들 중 어느 하나 이상을 함유한 것	화기 주의 및 물기 엄금
	인화성고체	화기 엄금
	기타	화기주의
제3류 위험물	자연 발화성 물질	화기 엄금 및 공기 접촉 엄금
	금수성 물질	물기 엄금

제4류 위험물	화기 엄금
제5류 위험물	화기 엄금 및 충격 주의
제6류 위험물	가연물 접촉 주의

2) 제조소의 게시판 주의 사항

위험물		주의 사항
제1류 위험물	알칼리 금속의 과산화물	물기 엄금
	기타	별도의 표시를 하지 않는다.
제2류 위험물	인화성 고체	화기 엄금
	기타	화기 주의
제3류 위험물	자연 발화성 물질	화기 엄금
	금수성 물질	물기 엄금
제4류 위험물		화기 엄금
제5류 위험물		
제6류 위험물		별도의 표시를 하지 않는다.

(8) 방수성이 있는 피복 조치

유별	적용 대상
제1류 위험물	알칼리 금속의 과산화물
제2류 위험물	철분, 금속분 마그네슘
제3류 위험물	금수성 물품

(9) 차광성이 있는 피복 조치

유별	적용 대상
제1류 위험물	전부
제3류 위험물	자연 발화성 물품
제4류 위험물	특수 인화물
제5류 위험물	전부
제6류 위험물	

(10) 위험물의 위험 등급

구분	위험등급 I	위험등급 II	위험등급 III
제1류 위험물	아염소산염류, 염소산염류, 과염소산염류, 무기과산화물, 그 밖에 지정수량이 50kg인 위험물	브로민산염류, 질산염류, 아이오딘산염류, 그 밖에 지정수량이 300kg인 위험물	위험등급 I, 위험등급 II 외의 것
제2류 위험물		황화인, 적린, 황, 그 밖에 지정수량이 100kg인 위험물	
제3류 위험물	칼륨, 나트륨, 알킬알루미늄, 알킬리튬, 황린, 그 밖에 지정수량이 10kg 또는 20kg인 위험물	알칼리금속(칼륨 및 나트륨을 제외) 알칼리토금속, 유기금속화합물(알킬알루미늄 및 알킬리튬을 제외), 그 밖에 지정수량이 50kg인 위험물	
제4류 위험물	특수인화물	제1석유류, 알코올류	
제5류 위험물	지정수량이 제1종 : 10kg인 위험물	지정수량이 제2종 : 100kg인 위험물	
제6류 위험물	모두		

(11) 유별을 달리하는 위험물의 혼재 기준

위험물의 구분	제1류	제2류	제3류	제4류	제5류	제6류
제1류		×	×	×	×	○
제2류	×		×	○	○	×
제3류	×	×		○	×	×
제4류	×	○	○		○	×
제5류	×	○	×	○		×
제6류	○	×	×	×	×	

[비고] 1. '×' 표시는 혼재할 수 없음을 표시한다.
2 'ㅇ' 표시는 혼재할 수 있음을 표시한다.
3. 이 표는 지정 수량 $\frac{1}{10}$ 이하의 위험물에 대하여는 적용하지 아니한다.

참고

위험물 운반을 위해 제4류 위험물과 혼재가 가능한 경우
① 내용적이 120L 미만의 용기에 충전한 불활성가스
② 내용적이 120L 미만의 용기에 충전한 액화석유가스 또는압축천연가스

(12) 위험물 저장 탱크의 용량

① 위험물을 저장 또는 취급하는 탱크의 용량은 해당 탱크의 내용적에서 공간 용적을 뺀 용적으로 한다. 이 경우 소화 약제 방출구를 탱크 안의 윗부분에 설치하는 탱크의 공간 용적은 해당 소화 설비의 소화 약제 방출구 아래의 0.3m 이상 1m 사이의 면으로부터 윗부분의 용적이다. 단, 이동 탱크 저장소의 탱크인 경우에는 내용적에서 공간 용적을 뺀 용적이 자동차 관리 관계 법령에 의한 최대 적재량 이하이어야 한다.

② 탱크의 공간 용적은 탱크 내용적의 100분의 5 이상 100분의 10 이하로 한다.

예제

1. 위험물 저장 탱크의 내용적이 300L일 때 탱크에 저장하는 위험물 용량 범위로 적합한 것은? (단, 원칙적인 것에 한한다.)

풀이 탱크의 공간 용적 : 탱크 내용적의 $\frac{5}{100}$ 이상 $\frac{10}{100}$ 이하로 한다.

① 300L × 0.9 = 270L

② 300L × 0.95 = 285L

즉, 270~285L이다.

답 270~285L

예제

2. 횡으로 설치한 원통형 위험물 저장 탱크의 내용적이 500L일 때 공간 용적은 최소 몇 L이어야 하는가? (단, 원칙적인 경우에 한한다.)

풀이 일반적인 탱크 공간 용적 : 탱크 내용적의 $\frac{5}{100}$ 이상 $\frac{10}{100}$ 이하이므로

∴ 500L × 0.05 = 25L

답 25L

③ 탱크의 내용적 계산법

㉮ 타원형 탱크의 내용적

㉠ 양쪽이 볼록한 것 : $V = \frac{\pi ab}{4}\left(l + \frac{l_1 + l_2}{3}\right)$

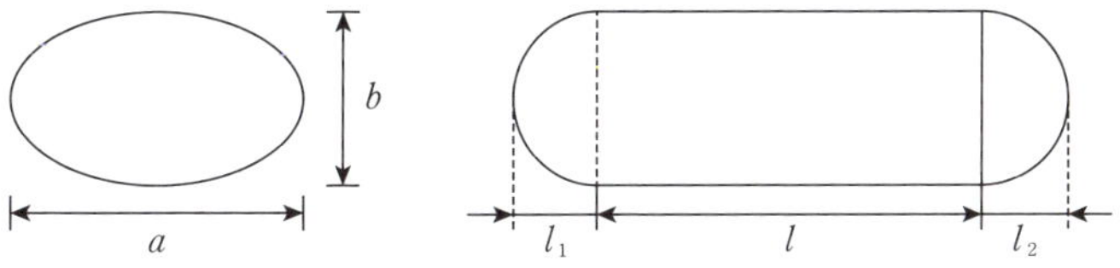

예제

그림과 같은 타원형 탱크의 내용적은 약 몇 m^3인가?

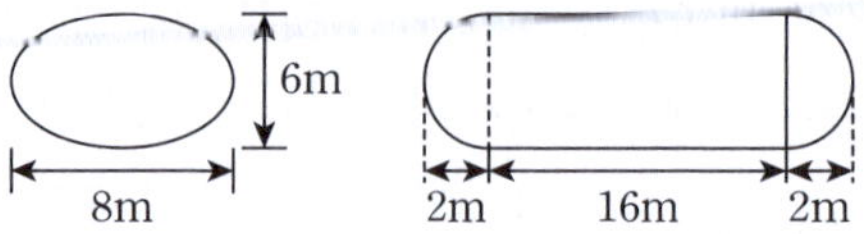

풀이 $V=\frac{\pi ab}{4}\left(l+\frac{l_1+l_2}{3}\right)=\frac{\pi\times8\times6}{4}\times\left(16+\frac{2+2}{3}\right)$

$=653m^3$

답 $653m^3$

㉡ 한쪽이 볼록하고, 다른 한쪽은 오목한 것 : $V=\frac{\pi ab}{4}\left(l+\frac{l_1-l_2}{3}\right)$

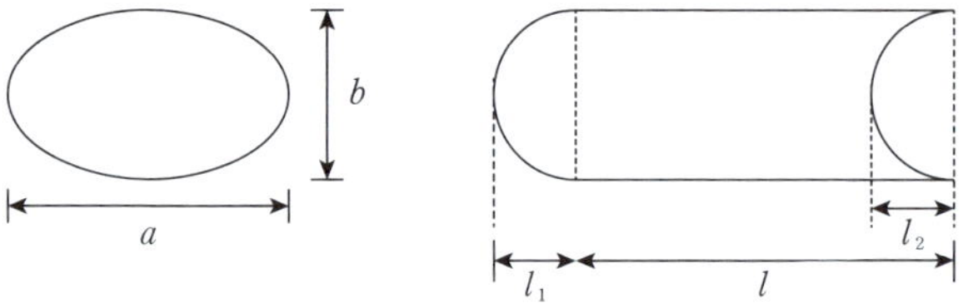

㉯ 원형 탱크의 내용적

㉠ 횡(수평)으로 설치한 것 : $V=\pi r^2\left(l+\frac{l_1+l_2}{3}\right)$

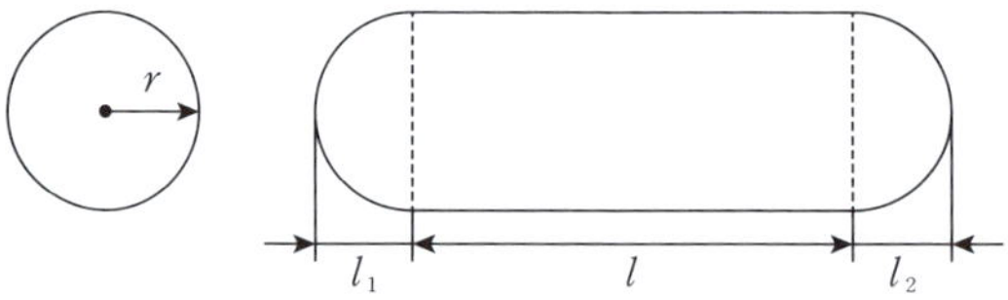

예제

그림과 같이 횡으로 설치한 원통형 위험물 탱크에 대하여 탱크의 용량을 구하면 약 몇 m^3인가? (단, 공간 용적은 탱크 내용적의 100분의 5로 한다.)

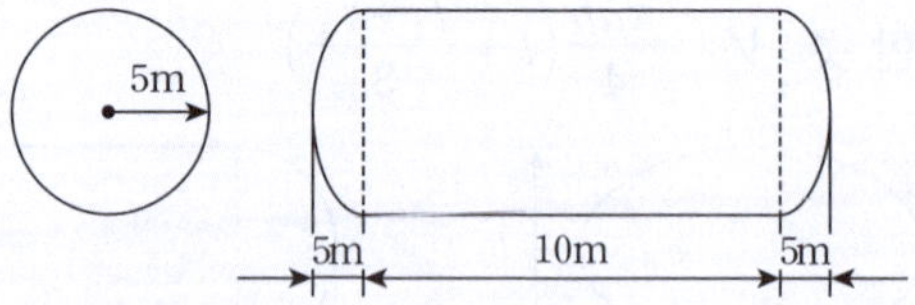

풀이 $V=\pi r^2\left(l+\frac{l_1+l_2}{3}\right)=\pi\times5^2\left(10+\frac{5+5}{3}\right)=1046.67m^3$

여기서 공간 용적이 5%인 탱크의 용량 $=1046.67\times0.95=994.34m^3$

답 $994.34m^3$

㉡ 종(수직)으로 설치한 것 : $V = \pi r^2 l$

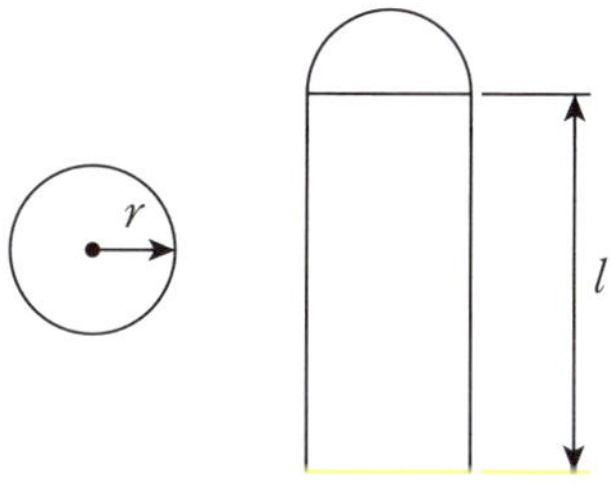

예제

고정된 지붕 구조를 가진 높이 15m의 원통 종형 옥외 위험물 저장 탱크 안의 탱크 상부로부터 아래로 1m 지점에 고정식 포 방출구가 설치되어 있다. 이 조건의 탱크를 신설하는 경우 최대 허가량은? (단, 탱크의 내부 단면적은 $100m^2$이고, 탱크 내부에는 별다른 구조물이 없으며, 공간 용적 기준은 만족하는 것으로 가정한다.

풀이 ① 원통 종형 탱크의 내용적$(V) = \pi r^2 l = 100m^2 \times 15m = 1,500m^3$

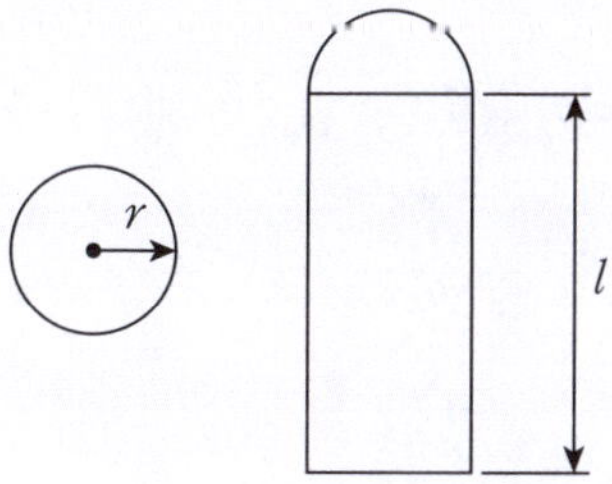

② 소화 설비를 설치하는 탱크의 공간 용적 : 소화 약제 방출구 아래의 0.3m 이상 1m 미만 사이의 면으로부터 윗부분의 용적

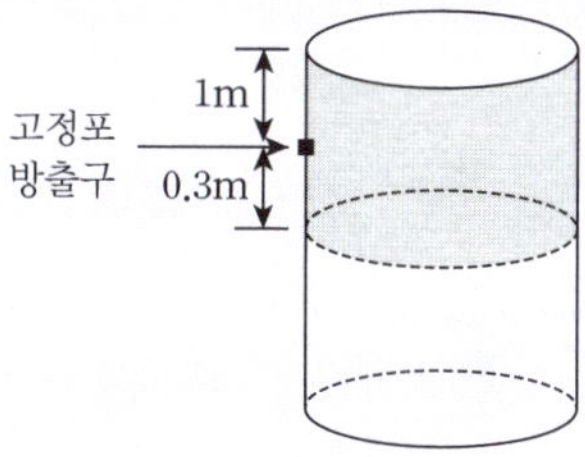

즉, 공간 용적$= 100m^2 \times (1+0.3)m = 130m^3$

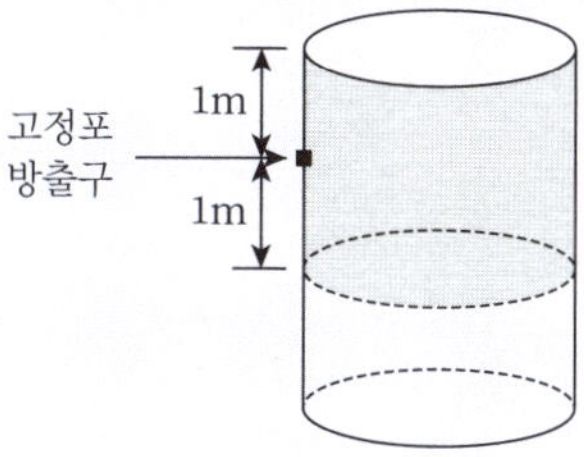

즉, 공간 용적 $=100m^2 \times (1+1)m = 200m^3$

③ 탱크의 용량=내용적−공간 용적

$\therefore Q_1 = 1{,}500m^3 - 130m^3 = 1{,}370m^3$

$Q_2 = 1{,}500m^3 - 200m^3 = 1{,}300m^3$

그러므로, 탱크의 용량은 $1{,}300m^3$~$1{,}370m^3$이며, 최대 허가 용량은 $1{,}370m^3$이다.

답 $1{,}370m^3$

(13) 혼합물인 위험물이 복수의 성상을 가지는 경우에 적용하는 품명

① 1류와 2류와의 복합 성상일 때 : 2류

② 1류와 5류와의 복합 성상일 때 : 5류

③ 2류와 3류와의 복합 성상일 때 : 3류

④ 3류와 4류와의 복합 성상일 때 : 3류

⑤ 4류와 5류와의 복합 성상일 때 : 5류

출제예상문제

01 다음은 위험물안전관리법령에서 정한 정의이다. 무엇의 정의인가?

> 인화성 또는 발화성 등의 성질을 가지는 것으로서 대통령령이 정하는 물품을 말한다.

① 위험물 ② 가연물
③ 특수 인화물 ④ 제4류 위험물

해설 위험물의 정의이다.

02 위험물안전관리법령상 위험물의 품명별 지정수량의 단위에 관한 설명 중 옳은 것은?

① 액체인 위험물은 지정 수량의 단위를 "리터"로 하고, 고체인 위험물은 지정 수량의 단위를 "킬로그램"으로 한다.
② 액체만 포함된 유별은 "리터"로 하고, 고체만 포함된 유별은 "킬로그램"으로 하며, 액체와 고체가 포함된 유별은 "리터"로 한다.
③ 산화성인 위험물은 "킬로그램"으로 하고, 가연성인 위험물은 "리터"로 한다.
④ 자기 반응성 물질과 산화성 물질은 액체와 고체의 구분에 관계없이 "킬로그램"으로 한다.

해설 지정 수량의 표시
고체에 대하여는 "kg"으로 무게를 정하고 있고, 질량은 온도나 압력 변화에도 일정하다. 액체에 대하여는 "L"로 용량을 나타낸다. 액체는 직접 그 질량을 측정하기가 곤란하고 통상 용기에 수납하므로 실용상 편의에 따라 용량으로 표시한다. 단, 제6류 위험물은 액체인데도 "kg"으로 표시하는 것은 비중을 고려, 엄격히 규제하고자 하는 의미가 있다.

03 제조소 등의 설치자가 그 제조소 등의 용도를 폐지한 날로부터 며칠 이내에 신고(시·도지사에게)하여야 하는가?

① 7일 ② 14일 ③ 30일 ④ 90일

해설 제조소 등의 설치자가 그 제조소 등의 용도를 폐지할 때는 폐지한 날로부터 14일 이내에 시·도지사에게 신고를 한다.

04 제조소 등의 위치·구조 또는 설비의 변경 없이 해당 제조소 등에서 취급하는 위험물의 품명을 변경하고자 하는 자는 변경하고자 하는 날의 며칠(몇 개월) 전까지 신고하여야 하는가?

① 1일 ② 14일 ③ 1개월 ④ 6개월

해설 제조소 등의 변경 신고
변경하고자 하는 날의 1일 전까지 시·도지사에게 신고하여야 한다.

05 다음은 위험물안전관리법령에 관한 내용이다. (　　)에 알맞은 수치의 합은?

> • 위험물 안전관리자를 선임한 제조소 등의 관계인은 그 안전관리자를 해임하거나 안전관리자가 퇴직한 때에는 해임하거나 퇴직한 날부터 (　　)일 이내에 다시 안전관리자를 선임하여야 한다.
> • 제조소 등의 관계인은 해당 제조소 등의 용도를 폐지한 때에는 행정안전부령이 정하는 바에 따라 제조소 등의 용도를 폐지한 날부터 (　　)일 이내에 시 · 도지사에게 신고하여야 한다.

① 30 ② 44 ③ 49 ④ 62

해설 ㉠ 위험물 안전관리자를 선임한 제조소 등의 관계인은 그 안전관리자를 해임하거나 안전관리자가 퇴직한 때에는 해임하거나 퇴직한 날부터 30일 이내에 다시 안전관리자를 선임하여야 한다.
㉡ 제조소 등의 관계인은 해당 제조소 등의 용도를 폐지한 때에는 행정안전부령이 정하는 바에 따라 제조소 등의 용도를 폐지한 날부터 14일 이내에 시·도지사에게 신고하여야 한다.

정답 01 ① 02 ④ 03 ② 04 ① 05 ②

06 위험물 안전관리자를 선임한 제조소 등의 관계인은 그 안전관리자를 해임하거나 안전관리자가 퇴직한 때에는 해임하거나 퇴직한 날부터 며칠 이내에 다시 안전관리자를 선임해야 하는가?

① 10일 ② 20일
③ 30일 ④ 40일

해설 위험물 안전관리자의 재선임 : 30일 이내

07 위험물안전관리법령에 따라 관계인이 예방 규정을 정하여야 할 옥외 탱크 저장소에 저장되는 위험물의 지정 수량 배수는?

① 100배 이상 ② 150배 이상
③ 200배 이상 ④ 250배 이상

해설 예방 규정

작성 대상	지정 수량의 배수
제조소	10배 이상
옥내 저장소	150배 이상
옥외 탱크 저장소	200배 이상
옥외 저장소	100배 이상
이송 취급소	전 대상
일반 취급소	10배 이상
암반 탱크 저장소	전 대상

08 정기 점검 대상 제조소 등에 해당하지 않는 것은?

① 이동 탱크 저장소
② 지정 수량 120배의 위험물을 저장하는 옥외 저장소
③ 지정 수량 120배의 위험물을 저장하는 옥내 저장소
④ 이송 취급소

해설 정기 점검 대상 제조소

1. 예방 규정을 정해야 하는 제조소 등
 ㉠ 지정 수량의 10배 이상의 제조소·일반취급소
 ㉡ 지정 수량의 100배 이상의 옥외 저장소
 ㉢ 지정 수량의 150배 이상의 옥내 저장소
 ㉣ 지정 수량의 200배 이상의 옥외 탱크 저장소
 ㉤ 암반 탱크 저장소
 ㉥ 이송 취급소
2. 지하 탱크 저장소
3. 이동 탱크 저장소
4. 위험물을 취급하는 탱크로서 지하에 매설된 탱크가 있는 제조소, 주유 취급소 또는 일반 취급소

09 위험물안전관리법령상 예방 규정을 정하여야 하는 제조소 등의 관계인은 위험물 제조소 등에 대하여 기술 기준에 적합한지의 여부를 정기적으로 점검을 하여야 한다. 법적 최소 점검 주기에 해당하는 것은? (단, 100만 리터 이상의 옥외 탱크 저장소는 제외한다.)

① 월 1회 이상
② 6개월 1회 이상
③ 연 1회 이상
④ 2년 1회 이상

해설 예방 규정을 정하여야 하는 위험물 제조소 등의 점검 주기 : 연 1회 이상

10 자체 소방대에 두어야 하는 화학 소방 자동차 중 포수용액을 방사하는 화학 소방 자동차는 전체 법정 화학 소방 자동차 대수의 얼마 이상으로 하여야 하는가?

① 1/3 ② 2/3 ③ 1/5 ④ 2/5

해설 포수용액을 방사하는 화학 소방 자동차의 대수는 화학 소방 자동차 대수의 $\frac{2}{3}$ 이상

11 위험물 제조소 등에 자체 소방대를 두어야 할 대상의 위험물안전관리법령상 기준으로 옳은 것은? (단, 원칙적인 경우에 한한다.)

① 지정 수량 3,000배 이상의 위험물을 저장하는 저장소 또는 제조소
② 지정 수량 3,000배 이상의 위험물을 취급하는 제조소 또는 일반 취급소
③ 지정 수량 3,000배 이상의 제4류 위험물을 저장하는 저장소 또는 제조소
④ 지정 수량 3,000배 이상의 제4류 위험물을 취급하는 제조소 또는 일반 취급소

정답 06 ③ 07 ③ 08 ③ 09 ③ 10 ② 11 ④

해설 자체 소방대를 두어야 할 대상의 기준

㉠ 지정 수량의 3,000배 이상의 제4류 위험물을 저장·취급하는 제조소 또는 일반 취급소

㉡ 옥외 탱크 저장소에 저장하는 제4류 위험물의 최대 수량이 지정 수량의 50만 배 이상인 사업소

12 위험물안전관리법령에 근거하여 자체 소방대에 두어야 하는 제독차의 경우 가성소다 및 규조토를 각각 몇 kg 이상 비치하여야 하는가?

① 30 ② 50
③ 60 ④ 100

해설 제독차 : 가성소다 및 규조토를 각각 50kg 이상 비치할 것

13 다음 중 소방 신호에 해당하지 않는 것은?

① 경계 신호 ② 발화 신호
③ 대피 신호 ④ 훈련 신호

해설 소방 신호

㉠ 경계 신호, ㉡ 발화 신호, ㉢ 해제 신호, ㉣ 훈련 신호

14 다음 위험물의 저장 또는 취급에 관한 기술상의 기준과 관련하여 시·도의 조례에 의해 규제를 받는 경우는?

① 등유 2,000L를 저장하는 경우
② 중유 3,000L를 저장하는 경우
③ 윤활유 5,000L를 저장하는 경우
④ 휘발유 400L를 저장하는 경우

해설 1. 지정 수량 미만인 위험물의 저장·취급 : 기술상의 기준은 특별시, 광역시 및 도(시·도)의 조례로 정한다.

2. 조례 : 지방자치 단체가 고유 사무와 위임 사무 등을 지방의회의 결정에 의하여 제정하는 것

① $\frac{2,000}{1,000}=2$배 ② $\frac{3,000}{2,000}=1.5$배

③ $\frac{5,000}{6,000}=0.83$배 ④ $\frac{400}{200}=2$배

15 시·도의 조례가 정하는 바에 따라 관할 소방서장의 승인을 받아 지정 수량 이상의 위험물을 제조소 등이 아닌 장소에서 임시로 저장 또는 취급하는 기간은 최대 며칠 이내인가?

① 30 ② 60 ③ 90 ④ 120

해설 관할 소방서장의 승인을 받아 지정 수량 이상의 위험물을 제조소 등이 아닌 장소에서 임시로 저장 또는 취급하는 기간은 90일 이내이다.

16 다음 중 위험물안전관리법에서 정한 제조 과정이 아닌 것은?

① 증류 공정 ② 추출 공정
③ 염색 가공 공정 ④ 건조 공정

해설 위험물 제조 과정

㉠ 증류 공정 ㉡ 추출 공정
㉢ 건조 공정 ㉣ 분쇄 공정

17 다음 중 위험물안전관리법에서 정한 위험물을 소비하는 작업이 아닌 것은?

① 분사 도장 작업
② 담금질 또는 열처리 작업
③ 버너를 사용하는 경우
④ 압축 순환 작업

해설 위험물을 소비하는 작업에 있어서의 취급 기준

㉠ 분사 도장 작업 ㉡ 담금질 또는 열처리 작업
㉢ 버너를 사용하는 경우

18 다음 ( ) 안에 적합한 숫자를 차례대로 나열한 것은?

> 자연 발화성 물질 중 알킬알루미늄 등은 운반 용기 내용적의 ( )% 이하의 수납률로 수납하되 50℃의 온도에서 ( )% 이상의 공간 용적을 유지하도록 할 것

① 90, 5 ② 90, 10
③ 95, 5 ④ 95, 10

정답 12 ② 13 ③ 14 ③ 15 ③ 16 ③ 17 ④ 18 ①

해설 운반 용기의 수납률

위험물	수납률
알킬알루미늄 등	90% 이하(50℃에서 5% 이상 공간 용적 유지)
고체 위험물	95% 이하
액체 위험물	98% 이하(55℃에서 누설되지 않을 것)

19 A업체에서 제조한 위험물을 B업체로 운반할 때 규정에 의한 운반 용기에 수납하지 않아도 되는 위험물은? (단, 지정 수량의 2배 이상인 경우이다.)

① 덩어리 상태의 황 ② 금속분
③ 삼산화크로뮴 ④ 염소산나트륨

해설 ① 운반 용기에 수납하지 않아도 되는 위험물은 덩어리 상태의 황이다.

20 법령상 위험물을 수납한 운반 용기의 포장 외부에 표시하지 않아도 되는 사항은?

① 위험물의 품명
② 위험물 제조 회사
③ 위험물의 수량
④ 수납 위험물의 주의 사항

해설 수납한 운반 용기의 포장 외부의 표시 사항
㉠ 위험물의 품명, 위험 등급, 화학명 및 수용성(수용성 표시는 제4류 위험물로서 수용성인 것에 한한다)
㉡ 위험물의 수량
㉢ 수납 위험물의 주의 사항

21 위험물안전관리법령상 제1류 위험물 중 알칼리 금속의 과산화물의 운반 용기 외부에 표시하여야 하는 주의 사항을 모두 옳게 나타낸 것은?

① "화기 엄금", "충격 주의" 및 "가연물 접촉 주의"
② "화기 · 충격 주의", "물기 엄금" 및 "가연물 접촉 주의"
③ "화기 주의" 및 "물기 엄금"
④ "화기 엄금" 및 "충격 주의"

해설 위험물 운반 용기의 주의 사항

위험물		주의 사항
제1류 위험물	알칼리 금속의 과산화물	· 화기·충격 주의 · 물기 엄금 · 가연물 접촉 주의
	기타	· 화기·충격 주의 · 가연물 접촉 주의
제2류 위험물	철분·금속분·마그네슘	· 화기 주의 · 물기 엄금
	인화성 고체	화기 엄금
	기타	화기 주의
제3류 위험물	자연 발화성 물질	· 화기 엄금 · 공기 접촉 엄금
	금수성 물질	물기 엄금
제4류 위험물		화기 엄금
제5류 위험물		· 화기 엄금 · 충격 주의
제6류 위험물		가연물 접촉 주의

22 위험물 운반 용기 외부에 수납하는 위험물의 종류에 따라 표시하는 주의 사항으로 바르게 연결된 것은?

① 염소산칼륨 – 물기 주의
② 철분 – 물기 주의
③ 아세톤 – 화기 엄금
④ 질산 – 화기 엄금

해설 23번 해설 참고
① 염소산칼륨(제1류 위험물 중 기타) : 화기·충격 주의 및 가연물 접촉 주의
② 철분(제2류 위험물) : 화기 주의·물기 엄금
③ 아세톤(제4류 위험물) : 화기 엄금
④ 질산(제6류 위험물) : 가연물 접촉 주의

23 제3류 위험물 중 금수성 물질 위험물 제조소에는 어떤 주의 사항을 표시한 게시판을 설치하여야 하는가?

① 물기 엄금 ② 물기 주의
③ 화기 엄금 ④ 화기 주의

정답 19 ① 20 ② 21 ② 22 ③ 23 ①

해설 제조소의 게시판 주의 사항

위험물		주의 사항
제1류 위험물	알칼리 금속의 과산화물	물기 엄금
	기타	별도의 표시를 하지 않는다.
제2류 위험물	인화성 고체	화기 엄금
	기타	화기 주의
제3류 위험물	자연 발화성 물질	화기 엄금
	금수성 물질	물기 엄금
제4류 위험물		화기 엄금
제5류 위험물		
제6류 위험물		별도의 표시를 하지 않는다.

24 옥내 저장 창고의 바닥을 물이 스며 나오거나 스며들지 아니하는 구조로 해야 하는 위험물은?

① 과염소산칼륨
② 나이트로셀룰로오스
③ 적린
④ 트라이에틸알루미늄

해설 방수성이 있는 피복 조치

유별	적용 대상
제1류 위험물	알칼리 금속의 과산화물
제2류 위험물	· 철분 · 금속분 · 마그네슘
제3류 위험물	금수성 물품(트라이에틸알루미늄)

25 위험물안전관리법령상 위험물의 운반에 관한 기준에 따라 차광성이 있는 피복으로 가리는 조치를 하여야 하는 위험물에 해당하지 않는 것은?

① 특수 인화물 ② 제1석유류
③ 제1류 위험물 ④ 제6류 위험물

해설 차광성이 있는 피복 조치

유별	적용 대상
제1류 위험물	전부
제3류 위험물	자연 발화성 물품
제4류 위험물	특수 인화물
제5류 위험물	전부
제6류 위험물	

26 위험물안전관리법령에서 정하는 위험 등급 I에 해당하지 않는 것은?

① 제3류 위험물 중 지정 수량이 10kg인 위험물
② 제4류 위험물 중 특수 인화물
③ 제1류 위험물 중 무기 과산화물
④ 제5류 위험물 중 지정 수량이 100kg인 위험물

해설

구분	위험등급 I	위험등급 II	위험등급 III
제1류 위험물	아염소산염류, 염소산염류, 과염소산염류, 무기과산화물, 그 밖에 지정수량이 50kg인 위험물	브로민산염류, 질산염류, 아이오딘산염류, 그 밖에 지정수량이 300kg인 위험물	위험등급 I, 위험등급 II 외의 것
제2류 위험물		황화인, 적린, 황, 그 밖에 지정수량이 100kg인 위험물	
제3류 위험물	칼륨, 나트륨, 알킬알루미늄, 알킬리튬, 황린, 그 밖에 지정수량이 10kg 또는 20kg인 위험물	알칼리금속(칼륨 및 나트륨을 제외) 알칼리토금속, 유기금속화합물(알킬알루미늄 및 알킬리튬을 제외), 그 밖에 지정수량이 50kg인 위험물	
제4류 위험물	특수인화물	제1석유류, 알코올류	
제5류 위험물	지정수량이 제1종 : 10kg인 위험물	지정수량이 제2종 : 100kg인 위험물	
제6류 위험물	모두		

27 위험물안전관리법령에 따라 지정 수량 10배의 위험물을 운반할 때 혼재가 가능한 것은?

① 제1류 위험물과 제2류 위험물
② 제2류 위험물과 제3류 위험물
③ 제3류 위험물과 제5류 위험물
④ 제4류 위험물과 제5류 위험물

정답 24 ④ 25 ② 26 ④ 27 ④

해설 유별을 달리하는 위험물의 혼재 기준

구분	제1류	제2류	제3류	제4류	제5류	제6류
제1류		×	×	×	×	○
제2류	×		×	○	○	×
제3류	×	×		○	×	×
제4류	×	○	○		○	×
제5류	×	○	×	○		×
제6류	○	×	×	×	×	

28 다음 위험물 중 혼재가 가능한 위험물은?

① 과염소산칼륨 – 황린
② 질산메틸 – 경유
③ 마그네슘 – 알킬알루미늄
④ 탄화칼슘 – 나이트로글리세린

해설 유별을 달리하는 위험물의 혼재 기준

구분	제1류	제2류	제3류	제4류	제5류	제6류
제1류		×	×	×	×	○
제2류	×		×	○	○	×
제3류	×	×		○	×	×
제4류	×	○	○		○	×
제5류	×	○	×	○		×
제6류	○	×	×	×	×	

① 과염소산칼륨(제1류) – 황린(제3류)
② 질산메틸(제5류) – 경유(제4류)
③ 마그네슘(제2류) – 알킬알루미늄(제3류)
④ 탄화칼슘(제3류) – 나이트로글리세린(제5류)

29 위험물을 저장 또는 취급하는 탱크의 용량은?

① 탱크의 내용적에서 공간 용적을 뺀 용적으로 한다.
② 탱크의 내용적으로 한다.
③ 탱크와 공간 용적으로 한다.
④ 탱크의 내용적에 공간 용적을 더한 용적으로 한다.

해설 탱크의 용량=탱크의 내용적−탱크의 공간 용적

30 위험물 저장 탱크의 내용적이 300L일 때 탱크에 저장하는 위험물의 용량 범위로 적합한 것은? (단, 원칙적인 경우에 한한다.)

① 240~270L ② 270~285L
③ 290~295L ④ 295~298L

해설 위험물 저장 탱크의 용량

탱크의 공간 용적은 탱크 용적의 $\frac{5}{100}$ 이상 $\frac{10}{100}$ 이하로 한다.

㉠ $300L \times 0.90 = 270L$
㉡ $300L \times 0.95 = 285L$

31 횡으로 설치한 원통형 위험물 저장 탱크의 내용적이 500L일 때 공간 용적은 최소 몇 L이어야 하는가? (단, 원칙적인 경우에 한한다.)

① 15 ② 25
③ 35 ④ 50

해설 ㉠ 공간 용적 : 위험물의 과주입 또는 온도의 상승으로 부피의 증가에 따른 체적 팽창에 의한 위험물의 넘침을 막아주는 기능을 한다.

㉡ 일반적인 탱크의 공간 용적 : 탱크 내용적의 $\frac{5}{100}$ 이상 $\frac{10}{100}$ 이하이다.

그러므로 $500L \times 0.05 = 25L$

32 그림과 같은 타원형 탱크의 내용적은 약 몇 m^3인가?

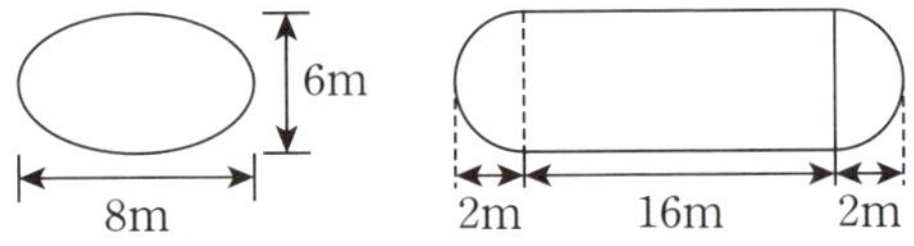

① 453 ② 553 ③ 653 ④ 753

해설 $V = \frac{\pi ab}{4}\left(l + \frac{l_1 + l_2}{3}\right)$

$= \frac{\pi \times 8 \times 6}{4} \times \left(16 + \frac{2+2}{3}\right)$

$= 653m^3$

33 그림과 같이 횡으로 설치한 원통형 위험물 탱크에 대하여 탱크의 용량을 구하면 약 몇 m^3인가? (단, 공간 용적은 탱크 내용적의 100분의 5로 한다.)

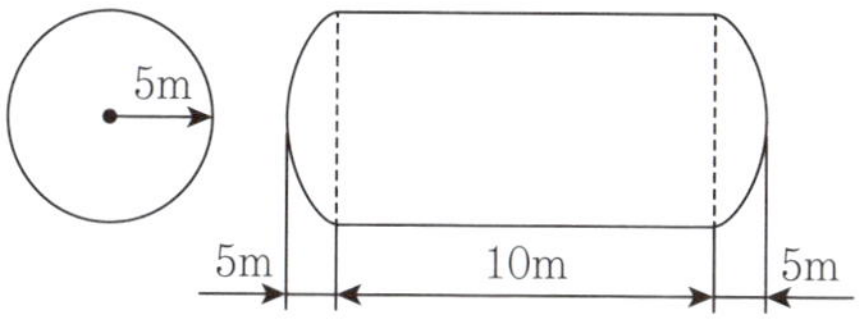

① 196.3　　② 261.6
③ 785.0　　④ 994.8

해설 $V=\pi r^2\left(l+\frac{l_1+l_2}{3}\right)$

$=\pi\times5^2\left(10+\frac{5+5}{3}\right)=1047.16\text{m}^3$

∴ 공간 용적이 5%인 탱크의 용량 $=1047.16\times0.95$

$=994.8\text{m}^3$

34 그림의 원통형 종으로 설치된 탱크에서 공간 용적을 내용적의 10%라고 하면 탱크 용량(허가 용량)은 약 얼마인가?

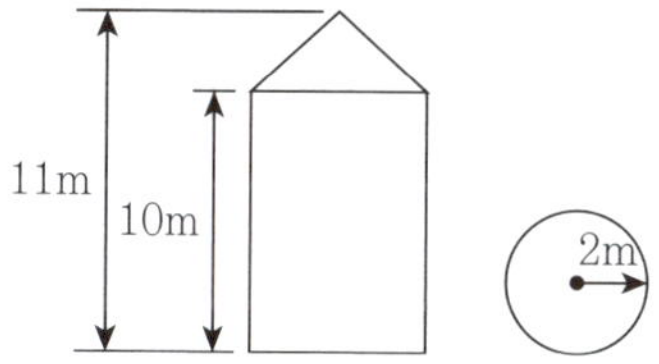

① 113.04　　② 124.34
③ 129.06　　④ 138.16

해설 탱크 용량(허가 용량)=내용적−공간 용적

$=0.9\pi r^2 l$

$=0.9\times\pi\times2^2\times10$

$=113.04\text{m}^3$

35 그림과 같은 위험물을 저장하는 탱크의 내용적은 약 몇 m^3인가? (단, r은 10m, L은 25m이다.)

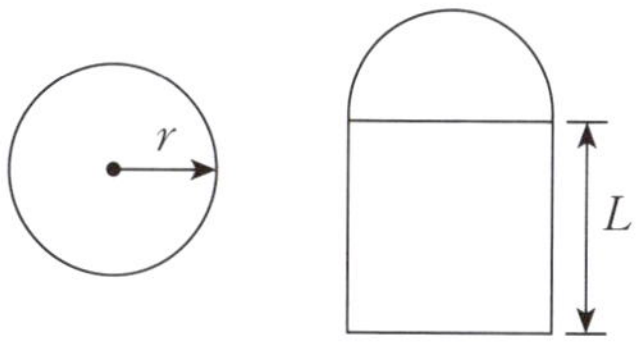

① 3,012　　② 4,754
③ 5,812　　④ 7,854

해설 $V=\pi r^2 l=\pi\times(10\text{m})^2\times25\text{m}=7,854\text{m}^3$

36 혼합물인 위험물이 복수의 성상을 가지는 경우에 적용하는 품명에 관한 설명으로 틀린 것은?

① 산화성 고체의 성상 및 가연성 고체의 성상을 가지는 경우 : 산화성 고체의 품명
② 산화성 고체의 성상 및 자기 반응성 물질의 성상을 가지는 경우 : 자기 반응성 물질의 품명
③ 가연성 고체의 성상과 자연 발화성 물질의 성상 및 금수성 물질의 성상을 가지는 경우 : 자연 발화성 물질 및 금수성 물질의 품명
④ 인화성 고체의 성상 및 자기 반응성 물질의 성상을 가지는 경우 : 자기 반응성 물질의 품명

해설 혼합물인 위험물이 복수의 성상을 가지는 경우에 적용하는 품명

㉠ 1류와 2류와의 복합 성상일 때 : 2류
㉡ 1류와 5류와의 복합 성상일 때 : 5류
㉢ 2류와 3류와의 복합 성상일 때 : 3류
㉣ 3류와 4류와의 복합 성상일 때 : 3류
㉤ 4류와 5류와의 복합 성상일 때 : 5류

정답 33 ④ 34 ① 35 ④ 36 ①

03 위험물 시설의 구분

3-1 제조소

위험물을 제조할 목적으로 지정 수량 이상의 위험물을 제조하기 위하여 허가받은 장소를 말한다.

(1) 안전 거리

위험물 시설 또는 그 구성 부분과 다른 공작물(고압가공전선) 또는 방호 대상물과의 사이에 소방 안전상 확보해야 할 수평 거리를 말한다. 위험물안전관리법에 의한 안전거리를 충족하였어도, 타법령(주택법, 영유아보육법, 가스관련법령 등)에서도 안전거리가 규정된 경우에는 해당 법령에 의한 안전거리도 충족해야 함을 주의하여야 한다.

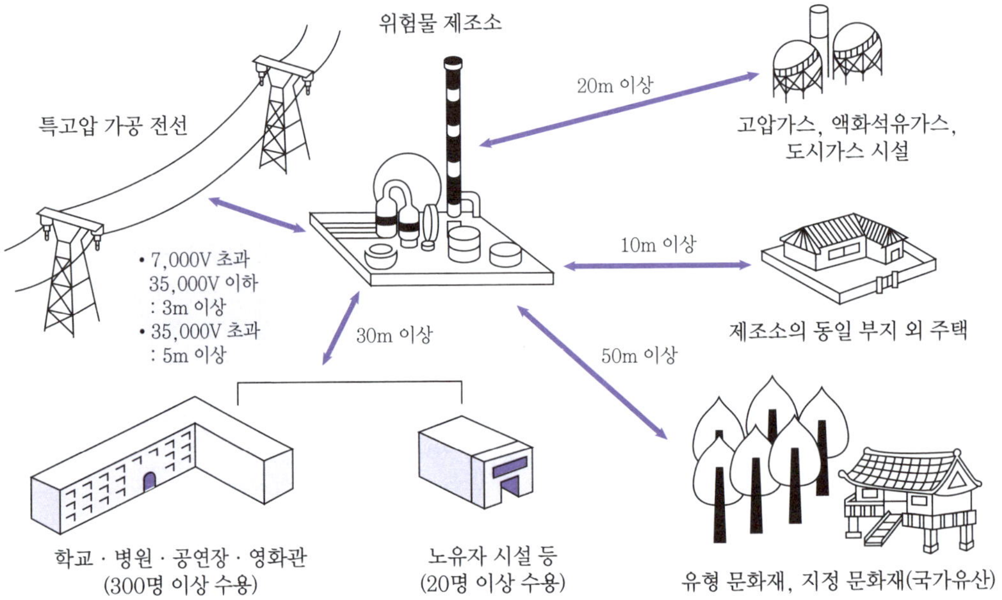

<위험물 제조소와의 안전 거리>

(2) 안전 거리의 적용 대상

① 위험물 제조소(제6류 위험물을 취급하는 제조소 제외)

② 일반 취급소

③ 옥내 저장소

④ 옥외 탱크 저장소

⑤ 옥외 저장소

(3) 보유 공지

위험물 시설 또는 그 구성 부분의 주위에 확보해야 할 절대 공간을 말하며, 소방 활동의 공간을 제공하고 화재 시 상호 연소 방지를 위해 설치한다.

취급하는 위험물의 최대 수량	공지의 너비
지정 수량 10배 이하	3m 이상
지정 수량 10배 초과	5m 이상

참고

보유 공지를 두는 목적

1. 위험물 시설의 화염이 인근 시설이나 건축물 등으로의 연소 확대 방지를 위한 완충 공간 기능을 하기 위해서
2. 위험물 시설의 주변에 장애물이 없도록 공간을 확보함으로써 소화 활동이 쉽도록 하기 위해서
3. 위험물 시설의 주변에 장애물이 없도록 공간을 확보함으로써 피난자가 피난하기 쉽도록 하기 위해서

(4) 제조소의 표지 및 게시판

① **규격 :** 한 변의 길이 0.3m 이상, 다른 한 변의 길이 0.6m 이상인 직사각형

② **색깔 :** 백색 바탕에 흑색 문자

③ **표지판 기재 사항 :** 제조소 등의 명칭

④ **게지판 기재 사항**

㉮ 저장 또는 취급하는 위험물의 유별 · 품명

㉯ 저장 최대 수량 또는 취급 최대 수량, 지정 수량의 배수

㉰ 안전관리자 성명 또는 직명

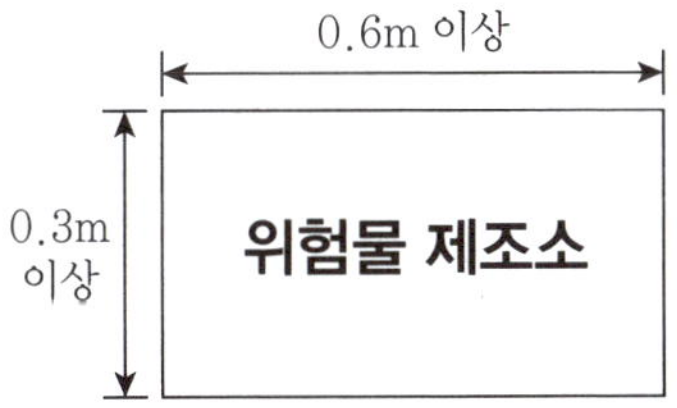

<위험물 제조소의 표지판>

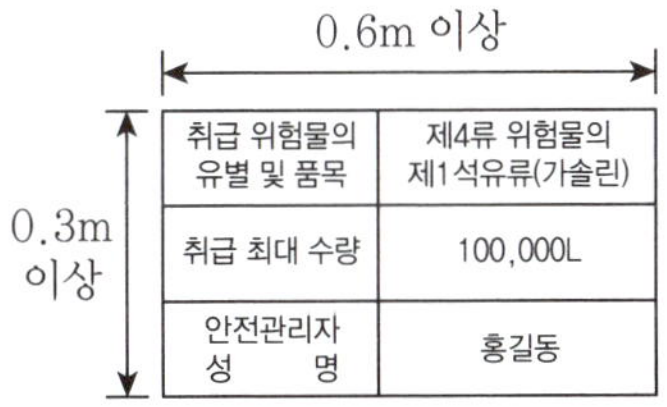

<위험물 제조소의 게시판>

(5) 주의 사항 게시판

① **규격 :** 방화에 관하여 필요한 사항을 기재한 게시판 이외의 것이다. 한 변의 길이 0.3m 이상, 다른 한 변의 길이 0.6m 이상

② 색깔

㉮ 화기 엄금(적색 바탕에 백색 문자)

예 제2류 위험물 중 인화성 고체, 제3류 위험물 중 자연 발화성 물품, 제4류 위험물, 제5류 위험물

㉯ 화기 주의(적색 바탕에 백색 문자)

예 제2류 위험물(인화성 고체 제외)

㉰ 물기 엄금(청색 바탕에 백색 문자)

예 제1류 위험물 중 무기 과산화물, 제3류 위험물 중 금수성 물품

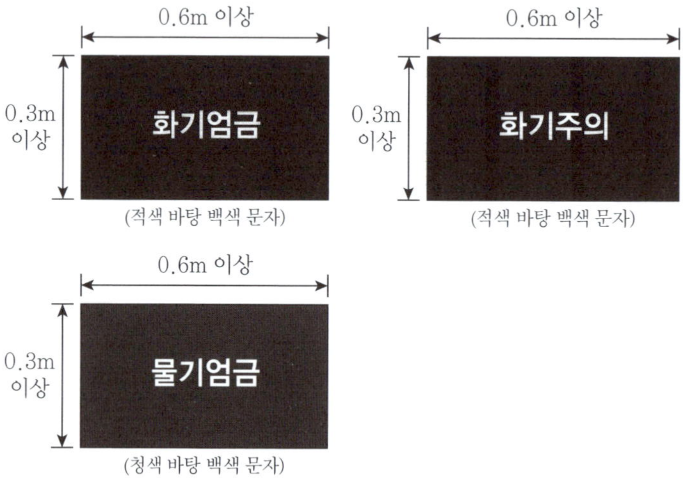

(6) 제조소의 건축물 구조 기준

① 지하층이 없도록 한다.

② 벽, 기둥, 바닥, 보, 서까래 및 계단은 불연 재료로 설치한다.

③ 지붕은 폭발력이 위로 방출될 정도의 가벼운 불연 재료로 덮어야 한다.

④ 출입구와 비상구는 60분+방화문·60분방화문 또는 30분방화문을 설치(연소의 우려가 있는 외벽에 설치하는 출입구에는 자동 폐쇄식의 60분+방화문 또는 60분방화문 설치)한다.

⑤ 위험물을 취급하는 건축물의 창 및 출입구에 유리를 이용하는 경우에는 망입 유리로 한다.

⑥ 액체의 위험물을 취급하는 건축물의 바닥은 위험물이 스며들지 못하는 재료로 사용하고, 적당한 경사를 두어 그 최저부에 집유 설비를 한다.

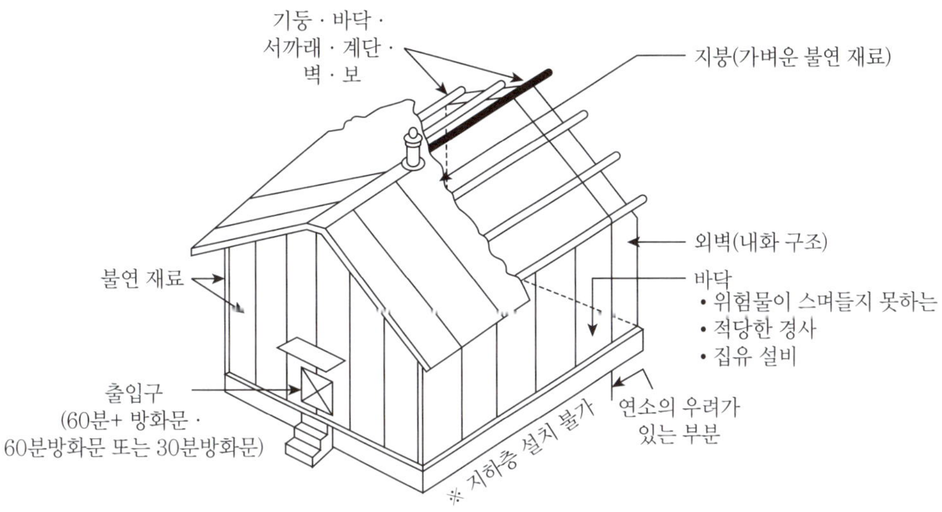

<제조소의 건축물 구조>

(7) 환기 설비

① 환기는 자연 배기 방식으로 한다.

② 급기구는 해당 급기구가 설치된 실의 바닥 면적 150m²마다 1개 이상으로 하되, 급기구의 크기는 800cm² 이상으로 한다. 다만, 바닥 면적이 150m² 미만인 경우에는 다음의 크기로 하여야 한다.

바닥 면적	급기구의 면적
60m² 미만	150cm² 이상
60m² 이상 90m² 미만	300cm² 이상
90m² 이상 120m² 미만	450cm² 이상
120m² 이상 150m² 미만	600cm² 이상

③ 급기구는 낮은 곳에 설치하고, 가는 눈의 구리망 등으로 인화 방지망을 설치한다.

④ 환기구는 지붕 위 또는 지상 2m 이상의 높이에 회전식 고정 벤틸레이터 또는 루프팬 방식으로 설치한다.

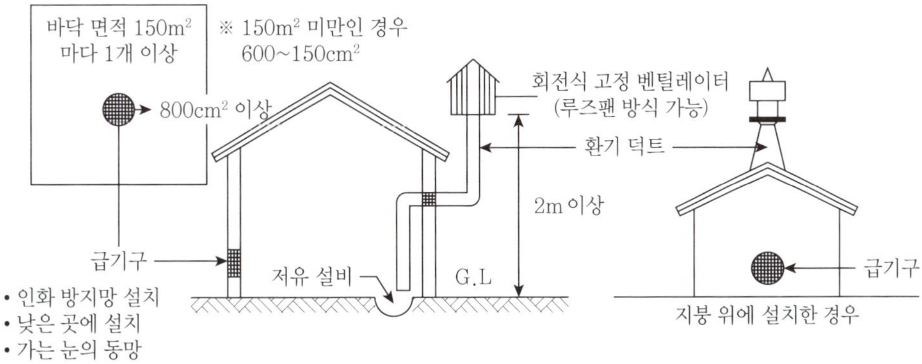

<자연 배기 방식 환기 설비>

(8) 배출 설비

가연성의 증기 또는 미분이 체류할 우려가 있는 건축물에는 그 증기 또는 미분을 옥외의 높은 곳으로 배출하기 위한 설비이다.

① 배출 설비는 국소 방식으로 하여야 한다.
다만, 위험물 취급 설비가 배관 이음 등으로만 된 경우에는 전역 방식으로 할 수 있다.

② 배출 설비는 배풍기(오염된 공기를 뽑아내는 통풍기)·배출 덕트(공기 배출 통로)·후드 등을 이용하여 강제적으로 배출하는 것으로 하여야 한다.

③ 배출 능력은 1시간당 배출 장소 용적의 20배 이상인 것으로 하여야 한다. 다만, 전역 방식은 바닥 면적 $1m^2$당 $18m^3$ 이상으로 할 수 있다.

④ 급기구는 높은 곳에 설치하고, 가는 눈의 구리망 등으로 인화 방지망을 설치한다.

⑤ 배출구는 지상 2m 이상으로서 연소의 우려가 없는 장소에 설치한다.

⑥ 배풍기는 강제 배기 방식으로 한다.

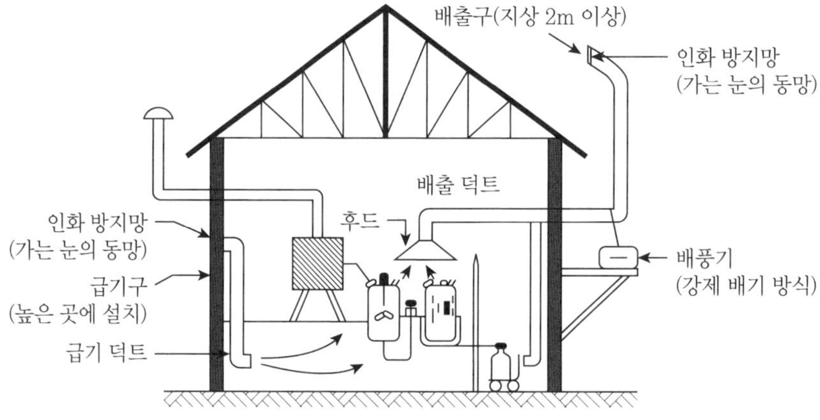

<국소 방식>

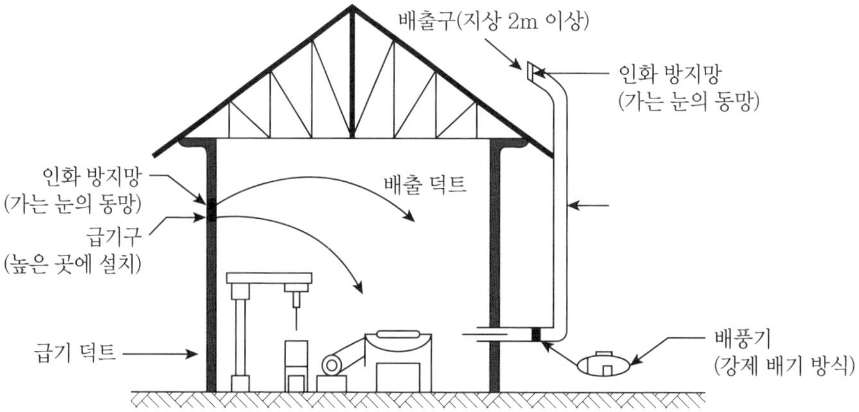

※ 배출 능력 : 1시간당 배출 장소 용적의 20배 이상인 것

<전역 방식>

(9) 정전기 제거 설비의 설치 기준

① 접지에 의한 방법(접지법)

② 공기 중의 상대 습도를 70% 이상으로 하는 방법(수증기 분사법)

③ 공기를 이온화하는 방법(공기의 이온화법)

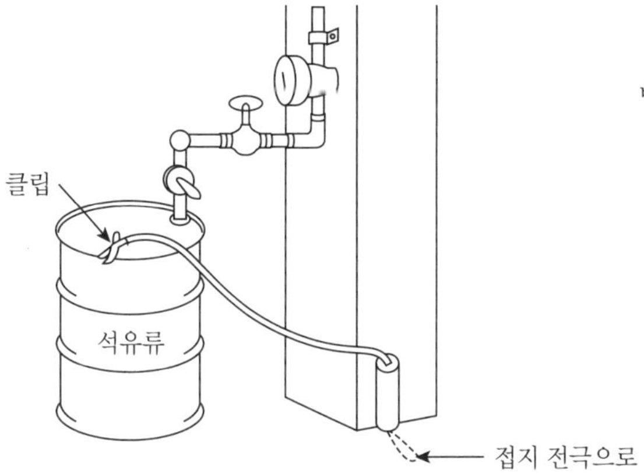

<접지법>

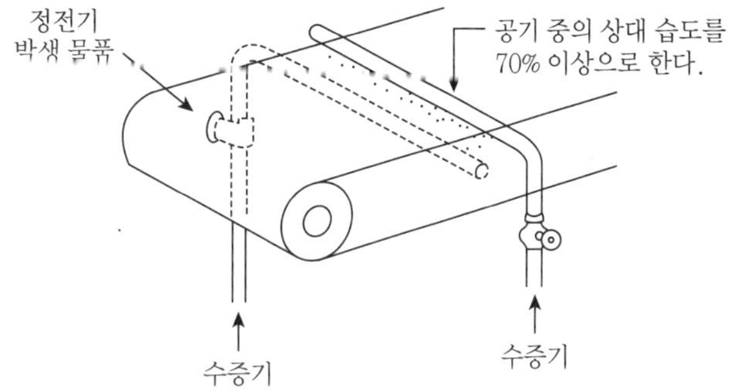

<수증기 분사법>

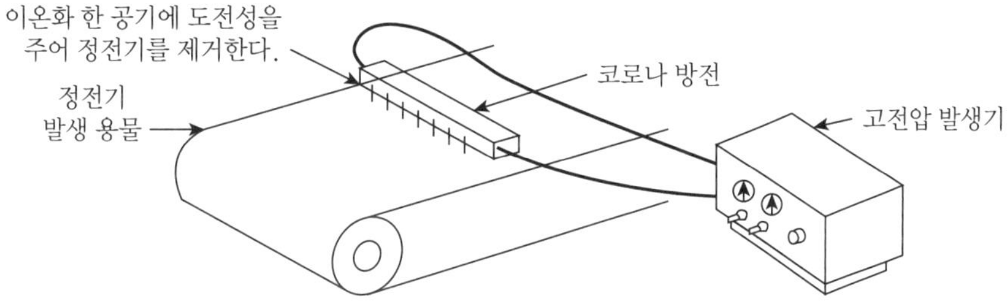

<공기의 이온화법>

(10) 압력계 및 안전 장치

위험물을 가압하는 설비 또는 그 취급하는 위험물의 압력이 상승할 우려가 있는 설비에는 압력계 및 다음 중 하나에 해당하는 안전 장치를 설치하여야 한다.

① 자동적으로 압력의 상승을 정지시키는 장치(일반적으로 안전 밸브를 사용)

② 감압측에 안전 밸브를 부착한 감압 밸브

③ 안전 밸브를 병용하는 경보 장치

④ 파괴판(위험물의 성질에 따라 안전 밸브의 작동이 곤란한 가압 설비에 한함)

(11) 방화상 유효한 담의 높이

다음에 의하여 산정한 높이 이상으로 한다.

① $H \leqq pD^2 + a$인 경우 : $h=2$

② $H > pD^2 + a$인 경우 : $h=H-p(D^2+d^2)$

③ '①' 및 '②'에서 D, H, a, d, h 및 p는 다음과 같다.

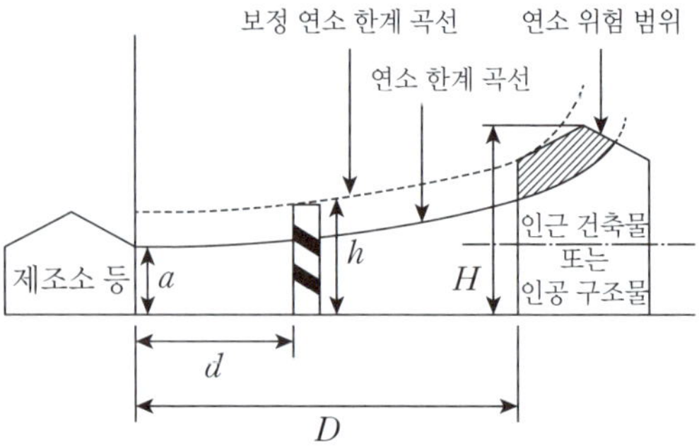

여기서, D : 제조소 등과 인근 건축물 또는 공작물과의 거리(m)
H : 인근 건축물 또는 공작물의 높이(m)
a : 제조소 등의 외벽의 높이(m)
d : 제조소 등과 방화상 유효한 담과의 거리(m)
h : 방화상 유효한 담의 높이(m)
p : 상수

3-2 옥내 저장소

창고 형태로서, 법령에 정하는 용기에 수납하여 위험물을 저장 또는 취급하는 저장소를 말한다. 일반적으로 위험물 창고라고 하며, 저장 수량의 제한은 없으나 바닥 면적의 제한이 있다.

(1) 옥내 저장소의 기준

① 안전거리에서 제외되는 경우

㉮ 제4석유류 또는 동 · 식물유류의 위험물을 저장 또는 취급하는 옥내 저장소로서 그 최대 수량이 지정 수량의 20배 미만인 것

㉯ 제6류 위험물을 저장 또는 취급하는 옥내 저장소

㉰ 지정 수량의 20배(하나의 저장 창고의 바닥 면적이 $150m^2$ 이하인 경우에는 50배) 이하의 위험물을 저장 또는 취급하는 옥내 저장소로서 벽, 기둥, 보, 및 지붕이 내화 구조, 출입구는 자동 폐쇄식의 60분+방화문 또는 60분방화문, 저장 창고에 창을 설치하지 아니한 경우

② 보유 공지

저장 또는 취급하는 위험물의 최대 수량	공지의 너비	
	벽 · 기둥 및 바닥이 내화 구조로 된 건축물	그 밖의 건축물
지정 수량의 5배 이하	–	0.5m 이상
지정 수량의 5배 초과 10배 이하	1m 이상	1.5m 이상
지정 수량의 10배 초과 20배 이하	2m 이상	3m 이상
지정 수량의 20배 초과 50배 이하	3m 이상	5m 이상
지정 수량의 50배 초과 200배 이하	5m 이상	10m 이상
지정 수량의 200배 초과	10m 이상	15m 이상

단, 지정 수량의 20배를 초과하는 옥내 저장소와 동일한 부지 내에 있는 다른 옥내 저장소와의 사이에는 동표에 정하는 공지 너비의 $\frac{1}{3}$(해당 수치가 3m 미만인 경우는 3m)의 공지를 보유할 수 있다.

③ 저장 창고 바닥 면적 기준

㉮ 다음의 위험물을 저장하는 창고 : 1,000m^2 이하

㉠ 제1류 위험물 중 아염소산염류, 염소산염류, 과염소산염류, 무기 과산화물, 그 밖에 지정 수량이 50kg인 위험물

㉡ 제3류 위험물 중 칼륨, 나트륨, 알킬알루미늄, 알킬리튬, 그 밖에 지정 수량이 10kg인 위험물 및 황린

㉢ 제4류 위험물 중 특수 인화물, 제1석유류 및 알코올류

㉣ 제5류 위험물 중 유기 과산화물, 질산에스테르류, 그 밖에 지정 수량이 10kg인 위험물

㉤ 제6류 위험물

㉯ ㉮의 위험물 외의 위험물을 저장하는 창고 : 2,000m^2 이하

㉰ ㉮의 위험물과 ㉯의 위험물을 내화 구조의 격벽으로 완전히 구획된 실에 각각 저장하는 창고 : 1,500m^2(㉮의 위험물을 저장하는 실의 면적은 500m^2를 초과할 수 없다.)

④ 저장 창고

㉮ 위험물 저장을 전용으로 하는 독립된 건축물로 하여야 한다.

㉯ 저장 창고의 지면에서 처마까지의 높이는 6m 미만의 단층 건물로 하고 그 바닥을 지반면보다 높게 한다.(제2류 또는 제4류 위험물 만을 저장하는 창고로서 벽 · 기둥 · 보 및 바닥이 내화 구조, 출입구에 60분+방화문 또는 피뢰침을 설치한 경우 처마 높이를 20m 이하로 할 수 있다.)

㉰ 저장 창고의 벽 · 기둥 및 바닥은 내화 구조로 하고, 보와 서까래는 불연 재료로 한다.

㉱ 저장 창고의 제품은 폭발력이 위로 방출될 정도의 가벼운 불연 재료로 하고 천장을 만들지 않는다.

㉮ 저장 창고의 출입구에는 60분+방화문 · 60분방화문 또는 30분방화문으로 설치하되, 연소의 우려가 있는 외벽에 있는 출입구에는 수시로 열 수 있는 자동 폐쇄식의 60분+방화문 또는 60분방화문을 설치한다.

㉯ 저장 창고의 창 또는 출입구에 유리를 이용하는 경우에는 망입 유리로 한다.

⑤ 채광 · 조명 · 환기 설비 등

㉮ 채광 · 조명 · 환기 설비 및 피뢰 설비는 위험물 제조소의 설치 기준을 준용한다.

㉯ 인화점이 70℃ 미만인 위험물의 저장 창고에 있어서는 내부에 체류한 가연성의 증기를 지붕 위로 배출하는 설비를 갖추어야 한다.

참고

옥내 저장소 배출 설비 설치

인화점이 70℃ 미만인 위험물의 옥내 저장소

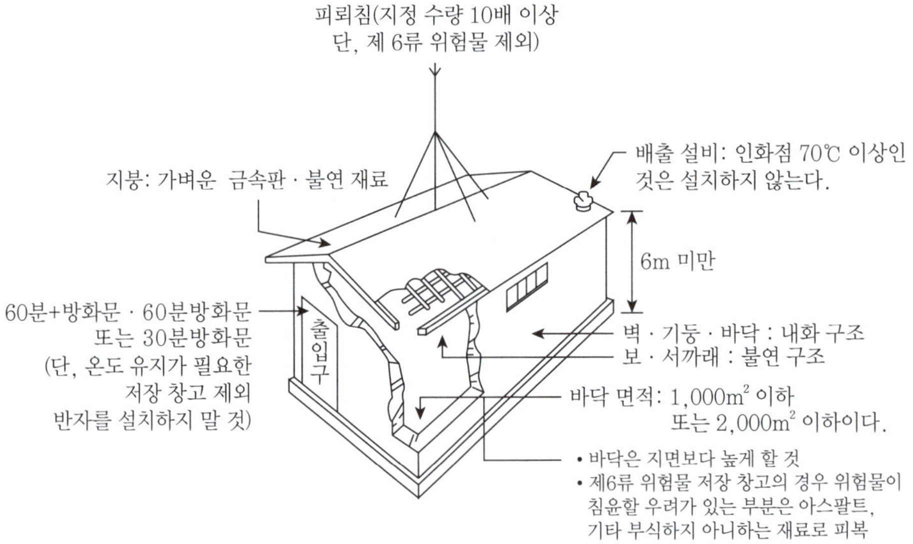

<옥내 저장소의 구조>

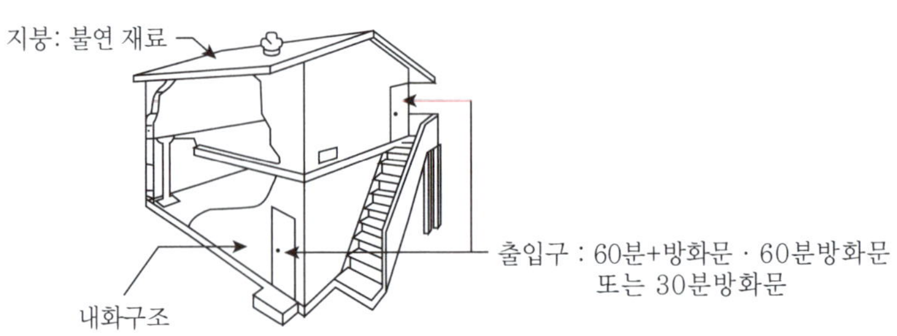

<다층 건물의 저장 창고의 구조>

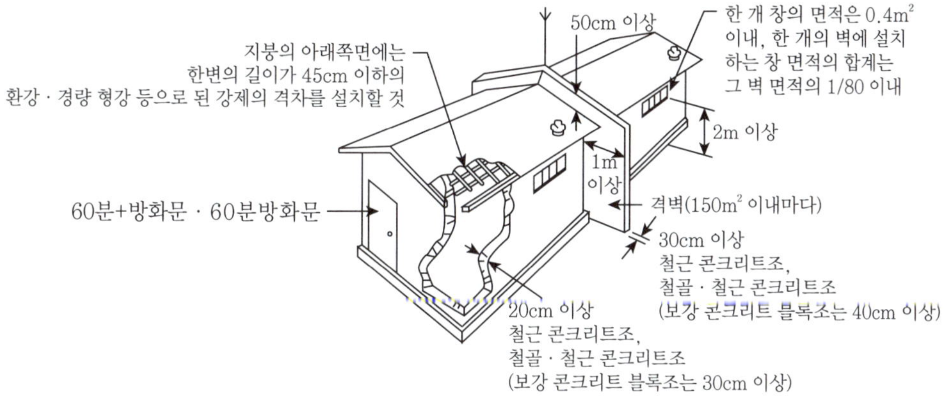

<지정 유기 과산화물 저장 창고>

(2) 위험물의 저장 기준

① 운반 용기에 수납하여 저장한다.

② 품명별로 구분하여 저장한다.

③ 위험물과 비위험물과의 상호 거리 : 1m 이상

④ 혼재할 수 있는 위험물과 위험물의 상호 거리 : 1m 이상

⑤ 자연 발화 위험이 있는 위험물 : 지정 수량 10배 이하마다 0.3m 이상 간격을 둔다.

(3) 위험물 용기를 겹쳐 쌓을 수 있는 높이

① 기계에 의하여 하역하는 구조로 된 용기만을 겹쳐 쌓는 경우 : 6m

② 제4류 위험물 중 제3석유류, 제4석유류 및 동·식물유류를 수납하는 용기만을 겹쳐 쌓는 경우 : 4m

③ 그 밖의 경우 : 3m

(4) 지정 과산화물을 저장하는 옥내 저장소의 창고 기준

① 저장 창고는 바닥 면적 150m² 이내마다 격벽으로 완전하게 구획하여야 한다.

② 저장 창고 상부의 지붕으로부터 50cm 이상 돌출하게 하여야 한다.

③ 저장 창고 양측의 외벽으로부터 1m 이상 돌출하게 하여야 한다.

④ 철근 콘크리트조의 경우 두께가 30cm 이상이어야 한다.

참고

지정 과산화물

제5류 위험물 중 유기 과산화물 또는 이를 함유한 것으로 지정 수량이 10kg인 것

(5) 상호 1m 이상의 간격을 유지하는 경우에도 동일한 옥내 저장소에 저장할 수 있는 것

① 제1류 위험물(알칼리 금속의 과산화물 또는 이를 함유한 것은 제외)＋제5류 위험물

② 제1류 위험물＋제6류 위험물

③ 제1류 위험물＋자연 발화성 물품(황린)

④ 제2류 위험물 중 인화성 고체＋제4류 위험물

⑤ 제3류 위험물 중 알킬알루미늄 등＋제4류 위험물(알킬알루미늄 · 알킬리튬을 함유한 것)

⑥ 제4류 위험물 중 유기 과산화물 또는 이를 함유하는 것＋제5류 위험물 중 유기 과산화물 또는 이를 함유하는 것

3-3 옥외 저장소

옥외의 장소에서 용기 속에 위험물을 넣어 저장하는 곳을 말한다.

• 옥외 저장소에서 저장 취급할 수 있는 위험물

㉮ 제2류 위험물 중 황 또는 인화성 고체(인화점 0℃ 이상인 것에 한한다)

㉯ 제4류 위험물 중 제1석유류(인화점 0℃ 이상인 것에 한한다), 알코올류, 제2석유류, 제3석유류, 제4석유류, 동 · 식물유류

㉰ 제6류 위험물

(1) 구조 및 설비

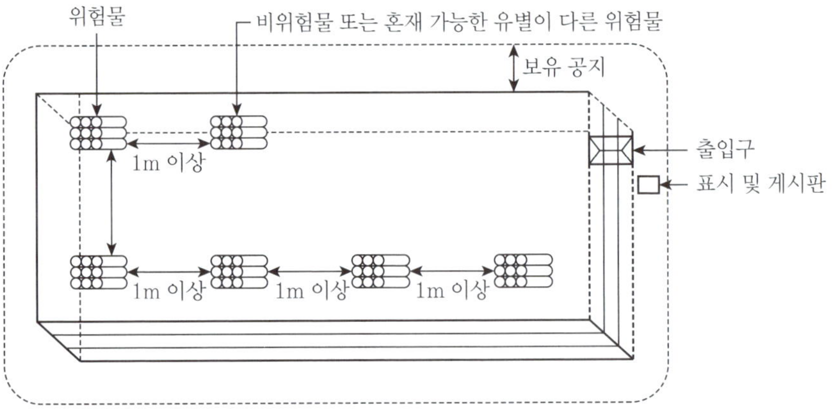

① 습기가 없고, 배수가 잘 되는 장소에 설치한다.

② 위험물을 저장 또는 취급하는 장소의 주위에는 울타리의 기능이 있는 것으로 경계 표시를 하여 명확하게 구분한다.

(2) 보유 공지

저장 또는 취급하는 위험물의 최대 수량	공지의 너비
지정 수량의 10배 이하	3m 이상
지정 수량의 10배 초과 20배 이하	5m 이상
지정 수량의 20배 초과 50배 이하	9m 이상
지정 수량의 50배 초과 200배 이하	12m 이상
지정 수량의 200배 초과	15m 이상

단, 제4류 위험물 중 제4석유류와 제6류 위험물을 저장 또는 취급하는 보유 공지는 공지 너비의 $\frac{1}{3}$ 이상으로 할 수 있다.

(3) 선반 등의 구조물

① 선반은 불연 재료로 만들고, 견고한 지반면에 고정할 것

② 선반의 높이는 6m를 초과하지 아니할 것

③ 과산화수소 또는 과염소산을 저장하는 옥외 저장소에는 불연성 또는 난연성이 천마 등을 설치하여 햇빛을 가릴 것

④ 눈·비 등을 피하거나 차광 등을 위하여 옥외 장소에 캐노피 또는 지붕을 설치하는 경우에는 환기 및 소화 활동에 지장을 주지 아니하는 구조로 할 것. 이 경우 기둥은 내화 구조로하고, 캐노피 또는 지붕을 불연 재료로 하며, 벽을 설치하지 아니한다.

(4) 위험물의 저장 기준

① 운반 용기에 수납하여 저장한다.

② 위험물과 비위험물의 상호 거리 : 1m 이상

③ 위험물과 위험물의 상호 거리 : 1m 이상

(5) 위험물을 저장하는 경우 높이를 초과하여 겹쳐 쌓지 아니한다.

① 기계에 의하여 하역하는 구조로 된 용기만을 겹쳐 쌓는 경우 : 6m

② 제4류 위험물 중 제3석유류, 제4석유류 및 동·식물유류를 수납하는 용기만을 겹쳐 쌓는 경우 : 4m

③ 그 밖의 경우 : 3m

(6) 옥외 저장소 중 덩어리 상태의 황만을 지반면에 설치한 경계 표시의 안쪽에서 저장·취급하는 것

① 하나의 경계 표시의 내부 면적 : $100m^2$ 이하

② 2개 이상의 경계 표시를 설치하는 경우에 있어서는 각각의 경계 표시 내부의 면적을 합산한 면적 : 1,000m^2 이하

③ 황 옥외 저장소의 경계 표시 높이 : 1.5m 이하

④ 경계 표시에는 황이 넘치거나 비산하는 것을 방지하기 위한 천막 등을 고정하는 장치를 설치하되 천막 등을 고정하는 장치는 경계 표시의 길이 2m마다 1개 이상 설치한다.

3-4 옥외 탱크 저장소

옥외에 있는 탱크에 위험물을 저장하는 장소를 말한다.

(1) 안전 거리

제조소 기준을 준용한다.

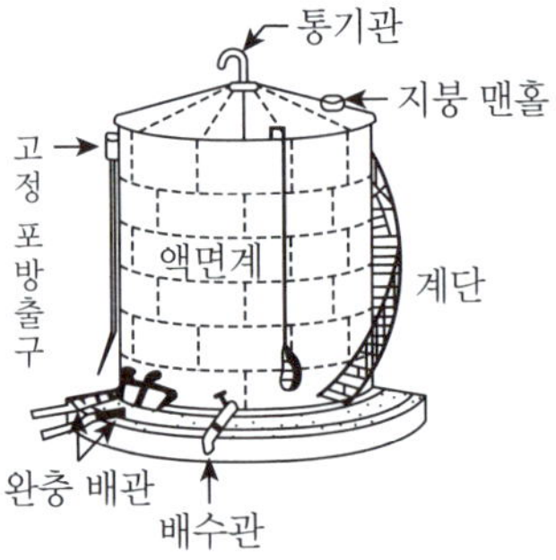

<입형 원통형 탱크>

(2) 보유 공지

저장 또는 취급하는 위험물의 최대 수량	공지의 너비
지정 수량의 500배 이하	3m 이상
지정 수량의 500배 초과 1,000배 이하	5m 이상
지정 수량의 1,000배 초과 2,000배 이하	9m 이상
지정 수량의 2,000배 초과 3,000배 이하	12m 이상
지정 수량의 3,000배 초과 4,000배 이하	15m 이상
지정 수량의 4,000배 초과	당해 탱크의 수평 단면의 최대 지름(가로형인 경우에는 긴 변)과 높이 중 큰 것과 같은 거리 이상. 다만, 30m 초과의 경우에는 30m 이상으로 할 수 있고, 15m 미만의 경우에는 15m 이상으로 하여야 한다.

참고

특례 : 제6류 위험물을 저장, 취급하는 옥외 탱크 저장소의 경우

1. 해당 보유 공지의 1/3 이상의 너비로 할 수 있다(단, 1.5m 이상일 것).
2. 동일 대지 내에 2기 이상의 탱크를 인접하여 설치하는 경우에는 해당 보유 공지 너비의 1/3 이상에 다시 1/3 이상의 너비로 할 수 있다(단, 1.5m 이상일 것).

(3) 탱크 구조 기준

① **재질 및 두께** : 두께 3.2mm 이상의 강철판

② **시험 기준**

㉮ **압력 탱크의 경우** : 최대 상용 압력의 1.5배의 압력으로 10분간 실시하는 수압 시험에 각각 새거나 변형되지 아니하여야 한다.

㉯ **압력 탱크 외의 탱크일 경우** : 충수 시험

③ **탱크 통기 장치의 기준**

㉮ **밸브 없는 통기관**

㉠ **통기관의 직경** : 30mm 이상

㉡ 통기관의 끝부분은 수평면보다 아래로 45° 이상 구부려 빗물 등의 침투를 막는 구조일 것 · 가는 눈의 구리망 등으로 인화 방지 장치를 설치할 것

㉯ **대기 밸브 부착 통기관**

㉠ 5kPa 이하의 압력 차이로 작동할 수 있을 것

㉡ 가는 눈의 구리망 등으로 인화 방지 장치를 설치할 것

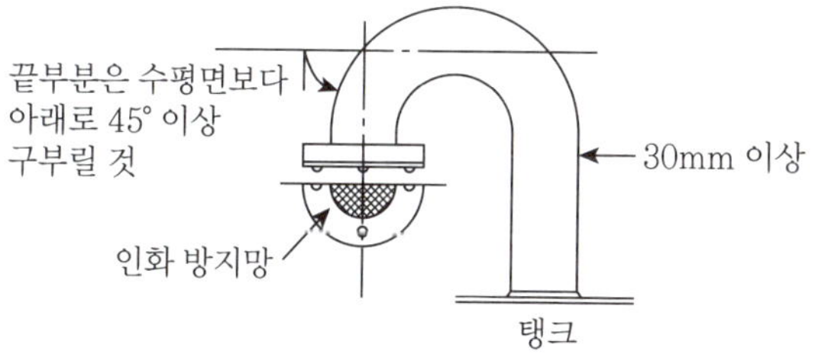

<밸브 없는 통기관>

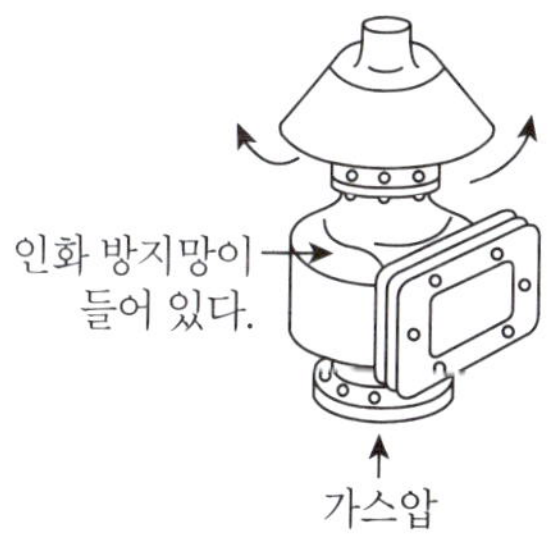

<대기 밸브 부착 통기관>

④ **자동 계량 장치 설치 기준**

㉮ 위험물의 양을 자동적으로 표시할 수 있도록 한다.

㉯ **종류**

㉠ 기밀 부유식 계량 장치(위험물의 양을 자동적으로 표시하는 장치)

㉡ 부유식 계량 장치(증기가 비산하지 않는 구조)

㉢ 전기 압력 자동 방식 또는 방사성 동위 원소를 이용한 자동 계량 장치
㉣ 유리 게이지(금속관으로 보호된 경질 유리 등으로 되어 있고, 게이지가 파손되었을 때 위험물의 유출을 자동으로 정지할 수 있는 장치가 되어 있는 것에 한한다)

⑤ 탱크 주입구 설치 기준
㉮ 화재 예방에 지장이 없는 장소에 설치한다.
㉯ 주입 호스 또는 주유관과 결합할 수 있고, 위험물이 새지 않는 구조로 한다.
㉰ 주입구에는 밸브 또는 뚜껑을 설치한다.
㉱ 휘발유, 벤젠, 그 밖의 정전기에 의한 재해가 발생할 우려가 있는 액체 위험물의 옥외 저장 탱크 주입구 부근에는 정전기를 유효하게 제거하기 위한 접지 전극을 설치한다.
㉲ 인화점이 21℃ 미만인 위험물의 옥외 저장 탱크 주입구에는 '옥외 저장 탱크 주입구'라는 게시판을 설치한다.
㉳ 주입구 주위에는 새어나온 기름 등이 외부로 유출되지 않도록 방유턱 설치 및 집유 설비 등의 장치를 설치한다.

참고

"옥외 저장 탱크 주입구" 표시의 게시판

백색 바탕에 흑색 문자

⑥ 옥외 탱크 저장소의 금속 사용 제한 및 위험물 저장 기준
㉮ 금속 사용 제한 조치 기준 : 아세트알데하이드 또는 산화프로필렌의 옥외 탱크 저장소에는 은, 수은, 동, 마그네슘 또는 이들 합금과는 사용하지 말 것
㉯ 아세트알데하이드, 산화프로필렌 등의 저장 기준
㉠ 옥외 저장 탱크에 아세트알데하이드 또는 산화프로필렌을 저장하는 경우에는 그 탱크 안에 불연성 가스를 봉입해야 한다.
㉡ 옥외 저장 탱크(옥내 저장 탱크 또는 지하 저장 탱크) 중 압력 탱크 외의 탱크에 저장하는 경우
ⓐ 디에틸에테르 또는 산화프로필렌 : 30℃ 이하
ⓑ 아세트알데하이드 : 15℃ 이하
㉢ 옥외 저장 탱크(옥내 저장 탱크 또는 지하 저장 탱크) 중 압력 탱크에 저장하는 경우 : 에틸에테르, 아세트알데하이드 또는 산화프로필렌의 온도는 40℃ 이하

참고

아세트알데하이드의 옥외 저장 탱크에 필요한 설비

1. 보냉 장치
2. 냉각 장치
3. 불활성 기체를 봉입하는 장치

(4) 펌프 설비

① **펌프실의 벽, 기둥, 바닥, 보** : 불연 재료

② **펌프실의 지붕** : 폭발력이 위로 방출될 정도의 가벼운 불연 재료

③ 펌프실의 창 및 출입구에는 60분+방화문·60분방화문 또는 30분방화문을 설치

(5) 옥외 탱크 저장소의 방유제 설치 기준

① **설치 목적** : 저장 중인 액체 위험물이 주위로 누설 시 그 주위에 피해 확산을 방지하기 위하여 설치한 담이다.

② **용량**

㉮ 인화성 액체 위험물(CS_2 제외)의 옥외 탱크 저장소의 탱크

㉠ **1기 이상** : 탱크 용량의 110% 이상(인화성이 없는 액체 위험물은 탱크 용량의 100% 이상)

㉡ **2기 이상** : 최대 용량의 110% 이상

예제

경유 옥외 탱크 저장소에서 10,000L 탱크 1기가 설치된 곳의 방유제 용량은 얼마 이상이 되어야 하는가?

풀이 옥외 탱크 저장소 방유제 용량(탱크 1기인 경우)
=탱크 용량×1.1 이상(비 인화성 액체의 경우×1.0 이상)
=10,000×1.1=11,000L 이상

답 11,000L 이상

㉯ 위험물 제조소의 옥외에 있는 위험물 취급 탱크(용량이 지정 수량의 $\frac{1}{5}$ 미만인 것은 제외)

㉠ **1개의 탱크** : 방유제 용량=탱크 용량×0.5

㉡ **2개 이상의 탱크** : 방유제 용량=최대 탱크 용량×0.5+기타 탱크 용량의 합×0.1

예제

제조소의 옥외에 모두 3기의 휘발유 취급 탱크를 설치하고, 그 주위에 방유제를 설치하고자 한다. 방유제 안에 설치하는 각 취급 탱크의 용량이 5만L, 3만L, 2만L일 때 필요 한 방유제의 용량은 몇 L 이상인가?

풀이 방유제 용량＝최대 용량×0.5＋(기타 용량의 합)×0.1
＝50,000×0.5＋(30,000＋20,000)×0.1＝25,000＋5,000
＝30,000L 이상

답 30,000L 이상

㉰ 위험물 제조소의 옥내에 있는 위험물 취급 탱크의 방유턱의 용량
　㉠ 1기일 때 : 탱크 용량 이상
　㉡ 2기 이상 : 최대 탱크 용량 이상

③ 높이 : 0.5m 이상 3.0m 이하
④ 면적 : 80,000m^2 이하
⑤ 방유제 내에 설치하는 옥외 저장 탱크의 수 : 10개 이하(단, 방유제 내에 설치하는 모든 옥외 저장 탱크의 용량이 20만L 이하이고, 당해 옥외 저장 탱크에 저장 또는 취급하는 위험물의 인화점이 70℃ 이상 200℃ 미만인 경우에는 20개 이하)
⑥ 방유제와 탱크 측면과의 이격 거리

탱크 지름	이격 거리
15m 미만	탱크 높이의 $\frac{1}{3}$ 이상
15m 이상	탱크 높이의 $\frac{1}{2}$ 이상

예제

인화점이 섭씨 200℃ 미만인 위험물을 저장하기 위하여 높이가 15m이고, 지름이 18m인 옥외 저장 탱크를 설치하는 경우 옥외 저장 탱크와 방유제와의 사이에 유지하여야 하는 거리는?

풀이 $15\text{m}\times\frac{1}{2}=7.5\text{m}$ 이상

답 7.5m 이상

참고

고정식 포 소화 설비

방유제 외측에 설치하는 보조 포 소화전 상호 간의 거리는 보행 거리 75m 이하이다.

⑦ 용량이 1,000만L 이상인 옥외 저장 탱크 주위에 설치하는 방유제 규정

㉮ 간막이 둑의 높이는 0.3m(방유제 내에 설치하는 옥외 저장 탱크의 용량의 합계가 2억L를 넘는 방유제에 있어서는 1m 이상으로 하되, 방유제의 높이보다 0.2m 이상 낮게 할 것)

㉯ 간막이 둑은 흙 또는 철근 콘크리트로 할 것

㉰ 간막이 둑의 용량은 간막이 둑 안에 설치된 탱크 용량의 10% 이상일 것

(6) 옥외 탱크 저장소의 외부 구조 및 설비

① 압력 탱크 외의 탱크 : 충수 시험(새거나 변형되지 아니할 것)

② 압력 탱크 : 최대 상용 압력의 1.5배의 압력으로 10분간 실시하는 수압 시험(새거나 변형되지 아니할 것)

참고

옥외 탱크 저장소 설치 기준

1. 금수성 위험물의 옥외 탱크 저장소 설치 기준 : 탱크에는 방수성의 불연 재료로 피복할 것
2. 이황화탄소의 옥외 탱크 저장소 설치 기준 : 탱크 전용실(수조)의 구조
   ㉠ 재질 : 누수가 되지 아니하는 철근 콘크리트 수조
   ㉡ 벽, 바닥의 두께 : 0.2m 이상

(7) 특정 옥외 저장 탱크의 풍하중

$$q=0.588k\sqrt{h}$$

여기서, q : 풍하중(kN/m^2)
k : 풍력 계수(원통형 탱크의 경우는 0.7, 그 외의 탱크는 1.0)
h : 지반면으로부터의 높이 (m)

예제

특정 옥외 저장 탱크를 원통형으로 설치하고자 한다. 지반면으로부터의 높이가 16m일 때 이 탱크가 받는 풍하중은 1m²당 얼마 이상으로 계산하여야 하는가? (단, 강풍을 받을 우려가 있는 장소에 설치하는 경우는 제외한다.)

풀이 특정 옥외 저장 탱크의 풍하중
$q=0.588k\sqrt{h}=0.588\times0.7\sqrt{16}=1.646kN$
여기서, q : 풍하중(kN/m^2)
k : 풍력 계수(원통형 탱크의 경우는 0.7, 그 외의 탱크는 1.0)
h : 지반면으로부터의 높이 (m)

답 1.646kN

참고

특정 옥외 저장 탱크 등

1. 특정 옥외 저장 탱크 : 옥외 탱크 저장소 중 그 저장 또는 취급하는 액체 위험물의 최대 수량이 100만L 이상의 것
2. 준특정 옥외 탱크 저장소 : 옥외 탱크 저장소 중 저장·취급하는 액체 위험물의 50만L 이상 100만L 미만인 것
3. 표준 관입 시험 및 평판 재하 시험을 실시하여야 하는 특정 옥외 저장 탱크의 지반의 범위 : 기초의 외측이 지표면과 접하는 선의 범위 내에 있는 지반으로서 지표면으로부터 깊이 15m까지로 한다.

3-5 옥내 탱크 저장소

내화 구조 등의 탱크 전용실에 설치된 탱크에 위험물을 저장 · 취급하는 저장소를 말한다. 탱크 전용실은 단층 건축물에 설치되는 것과 빌딩 등의 각 층 건축물의 일부에 설치되는 것으로 구분한다.

(1) 탱크 전용실의 설치 기준

원칙적으로 옥내 탱크 저장소의 탱크는 단층 건물의 탱크 전용실에 설치할 것

참고

탱크는 전용실로서 단층 건물에 설치함을 원칙으로 한다. 다만, 다음에 해당하는 위험물을 저장 또는 취급하는 경우에는 단층이 아닌 건축물에 설치할 수 있다.

1. 단층이 아닌 건축물에 설치 가능한 위험물의 종류
   ㉠ 제2류 위험물 중 황화인, 적린 및 덩어리 황
   ㉡ 제3류 위험물 중 황린
   ㉢ 제4류 위험물 중 인화점이 38℃ 이상인 위험물만을 저장 또는 취급하는 시설
   ㉣ 제6류 위험물 중 질산
2. 단층이 아닌 건축물에 전용실을 1층 또는 지하층에 설치해야 하는 위험물의 종류
   ㉠ 제2류 위험물 중 황화인·적린 및 덩어리 황
   ㉡ 제3류 위험물 중 황린
   ㉢ 제6류 위험물 중 질산

① 단층 건축물에 설치하는 탱크 전용실의 기준

㉮ 벽 · 기둥 · 바닥 : 내화 구조

㉯ 보 : 불연 재료

㉰ **지붕** : 불연 재료로 하고 천장 설치 금지

㉱ **출입구** : 60분+방화문 · 60분방화문 또는 30분방화문 설치

㉲ **바닥** : 콘크리트 등으로 위험물이 침투하지 않는 구조로 경사지게 하고 그 최저부에 집유 설비 설치

㉳ **출입구 턱의 높이** : 탱크 전용실 내 옥내 저장 탱크(옥내 저장 탱크가 2 이상인 경우에는 최대 용량의 탱크)의 용량을 수용할 수 있는 높이 이상으로 할 것

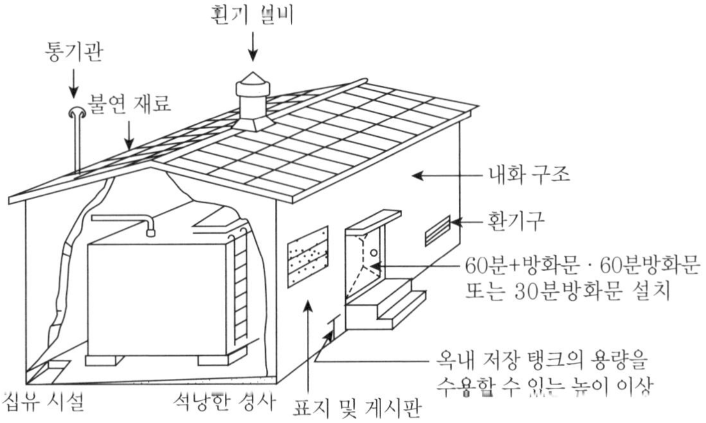

<단층 건축물의 탱크 전용실>

② 단층이 아닌 건축물에 설치하는 탱크 전용실의 기준

㉮ **벽 · 기둥 · 바닥 · 보** : 내화 구조

㉯ **상층이 없는 부분** : 지붕을 불연 재료로하고 천장 설치 금지

㉰ **창** : 설치 금지

㉱ **출입구** : 자동 폐쇄식의 60분+방화문 또는 60분방화문 설치

㉲ **바닥 · 문턱** : 단층 건물 기준 적용

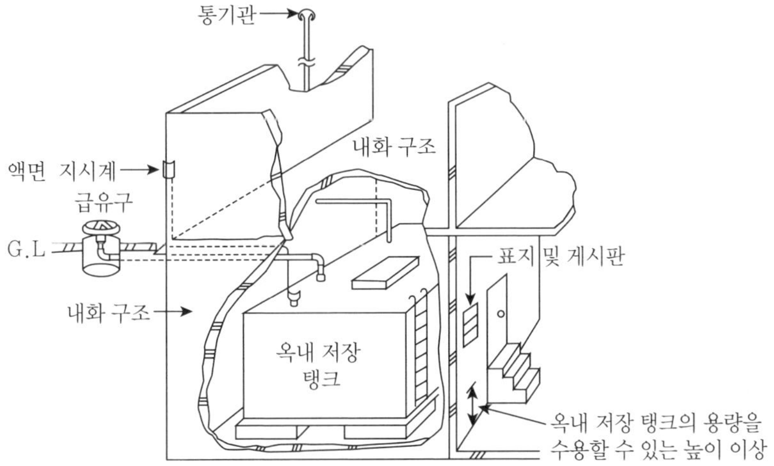

<지하층에 설치된 탱크 전용실>

(2) 옥내 탱크 저장소의 위험물 저장 기준

① 탱크와 탱크 전용실과의 이격 거리

㉮ 탱크와 탱크 전용실 벽과의 거리 : 0.5m 이상

㉯ 탱크와 탱크 상호 간 : 0.5m 이상(점검 및 보수에 지장이 없는 경우는 예외)

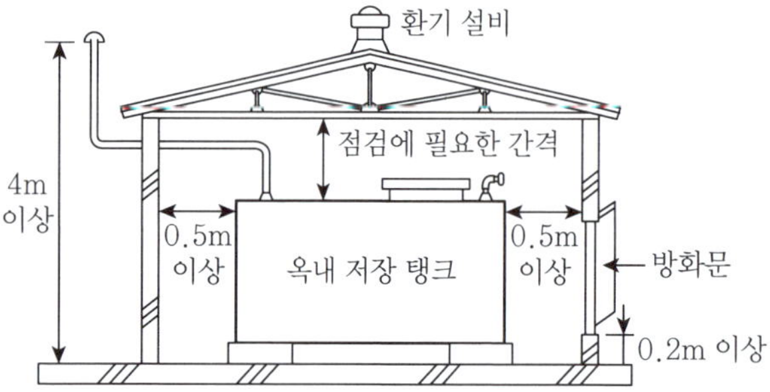

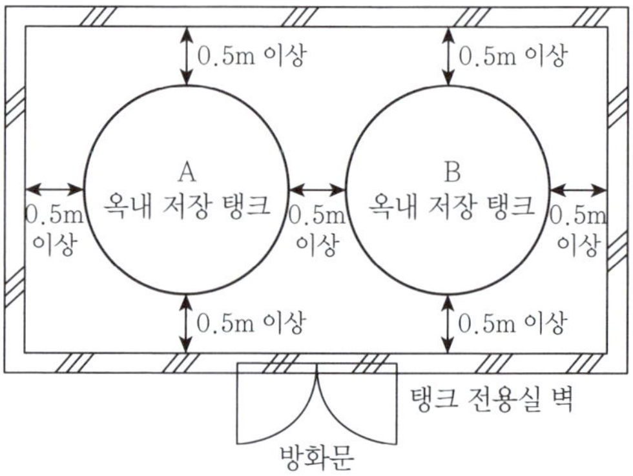

② 탱크 전용실에 설치하는 탱크 용량 (하나의 탱크 전용실에 2기 이상의 탱크를 설치하는 경우 각 탱크 용량의 합한 양을 기준)

㉮ 1층 이하 층의 건축물에 설치 시 : 지정 수량 40배(제4석유류 또는 동 · 식물유류 외의 제4류 위험물로서 당해 수량이 20,000L를 초과하는 경우에는 20,000L) 이하

㉯ 2층 이상 층의 건물에 설치 시 : 지정 수량 10배(제4석유류 또는 동 · 식물유류 외의 제4류 위험물로서 당해 수량이 5,000L를 초과하는 경우에는 5,000L) 이하

(3) 옥내 탱크의 통기 장치(밸브 없는 통기관) 기준

① 통기관의 지름 : 30mm 이상

② 통기관의 끝부분은 수평면보다 아래로 45° 이상 구부려 빗물 등이 들어가지 않는 구조로 한다(단, 빗물이 들어가지 않는 구조일 경우는 제외).

③ 통기관의 끝부분은 건축물의 창 또는 출입구 등의 개구부로부터 1m 이상 떨어진 옥외에 설치하되 지면으로부터 4m 이상의 높이로 할 것

④ 통기관은 가스 등이 체류하지 않도록 굴곡이 없게 할 것

3-6 지하 탱크 저장소

지반면(건축물에 설치하는 경우 그 건축물의 최저부의 바닥) 아래에 매설된 탱크에 위험물을 저장하는 저장 시설로서, 원칙적으로 방수 조치를 실시한 철근 콘크리트조의 탱크실 내에 설치해야 한다.

(1) 지하 탱크 저장소의 구조

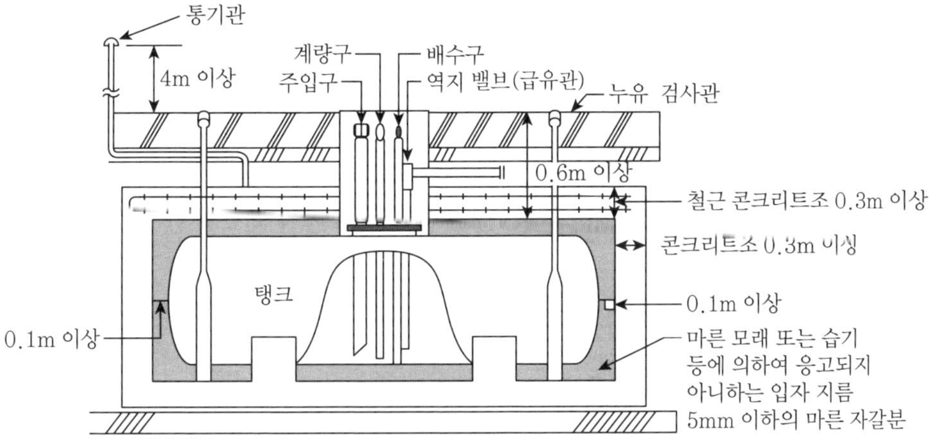

<지하 탱크 매설도>

(2) 탱크 전용실

① 벽·바닥 및 뚜껑의 두께 : 0.3m 이상

② 탱크 전용실과 대지 경계선, 지하 매설물과의 거리 : 0.1m 이상(단, 전용실이 설치되지 않을 경우 : 0.6m 이상)

③ 탱크와 탱크 전용실과의 간격 : 0.1m 이상

④ 탱크 본체의 윗부분과 지면까지의 거리 : 0.6m 이상

⑤ 해당 탱크 주위에 마른 모래 또는 습기 등에 의하여 응고되지 아니하는 입자 지름 5mm 이하의 마른 자갈분을 채워야 한다.

⑥ 탱크를 2개 이상 인접하였을 때 상호 거리는 다음과 같다.

㉮ 지정 수량 100배 초과 : 1m 이상

㉯ 지정 수량 100배 이하 : 0.5m 이상

⑦ 누유 검사관 : 액체 위험물의 탱크로부터 위험물이 새는 것을 검사하기 위하여 탱크 1기당 4개 이상 설치한다.

⑧ 벽·바닥 및 뚜껑의 재료에 수밀콘크리트를 혼입하거나 벽·바닥 및 뚜껑의 중간에 아스팔트층을 만드는 방법으로 적정한 방수 조치를 할 것

(3) 과충전 방지 장치

탱크 용량의 최소 90%가 찰 때 경보음이 울린다.

3-7 이동 탱크 저장소

차량(견인되는 차를 포함)의 고정 탱크에 위험물을 저장하는 장소이다.

(1) 상치 장소

① **옥외** : 화기 취급 장소 또는 인근 건축물로부터 5m 이상(인근 건축물이 1층인 경우 3m 이상)의 거리를 확보하되, 하천의 공지나 수면, 내화 구조 또는 불연 재료의 담 또는 벽, 기타 이와 유사한 것에 접하는 경우는 제외

② **옥내** : 벽·바닥·보·서까래 및 지붕을 내화 구조 또는 불연 재료로한 건축물의 1층에 설치한다.

(2) 이동 탱크 저장소의 탱크 구조 기준

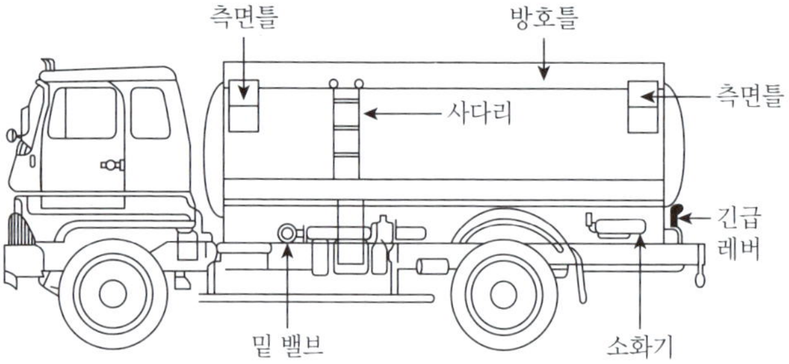

<이동 탱크 저장소 측면>

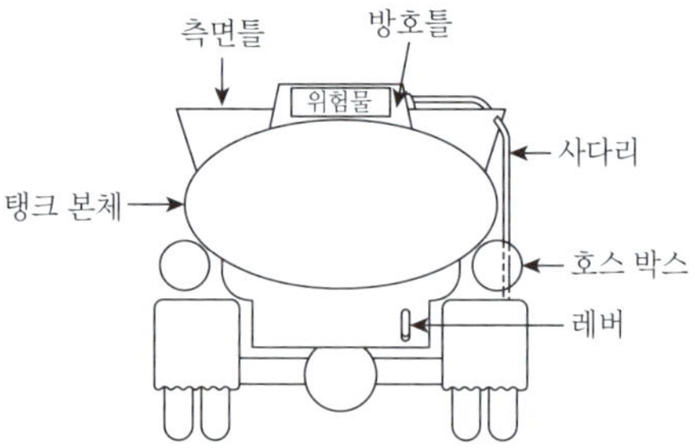

<이동 탱크 저장소 뒷면>

탱크 강철관의 두께는 다음과 같다.

① **본체** : 3.2mm 이상

② **측면틀** : 3.2mm 이상

③ **안전 칸막이** : 3.2mm 이상

④ **방호틀** : 2.3mm 이상

⑤ **방파판** : 1.6mm 이상

예제

위험물을 저장하기 위해 제작한 이동 저장 탱크의 내용적이 20,000L인 경우 위험물 허가를 위해 산정할 수 있는 이 탱크의 최대 용량은 지정 수량의 몇 배인가?(단, 저장하는 위험물은 비수용성 제2석유류이며, 비중은 0.8 차량의 최대 적재량은 15톤이다.)

풀이 비수용성 제2석유류의 지정 수량은 1,000L이며, 차량의 최대 적재량은 15ton(15,000kg)이다.

여기서 $\frac{15,000\text{kg}}{0.8\text{kg/L}} = 18,750\text{L}$ 즉 $\frac{18,750\text{L}}{1,000\text{L}} = 18.75$배

답 18.75배

(3) 수압 시험

① **압력 탱크** : 최대 상용 압력은 1.5배의 압력으로 각각 10분간 수압 시험을 실시하여 새거나 변형되지 아니할 것. 이 경우 수압 시험은 용접부에 대한 비파괴 시험과 기밀 시험으로 대신할 수 있다.

② **압력 탱크(최대 상용 압력이 46.7kPa 이상인 탱크) 외의 탱크** : 70kPa의 압력으로 10분간 수압 시험을 실시하여 새거나 변형되지 아니할 것

(4) 안전 장치

① **상용 압력이 20kPa 이하** : 20kPa 이상 24kPa 이하의 압력

② **상용 압력이 20kPa 초과** : 상용 압력이 1.1배 이하의 압력

(5) 측면틀 설치 기준

① **설치 목적** : 탱크가 전도될 때 탱크 측면이 지면과 접촉하여 파손되는 것을 방지하기 위해 설치한다(단, 피견인차에 고정된 탱크에는 측면틀을 설치하지 않을 수 있다.).

② 외부로부터 하중에 견딜 수 있는 구조로 할 것

③ **측면틀 부착 기준**

㉮ 최외측선(측면틀의 최외측과 탱크의 최외측을 연결하는 직선)의 수평면에 대하여 내각이 75° 이상일 것

㉯ 최대 수량의 위험물을 저장한 상태에 있을 때의 해당 탱크 중량의 중심선과 측면틀의 최외측을 연결하는 직선과 그 중심선을 지나는 직선 중 최외측선과 직각을 이루는 직선과의 내각이 35° 이상이 되도록 할 것

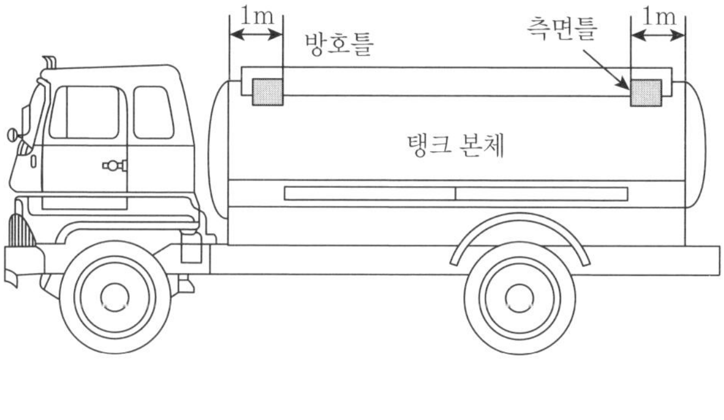

<측면틀이 위치>

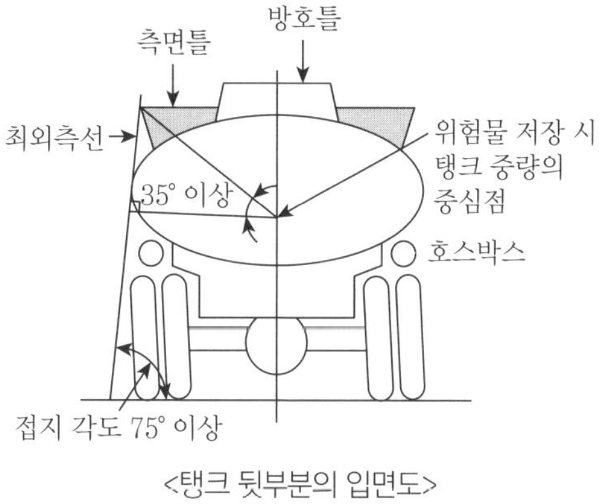

<탱크 뒷부분의 입면도>

(6) 방호틀 설치 기준

① **설치 목적** : 탱크의 운행 또는 전도 시 탱크 상부에 설치된 각종 부속 장치의 파손을 방지하기 위해 설치할 것

② 재질은 두께 2.3mm 이상의 강철판으로 제작할 것

③ 산 모양의 형상으로 하거나 이와 동등 이상의 강도가 있는 형상으로 할 것

④ 정상 부분은 부속 장치보다 50mm 이상 높게 하거나 동등 이상의 성능이 있는 것으로 할 것

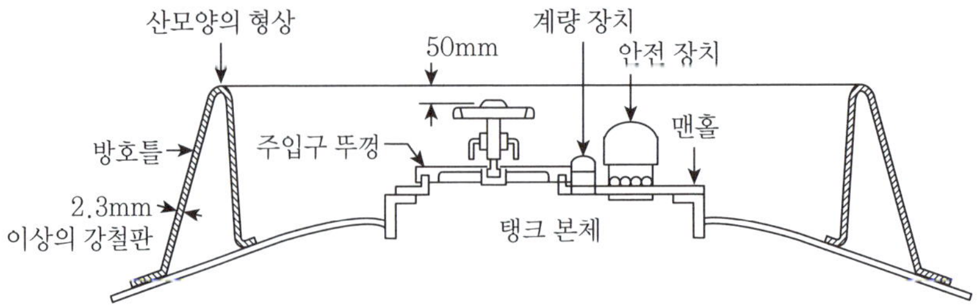

<방호틀의 구조>

(7) 안전 간막이 및 방파판의 설치 기준

① 안전 간막이 설치 기준

㉮ 재질은 두께 3.2mm 이상의 강철판

㉯ 4,000L 이하마다 구분하여 설치

② 방파판 설치 기준

간막이로 구획된 구분마다 맨홀과 안전 장치 및 방파판(1.6mm 이상의 강철판)을 설치한다.(단, 간막이로 구획된 부분의 용량이 2,000L 미만일 때는 방파판을 설치하지 않을 수 있다.)

(8) 표지

① 표지 설치

㉮ 위치 : 차량의 전면 상단 및 후면 상단

㉯ 규격 : 횡형 사각형의 구조로 한 변의 길이가 0.3m 이상, 다른 한 변의 길이가 0.6m 이상

㉰ 색깔 : 흑색 바탕에 황색 반사 도료로 '위험물'이라고 표시

② 이동 저장 탱크의 외부 도장

유별	도장의 색상	비고
제1류	회색	1. 탱크의 앞면과 뒷면을 제외한 면적의 40% 이내의 면적은 다른 유별의 색상 외의 색상으로 도장할 수 있다. 2. 제4류에 대해서는 도장의 색상 제한이 없으나 빨간색을 권장한다.
제2류	빨간색	
제3류	파란색	
제5류	노란색	
제6류	파란색	

(9) 이동 탱크 저장소의 위험물 취급 기준

① 액체 위험물을 다른 탱크에 주입할 경우 취급 기준

㉮ 이동 탱크 저장소의 원동기를 정지시켜야 하는 경우 : 인화점 40℃ 미만인 위험물 주입 시

② 전기에 의한 재해 발생의 우려가 있는 액체 위험물(휘발유, 벤젠 등)을 이동 탱크 저장소에 주입하는 경우의 취급 기준

㉮ 정전기 등으로 인한 재해 발생 방지 조치 사항

예 휘발유를 저장하던 이동 저장 탱크에 등유나 경유를 주입하거나, 등유나 경유를 저장하던 이동 저장 탱크에 휘발유를 저장하는 경우

㉠ 탱크의 위쪽 주입관에 의해 위험물을 주입할 경우의 주입 속도 1m/sec 이하

㉡ 탱크의 밑바닥에 설치된 고정 주입 배관에 의해 위험물을 주입할 경우 주입 속도 1m/sec 이하

③ 이동 탱크 저장소에는 해당 이동 탱크 저장소의 완공 검사 필증 및 정기 점검 기록을 비치하여야 한다.

참고

이동탱크저장소의 불활성기체 봉입압력

구분	저장(주입할 때)	취급(꺼낼 때)
알킬알루미늄 등	20kPa 이하	200kPa 이하
아세트알데하이드 등	항상 불활성기체 봉입	100kPa 이하

참고

보냉 장치의 유무에 따른 이동 저장 탱크

① 보냉 장치가 있는 이동 저장 탱크에 저장하는 아세트알데하이드 등 또는 디에틸에테르 등의 온도는 해당 위험물의 비점 이하로 유지한다.

② 보냉 장치가 없는 이동 저장 탱크에 저장하는 아세트알데하이드 등 또는 디에틸에테르 등의 온도는 40℃ 이하로 유지한다.

(10) 위험물을 운송할 때 위험물 운송자의 위험물 안전 카드 작성 대상 위험물

① 제1류 위험물

② 제2류 위험물

③ 제3류 위험물

④ 제4류 위험물(특수인화물, 제1석유류)

⑤ 제5류 위험물

⑥ 제6류 위험물

(11) 위험물 운송 책임자의 감독 또는 지원의 방법으로 운송의 감독 또는 지원을 위하여 마련한 별도의 사무실에 운송 책임자가 대기하면서 이행하는 사항

① 운송 경로를 미리 파악하고 관할 소방관서 또는 관련 업체에 대한 연락 체제를 갖추는 것

② 이동 탱크 저장소의 운전자에 대하여 수시로 안전 확보 상황을 확인하는 것

③ 비상시에 응급 처치에 관하여 조언을 하는 것

④ 위험물의 운송 중 안전 확보에 관하여 필요한 정보를 제공하고 감독 또는 지원하는 것

(12) 이동 탱크 저장소의 위험물 운송 시 운송 책임자의 감독·지원을 받아야 하는 위험물

① 알킬알루미늄

② 알킬리튬

③ 알킬알루미늄 또는 알킬리튬을 함유하는 위험물

(13) 이동 탱크 저장소의 위험물 운송 시 운송 책임자의 자격 조건

① 해당 위험물의 취급에 관한 국가기술자격을 취득하고, 관련 업무에 1년 이상 종사한 경력이 있는 자

② 위험물의 운송에 관한 안전 교육을 수료하고 관련 업무에 2년 이상 종사한 경력이 있는 자

(14) 위험물 이동 탱크 저장소 관계인은 해당 제조소 등에 대하여 연간 1회 이상 정기 점검을 실시한다.

3-8 간이 탱크 저장소

(1) 정의

작은 탱크를 말한다.

(2) 간이 탱크 저장소의 설비 기준

① 옥외에 설치한다.

② 전용실 안에 설치하는 경우 채광, 조명, 환기 및 배출의 설비를 한다.

③ 탱크의 구조 기준

㉮ 두께 3.2mm 이상의 강판으로 흠이 없도록 제작

㉯ 시험 방법 : 70kPa 압력으로 10분간 수압 시험을 실시하여 새거나 변형되지 아니할 것

㉰ 하나의 탱크 용량은 600L 이하로 할 것

㉱ 탱크의 외면에는 녹을 방지하기 위한 도장을 할 것

④ 탱크의 설치 방법

㉮ 하나의 간이 탱크 저장소에 설치하는 탱크의 수는 3기 이하로 할 것(단, 동일한 품질의 위험물 탱크를 2기 이상 설치하지 말 것)

㉯ 탱크는 움직이거나 넘어지지 않도록 지면 또는 가설대에 고정시킬 것

㉰ 옥외에 설치하는 경우에는 그 탱크 주위에 너비 1m 이상의 공지를 확보할 것

㉱ 탱크를 전용실 안에 설치하는 경우에는 탱크와 전용실 벽과의 사이에 0.5m 이상의 간격을 유지할 것

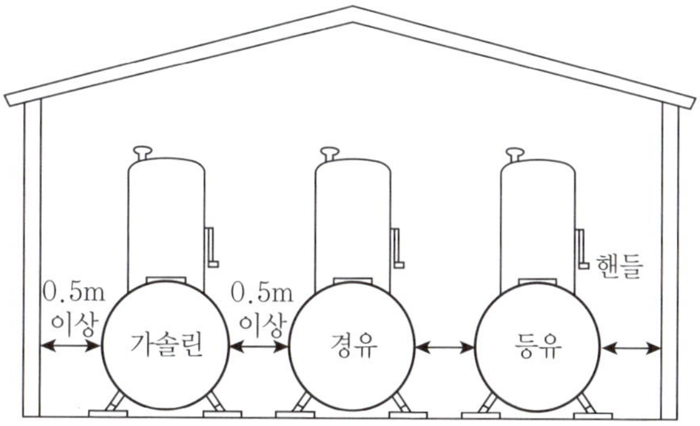

<탱크 전용실에 설치하는 간이 탱크 저장소>

⑤ 간이 탱크 저장소의 통기 장치(밸브 없는 통기관) 기준

㉮ 통기관의 지름 : 25mm 이상

㉯ 옥외에 설치하는 통기관

㉠ 끝부분 높이 : 지상 1.5m 이상

㉡ 끝부분 구조 : 수평면에 대하여 아래로 45° 이상 구부려 빗물 등이 침투하지 아니하도록 한다.

㉰ 가는 눈의 구리망 등으로 인화 방지 장치를 할 것

3-9 암반 탱크 저장소

암반 내의 공간을 이용한 탱크에 액체의 위험물을 저장하는 장소

(1) 암반 탱크 설치 기준

① 암반 탱크는 암반 투수 계수가 1초당 10만분의 1m 이하인 천연 암반 내에 설치한다.

② 암반 탱크는 저장할 위험물의 증기압을 억제할 수 있는 지하 수면하에 설치한다.

③ 암반 탱크의 내벽은 암반 균열에 의한 낙반을 방지할 수 있도록 볼트·콘크리트 등으로 보강한다.

(2) 공간 용적

위험물 암반 탱크의 공간 용적은 해당 탱크 내에 용출하는 7일간의 지하수 양에 상당하는 용적과 해당 탱크 내용적 $\frac{1}{100}$의 용적 중 보다 큰 용적으로 한다.

예제

위험물안전관리법령상 다음 암반 탱크의 공간 용적은 얼마인가?

- **암반 탱크의 내용적 100억L**
- **탱크 내에 용출하는 1일 지하수의 양 2천만L**

풀이 ① 해당 탱크 내에 용출하는 7일간의 지하수 양에 상당하는 용적과

② 해당 탱크 내용적 $\frac{1}{100}$의 용적 중 보다 큰 용적으로 한다.

→ ① 2천만L/1일×7일=1억4천만L > ② 100억L × $\frac{1}{100}$=1억L

∴ 1억4천만L

답 1억4천만L

04 위험물 취급소 구분

4-1 주유 취급소

고정된 주유 설비(항공기에 주유하는 경우에는 차량에 설치된 주유 설비를 포함)에 의하여 자동차·항공기 또는 선박 등의 연료 탱크에 직접 주유하기 위하여 위험물을 취급하는 장소(위험물을 용기에 채우거나 차량에 고정된 5,000L 이하의 탱크에 주입하기 위하여 고정된 주유 설비를 병설한 장소를 포함)

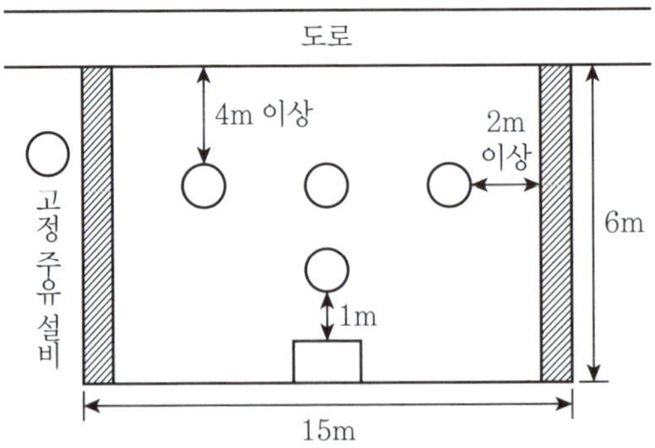

<주유 취급소>

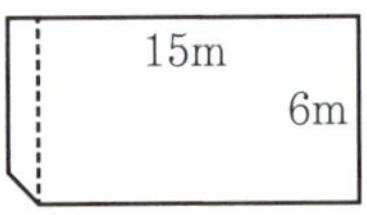

<보유 공지>

(1) 주유 공지 및 급유 공지

① 주유 공지 : 주유를 받으려는 자동차 등이 출입할 수 있도록 너비 15m 이상, 길이 6m 이상의 콘크리트 등으로 포장한 공지

② 급유 공지 : 고정 급유 설비의 호스 기기의 주위에 필요한 공지

③ 지반

㉮ 바닥은 주위 보다 높게 하고 그 표면을 적당하게 경사지게 하여 새어나온 기름, 기타의 액체가 공지의 외부로 유출되지 않도록 배수구 · 집유 설비 및 유분리 장치를 한다.

㉯ 지반면의 표면은 누설된 위험물이 침투하기 어렵고 배수가 쉽도록 콘크리트 등으로 포장한다.

(2) 주유 취급소의 게시판 기준

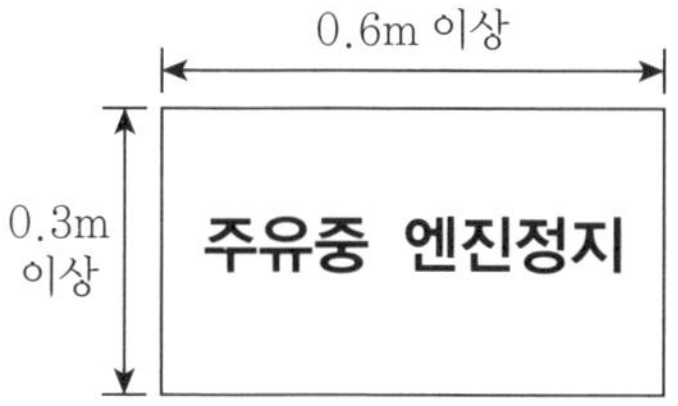

① 규격 : 한 변의 길이가 0.3m 이상, 다른 한 변의 길이가 0.6m 이상

② 색깔 : 황색 바탕에 흑색 문자

(3) 전용 탱크 1개의 용량 기준

① 자동차 등에 주유하기 위한 고정 주유 설비에 직접 접속하는 전용 탱크 : 50,000L(고속국도 주유 취급소는 60,000L 이하)

② 고정 급유 설비에 직접 접속하는 전용 탱크 : 50,000L 이하(고속국도 주유 취급소는 60,000L이하)

③ 보일러 등에 직접 접속하는 전용 탱크 : 10,000L 이하

④ 자동차 등을 점검 · 정비하는 작업장 등(주유 취급소 안에 설치된 것에 한한다)에서 사용하는 폐유 · 윤활유 등의 위험물을 저장하는 탱크로서 용량(2기 이상 설치하는 경우에는 각 용량의 합계를 말한다) 2,000L 이하인 탱크

⑤ 고정 주유 설비 또는 고정 급유 설비에 직접 접속하는 3기 이하의 간이 탱크

(4) 고정 주유 설비 등

① 펌프 기기의 주유관 선단에서 최대 토출량

㉮ 제1석유류 : 50L/min 이하

㉯ 경유 : 180L/min 이하

㉰ 등유 : 80L/min 이하

㉱ 이동 저장 탱크에 주입하기 위한 등유용 고정 급유 설비의 펌프 기기는 최대 토출량 : 300L/min 이하

② 고정 주유 설비의 중심선을 기점으로

㉮ 고정 주유 설비

㉠ 도로 경계선까지 : 4m 이상

㉡ 부지 경계선 · 담 및 건축물의 벽까지 : 2m(개구부가 없는 벽까지 1m) 이상

㉯ 고정 급유 설비의 중심선을 기점으로

㉠ 도로 경계선까지 : 4m 이상

㉡ 부지 경계선 및 담까지 : 1m 이상

㉢ 건축물의 벽까지 : 2m(개구부가 없는 벽까지 1m) 이상

㉰ 고정 주유 설비와 고정 급유 설비 사이에는 4m 이상의 거리를 유지한다.

③ 고정 주유 설비 또는 고정 급유 설비의 주유관의 기준

㉮ 고정 주유관 길이 : 5m 이내

㉯ 현수식 주유관 길이 : 지면 위 0.5m, 반경 3m 이내

㉰ 노즐 선단에서는 정전기 제거 장치를 한다.

(5) 셀프 주유 취급소

고객이 직접 자동차 등의 연료 탱크 또는 용기에 위험물을 주입하는 고정 주유 설비 또는 고정 급유 설비를 설치하는 주유 취급소이다.

① 셀프용 고정 주유 설비의 기준

1회의 연속 주유량 및 주유 시간의 상한

㉮ 휘발유 : 100L 이하, 4분 이하

㉯ 경유 : 600L 이하, 12분 이하

② 셀프용 고정 급유 설비의 기준

1회의 연속 급유량 및 급유 시간의 상한

㉮ 유종 관계 없이 : 100L 이하, 6분 이하

참고

주유 취급소의 피난 설비 기준

주유 취급소 중 건축물의 2층을 휴게 음식점의 용도로 사용하는 것에 있어 해당 건축물의 2층으로부터 직접 주유 취급소의 부지 밖으로 통하는 출입구와 해당 출입구로 통하는 통로 계단에는 유도등을 설치한다.

4-2 판매 취급소

점포에서 위험물을 용기에 담아 판매하기 위하여 지정 수량의 40배 이하의 위험물을 취급하는 장소

(1) 제1종 판매 취급소

저장 또는 취급하는 위험물의 수량이 지정 수량의 20배 이하인 취급소이다.

① 건축물의 1층에 설치한다.

② 배합실은 다음과 같다.

㉮ 바닥 면적은 $6m^2$ 이상 $15m^2$ 이하이다.

㉯ 내화 구조 또는 불연 재료로 된 벽으로 구획한다.

㉰ 바닥은 위험물이 침투하지 아니하는 구조로 하여 적당한 경사를 두고 집유 설비를 한다.

㉱ 출입구에는 수시로 열 수 있는 자동 폐쇄식의 60분+방화문 또는 60분방화문을 설치한다.

㉲ 출입구 문턱의 높이는 바닥면으로 0.1m 이상으로 한다.

㉳ 내부에 체류한 가연성 증기 또는 가연성의 미분을 지붕 위로 방출하는 설비를 한다.

(2) 제2종 판매 취급소

저장 또는 취급하는 위험물의 수량이 40배 이하인 취급소이다.

4-3 이송 취급소

배관 및 이에 부속된 설비에 의하여 위험물을 이송하는 장치를 말한다.

4-4 일반 취급소

주유 취급소, 판매 취급소 및 이송 취급소에 해당하지 않는 모든 유형의 취급소를 지칭하는 것으로 기타의 취급소에 해당된다.

(1) 특례 적용 대상 일반 취급소

① 분무 도장 작업 등의 일반 취급소

② 세정 작업의 일반 취급소

③ 열처리 작업 등의 일반 취급소

④ 보일러 등으로 위험물을 소비하는 일반 취급소

⑤ **충전하는 일반 취급소** : 이동 저장 탱크에 액체 위험물(알킬알루미늄 등, 아세트알데하이드 등 하이드록실아민 등을 제외한다)을 주입하는 일반 취급소(액체 위험물을 용기에 옮겨 담는 취급소를 포함)

⑥ 옮겨 담는 일반 취급소
⑦ 유압 장치 등을 설치하는 일반 취급소
⑧ 절삭 장치 등을 설치하는 일반 취급소
⑨ 열매체유 순환 장치를 설치하는 일반 취급소
⑩ 화학 실험의 일반 취급소

참고

고인화점 위험물의 일반 취급소

인화점이 100℃ 이상인 제4류 위험물만을 100℃ 미만의 온도에서 취급하는 일반 취급소

05 제조소 등의 소방 시설 적용 기준

5-1 소화 설비

(1) 소화 난이도 등급 I의 제조소 등의 소화 설비 구분

① 소화 난이도 등급 I에 해당하는 제조소 등

제조소 등의 구분	제조소 등의 규모, 저장 또는 취급하는 위험물의 품명 및 최대 수량 등
제조소 일반 취급소	연면적 1,000m^2 이상인 것
	지정 수량의 100배 이상인 것(고인화점 위험물만을 100℃ 미만의 온도에서 취급하는 것 및 제48조의 위험물을 취급하는 것은 제외)
	지반면으로부터 6m 이상의 높이에 위험물 취급 설비가 있는 것(고인화점 위험물만을 100℃ 미만의 온도에서 취급하는 것은 제외)
	일반 취급소로 사용되는 부분 외의 부분을 갖는 건축물에 설치된 것(내화 구조로 개구부 없이 구획된 것 및 고인화점 위험물만을 100℃ 미만의 온도에서 취급하는 것 및 별표 16 X의 2의 화학 실험의 일반 취급소는 제외)
주유 취급소	별표 13 V 제2호에 따른 면적의 합의 500m^2를 초과하는 것
옥내 저장소	지정 수량의 150배 이상인 것(고인화점 위험물만을 저장하는 것 및 제48조의 위험물을 저장하는 것은 제외)
	연면적 150m^2를 초과하는 것(150m^2 이내마다 불연 재료로 개구부 없이 구획된 것 및 인화성 고체 외의 제2류 위험물 또는 인화점 70℃ 이상의 제4류 위험물만을 저장하는 것은 제외)
	처마 높이가 6m 이상인 단층 건물의 것

	옥내 저장소로 사용되는 부분 외의 부분이 있는 건축물에 설치된 것(내화 구조로 개구부 없이 구획된 것 및 인화성 고체 외의 제2류 위험물 또는 인화점 70℃ 이상의 제4류 위험물만을 저장하는 것은 제외)
옥외 탱크 저장소	액표면적이 $40m^2$ 이상인 것(제6류 위험물을 저장하는 것 및 고인화점 위험물만을 100℃ 미만의 온도에서 저장하는 것은 제외)
	지반면으로부터 탱크 옆판의 상단까지 높이가 6m 이상인 것(제6류 위험물을 저장하는 것 및 고인화점 위험물만을 100℃ 미만의 온도에서 저장하는 것은 제외)
	지중 탱크 또는 해상 탱크로서 지정 수량의 100배 이상인 것(제6류 위험물을 저장하는 것 및 고인화점 위험물만을 100℃ 미만의 온도에서 저장하는 것은 제외)
	고체 위험물을 저장하는 것으로서 지정 수량의 100배 이상인 것
옥내 탱크 저장소	액표면적이 $40m^2$ 이상인 것(제6류 위험물을 저장하는 것 및 고인화점 위험물만을 100℃ 미만의 온도에서 저장하는 것은 제외)
	바닥면으로부터 탱크 옆판의 상단까지 높이가 6m 이상인 것(제6류 위험물을 저장하는 것 및 고인화점 위험물만을 100℃ 미만의 온도에서 저장하는 것은 제외)
	탱크 전용실이 단층 건물 외의 건축물에 있는 것으로 인화점 38℃ 이상 70℃ 미만의 위험물을 지정 수량 5배 이상 저장하는 것(내화 구조로 개구부 없이 구획된 것은 제외한다)
옥외 저장소	덩어리 상태의 황 등을 저장하는 것으로서 경계 표시 내부의 면적(2 이상의 경계 표시가 있는 경우에는 각 경계 표시의 내부의 면적을 합한 면적)이 $100m^2$ 이상인 것
	별표 11 III의 위험물을 저장하는 것으로서 지정 수량의 100배 이상인 것
암반 탱크 저장소	액표면적이 $40m^2$ 이상인 것(제6류 위험물을 저장하는 것 및 고인화점 위험물만을 100℃ 미만의 온도에서 저장하는 것은 제외)
	고체 위험물을 저장하는 것으로서 지정 수량의 100배 이상인 것
이송 취급소	모든 대상

[비고] 제조소 등의 구분별로 오른쪽란에 정한 제조소 등의 규모, 저장 또는 취급하는 위험물의 수량 및 최대 수량 등의 어느 하나에 해당하는 제조소 등은 소화 난이도 등급 I에 해당하는 것으로 한다.

예제

연면적이 $1,000m^2$이고 지정 수량이 100배의 위험물을 취급하며, 지반면으로부터 6m 높이에 위험물 취급 설비가 있는 제조소의 소화 난이도 등급은?

답 소화 난이도 등급 I

② 소화 난이도 등급 I의 제조소 등에 설치하여야 하는 소화 설비

<table>
<tr><th colspan="3">제조소 등의 구분</th><th>소화 설비</th></tr>
<tr><td colspan="3">제조소 및 일반 취급소</td><td>옥내 소화전 설비, 옥외 소화전 설비, 스프링클러 설비 또는 물분무 등 소화 설비(화재 발생 시 연기가 충만할 우려가 있는 장소에는 스프링클러 설비 또는 이동식 외의 물분무 등 소화 설비에 한한다)</td></tr>
<tr><td colspan="3">주유 취급소</td><td>스프링클러 설비(건축물에 한정한다), 소형 수동식 소화기 등(능력 단위의 수치가 건축물 그 밖의 공작물 및 위험물의 소요단위의 수치에 이르도록 설치할 것</td></tr>
<tr><td rowspan="2">옥내 저장소</td><td colspan="2">처마 높이가 6m 이상인 단층 건물 또는 다른 용도의 부분이 있는 건축물에 설치한 옥내 저장소</td><td>스프링클러 설비 또는 이동식 외의 물분무 등 소화 설비</td></tr>
<tr><td colspan="2">그 밖의 것</td><td>옥외 소화전 설비, 스프링클러 설비, 이동식 외의 물분무 등 소화 설비 또는 이동식 포 소화 설비(포 소화전을 옥외에 설치하는 것에 한한다)</td></tr>
<tr><td rowspan="5">옥외 탱크 저장소</td><td rowspan="3">지중 탱크 또는 해상 탱크 외의 것</td><td>황만을 저장 취급하는 것</td><td>물분무 소화 설비</td></tr>
<tr><td>인화점 70℃ 이상의 제4류 위험물만을 저장 취급하는 것</td><td>물분무 소화 설비 또는 고정식 포 소화 설비</td></tr>
<tr><td>그 밖의 것</td><td>고정식 포 소화 설비(포 소화 설비가 적응성이 없는 경우에는 분말 소화 설비)</td></tr>
<tr><td colspan="2">지중 탱크</td><td>고정식 포 소화 설비, 이동식 이외의 불활성 가스 소화 설비 또는 이동식 이외의 할로젠 화합물 소화 설비</td></tr>
<tr><td colspan="2">해상 탱크</td><td>고정식 포 소화 설비, 물분무 소화 설비, 이동식 외의 불활성 가스 소화 설비 또는 이동식 이외의 할로젠 화합물 소화 설비</td></tr>
<tr><td rowspan="3">옥내 탱크 저장소</td><td colspan="2">황만을 저장 취급하는 것</td><td>물분무 소화 설비</td></tr>
<tr><td colspan="2">인화점 70℃ 이상의 제4류 위험물만을 저장 취급하는 것</td><td>물분무 소화 설비, 고정식 포 소화 설비, 이동식 이외의 불활성 가스 소화 설비, 이동식 이외의 할로젠 화합물 소화 설비 또는 이동식 이외의 분말 소화 설비</td></tr>
<tr><td colspan="2">그 밖의 것</td><td>고정식 포 소화 실비, 이동식 이외의 불활성 가스 소화 설비, 이동식 이외의 할로젠 화합물 소화 설비 또는 이동식 이외의 분말 소화 설비</td></tr>
</table>

옥외 저장소 및 이송 취급소		옥내 소화전 설비, 옥외 소화전 설비, 스프링클러 설비 또는 물분무 등 소화 설비(화재 발생 시 연기가 충만할 우려가 있는 장소에는 스프링클러 설비 또는 이동식 이외의 물분무 등 소화 설비에 한한다)
암반 탱크 저장소	황만을 저장 취급하는 것	물분무 소화 설비
	인화점 70℃ 이상의 제4류 위험물만을 저장 취급하는 것	물분무 소화 설비 또는 고정식 포 소화 설비
	그 밖의 것	고정식 포 소화 설비(포 소화 설비가 적응성이 없는 경우에는 분말 소화 설비)

예제

1. 소화 난이도 등급 I인 옥외 탱크 저장소에 있어서 제4류 위험물 중 인화점이 70℃ 이상인 것을 저장 · 취급하는 경우 어느 소화 설비를 설치해야 하는가? (단, 지중 탱크 또는 해상 탱크 외의 것이다.)

답 물분무 소화 설비 또는 고정식 포 소화 설비

예제

2. 소화 난이도 등급 I인 옥내 저장소에 설치하여야 하는 소화 설비는?

답 옥외 소화전 설비, 스프링클러 설비, 이동식 외의 물분무 등 소화 설비 또는 이동식 포 소화 설비(포 소화전을 옥외에 설치하는 것에 한함)

(2) 소화 난이도 등급 II의 제조소 등 및 소화 설비

① 소화 난이도 등급 II에 해당하는 제조소 등

제조소 등의 구분	제조소 등의 규모, 저장 또는 취급하는 위험물의 품명 및 최대 수량 등
제조소 일반 취급소	연면적 $600m^2$ 이상인 것
	지정 수량의 10배 이상인 것(고인화점 위험물만을 100℃ 미만의 온도에서 취급하는 것 및 제48조의 위험물을 취급하는 것은 제외)
	일반 취급소로서 소화 난이도 등급 I의 제조소 등에 해당하지 아니하는 것(고인화점 위험물만을 100℃ 미만의 온도에서 취급하는 것은 제외)
옥내 저장소	단층 건물 외의 것
	옥내 저장소
	지정 수량의 10배 이상인 것(고인화점 위험물만을 저장하는 것 및 제48조의 위험물을 저장하는 것은 제외)
	연면적 $150m^2$ 초과인 것
	옥내 저장소로서 소화 난이도 등급 I의 제조소 등에 해당하지 아니하는 것

옥외 탱크 저장소 옥내 탱크 저장소	소화 난이도 등급 I의 제조소 등 외의 것(고인화점 위험물만을 100℃ 미만의 온도로 저장하는 것 및 제6류 위험물만을 저장하는 것은 제외)
옥외 저장소	덩어리 상태의 황을 저장하는 것으로서 경계 표시 내부의 면적(2 이상의 경계 표시가 있는 경우에는 각 경계 표시의 내부 면적을 합한 면적)이 $5m^2$ 이상 $100m^2$ 미만인 것
	위험물을 저장하는 것으로서 지정 수량의 10배 이상 100배 미만인 것
	지정 수량의 100배 이상인 것(덩어리 상태의 황 또는 고인화점 위험물을 저장하는 것은 제외)
주유 취급소	옥내 주유 취급소로서 소화 난이도 등급 I의 제조소 등에 해당하지 아니하는 것
판매 취급소	제2종 판매 취급소

② 소화 난이도 등급 II의 제조소 등에 설치하여야 하는 소화 설비

제조소 등의 구분	소화 설비
제조소 옥내 저장소 옥외 저장소 주유 취급소 판매 취급소 일반 취급소	방사 능력 범위 내에 해당 건축물, 그 밖의 공작물 및 위험물이 포함되도록 대형 수동식 소화기를 설치하고, 해당 위험물의 소요 단위의 1/5 이상에 해당하는 능력 단위의 소형 수동식 소화기 등을 설치할 것
옥외 탱크 저장소 옥내 탱크 저장소	대형 수동식 소화기 및 소형 수동식 소화기 등을 각각 1개 이상 설치할 것

[비고] 1. 옥내 소화전 설비, 옥외 소화전 설비, 스프링클러 설비 또는 물분무 등 소화 설비를 설치한 경우에는 당해 소화 설비의 방사 능력 범위 내의 부분에 대해서는 대형 수동식 소화기를 설치하지 아니할 수 있다.
2. 소형 수동식 소화기 등이란 제4호의 규정에 의한 소형 수동식 소화기 또는 기타 소화 설비를 말한다.

(3) 소화 난이도 등급 III의 제조소 등 및 소화 설비 구분

① 소화 난이도 등급 III에 해당하는 제조소 등

제조소 등의 구분	제조소 등의 규모, 저장 또는 취급하는 위험물의 품명 및 최대 수량 등
제조소 및 일반 취급소	제48조의 위험물을 취급하는 것
	제48조의 위험물 외의 것을 취급하는 것으로서 소화 난이도 등급 I 또는 소화 난이도 등급 II의 제조소 등에 해당하지 아니하는 것
옥내 저장소	제48조의 위험물을 취급하는 것
	제48조의 위험물 외의 것을 취급하는 것으로서 소화 난이도 등급 I 또는 소화 난이도 등급 II의 제조소 등에 해당하지 아니하는 것
지하 탱크 저장소 간이 탱크 저장소 이동 탱크 저장소	모든 대상

옥외 저장소	덩어리 상태의 황을 저장하는 것으로서 경계 표시 내부의 면적(2 이상의 경계 표시가 있는 경우에는 각 경계 표시의 내부 면적을 합한 면적)이 $5m^2$ 미만인 것
	덩어리 상태의 황 이외의 것을 저장하는 것으로서 소화 난이도 등급 I 또는 소화 난이도 등급 II의 제조소 등에 해당하지 아니하는 것
주유 취급소	옥내 주유 취급소 외의 것으로서 소화 난이도 등급 I의 제조소 등에 해당하지 아니하는 것
제1종 판매 취급소	모든 대상

[비고] 제조소 등의 구분별로 오른쪽란에 정한 제조소 등의 규모, 저장 또는 취급하는 위험물의 수량 및 최대 수량 등의 어느 하나에 해당하는 제조소 등은 소화 난이도 등급 III에 해당하는 것으로 한다.

② 소화 난이도 등급 III의 제조소 등에 설치하여야 하는 소화 설비

<table>
<tr><th>제조소 등의 구분</th><th>소화 설비</th><th colspan="2">설치 기준</th></tr>
<tr><td>지하 탱크 저장소</td><td>소형 수동식 소화기 등</td><td>능력 단위의 수치가 3 이상</td><td>2개 이상</td></tr>
<tr><td rowspan="8">이동 탱크 저장소</td><td rowspan="6">자동차용 소화기</td><td>무상의 강화액 8L 이상</td><td rowspan="6">2개 이상</td></tr>
<tr><td>이산화탄소 3.2kg 이상</td></tr>
<tr><td>브로모클로로다이플루오로메탄(CF_2ClBr) 2L 이상</td></tr>
<tr><td>브로모트라이플루오로메탄(CF_3Br) 2L 이상</td></tr>
<tr><td>다이브로모테트라플루오로에탄($C_2F_4Br_2$) 1L 이상</td></tr>
<tr><td>소화 분말 3.3kg 이상</td></tr>
<tr><td rowspan="2">마른 모래 및 팽창 질석 또는 팽창 진주암</td><td colspan="2">마른 모래 150L 이상</td></tr>
<tr><td colspan="2">팽창 질석 또는 팽창 진주암 640L 이상</td></tr>
<tr><td>그 밖의 제조소 등</td><td>소형 수동식 소화기 등</td><td colspan="2">능력 단위의 수치가 건축물, 그 밖의 공작물 및 위험물의 소요 단위의 수치에 이르도록 설치할 것. 다만, 옥내 소화전 설비, 옥외 소화전 설비, 스프링클러 설비, 물분무 등 소화 설비 또는 대형 수동식 소화기를 설치한 경우에는 당해 소화 설비의 방사 능력 범위 내의 부분에 대하여는 수동식 소화기 등을 그 능력 단위의 수치가 당해 소요 단위의 수치의 1/5 이상이 되도록 하는 것으로 족하다.</td></tr>
</table>

[비고] 알킬알루미늄 등을 저장 또는 취급하는 이동 탱크 저장소에 있어서는 자동차용 소화기를 설치하는 외에 마른 모래나 팽창 질석 또는 팽창 진주암을 추가로 설치하여야 한다.

(4) 소화 설비의 적응성

소화 설비의 구분			대상물 구분											
					제1류 위험물		제2류 위험물			제3류 위험물				
			건축물·그 밖의 공작물	전기 설비	알칼리 금속 과산화물 등	그 밖의 것	철분·금속분·마그네슘 등	인화성 고체	그 밖의 것	금수성 물품	그 밖의 것	제4류 위험물	제5류 위험물	제6류 위험물
옥내 소화전 설비 또는 옥외 소화전 설비			○			○		○	○		○		○	○
스프링클러 설비			○			○		○	○		○	△	○	○
물분무 등 소화 설비	물분무 소화 설비		○	○		○		○	○		○	○	○	○
	포 소화 설비		○			○		○	○		○	○	○	○
	불활성 가스 소화 설비			○				○				○		
	할로젠 화합물 소화 설비			○				○				○		
	분말 소화 설비	인산염류 등	○	○		○		○	○			○		○
		탄산수소염류 등		○	○		○	○		○		○		
		그 밖의 것			○		○			○				
대형·소형 수동식 소화기	봉상수(棒狀水) 소화기		○			○		○	○		○		○	○
	무상수(無狀水) 소화기		○	○		○		○	○		○		○	○
	봉상 강화액 소화기		○			○		○	○		○		○	○
	무상 강화액 소화기		○	○		○		○	○		○	○	○	○
	포 소화기		○			○		○	○		○	○	○	○
	이산화탄소 소화기			○				○				○		△
	할론 소화 설비			○				○				○		
	분말 소화기	인산염류 소화기	○	○		○		○	○			○		○
		탄산수소염류 소화기		○	○		○	○		○		○		
		그 밖의 것			○		○			○				
기타	물통 또는 수조		○			○		○	○		○		○	○
	건조사				○	○	○	○	○	○	○	○	○	○
	팽창 질석 또는 팽창 진주암				○	○	○	○	○	○	○	○	○	○

[비고] 1. "○" 표시는 해당 소방 대상물 및 위험물에 대하여 소화 설비가 적응성이 있음을 표시하고, "△" 표시는 제4류 위험물을 저장 또는 취급하는 장소의 살수 기준 면적에 따라 스프링클러 설비의 살수 밀도가 다음 표에 정하는 기준 이상인 경우에는 당해 스프링클러 설비가 제4류 위험물에 대하여 적응성이 있음을, 제6류 위험물을 저장 또는 취급하는 장소로서 폭발의 위험이 없는 장소에 한하여 이산화탄소 소화기가 제6류 위험물에 대하여 적응성이 있음을 각각 표시한다.

살수 기준 면적(m^2)	방사 밀도(L/m^2)		비고
	인화점 38℃ 미만	인화점 38℃ 이상	
279 미만	16.3 이상	12.2 이상	살수 기준 면적은 내화 구조의 벽 및 바닥으로 구획된 하나의 실의 바닥 면적을 말하고, 하나의 실의 바닥 면적이 465m^2 이상인 경우의 살수 기준 면적은 465m^2로 한다. 다만, 위험물의 취급을 주된 작업 내용으로 하지 아니하고 소량의 위험물을 취급하는 설비 또는 부분이 넓게 분산되어 있는 경우에는 방사 밀도는 8.2L/m^2 이상, 살수 기준 면적은 279m^2 이상으로 할 수 있다.
279 이상 372 미만	15.5 이상	11.8 이상	
372 이상 465 미만	13.9 이상	9.8 이상	
465 이상	12.2 이상	8.1 이상	

2. 인산염류 등은 인산염류, 황산염류, 그 밖에 방염성이 있는 약제를 말한다.
3. 탄산수소염류 등은 탄산수소염류 및 탄산수소염류와 요소의 반응 생성물을 말한다.
4. 알칼리 금속 과산화물 등은 알칼리 금속의 과산화물 및 알칼리 금속의 과산화물을 함유한 것을 말한다.
5. 철분 · 금속분 · 마그네슘 등은 철분 · 금속분 · 마그네슘과 철분 · 금속분 또는 마그네슘을 함유한 것을 말한다.

예제

인화점이 38℃ 이상인 제4류 위험물 취급을 주된 작업 내용으로 하는 장소에 스프링클러 설비를 설치할 경우 확보하여야 하는 1분당 방사 밀도는 몇 L/m^2 이상이어야 하는가? (단, 살수 기준 면적은 250m^2이다.)

답 12.2L/m^2 이상

5-2 제조소 등의 경보 설비

〈제조소 등별로 설치하여야 하는 경보 설비의 종류〉

<table>
<tr><th>제조소 등의 구분</th><th>제조소 등의 규모, 저장 또는 취급하는 위험물의 품명 및 최대 수량 등</th><th>경보 설비</th></tr>
<tr><td>제조소 및 일반 취급소</td><td>• 연면적 500m^2 이상인 것
• 옥내에서 지정 수량의 100배 이상을 취급하는 것(고인화점 위험물만을 100℃ 미만의 온도에서 취급하는 것을 제외한다)
• 일반 취급소로 사용되는 부분 외의 부분이 있는 건축물에 설치된 일반 취급소(일반 취급소와 일반 취급소 외의 부분이 내화구조의 바닥 또는 벽으로 개구부 없이 구획된 것을 제외한다)</td><td rowspan="4">자동 화재 탐지 설비</td></tr>
<tr><td>옥내 저장소</td><td>• 지정 수량의 100배 이상을 저장 또는 취급하는 것(고인화점 위험물만을 저장 또는 취급하는 것을 제외한다)
• 저장 창고의 연면적이 150m^{2}를 초과하는 것[당해 저장 창고가 연면적 150m^2 이내마다 불연재료의 격벽으로 개구부 없이 완전히 구획된 것과 제2류 또는 제4류의 위험물(인화성 고체 및 인화점이 70℃ 미만인 제4류 위험물을 제외한다)만을 저장 또는 취급하는 것에 있어서는 저장 창고의 연면적이 500m^2 이상의 것에 한한다]
• 처마 높이가 6m 이상인 단층 건물의 것
• 옥내 저장소로 사용되는 부분 외의 부분이 있는 건축물에 설치된 옥내 저장소[옥내 저장소와 옥내 저장소 외의 부분이 내화 구조의 바닥 또는 벽으로 개구부 없이 구획된 것과 제2류 또는 제4류의 위험물(인화성 고체 및 인화점이 70℃ 미만인 제4류 위험물을 제외한다)만을 저장 또는 취급하는 것을 제외한다]</td></tr>
<tr><td>옥내 탱크 저장소</td><td>단층 건물 외의 건축물에 설치된 옥내 탱크 저장소로서 소화 난이도 등급 I에 해당하는 것</td></tr>
<tr><td>주유 취급소</td><td>옥내 주유 취급소</td></tr>
<tr><td>옥외 탱크 저장소</td><td>특수인화물, 제1석유류 및 알코올류를 저장 또는 취급하는 탱크의 용량이 1,000만리터 이상인 것</td><td>자동 화재 탐지 설비, 자동 화재 속보 설비</td></tr>
<tr><td>제1호 내지 제5호의 자동 화재 탐지 설비 설치 대상에 해당하지 아니하는 제조소 등</td><td>지정 수량의 10배 이상을 저장 또는 취급하는 것</td><td>자동 화재 탐지 설비, 비상 경보 설비, 확성 장치 또는 비상 방송 설비중1종이상</td></tr>
</table>

[비고] 이송취급소의 경보설비는 별표 15 IV 제14호의 규정에 의한다.

예제

옥내에서 지정 수량 100배 이상을 취급하는 일반 취급소에 설치하이야 하는 경보 설비는? (단, 고인화점 위험물만을 취급하는 경우는 제외한다.)

답 자동 화재 탐지 설비

5-3 피난 설비

① 주유 취급소 중 건축물의 2층 이상의 부분을 점포, 휴게 음식점 또는 전시장의 용도로 사용하는 것에 있어서는 해당 건축물의 2층 이상으로부터 직접 주유 취급소의 부지 밖으로 통하는 출입구와 해당 출입구로 통하는 통로·계단 및 출입구에 유도등을 설치하여야 한다.

② 옥내 주유 취급소에 있어서는 해당 사무소 등의 출입구 및 피난구와 해당 피난구로 통하는 통로·계단 및 출입구에 유도등을 설치하여야 한다.

③ 유도등에는 비상 전원을 설치하여야 한다.

06 운반 용기의 최대 용적 또는 중량

(1) 고체 위험물

운반 용기				수납 위험물의 종류								
내장 용기		외장 용기		제1류			제2류		제3류		제5류	
용기의 종류	최대 용적 또는 중량	용기의 종류	최대 용적 또는 중량	I	II	III	II	III	I	II	I	II
유리 용기 또는 플라스틱 용기	10L	나무 상자 또는 플라스틱 상자(필요에 따라 불활성의 완충재를 채울 것)	125kg	○	○	○	○	○	○	○	○	○
			225kg		○	○		○		○		○
		파이버판 상자(필요에 따라 불활성의 완충재를 채울 것)	40kg	○	○	○	○	○	○	○	○	○
			55kg		○	○		○		○		○
금속제 용기	30L	나무 상자 또는 플라스틱 상자	125kg	○	○	○	○	○	○	○	○	○
			225kg		○	○		○		○		○
		파이버판 상자	40kg	○	○	○	○	○	○	○	○	○
			55kg		○	○		○		○		○
플라스틱 필름 포대 또는 종이 포대	5kg	나무 상자 또는 플라스틱 상자	50kg	○	○	○	○	○		○	○	○
	50kg			○	○	○	○	○				○
	125kg		125kg		○	○	○	○				
	225kg		225kg			○		○				
	5kg	파이버판 상자	40kg	○	○	○	○	○		○	○	○
	40kg			○	○	○	○	○				○
	55kg		55kg			○		○				
		금속제 용기(드럼 제외)	60L	○	○	○	○	○	○	○	○	○
		플라스틱 용기(드럼 제외)	10L		○	○	○	○		○		○
			30L			○		○				○
		금속제 드럼	250L	○	○	○	○	○	○	○	○	○
		플라스틱 드럼 또는 파이버 드럼(방수성이 있는 것)	60L	○	○	○	○	○	○	○	○	○
			250L		○	○		○		○		○
		합성 수지 포대(방수성이 있는 것), 플라스틱 필름 포대, 섬유 포대(방수성이 있는 것) 또는 종이 포대(여러 겹으로서 방수성이 있는 것)	50kg		○	○	○	○		○		○

(2) 액체 위험물

운반 용기				수납 위험물의 종류								
내장 용기		외장 용기		제3류			제4류			제5류		제6류
용기의 종류	최대 용적 또는 중량	용기의 종류	최대 용적 또는 중량	I	II	III	I	II	III	I	II	I
유리 용기	5L	나무 또는 플라스틱 상자(불활성의 완충재를 채울 것)	75kg	○	○	○	○	○	○	○	○	○
	10L		125kg		○	○		○	○		○	
			225kg						○			
	5L	파이버판 상자(불활성의 완충재를 채울 것)	40kg	○	○	○	○	○	○	○	○	○
	10L		55kg						○			
플라스틱 용기	10L	나무 또는 플라스틱 상자(필요에 따라 불활성의 완충재를 채울 것)	75kg	○	○	○	○	○	○	○	○	○
			125kg		○	○		○	○		○	
			225kg						○			
		파이버판 상자(필요에 따라 불활성의 완충재를 채울 것)	40kg	○	○	○	○	○	○	○	○	○
			55kg						○			
금속제 용기	30L	나무 또는 플라스틱 상자	125kg	○	○	○	○	○	○	○	○	○
			225kg						○			
		파이버판 상자	40kg	○	○	○	○	○	○	○	○	○
			55kg		○	○		○	○		○	
		금속제 용기(금속제 드럼 제외)	60L		○	○		○	○		○	
		플라스틱 용기(플라스틱 드럼 제외)	10L		○	○		○	○		○	
			20L					○	○			
			30L						○		○	
		금속제 드럼(뚜껑 고정식)	250L	○	○	○	○	○	○	○	○	○
		금속제 드럼(뚜껑 탈착식)	250L					○	○			
		플라스틱 또는 파이버 드럼(플라스틱 내용기 부착의 것)	250L		○	○			○		○	

[비고] 1. "○" 표시는 수납 위험물의 종류별 각 란에 정한 위험물에 대하여 해당 각 란에 정한 운반 용기가 적응성이 있음을 표시한다.

2. 내장 용기는 외장 용기에 수납하여야 하는 용기로서 위험물을 직접 수납하기 위한 것을 말한다.

3. 내장 용기의 "용기의 종류"란이 공란인 것은 외장 용기에 위험물을 직접 수납하거나 유리 용기, 플라스틱 용기 또는 금속제 용기를 내장 용기로 할 수 있음을 표시한다.

07 위험물의 운송 시에 준수하는 기준

위험물 운송자는 장거리(고속 국도에 있어서는 340km 이상, 그 밖의 도로에 있어서는 200km 이상을 말한다)에 걸친 운송을 하는 때에는 2명 이상의 운전자로 한다.

① 운송 책임자를 동승시킨 경우

② 운송하는 위험물이 제2류 위험물, 제3류 위험물(칼슘 또는 알루미늄의 탄화물과 이것만을 함유한 것에 한한다) 또는 제4류 위험물(특수 인화물 제외한다)인 경우

③ 운송 도중에 2시간 이내마다 20분 이상씩 휴식하는 경우

※ 서울 – 부산 거리(서울 톨게이트에서 부산 톨게이트까지) : 410.3km

출제예상문제

01 위험물 제조소 등의 종류가 아닌 것은?

① 간이 탱크 저장소 ② 일반 취급소
③ 이송 취급소 ④ 이동 판매 취급소

해설 위험물 제조소 등의 종류
① 제조소
② 저장소
㉠ 옥내 저장소 ㉡ 옥외 탱크 저장소
㉢ 옥내 탱크 저장소 ㉣ 지하 탱크 저장소
㉤ 간이 탱크 저장소 ㉥ 이동 탱크 저장소
㉦ 옥외 저장소 ㉧ 암반 탱크 저장소
③ 취급소
㉠ 주유 취급소 ㉡ 판매 취급소
㉢ 이송 취급소 ㉣ 일반 취급소

02 다음 중 위험물안전관리법령상 위험물 제조소와의 안전 거리가 가장 먼 것은?

① 「고등교육법」에서 정하는 학교
② 「의료법」에 따른 병원급 의료 기관
③ 「고압가스안전관리법」에 의하여 허가를 받은 고압가스 제조 시설
④ 「문화재보호법」에 의한 유형 문화재와 기념물 중 지정 문화재

해설 ① : 10m 이상, ② : 30m 이상, ③ : 20m 이상, ④ : 50m 이상

03 다음 중 위험물안전관리법에서 정의한 '제조소'의 의미로 가장 옳은 것은?

① '제조소'라 함은 위험물을 제조할 목적으로 지정 수량 이상의 위험물을 취급하기 위하여 허가를 받은 장소임
② '제조소'라 함은 지정 수량 이상의 위험물을 제조할 목적으로 위험물을 취급하기 위하여 허가를 받은 장소임
③ '제조소'라 함은 지정 수량 이상의 위험물을 제조할 목적으로 지정 수량 이상의 위험물을 취급하기 위하여 허가를 받은 장소임
④ '제조소'라 함은 위험물을 제조할 목적으로 위험물을 취급하기 위하여 허가를 받은 장소임

해설 제조소는 위험물을 제조하는 공정을 갖는 특성상 화재 위험성이 가장 높은 위험물시설에 해당한다.

04 위험물 제조소 등에서 위험물안전관리법상 안전 거리 규제 대상이 아닌 것은?

① 제6류 위험물을 취급하는 제조소를 제외한 모든 제조소
② 주유 취급소
③ 옥외 저장소
④ 옥외 탱크 저장소

해설 안전 거리의 규제 대상
㉠ 위험물 제조소(제6류 위험물을 취급하는 제조소 제외)
㉡ 일반 취급소
㉢ 옥내 저장소
㉣ 옥외 탱크 저장소
㉤ 옥외 저장소

05 취급하는 위험물의 최대 수량이 지정 수량의 10배를 초과할 경우 제조소 주위에 보유하여야 하는 공지의 너비는?

① 3m 이상
② 5m 이상
③ 10m 이상
④ 15m 이상

해설 보유 공지 너비

위험물의 최대 수량	공지 너비
지정 수량 10배 이하	3m 이상
지정 수량 10배 초과	5m 이상

정답 01 ④ 02 ④ 03 ① 04 ② 05 ②

06 위험물안전관리법령상 제조소에서 위험물을 취급하는 건축물의 구조 중 내화 구조로 하여야 할 필요가 있는 것은?

① 연소의 우려가 있는 기둥
② 바닥
③ 연소의 우려가 있는 외벽
④ 계단

해설 위험물 제조소 건축물의 기준

㉠ 불연 재료로 하여야 하는 것 : 벽, 연소의 우려가 있는 기둥, 바닥, 보, 서까래, 계단
㉡ 내화 구조로 하여야 하는 것 : 연소의 우려가 있는 외벽

07 위험물안전관리법령에 따른 위험물 제조소와 관련한 내용으로 틀린 것은?

① 채광 설비는 불연 재료를 사용한다.
② 환기는 자연 배기 방식으로 한다.
③ 조명 설비의 전선은 내화 · 내열 전선으로 한다.
④ 조명 설비의 점멸 스위치는 출입구 안쪽 부분에 설치한다.

해설 ④ 조명 설비의 점멸 스위치는 출입구 바깥 부분에 설치한다. 다만, 스위치의 스파크로 인한 화재 · 폭발의 우려가 없는 경우에는 그러하지 아니하다.

08 위험물 제조소의 건축물 환기 설비 중 급기구의 크기로 옳은 것은?

① $200cm^2$
② $400cm^2$
③ $600cm^2$
④ $800cm^2$

해설 제조소 등의 환기 설비의 설치 기준

㉠ 환기는 자연 배기 방식으로 할 것
㉡ 환기구는 지붕 위 또는 지상 2m 높이에 회전식 고정 벤틸레이터 또는 루프팬 방식으로 할 것
㉢ 급기구는 바닥 면적 $150m^2$마다 1개 이상으로 하되, 그 크기는 $800cm^2$ 이상으로 할 것
㉣ 급기구는 낮은 곳에 설치하고, 가는 눈의 동망 등으로 인화 방지망을 설치할 것

09 가연성의 증기 또는 미분이 체류할 우려가 있는 건축물에는 배출 설비를 하여야 하는데 배출 능력은 1시간당 배출 장소 용적의 몇 배 이상인 것으로 하여야 하는가? (단, 국소 방식의 경우이다.)

① 5배
② 10배
③ 15배
④ 20배

해설 배출 설비

배출 능력은 1시간당 배출 장소 용적의 20배 이상인 것으로 하여야 한다. 다만, 전역 방식의 경우에는 바닥 면적 $1m^2$당 $18m^3$ 이상으로 할 수 있다.

10 제조소에서 위험물을 취급함에 있어서 정전기를 유효하게 제거할 수 있는 방법으로 가장 거리가 먼 것은?

① 접지에 의한 방법
② 상대 습도를 70% 이상 높이는 방법
③ 공기를 이온화하는 방법
④ 부도체 재료를 사용하는 방법

해설 ④ 전기의 도체를 사용한다.

11 위험물 제조소에 설치하는 안전 장치 중 위험물의 성질에 따라 안전 밸브의 작동이 곤란한 가압 설비에 한하여 설치하는 것은?

① 파괴판
② 안전 밸브를 병용하는 경보 장치
③ 감압측에 안전 밸브를 부착한 감압 밸브
④ 연성계

해설 위험물 제조소에 설치하는 안전 장치

㉠ 자동적으로 압력의 상승을 정지시키는 장치
㉡ 감압측에 안전 밸브를 부착한 감압 밸브
㉢ 안전 밸브를 병용하는 경보 장치
㉣ 파괴판(안전 밸브의 작동이 곤란한 가압 설비에 사용)

정답 06 ③ 07 ④ 08 ④ 09 ④ 10 ④ 11 ①

12 위험물 제조소 등의 안전 거리의 단축 기준과 관련해서 방화상 유효한 벽의 높이는 $H \leq pD^2 + a$인 경우 $h=2$로 계산한다. 여기서 a는 무엇인가?

① 인접 건물의 높이(m)
② 제조소 등의 외벽의 높이(m)
③ 제조소 등과 방화상 유효한 벽의 거리(m)
④ 방화상 유효한 벽의 높이(m)

해설 방화상 유효한 담의 높이
㉠ $H \leq pD^2 + a$인 경우 : $h=2$
㉡ $H > pD^2 + a$인 경우 : $h = H - p(D^2 + d^2)$
㉢ D, H, a, d, h 및 p는 다음과 같다.

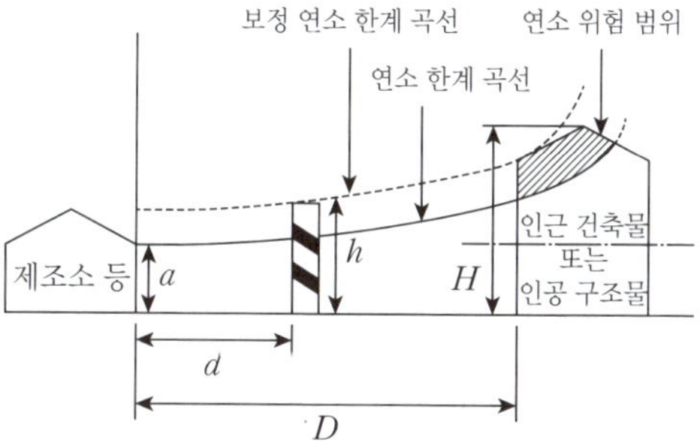

여기서, D : 제조소 등과 인근 건축물 또는 인공 구조물과의 거리(m)
H : 인근 건축물 또는 인공 구조물의 높이(m)
a : 제조소 등의 외벽의 높이(m)
d : 제조소 등과 방화상 유효한 담과의 거리(m)
h : 방화상 유효한 담의 높이(m)
p : 상수

13 저장하는 위험물의 최대 수량이 지정 수량의 15배일 경우, 건축물의 벽·기둥 및 바닥이 내화 구조로 된 위험물 옥내 저장소의 보유 공지는 몇 m 이상이어야 하는가?

① 0.5 ② 1
③ 2 ④ 3

해설 옥내 저장소

저장 또는 취급하는 위험물의 최대 수량	공지의 너비	
	벽·기둥 및 바닥이 내화 구조로 된 건축물	그 밖의 건축물
지정 수량의 5배 이하	-	0.5m 이상
지정 수량의 5배 초과 10배 이하	1m 이상	1.5m 이상
지정 수량의 10배 초과 20배 이하	2m 이상	3m 이상
지정 수량의 20배 초과 50배 이하	3m 이상	5m 이상
지정 수량의 50배 초과 200배 이하	5m 이상	10m 이상
지정 수량의 200배 초과	10m 이상	15m 이상

단, 지정 수량의 20배를 초과하는 옥내 저장소와 동일한 부지 내에 있는 다른 옥내 저장소와의 사이에는 공지 너비의 1/3(해당 수치가 3m 미만인 경우에는 3m)의 공지를 보유할 수 있다.

14 위험물안전관리법령상 배출 설비를 설치하여야 하는 옥내 저장소의 기준에 해당하는 것은?

① 가연성의 증기가 액화할 우려가 있는 경우
② 모든 장소의 옥내 저장소
③ 가연성 미분이 체류할 우려가 있는 장소
④ 인화점이 70℃ 미만인 위험물의 옥내 저장소

해설 인화점이 70℃ 미만 : 옥내 저장소 저장 창고는 배출 설비를 설치한다.

15 지정 유기 과산화물의 옥내 저장 창고의 창문 1개의 면적 기준은?

① $0.8m^2$ ② $0.6m^2$ ③ $0.4m^2$ ④ $0.2m^2$

해설 창의 기준
㉠ 바닥으로부터 2m 이상의 높이에 설치할 것
㉡ 창 하나의 면적은 $0.4m^2$ 이하로 할 것
㉢ 한 개 면의 벽에 설치하는 창의 면적 합계는 그 벽 면적의 1/80 이하가 되도록 할 것

16 옥내 저장소에서 위험물 용기를 겹쳐 쌓는 경우에 있어서 제4류 위험물 중 제3석유류만을 수납하는 용기를 겹쳐 쌓을 수 있는 높이는 최대 몇 m인가?

① 3 ② 4 ③ 5 ④ 6

정답 12 ② 13 ③ 14 ④ 15 ③ 16 ②

해설 옥내 저장소

㉠ 기계에 의하여 하역하는 구조로 된 용기만을 겹쳐 쌓는 경우 : 6m
㉡ 제4류 위험물 중 제3석유류, 제4석유류 및 동 · 식물유류를 수납하는 용기만을 겹쳐 쌓는 경우 : 4m
㉢ 그 밖의 경우 : 3m

17 위험물을 유별로 정리하여 상호 1m 이상의 간격을 유지하는 경우에도 동일한 옥내 저장소에 저장할 수 없는 것은?

① 제1류 위험물(알칼리 금속의 과산화물 또는 이를 함유한 것을 제외한다)과 제5류 위험물
② 제1류 위험물과 제6류 위험물
③ 제1류 위험물과 제3류 위험물 중 황린
④ 인화성 고체를 제외한 제2류 위험물과 제4류 위험물

해설 상호 1m 이상의 간격을 유지하는 경우에도 동일한 옥내 저장소에 저장할 수 있는 것

㉠ 제1류 위험물(알칼리 금속 과산화물 제외)+제5류 위험물
㉡ 제1류 위험물+제6류 위험물
㉢ 제1류 위험물+자연 발화성 물품(황린)
㉣ 제2류 위험물(인화성 고체)+제4류 위험물
㉤ 제3류 위험물(알킬알루미늄 등)+제4류 위험물(알킬알루미늄 · 알킬리튬을 함유한 것)
㉥ 제4류 위험물(유기 과산화물)+제5류 위험물(유기 과산화물)

18 위험물안전관리법령상 위험물 옥외 저장소에 저장할 수 있는 품명은? (단, 국제해상위험물 규칙에 적합한 용기에 수납하는 경우를 제외한다.)

① 특수 인화물 ② 무기 과산화물
③ 알코올류 ④ 칼륨

해설 위험물 옥외 저장소에 저장할 수 있는 품명

㉠ 제2류 위험물 중 황 또는 인화성 고체(인화점 0℃ 이상인 것에 한한다.)
㉡ 제4류 위험물 중 제1석유류(인화점 0℃ 이상인 것에 한한다.), 알코올류, 제2석유류, 제3석유류, 제4석유류, 동·식물유류
㉢ 제6류 위험물

19 위험물 옥외 저장소에서 지정 수량 200배 초과의 위험물을 저장할 경우 보유 공지의 너비는 몇 m 이상으로 하여야 하는가? (단, 제4류 위험물과 제6류 위험물이 아닌 경우이다.)

① 0.5 ② 2.5 ③ 10 ④ 15

해설 옥외 저장소

저장 또는 취급하는 위험물의 최대 수량	공지의 너비
지정 수량의 10배 이하	3m 이상
지정 수량의 10배 초과 20배 이하	5m 이상
지정 수량의 20배 초과 50배 이하	9m 이상
지정 수량의 50배 초과 200배 이하	12m 이상
지정 수량의 200배 초과	15m 이상

단, 제4류 위험물 중 제4석유류와 제6류 위험물을 저장 또는 취급하는 보유 공지는 공지 너비의 1/3 이상으로 할 수 있다.

20 위험물안전관리법령상 옥외 저장소 중 덩어리 상태의 황만을 지반면에 설치한 경계 표시의 안쪽에서 저장 또는 취급할 때 경계 표시의 높이는 몇 m 이하로 하여야 하는가?

① 1 ② 1.5 ③ 2 ④ 2.5

해설 황 경계 표시 높이 : 1.5m 이하

21 저장 또는 취급하는 위험물의 최대 수량이 지정 수량의 500배 이하일 때 옥외 저장 탱크의 측면으로부터 몇 m 이상의 보유 공지를 유지하여야 하는가? (단, 제6류 위험물은 제외한다.)

① 1m ② 2m ③ 3m ④ 4m

해설 옥외 탱크 저장소의 보유 공지

저장 또는 취급하는 위험물의 최대 수량	공지의 너비
지정 수량의 500배 이하	3m 이상
지정 수량의 500배 초과 1,000배 이하	5m 이상
지정 수량의 1,000배 초과 2,000배 이하	9m 이상
지정 수량의 2,000배 초과 3,000배 이하	12m 이상

정답 17 ④ 18 ③ 19 ④ 20 ② 21 ③

지정 수량의 3,000배 초과 4,000배 이하	15m 이상
지정 수량의 4,000배 초과	해당 탱크의 수평 단면의 최대 지름(횡형인 경우에는 긴 변)과 높이 중 큰 것과 같은 거리 이상, 다만, 30m 초과의 경우에는 30m 이상으로 할 수 있고, 15m 미만의 경우에는 15m 이상으로 하여야 한다.

22 제4류 위험물의 옥외 저장 탱크에 대기 밸브 부착 통기관을 설치할 때 몇 kPa 이하의 압력 차이로 작동하여야 하는가?

① 5kPa 이하 ② 10kPa 이하
③ 15kPa 이하 ④ 20kPa 이하

해설 옥외 저장 탱크의 통기 장치

1. 밸브 없는 통기관
   ㉠ 직경 : 30mm 이상
   ㉡ 끝부분 : 45° 이상
   ㉢ 인화 방지 장치 : 가는 눈의 구리망 사용
2. 대기 밸브 부착 통기관
   ㉠ 작동 압력 차이 : 5kPa 이하
   ㉡ 인화 방지 장치 : 가는 눈의 구리망 사용

23 제4류 위험물의 옥외 저장 탱크에 설치하는 밸브 없는 통기관은 직경이 얼마 이상인 것으로 설치해야 되는가? (단, 압력 탱크는 제외한다.)

① 10mm ② 20mm
③ 30mm ④ 40mm

해설 23번 해설 참조

24 인화점이 21℃ 미만인 액체 위험물의 옥외 저장 탱크 주입구에 설치하는 "옥외 저장 탱크 주입구"라고 표시한 게시판의 바탕 및 문자색을 옳게 나타낸 것은?

① 백색 바탕 – 적색 문자
② 적색 바탕 – 백색 문자
③ 백색 바탕 – 흑색 문자
④ 흑색 바탕 – 백색 문자

해설 인화점이 21℃ 미만인 액체 위험물의 옥외 저장 탱크 주입구 게시판은 백색 바탕에 흑색 문자로 한다.

25 위험물 옥외 저장 탱크 중 압력 탱크에 저장하는 디에틸에테르 등의 저장 온도는 몇 ℃ 이하이어야 하는가?

① 60 ② 40
③ 30 ④ 15

해설 옥외 저장 탱크의 위험물 저장 기준

1. 옥외 저장 탱크(옥내 저장 탱크 또는 지하 저장 탱크) 중 압력 탱크 외의 탱크에 저장하는 경우
   ㉠ 에틸에테르 또는 산화프로필렌 : 30℃ 이하
   ㉡ 아세트알데하이드 : 15℃ 이하
2. 옥외 저장 탱크(옥내 저장 탱크 또는 지하 저장 탱크) 중 압력 탱크에 저장하는 경우
   · 에틸에테르, 아세트알데하이드 또는 산화프로필렌의 온도 : 40℃ 이하

26 위험물안전관리법령상 제조소 등에서의 위험물의 저장 및 취급에 관한 기준에 따르면 보냉 장치가 있는 이동 저장 탱크에 저장하는 디에틸에테르의 온도는 얼마 이하로 유지하여야 하는가?

① 비점 ② 인화점
③ 40℃ ④ 30℃

해설 보냉 장치의 유무에 따른 이동 저장 탱크

㉠ 보냉 장치가 있는 디에틸에테르, 아세트알데하이드 등 온도 : 비점 이하
㉡ 보냉 장치가 없는 디에틸에테르, 아세트알데하이드 등 온도 : 40℃ 이하

27 인화성 액체 위험물을 저장 또는 취급하는 옥외 탱크 저장소의 방유제 내에 용량 100,000L와 50,000L인 옥외 저장 탱크 2기를 설치하는 경우에 확보하여야 하는 방유제의 용량은?

① 50,000L 이상 ② 80,000L 이상
③ 110,000L 이상 ④ 150,000L 이상

정답 22 ① 23 ③ 24 ③ 25 ② 26 ① 27 ③

해설 옥외 탱크 저장소의 방유제 용량

㉠ 1기 : 탱크 용량의 110% 이상

㉡ 2기 이상 : 최대 용량의 110% 이상

즉, 100,000L × 1.1 = 110,000L 이상

28 옥외 저장 탱크의 방유제 높이는?

① 1.0m 이상 2.0m 이하
② 1.5m 이상 2.0m 이하
③ 0.5m 이상 3.0m 이하
④ 0.3m 이상 3.0m 이하

해설 옥외 저장 탱크에 설치하는 방유제의 높이는 0.5m 이상 3.0m 이하로 하며, 높이가 1.0m 이상일 때는 계단을 설치할 것

29 옥외 저장 탱크의 방유제 면적은 얼마 이하로 해야 하는가?

① 40,000m^2
② 60,000m^2
③ 80,000m^2
④ 100,000m^2

해설 옥외 저장 탱크에 설치하는 하나의 방유제의 면적은 80,000m^2 이하로 해야 한다.

30 다음 그림은 옥외 저장 탱크와 흙방유제를 나타낸 것이다. 탱크의 지름이 10m이고 높이가 15m라고 할 때 방유제는 탱크의 옆판으로부터 몇 m 이상의 거리를 유지하여야 하는가? (단, 인화점 200℃ 미만의 위험물을 저장한다.)

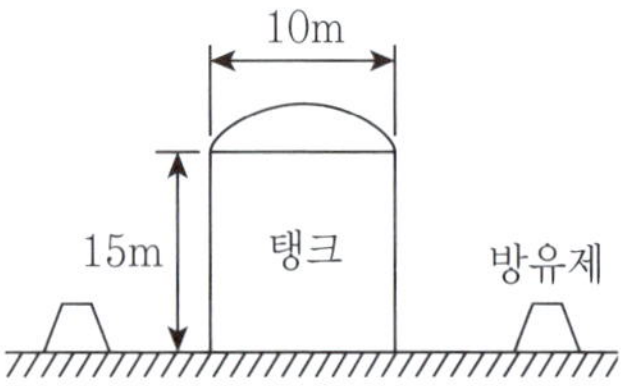

① 2　　② 3
③ 4　　④ 5

해설 옥외 저장 탱크 옆판과 방유제 사이의 거리(인화점 200℃ 이상인 위험물은 제외)

㉠ 탱크 지름 15m 미만 → 탱크 높이의 $\frac{1}{3}$ 이상

㉡ 탱크 지름 15m 이상 → 탱크 높이의 $\frac{1}{2}$ 이상

∴ 탱크 지름 10m, 높이 15m이므로 $\frac{1}{3} \times 15m = 5m$ 이상

31 인화점이 섭씨 200℃ 미만인 위험물을 저장하기 위하여 높이가 15m이고, 지름이 18m인 옥외 저장 탱크를 설치하는 경우 옥외 저장 탱크와 방유제와의 사이에 유지하여야 하는 거리는?

① 5.0m 이상　　② 6.0m 이상
③ 7.5m 이상　　④ 9.0m 이상

해설 옥외 탱크 저장소의 방유제와 탱크 측면의 이격 거리

탱크 지름	공지의 너비
15m 미만	탱크 높이의 $\frac{1}{3}$ 이상
15m 이상	탱크 높이의 $\frac{1}{2}$ 이상

∴ $15m \times \frac{1}{2} = 7.5m$ 이상

32 옥외 탱크 저장소의 압력 탱크 수압 시험의 조건으로 옳은 것은?

① 최대 상용 압력의 1.5배의 압력으로 5분간 수압 시험을 한다.
② 최대 상용 압력의 1.5배의 압력으로 10분간 수압 시험을 한다.
③ 사용 압력에서 15분간 수압 시험을 한다.
④ 사용 압력에서 20분간 수압 시험을 한다.

해설 옥외 탱크 저장소

㉠ 압력 탱크 외의 탱크 : 충수 시험(새거나 변형되지 아니할 것)

㉡ 압력 탱크 : 최대 상용 압력의 1.5배의 압력으로 10분간 실시하는 수압 시험(새거나 변형되지 아니할 것)

정답 28 ③ 29 ③ 30 ④ 31 ③ 32 ②

33 특정 옥외 탱크 저장소라 함은 저장 또는 취급하는 액체 위험물의 최대 수량이 얼마 이상의 것을 말하는가?

① 50만 리터 이상 ② 100만 리터 이상
③ 150만 리터 이상 ④ 200만 리터 이상

해설 ㉠ 특정 옥외 탱크 저장소 : 옥외 탱크 저장소 중 저장·취급하는 액체 위험물의 최대 수량이 100만 L 이상인 것
㉡ 준특정 옥외 탱크 저장소 : 옥외 탱크 저장소 중 저장·취급하는 액체 위험물의 최대 수량이 50만 L 이상 100만 L 미만인 것

34 단층 건물에 설치하는 옥내 탱크 저장소의 탱크 전용실에 비수용성이 제2석유류 위험물을 저장하는 탱크 1개를 설치할 경우, 설치할 수 있는 탱크의 최대 용량은?

① 10,000L ② 20,000L
③ 40,000L ④ 80,000L

해설 ㉠ 1층 이하 층의 건축물에 설치 시 : 지정수량 40배(제4석유류 또는 동·식물유류 외의 제4류 위험물로서 당해 수량이 20,000L를 초과하는 경우에는 20,000L) 이하
㉡ 2층 이상의 건축물에 설치 시 : 지정 수량 10배(제4석유류 또는 동·식물유류 외의 제4류 위험물로서 당해 수량이 5,000L를 초과하는 경우에는 5,000L) 이하

35 옥내 탱크 저장소 중 탱크 전용실을 단층 건물 외의 건축물에 설치하는 경우 탱크 전용실을 건축물의 1층 또는 지하층에만 설치하여야 하는 위험물이 아닌 것은?

① 제2류 위험물 중 덩어리 황
② 제3류 위험물 중 황린
③ 제4류 위험물 중 인화점이 40℃ 이상인 위험물
④ 제6류 위험물 중 질산

해설 옥내 탱크 저장소 중 1층 또는 지하층에 설치하는 위험물
㉠ 제2류 위험물 : 황화인, 적린, 덩어리 황
㉡ 제3류 위험물 : 황린
㉢ 제4류 위험물 중 인화점이 38℃ 이상인 것
㉣ 제6류 위험물 : 질산

36 위험물안전관리법령에 따라 제4류 위험물 옥내 저장 탱크에 설치하는 밸브 없는 통기관의 설치 기준으로 가장 거리가 먼 것은?

① 통기관의 지름은 30mm 이상으로 한다.
② 통기관의 끝부분은 수평면보다 아래로 45° 이상 구부려 설치한다.
③ 통기관은 가스가 체류되지 않도록 그 끝부분을 건축물의 출입구로부터 0.5m 이상 떨어진 곳에 설치하고, 끝에 팬을 설치한다.
④ 가는 눈의 구리망 등으로 인화 방지 장치를 한다.

해설 ③ 통기관은 가스가 체류하지 않도록 그 끝부분을 건축물의 출입구로부터 1m 이상 떨어진 곳에 설치하고, 끝에 팬을 설치한다.

37 옥내 탱크 전용실에 설치하는 탱크 상호 간에는 얼마의 간격을 두어야 하는가?

① 0.1m 이상 ② 0.3m 이상
③ 0.5m 이상 ④ 0.6m 이상

해설 옥내 탱크 전용실에 설치하는 탱크 상호 간에는 0.5m 이상의 간격을 둔다.

38 지하 탱크는 그 윗부분이 지면으로부터 얼마 이상의 깊이가 되도록 매설하여야 하는가?

① 2.0m 이상 ② 1.0m 이상
③ 0.6m 이상 ④ 0.5m 이상

해설 지하 탱크 매설 기준
㉠ 탱크 본체와 지면까지의 거리 : 0.6m 이상
㉡ 탱크와 탱크 전용실 내벽과의 거리 : 상·하, 좌·우 각각 0.1m 이상
㉢ 2기 이상의 탱크를 인접하여 설치하는 경우 : 탱크 상호 간 이격 거리는 1m 이상(단, 2기 이상의 탱크 용량의 합계가 지정 수량 100배 미만인 경우에는 탱크 상호 간 0.5m 간격 유지)

정답 33 ② 34 ② 35 ③ 36 ③ 37 ③ 38 ③

39 지하 저장 탱크는 주위에 액체 위험물이 새는 것을 검사하기 위한 누유 검사관을 몇 개 설치해야 하는가?

① 1개 이상 ② 2개 이상
③ 3개 이상 ④ 4개 이상

해설 누유 검사관의 설치 기준
㉠ 탱크 1기에 대해 4개 이상
㉡ 탱크를 2기 설치하는 경우 6개 이상

40 이동 저장 탱크 방호틀의 철판 두께는 최소 얼마 이상이어야 하는가?

① 1.6mm 이상 ② 2.3mm 이상
③ 3.2mm 이상 ④ 4.5mm 이상

해설 이동 저장 탱크에 사용하는 강철판의 두께 기준
㉠ 탱크 본체(맨홀 및 탱크의 주입구 포함), 측면틀, 안전 칸막이 : 3.2mm 이상
㉡ 방호틀 : 2.3mm 이상
㉢ 방파판 : 1.6mm 이상

41 위험물의 지하 저장 탱크 중 압력 탱크 외의 탱크에 대해 수압 시험을 실시할 때 몇 kPa의 압력으로 하여야 하는가? (단, 소방청장이 정하여 고시하는 기밀 시험과 비파괴 시험을 동시에 실시하는 방법으로 대신하는 경우는 제외한다.)

① 40 ② 50 ③ 60 ④ 70

해설 지하 탱크 저장소의 수압 시험
㉠ 압력 탱크 : 최대 상용 압력의 1.5배 압력으로 10분간 실시
㉡ 압력 탱크 외 : 70kPa의 압력으로 10분간 실시

42 이동 저장 탱크 방파판의 두께는?

① 1.6mm 이상 ② 2.3mm 이상
③ 3.2mm 이상 ④ 4.5mm 이상

해설 방파판은 1.6mm 이상이다. 위험물을 운송하는 중에 탱크 내부의 위험물이 출렁임 또는 급회전에 의한 쏠림 등을 감소시켜 운행 중인 차량의 안전성을 확보하기 위해 설치를 한다.

43 위험물안전관리법령상 이동 저장 탱크(압력 탱크)에 대해 실시하는 수압 시험은 용접부에 대한 어떤 시험으로 대신할 수 있는가?

① 비파괴 시험과 기밀 시험
② 비파괴 시험과 충수 시험
③ 충수 시험과 기밀 시험
④ 방폭 시험과 충수 시험

해설 이동 저장 탱크 수압 시험
㉠ 압력 탱크 : 최대 상용 압력의 1.5배의 압력으로 각각 10분간의 수압 시험을 실시하여 새거나 변형되지 아니할 것. 이 경우 수압 시험을 용접부에 대한 비파괴 시험과 기밀 시험으로 대신할 수 있다.
㉡ 압력 탱크 외의 탱크(최대 사용 압력의 46.7kPa 이상인 탱크를 말한다) : 70kPa의 압력으로 10분간 수압 시험을 실시하여 새거나 변형되지 아니할 것

44 위험물안전관리법령에 따른 이동 저장 탱크의 구조 기준에 대한 설명으로 틀린 것은?

① 압력 탱크는 최대 상용 압력의 1.5배의 압력으로 10분간 수압 시험을 하여 새지 말 것
② 상용 압력이 20kPa를 초과하는 탱크의 안전 장치는 상용 압력의 1.5배 이하의 압력에서 작동할 것
③ 방파판은 두께 1.6mm 이상의 강철판 또는 이와 동등 이상의 강도, 내식성 및 내열성이 있는 금속성의 것으로 할 것
④ 탱크는 두께 3.2mm 이상의 강철판 또는 이와 동등 이상의 강도, 내식성 및 내열성을 갖는 재질로 할 것

해설 안전 장치

상용 압력	작동 압력
20kPa 이하	20～24kPa 이하
20kPa 초과	상용 압력의 1.1배 이하

45 이동 탱크 저장 시설의 탱크 중심에서 측면틀 최외측과 탱크의 최외측 연결선이 이루는 각도는?

① 15° ② 25° ③ 35° ④ 45°

정답 39 ④ 40 ② 41 ④ 42 ① 43 ① 44 ② 45 ③

해설 측면틀 부착 기준

㉠ 최외측 선(측면틀의 최외측과 탱크의 최외측을 연결하는 직선)의 수평면에 대하여 내각이 75° 이상일 것

㉡ 최대 수량의 위험물을 저장한 상태에서 해당 탱크 중량의 중심선과 측면틀의 최외측을 연결하는 직선 및 그 중심선을 지나는 직선 중 최외측 선과 직각을 이루는 직선과의 내각이 35° 이상이 되도록 할 것

46 이동 탱크 저장 시설 방호틀의 정상부는 부속 장치보다 최소 몇 mm 이상 높게 해야 하는가?

① 30mm 이상　② 50mm 이상
③ 70mm 이상　④ 100mm 이상

해설 방호틀 : 정상 부분은 부속 장치보다 50mm 이상 높게 하거나 동등 이상의 성능이 있는 것으로 할 것

47 다음은 위험물안전관리법령에 따른 이동 탱크 저장소에 대한 기준이다. ( ) 안에 들어갈 수치로 알맞은 것은?

> 이동 저장 탱크는 그 내부에 (㉠)L 이하마다 (㉡)mm 이상의 강철판 또는 이와 동등 이상의 강도·내열성 및 내식성이 있는 금속성의 것으로 칸막이를 설치하여야 한다.

① ㉠ 2,500, ㉡ 3.2
② ㉠ 2,500, ㉡ 4.8
③ ㉠ 4,000, ㉡ 3.2
④ ㉠ 4,000, ㉡ 4.8

해설 이동 저장 탱크의 안전 칸막이 설치 기준

㉠ 4,000L 이하마다 구분하여 실시

㉡ 재질은 두께 3.2mm 이상의 강철판으로 제작

48 제4류 위험물을 저장하는 이동 탱크 저장소의 탱크 용량이 19,000L일 때 탱크의 칸막이는 최소 몇 개를 설치해야 하는가?

① 2　② 3
③ 4　④ 5

해설 이동 탱크 저장소는 그 내부에 4,000L 이하마다 칸막이를 설치한다.

	1개	2개	3개	4개	
4,000L	4,000L	4,000L	4,000L	3,000L	

용량이 19,000L이므로 칸막이는 최소 4개를 설치할 수 있다.

49 지정 수량 이상의 위험물을 차량으로 운반할 때 게시판의 색상에 대한 서명으로 옳은 것은 어느 것인가?

① 흑백 바탕에 청색의 도료로 "위험물"이라고 게시한다.
② 흑백 바탕에 황색의 반사 도료로 "위험물"이라고 게시한다.
③ 적색 바탕에 흰색의 반사 도료로 "위험물"이라고 게시한다.
④ 적색 바탕에 흑색의 도료로 "위험물"이라고 게시한다.

해설 지정 수량 이상의 위험물을 차량으로 운반 시 게시판의 색상 : 흑백 바탕에 황색의 반사 도료로 "위험물"이라고 게시한다.

50 인화점이 몇 도 미만인 위험물을 이동 저장 탱크로부터 다른 저장 탱크로 주입할 때 그 이동 탱크의 원동기를 정지시켜야 하는가?

① 20℃ 미만　② 30℃ 미만
③ 40℃ 미만　④ 50℃ 미만

해설 인화점이 40℃ 미만의 위험물 주입 시는 해당 이동 저장 탱크의 원동기를 정지시켜야 한다.

51 다음은 위험물안전관리법령상 위험물의 운반 기준 중 적재 방법에 관한 내용이다. ( )에 알맞은 내용은?

> ( ) 위험물 중 ( )℃ 이하의 온도에서 분해될 우려가 있는 것은 보냉 컨테이너에 수납하는 등, 적정한 온도 관리를 할 것

① 제5류, 25　② 제5류, 55
③ 제6류, 25　④ 제6류, 55

정답 46 ② 47 ③ 48 ③ 49 ② 50 ③ 51 ②

해설 제5류 위험물 중 55℃ 이하의 온도에서 분해될 우려가 있는 것은 보냉 컨테이너에 수납하는 등, 적정한 온도 관리를 할 것

52 이동 저장 탱크 주입관에 의하여 탱크의 위로부터 주입할 경우 액 표면이 주입관의 선단을 넘는 높이가 될 때까지 그 위험물의 주입 속도는?

① 1m/sec 이하
② 1m/sec 이상
③ 1.5m/sec 이하
④ 1.5m/sec 이상

해설 정전기 등으로 인한 재해 발생 방지 조치 사항

예 휘발유를 저장하던 이동 저장 탱크에 등유나 경유를 주입하거나 등유나 경유를 저장하던 동저장 탱크에 휘발유를 저장하는 경우

㉠ 탱크의 위로부터 주입관에 의하여 위험물을 주입할 경우의 주입 속도 : 1m/sec 이하
㉡ 탱크의 밑바닥에 설치된 고정 주입 배관에 의해 위험물을 주입할 경우의 주입 속도 : 1m/sec 이하
㉢ 기타의 방법으로 위험물을 주입하는 경우 : 위험물을 주입하기 전에 탱크에 가연성 증기가 없도록 조치하고, 안전한 상태를 확인한 후 주입할 것

53 위험물안전관리법령상 이동 탱크 저장소로 위험물을 운송하게 하는 자는 위험물 안전 카드를 위험물 운송자로 하여금 휴대하게 하여야 한다. 다음 중 이에 해당하는 위험물이 아닌 것은?

① 휘발유　　② 과산화수소
③ 경유　　④ 벤조일퍼옥사이드

해설 위험물 안전 카드를 휴대하는 대상 위험물

㉠ 제1류 위험물
㉡ 제2류 위험물
㉢ 제3류 위험물
㉣ 제4류 위험물(특수 인화물, 제1석유류) ※ 휘발유 : 제1석유류, 경유 : 제2석유류
㉤ 제5류 위험물(벤조일퍼옥사이드)
㉥ 제6류 위험물(과산화수소)

54 이동 탱크 저장소의 위험물 운송에 있어서 운송책임자의 감독·지원을 받아 운송하여야 하는 위험물의 종류에 해당하는 것은?

① 칼륨　　② 알킬알루미늄
③ 아염소산염류　　④ 질산에스터류

해설 이동 탱크 저장소의 위험물 운송 시 운송 책임자의 감독·지원을 받아야 하는 위험물

① 알킬알루미늄
② 알킬리튬
③ 알킬알루미늄 또는 알킬리튬을 함유하는 위험물

55 위험물 이동 저장 탱크의 외부 도장 색상으로 적합하지 않은 것은?

① 제2류 – 적색　　② 제3류 – 청색
③ 제5류 – 황색　　④ 제6류 – 회색

해설 위험물 이동 저장 탱크의 외부 도장 색상

㉠ 제1류 : 회색
㉡ 제2류 : 적색
㉢ 제3류 : 청색
㉣ 제4류 : 도장에 색상 제한은 없으나 적색을 권장한다.
㉤ 제5류 : 황색
㉥ 제6류 : 청색

56 위험물 이동 탱크 저장소 관계인은 해당 제조소 등에 대하여 연간 몇 회 이상 정기 점검을 실시하여야 하는가? (단, 구조 안전 점검 외의 정기 점검인 경우이다.)

① 1회　　② 2회　　③ 4회　　④ 6회

해설 위험물 이동 탱크 저장소 관계인은 해당 제조소 등에 대하여 연간 1회 이상 정기 점검을 실시한다.

57 위험물 간이 탱크 저장소의 간이 저장 탱크 수압 시험 기준으로 옳은 것은?

① 50kPa의 압력으로 7분간의 수압 시험
② 70kPa의 압력으로 10분간의 수압 시험
③ 50kPa의 압력으로 10분간의 수압 시험
④ 70kPa의 압력으로 7분간의 수압 시험

정답 52 ① 53 ③ 54 ② 55 ④ 56 ① 57 ②

해설 간이 저장 탱크 수압 시험 기준
두께 3.2mm 이상의 강판으로 흠이 없도록 제작하여야 하며, 70kPa의 압력으로 10분간의 수압 시험을 실시하여 새거나 변형되지 않아야 한다.

58 다음 ( ) 안에 알맞은 수치를 차례대로 옳게 나열한 것은?

> 위험물 암반 탱크의 공간 용적은 해당 탱크 내에 용출하는 ( )일 간의 지하수 양에 상당하는 용적과 해당 탱크 내용적의 100분의 ( )의 용적 중에서 보다 큰 용적을 공간 용적으로 한다.

① 1, 1 ② 7, 1
③ 1, 5 ④ 7, 5

해설 위험물 암반 탱크의 공간 용적은 해당 탱크 내에 용출하는 7일 간의 지하수 양에 상당하는 용적과 해당 탱크 내용적의 100분의 1의 용적 중에서 보다 큰 용적을 공간 용적으로 한다.

59 주유 취급소의 보유 공지 기준은?

① 너비 15m 이상, 길이 5m 이상
② 너비 15m 이상, 길이 6m 이상
③ 너비 10m 이상, 길이 6m 이상
④ 너비 10m 이상, 길이 8m 이상

해설 주유 취급소의 보유 공지 기준 : 너비 15m 이상, 길이 6m 이상의 콘크리트로 포장된 공지를 보유할 것

60 위험물 주유 취급소의 주유 및 급유 공지의 바닥에 대한 기준으로 옳지 않은 것은?

① 주위 지면보다 낮게 할 것
② 표면을 적당하게 경사지게 할 것
③ 배수구, 집유 설비를 할 것
④ 유분리 장치를 할 것

해설 ① 주위 지면보다 높게 할 것

61 주유 취급소의 고정 주유 설비에서 펌프 기기의 주유관 선단에서 최대 토출량으로 틀린 것은?

① 휘발유는 분당 50리터 이하
② 경유는 분당 180리터 이하
③ 등유는 분당 80리터 이하
④ 제1석유류(휘발유 제외)는 분당 100리터

해설 펌프 기기의 주유관 선단에서 최대 토출량
㉠ 제1석유류(휘발유) : 50L/min 이하
㉡ 경유 : 180L/min 이하
㉢ 등유 : 80L/min 이하

62 주유 취급소의 고정 주유 설비는 고정 급유 설비의 중심선을 기점으로 하여 도로 경계선까지 몇 m 이상 떨어져 있어야 하는가?

① 2 ② 3
③ 4 ④ 5

해설 ① 고정 주유 설비
㉮ 도로 경계선까지 : 4m 이상
㉯ 부지 경계선·담 및 건축물의 벽까지 : 2m(개구부가 없는 벽까지 1m) 이상
② 고정 급유 설비
㉮ 도로 경계선까지 : 4m 이상
㉯ 부지 경계선 및 담까지 : 1m 이상
㉰ 건축물의 벽까지 : 2m 이상(개구부가 없는 벽까지 1m) 이상

63 주유 취급소 고정 주유 설비의 주유관 길이(선단위 개폐 밸브를 포함)는?

① 2m 이내 ② 5m 이내
③ 7m 이내 ④ 10m 이내

해설 주유관의 길이(선단의 개폐 밸브를 포함)
5m 이내(단, 현수식 주유 설비의 경우에는 지면 위 0.5m의 수평면에 수직으로 내려 만나는 중심으로 반경 3m 이내일 것)

정답 58 ② 59 ② 60 ① 61 ④ 62 ③ 63 ②

64 **주유 취급소에서 자동차 등에 위험물을 주유할 때에 자동차 등의 원동기를 정지시켜야 하는 위험물의 인화점 기준은? (단, 연료 탱크에 위험물을 주유하는 동안 방출하는 가연성 증기를 회수하는 설비가 부착되지 않은 고정 주유 설비에 의하여 주유하는 경우이다.)**

① 20℃ 미만 ② 30℃ 미만
③ 40℃ 미만 ④ 50℃ 미만

해설 주유 취급소
자동차 등에 위험물을 주유할 때에 자동차 등의 원동기를 정지시켜야 하는 위험물의 인화점은 40℃ 미만이다.

65 **주유 취급소 중 건축물의 2층에 휴게 음식점의 용도로 사용하는 것에 있어 해당 건축물의 2층으로부터 직접 주유 취급소의 부지 밖으로 통하는 출입구와 해당 출입구로 통하는 통로·계단에 설치하여야 하는 것은?**

① 비상 경보 설치 ② 유도등
③ 비상 조명등 ④ 확성 장치

해설 주유 취급소 중 건축물의 2층에 휴게 음식점의 용도로 사용하는 것에 있어 통로·계단에 유도등을 설치한다.

66 **1종 판매 취급소에 설치하는 위험물 배합실의 기준으로 틀린 것은?**

① 바닥 면적은 $6m^2$ 이상 $15m^2$ 이하일 것
② 내화 구조 또는 불연 재료로 된 벽으로 구획할 것
③ 출입구는 수시로 열 수 있는 자동 폐쇄식의 60분+방화문 또는 60분방화문으로 설치할 것
④ 출입구 문턱의 높이는 바닥면으로부터 0.2m 이상일 것

해설 제1종 판매 취급소 위험물 배합실 기준
㉠ 바닥 면적은 $6m^2$ 이상 $15m^2$ 이하일 것
㉡ 내화 구조 또는 불연 재료로 된 벽을 구획할 것
㉢ 바닥은 위험물이 침투하지 아니하는 구조로 하여 적당한 경사를 두고 집유 설비를 할 것
㉣ 출입구는 수시로 열 수 있는 자동 폐쇄식의 60분+방화문 또는 60분방화문으로 설치할 것
㉤ 출입구 문턱의 높이는 바닥면으로부터 0.1m 이상으로 할 것
㉥ 내부에 체류한 가연성의 증기 또는 가연성의 미분을 지붕 위로 방출하는 설비를 할 것

67 **이송 취급소 배관 등의 용접부는 비파괴 시험을 실시하여 합격하여야 한다. 이 경우 이송 기지 내의 지상에 설치되는 배관 등은 전체 용접부의 몇 % 이상 발췌하여 시험할 수 있는가?**

① 10 ② 15
③ 20 ④ 25

해설 이송 취급소
이송 기지 내의 지상에 설치되는 배관 등은 전체 용접부의 20% 이상 발췌하여 시험할 수 있다.

68 **위험물안전관리법령상 이송 취급소에 설치하는 경보 설비의 기준에 따라 이송 기지에 설치하여야 하는 경보 설비로만 이루어진 것은?**

① 확성 장치, 비상벨 장치
② 비상 방송 설비, 비상 경보 설비
③ 확성 장치, 비상 방송 설비
④ 비상 방송 설비, 자동 화재 탐지 설비

해설 이송 기지에 설치하여야 하는 경보 설치
㉠ 확성 장치
㉡ 비상벨 장치

69 **이송 취급소의 배관이 하천을 횡단하는 경우 하천 밑에 매설하는 배관이 외면과 계획하상(계획하상이 최심하상보다 높은 경우에는 최심하상)과의 거리는?**

① 1.2m 이상 ② 2.5m 이상
③ 3.0m 이상 ④ 4.0m 이상

해설 ① 하천을 횡단하는 경우 : 4m
② 수로를 횡단하는 경우
㉠ 하수도법 규정에 의한 하수도(상부가 개방되는 구조로 된 것에 한한다) 또는 운하 : 2.5m
㉡ '㉠'의 규정에 의한 수로에 해당되지 아니하는 좁은 수로(용수로, 그 밖에 유사한 것은 제외한다.) : 1.2m

정답 64 ③ 65 ② 66 ④ 67 ③ 68 ① 69 ④

70 연면적이 1,000m²이고 지정 수량의 100배의 위험물을 취급하며, 지반면으로부터 6m 높이에 위험물 취급 설비가 있는 제조소의 소화 난이도 등급은?

① 소화 난이도 등급 I
② 소화 난이도 등급 II
③ 소화 난이도 등급 III
④ 제시된 조건으로 판단할 수 없음

해설 소화 난이도 등급 I에 해당하는 제조소 등

구분	적용 대상
제조소 일반 취급소	· 연면적 1,000m² 이상인 것 · 지정 수량의 100배 이상인 것(고인화점 위험물만을 100℃ 미만의 온도에서 취급하는 것 및 제48조의 위험물을 취급하는 것은 제외) · 지반면으로부터 6m 이상의 높이에 위험물 취급 설비가 있는 것(고인화점 위험물만을 100℃ 미만의 온도에서 취급하는 것은 제외) · 일반 취급소로 사용되는 부분 외의 부분을 갖는 건축물에 설치된 것(내화 구조로 개구부 없이 구획된 것 및 고인화점 위험물만을 100℃ 미만의 온도에서 취급하는 것 및 별표 16 X의 2의 화학실험의 일반 취급소는 제외)
주유 취급소	별표 13 V 제2호에 따른 면적의 합의 500m²를 초과하는 것
옥내 저장소	· 지정 수량의 150배 이상인 것(고인화점 위험물만을 저장하는 것 및 제48조의 위험물을 저장하는 것은 제외) · 연면적 150m²를 초과하는 것(150m² 이내마다 불연 재료로 개구부 없이 구획된 것 및 인화성 고체 외의 제2류 위험물 또는 인화점 70℃ 이상의 제4류 위험물만을 저장하는 것은 제외) · 처마 높이가 6m 이상인 단층 건물의 것 · 옥내 저장소로 사용되는 부분 외의 부분이 있는 건축물에 설치된 것(내화 구조로 개구부 없이 구획된 것 및 인화성 고체 외의 제2류 위험물 또는 인화점 70℃ 이상의 제4류 위험물만을 저장하는 것은 제외)
옥외 탱크 저장소	· 액표면적이 40m² 이상인 것(제6류 위험물을 저장하는 것 및 고인화점 위험물만을 100℃ 미만의 온도에서 저장하는 것은 제외) · 지반면으로부터 탱크 옆판의 상단까지 높이가 6m 이상인 것(제6류 위험물을 저장하는 것 및 고인화점 위험물만을 100℃ 미만의 온도에서 저장하는 것은 제외) · 지중 탱크 또는 해상 탱크로서 지정 수량의 100배 이상인 것(제6류 위험물을 저장하는 것 및 고인화점 위험물만을 100℃ 미만의 온도에서 저장하는 것은 제외) · 고체 위험물을 저장하는 것으로서 지정 수량의 100배 이상인 것
옥내 탱크 저장소	· 액표면적이 40m² 이상인 것(제6류 위험물을 저장하는 것 및 고인화점 위험물만을 100℃ 미만의 온도에서 저장하는 것은 제외) · 바닥면으로부터 탱크 옆판의 상단까지 높이가 6m 이상인 것(제6류 위험물을 저장하는 것 및 고인화점 위험물만을 100℃ 미만의 온도에서 저장하는 것은 제외) · 탱크 전용실이 단층 건물 외의 건축물에 있는 것으로 인화점 38℃ 이상 70℃ 미만의 위험물을 지정 수량 5배 이상 저장하는 것(내화 구조로 개구부 없이 구획된 것은 제외한다)
옥외 저장소	· 덩어리 상태의 황 등을 저장하는 것으로서 경계 표시 내부의 면적(2 이상의 경계 표시가 있는 경우에는 각 경계 표시의 내부의 면적을 합한 면적)이 100m² 이상인 것 · 별표 11 III의 위험물을 저장하는 것으로서 지정 수량의 100배 이상인 것
암반 탱크 저장소	· 액표면적이 40m² 이상인 것(제6류 위험물을 저장하는 것 및 고인화점 위험물만을 100℃ 미만의 온도에서 저장하는 것은 제외) · 고체 위험물을 저장하는 것으로서 지정 수량의 100배 이상인 것
이송 취급소	모든 대상

71 소화 난이도 등급 I의 옥내 저장소에 설치하여야 하는 소화 설비에 해당하지 않는 것은?

① 옥외 소화전 설비　② 연결 살수 설비
③ 스프링클러 설비　④ 물분무 소화 설비

해설 소화 난이도 등급 I에 대한 제조소 등의 소화 설비

제조소 등의 구분	소화 설비
제조소 및 일반 취급소	옥내 소화전 설비, 옥외 소화전 설비, 스프링클러 설비 또는 물분무 등 소화 설비(화재 발생 시 연기가 충만할 우려가 있는 장소에는 스프링클러 설비 또는 이동식 외의 물분무 등 소화 설비에 한한다)
주유 취급소	스프링클러 설비(건축물에 한정한다), 소형 수동식 소화기 등(능력 단위의 수치가 건축물 그 밖의 공작물 및 위험물의 소요단위의 수치에 이르도록 설치할 것

정답 70 ① 71 ②

옥내 저장소	처마 높이가 6m 이상인 단층 건물 또는 다른 용도의 부분이 있는 건축물에 설치한 옥내 저장소		스프링클러 설비 또는 이동식 외의 물분무 등 소화 설비
옥내 저장소	그 밖의 것		옥외 소화전 설비, 스프링클러 설비, 이동식 외의 물분무 등 소화 설비 또는 이동식 포 소화 설비(포 소화전을 옥외에 설치하는 것에 한한다)
옥외 탱크 저장소	지중 탱크 또는 해상 탱크 외의 것	황만을 저장 취급하는 것	물분무 소화 설비
옥외 탱크 저장소	지중 탱크 또는 해상 탱크 외의 것	인화점 70℃ 이상의 제4류 위험물만을 저장 취급하는 것	물분무 소화 설비 또는 고정식 포 소화 설비
옥외 탱크 저장소	지중 탱크 또는 해상 탱크 외의 것	그 밖의 것	고정식 포 소화 설비(포 소화 설비가 적응성이 없는 경우에는 분말 소화 설비)
옥외 탱크 저장소	지중 탱크		고정식 포 소화 설비, 이동식 이외의 불활성 가스 소화 설비 또는 이동식 이외의 할로겐 화합물 소화 설비
옥외 탱크 저장소	해상 탱크		고정식 포 소화 설비, 물분무 소화 설비, 이동식 외의 불활성 가스 소화 설비 또는 이동식 이외의 할로겐 화합물 소화 설비
옥내 탱크 저장소	황만을 저장 취급하는 것		물분무 소화 설비
옥내 탱크 저장소	인화점 70℃ 이상의 제4류 위험물만을 저장 취급하는 것		물분무 소화 설비, 고정식 포 소화 설비, 이동식 이외의 불활성 가스 소화 설비, 이동식 이외의 할로겐 화합물 소화 설비 또는 이동식 이외의 분말 소화 설비
옥내 탱크 저장소	그 밖의 것		고정식 포 소화 설비, 이동식 이외의 불활성 가스 소화 설비, 이동식 이외의 할로겐 화합물 소화 설비 또는 이동식 이외의 분말 소화 설비
옥외 저장소 및 이송 취급소			옥내 소화전 설비, 옥외 소화전 설비, 스프링클러 설비 또는 물분무 등 소화 설비(화재 발생 시 연기가 충만할 우려가 있는 장소에는 스프링클러 설비 또는 이동식 이외의 물분무 등 소화 설비에 한한다)
암반 탱크 저장소	황만을 저장 취급하는 것		물분무 소화 설비
암반 탱크 저장소	인화점 70℃ 이상의 제4류 위험물만을 저장 취급하는 것		물분무 소화 설비 또는 고정식 포 소화 설비
암반 탱크 저장소	그 밖의 것		고정식 포 소화 설비(포 소화 설비가 적응성이 없는 경우에는 분말 소화 설비)

72 옥외 탱크 저장소의 소화 설비를 검토 및 적용할 때에 소화 난이도 등급 I에 해당되는지를 검토하는 탱크 높이의 측정 기준으로서 적합한 것은?

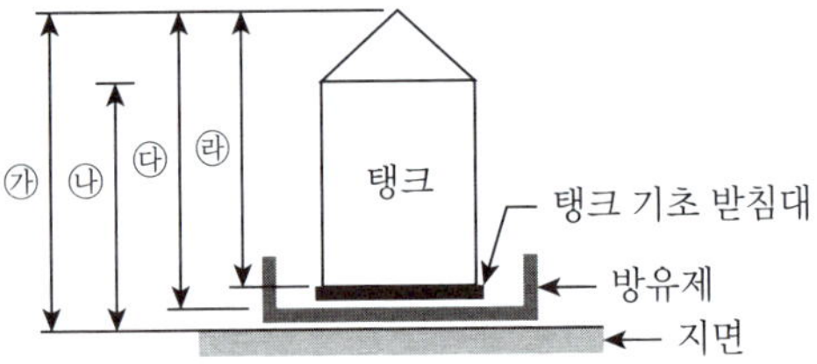

① ㉮ ② ㉯ ③ ㉰ ④ ㉱

해설 75번 해설 참조

73 위험물안전관리법령상 옥내 주유 취급소의 소화 난이도 등급은?

① I ② II ③ III ④ IV

해설 소화 난이도 등급 II에 해당하는 제조소 등

구분	적용 대상
제조소 일반 취급소	· 연면적 600m² 이상 · 지정 수량 10배 이상
옥내 저장소	· 단층 건물 이외의 것 · 지정 수량 10배 이상 · 연면적 150m² 초과
옥외 저장소	· 덩어리 상태의 황을 저장하는 것으로서 경계 표시 내부의 면적(2 이상의 경계 표시가 있는 경우에는 각 경계 표시의 내부의 면적을 합한 면적)이 5m² 이상 100m² 미만인 것 · 지정 수량의 10배 이상 100배 미만인 것 · 지정 수량의 100배 이상인 것(덩어리 상태의 황 또는 고인화점 위험물을 저장하는 것은 제외)
주유 취급소	옥내 주유 취급소
판매 취급소	제2종 판매 취급소

정답 72 ② 73 ②

74 제6류 위험물의 화재에 적응성이 없는 소화 설비는?

① 옥내 소화전 설비
② 스프링클러 설비
③ 포 소화 설비
④ 불활성 가스 소화 설비

해설 소화 설비의 적응성

소화 설비의 구분			대상물 구분											
			건축물·그 밖의 공작물	전기 설비	제1류 위험물: 알칼리 금속 과산화물 등	제1류 위험물: 그 밖의 것	제2류 위험물: 철분·금속분·마그네슘 등	제2류 위험물: 인화성 고체	제2류 위험물: 그 밖의 것	제3류 위험물: 금수성 물품	제3류 위험물: 그 밖의 것	제4류 위험물	제5류 위험물	제6류 위험물
옥내 소화전 설비 또는 옥외 소화전 설비			○			○		○	○		○		○	○
스프링클러 설비			○			○		○	○		○	△	○	○
물분무 등 소화 설비	물분무 소화 설비		○	○		○		○	○		○	○	○	○
물분무 등 소화 설비	포 소화 설비		○			○		○	○		○	○	○	○
물분무 등 소화 설비	불활성 가스 소화 설비			○				○				○		
물분무 등 소화 설비	할로젠 화합물 소화 설비			○				○				○		
물분무 등 소화 설비	분말 소화 설비	인산염류 등	○	○		○		○	○			○		○
물분무 등 소화 설비	분말 소화 설비	탄산수소염류 등		○	○		○	○		○		○		
물분무 등 소화 설비	분말 소화 설비	그 밖의 것			○		○			○				

75 인화점이 38℃ 이상인 제4류 위험물 취급을 주된 작업 내용으로 하는 장소에 스프링클러 설비를 설치할 경우 확보하여야 하는 1분당 방사 밀도는 몇 L/m² 이상이어야 하는가? (단, 살수 기준 면적은 250m²이다.)

① 12.2　　② 13.9
③ 15.5　　④ 16.3

해설 제4류 위험물을 저장·취급하는 장소의 살수 기준 면적에 따른 스프링클러 설비의 살수 밀도

살수 기준 면적(m²)	방사 밀도(L/m²): 인화점 38℃ 미만	방사 밀도(L/m²): 인화점 38℃ 이상	비고
279 미만	16.3 이상	12.2 이상	살수 기준 면적은 내화 구조의 벽 및 바닥으로 구획된 하나의 실의 바닥 면적을 말하고, 하나의 실의 바닥 면적이 465m² 이상인 경우의 살수 기준 면적은 465m²로 한다. 다만, 위험물의 취급을 주된 작업 내용으로 하지 아니하고 소량의 위험물을 취급하는 설비 또는 부분이 넓게 분산되어 있는 경우에는 방사 밀도 8.2L/m²·분 이상, 살수 기준 면적은 279m² 이상으로 할 수 있다.
279~372 미만	15.5 이상	11.8 이상	
372~465 미만	13.9 이상	9.8 이상	
465 이상	12.2 이상	8.1 이상	

정답 74 ④ 75 ①

[redacted]

부록

과년도 출제문제

- **직무 분야 :** 화학, 위험물
- **자격 종목 :** 위험물 산업기사
- **필기 검정 방법 :** 객관식(60문항)
- **시험 시간 :** 1시간 30분

필기 과목명		문제 수
제1과목	일반화학	20
제2과목	화재예방과 소화방법	20
제3과목	위험물의 성질과 취급	20

위험물 산업기사 (2021. 3. 2 시행)

제1과목 일반화학

01 다음 중 전자 배치가 다른 것은?

① Ar ② F^-
③ Na^+ ④ Ne

해설 원자 번호＝양성자수＝전자수
① 18, ② 9＋1＝10, ③ 11－1＝10, ④ 10

02 $CuCl_2$의 용액에 5A 전류를 1시간 동안 흐르게 하면 몇 g의 구리가 석출되는가? (단, Cu의 원자량은 63.54이며, 전자 1개의 전하량은 1.602×10^{-19}C이다.)

① 3.17 ② 4.83
③ 5.93 ④ 6.35

해설 $Q=I\cdot t=5[A]\times 3{,}600[s]=18{,}000[C]$
여기서, Q : 전하량[C]
I : 전류[A]
t : 시간[s]
$Cu^{2+}+2e^- \rightarrow Cu$
Cu 1몰(63.54g)이 석출되는데 약 $2\times 96{,}500(2e^-)$[C]의 전하량이 필요하므로, 18,000[C]의 전하량으로 석출되는 구리의 양을 x라고 하면
$2\times 96{,}500[C] : 63.54g = 18{,}000[C] : x$
$\therefore x=5.93g$

03 다음 중 반응이 정반응으로 진행되는 것은?

① $Pb^{2+}+Zn \rightarrow Zn^{2+}+Pb$
② $I_2+2Cl^- \rightarrow 2I^-+Cl_2$
③ $2Fe^{3+}+3Cu \rightarrow 3Cu^{2+}+2Fe$
④ $Mg^{2+}+Zn \rightarrow Zn^{2+}+Mg$

해설 ㉠ 금속의 이온화 경향 : K＞Ca＞Na＞Mg＞Al＞Zn＞Fe＞Ni＞Sn＞Pb＞H＞Cu＞Hg＞Ag＞Pt＞Au
㉡ 전기 음성도 : F＞O＞N＞Cl＞Br＞C＞S＞I＞ H＞P

04 볼타 전지의 기전력은 약 1.3V인데, 전류가 흐르기 시작하면 곧 0.4V로 된다. 이러한 현상을 무엇이라고 하는가?

① 감극 ② 소극
③ 분극 ④ 충전

해설 ① 감극(depolarization) : 전지가 전류를 흘리면 분극 현상을 일으킨다. 이 작용을 제거하는 것이 감극이며, 산화제로 양극에 발생하는 수소를 산화하여 수소 이온의 발생을 방지함
② 소극 : (＋)극에 발생한 수소를 산화시켜 없애는 작용
③ 분극 : 볼타 전지의 기전력은 약 1.3V인데, 전류가 흐르기 시작하면 곧 0.4V로 되는 것
④ 충전 : 전지에 외부로부터 전기 에너지를 공급하여 전지 내에서 이것을 화학 에너지로 축적하는 것

05 유기 화합물을 질량 분석한 결과 C 84%, H 16%의 결과를 얻었다. 다음 중 이 물질에 해당하는 실험식은?

① C_5H_{12} ② C_2H_2
③ C_7H_8 ④ C_7H_{16}

해설 C_xH_y
$x=\frac{84}{12}=7,\ y=\frac{16}{1}=16$
$\therefore C_xH_y=C_7H_{16}$

06 수성 가스(water gas)의 주성분을 옳게 나타낸 것은?

① CO_2, CH_4 ② CO, H_2
③ CO_2, H_2, O_2 ④ H_2, H_2O

해설 수성 가스(water gas)
100℃ 이상으로 적열한 코크스에 수증기를 통하면 코크스에서 환원되어 얻어지는 가스이며, 발열량은 2,800 kcal/Nm³ 정도이다.
$C+H_2O \rightarrow \underset{\text{수성 가스}}{\underline{CO+H_2}}$

정답 01 ① 02 ③ 03 ① 04 ③ 05 ④ 06 ②

07 다음 중 물이 산으로 작용하는 반응은?

① $NH_4^+ + H_2O \rightarrow NH_3 + H_3O^+$
② $HCOOH + H_2O \rightarrow HCOO^- + H_3O^+$
③ $CH_3COO^- + H_2O \rightarrow CH_3COOH + OH^-$
④ $HCl + H_2O \rightarrow H_3O^+ + Cl^-$

해설

학설	산(acid)	염기(base)
브뢴스테드설	H^+을 줄 수 있는 것	H^+을 받을 수 있는 것

① $\underset{\text{산}}{NH_4^+} + \underset{\text{염기}}{H_2O} \rightarrow NH_3 + H_3O^+$

② $\underset{\text{산}}{HCOOH} + \underset{\text{염기}}{H_2O} \rightarrow HCOO^- + H_3O^+$

③ $\underset{\text{염기}}{CH_3COO^-} + \underset{\text{산}}{H_2O} \rightarrow CH_3COOH + OH^-$

④ $\underset{\text{산}}{HCl} + \underset{\text{염기}}{H_2O} \rightarrow H_3O^+ + Cl^-$

08 다음 물질 중 sp^3 혼성 궤도 함수와 가장 관계가 있는 것은?

① CH_4　② $BeCl_2$
③ BF_3　④ HF

해설 ① sp^3 결합, ② sp 결합, ③ sp^2 결합, ④ p 결합

09 다음 중 전리도가 가장 커지는 경우는?

① 농도와 온도가 일정할 때
② 농도가 진하고, 온도가 높을수록
③ 농도가 묽고, 온도가 높을수록
④ 농도가 진하고, 온도가 낮을수록

해설 ㉠ 전리도(이온화도) : 전해질 수용액에서 용해된 전해질의 몰수에 대한 이온화된 전해질의 몰수의 비

전리도(이온화도 α)

$$= \frac{\text{이온화된 전해질의 몰수}}{\text{전해질의 전체 몰수}} \ (0<\alpha<1)$$

㉡ 전리도는 농도가 묽고, 온도가 높을수록 커진다.

10 어떤 용액의 $[OH^-]=2\times10^{-5}$M이었다. 이 용액의 pH는 얼마인가?

① 11.3　② 10.3
③ 9.3　④ 8.3

해설 $pOH = -\log[OH^-] = -\log(2\times10^{-5}) = 4.7$

$\therefore pH = 14 - pOH = 14 - 4.7 = 9.3$

11 염화칼슘의 화학식량은 얼마인가? (단, 염소의 원자량은 35.5, 칼슘의 원자량은 40, 황의 원자량은 32, 요오드의 원자량은 127이다.)

① 111　② 121
③ 131　④ 141

해설 염화칼슘($CaCl_2$)의 화학식량 :

$40 + 35.5 \times 2 = 111$

12 BF_3는 무극성 분자이고, NH_3는 극성 분자이다. 이 사실과 가장 관계가 있는 것은?

① 비공유 전자쌍은 BF_3에는 있고, NH_3에는 없다.
② BF_3는 공유 결합 물질이고, NH_3는 수소 결합 물질이다.
③ BF_3는 평면 정삼각형이고, NH_3는 피라미드형 구조이다.
④ BF_3는 sp^3 혼성 오비탈을 하고 있고, NH_3는 sp^2 혼성 오비탈을 하고 있다.

해설 ㉠ 플루오르화붕소(BF_3)는 중심 원자인 붕소에 정삼각형의 세 꼭짓점에 플루오르가 결합한 형태를 지니고 있다. 그러므로 전자의 쏠림에 의한 전기력들이 서로 상쇄가 되어 전체적으로 무극성 분자가 된다.

㉡ 암모니아(NH_3)의 N은 5개의 전자가 있으며, 이 중 3개는 공유하고 2개는 비공유 전자쌍이 된다. 총 비공유 전자쌍 1개, 공유 전자쌍 3개의 배열에서 볼 수 있는 원자의 구조를 보면 삼각피라미드 형태가 되므로 극성 분자이다.

13 찬물을 컵에 담아서 더운 방에 놓아두었을 때 유리와 물의 접촉면에 기포가 생기는 이유로 가장 옳은 것은?

① 물의 증기 압력이 높아지기 때문에
② 접촉면에서 수증기가 발생하기 때문에
③ 방 안의 이산화탄소가 녹아 들어가기 때문에
④ 온도가 올라갈수록 기체의 용해도가 감소하기 때문에

정답 07 ③ 08 ① 09 ③ 10 ③ 11 ① 12 ③ 13 ④

해설 **기체의 용해도** : 온도가 올라감에 따라 줄어드나 압력을 올리면 용해도가 커진다.

예 찬물을 컵에 담아서 더운 방에 놓아두었을 때 유리와 물의 접촉면에 기포가 생기는 이유

14 물 500g 중에 설탕($C_{12}H_{22}O_{11}$) 171g이 녹아 있는 설탕물의 몰랄 농도는?

① 2.0　　② 1.5
③ 1.0　　④ 0.5

해설 몰랄 농도 $= \dfrac{\text{용질의 무게}(W)(g)}{\text{용질의 분자량}(M)(g)} \times \dfrac{1{,}000}{\text{용매의 무게}(g)}$

$= \dfrac{171g}{(12\times12+22+16\times11)g} \times \dfrac{1{,}000}{500}$

$=1$

15 11g의 프로판이 연소하면 몇 g의 물이 생기는가?

① 4　　③ 4.5
③ 9　　④ 18

해설 $C_3H_8 + 5O_2 \rightarrow 3CO_2 + 4H_2O$

44g　　$4\times18g$
11g　　$x(g)$

$\therefore x = \dfrac{11\times4\times18}{44} = 18g$

16 다음 중 나타내는 수의 크기가 다른 하나는?

① 질소 7g 중의 원자수
② 수소 1g 중의 원자수
③ 염소 71g 중의 분자수
④ 물 18g 중의 분자수

해설 ① $\dfrac{7}{14}=0.5$, ② $\dfrac{1}{1}=1$, ③ $\dfrac{71}{71}=1$, ④ $\dfrac{18}{18}=1$

17 96wt% H_2SO_4(A)와 60wt% H_2SO_4(B)를 혼합하여 80wt% H_2SO_4 100kg을 만들려고 한다. 각각 몇 kg씩 혼합하여야 하는가?

① A : 30, B : 70　　② A : 44.4, B : 55.6
③ A : 55.6, B : 44.4　　④ A : 70, B : 30

해설 $A+B=100$

$0.96A+0.6B=80$

$0.96A+0.6(100-A)=80$

$0.96A+60-0.6A=80$

$0.36A=20$

$\therefore A=55.6$

$\therefore B=100-55.6=44.4$

18 같은 질량의 산소 기체와 메탄 기체가 있다. 두 물질이 가지고 있는 원자수의 비는?

① 5 : 1　　② 2 : 1
③ 1 : 1　　④ 1 : 5

해설 산소(O_2) 1몰 : 32g

메탄(CH_4) 1몰 : 16g

같은 질량일 때 몰비는 $O_2 : 2CH_4$이므로 원자수의 비는

$O_2 : 2CH_4 = 6.02\times10^{23}\times2 : 2\times6.02\times10^{23}\times5$

$=1:5$

19 다음 산화수에 대한 설명 중 틀린 것은?

① 화학 결합이나 반응에서 산화, 환원을 나타내는 척도이다.
② 자유 원소 상태의 원자의 산화수는 0이다.
③ 이온 결합 화합물에서 각 원자의 산화수는 이온 전하의 크기와 관계없다.
④ 화합물에서 각 원자의 산화수는 총합이 0이다.

해설 ③ 이온 결합 화합물에서 각 원자의 산화수는 그 이온의 전하와 같다.

20 다음 물질 중 감광성이 가장 큰 것은 무엇인가?

① HgO　　② CuO
③ $NaNO_3$　　④ AgCl

해설 감광성

필름이나 인화지 등에 칠한 감광제가 색에 대해 얼마만큼 반응하느냐 하는 감광역을 말한다. 예 AgCl

정답 14 ③　15 ④　16 ①　17 ③　18 ④　19 ③　20 ④

제2과목 화재예방과 소화방법

21 위험물안전관리법령에 의거하여 개방형 스프링클러 헤드를 이용하는 스프링클러 설비에 설치하는 수동식 개방 밸브를 개방 조작하는 데 필요한 힘은 몇 kg 이하가 되도록 설치하여야 하는가?

① 5 ② 10
③ 15 ④ 20

해설 ㉠ 개방형 스프링클러 헤드 : 감열체 없이 방수구가 항상 열려 있는 스프링클러 헤드를 말한다.
㉡ 개방형 스프링클러 헤드를 이용하는 스프링클러 설비에 설치하는 수동식 개방 밸브를 개방 조작하는 데 필요한 힘은 15kg 이하가 되도록 설치한다.

22 드라이아이스 1kg이 완전히 기화하면 약 몇 몰의 이산화탄소가 되겠는가?

① 22.7 ② 51.3
③ 230.1 ④ 515.0

해설 CO_2 1몰은 44g이므로

드라이아이스 1kg은 $\frac{1,000g}{44g}=22.7$몰이다.

23 위험물안전관리법령상 분말 소화 설비의 기준에서 가압용 또는 축압용 가스로 사용하도록 지정한 것은?

① 헬륨 ② 질소
③ 일산화탄소 ④ 아르곤

해설 분말 소화 설비에서 가압용 또는 축압용으로 사용하는 가스 : 질소(N_2)

24 다음은 위험물안전관리법령에서 정한 제조소 등에서 위험물의 저장 및 취급에 관한 기준 중 위험물의 유별 저장·취급 공통 기준의 일부이다. ( ) 안에 알맞은 위험물 유별은?

( ) 위험물은 가연물과 접촉 · 혼합이나 분해를 촉진하는 물품과의 접근 또는 과열을 피하여야 한다.

① 제2류 ② 제3류
③ 제5류 ④ 제6류

해설 제6류 위험물
가연물과의 접촉·혼합이나 분해를 촉진하는 물품과의 접근 또는 과열을 피하여야 한다.

25 가연물의 주된 연소 형태에 대한 설명으로 옳지 않은 것은?

① 황의 연소 형태는 증발 연소이다.
② 목재의 연소 형태는 분해 연소이다.
③ 에테르의 연소 형태는 표면 연소이다.
④ 숯의 연소 형태는 표면 연소이다.

해설 ③ 에테르의 연소 형태는 증발 연소이다.

26 위험물 제조소 등에 설치하는 전역 방출 방식의 불활성 가스 소화 설비 분사 헤드의 방사 압력은 고압식의 경우 몇 MPa 이상이어야 하 는가?

① 1.05 ② 1.7
③ 2.1 ④ 2.6

해설 전역 방출 방식의 불활성 가스 소화 설비의 분사 헤드의 방사 압력

고압식	저압식
2.1MPa 이상	1.05MPa 이상

27 특정 옥외 탱크 저장소라 함은 저장 또는 취급하는 액체 위험물의 최대 수량이 얼마 이상의 것을 말하는가?

① 50만 리터 이상 ② 100만 리터 이상
③ 150만 리터 이상 ④ 200만 리터 이상

해설 ㉠ 특정 옥외 탱크 저장소 : 옥외 탱크 저장소 중 저장 · 취급하는 액체 위험물의 최대 수량이 100만 L 이상인 것
㉡ 준특정 옥외 탱크 저장소 : 옥외 탱크 저장소 중 저장 · 취급하는 액체 위험물의 최대 수량이 50만 L 이상 100만 L 미만인 것

정답 21 ③ 22 ① 23 ② 24 ④ 25 ③ 26 ③ 27 ②

28 다음 [보기] 중 상온에서의 상태(기체, 액체, 고체)가 동일한 것을 모두 나열한 것은?

> [보기] Halon 1301, Halon 1211, Halon 2402

① Halon 1301, Halon 2402
② Halon 1211, Halon 2402
③ Halon 1301, Halon 1211
④ Halon 1301, Halon 1211, Halon 2402

해설 할로겐 화합물 소화 약제의 상온에서의 상태

Halon 명칭	Halon 1301	Halon 1211	Halon 2402	Halon 1011	Halon 1040
상온에서의 상태	기체	기체	액체	액체	액체

29 분말 소화기의 각 종별 소화 약제 주성분이 옳게 연결된 것은?

① 제1종 소화 분말 : $KHCO_3$
② 제2종 소화 분말 : $NaHCO_3$
③ 제3종 소화 분말 : $NH_4H_2PO_4$
④ 제4종 소화 분말 : $NaHCO_3+(NH_2)_2CO$

해설 분말 소화 약제

종별	소화 약제 주성분	적응 화재
제1종	$NaHCO_3$	B·C
제2종	$KHCO_3$	B·C
제3종	$NH_4H_2PO_4$	A·B·C
제4종	$KHCO_3+(NH_2)_2CO$	B·C

30 정전기를 유효하게 제거할 수 있는 설비를 설치하고자 할 때 위험물안전관리법령에서 정한 정전기 제거 방법의 기준으로 옳은 것은?

① 공기 중의 상대 습도를 70% 이상으로 하는 방법
② 공기 중의 상대 습도를 70% 이하로 하는 방법
③ 공기 중의 절대 습도를 70% 이상으로 하는 방법
④ 공기 중의 절대 습도를 70% 이하로 하는 방법

해설 정전기 제거 방법
공기 중의 상대 습도를 70% 이상으로 하는 방법

31 다음 각각의 위험물의 화재 발생 시 위험물안전관리법령상 적응 가능한 소화 설비를 옳게 나타낸 것은?

① $C_6H_5NO_2$: 이산화탄소 소화기
② $(C_2H_5)_3Al$: 봉상수 소화기
③ $C_2H_5OC_2H_5$: 봉상수 소화기
④ $C_3H_5(ONO_2)_3$: 이산화탄소 소화기

해설 소화 설비의 적응성

소화 설비의 구분		대상물 구분											
				제1류 위험물		제2류 위험물			제3류 위험물				
		건축물·그 밖의 공작물	전기 설비	알칼리 금속 과산화물 등	그 밖의 것	철분·금속분·마그네슘 등	인화성 고체	그 밖의 것	금수성 물품	그 밖의 것	제4류 위험물	제5류 위험물	제6류 위험물
옥내 소화전 설비 또는 옥외 소화전 설비		○			○		○	○		○		○	○
스프링클러 설비		○			○		○	○		○	△	○	○
물분무 등 소화 설비	물분무 소화 설비	○	○		○		○	○		○	○	○	○
물분무 등 소화 설비	포 소화 설비	○			○		○	○		○	○	○	○
물분무 등 소화 설비	불활성 가스 소화 설비		○				○				○		
물분무 등 소화 설비	할로젠 화합물 소화 설비		○				○				○		
물분무 등 소화 설비	분말 소화 설비 - 인산염류 등	○	○		○		○	○			○		○
물분무 등 소화 설비	분말 소화 설비 - 탄산수소염류 등		○	○		○	○		○		○		
물분무 등 소화 설비	분말 소화 설비 - 그 밖의 것			○		○			○				
대형·소형 수동식 소화기	봉상수(棒狀水) 소화기	○			○		○	○		○		○	○
대형·소형 수동식 소화기	무상수(無狀水) 소화기	○	○		○		○	○		○		○	○
대형·소형 수동식 소화기	봉상 강화액 소화기	○			○		○	○		○		○	○
대형·소형 수동식 소화기	무상 강화액 소화기	○	○		○		○	○		○	○	○	○
대형·소형 수동식 소화기	포 소화기	○			○		○	○		○	○	○	○
대형·소형 수동식 소화기	이산화탄소 소화기		○				○				○		△
대형·소형 수동식 소화기	할론 소화 설비		○				○				○		
대형·소형 수동식 소화기	분말 소화기 - 인산염류 소화기	○	○		○		○	○			○		○
대형·소형 수동식 소화기	분말 소화기 - 탄산수소염류 소화기		○	○		○	○		○		○		
대형·소형 수동식 소화기	분말 소화기 - 그 밖의 것			○		○			○				
기타	물통 또는 수조	○			○		○	○		○		○	○
기타	건조사			○	○	○	○	○	○	○	○	○	○
기타	팽창 질석 또는 팽창 진주암			○	○	○	○	○	○	○	○	○	○

32 중유의 주된 연소 형태는?

① 표면 연소 ② 분해 연소
③ 증발 연소 ④ 자기 연소

정답 28 ③ 29 ③ 30 ① 31 ① 32 ②

해설 ② 분해 연소 : 가연성 고체에 충분한 열이 공급되면 가열 분해에 의하여 발생된 가연성 가스(CO, H_2, CH_4 등)가 공기와 혼합되어 연소하는 형태이다.

예 중유, 목재, 석탄, 종이, 플라스틱 등

33 다음 중 분말 소화 약제의 주된 소화 작용에 가장 가까운 것은?

① 질식 ② 냉각
③ 유화 ④ 제거

해설 분말 소화 약제의 주된 소화 작용은 질식 효과이다.

34 알코올 화재 시 수성막 포 소화 약제는 효과가 없다. 그 이유로 가장 적당한 것은?

① 알코올이 수용성이어서 포를 소멸시키므로
② 알코올이 반응하여 가연성 가스를 발생하므로
③ 알코올 화재 시 불꽃의 온도가 매우 높으므로
④ 알코올이 포 소화 약제와 발열 반응을 하므로

해설 알코올 화재 시 수성막 포 소화 약제가 효과가 없는 이유 : 알코올이 수용성이어서 포를 소멸시키므로

35 위험물 제조소에서 취급하는 제4류 위험물의 최대 수량의 합이 지정 수량의 15만 배인 사업소에 두어야 할 자체 소방대의 화학 소방 자동차와 자체 소방대원의 수는 각각 얼마로 규정되어 있는가? (단, 상호 응원 협정을 체결한 경우는 제외한다.)

① 1대, 5인 ② 2대, 10인
③ 3대, 15인 ④ 4대, 20인

해설 제조소 및 일반 취급소의 자체 소방대의 기준

사업소의 구분	화학 소방 자동차	자체 소방 대원의 수
제조소 또는 일반 취급소에서 취급하는 제4류 위험물의 최대 수량의 합이 지정 수량의 12만 배 미만인 사업소	1대	5인
제조소 또는 일반 취급소에서 취급하는 제4류 위험물의 최대 수량의 합이 지정 수량의 12만 배 이상 24만 배 미만인 사업소	2대	10인
제조소 또는 일반 취급소에서 취급하는 제4류 위험물의 최대 수량이 지정 수량의 24만 배 이상, 48만 배 미만인 사업소	3대	15인
제조소 또는 일반 취급소에서 취급하는 제4류 위험물의 최대 수량이 지정 수량의 48만 배 이상인 사업소	4대	20인
옥외탱크저장소에 저장하는 제4류 위험물의 최대수량이 지정수량의 50만 배 이상인 사업소	2대	10인

36 트라이나이트로톨루엔에 대한 설명으로 틀린 것은?

① 햇빛을 받으면 다갈색으로 변한다.
② 벤젠, 아세톤 등에 잘 녹는다.
③ 건조사 또는 팽창 질석만 소화 설비로 사용할 수 있다.
④ 폭약의 원료로 사용될 수 있다.

해설 ③ 다량의 물로 냉각 소화한다.

37 경보 설비는 지정 수량 몇 배 이상의 위험물을 저장, 취급하는 제조소 등에 설치하는가?

① 2 ② 4 ③ 8 ④ 10

해설 경보 설비 : 지정 수량 10배 이상의 위험물을 저장 · 취급하는 제조소 등에 설치한다.

38 다음은 위험물안전관리법령에 따른 할로겐화합물 소화 설비에 관한 기준이다. ( )에 알맞은 수치는?

> 축압식 저장 용기 등은 온도 20℃에서 할론 1301을 저장하는 것은 ( )MPa 또는 ( )MPa이 되도록 질소 가스로 가압할 것

① 0.1, 1.0 ② 1.1, 2.5
③ 2.5, 1.0 ④ 2.5, 4.2

해설 할로겐화합물 소화 약제의 저장 용기

축압식 저장 용기의 압력은 온도 20℃에서 할론 1211을 저장하는 것은 1.1MPa 또는 2.5MPa, 할론 1301을 저장하는 것은 2.5MPa 또는 4.2MPa이 되도록 질소 가스로 축압한다.

정답 33 ① 34 ① 35 ② 36 ③ 37 ④ 38 ④

39 표준 상태에서 적린 8mol이 완전 연소하여 오산화인을 만드는 데 필요한 이론 공기량은 약 몇 L인가? (단, 공기 중 산소는 21vol%이다.)

① 1066.7　　② 806.7
③ 224　　④ 22.4

해설 $4P + 5O_2 \rightarrow 2P_2O_5$

4mol ╲╱ 5×22.4L
8mol ╱╲ x(L)

x=224L

$\therefore 224L \times \frac{100}{21} = 1066.7L$

40 위험물 제조소 등에 설치하는 포 소화 설비의 기준에 따르면 포 헤드 방식의 포 헤드는 방호 대상 물의 표면적 $1m^2$당의 방사량이 몇 L/min 이상의 비율로 계산한 양의 포 수용액을 표준 방사량으로 방사할 수 있도록 설치하여야 하는가?

① 3.5　　② 4
③ 6.5　　④ 9

해설 위험물 제조소 등에 설치하는 포 소화 설비의 기준
포 헤드 방식의 포 헤드는 방호 대상물의 표면적 $1m^2$당의 방사량이 6.5L/min 이상의 비율로 계산한 양의 포 수용액을 표준 방사량으로 방사할 수 있도록 설치한다.

제3과목 위험물의 성질과 취급

41 염소산나트륨의 성질에 속하지 않는 것은?

① 환원력이 강하다.
② 무색 결정이다.
③ 주수 소화가 가능하다.
④ 강산과 혼합하면 폭발할 수 있다.

해설 ① 산화력이 강하다.

42 다음은 위험물의 성질을 설명한 것이다. 위험물과 그 위험물의 성질을 모두 옳게 연결한 것은?

> A. 건조 질소와 상온에서 반응한다.
> B. 물과 작용하면 가연성 가스를 발생한다.
> C. 물과 작용하면 수산화칼슘을 발생한다.
> D. 비중이 1 이상이다.

① K−A, B, C　　② Ca_3P_3−B, C, D
③ Na−A, C, D　　④ CaC_2−A, B, D

해설 ① K
B. 물과 작용하면 가연성 가스를 발생한다.
$2K + 2H_2O \rightarrow 2KOH + H_2$

② Ca_3P_2
B. 물과 작용하면 가연성 가스를 발생한다.
C. 물과 작용하면 수산화칼슘을 발생한다.
$Ca_3P_2 + 6H_2O \rightarrow 3Ca(OH)_2 + 2PH_3$
D. 비중(2.5)이 1 이상이다.

③ Na
B. 물과 작용하면 가연성 가스를 발생한다.
$2Na + 2H_2O \rightarrow 2NaOH + H_2$

④ CaC_2
B. 물과 작용하면 가연성 가스를 발생한다.
$CaC_2 + 2H_2O \rightarrow Ca(OH)_2 + C_2H_2$
D. 비중(2.2)이 1 이상이다.

43 다음 중 C_5H_5N에 대한 설명으로 틀린 것은?

① 순수한 것은 무색이고, 악취가 나는 액체이다.
② 상온에서 인화의 위험이 있다.
③ 물에 녹는다.
④ 강한 산성을 나타낸다.

해설 ④ 약알칼리성을 나타낸다.

44 위험물안전관리법령상 제6류 위험물에 해당하는 물질로서 햇빛에 의해 갈색의 연기를 내며 분해할 위험이 있으므로 갈색병에 보관해야 하는 것은?

① 질산　　② 황산
③ 염산　　④ 과산화수소

해설 $2HNO_3 \rightarrow \underset{\text{갈색 연기}}{\underline{2NO_2}} + H_2O + O$

정답 39 ①　40 ④　41 ①　42 ②　43 ④　44 ①

45 주유 취급소의 고정 주유 설비는 고정 주유 설비의 중심선을 기점으로 하여 도로 경계선까지 몇 m 이상 떨어져 있어야 하는가?

① 2 ② 3 ③ 4 ④ 5

해설 고정 주유 설비 중심선을 기점으로
㉠ 도로 경계선 : 4m 이상
㉡ 부지 경계선 · 담 및 건축물의 벽 : 2m 이상
㉢ 개구부가 없는 벽 : 1m 이상
㉣ 고정 주유 설비와 고정 급유 설비 사이 : 4m 이상

46 위험물안전관리법령에 따르면 보냉 장치가 없는 이동 저장 탱크에 저장하는 아세트알데하이드의 온도는 몇 ℃ 이하로 유지하여야 하는가?

① 30 ② 40
③ 50 ④ 60

해설 40℃ 이하
㉠ 압력 탱크의 디에틸에테르, 아세트알데하이드의 온도
㉡ 보냉 장치가 없는 디에틸에테르, 아세트알데하이드의 온도

47 위험물안전관리법령에 근거한 위험물 운반 및 수납 시 주의 사항에 대한 설명 중 틀린 것은?

① 위험물을 수납하는 용기는 위험물이 누출되지 않게 밀봉시켜야 한다.
② 온도 변화로 가스 발생 우려가 있는 것은 가스 배출구를 설치한 운반 용기에 수납할 수 있다.
③ 액체 위험물은 운반 용기 내용적의 98% 이하의 수납률로 수납하되 55℃의 온도에서 누설되지 아니하도록 충분한 공간 용적을 유지하도록 하여야 한다.
④ 고체 위험물은 운반 용기 내용적의 98% 이하의 수납률로 수납하여야 한다.

해설 운반 용기의 수납률

위험물	수납률
알킬알루미늄 등	90% 이하(50℃에서 5% 이상 공간 용적 유지)
고체 위험물	95% 이하
액체 위험물	98% 이하(55℃에서 누설되지 않는 것)

48 위험물안전관리법령상 제1류 위험물 중 알칼리 금속의 과산화물의 운반 용기 외부에 표시하여야 하는 주의 사항을 모두 옳게 나타낸 것은?

① "화기 엄금", "충격 주의" 및 "가연물 접촉 주의"
② "화기 · 충격 주의", "물기 엄금" 및 "가연물 접촉 주의"
③ "화기 주의" 및 "물기 엄금"
④ "화기 엄금" 및 "충격 주의"

해설 위험물 운반 용기의 주의 사항

위험물		주의 사항
제1류 위험물	알칼리 금속의 과산화물	· 화기·충격 주의 · 물기 엄금 · 가연물 접촉 주의
	기타	· 화기·충격 주의 · 가연물 접촉 주의
제2류 위험물	철분·금속분·마그네슘	· 화기 주의 · 물기 엄금
	인화성 고체	화기 엄금
	기타	화기 주의
제3류 위험물	자연 발화성 물질	· 화기 엄금 · 공기 접촉 엄금
	금수성 물질	물기 엄금
제4류 위험물		화기 엄금
제5류 위험물		· 화기 엄금 · 충격 주의
제6류 위험물		가연물 접촉 주의

49 제4류 위험물을 저장하는 이동 탱크 저장소의 탱크 용량이 19,000L일 때 탱크의 칸막이는 최소 몇 개를 설치해야 하는가?

① 2 ② 3
③ 4 ④ 5

해설 이동 탱크 저장소는 그 내부에 4,000L 이하마다 칸막이를 설치한다.

4,000L	1개	4,000L	2개	4,000L	3개	4,000L	4개	3,000L

용량이 19,000L이므로 칸막이는 최소 4개를 설치할 수 있다.

정답 45 ③ 46 ② 47 ④ 48 ② 49 ③

50 위험물안전관리법령에 따른 위험물 제조소의 안전 거리 기준으로 틀린 것은?

① 주택으로부터 10m 이상
② 학교, 병원, 극장으로부터는 30m 이상
③ 유형 문화재와 기념물 중 지정 문화재로부터는 70m 이상
④ 고압가스 등을 저장 · 취급하는 시설로부터는 20m 이상

해설 ③ 유형 문화재와 기념물 중 지정 문화재로부터는 50m 이상

51 다음 중 나트륨의 보호액으로 가장 적합한 것은?

① 메탄올 ② 수은
③ 물 ④ 유동 파라핀

해설

위험물	보호액
K, Na, 적린	등유(석유), 경유, 유동 파라핀
황린, CS_2	물속(수조)

52 인화석회가 물과 반응하여 생성하는 기체는?

① 포스핀 ② 아세틸렌
③ 이산화탄소 ④ 수산화칼슘

해설 $Ca_3P_2+6H_2O \rightarrow 3Ca(OH)_2+2PH_3$

53 다음 반응식 중에서 옳지 않은 것은?

① $CaO_2+2HCl \rightarrow CaCl_2+H_2O_2$
② $CaH_2+2H_2O \rightarrow Ca(OH)_2+2H_2$
③ $Ca_3P_2+4H_2O \rightarrow Ca_3(OH)_2+2PH_3$
④ $CaC_2+2H_2O \rightarrow Ca(OH)_2+C_2H_2$

해설 52번 해설 참조

54 위험물안전관리법령에 따른 위험물 제조소 건축물의 구조로 틀린 것은?

① 벽, 기둥, 서까래 및 계단은 난연 재료로 할 것
② 지하층이 없도록 할 것
③ 출입구에는 60분+방화문 · 60분방화문 또는 30분방화문을 설치할 것
④ 창에 유리를 이용하는 경우에는 망입 유리로 할 것

해설 ① 벽, 기둥, 바닥, 보, 서까래 및 계단은 불연 재료로 한다.

55 다음 중 메탄올의 연소 범위에 가장 가까운 것은?

① 약 1.4~5.6% ② 약 7.3~36%
③ 약 20.3~66% ④ 약 42.0~77%

해설 메탄올의 연소 범위 : 7.3~36%

56 위험물안전관리법령에 따라 제4류 위험물 옥내 저장 탱크에 설치하는 밸브 없는 통기관의 설치 기준으로 가장 거리가 먼 것은?

① 통기관의 지름은 30mm 이상으로 한다.
② 통기관의 끝부분은 수평면에 대하여 아래로 45° 이상 구부려 설치한다.
③ 통기관은 가스가 체류되지 않도록 그 끝부분을 건축물의 출입구로부터 0.5m 이상 떨어진 곳에 설치하고 끝에 팬을 설치한다.
④ 가는 눈의 구리망 등으로 인화 방지 장치를 한다.

해설 ③ 통기관은 가스가 체류하지 않도록 그 끝부분을 건축 물의 출입구로부터 1m 이상 떨어진 곳에 설치하고, 끝에 팬을 설치한다.

57 가열했을 때 분해하여 적갈색의 유독한 가스를 방출하는 것은?

① 과염소산 ② 질산
③ 과산화수소 ④ 적린

해설 $2HNO_3 \rightarrow \underline{2NO_2}+H_2O+O$
적갈색의 유독한 가스

정답 50 ③ 51 ④ 52 ① 53 ③ 54 ① 55 ② 56 ③ 57 ②

58 금속 칼륨의 성질로서 옳은 것은?

① 중금속류에 속한다.
② 화학적으로 이온화 경향이 큰 금속이다.
③ 물속에 보관한다.
④ 상온, 상압에서 액체 형태인 금속이다.

해설 ① 은백색의 광택이 있는 경금속에 속한다.
③ 석유(등유) 속에 보관한다.
④ 상온, 상압에서 고체 형태인 금속이다.

59 적린과 황린의 공통점이 아닌 것은?

① 화재 발생 시 물을 이용한 소화가 가능하다.
② 이황화탄소에 잘 녹는다.
③ 연소 시 P_2O_5의 흰 연기가 생긴다.
④ 구성 원소는 P이다.

해설 ㉠ 적린 : CS_2에 녹지 않는다.
㉡ 황린 : CS_2에 잘 녹는다.

60 트라이나이트로페놀의 성질에 대한 설명 중 틀린 것은?

① 폭발에 대비하여 철, 구리로 만든 용기에 저장한다.
② 휘황색을 띤 침상 결정이다.
③ 비중이 약 1.8로 물보다 무겁다.
④ 단독으로는 충격, 마찰에 둔감한 편이다.

해설 ① 제조 시 중금속과의 접촉을 피하며 철, 구리, 납으로 만든 용기에 저장하지 말아야 한다.

정답 58 ② 59 ② 60 ①

위험물 산업기사 (2021. 5. 9 시행)

제1과목 일반화학

01 $H_2S+I_2 \rightarrow 2HI+S$에서 I_2의 역할은?

① 산화제이다.
② 환원제이다.
③ 산화제이면서 환원제이다.
④ 촉매 역할을 한다.

해설 반응식에서 요오드(I_2)는 환원되었으므로 산화제 역할을 한다.

$I_2^0 \rightarrow 2HI^-$ (환원)

02 다음 중 3차 알코올에 해당하는 것은?

① 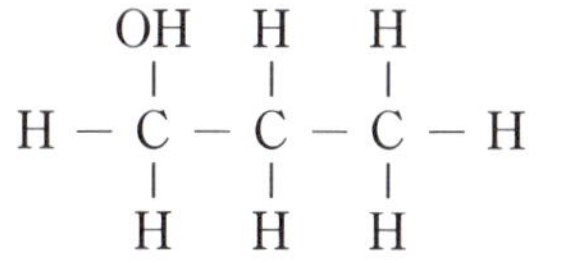

② 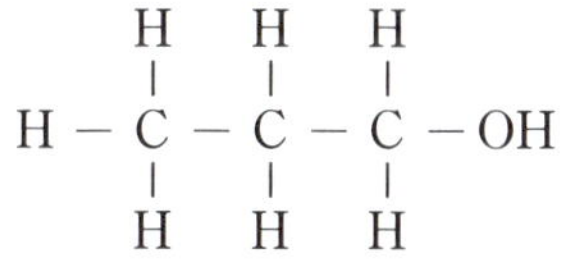

③ 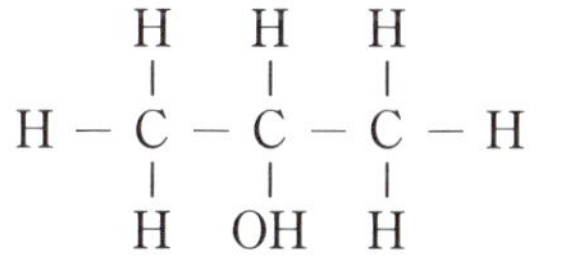

④ 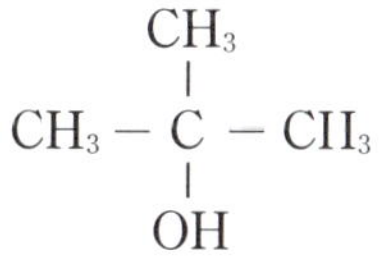

해설 OH기가 결합된 탄소의 수에 따른 분류

㉠ 1차(제1급) 알코올($R-CH_2OH$) : OH기가 결합된 탄소가 다른 탄소 1개와 연결된 알코올

제1급 알코올 $\xrightarrow{\text{산화}}$ 알데히드 $\xrightarrow{\text{산화}}$ 카르복시산

예 $CH_3CH_2OH \xrightarrow{[O]} CH_3CHO \xrightarrow{[O]} CH_3COOH$

㉡ 2차(제2급) 알코올($R-\overset{R}{\overset{|}{C}}HOH$) : OH기가 결합된 탄소가 다른 탄소 2개와 연결된 알코올

제2급 알코올 $\xrightarrow{\text{산화}}$ 케톤

예 $2CH_3-\underset{OH}{\underset{|}{CH}}-CH_3+O_2$

$\rightarrow \underbrace{2CH_3-CO-CH_3}_{\text{아세톤}}+2H_2O$

㉢ 3차(제3급) 알코올($R-\overset{R}{\overset{|}{\underset{R}{\underset{|}{C}}}}-OH$) : OH기가 결합된 탄소가 다른 탄소 3개와 연결된 알코올

예 $(CH_3)_3C \cdot OH$(트리메틸카르비놀)

03 이산화황이 산화제로 작용하는 화학 반응은?

① $SO_2 + H_2O \rightarrow H_2SO_4$
② $SO_2 + NaOH \rightarrow NaHSO_3$
③ $SO_2 + 2H_2S \rightarrow 3S + 2H_2O$
④ $SO_2 + Cl_2 + 2H_2O \rightarrow H_2SO_4 + 2HCl$

해설 ㉠ 환원력이 강한 H_2S와 반응하면 산화제로 작용한다.

$S^{4+}O_2 + 2H_2S \rightarrow 2H_2O + 3S^0$ (환원(산화제로 작용))

㉡ 환원제로 작용한 것

$S^{4+}O_2 + 2H_2O + Cl_2 \rightarrow H_2S^{6+}O_4 + 2HCl$ (산화(환원제로 작용))

04 구리선의 밀도가 7.81g/mL이고, 질량이 3.72g이다. 이 구리선의 부피는 얼마인가?

① 0.48 ② 2.09
③ 1.48 ④ 3.09

해설 밀도$=\dfrac{\text{질량}}{\text{부피}}$이므로

$\therefore$ 부피$=\dfrac{\text{질량}}{\text{밀도}}=\dfrac{3.72g}{7.81g/mL}=0.48mL$

정답 01 ① 02 ④ 03 ③ 04 ①

05 원자 A가 이온 A^{2+}로 되었을 때 갖는 전자수와 원자 번호 n인 원자 B가 이온 B^{3-}으로 되었을 때 갖는 전자수가 같았다면 A의 원자 번호는?

① $n-1$ ② $n+2$
③ $n-3$ ④ $n+5$

해설 원자 번호 = 양성자수 = 전자수
A의 원자 번호를 x라고 하면
A^{2+}의 전자수 : $x-2$, B^{3-}의 전자수 : $n+3$,
A^{2+}의 전자수 = B^{3-}의 전자수
$x-2=n+3$
$\therefore x=n+5$

06 물 450g에 NaOH 80g이 녹아 있는 용액에서 NaOH의 몰분율은? (단, Na의 원자량은 23이다.)

① 0.074 ② 0.178
③ 0.200 ④ 0.450

해설 ㉠ H_2O 몰수 : $\frac{450}{18}=25\text{mol}$
㉡ NaOH 몰수 : $\frac{80}{40}=2\text{mol}$
㉢ NaOH의 몰분율$=\frac{2}{25+2}=0.074$

07 수소 1.2몰과 염소 2몰이 반응할 경우 생성되는 염화수소의 몰수는?

① 1.2 ② 2
③ 2.4 ④ 4.8

해설 $\underset{1.2몰}{H_2} + \underset{2몰}{Cl_2} \rightarrow \underset{2\times1.2몰=2.4몰}{2HCl}$

08 중성 원자가 무엇을 잃으면 양이온으로 되는가?

① 중성자 ② 핵전하
③ 양성자 ④ 전자

해설 ㉠ 양이온 : 중성 원자가 전자를 잃으면 (+) 전기를 띤 양이온이 된다.
예 $Na-e \rightarrow Na^+$
㉡ 음이온 : 중성 원자가 전자를 얻으면 (−) 전기를 띤 음이온이 된다.
예 $Cl+e \rightarrow Cl^-$

09 결합력이 큰 것부터 작은 순서로 나열한 것은?

① 공유 결합 > 수소 결합 > 반 데르 발스 결합
② 수소 결합 > 공유 결합 > 반 데르 발스 결합
③ 반 데르 발스 결합 > 수소 결합 > 공유 결합
④ 수소 결합 > 반 데르 발스 결합 > 공유 결합

해설 결합력의 세기 : 공유 결합(그물 구조체) > 이온 결합 > 금속 결합 > 수소 결합 > 반 데르 발스 결합

10 KNO_3의 물에 대한 용해도는 70℃에서 130이며, 30℃에서 40이다. 70℃의 포화 용액 260g을 30℃로 냉각시킬 때 적출되는 KNO_3의 양은 약 얼마인가?

① 92g
② 101g
③ 130g
④ 153g

해설 용해도 : 용매 100g에 녹는 용질의 양
70℃에서 포화 용액 260g 속에 녹아 있는 용질(KNO_3)의 양을 x라고 하면
$230 : 130=260 : x$
$x=147\text{g}$
용매(물) = 용액 − 용질 = 260 − 147 = 113g
30℃에서 물 113g에 녹을 수 있는 용질(KNO_3)의 양을 y라 하면
$100 : 40=113 : y$
$y=45.2$
∴ 석출되는 KNO_3의 양 $=x-y$
$=147-45.2$
$≒101\text{g}$

11 다음 중 헨리의 법칙으로 설명되는 것은?

① 극성이 큰 물질일수록 물에 잘 녹는다.
② 비눗물은 0℃보다 낮은 온도에서 언다.
③ 높은 산 위에서는 물이 100℃ 이하에서 끓는다.
④ 사이다의 병마개를 따면 거품이 난다.

해설 헨리의 법칙
액체 위의 압력이 줄어들어 용해도가 줄기 때문이다.
예 사이다의 병마개를 따면 거품이 난다.

정답 05 ④ 06 ① 07 ③ 08 ④ 09 ① 10 ② 11 ④

12 집기병 속에 물에 적신 빨간 꽃잎을 넣고 어떤 기체를 채웠더니 얼마 후 꽃잎이 탈색되었다. 이와 같이 색을 탈색(표백)시키는 성질을 가진 기체는?

① He ② CO_2
③ N_2 ④ Cl_2

해설 염소(Cl_2)의 탈색(표백) 작용
염소(Cl_2)는 물속에 녹아 차아염소산(HClO)을 만들어 발생기 산소를 내므로 탈색(표백) 작용을 한다.
$Cl_2 + H_2O \rightarrow HCl + HClO$
$\therefore HClO \rightarrow HCl + [O]$
발생기 산소

13 25℃의 포화 용액 90g 속에 어떤 물질이 30g 녹아 있다. 이 온도에서 이 물질의 용해도는 얼마인가?

① 30 ② 33
③ 50 ④ 63

해설 $\text{용해도} = \frac{\text{용질의 g수}}{\text{용매의 g수}} = \times 100$
$= \frac{30}{90-30} \times 100 = 50$

14 다음 밑줄 친 원소 중 산화수가 +5인 것은 어느 것인가?

① $Na_2\underline{Cr_2}O_7$ ② $K_2\underline{S}O_4$
③ $K\underline{N}O_3$ ④ $\underline{Cr}O_3$

해설 ① $(+1)\times 2+2\times Cr+(-2)\times 7=0$
$\therefore Cr=+6$
② $(+1)\times 2+S+(-2)\times 4=0$ $\therefore S=+6$
③ $(+1)+N+(-2)\times 3=0$ $\therefore N=+5$
④ $Cr+(-2)\times 3=0$ $\therefore Cr=+6$

15 볼타 전지에 관련된 내용으로 가장 거리가 먼 것은?

① 아연판과 구리판 ② 화학 전지
③ 진한 질산 용액 ④ 분극 현상

해설 볼타 전지
㉠ 구조 : (−)Zn | H_2SO_4 | Cu(+)
㉡ 화학 전지 : 화학 변화로 생긴 화학적 에너지를 전기적 에너지로 변화시키는 장치
㉢ 분극 현상 : (+)극에서 발생한 수소가 다시 전자를 방출하고, 수소 이온으로 되려는 성질 때문에 기전력이 약화되는 현상

16 C_nH_{2n+2}의 일반식을 갖는 탄화수소는?

① Alkyne ② Alkene
③ Alkane ④ Cycloalkane

해설 ① Alkyne : C_nH_{2n-2}
② Alkene : C_nH_{2n}
③ Alkane : C_nH_{2n+2}
④ Cycloalkane : C_nH_{2n}

17 다음 중 수용액에서 산성의 세기가 가장 큰 것은 어느 것인가?

① HF ② HCl
③ HBr ④ HI

해설 전기 음성도가 작을수록 결합력이 약해 H^+이 더 증가하므로 수용액에서 산성의 세기
HI > HBr > HCl > HF

18 이온화 에너지에 대한 설명으로 옳은 것은?

① 바닥 상태에 있는 원자로부터 전자를 제거하는데 필요한 에너지이다.
② 들뜬 상태에서 전자를 하나 받아들일 때 흡수하는 에너지이다.
③ 일반적으로 주기율표에서 왼쪽으로 갈수록 증가한다.
④ 일반적으로 같은 족에서 아래로 갈수록 증가한다.

해설 ② 들뜬 상태에서 전자 1개를 제거하는 데 필요한 에너지이다.
③ 일반적으로 주기율표에서 0족으로 갈수록 증가한다.
④ 일반적으로 같은 족에서 원자 번호가 증가할수록 작아진다.

정답 12 ④ 13 ③ 14 ③ 15 ③ 16 ③ 17 ④ 18 ①

19 황산구리 수용액에 1.93A의 전류를 통할 때 매 초 음극에서 석출되는 Cu의 원자수를 구하면 약 몇 개가 존재하는가?

① 3.12×10^{18}
② 4.02×10^{18}
③ 5.12×10^{18}
④ 6.02×10^{18}

해설 $CuSO_4$ $\quad Cu^{2+} + 2e^- \rightarrow Cu(s)$
1.93A 전류를 1초 동안 흘렸다고 하면
$Q = nF$, $Q = it$이므로 $n \times 96{,}500 = 1.93 \times 1$
$\therefore n = 0.00002\text{mol}$
전자 2mol이 흐르면 Cu 1몰이 생성되므로
전자 0.00002mol이 흐르면 Cu 0.00001mol 생성
$\therefore 6.02 \times 10^{23} \times 0.00001 = 6.02 \times 10^{18}$개

20 비활성 기체 원자 Ar과 같은 전자 배치를 가지고 있는 것은?

① Na^+ ② Li^+
③ Al^{3+} ④ S^{2-}

해설 전자 배치가 같으려면 전자수(원자 번호=양성자수)가 같아야 한다. 그러므로 Ar=18이다.
① $Na^+ = 11 - 1 = 10$ ② $Li^+ = 3 - 1 = 2$
③ $Al^{3+} = 13 - 3 = 10$ ④ $S^{2-} = 16 + 2 = 18$

제2과목 화재예방과 소화방법

21 다음 중 제5류 위험물의 화재 시에 가장 적당한 소화 방법은?

① 질소 가스를 사용한다.
② 할로겐 화합물을 사용한다.
③ 탄산 가스를 사용한다.
④ 다량의 물을 사용한다.

해설 **제5류 위험물 화재 시 소화 방법** : 다량의 물을 사용한다.

22 위험물안전관리법령상 옥외 소화전 설비에서 옥외 소화전함은 옥외 소화전으로부터 보행 거리 몇 m 이하의 장소에 설치하여야 하는가?

① 5m 이내
② 10m 이내
③ 20m 이내
④ 40m 이내

해설 **옥외 소화전 설비에서 옥외 소화전함** : 옥외 소화전으로부터 보행 거리 5m 이하의 장소에 설치한다.

23 처마의 높이가 6m 이상인 단층 건물에 설치된 옥내 저장소의 소화 설비로 고려될 수 없는 것은?

① 고정식 포 소화 설비
② 옥내 소화전 설비
③ 고정식 불활성 가스 소화 설비
④ 고정식 분말 소화 설비

해설 **소화 난이도 등급 I에 대한 제조소 등의 소화 설비**

<table>
<tr><th colspan="2">제조소 등의 구분</th><th>소화 설비</th></tr>
<tr><td colspan="2">제조소 및 일반 취급소</td><td>옥내 소화전 설비, 옥외 소화전 설비, 스프링클러 설비 또는 물분무 등 소화 설비(화재 발생 시 연기가 충만할 우려가 있는 장소에는 스프링클러 설비 또는 이동식 외의 물분무 등 소화 설비에 한한다)</td></tr>
<tr><td colspan="2">주유 취급소</td><td>스프링클러 설비(건축물에 한정한다), 소형 수동식 소화기 등(능력 단위의 수치가 건축물 그 밖의 공작물 및 위험물의 소요단위의 수치에 이르도록 설치할 것</td></tr>
<tr><td rowspan="2">옥내 저장소</td><td>처마 높이가 6m 이상인 단층 건물 또는 다른 용도의 부분이 있 는 건축물에 설치한 옥내 저장소</td><td>스프링클러 설비 또는 이동식 외의 물분무 등 소화 설비</td></tr>
<tr><td>그 밖의 것</td><td>옥외 소화전 설비, 스프링클러 설비, 이동식 외의 물분무 등 소화 설비 또는 이동식 포 소화 설비(포 소화전을 옥외에 설치하는 것에 한한다)</td></tr>
</table>

정답 19 ④ 20 ④ 21 ④ 22 ① 23 ②

옥외 탱크 저장소	지중 탱크 또는 해상 탱크 외의 것	황만을 저장 취급하는 것	물분무 소화 설비
		인화점 70℃ 이상의 제4류 위험물만을 저장 취급하는 것	물분무 소화 설비 또는 고정식 포 소화 설비
		그 밖의 것	고정식 포 소화 설비(포 소화 설비가 적응성이 없는 경우에는 분말 소화 설비)
	지중 탱크		고정식 포 소화 설비, 이동식 이외의 불활성 가스 소화 설비 또는 이동식 이외의 할로겐 화합물 소화 설비
	해상 탱크		고정식 포 소화 설비, 물분무 소화 설비, 이동식 외의 불활성 가스 소화 설비 또는 이동식 이외의 할로겐 화합물 소화 설비
옥내 탱크 저장소	황만을 저장 취급하는 것		물분무 소화 설비
	인화점 70℃ 이상의 제4류 위험물만을 저장 취급하는 것		물분무 소화 설비, 고정식 포 소화 설비, 이동식 이외의 불활성 가스 소화 설비, 이동식 이외의 할로겐 화합물 소화 설비 또는 이동식 이외의 분말 소화 설비
	그 밖의 것		고정식 포 소화 설비, 이동식 이외의 불활성 가스 소화 설비, 이동식 이외의 할로겐 화합물 소화 설비 또는 이동식 이외의 분말 소화 설비
옥외 저장소 및 이송 취급소			옥내 소화전 설비, 옥외 소화전 설비, 스프링클러 설비 또는 물분무 등 소화 설비(화재 발생 시 연기가 충만할 우려가 있는 장소에는 스프링클러 설비 또는 이동식 이외의 물분무 등 소화 설비에 한한다)
암반 탱크 저장소	황만을 저장 취급하는 것		물분무 소화 설비
	인화점 70℃ 이상의 제4류 위험물만을 저장 취급하는 것		물분무 소화 설비 또는 고정식 포 소화 설비
	그 밖의 것		고정식 포 소화 설비(포 소화 설비가 적응성이 없는 경우에는 분말 소화 설비)

24 가연물이 되기 쉬운 조건으로 가장 거리가 먼 것은?

① 열전도율이 클수록
② 활성화 에너지가 작을수록
③ 화학적 친화력이 클수록
④ 산소와 접촉이 잘 될수록

해설 가연물이 되기 쉬운 조건
㉠ 산소와의 친화력이 클 것(화학적 활성이 강할 것)
㉡ 열전도율이 적을 것
㉢ 산소와의 접촉 면적이 클 것(표면적이 넓을 것)
㉣ 발열량(연소열)이 클 것
㉤ 활성화 에너지가 작을 것(발열 반응을 일으키는 물질)
㉥ 건조도가 좋을 것(수분의 함유가 적을 것)

25 제4류 위험물의 저장 및 취급 시 화재 예방 및 주의 사항에 대한 일반적인 설명으로 틀린 것은?

① 증기의 누출에 유의할 것
② 증기는 낮은 곳에 체류하기 쉬우므로 조심할 것
③ 전도성이 좋은 석유류는 정전기 발생에 유의할 것
④ 서늘하고 통풍이 양호한 곳에 저장할 것

해설 ③ 비전도성이 좋은 석유류는 정전기 발생에 유의할 것

26 펌프와 발포기의 중간에 설치된 벤투리관의 벤투리 작용과 펌프 가압수의 포 소화 약제 저장 탱크에 대한 압력에 의하여 포 소화 약제를 흡입 · 혼합하는 방식은?

① 프레셔 프로포셔너
② 펌프 프로포셔너
③ 프레셔 사이드 프로포셔너
④ 라인 프로포셔너

해설 포 소화 약제 혼합 장치의 종류
㉠ 펌프 혼합 방식(pump proportioner type) : 펌프의 토출관과 흡입관 사이의 배관 도중에 설치한 흡입기에 펌프에서 토출된 물의 일부를 보내고 농도 조절 밸브에서 조정된 포 소화 약제의 필요량을 포 소화 약제 탱크에서 펌프 흡입측으로 보내어 이를 혼합하는 방식
㉡ 차압 혼합 방식(pressure proportioner type) : 펌프와 발포기 중간에 설치된 벤투리관의 벤투리 작용과 펌프

정답 24 ① 25 ③ 26 ①

가압수의 포 소화 약제 저장 탱크에 대한 압력에 의하여 포 소화 약제를 흡입·혼합하는 방식

㉢ 관로 혼합 방식(line propor tioner type) : 펌프와 발포기 중간에 설치된 벤투리관의 벤투리 작용에 의해 포 소화 약제를 흡입하여 혼합하는 방식

㉣ 압입 혼합 방식(pre-ssure side proportioner type) : 포 원액을 송수관에 압입하기 위하여 포 원액용 펌프를 별도로 설치하여 혼합하는 방식

27 다음 중 C급 화재에 가장 적응성이 있는 소화 설비는?

① 봉상 강화액 소화기
② 포 소화기
③ 이산화탄소 소화기
④ 스프링클러 설비

해설 ① 봉상 강화액 소화기 : A급 화재
② 포 소화기 : A, B급 화재
③ 이산화탄소 소화기 : B, C급 화재
④ 스프링클러 설비 : A급 화재

28 제조소 또는 취급소의 건축물로 외벽이 내화 구조인 것은 연면적 몇 m^2를 1소요 단위로 규정하는가?

① 100　② 200
③ 300　④ 400

해설 소요 단위(1단위)
1. 제조소 또는 취급소용 건축물의 경우
㉠ 외벽이 내화 구조로 된 것으로 연면적 $100m^2$
㉡ 외벽이 내화 구조가 아닌 것으로 연면적 $50m^2$
2. 저장소 건축물의 경우
㉠ 외벽이 내화 구조로 된 것으로 연면적 $150m^2$
㉡ 외벽이 내화 구조가 아닌 것으로 연면적 $75m^2$
3. 위험물의 경우 : 지정 수량 10배

29 주성분이 탄산수소나트륨인 소화 약제는 제 몇 종 분말 소화 약제인가?

① 제1종　② 제2종
③ 제3종　④ 제4종

해설 분말 소화 약제

종 별	명 칭	착색
제1종	중탄산나트륨($NaHCO_3$)	백색
제2종	탄산수소칼륨($KHCO_3$)	보라색
제3종	제1인산암모늄($NH_4H_2PO_4$)	담홍색(핑크색)
제4종	탄산수소칼륨+요소 [$KHCO_3+CO(NH_2)_2$]	회백색

30 위험물안전관리법령상 옥외 소화전 설비의 옥외 소화전이 3개 설치되었을 경우 수원의 수량은 몇 m^3 이상이 되어야 하는가?

① 7　② 20.4
③ 40.5　④ 100

해설 $Q(m^3) = N \times 13.5m^3$
$= 3 \times 13.5 = 40.5m^3$

여기서, Q : 수원의 수량
N : 옥외 소화전 설비 설치 개수(설치 개수가 4개 이상인 경우는 4개의 옥외 소화전)

31 다음 중 분말 소화 약제에 해당하는 착색으로 옳은 것은?

① 탄산수소칼륨 – 청색
② 제1인산암모늄 – 담홍색
③ 탄산수소칼륨 – 담홍색
④ 제1인산암모늄 – 청색

해설 29번 해설 참조

32 다음 중 이황화탄소의 액면 위에 물을 채워 두는 이유로 가장 적합한 것은?

① 자연 분해를 방지하기 위해
② 화재 발생 시 물로 소화를 하기 위해
③ 불순물을 물에 용해시키기 위해
④ 가연성 증기의 발생을 방지하기 위해

해설 이황화탄소의 액면 위에 물을 채워 두는 이유
가연성 증기의 발생을 방지하기 위해

정답 27 ③ 28 ① 29 ① 30 ③ 31 ② 32 ④

33 위험물안전관리법령상 질산나트륨에 대한 소화 설비의 적응성으로 옳은 것은?

① 건조사만 적응성이 있다.
② 이산화탄소 소화기는 적응성이 있다.
③ 포 소화기는 적응성이 없다.
④ 할로겐 화합물 소화기는 적응성이 없다.

해설 소화 설비의 적응성

소화 설비의 구분			대상물 구분											
			건축물·그 밖의 공작물	전기 설비	제1류 위험물		제2류 위험물			제3류 위험물		제4류 위험물	제5류 위험물	제6류 위험물
					알칼리 금속 과산화물 등	그 밖의 것	철분·금속분·마그네슘 등	인화성 고체	그 밖의 것	금수성 물품	그 밖의 것			
옥내 소화전 설비 또는 옥외 소화전 설비			○			○		○	○		○		○	○
스프링클러 설비			○			○		○	○		○	△	○	○
문분무 등 소화 설비	물분무 소화 설비		○	○		○		○	○		○	○	○	○
	포 소화 설비		○			○		○	○		○	○	○	○
	불활성 가스 소화 설비			○				○				○		
	할로젠 화합물 소화 설비			○				○				○		
	분말 소화 설비	인산염류 등	○	○		○		○	○			○		○
		탄산수소염류 등		○	○		○	○		○		○		
		그 밖의 것			○		○			○				
대형·소형 수동식 소화기	봉상수(棒狀水) 소화기		○			○		○	○		○		○	○
	무상수(無狀水) 소화기		○	○		○		○	○		○		○	○
	봉상 강화액 소화기		○			○		○	○		○		○	○
	무상 강화액 소화기		○	○		○		○	○		○	○	○	○
	포 소화기		○			○		○	○		○	○	○	○
	이산화탄소 소화기			○				○				○		△
	할론 소화 설비			○				○				○		
	분말 소화기	인산염류 소화기	○	○		○		○	○			○		○
		탄산수소염류 소화기		○	○		○	○		○		○		
		그 밖의 것			○		○			○				
기타	물통 또는 수조		○			○		○	○		○		○	○
	건조사				○	○	○	○	○	○	○	○	○	○
	팽창 질석 또는 팽창 진주암				○	○	○	○	○	○	○	○	○	○

34 C_6H_6 화재의 소화 약제로서 적합하지 않은 것은?

① 인산염류 분말
② 이산화탄소
③ 할론 소화 설비
④ 물(봉상수)

해설 33번 해설 참조

35 벼락으로부터 재해를 예방하기 위하여 위험물안전관리법령상 피뢰 설비를 설치하여야 하는 위험물 제조소의 기준은? (단, 제6류 위험물을 취급하는 위험물 제조소는 제외한다.)

① 모든 위험물을 취급하는 제조소
② 지정 수량 5배 이상의 위험물을 취급하는 제조소
③ 지정 수량 10배 이상의 위험물을 취급하는 제조소
④ 지정 수량 20배 이상의 위험물을 취급하는 제조소

해설 피뢰 설비

지정 수량 10배 이상의 위험물을 취급하는 제조소

36 위험물안전관리법령에서 정한 제3류 위험물에 있어서 화재 예방법 및 화재 시 조치 방법에 대한 설명으로 틀린 것은?

① 칼륨과 나트륨은 금수성 물질로 물과 반응하여 가연성 기체를 발생한다.
② 알킬알루미늄은 알킬기의 탄소수에 따라 주수 시 발생하는 가연성 기체의 종류가 다르다.
③ 탄화칼슘은 물과 반응하여 폭발성의 아세틸렌 가스를 발생한다.
④ 황린은 물과 반응하여 유독성의 포스핀 가스를 발생한다.

해설 ④ 황린 : 저장 용기 중에는 물을 넣어 보관한다.

37 위험물안전관리법령상 옥외 소화전이 5개 설치된 제조소 등에서 옥외 소화전의 수원의 수량은 얼마 이상이어야 하는가?

① $14m^3$
② $35m^3$
③ $54m^3$
④ $78m^3$

해설 옥외 소화전 설비의 수원의 수량

옥외 소화전 설비의 설치 개수(설치 개수가 4개 이상인 경우는 4개의 옥외 소화전)에 $13.5m^3$를 곱한 양 이상

$\therefore Q(m^3) = N \times 13.5m^3 = 4 \times 13.5m^3 = 54m^3$

정답 33 ④ 34 ④ 35 ③ 36 ④ 37 ③

38 준특정 옥외 탱크 저장소에서 저장 또는 취급하는 액체 위험물의 최대 수량 범위를 옳게 나타 낸 것은 어느 것인가?

① 50만L 미만
② 50만L 이상 100만L 미만
③ 100만L 이상 200만L 미만
④ 200만L 이상

해설 ㉠ **준특정 옥외 탱크 저장소** : 옥외 탱크 저장소 중 그 저장 또는 취급하는 액체 위험물의 최대 수량이 50만L 이상 100L 미만의 것
㉡ **특정 옥외 탱크 저장소** : 옥외 탱크 저장소 중 그 저장 또는 취급하는 액체 위험물의 최대 수량이 100만L 이상의 것

39 다음 중 가연물이 될 수 있는 것은?

① CS_2
② H_2O_2
③ CO_2
④ He

해설 ① 이황화탄소(CS_2)는 연소가 되므로 가연물이다.
$CS_2 + 3O_2 \rightarrow CO_2 + 2SO_2$
② H_2O_2 : 산화성 액체
③ CO_2 : 불연성 물질
④ He : 불연성 물질

40 위험물안전관리법령에서 정한 위험물의 유별 저장·취급의 공통 기준(중요 기준) 중 제5류 위험물에 해당하는 것은?

① 물이나 산과의 접촉을 피하고 인화성 고체에 있어서는 함부로 증기를 발생시키지 아니하여야 한다.
② 공기와의 접촉을 피하고, 물과의 접촉을 피하여야 한다.
③ 가연물과의 접촉·혼합이나 분해를 촉진하는 물품과의 접근 또는 과열을 피해야 한다.
④ 불티·불꽃·고온체와의 접근이나 과열·충격 또는 마찰을 피하여야 한다.

해설 위험물안전관리법령에서 정한 위험물의 유별 저장·취급의 공통 기준
1. 제1류 위험물
㉠ 가연물과의 접촉, 혼합, 분해를 촉진하는 물품과의 접근 또는 과열, 충격, 마찰 등을 피할 것
㉡ 알칼리 금속의 과산화물 및 이를 함유한 것은 물과의 접촉을 피할 것
2. 제2류 위험물
㉠ 산화제와의 접촉, 혼합이나 불티, 불꽃, 고온체와의 접근 또는 과열을 피할 것
㉡ 철분, 금속분, 마그네슘 및 이를 함유한 것에 있어서는 물이나 산과의 접촉을 피하고, 인화성 고체에 있어서는 함부로 증기를 발생시키지 아니할 것
3. 제3류 위험물
㉠ 자연 발화성 물질에 있어서는 불티, 불꽃 또는 고온체와의 접근, 과열 또는 공기와의 접촉을 피할 것
㉡ 금수성 물질에 있어서는 물과의 접촉을 피할 것
4. 제4류 위험물
㉠ 불티, 불꽃, 고온체와의 접근 또는 과열을 피할 것
㉡ 함부로 증기를 발생시키지 아니할 것
5. 제5류 위험물 : 불티, 불꽃, 고온체와의 접근이나 과열, 충격, 마찰을 피할 것
6. 제6류 위험물 : 가연물과의 접촉, 혼합이나 분해를 촉진하는 물품과 접근, 과열을 피할 것

제3과목 위험물의 성질과 취급

41 질산에 대한 설명으로 틀린 것은?

① 무색 또는 담황색의 액체이다.
② 유독성이 강한 산화성 물질이다.
③ 위험물안전관리법령상 비중이 1.49 이상인 것만 위험물로 규정한다.
④ 햇빛이 잘 드는 곳에서 투명한 유리병에 보관하여야 한다.

해설 ④ 햇빛이 차단되고, 통풍이 잘 되는 차고 어두운 곳에서 갈색 유리병에 보관해야 한다.

정답 38 ② 39 ① 40 ④ 41 ④

42 다음 중 물과 접촉하였을 때 위험성이 가장 높은 것은?

① S　　② CH_3COOH
③ C_2H_5OH　　④ K

해설 K(칼륨)
물과 격렬히 반응하여 발열하고 수소를 발생한다.
$2K + 2H_2O \rightarrow 2KOH + H_2 + 92.4kcal$
여기서, H_2는 가연성 가스이고, KOH는 부식성이 매우 강한 물질이며 반응 시 소량의 증기로 변하여 눈, 목, 피부를 자극한다. 발생된 반응열은 K를 태우기도 하고 H_2와 공기 혼합물을 폭발시킬 수 있으므로 반응열과 나타난 현상은 매우 위험하다.

43 위험물안전관리법령상 위험물 제조소에 설치하는 "물기 엄금" 게시판의 색으로 옳은 것은?

① 청색 바탕 백색 글씨
② 백색 바탕 청색 글씨
③ 황색 바탕 청색 글씨
④ 청색 바탕 황색 글씨

해설 표시 방식
㉠ 화기 엄금, 화기 주의 : 적색 바탕에 백색 문자
㉡ 물기 엄금 : 청색 바탕에 백색 문자
㉢ 주유 취급소 : 청색 바탕에 백색 문자
㉣ 옥외 탱크 저장소 : 백색 바탕에 흑색 문자
㉤ 차량용 운반 용기 : 흑색 바탕에 황색 반사 도료

44 질산나트륨을 저장하고 있는 옥내 저장소(내화 구조의 격벽으로 완전히 구획된 실이 2 이상 있는 경우에는 동일한 실)에 함께 저장하는 것이 법적으로 허용되는 것은? (단, 위험물을 유별로 정리하여 서로 1m 이상의 간격을 두는 경우이다.)

① 적린　　② 인화성 고체
③ 동 · 식물유류　　④ 과염소산

해설 1. 옥내 · 외 저장소의 위험물 혼재 기준
㉠ 제1류 위험물(알칼리 금속 과산화물 제외)+제5류 위험물
㉡ 제1류 위험물+제6류 위험물
㉢ 제1류 위험물+자연 발화성 물품(황린)
㉣ 제2류 위험물(인화성 고체)+제4류 위험물
㉤ 제3류 위험물(알킬알루미늄 등)+제4류 위험물(알킬알루미늄, 알킬리튬 함유한 것)
㉥ 제4류 위험물(유기 과산화물)+제5류 위험물(유기 과산화물)
2. ㉠ 질산나트륨 : 제1류 위험물
㉡ 과염소산 : 제6류 위험물

45 그림과 같은 타원형 탱크의 내용적은 약 몇 m^3인가?

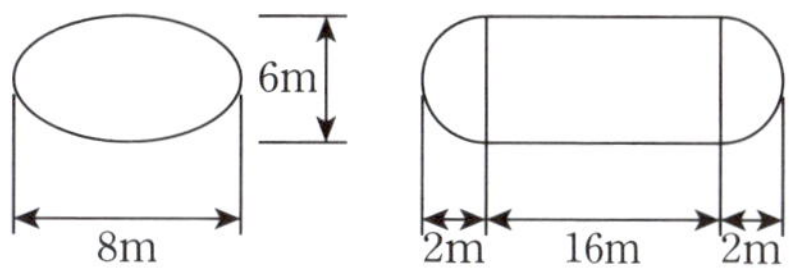

① 453　　② 553
③ 653　　④ 753

해설 $V = \frac{\pi ab}{4}\left(l + \frac{l_1 + l_2}{3}\right)$
$= \frac{\pi \times 8 \times 6}{4} \times \left(16 + \frac{2+2}{3}\right)$
$= 653m^3$

46 황이 연소할 때 발생하는 가스는?

① H_2S　　② SO_2
③ CO_2　　④ H_2O

해설 $S + O_2 \rightarrow SO_2$

47 산화프로필렌 300L, 메탄올 400L, 벤젠 200L를 저장하고 있는 경우 각 지정 수량 배수의 총합은 얼마인가?

① 4　　② 6
③ 8　　④ 10

해설 $\frac{300}{50} + \frac{400}{400} + \frac{200}{200} = 6 + 1 + 1 = 8$배

정답 42 ④　43 ①　44 ④　45 ③　46 ②　47 ③

48 다음 위험물의 저장 또는 취급에 관한 기술상의 기준과 관련하여 시 · 도의 조례에 의해 규제를 받는 경우는?

① 등유 2,000L를 저장하는 경우
② 중유 3,000L를 저장하는 경우
③ 윤활유 5,000L를 저장하는 경우
④ 휘발유 400L를 저장하는 경우

해설 1. 지정 수량 미만인 위험물의 저장 · 취급 : 기술상의 기준은 특별시, 광역시 및 도(시 · 도)의 조례로 정한다.
2. 조례 : 지방자치단체가 고유 사무와 위임 사무 등을 지방의회의 결정에 의하여 제정하는 것

① $\frac{2,000}{1,000}=2$배 ② $\frac{3,000}{2,000}=1.5$배
③ $\frac{5,000}{6,000}=0.83$배 ④ $\frac{400}{200}=2$배

49 위험물안전관리법령상 제조소에서 위험물을 취급하는 건축물의 구조 중 내화 구조로 하여야 할 필요가 있는 것은?

① 연소의 우려가 있는 기둥
② 바닥
③ 연소의 우려가 있는 외벽
④ 계단

해설 1. 위험물을 취급하는 건축물의 기준
㉠ 불연 재료로 하여야 하는 것 : 벽, 연소의 우려가 있는 기둥, 바닥, 보, 서까래, 계단
㉡ 내화 구조로 하여야 하는 것 : 연소의 우려가 있는 외벽
2. 불연 재료 : 화재 시 불에 녹거나 열에 의해 빨갛게 되는 경우는 있어도 연소 현상은 일으키지 않는 재료
3. 내화 구조 : 화재에도 쉽게 연소하지 않고 건축물 내에서 화재가 발생하더라도 보통은 방화 구역 내에서 진화되며 최종적으로 전소해도 수리하여 재사용할 수 있는 구조

50 염소산칼륨의 성질이 아닌 것은?

① 황산과 반응하여 이산화염소를 발생한다.
② 상온에서 고체이다.
③ 알코올보다는 글리세린에 더 잘 녹는다.
④ 환원력이 강하다.

해설 ④ 산화력이 강하다.

51 위험물의 저장 방법에 대한 설명 중 틀린 것은 어느 것인가?

① 황린은 산화제와 혼합되지 않게 저장한다.
② 황은 정전기가 축적되지 않도록 저장한다.
③ 적린은 인화성 물질로부터 격리 저장한다.
④ 마그네슘분은 분진을 방지하기 위해 약간의 수분을 포함시켜 저장한다.

해설 ④ 마그네슘은 산, 물 또는 습기와의 접촉을 피한다. 저장 용기는 밀폐 건조시키고 습기나 빗물이 침투되지 않도록 한다.

52 황화인에 대한 설명으로 틀린 것은?

① 고체이다.
② 가연성 물질이다.
③ P_4S_3, P_2S_5 등의 물질이 있다.
④ 물질에 따른 지정 수량은 50kg, 100kg, 300 kg이다.

해설 ④ 물질에 따른 지정 수량은 100kg이다.

53 위험물안전관리법령상 제4류 위험물 옥외 저장 탱크의 대기 밸브 부착 통기관은 몇 kPa 이하의 압력 차이로 작동할 수 있어야 하는가?

① 2 ② 3
③ 4 ④ 5

해설 옥외 저장 탱크의 통기 장치
1. 밸브 없는 통기관
㉠ 직경 : 30mm 이상
㉡ 끝부분 : 45° 이상
㉢ 인화 방지 장치 : 가는 눈의 구리망 사용
2. 대기 밸브 부착 통기관
㉠ 작동 압력 차이 : 5kPa 이하
㉡ 인화 방지 장치 : 가는 눈의 구리망 사용

정답 48 ③ 49 ③ 50 ④ 51 ④ 52 ④ 53 ④

54 은백색의 광택이 있는 비중 약 2.7의 금속으 로서 열, 전기의 전도성이 크며, 진한 질산에서는 부동태가 되며 묽은 질산에 잘 녹는 것은?

① Al ② Mg
③ Zn ④ Sb

해설 Al의 설명이다.

55 금속 나트륨이 물과 작용하면 위험한 이유로 옳은 것은?

① 물과 반응하여 과염소산을 생성하므로
② 물과 반응하여 염산을 생성하므로
③ 물과 반응하여 수소를 방출하므로
④ 물과 반응하여 산소를 방출하므로

해설 $2Na + 2H_2O \rightarrow 2NaOH + H_2$

56 위험물안전관리법령상 옥외 저장소에 저장할 수 없는 위험물은? (단, 국제해상위험물규칙에 적합한 용기에 수납된 위험물인 경우를 제외한다.)

① 질산에스터류
② 질산
③ 제2석유류
④ 동 · 식물유류

해설 옥외 저장소에 저장할 수 있는 위험물
㉠ 제2류 위험물 중 황 또는 인화성 고체(인화점 0℃ 이상인 것에 한한다.)
㉡ 제4류 위험물 중 제1석유류(인화점 0℃ 이상인 것에 한한다.), 알코올류, 제2석유류, 제3석유류, 제4석유류, 동·식물유류
㉢ 제6류 위험물

57 피크린산에 대한 설명으로 틀린 것은?

① 화재 발생 시 다량의 물로 주수 소화할 수 있다.
② 트라이나이트로페놀이라고도 한다.
③ 알코올, 아세톤에 녹는다.
④ 플라스틱과 반응하므로 철 또는 납의 금속용 기에 저장해야 한다.

해설 제조 시 중금속과의 접촉을 피하며, 철, 구리, 납으로 만든 용기에 저장하지 말아야 한다.

58 무색, 무취 입방 정계 주상 결정으로 물, 알코올 등에 잘 녹고 산과 반응하여 폭발성을 지닌 이산화염소를 발생시키는 위험물로 살충제, 불꽃류의 원료로 사용되는 것은?

① 염소산나트륨 ② 과염소산칼륨
③ 과산화나트륨 ④ 과망가니즈산칼륨

해설 $2NaClO_3 + 2HCl \rightarrow 2NaCl + 2ClO_2 + H_2O_2$

59 위험물 지하 탱크 저장소의 탱크 전용실 설치 기준으로 틀린 것은?

① 철근 콘크리트 구조의 벽은 두께 0.3m 이상으로 한다.
② 지하 저장 탱크와 탱크 전용실의 안쪽과의 사이는 50cm 이상의 간격을 유지한다.
③ 철근 콘크리트 구조의 바닥은 두께 0.3m 이상으로 한다.
④ 벽, 바닥 등에 적정한 방수 조치를 강구한다.

해설 ② 지하 저장 탱크와 탱크 전용실의 안쪽과의 사이는 0.1m 이상의 간격을 유지한다.

60 [그림]과 같은 위험물을 저장하는 탱크의 내용적은 약 몇 m^3인가? (단, r은 10m, L은 25m이다.)

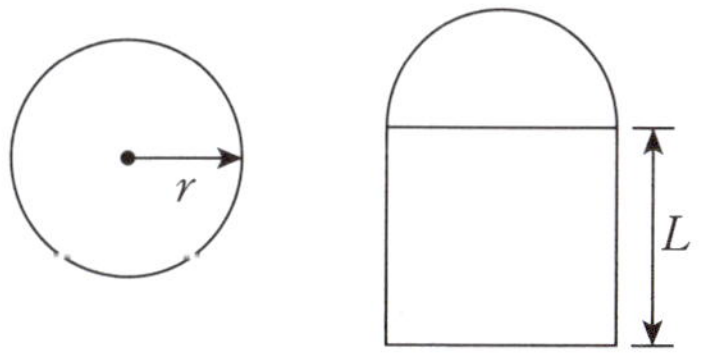

① 3,612 ② 4,712
③ 5,812 ④ 7,850

해설 $V = \pi r^2 L$
$= \pi \times 10^2 \times 25$
$= 7,850m^3$

정답 54 ① 55 ③ 56 ① 57 ④ 58 ① 59 ② 60 ④

위험물 산업기사 (2021. 9. 5 시행)

제1과목 일반화학

01 다음 물질 중 수용액에서 약한 산성을 나타내며 염화제이철 수용액과 정색 반응을 하는 것은?

① 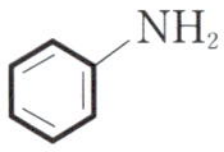

② 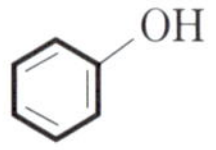

③ 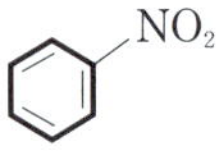

④ 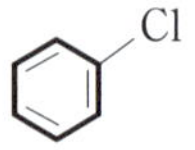

해설 페놀(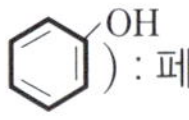

) : 페놀성 $-OH$기 때문에 수용액에서 산성이며, $FeCl_3$와 반응하여 정색 반응을 한다.

02 어떤 물질이 산소 50wt%, 황 50wt%로 구성되어 있다. 이 물질의 실험식을 옳게 나타낸 것은?

① SO ② SO_2 ③ SO_3 ④ SO_4

해설 O와 S의 질량은 2배 차이가 난다.
산소 50wt%, 황 50wt%면 질량비가 똑같이 존재하므로 산소가 황의 2배이어야 한다.
∴ SO_2

03 수소 분자 1mol에 포함된 양성자수와 같은 것은?

① $\frac{1}{4}O_2$ mol 중 양성자수
② NaCl 1mol 중 ion의 총수
③ 수소 원자 $\frac{1}{2}$mol 중의 원자수
④ CO_2 1mol 중의 원자수

해설 양성자수=원자 번호
수소(H_2)분자 1mol의 양성자수 : 2개
① $\frac{1}{4}O_2\text{mol}=\frac{1}{2}O=\frac{1}{2}\times 8=4$개
② $NaCl \rightarrow Na^+ + Cl^- = 2$개
③ $\frac{1}{2}H=\frac{1}{2}$개
④ $CO_2 = C + 2O = 3$개

04 비극성 분자에 해당하는 것은?

① CO ② CO_2
③ NH_3 ④ H_2O

해설 ㉠ 비극성 분자 : 분자 구조의 대칭성 때문에 극성을 나타내지 않는 분자. 또는 비극성 결합으로 이루어 진 분자
예 CO_2 등
㉡ 극성 분자 : 쌍극자 모멘트가 10 정도 이상인 분자
예 CO, NH_3, H_2O 등

05 은거울 반응을 하는 화합물은?

① CH_3COCH_3
② CH_3OCH_3
③ HCHO
④ CH_3CH_2OH

해설 은거울 반응
$HCHO + Ag_2O \rightarrow HCOOH + 2Ag$

06 CO_2 44g을 만들려면 C_3H_8 분자가 약 몇 개 완전 연소해야 하는가?

① 2.01×10^{23} ② 2.01×10^{22}
③ 6.02×10^{23} ④ 6.02×10^{22}

해설 $C_3H_8 + 5O_2 \rightarrow 3CO_2 + 4H_2O$

44g-CO_2	1mol-CO_2	1mol-C_3H_8	6.02×10^{23}개의 C_3H_8
	44g-CO_2	3mol-CO_2	1mol-C_3H_8

$=2.01\times10^{23}$개

07 공기의 평균 분자량은 약 29라고 한다. 이 평균 분자량을 계산하는 데 관계된 원소는?

① 산소, 수소 ② 탄소, 수소
③ 산소, 질소 ④ 질소, 탄소

정답 01 ② 02 ② 03 ② 04 ② 05 ③ 06 ① 07 ③

해설 공기

㉠ 산소 : 21%, ㉡ N_2 : 78%, ㉢ Ar : 1%

$\therefore 32\times0.21+28\times0.78+40\times0.01=29$

즉 공기의 평균 분자량과 관계되는 원소는 산소와 질소이다.

08 C_6H_{14}의 구조 이성질체는 몇 개가 존재하는가?

① 4　　② 5
③ 6　　④ 7

해설 C_6H_{14}의 구조 이성질체

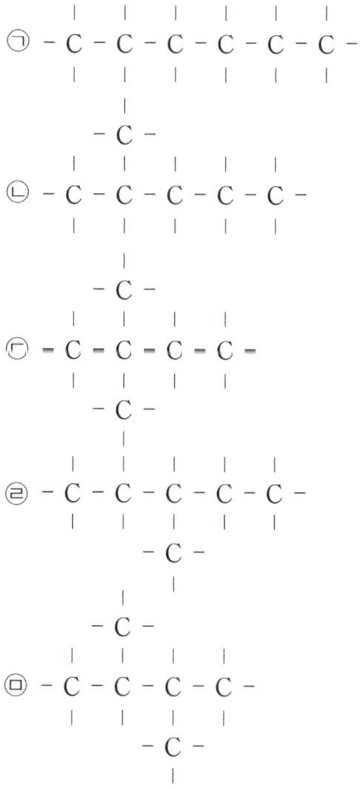

09 sp^3 혼성 오비탈을 가지고 있는 것은?

① BF_3　　② $BeCl_2$
③ C_2H_4　　④ CH_4

해설 분자 궤도 함수와 분자 모형

분자 궤도 함수	sp 결합	sp^2 결합	sp^3 결합
분자 모형	직선형	평면 정삼각형	정사면체형
결합각	180°	120°	109°28′
화합물	$BeCl_2$	BF_3 C_2H_4	CH_4

10 밑줄 친 원소의 산화수가 같은 것끼리 짝지어진 것은?

① $\underline{S}O_3$와 $\underline{Ba}O_2$　　② $\underline{Ba}O_2$와 $K_2\underline{Cr}_2O_7$
③ $K_2\underline{Cr}_2O_7$와 $\underline{S}O_3$　　④ $H\underline{N}O_3$와 $\underline{N}H_3$

해설 ① · $\underline{S}O_3$: $S+(-2)\times3=0$　$\therefore S=+6$
· $\underline{Ba}O_2$: $Ba+(-2)\times2=0$　$\therefore Ba=+4$
② · $\underline{Ba}O_2$: $Ba+(-2)\times2=0$　$\therefore Ba=+4$
· $K_2\underline{Cr}_2O_7$: $(+1\times2)+2\times Cr+(-2\times7)=0$
$2Cr=12$　$\therefore Cr=+6$
③ · $K_2\underline{Cr}_2O_7$: $(+1\times2)+2\times Cr+(-2\times7)=0$
$2Cr=12$　$\therefore Cr=+6$
· SO_3 : $S+(-2)\times3=0$　$\therefore S=+6$
④ · $H\underline{N}O_3$: $(+1)\times1+N+(-2)\times3=0$　$\therefore N=+5$
· $\underline{N}H_3$: $N+(+1)\times3=0$　$\therefore N=-3$

11 다음은 에탄올의 연소 반응이다. 반응식의 계수 x, y, z를 순서대로 옳게 표시한 것은?

$$C_2H_5OH + xO_2 \rightarrow yH_2O + zCO_2$$

① 4, 4, 3　　② 4, 3, 2
③ 5, 4, 3　　④ 3, 3, 2

해설 $C_2H_5OH+xO_2\rightarrow yH_2O+zCO_2$

양변에 각각의 원자수를 동일하게 계수를 맞춘다.

C : $2=z$, H : $6=2y$, $y=3$, O : $2x+1=y+2z$

미지수의 값을 대입한다.

$\therefore x=3, y=3, z=2$

12 다음 중 수용액의 pH가 가장 작은 것은?

① 0.01N HCl　　② 0.1N HCl
③ 0.01N CH_3COOH　　④ 0.1N NaOH

해설 강산일수록 pH는 작아진다.

① : 강산, ② : 강산, ③ : 약산, ④ : 강염기이므로

③, ④는 제외된다.

① 0.01N HCl$=pH=-\log[H^+]=-\log[10^{-2}]=2$

② 0.1N HCl$=pH=-\log[H^+]=-\log[10^{-1}]=1$

따라서 수용액의 pH가 가장 작은 것은 ②이다.

정답 08 ②　09 ④　10 ③　11 ④　12 ②

13 1패러데이(Faraday)의 전기량으로 물을 전기 분해하였을 때 생성되는 수소 기체는 0℃, 1기압에서 얼마의 부피를 갖는가?

① 5.6L ② 11.2L
③ 22.4L ④ 44.8L

해설
$H_2O \xrightarrow[1F]{\text{전기 분해}} \begin{cases} (+)\text{극} : O_2 \rightarrow 1\text{g당량 생성} : 8\text{g}, 5.6\text{L} \\ (-)\text{극} : H_2 \rightarrow 1\text{g당량 생성} : 1\text{g}, 11.2\text{L} \end{cases}$

14 방사선 중 감마선에 대한 설명으로 옳은 것은?

① 질량을 갖고, 음의 전하를 띔
② 질량을 갖고, 전하를 띠지 않음
③ 질량이 없고, 전하를 띠지 않음
④ 질량이 없고, 음의 전하를 띔

해설 감마선(γ) : 질량이 없고, 전하를 띠지 않음

15 휘발성 유기물 1.39g을 증발시켰더니 100℃, 760mmHg에서 420mL였다. 이 물질의 분자량은 약 몇 g/mol이인가?

① 53 ② 73
③ 101 ④ 150

해설 $PV = \frac{W}{M}RT$

$M = \frac{WRT}{PV} = \frac{1.39 \times 0.082 \times (100+273)}{1 \times 0.42}$
$= 101\text{g/mol}$

16 활성화 에너지에 대한 설명으로 옳은 것은?

① 물질이 반응 전에 가지고 있는 에너지이다.
② 물질이 반응 후에 가지고 있는 에너지이다.
③ 물질이 반응 전과 후에 가지고 있는 에너지의 차이이다.
④ 물질이 반응을 일으키는 데 필요한 최소한의 에너지이다.

해설 **활성화 에너지** : 물질이 반응을 일으키는 데 필요한 최소한의 에너지

17 어떤 금속의 원자가는 2이며, 그 산화물의 조성은 금속이 80wt%이다. 이 금속의 원자량은?

① 32 ② 48
③ 64 ④ 80

해설 산화물 중 금속의 함량이 80%이므로 산소(O_2)는 20%가 된다.
금속의 당량은 산소(O_2) 8g에 대응하는 값이 된다.
즉 $80 : 20 = x : 8$, $x = 80 \times \frac{8}{20} = 32$
원자량=당량×원자가 $= 32 \times 2 = 64$

18 같은 주기에서 원자 번호가 증가할수록 감소하는 것은?

① 이온화 에너지 ② 원자 반지름
③ 비금속성 ④ 전기 음성도

해설 같은 주기에서 원자 번호가 증가할수록 원자 반지름이 감소한다.

19 Mg^{2+}의 전자수는 몇 개인가?

① 2 ② 10
③ 12 ④ 6×10^{23}

해설 $Mg^{2+} = 12 - 2 = 10$

20 다음 중 1차 이온화 에너지가 가장 작은 것은?

① Li ② O
③ Cs ④ Cl

해설 이온화 에너지는 0족으로 갈수록 증가하고 같은 족에서는 원자 번호가 증가할수록 작아진다. 따라서 1A족 원소 중 원자 번호가 가장 큰 Cs가 1차 이온화 에너지가 가장 작다.

정답 13 ② 14 ③ 15 ③ 16 ④ 17 ③ 18 ② 19 ② 20 ③

제2과목 화재예방과 소화방법

21 다음 중 가연성 물질이 아닌 것은?

① $C_2H_5OC_2H_5$
② $KClO_4$
③ $C_2H_4(OH)_2$
④ P_4

해설 ② $KClO_4$: 산화성 고체

22 가연물의 구비 조건으로 옳지 않은 것은?

① 열전도율이 클 것
② 연소열량이 클 것
③ 화학적 활성이 강할 것
④ 활성화 에너지가 작을 것

해설 ① 열전도율이 작을 것

23 물을 소화 약제로 사용하는 장점이 아닌 것은?

① 구하기가 쉽다.
② 취급이 간편하다.
③ 기화 잠열이 크다.
④ 피연소 물질에 대한 피해가 없다.

해설 물을 소화 약제로 사용하는 장점
㉠ 구하기가 쉽다.
㉡ 취급이 간편하다.
㉢ 기화 잠열이 크다.
㉣ 가격이 저렴하다.
㉤ 분무 시 적외선 등을 흡수하여 외부로부터의 열을 차단하는 효과가 있다.

24 다음 중 비열이 가장 큰 물질은?

① 물
② 구리
③ 나무
④ 철

해설 물질과 비열

물질명	비열(cal/g·℃)
물	1
구리	0.09
나무	0.4
철	0.11

25 이신화단소 소화기에 관한 설명으로 옳지 않은 것은?

① 소화 작용은 질식 효과와 냉각 효과에 의한다.
② A급, B급 및 C급 화재 중 A급 화재에 가장 적응성이 있다.
③ 소화 약제 자체의 유독성은 적으나, 공기 중 산소 농도를 저하시켜 질식의 위험이 있다.
④ 소화 약제의 동결, 부패, 변질 우려가 적다.

해설 ② B급, C급 화재 중 C급 화재에 가장 적응성이 있다.

26 위험물안전관리법령상 마른 모래(삽 1개 포함) 50L의 능력 단위는?

① 0.3　　② 0.5
③ 1.0　　④ 1.5

해설 능력 단위 : 소방 기구의 소화 능력을 나타내는 수치. 즉 소요 단위에 대응하는 소화 설비 소화 능력의 기준 단위
㉠ 마른 모래(50L, 삽 1개 포함) : 0.5단위
㉡ 팽창 질석 또는 팽창 진주암(160L, 삽 1개 포함) : 1단위
㉢ 소화 전용 물통(8L) : 0.3단위
㉣ 수조
· 190L(8L 소화 전용 물통 6개 포함) : 2.5단위
· 80L(8L 소화 전용 물통 3개 포함) : 1.5단위

27 소화 설비 설치 시 동·식물유류 400,000L에 대한 소요 단위는 몇 단위인가?

① 2　　② 4
③ 20　　④ 40

해설 $\text{소요 단위} = \dfrac{\text{저장량}}{\text{지정 수량} \times 10\text{배}}$

$= \dfrac{400,000}{10,000 \times 10\text{배}} = 4$

정답 21 ② 22 ① 23 ④ 24 ① 25 ② 26 ② 27 ②

28 **위험물안전관리법령상 가솔린의 화재 시 적응성이 없는 소화기는?**

① 봉상 강화액 소화기 ② 무상 강화액 소화기
③ 이산화탄소 소화기 ④ 포 소화기

해설 소화 설비의 적응성

소화 설비의 구분			건축물·그 밖의 공작물	전기 설비	제1류 위험물: 알칼리 금속 과산화물 등	제1류 위험물: 그 밖의 것	제2류 위험물: 철분·금속분·마그네슘 등	제2류 위험물: 인화성 고체	제2류 위험물: 그 밖의 것	제3류 위험물: 금수성 물품	제3류 위험물: 그 밖의 것	제4류 위험물	제5류 위험물	제6류 위험물
옥내 소화전 설비 또는 옥외 소화전 설비			○			○		○	○		○		○	○
스프링클러 설비			○			○		○	○		○	△	○	○
물분무 등 소화 설비	물분무 소화 설비		○	○		○		○	○		○	○	○	○
	포 소화 설비		○			○		○	○		○	○	○	○
	불활성 가스 소화 설비			○				○				○		
	할로젠 화합물 소화 설비			○				○				○		
	분말 소화 설비	인산염류 등	○	○		○		○	○			○		○
		탄산수소염류 등		○	○		○	○		○		○		
		그 밖의 것			○		○			○				
대형·소형 수동식 소화기	봉상수(棒狀水) 소화기		○			○		○	○		○		○	○
	무상수(無狀水) 소화기		○	○		○		○	○		○		○	○
	봉상 강화액 소화기		○			○		○	○		○		○	○
	무상 강화액 소화기		○	○		○		○	○		○	○	○	○
	포 소화기		○			○		○	○		○	○	○	○
	이산화탄소 소화기			○				○				○		△
	할론 소화 설비			○				○				○		
	분말 소화기	인산염류 소화기	○	○		○		○	○			○		○
		탄산수소염류 소화기		○	○		○	○		○		○		
		그 밖의 것			○		○			○				
기타	물통 또는 수조		○			○		○	○		○		○	○
	건조사				○	○	○	○	○	○	○	○	○	○
	팽창 질석 또는 팽창 진주암				○	○	○	○	○	○	○	○	○	○

29 **소화 약제로서 물이 갖는 특성에 대한 설명으로 옳지 않은 것은?**

① 유화 효과(emulsification effect)도 기대할 수 있다.
② 증발 잠열이 커서 기화 시 다량의 열을 제거한다.
③ 기화 팽창률이 커서 질식 효과가 있다.
④ 용융 잠열이 커서 주수 시 냉각 효과가 뛰어나다.

해설 ④ 기화 잠열이 커서 주수 시 냉각 효과가 뛰어나다.

30 **위험물 제조소에 옥내 소화전을 각 층에 8개씩 설치하도록 할 때 수원의 최소 수량은 얼마인가?**

① $13m^3$ ② $20.8m^3$
③ $39m^3$ ④ $62.4m^3$

해설 옥내 소화전 수원의 양

$Q(m^3) = N \times 7.8m^3 = 5 \times 7.8m^3 = 39m^3$

(N : 옥내 소화전 설비의 설치 개수로 설치 개수가 5개 이상인 경우는 5개임)

31 **분말 소화기에 사용되는 분말 소화 약제의 주성분이 아닌 것은?**

① $NaHCO_3$ ② $KHCO_3$
③ $NH_4H_2PO_4$ ④ NaOH

해설 분말 소화 약제

종 별	명 칭	착색
제1종	중탄산나트륨($NaHCO_3$)	백색
제2종	탄산수소칼륨($KHCO_3$)	보라색
제3종	제1인산암모늄($NH_4H_2PO_4$)	담홍색(핑크색)
제4종	탄산수소칼륨+요소 [$KHCO_3+CO(NH_2)_2$]	회백색

32 **일반적으로 고급 알코올 황산에스테르염을 기포제로 사용하며 냄새가 없는 황색의 액체로서 밀폐 또는 준밀폐 구조물의 화재 시 고팽창 포로 사용하여 화재를 진압할 수 있는 포 소화 약제는?**

① 단백 포 소화 약제
② 합성 계면활성제 포 소화 약제
③ 알코올형 포 소화 약제
④ 수성막 포 소화 약제

해설 ① 단백 포 소화 약제 : 동·식물성 단백질을 가수 분해한 것을 주원료로 하는 소화 약제

③ 알코올형 포 소화 약제 : 단백질의 가수 분해물이나 합성 계면활성제 중에 지방산 금속염이나 타 계통의 합성 계면활성제 또는 고분자 및 생성물 등을 첨가한 약제로서 수용성 용제의 소화에 사용

④ 수성막 포 소화 약제 : 일명 light water라 하며 소화 효과를 증대시키기 위하여 분말 소화 약제와 병용하여 사용

정답 28 ① 29 ④ 30 ③ 31 ④ 32 ②

하며 합성 계면활성제를 주원료로 하는 포 소화 약제 중 기름 표면에서 수성막을 형성하는 소화 약제

33 위험물안전관리법령상 분말 소화 설비의 기준에서 가압용 또는 축압용 가스로 사용이 가능한 가스로만 이루어진 것은?

① 산소, 질소 ② 이산화탄소, 산소
③ 산소, 아르곤 ④ 질소, 이산화탄소

해설 분말 소화 설비의 기준에서 가압용 또는 축압용 가스로 사용이 가능한 가스 : 질소, 이산화탄소

34 위험물 제조소 등에 "화기 주의"라고 표시한 게시판을 설치하는 경우 몇 류 위험물의 제조소인가?

① 제1류 위험물 ② 제2류 위험물
③ 제4류 위험물 ④ 제5류 위험물

해설 제조소의 게시판 주의 사항

위험물		주의 사항
제1류 위험물	알칼리 금속의 과산화물	물기 엄금
	기타	별도의 표시를 하지 않는다.
제2류 위험물	인화성 고체	화기 엄금
	기타	화기 주의
제3류 위험물	자연 발화성 물질	화기 엄금
	금수성 물질	물기 엄금
제4류 위험물		화기 엄금
제5류 위험물		
제6류 위험물		별도의 표시를 하지 않는다.

35 이산화탄소를 소화 약제로 사용하는 이유로서 옳은 것은?

① 산소와 결합하지 않기 때문에
② 산화 반응을 일으키나 발열량이 적기 때문에
③ 산소와 결합하나 흡열 반응을 일으키기 때문에
④ 산화 반응을 일으키나 환원 반응도 일으키기 때문에

해설 이산화탄소를 소화 약제로 사용하는 이유는 산소와 결합하지 않기 때문이다.

36 위험물안전관리법령상 위험물별 적응성이 있는 소화 설비가 옳게 연결되지 않은 것은?

① 제4류 및 제5류 위험물 – 할로젠 화합물 소화기
② 제4류 및 제6류 위험물 – 인산염류 분말 소화기
③ 제1류 알칼리 금속 과산화물 – 탄산수소염류 분말 소화기
④ 제2류 및 제3류 위험물 – 팽창 질석

해설 28번 해설 참조

37 할론 1301 소화 약제의 저장 용기에 저장하는 소화 약제의 양을 산출할 때는 「위험물의 종류에 대한 가스계 소화 약제의 계수」를 고려해야 한다. 위험물의 종류가 이황화탄소인 경우 할론 1301에 해당하는 계수 값은 얼마인가?

① 1.0 ② 1.6
③ 2.2 ④ 4.2

해설 소화 약제 계수

소화제 / 위험물의 종류	할로겐화물	
	1301	1211
아세톤	1.0	1.0
에탄올	1.0	1.2
휘발유	1.0	1.0
경유	1.0	1.0
원유	1.0	1.0
초산	1.1	1.1
디에틸에테르	1.2	1.0
톨루엔	1.0	1.0
이황화탄소	4.2	1.0
피리딘	1.1	1.1
벤젠	1.0	1.0

38 제4종 분말 소화 약제의 주성분으로 옳은 것은?

① 탄산수소칼륨과 요소의 반응 생성물
② 탄산수소칼륨과 인산염의 반응 생성물
③ 탄산수소나트륨과 요소의 반응 생성물
④ 탄산수소나트륨과 인산염의 반응 생성물

해설 31번 해설 참조

정답 33 ④ 34 ② 35 ① 36 ① 37 ④ 38 ①

39 다음은 위험물안전관리법령에서 정한 제조소 등에서의 위험물의 저장 및 취급에 관한 기준 중 위험물의 유별 저장·취급의 공통 기준에 관한 내용이다. ( ) 안에 알맞은 것은?

( )은 가연물과의 접촉·혼합이나 분해를 촉진하는 물품과의 접근 또는 과열을 피하여야 한다.

① 제2류 위험물 ② 제4류 위험물
③ 제5류 위험물 ④ 제6류 위험물

해설 위험물의 유별 저장·취급의 공통 기준

㉠ 제1류 위험물 : 가연물과의 접촉·혼합이나 분해를 촉진하는 물품과의 접근 또는 과열·충격·마찰 등을 피하는 한편, 알칼리 금속의 과산화물 및 이를 함유한 것에 있어서는 물과의 접촉을 피하여야 한다.
㉡ 제2류 위험물 : 산화제와의 접촉·혼합이나 불티·불꽃·고온체와의 접근 또는 과열을 피하는 한편, 철분·금속분·마그네슘 및 이를 함유한 것에 있어서는 물이나 산과의 접촉을 피하고 인화성 고체에 있어서는 함부로 증기를 발생시키지 아니하여야 한다.
㉢ 제3류 위험물 : 자연 발화성 물질에 있어서는 불티·불꽃 또는 고온체와의 접근·과열 또는 공기와의 접촉을 피하고, 금수성 물질에 있어서는 물과의 접촉을 피하여야 한다.
㉣ 제4류 위험물 : 불티·불꽃·고온체와의 접근 또는 과열을 피하고, 함부로 증기를 발생시키지 아니하여야 한다.
㉤ 제5류 위험물 : 불티·불꽃·고온체와의 접근이나 과열·충격 또는 마찰을 피하여야 한다.
㉥ 제6류 위험물 : 가연물과의 접촉·혼합이나 분해를 촉진하는 물품과의 접근 또는 과열을 피하여야 한다.

40 1기압, 100℃에서 물 36g이 모두 기화되었다. 생성된 기체는 약 몇 L인가?

① 11.2 ② 22.4
③ 44.8 ④ 61.2

해설 $PV=\frac{W}{M}RT$

$V=\frac{WRT}{PM}$

$=\frac{36\times0.082\times(100+273)}{1\times18}$

$=61.2L$

제3과목 위험물의 성질과 취급

41 다음 그림은 제5류 위험물 중 유기 과산화물을 저장하는 옥내 저장소의 저장 창고를 개략적으로 보여주고 있다. 창과 바닥으로부터 높이(a)와 하나의 창의 면적(b)은 각각 얼마로 하여야 하는가? (단, 이 저장 창고 바닥 면적은 $150m^2$ 이내이다.)

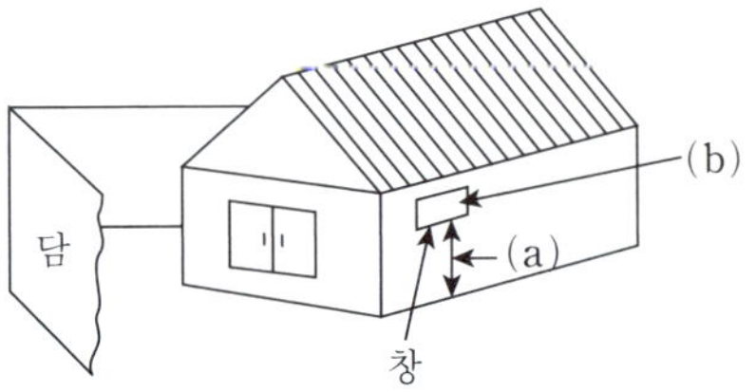

① (a) 2m 이상, (b) $0.6m^2$ 이내
② (a) 3m 이상, (b) $0.4m^2$ 이내
③ (a) 2m 이상, (b) $0.4m^2$ 이내
④ (a) 3m 이상, (b) $0.6m^2$ 이내

해설 제5류 위험물 중 유기 과산화물을 저장하는 옥내 저장소의 저장 창고에서 창과 바닥으로부터의 높이는 2m 이상, 하나의 창의 면적은 $0.4m^2$ 이내이다.

42 제조소에서 취급하는 위험물의 최대 수량이 지정 수량의 20배인 경우 보유 공지의 너비는 얼마인가?

① 3m 이상 ② 5m 이상
③ 10m 이상 ④ 20m 이상

해설 보유 공지

취급하는 위험물의 최대 수량	공지의 너비
지정 수량의 10배 이하	3m 이상
지정 수량의 10배 초과	5m 이상

43 옥내 저장소에서 안전 거리 기준이 적용되는 경우는?

① 지정 수량 20배 미만의 제4석유류를 저장하는 것
② 제2류 위험물 중 덩어리 상태의 황을 저장하는 것
③ 지정 수량 20배 미만의 동·식물유류를 저장하는 것
④ 제6류 위험물을 저장하는 것

정답 39 ④ 40 ④ 41 ③ 42 ② 43 ②

해설 안전 거리 기준을 적용하지 않을 수 있는 조건
㉠ 제4석유류 또는 동·식물유류의 위험물을 저장 또는 취급하는 옥내 저장소로 그 최대 수량의 20배 미만인 것
㉡ 제6류 위험물을 저장 또는 취급하는 옥내 저장소
㉢ 지정수량이 20배(하나의 저장창고의 바닥면적이150m^2 이하인 경우에는 50배) 이하의 위험물을 저장 또는 취급하는 옥내저장소로서 벽, 기둥, 바닥, 보 및 지붕이 내화구조, 출입구는 자동폐쇄방식의 60분+방화문 또는 60분방화문, 저장창고에 창을 설치하지 아니할 것

44 아염소산나트륨의 성상에 관한 설명 중 틀린 것은?

① 자신은 불연성이다.
② 열분해하면 산소를 방출한다.
③ 수용액 상태에서도 강력한 환원력을 가지고 있다.
④ 조해성이 있다.

해설 ③ 수용액 상태에서도 강력한 산화력을 가지고 있다.

45 위험물안전관리법령상 제1석유류에 속하지 않는 것은?

① CH_3COCH_3
② C_6H_6
③ $CH_3COC_2H_5$
④ CH_3COOH

해설 ④ CH_3COOH : 제2석유류

46 피리딘에 대한 설명 중 틀린 것은?

① 물보다 가벼운 액체이다.
② 인화점은 30℃보다 낮다.
③ 제1석유류이다.
④ 지정 수량이 200리터이다.

해설 ④ 지정 수량이 400리터이다.

47 $KClO_4$에 관한 설명으로 옳지 못한 것은?

① 순수한 것은 황색의 사방 정계 결정이다.
② 비중은 약 2.52이다.
③ 녹는점은 약 610℃이다.
④ 열분해하면 산소와 염화칼륨으로 분해된다.

해설 ① 무색, 무취의 결정 또는 백색의 분말

48 물과 반응하여 가연성 또는 유독성 가스를 발생하지 않는 것은?

① 탄화칼슘　　② 인화칼슘
③ 과염소산칼륨　　④ 금속 나트륨

해설 ① $CaC_2 + 2H_2O \rightarrow Ca(OH)_2 + C_2H_2$(가연성 가스)
② $Ca_3P_2 + 6H_2O \rightarrow 3Ca(OH)_2 + 2PH_3$(가연성 및 유독성 가스)
③ 과염소산칼륨($KClO_4$)은 물에 그다지 녹지 않는다.
④ $2Na + 2H_2O \rightarrow 2NaOH + H_2$(가연성 가스)

49 황화인의 성질에 해당되지 않는 것은?

① 공통적으로 유독한 연소 생성물이 발생한다.
② 종류에 따라 용해 성질이 다를 수 있다.
③ P_4S_3의 녹는점은 100℃보다 높다.
④ P_2S_5는 물보다 가볍다.

해설 ④ P_2S_5는 물보다 무겁다.(비중 2.09)

50 옥외 저장 탱크를 강철판으로 제작할 경우 두께 기준은 몇 mm 이상인가? (단, 특정 옥외 저장 탱크 및 준특정 옥외 저장 탱크는 제외한다.)

① 1.2　　② 2.2
③ 3.2　　④ 4.2

해설 옥외 저장 탱크의 강철판 두께 : 3.2mm 이상

정답 44 ③　45 ④　46 ④　47 ①　48 ③　49 ④　50 ③

51 마그네슘의 위험성에 관한 설명으로 틀린 것은?

① 연소 시 양이 많은 경우 순간적으로 맹렬히 폭발할 수 있다.
② 가열하면 가연성 가스를 발생한다.
③ 산화제와의 혼합물은 위험성이 높다.
④ 공기 중의 습기와 반응하여 열이 축적되면 자연발화의 위험이 있다.

해설 ② $2Mg + O_2 \rightarrow 2MgO$

52 다음 ( ) 안에 알맞은 용어는?

> 지정 수량이라 함은 위험물의 종류별로 위험성을 고려하여 ( )이(가) 정하는 수량으로서 규정에 의한 제조소 등의 설치 허가 등에 있어서 최저의 기준이 되는 수량을 말한다.

① 대통령령　② 행정안전부령
③ 소방본부장　④ 시 · 도지사

해설 지정 수량이 적은 물품은 큰 물품보다는 같은 양, 같은 조건일 때 더 위험하다는 정도이며, 안전 관리는 모두 같아야 한다. 위험물로서의 취급 곤란도 예방, 진압상의 대책, 경제상의 부담 등이 대체적인 균형에 따라 전체를 조정하고 있다. 지정 수량을 초과했다 하여 갑자기 위험성이 생기는 것은 아니다.

53 제5류 위험물의 제조소에 설치하는 주의 사항 게시판에서 게시판의 바탕 및 문자의 색을 옳게 나타낸 것은?

① 청색 바탕에 백색 문자
② 백색 바탕에 청색 문자
③ 백색 바탕에 적색 문자
④ 적색 바탕에 백색 문자

해설 제조소의 게시판 주의 사항

위험물		주의사항
제1류 위험물	알칼리 금속의 과산화물	물기 엄금
	기타	별도의 표시를 하지 않는다.
제2류 위험물	인화성 고체	화기 엄금
	기타	화기 주의
제3류 위험물	자연 발화성 물질	화기 엄금
	금수성 물질	물기 엄금
제4류 위험물		화기 엄금
제5류 위험물		화기 엄금
제6류 위험물		별도의 표시를 하지 않는다.

※ 화기 엄금 : 적색 바탕에 백색 문자

54 황린을 물속에 저장할 때 인화수소의 발생을 방지하기 위한 물의 pH는 얼마 정도가 좋은가?

① 4　② 5　③ 7　④ 9

해설 황린은 반드시 저장 용기 중에는 물을 넣어 보관한다. 저장 시 pH를 측정하여 산성을 나타내면 $Ca(OH)_2$를 넣어 약알칼리성($pH=9$)이 유지되도록 한다. 경우에 따라서 불활성 가스를 봉입하기도 한다.

55 제1류 위험물 중 무기 과산화물 150kg, 질산염류 300kg, 다이크로뮴산염류 3,000kg을 저장하려고 한다. 각각 지정 수량의 배수의 총합은 얼마인가?

① 5　② 6　③ 7　④ 8

해설 $\frac{150}{50} + \frac{300}{300} + \frac{3,000}{1,000} = 3 + 1 + 3 = 7$배

56 물보다 무겁고 비수용성인 위험물로 이루어진 것은?

① 이황화탄소, 나이트로벤젠, 크레오소트유
② 이황화탄소, 글리세린, 클로로벤젠
③ 에틸렌글리콜, 나이트로벤젠, 의산메틸
④ 초산메틸, 클로로벤젠, 크레오소트유

해설 ① 이황화탄소(비중 1.26, 비수용성), 나이트로벤젠(비중 1.2, 비수용성), 크레오소트유(비중 1.02~1.05, 비수용성)
② 이황화탄소(비중 1.26, 비수용성), 글리세린(비중 1.26, 수용성), 클로로벤젠(비중 1.11, 비수용성)
③ 에틸렌글리콜(비중 1.113, 수용성), 나이트로벤젠(비중 1.2, 비수용성), 의산메틸(비중 0.97, 수용성)
④ 초산메틸(비중 0.92, 수용성), 클로로벤젠(비중 1.11, 비수용성), 크레오소트유(비중 1.02~1.05, 비수용성)

정답 51 ② 52 ① 53 ④ 54 ④ 55 ③ 56 ①

57 위험물안전관리법령상 1기압에서 제3석유류의 인화점 범위로 옳은 것은?

① 21℃ 이상 70℃ 미만
② 70℃ 이상 200℃ 미만
③ 200℃ 이상 300℃ 미만
④ 300℃ 이상 400℃ 미만

해설 석유류의 구분 기준 : 인화점
㉠ 제1석유류 : 1기압에서 인화점이 21℃ 미만인 것
㉡ 제2석유류 : 1기압에서 인화점이 21℃ 이상 70℃ 미만인 것
㉢ 제3석유류 : 1기압에서 인화점이 70℃ 이상 200℃ 미만인 것
㉣ 제4석유류 : 1기압에서 인화점이 200℃ 이상 250℃ 미만인 것

58 다음 물질 중 발화점이 가장 낮은 것은?

① CS_2 ② C_6H_6
③ CH_3COCH_3 ④ CH_3COOCH_3

해설
① 100℃, ② 498℃, ③ 538℃, ④ 454℃

59 위험물안전관리법령에서 정한 품명이 나머지 셋과 다른 하나는?

① $(CH_3)_2CHCH_2OH$
② $CH_2OHCHOHCH_2OH$
③ CH_2OHCH_2OH
④ $C_6H_5NO_2$

해설 ㉠ 제2석유류 : 부틸알코올[$(CH_3)_2CHCH_2OH$]
㉡ 제3석유류 : 글리세린($CH_2OHCHOHCH_2OH$), 에틸렌글리콜(CH_2OHCH_2OH), 나이트로벤젠($C_6H_5NO_2$)

60 주거용 건축물과 위험물 제조소와의 안전거리를 단축할 수 있는 경우는?

① 제조소가 위험물의 화재 진압을 하는 소방서와 근거리에 있는 경우
② 취급하는 위험물의 최대 수량(지정 수량의 배수)이 10배 미만이고 기준에 의한 방화상 유효한 벽을 설치한 경우
③ 위험물을 취급하는 시설이 철근 콘크리트 벽일 경우
④ 취급하는 위험물이 단일 품목일 경우

해설 **주거용 건축물과 위험물 제조소와의 안전 거리를 단축할 수 있는 경우** : 취급하는 위험물이 최대 수량(지정 수량의 배수)이 10배 미만이고 기준에 의한 방화상 유효한 벽을 설치한 경우

정답 57 ② 58 ① 59 ① 60 ②

위험물 산업기사 (2022. 3. 2 시행)

제1과목 일반화학

01 물 36g을 모두 증발시키면 수증기가 차지하는 부피는 표준 상태를 기준으로 몇 L인가?

① 11.2　② 22.4
③ 33.6　④ 44.8

해설 H_2O(1몰)=18g, H_2O(2몰)=36g이므로
∴ 수증기의 부피는 2×22.4L=44.8L

02 NaCl의 결정계는 다음 중 무엇에 해당되는가?

① 입방 정계(cubic)
② 정방 정계(tetragonal)
③ 육방 정계(hexagonal)
④ 단사 정계(monoclinic)

해설 ① 입방 정계 : 7정계의 하나로서 격자 정수 사이에 $a=b=c$, $\alpha=\beta=\gamma=90°$의 관계가 성립되며, 단위 격자는 입방체, 단위 격자의 대각선 방향으로 3회 회전축을 갖고 있고 a, b, c축 방향으로 2회 또는 4회 대칭축이 존재함. 이 정계의 공간 격자에는 단순 격자, 체심 격자, 면심 격자가 있음
예 NaCl
② 정방 정계 : 전후·좌우에 직교하는 2개의 길이가 같은 수평축과 이것과 직교하는 길이가 다른 수직축을 가진 결정계
③ 육방 정계 : 한 평면상에서 서로 60°로 교차하는 같은 길이의 3개의 수평축과 이들과 직교하면서 길이가 다른 수직축을 가진 결정계
④ 단사 정계 : 길이가 다른 a, b, c의 세 결정축을 가지며, 그 중에 서로 직교하는 a, b의 두 축과 b축과는 직교하나 a축과는 비스듬히 교차하는 c축으로 표시되는 결정계

03 다음 화합물 중 2mol이 완전 연소될 때 6mol의 산소가 필요한 것은?

① CH_3-CH_3　② $CH_2=CH_2$
③ $CH\equiv CH$　④ C_6H_6

해설 완전 연소 반응식
① $2C_2H_6+7O_2 \rightarrow 4CO_2+6H_2O$
② $2C_2H_4+6O_2 \rightarrow 4CO_2+4H_2O$
③ $2C_2H_2+5O_2 \rightarrow 4CO_2+2H_2O$
④ $2C_6H_6+15O_2 \rightarrow 12CO_2+6H_2O$

04 벤젠에 수소 원자 한 개는 $-CH_3$기로, 또 다른 수소 원자 한 개는 $-OH$기로 치환되었다면 이성질체 수는 몇 개인가?

① 1　② 2　③ 3　④ 4

해설 크레졸은 세 가지 이성질체를 갖는다.

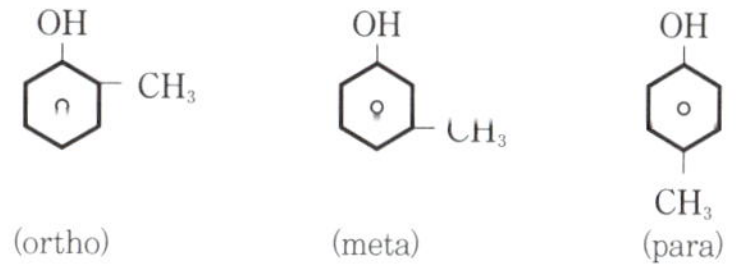

05 알칼리 금속이 다른 금속 원소에 비해 반응성이 큰 이유와 밀접한 관련이 있는 것은?

① 밀도가 작기 때문이다.
② 물에 잘 녹기 때문이다.
③ 이온화 에너지가 작기 때문이다.
④ 녹는점과 끓는점이 비교적 낮기 때문이다.

해설 ㉠ 이온화 에너지 : 원자로부터 하나의 전자를 떼어내는 데 필요한 에너지이다.
㉡ 알칼리 금속은 이온화 에너지가 가장 작다. 따라서 양이온이 되기 쉬우므로 다른 금속 원소에 비해 반응성이 크다.

06 지시약으로 사용되는 페놀프탈레인 용액은 산성에서 어떤 색을 띠는가?

① 적색　② 청색　③ 무색　④ 황색

해설 페놀프탈레인은 산성에서 무색이며, pH 8.3~10.0에서 붉은색으로 변한다.

정답 01 ④　02 ①　03 ②　04 ③　05 ③　06 ③

07 다음 반응식 중 흡열 반응을 나타내는 것은?

① $CO+\frac{1}{2}O_2 \rightarrow CO_2+68\,kcal$
② $N_2+O_2 \rightarrow 2NO,\ \Delta H=+42\,kcal$
③ $C+O_2 \rightarrow CO_2,\ \Delta H=-94\,kcal$
④ $H_2+\frac{1}{2}O_2 \rightarrow H_2O-58\,kcal$

해설 ㉠ 발열 반응 : 열을 방출하는 경우(ΔH가 음의 값)
㉡ 흡열 반응 : 열을 흡수하는 경우(ΔH가 양의 값)

08 탄소 3g이 산소 16g 중에서 완전 연소되었다면, 연소한 후 혼합 기체의 부피는 표준 상태에서 몇 L가 되는가?

① 5.6 ② 6.8
③ 11.2 ④ 22.4

해설 탄소 3g은 0.25mol이므로

C	+	O_2	→	CO_2
0.25mol		0.25mol		0.25mol
(3g)		(8g)		(11g)
(5.6L)		(5.6L)		(5.6L)

연소 후 혼합 기체는 O_2 : 0.25mol(0.5mol−0.25mol)와 CO_2 0.25mol이므로, 혼합 기체의 부피는 0.25×22.4L+0.25×22.4L=11.2L이다.

09 아세틸렌 계열 탄화수소에 해당되는 것은?

① C_5H_8 ② C_6H_{12}
③ C_6H_8 ④ C_3H_2

해설 아세틸렌 계열 탄화수소 : C_nH_{2n-2}
$\therefore C_5H_{10-2}=C_5H_8$

10 전극에서 유리되고 화학 물질의 무게가 전지를 통하여 사용된 전류의 양에 정비례하고, 또한 주어진 전류량에 의하여 생성된 물질의 무게는 그 물질의 당량에 비례한다는 화학 법칙은?

① 르 샤틀리에의 법칙
② 아보가드로의 법칙
③ 패러데이의 법칙
④ 보일−샤를의 법칙

해설 ① 르 샤틀리에의 법칙 : 화학 평형계의 평형은 정하는 변수(온도와 압력, 농도)의 하나에 변화가 가해졌을 때 계가 어떻게 반응하는가를 설명한 것. 즉 화학 평형에 있는 계는 평형을 정하는 인자의 하나가 변동하면 변화를 받게 되는데 그 변화는 생각하고 있는 인자를 역방향으로 변동시킨다는 법칙으로, 이 법칙은 열역학적으로 깁스 에너지가 최소의 조건에서 유도된다.
② 아보가드로의 법칙 : 같은 온도와 압력하에서 모든 기체는 같은 부피 속에 같은 수의 분자가 있다는 법칙이다.
④ 보일−샤를의 법칙 : 기체의 부피는 압력에 반비례하고, 절대 온도에 비례한다.

11 방사성 동위 원소의 반감기가 20일 때 40일이 지난 후 남은 원소의 분율은?

① 1/2 ② 1/3
③ 1/4 ④ 1/6

해설 $m=M\left(\frac{1}{2}\right)^{\frac{t}{T}}$

여기서, m : t 시간 후에 남은 질량
M : 처음 질량
t : 경과된 시간
T : 반감기

$\therefore m=M\left(\frac{1}{2}\right)^{\frac{40}{20}}=\frac{1}{4}M$

12 수소와 질소로 암모니아를 합성하는 반응의 화학 반응식은 다음과 같다. 암모니아의 생성률을 높이기 위한 조건은?

$$N_2 + 3H_2 \rightarrow 2NH_3 + 22.1\,kcal$$

① 온도와 압력을 낮춘다.
② 온도는 낮추고, 압력은 높인다.
③ 온도를 높이고, 압력은 낮춘다.
④ 온도와 압력을 높인다.

해설 발열 반응 : 온도를 낮추고, 압력을 높인다.

13 질소 2몰과 산소 3몰의 혼합 기체가 나타나는 전압력이 10기압일 때 질소의 분압은 얼마인가?

정답 07 ② 08 ③ 09 ① 10 ③ 11 ③ 12 ② 13 ②

① 2기압 ② 4기압
③ 8기압 ④ 10기압

해설 질소의 분압=전압력×$\frac{\text{질소의 몰수}}{\text{전체 몰수}}$

$=10\times\frac{2}{2+3}=4$

14 같은 온도에서 크기가 같은 4개의 용기에 다음과 같은 양의 기체를 채웠을 때 용기의 압력이 가장 큰 것은?

① 메탄 분자 1.5×10^{23}
② 산소 1g당량
③ 표준 상태에서 CO_2 16.8L
④ 수소 기체 1g

해설 $PV=nRT$에서 압력은 몰수에 비례

① $\frac{1.5\times10^{23}}{6.02\times10^{23}}=0.25$몰

② 산소 1g당량$=\frac{16g}{2}=8g$, $\frac{8g}{32g}=0.25$몰

③ $\frac{16.8L}{22.4L}=0.75$몰

④ $\frac{1g}{2g}=0.5$몰

15 포화 탄화수소에 해당하는 것은?

① 톨루엔 ② 에틸렌
③ 프로판 ④ 아세틸렌

해설 포화 탄화수소 : C_nH_{2n+2}, $n=3$, ∴ C_3H_8

16 분자 운동 에너지와 분자 간의 인력에 의하여 물질의 상태 변화가 일어난다. 다음 그림에서 (a), (b)의 변화는?

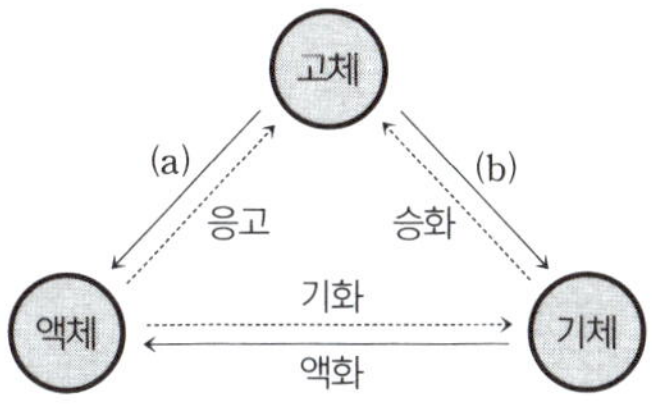

① (a) 융해, (b) 승화
② (a) 승화, (b) 융해
③ (a) 응고, (b) 승화
④ (a) 승화, (b) 응고

해설 고체 $\xrightarrow{\text{융해}}$ 액체, 고체 $\xrightarrow{\text{승화}}$ 기체

17 8g의 메탄을 완전 연소시키는 데 필요한 산소 분자의 수는?

① 6.02×10^{23} ② 1.204×10^{23}
③ 6.02×10^{24} ④ 1.204×10^{24}

해설 메탄의 완전 연소 반응식

$CH_4+2O_2\rightarrow CO_2+2H_2O$

16g → 2몰의 산소

8g → 1몰의 산소

∴ 산소 분자 1몰의 산소 분자수$=6.02\times10^{23}$개

18 $KMnO_4$에서 Mn의 산화수는 얼마인가?

① +3 ② +5
③ +7 ④ +9

해설 $KMnO_4$: $(+1)+Mn+(-2)\times4=0$

∴ Mn의 산화수 = +7

19 다음 핵화학 반응식에서 산소(O)의 원자 번호는 얼마인가?

$${}^{14}_{7}N+{}^{4}_{2}He(\alpha)\longrightarrow O+{}^{1}_{1}H$$

① 6 ② 7
③ 8 ④ 9

해설 ${}^{14}_{7}N+{}^{4}_{2}He(\alpha)\longrightarrow{}^{17}_{8}O+{}^{1}_{1}H$

20 분자량의 무게가 4배이면, 확산 속도는 몇 배인가?

① 0.5배 ② 1배
③ 2배 ④ 4배

해설 $\frac{u_1}{u_2}=\sqrt{\frac{M_2}{M_1}}=\sqrt{\frac{1}{4}}=\frac{1}{2}=0.5$

정답 14 ③ 15 ③ 16 ① 17 ① 18 ③ 19 ③ 20 ①

제2과목 화재예방과 소화방법

21 위험물안전관리법령상 위험물 제조소와의 안전거리 기준이 50m 이상이어야 하는 것은?

① 고압가스 취급 시설 ② 학교 · 병원
③ 유형 문화재 ④ 극장

해설 제조소의 안전 거리
① 20m 이상
② 30m 이상
③ 50m 이상
④ 30m 이상

22 프로판 $2m^3$이 완전 연소할 때 필요한 이론 공기량은 약 몇 m^3인가? (단, 공기 중 산소 농도는 21vol%이다.)

① 23.81 ② 35.72
③ 47.62 ④ 71.43

해설 $C_3H_8 + 5O_2 \rightarrow 3CO_2 + 4H_2O$
$22.4m^3$ $5 \times 22.4m^3$
$2m^3$ $x(m^3)$

$$x = \frac{5 \times 22.4 \times 2}{22.4} = 10m^3$$

$$\therefore \text{이론 공기량} = \frac{\text{산소량}}{\text{산소 농도}} = \frac{10}{0.21} = 47.62m^3$$

23 위험물안전관리법령상 포 소화 설비의 고정 포 방출구를 설치한 위험물 탱크에 부속하는 보조 포 소화전에서 3개의 노즐을 동시에 사용할 경우 각각의 노즐 선단에서의 분당 방사량은 몇 L/min 이상이어야 하는가?

① 80 ② 130
③ 230 ④ 400

해설 고정식 포 방출구 방식 보조 포 소화전은 3개(호스 접속구가 3개 미만인 경우에는 그 개수)의 노즐을 동시에 사용할 경우에 각각의 노즐 선단의 방사 압력이 0.35MPa 이상이고, 방사량이 400L/min 이상의 성능이 되도록 설치한다.

24 위험물 제조소 등에 설치하는 불활성 가스 소화 설비의 기준으로 틀린 것은?

① 저장 용기의 충전비는 고압식에 있어서는 1.5 이상 1.9 이하, 저압식에 있어서는 1.1 이상 1.4 이하로 한다.
② 저압식 저장 용기에는 2.3MPa 이상 및 1.9MPa 이하의 압력에서 작동하는 압력 경보 장치를 설치한다.
③ 저압식 저장 용기에는 용기 내부의 온도를 −20℃ 이상 −18℃ 이하로 유지할 수 있는 자동 냉동기를 설치한다.
④ 기동용 가스 용기는 20MPa 이상의 압력에 견딜 수 있는 것이어야 한다.

해설 ④ 기동용 가스 용기는 25MPa 이상의 압력에 견딜 수 있는 것이어야 한다.

25 위험물 제조소에서 화기 엄금 및 화기 주의를 표시하는 게시판의 바탕색과 문자색을 옳게 연결한 것은?

① 백색 바탕－청색 문자
② 청색 바탕－백색 문자
③ 적색 바탕－백색 문자
④ 백색 바탕－적색 문자

해설 표시 방식
㉠ 화기 엄금·화기 주의 : 적색 바탕에 백색 문자
㉡ 물기 엄금 : 청색 바탕에 백색 문자
㉢ 주유 취급소 : 황색 바탕에 흑색 문자
㉣ 옥외 탱크 저장소 : 백색 바탕에 흑색 문자
㉤ 차량용 운반 용기 : 흑색 바탕에 황색 반사 도료

26 제5류 위험물인 자기 반응성 물질에 포함되지 않는 것은?

① CH_3NO_2 ② $[C_6H_7O_2(ONO_2)_3]_n$
③ $C_6H_2CH_3(NO_2)_3$ ④ $C_6H_5NO_2$

해설 ① 질산메틸 : 제5류 위험물 중 질산에스터류(자기 반응성 물질)
② 나이트로셀룰로오스 : 제5류 위험물 중 질산에스터류(자기 반응성 물질)
③ 트라이나이트로톨루엔(TNT) : 제5류 위험물 중 나이트로 화합물(자기 반응성 물질)
④ 나이트로벤젠 : 제4류 위험물 중 제3석유류(인화성 액체)

정답 21 ③ 22 ③ 23 ④ 24 ④ 25 ③ 26 ④

27 위험물안전관리법령상 물분무 소화 설비의 제어 밸브는 바닥으로부터 어느 위치에 설치하여야 하는가?

① 0.5m 이상 1.5m 이하
② 0.8m 이상 1.5m 이하
③ 1m 이상 1.5m 이하
④ 1.5m 이상

해설 물분무 소화 설비 제어 밸브 : 바닥으로부터 0.8m 이상 1.5m 이하

28 다음 물질의 화재 시 내알코올 포를 쓰지 못하는 것은?

① 아세트알데하이드
② 알킬리튬
③ 아세톤
④ 에탄올

해설 ㉠ 내알코올 포 : 물에 녹는 위험물에 적합
예 아세트알데하이드, 아세톤, 에탄올
㉡ 건조사 : 물과 심하게 반응하는 위험물
예 알킬리튬

29 할로겐 화합물인 Halon 1301의 분자식은?

① CH_3Br　② CCl_4
③ CF_2Br_2　④ CF_3Br

해설 ㉠ Halon : 첫째 — 탄소수, 둘째 — 불소수, 셋째 — 염소수, 넷째 — 브롬수
㉡ Halon 1301 : CF_3Br

30 경유의 대규모 화재 발생 시 주수 소화가 부적당한 이유에 대한 설명으로 가장 옳은 것은?

① 경유가 연소할 때 물과 반응하여 수소 가스를 발생하여 연소를 돕기 때문에
② 주수 소화하면 경유의 연소열 때문에 분해하여 산소를 발생하고, 연소를 돕기 때문에
③ 경유는 물과 반응하여 유독 가스를 발생하므로
④ 경유는 물보다 가볍고, 또 물에 녹지 않기 때문에 화재가 널리 확대되므로

해설 경유의 대규모 화재 발생 시 주소 소화가 부적당한 이유
경유는 물보다 가볍고(비중 0.85), 또 물에 녹지 않기 때문에 화재가 널리 확대되므로

31 불활성 가스 소화 설비의 저압식 저장 용기에 설치하는 압력 경보 장치의 작동 압력은?

① 1.9MPa 이상의 압력 및 1.5MPa 이하의 압력
② 2.3MPa 이상의 압력 및 1.9MPa 이하의 압력
③ 3.75MPa 이상의 압력 및 2.3MPa 이하의 압력
④ 4.5MPa 이상의 압력 및 3.75MPa 이하의 압력

해설 불활성 가스 소화 설비의 저압식 저장 용기의 압력 경보 장치의 작동 압력 : 2.3MPa 이상의 압력 및 1.9MPa 이하의 압력

32 제조소 건축물로 외벽이 내화 구조인 것의 1소요 단위는 연면적이 몇 m^2인가?

① 50
② 100
③ 150
④ 1,000

해설 소요 단위(1단위)
제조소 또는 취급소용 건축물의 경우
㉠ 외벽이 내화 구조로 된 것으로 연면적 $100m^2$
㉡ 외벽이 내화 구조가 아닌 것으로 연면적 $50m^2$

33 다음 중 전기의 불량 도체로 정전기가 발생되기 쉽고, 폭발 범위가 가장 넓은 위험물은?

① 아세톤
② 톨루엔
③ 에틸알코올
④ 에틸에테르

해설 폭발 범위
① 2.6~12.8%　② 1.4~6.7%
③ 4. 3~19%　④ 1.9~48%

정답 27 ② 28 ② 29 ④ 30 ④ 31 ② 32 ② 33 ④

34 위험물 제조소 등에 설치하는 옥내 소화전 설비의 설명 중 틀린 것은?

① 개폐 밸브 및 호스 접속구는 바닥으로부터 1.5m 이하에 설치
② 함의 표면에서 "소화전"이라고 표시할 것
③ 축전지 설비는 설치된 벽으로부터 0.2m 이상 이격할 것
④ 비상 전원의 용량은 45분 이상일 것

해설 ③ 축전지 설비는 설치된 실의 벽으로부터 0.1m 이상 이격할 것

35 분말 소화 약제인 탄산수소나트륨 10kg이 1기압, 270℃에서 방사되었을 때 발생하는 이산화탄소의 양은 약 몇 m^3인가?

① 2.65　② 3.65
③ 18.22　④ 36.44

해설 $PV=\frac{W}{M}RT$이므로

$$\therefore V=\frac{WRT}{PM}=\frac{10\times0.082\times(273+270)}{1\times168}=2.65\text{m}^3$$

36 제3종 분말 소화 약제를 화재면에 방출 시 부착성이 좋은 막을 형성하여 연소에 필요한 산소의 유입을 차단하기 때문에 연소를 중단시킬 수 있다. 그러한 막을 구성하는 물질은?

① H_3PO_4　② PO_4
③ HPO_3　④ P_2O_5

해설 $NH_4H_2PO_4 \rightarrow \underset{\text{(메타인산)}}{\underline{HPO_3}}+NH_3+H_2O$

메타인산(HPO_3)을 화재면에 방출 시 부착성이 좋은 막을 형성하여 연소에 필요한 산소의 유입을 차단하기 때문에 연소를 중단시킬 수 있다.

37 BLEVE 현상에 대한 설명으로 가장 옳은 것은?

① 기름 탱크에서의 수증기 폭발 현상
② 비등 상태의 액화 가스가 기화하여 팽창하고 폭발하는 현상
③ 화재 시 기름 속의 수분이 급격히 증발하여 기름 거품이 되고, 팽창해서 기름 탱크에서 밖으로 내뿜어져 나오는 현상
④ 원유, 중유 등 고점도의 기름 속에 수증기를 포함한 볼 형태의 물방울이 형성되어 탱크 밖으로 넘치는 현상

해설 BLEVE 현상 : 비등 상태의 액화 가스가 기화하여 팽창 하고, 폭발하는 현상

38 피리딘 2,000리터에 대한 소화 설비의 소요 단위는?

① 5단위
② 10단위
③ 15단위
④ 100단위

해설 $\text{소요 단위}=\frac{\text{저장량}}{\text{지정 수량}\times10\text{배}}=\frac{2{,}000\text{L}}{400\times10\text{배}}=5\text{단위}$

39 위험물 이동 탱크 저장소 관계인은 해당 제조소 등에 대하여 연간 몇 회 이상 정기 점검을 실시하여야 하는가? (단, 구조 안전 점검 외의 정기 점검인 경우이다.)

① 1회　② 2회
③ 4회　④ 6회

해설 위험물 이동 탱크 저장소 관계인은 해당 제조소 등에 대하여 연간 1회 이상 정기 점검을 실시한다.

40 위험물 저장소 건축물의 외벽이 내화 구조인 것은 연면적 얼마를 1소요 단위로 하는가?

① $50m^2$　② $75m^2$
③ $100m^2$　④ $150m^2$

해설 저장소 건축물의 경우 소요 단위
㉠ 외벽이 내화 구조인 것으로 연면적 $150m^2$
㉡ 외벽이 내화 구조가 아닌 것으로 연면적 $75m^2$

정답 34 ③ 35 ① 36 ③ 37 ② 38 ① 39 ① 40 ④

제3과목 위험물의 성질과 취급

41 위험물안전관리법령상 지정 수량이 나머지 셋과 다른 하나는?

① 적린　② 황화인
③ 황　④ 마그네슘

해설 제2류 위험물의 품명과 지정 수량

성질	품명	지정 수량	위험 등급
가연성 고체	1. 황화인	100kg	II
	2. 적린	100kg	
	3. 황	100kg	
	4. 철분	500kg	III
	5. 금속분	500kg	
	6. 마그네슘	500kg	
	7. 그 밖에 행정안전부령이 정하는 것 8. 제1호에서 제7호까지의어느 하나에 해당하는 위험물을 하나 이상 함유한 것	100kg 또는 500kg	II, III
	9. 인화성 고체	1,000kg	

42 다음 중 물과 반응할 때 위험성이 가장 큰 것은?

① 과산화나트륨
② 과산화바륨
③ 과산화수소
④ 과염소산나트륨

해설 ① ㉠ 상온에서 물과 접촉 시 격렬히 반응하여 부식성이 강한 수산화나트륨을 만들고, 물이 차고 다량인 경우는 H_2O_2를 만든다.
$Na_2O_2+2H_2O \rightarrow 2NaOH+H_2O_2$
㉡ 상온에서 적당한 물과 반응한 경우 O_2를 발생한다.
$2Na_2O_2+4H_2O \rightarrow 4NaOH+2H_2O+O_2$
㉢ 온도가 높은 소량의 물과 반응한 경우 발열하고, O_2를 발생한다.
$2Na_2O_2+4H_2O \rightarrow 4NaOH+2H_2O+O_2$
② 물(온수)과 접촉하면 산소를 발생한다.
$2BaO_2+2H_2O \rightarrow 2Ba(OH)_2+O_2$
③ 물과는 임으로 혼합하며, 수용액 상태는 비교적 안정하다.
④ 조해되기 쉽고, 물에 매우 잘 녹는다.

43 위험물안전관리법령에 따라 지정 수량 10배의 위험물을 운반할 때 혼재가 가능한 것은?

① 제1류 위험물과 제2류 위험물
② 제2류 위험물과 제3류 위험물
③ 제3류 위험물과 제5류 위험물
④ 제4류 위험물과 제5류 위험물

해설 유별을 달리하는 위험물의 혼재 기준

구분	제1류	제2류	제3류	제4류	제5류	제6류
제1류		×	×	×	×	○
제2류	×		×	○	○	×
제3류	×	×		○	×	×
제4류	×	○	○		○	×
제5류	×	○	×	○		×
제6류	○	×	×	×	×	

44 물과 접촉하였을 때 에탄이 발생되는 물질은?

① CaC_2　② $(C_2H_5)_3Al$
③ $C_6H_3(NO_2)_3$　④ $C_2H_5ONO_2$

해설 ① $CaC_2+2H_2O \rightarrow Ca(OH)_2+C_2H_2$
② $(C_2H_5)_3Al+3H_2O \rightarrow Al(OH)_3+3C_2H_6$
③ 물에 녹지 않는다.
④ 물에 녹지 않는다.

45 위험물의 저장법으로 옳지 않은 것은?

① 금속 나트륨은 석유 속에 저장한다.
② 황린은 물속에 저장한다.
③ 질화면은 물 또는 알코올에 적셔서 저장한다.
④ 알루미늄분은 분진 발생 방지를 위해 물에 적셔서 저장한다.

해설 ④ 알루미늄분은 찬물과의 반응은 매우 느리고 미미하지만, 뜨거운 물과는 격렬하게 반응하여 수소를 발생한다.
$2Al+6H_2O \rightarrow 2Al(OH)_3+3H_2$
활성이 매우 커서 미세한 분말이나 미세한 조각이 대량으로 쌓여 있을 때 수분, 빗물의 접촉 또는 습기가 존재하면 자연 발화의 위험성이 있다.

정답 41 ④　42 ①　43 ④　44 ②　45 ④

46 위험물안전관리법령에 따른 위험물 저장 기준으로 틀린 것은?

① 이동 탱크 저장소에는 설치 허가증을 비치하여야 한다.
② 지하 저장 탱크의 주된 밸브는 위험물을 넣거나 빼낼 때 외에는 폐쇄하여야 한다.
③ 아세트알데하이드를 저장하는 이동 저장 탱크에는 탱크 안에 불활성 가스를 봉입하여야 한다.
④ 옥외 저장 탱크 주위에 설치된 방유제의 내부에 물이나 유류가 괴었을 경우에는 즉시 배출하여야 한다.

해설 ① 이동 탱크 저장소에는 설치 허가증을 비치하지 않아도 된다.

47 위험물안전관리법령상 산화프로필렌을 취급하는 위험물 제조 설비의 재질로 사용이 금지된 금속이 아닌 것은?

① 금 ② 은
③ 동 ④ 마그네슘

해설 산화프로필렌, 아세트알데하이드를 취급하는 설비의 사용 금지 물질 : 수은(Hg), 은(Ag), 동(Cu), 마그네슘(Mg)

48 다음 중 독성이 있고, 제2석유류에 속하는 것은?

① CH_3CHO ② C_6H_6
③ $C_6H_5CH=CH_2$ ④ $C_6H_5NH_2$

해설 ① 특수 인화물로서 무색이며, 고농도의 것은 자극성 냄새가 나고, 저농도의 것은 과일 같은 냄새가 난다.
② 제1석유류로 무색 투명하며, 독특한 냄새를 가진 휘발성이 강한 액체이다.
③ 제2석유류이며, 유독성 및 마취성이 있다.
④ 제3석유류이며, 무색 또는 담황색의 특이한 아민 같은 냄새가 있는 기름상의 액체이다.

49 아세톤에 관한 설명 중 틀린 것은?

① 무색의 액체로서 특이한 냄새를 가지고 있다.
② 가연성이며, 비중은 물보다 작다.
③ 화재 발생 시 이산화탄소나 포에 의한 소화가 가능하다.
④ 알코올, 에테르에 녹지 않는다.

해설 ④ 알코올, 에테르에 잘 녹는다.

50 탄화칼슘과 물이 반응하였을 때 생성되는 가스는?

① C_2H_2 ② C_2H_4
③ C_2H_6 ④ CH_4

해설 $CaC_2+2H_2O \rightarrow Ca(OH)_2+C_2H_2$

51 벤젠의 일반적인 성질에 관한 사항 중 틀린 것은?

① 알코올, 에테르에 녹는다.
② 물에는 녹지 않는다.
③ 냄새는 없고, 색상은 갈색인 휘발성 액체이다.
④ 증기 비중은 약 2.8이다.

해설 ③ 독특한 냄새를 가지며, 무색 투명하고 휘발성이 강한 액체이다.

52 위험물안전관리법령에 의한 위험물 제조소의 설치 기준으로 옳지 않은 것은?

① 위험물을 취급하는 기계, 기구, 기타 설비에 새거나 넘치거나 비산하는 것을 방지할 수 있는 구조로 한다.
② 위험물을 가열하거나 냉각하는 설비 또는 위험물 취급에 따라 온도 변화가 생기는 설비에는 온도 측정 장치를 설치하여야 한다.
③ 정전기 발생을 유효하게 제거할 수 있는 설비를 설치한다.
④ 스테인리스관을 지하에 설치할 때는 지진, 풍압, 지반 침하, 온도 변화에 안전한 구조의 지지물을 설치한다.

정답 46 ① 47 ① 48 ③ 49 ④ 50 ① 51 ③ 52 ④

해설 ④ 유리 섬유 강화 플라스틱, 고밀도 폴리에틸렌, 폴리우레탄 등 배관을 지상에 설치하는 경우에는 지진, 풍압, 지반 침하 및 온도 변화에 안전한 구조의 지지물에 설치하되 지면에 닿지 아니하도록 하고, 배관의 외면에 부식 방지를 위한 도장을 한다.

53 과산화수소의 성질 및 취급 방법에 관한 설명 중 틀린 것은?

① 햇빛에 의하여 분해한다.
② 인산, 요산 등의 분해 방지 안정제를 넣는다.
③ 저장 용기는 공기가 통하지 않게 마개로 꼭 막아둔다.
④ 에탄올에 녹는다.

해설 ③ 용기는 밀전하지 말고, 구멍이 뚫린 마개를 사용한다.

54 제1류 위험물의 일반적인 성질이 아닌 것은?

① 불연성 물질이다.
② 유기 화합물이다.
③ 산화성 고체로서 강산화제이다.
④ 알칼리 금속의 과산화물은 물과 작용하여 발열한다.

해설 ② 모두 무기 화합물이다.

55 제4류 위험물 중 제1석유류에 속하는 것으로만 나열한 것은?

① 아세톤, 휘발유, 톨루엔, 시안화수소
② 이황화탄소, 디에틸에테르, 아세트알데하이드
③ 메탄올, 에탄올, 부탄올, 벤젠
④ 중유, 크레오소트유, 실린더유, 의산에틸

해설 ② 이황화탄소, 디에틸에테르, 아세트알데하이드 : 특수 인화물
③ 메탄올, 에탄올, 부탄올 : 알코올류, 벤젠 : 제1석유류
④ 중유, 크레오소트유 : 제3석유류, 실린더유 : 제4석 유류, 의산에틸 : 제2석유류

56 위험물안전관리법령상 제1석유류를 취급하는 위험물 제조소의 건축물의 지붕에 대한 설명으로 옳은 것은?

① 항상 불연 재료로 하여야 한다.
② 항상 내화 구조로 하여야 한다.
③ 가벼운 불연 재료가 원칙이지만, 예외적으로 내화 구조로 할 수 있는 경우가 있다.
④ 내화 구조가 원칙이지만, 예외적으로 가벼운 불연 재료로 할 수 있는 경우가 있다.

해설 ㉠ 위험물 건축물의 지붕은 폭발력이 위로 방출될 정도의 가벼운 불연 재료로 덮어야 한다.
㉡ 다만 예외적으로 내화 구조를 할 수 있는 경우가 있다.
· 제2류 위험물(분상·인화성 고체 제외)
· 제4류 위험물(제4석유류, 동·식물유류)
· 제6류 위험물

57 위험물안전관리법령에서 정한 이황화탄소의 옥외 탱크 저장 시설에 대한 기준으로 옳은 것은?

① 벽 및 바닥의 두께가 0.2m 이상이고, 누수가 되지 아니하는 철근 콘크리트의 수조에 넣어 보관하여야 한다.
② 벽 및 바닥의 두께가 0.2m 이상이고, 누수가 되지 아니하는 철근 콘크리트의 석유조에 넣어 보관하여야 한다.
③ 벽 및 바닥의 두께가 0.3m 이상이고, 누수가 되지 아니하는 철근 콘크리트의 수조에 넣어 보관하여야 한다.
④ 벽 및 바닥의 두께가 0.3m 이상이고, 누수가 되지 아니하는 철근 콘크리트의 석유조에 넣어 보관하여야 한다.

해설 **이황화탄소 옥외 탱크 저장 시설에 대한 기준**
벽 및 바닥의 두께가 0.2m 이상이고, 누수가 되지 아니하는 철근 콘크리트 수조에 보관한다.

정답 53 ③ 54 ② 55 ① 56 ③ 57 ①

58 위험물안전관리법령에 따라 지정 수량 10배의 위험물을 운반할 때 혼재가 가능한 것은?

① 제1류 위험물과 제2류 위험물
② 제2류 위험물과 제3류 위험물
③ 제3류 위험물과 제4류 위험물
④ 제5류 위험물과 제6류 위험물

해설 유별을 달리하는 위험물의 혼재 기준

구 분	제1류	제2류	제3류	제4류	제5류	제6류
제1류		×	×	×	×	○
제2류	×		×	○	○	×
제3류	×	×		○	×	×
제4류	×	○	○		○	×
제5류	×	○	×	○		×
제6류	○	×	×	×	×	

59 위험물안전관리법령에 따른 제1류 위험물 중 알칼리 금속의 과산화물 운반 용기에 반드시 표시하여야 할 주의 사항을 모두 옳게 나열한 것은?

① 화기·충격 주의, 물기 엄금, 가연물 접촉 주의
② 화기·충격 주의, 화기 엄금
③ 화기 엄금·물기 엄금
④ 화기·충격 엄금, ·가연물 접촉 주의

해설 위험물 운반 용기의 주의 사항

위험물		주의 사항
제1류 위험물	알칼리 금속의 과산화물	· 화기·충격 주의 · 물기 엄금 · 가연물 접촉 주의
	기타	· 화기·충격 주의 · 가연물 접촉 주의
제2류 위험물	철분·금속분·마그네슘	· 화기 주의 · 물기 엄금
	인화성 고체	화기 엄금
	기타	화기 주의
제3류 위험물	자연 발화성 물질	· 화기 엄금 · 공기 접촉 엄금
	금수성 물질	물기 엄금
제4류 위험물		화기 엄금
제5류 위험물		· 화기 엄금 · 충격 주의
제6류 위험물		가연물 접촉 주의

60 A 업체에서 제조한 위험물을 B 업체로 운반할 때 규정에 의한 운반 용기에 수납하지 않아도 되는 위험물은? (단, 지정 수량의 2배 이상인 경우이다.)

① 덩어리 상태의 황
② 금속분
③ 삼산화크로뮴
④ 염소산나트륨

해설 운반 용기에 수납하지 않아도 되는 위험물 : 덩어리 상태의 황

정답 58 ③ 59 ① 60 ①

위험물 산업기사 (2022. 4. 17 시행)

제1과목 일반화학

01 어떤 물질 1g을 증발시켰더니 그 부피가 0℃, 4atm에서 329.2mL였다. 이 물질의 분자량은? (단, 증발한 기체는 이상 기체라 가정한다.)

① 17 ② 23
③ 30 ④ 60

해설 $PV = \frac{W}{M}RT$,

$\therefore M = \frac{WRT}{PV} = \frac{1 \times 0.082 \times 273}{4 \times 329.2 \times 10^{-3}} = 17$

02 다음 중 단원자 분자에 해당하는 것은?

① 산소 ② 질소
③ 네온 ④ 염소

해설 분자의 종류
㉠ 단원자 분자 : 1개의 원자로 구성된 분자
 예 He, Ne, Ar 등 주로 불활성 기체
㉡ 이원자 분자 : 2개의 원자로 구성된 분자
 예 H_2, O_2, N_2, Cl_2 등

03 커플링(coupling) 반응 시 생성되는 작용기는?

① $-NH_2$
② $-CH_3$
③ $-COOH$
④ N=N

해설 커플링 반응
디아조늄에 페놀류나 방향족 아민을 작용시키면 아조기(−N=N−)를 갖는 새로운 아조 화합물을 만든다.

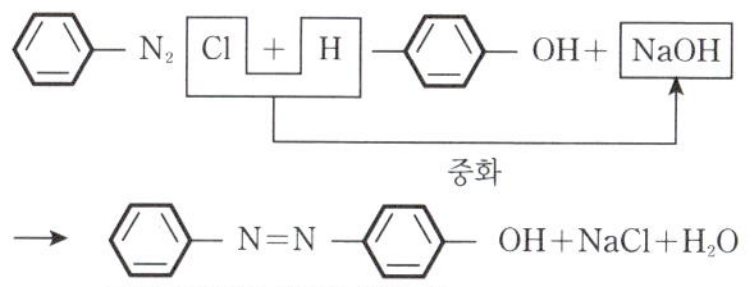

파라히드록시아조벤젠(염료)

04 탄소수가 5개인 포화 탄화수소 펜탄의 구조 이성질체수는 몇 개인가?

① 2개 ② 3개
③ 4개 ④ 5개

해설 C_5H_{12}(펜탄) : 3개의 이성질체가 있다.
㉠ 노르말(n) − 펜탄
 $CH_3 - CH_2 - CH_2 - CH_2 - CH_3$
㉡ 이소(iso) − 펜탄
 $CH_3 - CH_2 - CH_2 - CH_3$ (두 번째 CH_2에 CH_3 결합)
㉢ 네오(neo) − 펜탄
 $CH_3 - C - CH_3$ (C에 CH_3 위·아래 결합)

05 다음의 화합물 중 화합물 내 질소 분율이 가장 높은 것은?

① $Ca(CN)_2$
② $NaNO_3$
③ $(NH_2)_2CO$
④ NH_4NO_3

해설 질소 분율
① $\frac{N_2}{Ca(CN)_2} \times 100$, $\frac{28}{40+(24+28)} \times 100 = 30.43\%$
② $\frac{N_2}{NaNO_3} \times 100$, $\frac{14}{23+14+48} \times 100 = 16.47\%$
③ $\frac{N_2}{(NH_2)_2CO} \times 100$, $\frac{28}{(28+4)+12+16} \times 100 = 46.67\%$
④ $\frac{N_2}{NH_4NO_3} \times 100$, $\frac{28}{14+4+14+48} \times 100 = 35\%$

정답 01 ① 02 ③ 03 ④ 04 ② 05 ③

06 다이크로뮴산칼륨에서 크로뮴의 산화수는?

① 2　　② 4
③ 6　　④ 8

해설 $K_2Cr_2O_7$에서 크로뮴의 산화수를 x라고 하면
$2+2\times x-14=0$
$2x=12$
$\therefore x=6$

07 다음 작용기 중에서 메틸(methyl)기에 해당하는 것은?

① $-C_2H_5$　　② $-COCH_3$
③ $-NH_2$　　④ $-CH_3$

해설 ① $-C_2H_5$: 에틸기
② $-COCH_3$: 아세틸기
③ $-NH_2$: 아미노기
④ $-CH_3$: 메틸기

08 수소 5g과 산소 24g의 연소 반응 결과 생성된 수증기는 0℃, 1기압에서 몇 L인가?

① 11.2　　② 16.8
③ 33.6　　④ 44.8

해설 수소 : $\frac{5}{2}=2.5$몰
산소 : $\frac{24}{32}=0.75$몰
$H_2+\frac{1}{2}O_2\rightarrow H_2O$
2.5몰　0.75몰　1.5몰
수소 2.5몰과 산소 0.75몰이 반응하여 1.5몰의 수증기가 생성되므로 수증기 1.5몰의 부피＝22.4L×1.5＝33.6L이다.

09 벤젠을 약 300℃, 높은 압력에서 Ni 촉매로 수소와 반응시켰을 때 얻어지는 물질은?

① Cyclopentane　　② Cyclopropane
③ Cyclohexane　　④ Cyclooctane

해설 $C_6H_6+3H_2\xrightarrow[300℃]{Ni}\underset{\text{cyclohexane}}{C_6H_{12}}+49kcal/mol$

10 1기압의 수소 2L와 3기압의 산소 2L를 동일 온도에서 5L의 용기에 넣으면 전체 압력은 몇 기압이 되는가?

① $\frac{4}{5}$　　② $\frac{8}{5}$
③ $\frac{12}{5}$　　④ $\frac{16}{5}$

해설 전압 $P=\frac{P_1V_1+P_2V_2}{V}=\frac{1\times2+3\times2}{5}=\frac{8}{5}$

11 폴리염화비닐의 단위체와 합성법이 옳게 나열된 것은?

① $CH_2=CHCl$, 첨가 중합
② $CH_2=CHCl$, 축합 중합
③ $CH_2=CHCN$, 첨가 중합
④ $CH_2=CHCN$, 축합 중합

해설
폴리염화비닐 단위체(첨가 중합) : 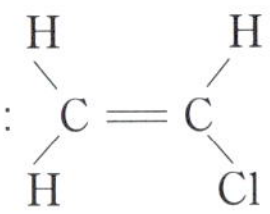

12 $CH_3-CHCl-CH_3$의 명명법으로 옳은 것은?

① 2 − chloropropane
② di − chloroethylene
③ di − methylmethane
④ di − methylethane

해설 $CH_3-CHCl-CH_3$
　　1　　2　　3
구조식에서 직선상의 탄소수가 3개이므로 propane이 되며 2번째 탄소에 chloro($-Cl$)가 붙어 있으므로 2−chloropropane이다.

13 질산은 용액에 담갔을 때 은(Ag)이 석출되지 않는 것은?

① 백금　　② 납
③ 구리　　④ 아연

해설 ㉠ 금속의 이온화 경향
K>Ca>Na>Mg>Al>Zn>Fe>Ni>Sn>Pb>[H]>Cu>Hg>Ag>Pt>Au

정답 06 ③ 07 ④ 08 ③ 09 ③ 10 ② 11 ① 12 ① 13 ①

㉡ 백금(Pt)은 금속의 이온화 경향이 은(Ag)보다 작으므로 질산은 용액에 담갔을 때 은(Ag)이 석출되지 않는다.

14 암모니아성 질산은 용액과 반응하여 은거울을 만드는 것은?

① CH_3CH_2OH　② CH_3OCH_3
③ CH_3COCH_3　④ CH_3CHO

해설 은거울 반응(silver mirror reaction)
암모니아성 질산은 용액에 알데히드를 가하면 은이 환원되어 석출이 되므로 거울이 된다(알데히드의 검출법).
$CH_3CHO + Ag_2O \rightarrow CH_3COOH + 2Ag$

15 벤젠에 진한 질산과 진한 황산의 혼합물을 작용시킬 때 황산이 촉매와 탈수제 역할을 하여 얻어지는 화합물은?

① 니트로벤젠　② 클로로벤젠
③ 알킬벤젠　④ 벤젠술폰산

해설 니트로화 반응
$C_6H_6 + HNO_3 \xrightarrow{C-H_2SO_4} C_6H_5NO_2 + H_2O$

16 25℃에서 83% 해리된 0.1N HCl의 pH는 얼마인가?

① 1.08　② 1.52
③ 2.02　④ 2.25

해설 $[H^+]$ = 몰농도 × 전리도
$= 0.1 \times 0.83 = 0.083 mol/l$
$\therefore pH = -\log(0.083) = 1.08$

17 프리델-크래프츠 반응에서 사용하는 촉매는?

① $HNO_3 + H_2SO_4$
② SO_3
③ Fe
④ $AlCl_3$

해설 알킬화(alkylnation, 일명 : 프리델-크래프츠 반응) : $C_6H_6 + CH_3Cl \xrightarrow{AlCl_3} C_6H_5CH_3 + HCl$

18 다음 중 이성질체로 짝지어진 것은?

① CH_3OH와 CH_4
② CH_4와 C_2H_8
③ CH_3OCH_3와 $CH_3CH_2OCH_2CH_3$
④ C_2H_5OH와 CH_3OCH_3

해설 이성질체
분자식은 같으나 시성식이나 구조식이 다른 물질

시성식	C_2H_5OH	CH_3OCH_3
분자식	C_2H_6O	C_2H_6O
구조식	H　H │　│ H－C－C－O－H │　│ H　H	H　　H │　　│ H－C－O－C－H │　　│ H　　H

19 다음의 변화 중 에너지가 가장 많이 필요한 경우는?

① 100℃의 물 1몰을 100℃의 수증기로 변화시킬 때
② 0℃의 얼음 1몰을 50℃의 물로 변화시킬 때
③ 0℃의 물 1몰을 100℃의 물로 변화시킬 때
④ 0℃의 얼음 10g을 100℃의 물로 변화시킬 때

해설 ① $Q = Gr = 18g \times 539cal/g$
$= 9,702cal$
② $Q = Gr + Gc\Delta t = 18g \times 80cal/g + 18g \times 1 \times (50-0)$
$= 2,340cal$
③ $Q = Gc\Delta t = 18g \times 1 \times (100-0)$
$= 1,800cal$
④ $Q = Gr + Gc\Delta t = 10g \times 80cal/g + 10g \times 1 \times (100-0)$
$= 1,800cal$

20 1기압에서 2L의 부피를 차지하는 어떤 이상 기체를 온도의 변화 없이 압력을 4기압으로 하면 부피는 얼마가 되겠는가?

① 2.0L　② 1.5L　③ 1.0L　④ 0.5L

해설 $PV = P_1V_1$에서
$1 \times 2 = 4 \times V_1$, $\therefore V_1 = \frac{1 \times 2}{4} = 0.5L$

정답 14 ④　15 ①　16 ①　17 ④　18 ④　19 ①　20 ④

제2과목 화재예방과 소화방법

21 불활성 가스 소화 설비의 소화 약제 방출 방식 중 전역 방출 방식 소화 설비에 대한 설명으로 옳은 것은?

① 발화 위험 및 연소 위험이 적고 광대한 실내에서 특정 장치나 기계만을 방호하는 방식
② 일정 방호 구역 전체에 방출하는 경우 해당 부분의 구획을 밀폐하여 불연성 가스를 방출하는 방식
③ 일반적으로 개방되어 있는 대상물에 대하여 설치하는 방식
④ 사람이 용이하게 소화 활동을 할 수 있는 장소에는 호스를 연장하여 소화 활동을 행하는 방식

해설 불활성 가스 소화 설비에서 전역 방출 방식 소화 설비 : 일정 방호 구역 전체에 방출하는 경우 해당 부분의 구획을 밀폐하여 불연성 가스를 방출하는 방식

22 위험물 제조소 등에 설치하는 옥내 소화전 설비가 설치된 건축물에 옥내 소화전이 1층에 5개, 2층에 6개가 설치되어 있다. 이때 수원의 수량은 몇 m^3 이상으로 하여야 하는가?

① 19 ② 29
③ 39 ④ 47

해설 $Q = N \times 7.8m^3 = 5 \times 7.8 = 39m^3$
여기서, Q : 수원의 수량
N : 옥내 소화전 설비 설치 개수(설치 개수가 5개 이상인 경우는 5개의 옥내 소화전)

23 인화성 액체의 화재를 나타내는 것은?

① A급 화재 ② B급 화재
③ C급 화재 ④ D급 화재

해설 화재의 구분

화재별 급수	가연 물질의 종류
A급 화재	목재, 종이, 섬유류 등 일반 가연물
B급 화재	유류(가연성·인화성 액체 포함)
C급 화재	전기
D급 화재	금속
K급 화재	동식물류

24 폐쇄형 스프링클러 헤드는 설치 장소의 평상 시 최고 주위 온도에 따라서 결정된 표시 온도의 것을 사용해야 한다. 설치 장소의 최고 주위 온도가 28℃ 이상 39℃ 미만일 때, 표시 온도는?

① 58℃ 미만
② 58℃ 이상 79℃ 미만
③ 79℃ 이상 121℃ 미만
④ 121℃ 이상 162℃ 미만

해설 스프링클러 헤드 부착 장소의 평상시 최고 주위 온도와 표시 온도(℃)

부착 장소의 최고 주위 온도(℃)	표시 온도(℃)
28 미만	58 미만
28 이상 39 미만	58 이상 79 미만
39 이상 64 미만	79 이상 121 미만
64 이상 106 미만	121 이상 162 미만
106 이상	162 이상

25 위험물안전관리법령상 옥외 소화전 설비는 모든 옥외 소화전을 동시에 사용할 경우 각 노즐 선단의 방수 압력은 얼마 이상이 되어야 하는가?

① 100kPa ② 170kPa
③ 350kPa ④ 520kPa

해설 옥내 소화전 설비와 옥외 소화전 설비

구 분	옥내 소화전 설비	옥외 소화전 설비
수평 거리	25m 이하	40m 이하
방수량	260L/min 이상	450L/min 이상
방수 압력	350kPa 이상	350kPa 이상
수원의 수량	$Q \geq 7.8N$ (N : 최대 5개)	$Q \geq 13.5N$ (N : 최대 4개)

26 할로겐화합물 소화 설비 기준에서 할론 2402를 가압식 저장 용기에 저장하는 경우 충전비로 옳은 것은?

① 0.51 이상 0.67 미만 ② 0.7 이상 1.4 미만
③ 0.9 이상 1.6 이하 ④ 0.67 이상 2.75 이하

해설 할로겐화합물 소화 설비 저장 용기의 충전비 : 할론 2402를 저장하는 것 중 가압식 저장 용기에 있어서는 0.51 이상 0.67 미만, 축압식 저장 용기에 있어서는 0.67 이상 2.75 이하로 한다.

정답 21 ② 22 ③ 23 ② 24 ② 25 ③ 26 ①

27 소화기가 유류 화재에 적응력이 있음을 표시하는 색은?

① 백색 ② 황색
③ 청색 ④ 흑색

해설 화재별 적응력 표시 색상

화재의 종류	적응력이 있음을 표시하는 색
일반 화재	백색
유류 화재	황색
전기 화재	청색
금속 화재	–
주방화재	–

28 고체 연소에 대한 분류로 옳지 않은 것은?

① 혼합 연소 ② 증발 연소
③ 분해 연소 ④ 표면 연소

해설 연소의 형태
① 기체의 연소
㉠ 확산 연소 ㉡ 혼합 연소
② 액체의 연소 : 증발 연소
③ 고체의 연소
㉠ 표면(직접) 연소 ㉡ 분해 연소
㉢ 증발 연소 ㉣ 내부(자기) 연소

29 불연성 기체로서 비교적 액화가 용이하며, 안전하게 저장할 수 있고 전기 절연성이 좋아 C급 화재에 사용되기도 하는 기체는?

① N_2 ② CO_2
③ Ar ④ He

해설 CO_2의 설명이다.

30 탄소 1mol이 완전 연소하는 데 필요한 최소 이론 공기량은 약 몇 L인가? (단 0℃, 1기압 기준이며, 공기 중 산소의 농도는 21vol%이다.)

① 10.7 ② 22.4
③ 107 ④ 224

해설 완전 연소 : $C + O_2 \rightarrow CO_2$

$\therefore$ 최소 이론 공기량 $= \frac{22.4L}{0.21} = 107L$

31 보관 시 인산 등의 분해 방지 안정제를 첨가하는 제6류 위험물에 해당하는 것은?

① 황산 ② 과산화수소
③ 질산 ④ 염산

해설 과산화 수소는 보관 시 분해 방지 안정제(인산, 인산나트륨, 요산, 요소, 글리세린 등)를 첨가한다.

32 위험물안전관리법령상 위험물 저장·취급시 화재 또는 재난을 방지하기 위하여 자체소방대를 두어야 하는 경우가 아닌 것은?

① 지정 수량의 3천배 이상의 제4류 위험물을 저장·취급하는 제조소
② 지정 수량의 3천배 이상의 제4류 위험물을 저장·취급하는 일반 취급소
③ 지정 수량의 2천배의 제4류 위험물을 취급하는 일반 취급소와 지정 수량의 1천배의 제4류 위험물을 취급하는 제조소가 동일한 사업소에 있는 경우
④ 지정 수량의 3천배 이상의 제4류 위험물을 저장·취급하는 옥외 탱크 저장소

해설 자체 소방대를 두어야 할 대상의 기준
㉠ 지정 수량의 3천배 이상의 제4류 위험물을 저장·취급하는 제조소 또는 일반 취급소
㉡ 옥외 탱크 저장소에 저장하는 제4류 위험물의 최대 수량이 지정 수량의 50만 배 이상의 사업소

33 위험물안전관리법령상 옥내 소화전 설비의 비상 전원은 자가 발전 설비 또는 축전지 설비로 옥내 소화전 설비를 유효하게 몇 분 이상 작동할 수 있어야 하는가?

① 10분 ② 20분
③ 45분 ④ 60분

해설 옥내 소화전 설비의 비상 전원 : 45분 이상

정답 27 ② 28 ① 29 ② 30 ③ 31 ② 32 ④ 33 ③

34 **위험물안전관리법령상 제1석유류를 저장하는 옥외 탱크 저장소 중 소화 난이도 등급 I에 해당하는 것은? (단, 지중 탱크 또는 해상 탱크가 아닌 경우이다.)**

① 액표면적이 $10m^2$인 것
② 액표면적이 $20m^2$인 것
③ 지반면으로부터 탱크 옆판의 상단까지 높이가 4m인 것
④ 지반면으로부터 탱크 옆판의 상단까지 높이가 6m인 것

해설 소화 난이도 등급 I에 해당하는 제조소 등

구분	적용 대상
제조소 일반 취급소	· 연면적 $1,000m^2$ 이상인 것 · 지정 수량의 100배 이상인 것(고인화점 위험물만을 100℃ 미만의 온도에서 취급하는 것 및 제48조의 위험물을 취급하는 것은 제외) · 지반면으로부터 6m 이상의 높이에 위험물 취급설비가 있는 것(고인화점 위험물만을 100℃ 미만의 온도에서 취급하는 것은 제외) · 일반 취급소로 사용되는 부분 외의 부분을 갖는 건축물에 설치된 것(내화 구조로 개구부 없이 구획된 것 및 고인화점 위험물만을 100℃ 미만의 온도에서 취급하는 것 및 별표 16 X의 2의 화학 실험의 일반 취급소는 제외)
주유 취급소	별표 13 V 제2호에 따른 면적의 합의 $500m^2$를 초과하는 것
옥내 저장소	· 지정 수량의 150배 이상인 것(고인화점 위험물만을 저장하는 것 및 제48조의 위험물을 저장하는 것은 제외) · 연면적 $150m^2$를 초과하는 것($150m^2$ 이내마다 불연 재료로 개구부 없이 구획된 것 및 인화성 고체 외의 제2류 위험물 또는 인화점 70℃ 이상의 제4류 위험물만을 저장하는 것은 제외) · 처마 높이가 6m 이상인 단층 건물의 것 · 옥내 저장소로 사용되는 부분 외의 부분이 있는 건축물에 설치된 것(내화 구조로 개구부 없이 구획된 것 및 인화성 고체 외의 제2류 위험물 또는 인화점 70℃ 이상의 제4류 위험물만을 저장하는 것은 제외)
옥외 탱크 저장소	· 액표면적이 $40m^2$ 이상인 것(제6류 위험물을 저장하는 것 및 고인화점 위험물만을 100℃ 미만의 온도에서 저장하는 것은 제외) · 지반면으로부터 탱크 옆판의 상단까지 높이가 6m 이상인 것(제6류 위험물을 저장하는 것 및 고인화점 위험물만을 100℃ 미만의 온도에서 저장하는 것은 제외) · 지중 탱크 또는 해상 탱크로서 지정 수량의 100배 이상인 것(제6류 위험물을 저장하는 것 및 고인화점 위험물만을 100℃ 미만의 온도에서 저장하는 것은 제외) · 고체 위험물을 저장하는 것으로서 지정 수량의 100배 이상인 것
옥내 탱크 저장소	· 액표면적이 $40m^2$ 이상인 것(제6류 위험물을 저장하는 것 및 고인화점 위험물만을 100℃ 미만의 온도에서 저장하는 것은 제외) · 바닥면으로부터 탱크 옆판의 상단까지 높이가 6m 이상인 것(제6류 위험물을 저장하는 것 및 고인화점 위험물만을 100℃ 미만의 온도에서 저장하는 것은 제외) · 탱크 전용실이 단층 건물 외의 건축물에 있는 것으로 인화점 38℃ 이상 70℃ 미만의 위 험물을 지정 수량 5배 이상 저장하는 것(내화 구조로 개구부 없이 구획된 것은 제외한다)
옥외 저장소	· 덩어리 상태의 황 등을 저장하는 것으로서 경계 표시 내부의 면적(2 이상의 경계 표시가 있는 경우에는 각 경계 표시의 내부의 면적을 합한 면적)이 $100m^2$ 이상인 것 · 별표 11 III의 위험물을 저장하는 것으로서 지정 수량의 100배 이상인 것
암반 탱크 저장소	· 액표면적이 $40m^2$ 이상인 것(제6류 위험물을 저장하는 것 및 고인화점 위험물만을 100℃ 미만의 온도에서 저장하는 것은 제외) · 고체 위험물을 저장하는 것으로서 지정 수량의 100배 이상인 것
이송 취급소	모든 대상

35 **제3종 분말 소화 약제의 제조 시 사용되는 실리콘 오일의 용도는?**

① 경화제 ② 발수제
③ 탈색제 ④ 착색제

해설 1. **실리콘 오일(silicon oil)의 용도** : 발수제
2. **발수제** : 물을 튀기는 성질을 갖는 물질
3. **실리콘 오일의 수지화 과정**

㉠ 제1단계 : 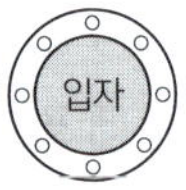

용제+실리콘 오일+촉매제

㉡ 제2단계 : 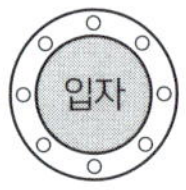

실리콘 오일+촉매제

㉢ 제3단계 : 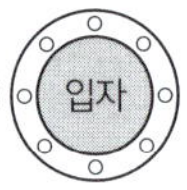

실리콘 수지+피막(방습 가공막)

정답 34 ④ 35 ②

36 Halon 1301에 해당하는 할로겐 화합물의 분자식을 옳게 나타낸 것은?

① CBr_3F ② CF_3Br
③ CH_3Cl ④ CCl_3H

해설 할론의 명칭 순서
㉠ 첫째 : 탄소 ㉡ 둘째 : 불소
㉢ 셋째 : 염소 ㉣ 넷째 : 브롬
Halon 1301 − CF_3Br

37 화재 분류에 따른 표시 색상이 옳은 것은?

① 유류 화재 − 황색 ② 유류 화재 − 백색
③ 전기 화재 − 황색 ④ 전기 화재 − 백색

해설 27번 해설 참조

38 제4류 위험물 중 비수용성 인화성 액체의 탱크 화재 시 물을 뿌려 소화하는 것은 적당하지 않다고 한다. 그 이유로서 가장 적당한 것은 어느 것인가?

① 인화점이 낮아진다.
② 가연성 가스가 발생한다.
③ 화재면(연소면)이 확대된다.
④ 발화점이 낮아진다.

해설 제4류 위험물 중 비수용성 인화성 액체의 탱크 화재 시 물을 뿌려 소화하면 화재면(연소면)이 확대된다.

39 클로로벤젠 300,000L의 소요 단위는 얼마인가?

① 20 ② 30 ③ 200 ④ 300

해설 소요 단위 $= \frac{\text{저장량}}{\text{지정 수량} \times 10\text{배}}$
$= \frac{300,000}{1,000 \times 10}$
$= 30$

40 표준 상태(0℃, 1atm)에서 2kg의 이산화탄소가 모두 기체 상태의 소화 약제로 방사될 경우 부피는 몇 m^3인가?

① 1.018 ② 10.18
③ 101.8 ④ 1,018

해설 $PV = \frac{W}{M}RT,\ V = \frac{WRT}{PM}$,
$\frac{2 \times 0.082 \times (273+0)}{1 \times 44} = 1.018m^3$

제3과목 위험물의 성질과 취급

41 다음 물질 중 인화점이 가장 낮은 것은?

① 디에틸에테르 ② 이황화탄소
③ 아세톤 ④ 벤젠

해설 ① −45℃
② −30℃
③ −18℃
④ −11.1℃

42 위험물 운반 용기 외부에 수납하는 위험물의 종류에 따라 표시하는 주의 사항으로 바르게 연결된 것은?

① 염소산칼륨 − 물기 주의
② 철분 − 물기 주의
③ 아세톤 − 화기 엄금
④ 질산 − 화기 엄금

해설 위험물 운반 용기의 주의 사항

위험물		주의 사항
제1류 위험물	알칼리 금속의 과산화물	· 화기·충격 주의 · 물기 엄금 · 가연물 접촉 주의
	기타	· 화기·충격 주의 · 가연물 접촉 주의

정답 36 ② 37 ① 38 ③ 39 ② 40 ① 41 ① 42 ③

제2류 위험물	철분·금속분·마그네슘	·화기 주의 ·물기 엄금
	인화성 고체	화기 엄금
	기타	화기 주의
제3류 위험물	자연 발화성 물질	·화기 엄금 ·공기 접촉 엄금
	금수성 물질	물기 엄금
제4류 위험물		화기 엄금
제5류 위험물		·화기 엄금 ·충격 주의
제6류 위험물		가연물 접촉 주의

㉠ 염소산칼륨(제1류 위험물 중 기타) : 화기·충격 주의 및 가연물 접촉 주의
㉡ 철분(제2류 위험물) : 화기 주의·물기 엄금
㉢ 아세톤(제4류 위험물) : 화기 엄금
㉣ 질산(제6류 위험물) : 가연물 접촉 주의

43 다음 중 3개의 이성질체가 존재하는 물질은?

① 아세톤 ② 톨루엔
③ 벤젠 ④ 자일렌

해설 자일렌(크실렌)의 3가지 이성질체

명 칭 / 구 분	o－자일렌 (크실렌)	m－자일렌 (크실렌)	p－자일렌 (크실렌)
구조식	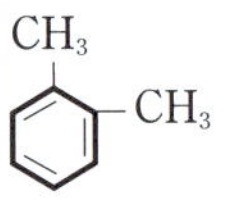	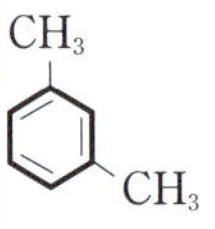	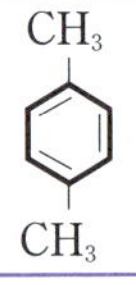

44 위험물이 물과 반응하였을 때 발생하는 가연성 가스를 잘못 나타낸 것은?

① 금속 칼륨 – 수소
② 금속 나트륨 – 수소
③ 인화칼슘 – 포스겐
④ 탄화칼슘 – 아세틸렌

해설 ① $2K+2H_2O \rightarrow 2KOH+H_2$
② $2Na+2H_2O \rightarrow 2NaOH+H_2$
③ $Ca_3P_2+6H_2O \rightarrow 3Ca(OH)_2+2PH_3$
④ $CaC_2+2H_2O \rightarrow Ca(OH)_2+C_2H_2$

45 위험물안전관리법령상 이송 취급소 배관 등의 용접부는 비파괴 시험을 실시하여 합격하여야 한다. 이 경우 이송 기지 내의 지상에 설치되는 배관 등은 전체 용접부의 몇 % 이상 발췌하여 시험할 수 있는가?

① 10 ② 15 ③ 20 ④ 25

해설 이송 취급소의 비파괴 시험 : 전체 용접부의 20% 이상을 발췌하여 시험할 수 있다.

46 위험물을 저장 또는 취급하는 탱크의 용량은?

① 탱크의 내용적에서 공간 용적을 뺀 용적으로 한다.
② 탱크의 내용적으로 한다.
③ 탱크의 공간 용적으로 한다.
④ 탱크의 내용적에 공간 용적을 더한 용적으로 한다.

해설 탱크의 용량 = 탱크의 내용적 – 탱크의 공간 용적

47 황린을 밀폐 용기 속에서 260℃로 가열하여 얻은 물질을 연소시킬 때 주로 생성되는 물질은?

① P_2O_5 ② CO_2
③ PO_2 ④ CuO

해설 $P_4+5O_2 \rightarrow 2P_2O_5$

48 위험물안전관리법령에서 정의한 특수 인화물의 조건으로 옳은 것은?

① 1기압에서 발화점이 100℃ 이상인 것 또는 인화점이 영하 10℃ 이하이고, 비점이 40℃ 이하인 것
② 1기압에서 발화점이 100℃ 이하인 것 또는 인화점이 영하 20℃ 이하이고, 비점이 40℃ 이하인 것
③ 1기압에서 발화점이 200℃ 이하인 것 또는 인화점이 영하 10℃ 이하이고, 비점이 40℃ 이하인 것
④ 1기압에서 발화점이 200℃ 이상인 것 또는 인화점이 영하 20℃ 이하이고, 비점이 40℃ 이하인 것

정답 43 ④ 44 ③ 45 ③ 46 ① 47 ① 48 ②

해설 특수 인화물의 조건 : 1기압에서 발화점이 100℃ 이하인 것 또는 인화점이 영하 20℃ 이하이고, 비점이 40℃ 이하인 것

49 질산암모늄에 관한 설명 중 틀린 것은?

① 상온에서 고체이다.
② 폭약의 제조 원료로 사용할 수 있다.
③ 흡습성과 조해성이 있다.
④ 물과 반응하여 발열하고, 다량의 가스를 발생한다.

해설 ④ 물과 반응하여 흡열 반응을 한다.

50 위험물안전관리법령에 따른 위험물 제조소와 관련한 내용으로 틀린 것은?

① 채광 설비는 불연 재료를 사용한다.
② 환기는 자연 배기 방식으로 한다.
③ 조명 설비의 전선은 내화 · 내열 전선으로 한다.
④ 조명 설비의 점멸 스위치는 출입구 안쪽 부분에 설치한다.

해설 ④ 조명 설비의 점멸 스위치는 출입구 바깥 부분에 설치한다. 다만, 스위치의 스파크로 인한 화재 · 폭발의 우려가 없는 경우에는 그러하지 아니하다.

51 취급하는 장치가 구리나 마그네슘으로 되어있을 때 반응을 일으켜서 폭발성의 아세틸라이드를 생성하는 물질은?

① 이황화탄소 ② 아이소프로필알코올
③ 산화프로필렌 ④ 아세톤

해설 산화프로필렌(CH_3CHCH_2)의 설명이다.
(CH와 CH_2가 O로 연결된 고리)
O

52 다음 중 인화점이 20℃ 이상인 것은?

① CH_3COOCH_3 ② CH_3COCH_3
③ CH_3COOH ④ CH_3CHO

해설 ① −10℃ ② −18 ℃
③ 42.8℃ ④ −37.7℃

53 위험물안전관리법령상 옥내 저장 탱크의 상호 간에는 몇 m 이상의 간격을 유지하여야 하는가?

① 0.3 ② 0.5
③ 1.0 ④ 1.5

해설 옥내 저장 탱크의 상호 간에는 0.5m 이상의 간격을 유지하여야 한다.

54 다음 중 위험물안전관리법령상 지정 수량의 각각 10배를 운반 시 혼재할 수 있는 위험물은 어느 것인가?

① 과산화나트륨과 과염소산
② 과망가니즈산칼륨과 적린
③ 질산과 알코올
④ 과산화수소와 아세톤

해설 유별을 달리하는 위험물의 혼재 기준

구 분	제1류	제2류	제3류	제4류	제5류	제6류
제1류		×	×	×	×	○
제2류	×		×	○	○	×
제3류	×	×		○	×	×
제4류	×	○	○		○	×
제5류	×	○	×	○		×
제6류	○	×	×	×	×	

① 과산화나트륨 : 제1류 위험물, 과염소산 : 제6류 위험물
② 과망가니즈산칼륨 : 제1류 위험물, 적린 : 제2류 위험물
③ 질산 : 제6류 위험물, 적린 : 제2류 위험물
④ 과산화수소 : 제6류 위험물, 아세톤 : 제4류 위험물

55 위험물안전관리법령에 따른 질산에 대한 설명으로 틀린 것은?

① 지정 수량은 300kg이다.
② 위험 등급은 I이다.
③ 농도가 36중량퍼센트 이상인 것에 한하여 위험물로 간주된다.
④ 운반 시 제1류 위험물과 혼재할 수 있다.

해설 ③ 비중이 1.49 이상인 것을 위험물로 간주한다.

정답 49 ④ 50 ④ 51 ③ 52 ③ 53 ② 54 ① 55 ③

56 어떤 공장에서 아세톤과 메탄올을 18L 용기에 각각 10개, 등유를 200L 드럼으로 3드럼을 저장하고 있다면 각각의 지정 수량 배수의 총합은 얼마인가?

① 1.3
② 1.5
③ 2.3
④ 2.5

해설 ㉠ 아세톤 $= \frac{18L \times 10}{400L} = 0.45$배

㉡ 메탄올 $= \frac{18L \times 10}{400L} = 0.45$배

㉢ 등유 $= \frac{200L \times 3}{1,000L} = 0.6$배

∴ $0.45 + 0.45 + 0.6 = 1.5$배

57 위험물안전관리법령상 운반 시 적재하는 위험물에 차광성이 있는 피복으로 가리지 않아도 되는 것은?

① 제2류 위험물 중 철분
② 제4류 위험물 중 특수 인화물
③ 제5류 위험물
④ 제6류 위험물

해설 차광성이 있는 피복 조치

유 별	적용 대상
제1류 위험물	전부
제3류 위험물	자연 발화성 물품
제4류 위험물	특수 인화물
제5류 위험물	전부
제6류 위험물	

58 다음 물질 중 증기 비중이 가장 작은 것은?

① 이황화탄소
② 아세톤
③ 아세트알데하이드
④ 디에틸에테르

해설 ① 2.64, ② 2.0, ③ 1.5, ④ 2.6

59 위험물안전관리법령상 위험물 운반 용기의 외부에 표시하도록 규정한 사항이 아닌 것은?

① 위험물의 품명
② 위험물의 제조 번호
③ 위험물의 주의 사항
④ 위험물의 수량

해설 위험물 운반 용기의 외부에 표시하도록 규정한 사항

㉠ 위험물의 품명, 위험 등급, 화학명 및 수용성(수용성 표시는 제4류 위험물로서 수용성인 것에 한한다.)
㉡ 위험물의 수량
㉢ 위험물의 주의 사항

60 가연성 물질이며, 산소를 다량 함유하고 있기 때문에 자기 연소가 가능한 물질은?

① $C_6H_2CH_3(NO_2)_3$
② $CH_3COC_2H_5$
③ $NaClO_4$
④ HNO_3

해설 T.N.T[$C_6H_2CH_3(NO_2)_3$]의 설명이다.

정답 56 ② 57 ① 58 ③ 59 ② 60 ①

위험물 산업기사 (2022. 9. 14 시행)

제1과목 일반화학

01 아이소프로필알코올에 해당하는 것은?

① C_6H_5OH ② CH_3CHO
③ CH_3COOH ④ $(CH_3)_2CHOH$

해설 ① C_6H_5OH : 페놀
② CH_3CHO : 아세트알데하이드
③ CH_3COOH : 초산
④ $(CH_3)_2CHOH$: 아이소프로필알코올

02 NaOH 수용액 100mL를 중화하는 데 2.5N의 HCl 80mL가 소요되었다. NaOH 용액의 농도(N)는?

① 1 ② 2
③ 3 ④ 4

해설 $NV=N'V'$, $N\times100=2.5\times80$

$N=\dfrac{2.5\times80}{100}$

$\therefore N=2$

03 다음의 반응식에서 평형을 오른쪽으로 이동 시키기 위한 조건은?

$N_2(g)+O_2(g) \rightarrow 2NO(g)-43.2kcal$

① 압력을 높인다. ② 온도를 높인다.
③ 압력을 낮춘다. ④ 온도를 낮춘다.

해설 2NO(g)−43.2kcal(흡열 반응) : 온도를 높이고, 압력을 낮춘다.

04 방사능 붕괴의 형태 중 $^{226}_{88}Ra$이 α 붕괴할 때 생기는 원소는?

① $^{222}_{86}Rn$ ② $^{232}_{90}Th$
③ $^{231}_{91}Pa$ ④ $^{238}_{92}U$

해설 α 붕괴 : 원자 번호 2 감소, 질량수 4 감소

$^{226}_{88}Ra \xrightarrow{\alpha\text{ 붕괴}} {}^{222}_{86}Rn+{}^{4}_{2}He$

05 알루미늄 이온(Al^{3+}) 한 개에 대한 설명으로 틀린 것은?

① 질량수는 27이다. ② 양성자수는 13이다.
③ 중성자수는 13이다. ④ 전자수는 10이다.

해설 ③ 중성자수=질량수−양성자수
=27−13=14

06 60℃에서 KNO_3의 포화 용액 100g을 10℃로 냉각시키면 몇 g의 KNO_3가 석출하는가? (단, 용해도는 60℃에서 100g KNO_3/100g H_2O, 10℃에서 20g KNO_3/100g H_2O이다.)

① 4 ② 40
③ 80 ④ 120

해설 석출되는 용질의 질량$(x)=(100+S_2):(S_2-S_1)$
$=W:x$

$\therefore x=(S_2-S_1)\times\dfrac{W}{(100+S_2)}$

$=(100-20)\times\dfrac{100}{(100+100)}=40g$

07 $CuSO_4$ 용액에 0.5F의 전기량을 흘렸을 때 약 몇 g의 구리가 석출되겠는가? (단, 원자량은 Cu 64, S 32, O 16이다.)

① 16 ② 32
③ 64 ④ 128

해설 1F : 1g당량=0.5F : x(g당량)
x=0.5g당량
구리 mol=2g당량이므로 0.5g당량은 0.25mol이다.
$\therefore 0.25\times64=16g$

정답 01 ④ 02 ② 03 ② 04 ① 05 ③ 06 ② 07 ①

08 **이온 평형계에서 평형에 참여하는 이온과 같은 종류의 이온을 외부에서 넣어주면 그 이온의 농도를 감소시키는 방향으로 평형이 이동한다는 이론과 관계 있는 것은?**

① 공통 이온 효과
② 가수 분해 효과
③ 물의 자체 이온화 현상
④ 이온 용액의 총괄성

해설 공통 이온 효과의 설명이다.

09 **어떤 금속(M) 8g을 연소시키니 11.2g의 산화물이 얻어졌다. 이 금속의 원자량이 140이라면 이산화물의 화학식은?**

① M_2O_3
② MO
③ MO_2
④ M_2O_7

해설 금속의 양과 원자량이 있으므로

$\frac{8g}{140g}=0.05714mol$

연소 후 산화물의 질량이 11.2g, 금속의 양이 8g이므로 반응에 참가한 산소의 양은 3.2g이다.

산소 3.2g$=\frac{3.2}{32}=0.1$mol, 산소 16g$=\frac{16}{32}=0.5$mol이다.

즉 반응 후 11.2g에는 금속(M) 0.05174mol과 산소(O) 0.5mol이 있다.

이것을 간단한 비로 나타내면

금속(M) : 산소(O)$=1:3.5$

$\therefore MO_{3.5}\times 2=M_2O_7$

10 **농도 단위에서 "N"의 의미를 가장 옳게 나타낸 것은?**

① 용액 1L 속에 녹아 있는 용질의 몰수
② 용액 1L 속에 녹아 있는 용질의 g당량수
③ 용매 1,000g 속에 녹아 있는 용질의 몰수
④ 용매 1,000g 속에 녹아 있는 용질의 g당량수

해설 ② N 농도 : 용액 1L 속에 녹아 있는 용질의 g당량수

11 **촉매하에 H_2O의 첨가 반응으로 에탄올을 만들 수 있는 물질은?**

① CH_4　　② C_2H_2
③ C_6H_6　　④ C_2H_4

해설 에틸렌은 묽은 황산을 촉매로 하여 물을 부가 반응시키면 에탄올이 생성된다.

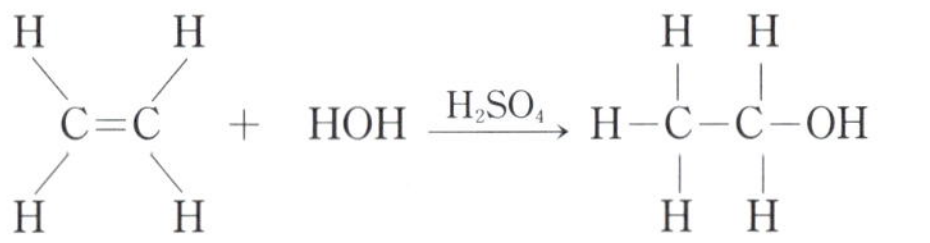

12 **어떤 용기에 산소 16g과 수소 2g을 넣었을 때 산소와 수소의 압력의 비는?**

① 1 : 2　　② 1 : 1
③ 2 : 1　　④ 4 : 1

해설 압력의 비는 몰비와 같으므로

산소 16g의 몰수$=\frac{16}{32}=0.5$

수소 2g의 몰수$=\frac{2}{2}=1$

$\therefore 0.5:1=1:2$

13 **다음 중 헨리의 법칙이 가장 잘 적용되는 기체는?**

① 암모니아
② 염화수소
③ 이산화탄소
④ 플루오르화수소

해설 ㉠ 헨리의 법칙이 적용되는 기체 : H_2, N_2, O_2, CO_2 (물에 대한 용해도가 작다.)
㉡ 헨리의 법칙이 적용되지 않는 기체 : NH_3, HCl, HF, SO_2, H_2S(물에 대한 용해도가 크다.)

14 **벤젠에 관한 설명으로 틀린 것은?**

① 화학식은 C_6H_{12}이다.
② 알코올, 에테르에 잘 녹는다.
③ 물보다 가볍다.
④ 추운 겨울날씨에 응고될 수 있다.

해설 벤젠의 화학식은 C_6H_6이다.

정답 08 ① 09 ④ 10 ② 11 ④ 12 ① 13 ③ 14 ①

15 원자량이 56인 금속 M 1.12g을 산화시켜 실험식이 M_xO_y인 산화물 1.60g을 얻었다. x, y는 각각 얼마인가?

① $x=1$, $y=2$　② $x=2$, $y=3$
③ $x=3$, $y=2$　④ $x=2$, $y=1$

해설 $O_y=1.6g-1.12g=0.48g$

$\frac{0.48g}{16g}=0.03mol$

$M_x=\frac{1.12g}{56g}=0.02mol$

0.02 : 0.03=2 : 3, 따라서 $x=2$, $y=3$

16 요소 6g을 물에 녹여 1,000L로 만든 용액의 27℃에서의 삼투압은 약 몇 atm인가? (단, 요소의 분자량은 60이다.)

① 1.26×10^{-1}　② 1.26×10^{-2}
③ 2.46×10^{-3}　④ 2.56×10^{-4}

해설 요소 6g : $\frac{6}{60}=0.1mol$

$PV=nRT$

$P=\frac{nRT}{V}=\frac{0.1\times0.082\times(273+27)}{1,000}=2.46\times10^{-3}$

17 산의 일반적 성질을 옳게 나타낸 것은?

① 쓴 맛이 있는 미끈거리는 액체로 리트머스 시험지를 푸르게 한다.
② 수용액에서 OH^- 이온을 내 놓는다.
③ 수소보다 이온화 경향이 큰 금속과 반응하여 수소를 발생한다.
④ 금속의 수산화물로서 비전해질이다.

해설 ① 염기의 싱질　② 염기의 싱질
③ 산의 성질　④ 산, 염기의 성질

18 아세트알데히드에 대한 시성식은?

① CH_3COOH　② CH_3COCH_3
③ CH_3CHO　④ CH_3COOCH_3

해설 시성식 : 분자식 속에 원자단(라디칼) 등의 결합상태를 나타낸 식

19 pH=12인 용액의 $[OH^-]$는 pH=9인 용액의 몇 배인가?

① 1/1,000　② 1/100
③ 100　④ 1,000

해설 $pOH=14-pH$

㉠ $14-12=2$, $pOH=-\log[OH^-]=2$, $[OH^-]=10^{-2}$
㉡ $14-9=5$, $pOH=-\log[OH^-]=5$, $[OH^-]=10^{-5}$
∴ ㉠÷㉡$=10^{-2}\div10^{-5}=10^3=1,000$배

20 다음 물질 중 환원성이 없는 것은?

① 설탕　② 엿당　③ 젖당　④ 포도당

해설 설탕은 환원성이 없다.

제2과목 화재예방과 소화방법

21 스프링클러 설비의 장점이 아닌 것은?

① 소화 약제가 물이므로 소화 약제의 비용이 절감된다.
② 초기 시공비가 적게 든다.
③ 화재 시 사람의 조작 없이 작동이 가능하다.
④ 초기 화재의 진화에 효과적이다.

해설 스프링클러 설비의 장 · 단점

장 점	단 점
· 소화 약제가 물이므로 소화 약제 비용이 절감된다. · 화재 시 사람의 조작 없이 작동이 가능하다. · 초기 화재의 진화에 효과적이다.	· 물로 인한 피해가 크다. · 초기 시공비가 많이 든다. · 시공이 다른 설비와 비교했을 때 복잡하다.

22 트라이에틸알루미늄의 소화 약제로서 다음 중 가장 적당한 것은?

① 마른 모래, 팽창 질석
② 물, 수성막 포
③ 할로젠화합물, 단백포
④ 이산화탄소, 강화액

정답 15 ②　16 ③　17 ③　18 ③　19 ④　20 ①　21 ②　22 ①

해설 소화 설비의 적응성

소화 설비의 구분			대상물 구분											
			건축물·그 밖의 공작물	전기 설비	제1류 위험물		제2류 위험물			제3류 위험물		제4류 위험물	제5류 위험물	제6류 위험물
					알칼리 금속 과산화물 등	그 밖의 것	철분·금속분·마그네슘 등	인화성 고체	그 밖의 것	금수성 물품	그 밖의 것			
옥내 소화전 설비 또는 옥외 소화전 설비			○			○		○	○		○		○	○
스프링클러 설비			○			○		○	○		○	△	○	○
물분무 등 소화 설비	물분무 소화 설비		○	○		○		○	○		○	○	○	○
	포 소화 설비		○			○		○	○		○	○	○	○
	불활성 가스 소화 설비			○				○				○		
	할로젠 화합물 소화 설비			○				○				○		
	분말 소화 설비	인산염류 등	○	○		○		○	○			○		○
		탄산수소염류 등		○	○		○	○		○		○		
		그 밖의 것			○		○			○				
대형·소형 수동식 소화기	봉상수(棒狀水) 소화기		○			○		○	○		○		○	○
	무상수(無狀水) 소화기		○	○		○		○	○		○		○	○
	봉상 강화액 소화기		○			○		○	○		○		○	○
	무상 강화액 소화기		○	○		○		○	○		○	○	○	○
	포 소화기		○			○		○	○		○	○	○	○
	이산화탄소 소화기			○				○				○		△
	할론 소화 설비			○				○				○		
	분말 소화기	인산염류 소화기	○	○		○		○	○			○		○
		탄산수소염류 소화기		○	○		○	○		○		○		
		그 밖의 것			○		○			○				
기타	물통 또는 수조		○			○		○	○		○		○	○
	건조사				○	○	○	○	○	○	○	○	○	○
	팽창 질석 또는 팽창 진주암				○	○	○	○	○	○	○	○	○	○

23 위험물안전관리법령상 물분무 소화 설비가 적응성이 있는 대상물은?

① 알칼리 금속 과산화물
② 전기 설비
③ 마그네슘
④ 금속분

해설 22번 해설 참조

24 위험물안전관리법령상 제6류 위험물에 적응성이 있는 소화 설비는?

① 옥내 소화전 설비
② 불활성 가스 소화 설비
③ 할로젠 화합물 소화 설비
④ 탄산수소염류 분말 소화 설비

해설 23번 해설 참조

25 수소화나트륨 저장 창고에 화재가 발생하였을 때 주수 소화가 부적합한 이유로 옳은 것은?

① 발열 반응을 일으키고, 수소를 발생한다.
② 수화 반응을 일으키고, 수소를 발생한다.
③ 중화 반응을 일으키고, 수소를 발생한다.
④ 중합 반응을 일으키고, 수소를 발생한다.

해설 $NaH + H_2O \rightarrow NaOH + H_2$

26 위험물안전관리법령에서 정한 포 소화 설비의 기준에 따른 기동 장치에 대한 설명으로 옳은 것은?

① 자동식의 기동 장치만 설치하여야 한다.
② 수동식의 기동 장치만 설치하여야 한다.
③ 자동식의 기동 장치와 수동식의 기동 장치를 모두 설치하여야 한다.
④ 자동식의 기동 장치 또는 수동식의 기동 장치를 설치하여야 한다.

해설 **포 소화 설비의 기준에 따른 기동 장치** : 자동식의 기동 장치 또는 수동식의 기동 장치를 설치하여야 한다.

27 소화 약제 또는 그 구성 성분으로 사용되지 않는 물질은?

① CF_2ClBr　　② $CO(NH_2)_2$
③ NH_4NO_3　　④ K_2CO_3

해설 ① CF_2ClBr : 할로겐화합물 소화기
② $CO(NH_2)_2$: 제4종 분말 소화기 $[KHCO_3+CO(NH_2)_2]$의 구성 성분
③ NH_4NO_3 : 제1류 위험물 중 질산염류
④ K_2CO_3 : 강화액 소화기($H_2O+K_2CO_3$)의 구성 성분

정답 23 ② 24 ① 25 ① 26 ④ 27 ③

28 다음 중 화학적 에너지원이 아닌 것은?

① 연소열 ② 분해열
③ 마찰열 ④ 융해열

해설 화학적 에너지원
① 연소열
② 분해열
④ 융해열

29 할론 2402를 소화 약제로 사용하는 이동식 할로겐화합물 소화 설비는 20℃의 온도에서 하나의 노즐마다 분당 방사되는 소화 약제의 양(kg)을 얼마 이상으로 하여야 하는가?

① 5 ② 35 ③ 45 ④ 50

해설 이동식 할로겐화합물 소화 설비

소화 약제의 종류	소화 약제의 양	분당 방사량
할론 2402	50kg	45kg
할론 1211	45kg	40kg
할론 1301		35kg

30 위험물안전관리법령에 따르면 옥외 소화전의 개폐 밸브 및 호스 접속구는 지반면으로부터 몇 m 이하의 높이에 설치해야 하는가?

① 1.5 ② 2.5 ③ 3.5 ④ 4.5

해설 옥외 소화전의 개폐 밸브 및 호스 접속구는 지반면으로부터 1.5m 이하의 높이에 설치한다.

31 소화 설비의 설치 기준에 있어서 위험물 저장소의 건축물로서 외벽이 내화 구조로 된 것은 연면적 몇 m^2를 1소요 단위로 하는가?

① 50 ② 75 ③ 100 ④ 150

해설 저장소 건축물의 경우
㉠ 외벽이 내화 구조로 된 것으로 연면적이 $150m^2$
㉡ 외벽이 내화 구조가 아닌 것으로 연면적이 $75m^2$

32 위험물안전관리법령상 자동 화재 탐지 설비를 반드시 설치하여야 할 대상에 해당되지 않는 것은?

① 옥내에서 지정 수량 200배의 제3류 위험물을 취급하는 제조소
② 옥내에서 지정 수량 200배의 제2류 위험물을 취급하는 일반 취급소
③ 지정 수량 200배의 제1류 위험물을 저장하는 옥내 저장소
④ 지정 수량 200배의 고인화점 위험물만을 저장하는 옥내 저장소

해설 제조소 등별로 설치하여야 하는 경보 설비의 종류

제조소 등의 구분	제조소 등의 규모, 저장 또는 취급하는 위험물의 종류 및 최대 수량 등	경보 설비
제조소 및 일반 취급소	· 연면적 $500m^2$ 이상인 것 · 옥내에서 지정 수량의 100배 이상을 취급하는 것(고인화점 위험물만을 100℃ 미만의 온도에서 취급하는 것을 제외한다.) · 일반 취급소로 사용되는 부분 외의 부분이 있는 건축물에 설치된 일반 취급소(일반 취급소와 일반 취급소 외의 부분이 내화 구조의 바닥 또는 벽으로 개구부 없이 구획된 것을 제외한다.)	자동화재 탐지설비
옥내 저장소	· 지정 수량의 100배 이상을 저장 또는 취급하는 것(고인화점 위험물만을 저장 또는 취급하는 것을 제외한다.) · 저장 창고의 연면적이 $150m^2$를 초과하는 것[당해 저장 창고가 연면적 $150m^2$ 이내마다 불연 재료의 격벽으로 개구부 없이 완전히 구획된 것 과 제2류 또는 제4류의 위험물(인화성 고체 및 인화점이 70℃ 미만인 제4류 위험물을 제외한다)만을 저장 또는 취급하는 것에 있어서는 저장 창고의 연면적이 $500m^2$ 이상의 것에 한한다.] · 처마 높이가 6m 이상인 단층 건물의 것 · 옥내 저장소로 사용되는 부분 외의 부분이 있는 건축물에 설치된 옥내 저장소[옥내 저장소와 옥내 저장소 외의 부분이 내화 구조의 바닥 또는 벽으로 개구부 없이 구획된 것과 제2류 또는 제4류의 위험물(인화성 고체 및 인화점이 70℃ 미만인 제4류 위험물을 제외한다.)만을 저장 또는 취급하는 것을 제외한다.]	

정답 28 ③ 29 ③ 30 ① 31 ④ 32 ④

옥내 탱크 저장소	단층 건물 외의 건축물에 설치된 옥내 탱크 저장소로서 소화 난이도 등급 I에 해당하는 것	
주유 취급소	옥내 주유 취급소	
옥외 탱크 저장소	특수 인화물, 제1석유류 및 알코올류를 저장 또는 취급하는 탱크의 용량이 1,000만 리터 이상인 것	자동 화재 탐지 설비, 자동 화재 속보 설비
제1호 내지 제5호의 자동 화재 탐지 설비 설치 대상에 해당하지 아니하는 제조소 등	지정 수량의 10배 이상을 저장 또는 취급하는 것	자동 화재 탐지 설비, 비상 경보 설비, 확성 장치 또는 비상 방송 설비 중 1종 이상

33 위험물안전관리법령상 정전기를 유효하게 제거하기 위해서는 공기 중의 상대 습도는 몇 % 이상 되게 하여야 하는가?

① 40%　② 50%
③ 60%　④ 70%

해설 정전기를 유효하게 제거하기 위해 공기 중의 상대습도를 70% 이상 되게 한다.

34 분말 소화 약제 중 열분해 시 부착성이 있는 유리상의 메타인산이 생성되는 것은?

① Na_3PO_4　② $(NH_4)_3PO_4$
③ $NaHCO_3$　④ $NH_4H_2PO_4$

해설 $NH_4H_2PO_4 \longrightarrow \underset{\text{유리상으로 융착}}{\underline{HPO_3}} + NH_3 + H_2O$

35 화재 발생 시 물을 사용하여 소화할 수 있는 물질은?

① K_2O_2　② CaC_2
③ Al_4C_3　④ P_4

해설 ① 과산화칼륨(K_2O_2) : 건조사
② 탄화칼슘(CaC_2) : 건조사
③ 탄화알루미늄(Al_4C_3) : 건조사
④ 황린(P_4) : 다량의 물로 냉각 소화

36 위험물 제조소 등에 설치하는 옥외 소화전 설비에 있어서 옥외 소화전함은 옥외 소화전으로부터 보행거리 몇 m 이하의 장소에 설치하는가?

① 2m　② 3m　③ 5m　④ 10m

해설 위험물 제조소 등에 설치하는 옥외 소화전 설비 : 옥외 소화전함은 옥외 소화전으로부터 보행 거리 5m 이하의 장소에 설치한다.

37 위험물 제조소 등에 설치하는 불활성 가스 소화 설비에 있어 저압식 저장 용기에 설치하는 압력 경보 장치의 작동 압력 기준은?

① 0.9MPa 이하 1.3MPa 이상
② 1.9MPa 이하 2.3MPa 이상
③ 0.9MPa 이하 2.3MPa 이상
④ 1.9MPa 이하 1.3MPa 이상

해설 불활성 가스 소화 설비의 저압식 저장 용기의 압력 경보 장치의 작동 압력 : 1.9MPa 이하 2.3MPa 이상

38 위험물 제조소 등의 옥내 소화전이 1층에 6개, 2층에 5개, 3층에 4개가 설치되었다. 이때 수원의 수량은 몇 m^3 이상이 되도록 설치하여야 하는가?

① 23.4　② 31.8　③ 39.0　④ 46.8

해설 수원의 양 $Q(m^3) = N \times 7.8m^3$
(N : 설치 개수가 5개 이상인 경우는 5개의 옥내 소화전)
$\therefore Q = 5 \times 7.8m^3 = 39m^3$

39 할로겐 화합물의 화학식과 Halon 번호가 옳게 연결된 것은?

① CH_2ClBr – Halon 1211
② CF_2ClBr – Halon 1040
③ $C_2F_4Br_2$ – Halon 2402
④ CF_3Br – Halon 1011

정답 33 ④ 34 ④ 35 ④ 36 ③ 37 ② 38 ③ 39 ③

해설 할론의 명칭 순서
· 첫째 : 탄소
· 둘째 : 불소
· 셋째 : 염소
· 넷째 : 브롬
① CH_2ClBr – Halon 1011
② CF_2ClBr – Halon 1211
③ $C_2F_4Br_2$ – Halon 2402
④ CF_3Br – Halon 1301

40 스프링클러 설비에 대한 설명 중 틀린 것은 어느 것인가?

① 초기 화재의 진압에 효과적이다.
② 조작이 쉽다.
③ 소화 약제가 물이므로 경제적이다.
④ 타 설비보다 시공이 비교적 간단하다.

해설 ④ 시공이 다른 설비와 비교했을 때 복잡하다.

제3과목 위험물의 성질과 취급

41 위험물안전관리법령에 따라 특정 옥외 저장 탱크를 원통형으로 설치하고자 한다. 지반면으로부터의 높이가 16m일 때 이 탱크가 받는 풍하중은 $1m^2$당 얼마 이상으로 계산하여야 하는가? (단, 강풍을 받을 우려가 있는 장소에 설치하는 경우는 제외한다.)

① 0.7640kN ② 1.2348kN
③ 1.6464kN ④ 2.348kN

해설 특정 옥외 저장 탱크의 풍하중
$q=0.588k\sqrt{h}$
여기서, q : 풍하중(kN/m^2)
k : 풍력 계수(원통형 탱크의 경우는 0.7, 그 외의 탱크는 1.0)
h : 지반면으로부터의 높이(m)
$q=0.588\times0.7\sqrt{16}=1.646kN$

42 위험물안전관리법령상 위험물을 수납한 운반 용기의 외부에 표시하여야 할 사항이 아닌 것은?

① 위험 등급
② 위험물의 수량
③ 위험물의 품명
④ 안전관리자의 이름

해설 위험물을 수납한 운반 용기의 외부에 표시하여야 할 사항
㉠ 위험물의 품명, 위험 등급, 화학명 및 수용성(수용성 표시는 제4류 위험물로서 수용성인 것에 한한다)
㉡ 위험물의 수량
㉢ 수납하는 위험물에 따른 주의 사항

43 위험물 제조소의 표지의 크기 규격으로 옳은 것은?

① 0.2m × 0.4m
② 0.3m × 0.3m
③ 0.3m × 0.6m
④ 0.6m × 0.2m

해설 위험물 제조소의 표지
㉠ 한 변의 길이 0.3m 이상, 다른 한 변의 길이 0.6m 이상
㉡ 백색 바탕에 흑색 문자

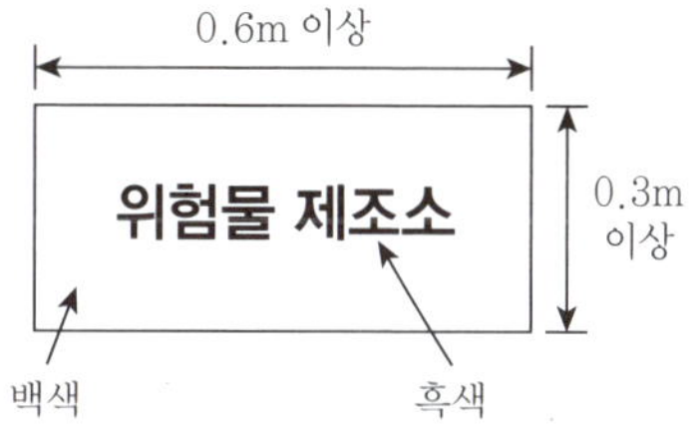

44 위험물 운반 시 유별을 달리하는 위험물의 혼재 기준에서 다음 중 혼재가 가능한 위험물은? (단, 각각 지정 수량 10배의 위험물로 가정한다.)

① 제1류와 제4류
② 제2류와 제3류
③ 제3류와 제4류
④ 제1류와 제5류

정답 40 ④ 41 ③ 42 ④ 43 ③ 44 ③

해설 유별을 달리하는 위험물의 혼재 기준

구 분	제1류	제2류	제3류	제4류	제5류	제6류
제1류		×	×	×	×	○
제2류	×		×	○	○	×
제3류	×	×		○	×	×
제4류	×	○	○		○	×
제5류	×	○	×	○		×
제6류	○	×	×	×	×	

45 위험물을 저장 또는 취급하는 탱크의 용량 산정 방법에 관한 설명으로 옳은 것은?

① 탱크의 내용적에서 공간 용적을 뺀 용적으로 한다.
② 탱크의 공간 용적에서 내용적을 뺀 용적으로 한다.
③ 탱크의 공간 용적에서 내용적을 더한 용적으로 한다.
④ 탱크의 볼록하거나 오목한 부분을 뺀 내용적으로 한다.

해설 탱크의 용량＝내용적－공간 용적

46 제3류 위험물을 취급하는 제조소와 3백명 이상의 인원을 수용하는 영화 상영관과의 안전 거리는 몇 m 이상이어야 하는가?

① 10　② 20
③ 30　④ 50

해설 제조소와의 안전 거리 30m 이상
㉠ 학교, 병원, 공연장, 영화관(300명 이상 수용)
㉡ 노유자 시설 등(20명 이상 수용)

47 과산화수소의 성질에 관한 설명으로 옳지 않은 것은?

① 농도에 따라 위험물에 해당하지 않는 것도 있다.
② 분해 방지를 위해 보관 시 안정제를 가할 수 있다.
③ 에테르에 녹지 않으며, 벤젠에 잘 녹는다.
④ 산화제이지만 환원제로서 작용하는 경우도 있다.

해설 ③ 에테르에는 녹지만 벤젠에는 녹지 않는다.

48 과산화벤조일에 대한 설명으로 틀린 것은?

① 벤조일퍼옥사이드라고도 한다.
② 상온에서 고체이다.
③ 산소를 포함하지 않는 환원성 물질이다.
④ 희석제를 첨가하여 폭발성을 낮출 수 있다.

해설 ③ 산소를 포함하고 있는 폭발성이 강한 강산화제이다.

49 다음 중 일반적으로 자연 발화의 위험성이 가장 낮은 장소는?

① 온도 및 습도가 높은 장소
② 습도 및 온도가 낮은 장소
③ 습도는 높고, 온도는 낮은 장소
④ 습도는 낮고, 온도는 높은 장소

해설 자연 발화의 위험성이 가장 낮은 장소 : 습도 및 온도가 낮은 장소

50 위험물안전관리법령상 취급소에 해당하지 않는 것은?

① 주유 취급소　② 옥내 취급소
③ 이송 취급소　④ 판매 취급소

해설 위험물 취급소의 구분
㉠ 주유 취급소　㉡ 이송 취급소
㉢ 판매 취급소　㉣ 일반 취급소

51 위험물안전관리법령에서 정한 제1류 위험물이 아닌 것은?

① 질산메틸　② 질산나트륨
③ 질산칼륨　④ 질산암모늄

해설 ① 질산메틸 : 제5류 위험물

52 위험물안전관리법령상 간이 탱크 저장소의 위치·구조 및 설비의 기준에서 간이 저장 탱크 1개의 용량은 몇 L 이하이어야 하는가?

① 300　② 600
③ 1,000　④ 1,200

정답 45 ①　46 ③　47 ③　48 ③　49 ②　50 ②　51 ①　52 ②

해설 간이 저장 탱크의 용량 : 600L 이하

53 다음 중 물과 반응하여 산소를 발생하는 것은?

① $KClO_3$ ② Na_2O_2
③ $KClO_4$ ④ CaC_2

해설 ① 온수에는 잘 녹으며, 냉수에는 녹지 않는다.
② $2Na_2O + 2H_2O \rightarrow 4NaOH + O_2$
③ 물에는 약간 녹는다.
④ $CaC_2 + 2H_2O \rightarrow Ca(OH)_2 + C_2H_2$

54 염소산칼륨에 관한 설명 중 옳지 않은 것은?

① 강산화제로 가열에 의해 분해하여 산소를 방출한다.
② 무색의 결정 또는 분말이다.
③ 온수 및 글리세린에 녹지 않는다.
④ 인체에 유독하다.

해설 ③ 온수 및 글리세린에는 잘 녹는다.

55 물과 반응하였을 때 발생하는 가연성 가스의 종류가 나머지 셋과 다른 하나는?

① 탄화리튬(Li_2C_2) ② 탄화마그네슘(MgC_2)
③ 탄화칼슘(CaC_2) ④ 탄화알루미늄(Al_4C_3)

해설 ① $Li_2C_2 + 2H_2O \rightarrow 2LiOH + C_2H_2$
② $MgC_2 + 2H_2O \rightarrow Mg(OH)_2 + C_2H_2$
③ $CaC_2 + 2H_2O \rightarrow Ca(OH)_2 + C_2H_2$
④ $Al_4C_3 + 12H_2O \rightarrow 4Al(OH)_3 + 3CH_4$

56 다음 중 저장하는 위험물의 종류 및 수량을 기준으로 옥내 저장소에서 안전 거리를 두지 않을 수 있는 경우는?

① 지정 수량 20배 이상의 동 · 식물유류
② 지정 수량 20배 미만의 특수 인화물
③ 지정 수량 20배 미만의 제4석유류
④ 지정 수량 20배 이상의 제5류 위험물

해설 옥내 저장소에서 안전 거리를 두지 않을 수 있는 경우
㉠ 제6류 위험물
㉡ 지정 수량 20배 미만의 제4석유류
㉢ 지정 수량 20배 미만의 동·식물유류

57 위험물 옥내 저장소의 피뢰 설비는 지정 수량의 최소 몇 배 이상인 저장 창고에 설치하도록 하고 있는가? (단, 제6류 위험물의 저장 창고를 제외한다.)

① 10 ② 15
③ 20 ④ 30

해설 옥내 저장소의 피뢰 설비 : 지정 수량의 10배 이상인 저장 창고에 설치한다(단, 제6류 위험물의 저장 창고는 제외).

58 염소산나트륨의 위험성에 대한 설명 중 틀린 것은?

① 조해성이 강하므로 저장 용기는 밀전한다.
② 산과 반응하여 이산화염소를 발생한다.
③ 황, 목탄, 유기물 등과 혼합한 것은 위험하다.
④ 유리 용기를 부식시키므로 철제 용기에 저장한다.

해설 ④ 철을 부식시키므로 철제 용기에 저장하지 말아야 한다.

59 염소산칼륨이 고온에서 열분해할 때 생성되는 물질을 옳게 나타낸 것은?

① 물, 산소
② 염화칼륨, 산소
③ 이염화칼륨, 수소
④ 칼륨, 물

해설 $2KClO_3 \longrightarrow 2KCl + 3O_2$

60 아밀알코올에 대한 설명으로 틀린 것은?

① 8가지 이성체가 있다.
② 청색이고 무취의 액체이다.
③ 분자량은 약 88.15이다.
④ 포화지방족 알코올이다.

해설 ② 불쾌한 냄새가 나는 무색의 투명한 액체이다.

정답 53 ② 54 ③ 55 ④ 56 ③ 57 ① 58 ④ 59 ② 60 ②

위험물 산업기사 (2023. 3. 4 시행)

제1과목 일반화학

01 물질의 삼태 변화에서 꼭 수반되는 것은?

① 원자량　② 에너지
③ 원자 구조　④ 분자량

해설 물질의 삼태 변화에서 꼭 수반되는 것은 에너지의 변화이다.

02 텅스텐의 비열은 약 0.035cal/g이다. 텅스텐의 근사한 원자량은? (단, 원자열 용량은 6.3이다.)

① 60　② 120
③ 180　④ 240

해설 $\frac{6.3}{0.035}=180$

03 보일의 법칙을 설명한 것은?

① 일정한 온도에서 기체의 부피는 그 압력에 비례한다.
② 일정한 온도에서 기체의 부피는 그 압력에 반비례한다.
③ 일정한 압력에서 기체의 부피는 그 온도에 비례한다.
④ 일정한 압력에서 기체의 부피는 그 온도에 반비례한다.

해설 보일의 법칙
$PV=P_1V_1$

04 열의 평형과 관계되는 법칙은?

① 열역학 제0법칙　② 열역학 제1법칙
③ 열역학 제2법칙　④ 열역학 제3법칙

해설 열의 평형과 관계되는 법칙은 열역학 제0법칙

05 40℃에서 어떤 물질은 그 포화 용액 84g 속에 24g 녹아 있다. 이 온도에서 이 물질의 용해도는?

① 30　② 40
③ 50　④ 60

해설 용해도$=\frac{24}{84-24}\times 100=40$

06 다음 중 원자핵을 구성하는 물질이 아닌 것은?

① 전자　② 양성자
③ 중간자　④ 중성자

해설 원자핵은 양성자 및 중성자를 연결하는 중간자로 구성되어 있다.

07 주기율표에서 원소의 배열 순서를 결정하는 것은?

① 원자핵의 양성자수
② 원자핵의 중성자수
③ 원자의 산화수
④ 원자핵의 질량수

해설 현재 사용되고 있는 주기율표는 모즐리가 만든 것으로서, 원자 번호 순으로 배열된 주기표를 사용하고 있다(원자 번호=양성자수=전자수).

08 알칼리 금속에 속하는 원소와 할로겐족에 속하는 원소가 결합하여 화합물을 생성하였다. 이 화합물의 화학 결합은? (단, 수소는 제외한다.)

① 이온 결합　② 공유 결합
③ 금속 결합　④ 배위 결합

해설 예 NaCl, KCl

정답 01 ② 02 ③ 03 ② 04 ① 05 ② 06 ① 07 ① 08 ①

09 다음 중 온도와 압력을 함께 낮게 할 때 평형이 오른쪽으로 이동하는 것은?

① $2H_2(g)+O_2(g) \rightarrow 2H_2O(g)+58.7kcal$
② $2CO_2(g) \rightarrow 2CO(g)+O_2(g)-134.4kcal$
③ $2CH_3OH(g)+3O_2(g)$
$\rightarrow 2CO_2(g)+4H_2O(g)+156.8kcal$
④ $H_2S(g) \rightarrow H_2(g)+S(g)-4.5kcal$

해설 발열 반응이며, 몰수가 증가한다.

10 표준 전극 전위(E^o)가 다음과 같을 때 가장 강한 환원제는?

① $F_2=+2.87V$
② $MnO_4^-=+1.51V$
③ $Cr_2O_7^{2-}=+1.33V$
④ $NO_3^-=+0.96V$

해설 표준 전위 전극이 클수록 강한 산화제이다.

11 상온에서 액체인 금속은?

① Pb ② Hg ③ Ag ④ Br

해설 금속은 상온에서 고체이다. Hg(수은)만이 유일한 액체이며, 비금속 중에서는 Br_2(브롬)만이 유일한 액체이다.

12 불꽃 반응 시 보라색을 나타내는 금속은?

① Li ② K ③ Na ④ Ba

해설 ① Li : 빨강 ② K : 보라 ③ Na : 노랑 ④ Ba : 황록색

13 테르밋이 되는 주성분은?

① Mg과 Al_2O_3 ② Al과 Fe_2O_3
③ Zn과 Fe_2O_3 ④ Cr과 Al_2O_3

해설 테르밋(Thermit)법
Al 가루와 Fe_2O_3 가루의 혼합물을 발화시키면 3,000°C 이상의 열을 내므로 레일의 용접 등에 사용한다.
$2Al+Fe_2O_3 \rightarrow Al_2O_3 + 2Fe$

14 다음 물질 중 상온에서 액체이며, 독성이 강한 것은?

① F_2 ② Cl_2 ③ CO ④ Br_2

해설 브롬(Br_2)은 적갈색의 독성을 지닌 액체이다.

15 다음 암모니아(NH_3)에 대한 설명 중 맞지 않는 것은?

① HCl과 반응하면 흰 연기를 낸다.
② NH_4^+이온은 네슬러 시약에 의해 검출된다.
③ 물에 불용성 물질이다.
④ 요소 비료의 원료이다.

해설 ① $NH_3+HCl \longrightarrow NH_4Cl$(흰 연기)
② NH_4^+이온은 네슬러 시약에 의해 적갈색으로 변한다.
③ NH_3는 물에 잘 용해된다.
④ $2NH_3+CO_2 \longrightarrow (NH_2)_2CO$(요소)

16 탄소 화합물(유기물)의 특성을 설명한 것이다. 틀린 것은?

① 유기 용매에 녹는 것이 많다.
② 공유 결합을 하며, 녹는점이 매우 높다.
③ 유기물은 연소하여 CO_2와 H_2O이 생성된다.
④ 구성 원소는 대부분 C, H, O로 되어 있으며, 약간의 N, P, S 등의 원소로 구성되어 있다.

해설 녹는점이 높지 않다.

17 분자식이 같고, 구조식이 다른 화합물을 서로 무엇이라 하는가?

① 동소체 ② 이성질체
③ 동위 원소 ④ 동족렬

해설 ② 이성질체 : 분자식이 같고, 구조식이 다른 화합물

18 메탄에 직접 염소를 작용시켜 클로로포름을 만드는 반응을 무엇이라 하는가?

① 환원 ② 치환
③ 탈수 ④ 탈수소

정답 09 ③ 10 ④ 11 ② 12 ② 13 ② 14 ④ 15 ③ 16 ② 17 ② 18 ②

해설 $CH_4 \xrightarrow{\text{치환 반응}(Cl_2)} CHCl_3$

19 다음 중 방향족 화합물은?

① CH_4　② C_2H_4　③ C_3H_8　④ C_6H_6

해설 ① 메탄(포화 탄화수소)
② 에틸렌(불포화 탄화수소)
③ 프로판(포화 탄화수소)
④ 벤젠  (방향족 고리 화합물)

20 포도당의 분자식은?

① $C_6H_{12}O_6$　② $C_{12}H_{22}O_{11}$
③ $(C_6H_{10}O_5)_n$　④ $C_{12}H_{20}O_{10}$

해설 포도당은 단당류이다.

제2과목 화재예방과 소화방법

21 산화제와 환원제를 연소의 4요소와 연관지어 연결한 것으로 옳은 것은?

① 산화제 – 산소 공급원, 환원제 – 가연물
② 산화제 – 가연물, 환원제 – 산소 공급원
③ 산화제 – 연쇄 반응, 환원제 – 점화원
④ 산화제 – 점화원, 환원제 – 가연물

해설 연소의 4요소
㉠ 산화제 – 산소 공급원
㉡ 환원제 – 가연물
㉢ 점화원
㉣ 순조로운 연쇄 반응

22 공기 중 산소는 부피 백분율과 질량 백분율로 각각 약 몇 %인가?

① 79, 21　② 21, 23
③ 23, 21　④ 21, 79

해설 산소는 공기 중에 21%(용량) 또는 23%(중량) 존재하고 있으므로 공급되는 공기 중의 산소의 양에 따라 화재가 확대 또는 축소되기도 하므로 가연 물질의 연소 또는 화재에 미치는 산소의 역할은 크다.

23 연소할 때 자기 연소를 일으키지 않는 것은?

① $C_2H_5ONO_2$　② $[C_6H_7O_2(ONO_2)_3]_n$
③ CH_3ONO_2　④ $C_6H_5NO_2$

해설 ④ 증발 연소

24 촛불의 연소 형태는?

① 분해 연소　② 표면 연소
③ 내부 연소　④ 증발 연소

해설 촛불의 연소는 고체 가연물의 연소 형태 중 증발 연소이다.

25 연소 이론에 대한 설명으로 가장 거리가 먼 것은?

① 발화점이 낮을수록 위험성이 크다.
② 인화점이 낮을수록 위험성이 크다.
③ 인화점이 낮은 물질은 발화점도 낮다.
④ 폭발 한계가 넓을수록 위험성이 크다.

해설 인화점이 낮다고 해서 발화점이 낮지는 않다.

26 수소의 공기 중 연소 범위에 가장 가까운 값을 나타내는 것은?

① 2.5~82.0vol%
② 5.3~13.9vol%
③ 4.0~74.5vol%
④ 12.5~55.0vol%

해설

가스	연소 범위(vol%)
수소	4.0~74.5

정답 19 ④ 20 ① 21 ① 22 ② 23 ④ 24 ④ 25 ③ 26 ③

27 위험물안전관리법령상 제2류 위험물 중 지정 수량이 500kg인 물질에 의한 화재는?

① A급 화재 ② B급 화재
③ C급 화재 ④ D급 화재

해설 D급(금속) 화재 : 제2류 위험물 중 지정 수량이 500kg인 물질(금속분), 제3류 위험물 등

28 포 소화 약제 중 A제의 주성분으로 틀린 것은?

① 중조
② 카세인
③ 황산알루미늄
④ 소다회

해설 화학포의 구성 성분
㉠ A제 : $NaHCO_3$(중조, 탄산수소나트륨, 중탄산나트륨)+기포 안정제(단백질 분해물, 계면활성제, 사포닌, 소다회를 혼합시킨 것)
㉡ B제 : 황산알루미늄[$Al_2(SO_4)_3$]

29 단백포 소화 약제 제조 공정에서 부동제로 사용하는 것은?

① 에틸렌글리콜 ② 물
③ 가수 분해 단백질 ④ 황산제1철

해설 조정 공정
단백포 소화 약제의 제조 공정 중 마지막 단계로서, 소화용 이외의 이·화학적 성능을 향상시키기 위해서 방부제·부동제 등을 첨가한다. 이 경우 방부제로는 트라이클로로페놀, 펜타클로로페놀 등의 수용성 염류 등이 사용되며, 부동제로는 에틸렌글리콜, 프로필렌글라이콜 등이 사용된다.

30 분말 소화기의 각 종별 소화 약제 주성분이 옳게 연결된 것은?

① 제1종 소화 분말: $KHCO_3$
② 제2종 소화 분말 : $NaHCO_3$
③ 제3종 소화 분말 : $NH_4H_2PO_4$
④ 제4종 소화 분말 : $NaHCO_3+(NH_2)_2CO$

해설 분말 소화 약제의 종류

종 별	소화 약제 주성분
제1종	$NaHCO_3$
제2종	$KHCO_3$
제3종	$NH_4H_2PO_4$
제4종	$KHCO_3+(NH_2)_2CO$

31 소화 효과 중 부촉매 효과를 기대할 수 있는 소화 약제는?

① 물 소화 약제 ② 포 소화 약제
③ 분말 소화 약제 ④ 이산화탄소 소화 약제

해설 제3종 분말 소화 약제의 부촉매 효과 : 제1인산암모늄($NH_4H_2PO_4$)으로부터 유리되어 나온 활성화된 암모늄 이온(NH_4^+)이 가연 물질 내부에 함유되어 있는 활성화된 수산이온(OH^-)과 반응하여 연속적인 연소의 연쇄 반응을 억제·방해 또는 차단시킴으로써 화재를 소화한다.

32 할로겐 화합물 중 CH_3I에 해당하는 할론 번호는?

① 1031 ② 1301
③ 13001 ④ 10001

해설 ㉠ Halon 번호
첫째 – 탄소수, 둘째 – 불소수, 셋째 – 염소수,
넷째 – 브롬수, 다섯째 – 요오드수
㉡ Halon 10001–CH_3I

33 할로겐 화합물 청정 소화 약제 중 HFC–23의 화학식은?

① CF_3I ② CHF_3
③ $CF_3CH_2CF_3$ ④ C_4F_{10}

해설 할로겐 화합물 청정 소화 약제

종 류	화학식
FIC–1311	CF_3I
HFC–23	CHF_3
HFC–236fa	$CF_3CH_2CF_3$
FC–3–1–10	C_4F_{10}

정답 27 ④ 28 ③ 29 ① 30 ③ 31 ③ 32 ④ 33 ②

34 위험물을 제조소에서 옥내 소화전이 1층에 4개, 2층에 6개가 설치되어 있을 때 수원의 수량은 몇 L 이상이 되도록 설치하여야 하는가?

① 13,000　　② 15,600
③ 39,000　　④ 46,800

해설 수원의 양 $Q(\text{L}) = N \times 7{,}800\text{L}$
$= 5 \times 7{,}800\text{L} = 39{,}000\text{L}$
(N : 설치 개수가 5개 이상인 경우는 5개의 옥내 소화전)

35 위험물안전관리법령상 물분무 소화 설비의 제어 밸브는 바닥으로부터 어느 위치에 설치하여야 하는가?

① 0.5m 이상 1.5m 이하
② 0.8m 이상 1.5m 이하
③ 1m 이상 1.5m 이하
④ 1.5m 이상

해설 물분무 소화 설비 제어 밸브 : 바닥으로부터 0.8m 이상 1.5m 이하

36 펌프의 공동 현상(cavitation)을 방지하기 위한 방법이 아닌 것은?

① 흡입 양정을 될 수 있는 한 작게 한다.
② 흡입관의 구경을 펌프의 구경보다 작게 한다.
③ 흡입 배관의 구부림을 적게 한다.
④ 흡입 배관에는 스톱 밸브보다 슬루스 밸브를 사용한다.

해설 관 지름이 작아지면 유속이 증가하며, 속도 손실 수두가 증가하는 공동 현상(cavitation)이 발생한다.

37 위험물안전관리법령상 위험물 제조소 등에서 전기 설비가 있는 곳에 적응하는 소화 설비는?

① 옥내 소화전 설비
② 스프링클러 설비
③ 포 소화 설비
④ 할로젠 화합물 소화 설비

해설 소화 설비의 적응성

소화 설비의 구분			건축물·그 밖의 공작물	전기 설비	제1류 위험물: 알칼리 금속 과산화물 등	제1류 위험물: 그 밖의 것	제2류 위험물: 철분·금속분·마그네슘 등	제2류 위험물: 인화성 고체	제2류 위험물: 그 밖의 것	제3류 위험물: 금수성 물품	제3류 위험물: 그 밖의 것	제4류 위험물	제5류 위험물	제6류 위험물
옥내 소화전 설비 또는 옥외 소화전 설비			○			○		○	○		○		○	○
스프링클러 설비			○			○		○	○		○	△	○	○
물분무 등 소화 설비	물분무 소화 설비		○	○		○		○	○		○	○	○	○
	포 소화 설비		○			○		○	○		○	○	○	○
	불활성 가스 소화 설비			○				○				○		
	할로젠 화합물 소화 설비			○				○				○		
	분말 소화 설비	인산염류 등	○	○		○		○	○			○		○
		탄산수소염류 등		○	○		○	○		○		○		
		그 밖의 것			○		○			○				
대형·소형 수동식 소화기	봉상수(棒狀水) 소화기		○			○		○	○		○		○	○
	무상수(無狀水) 소화기		○	○		○		○	○		○		○	○
	봉상 강화액 소화기		○			○		○	○		○		○	○
	무상 강화액 소화기		○	○		○		○	○		○	○	○	○
	포 소화기		○			○		○	○		○	○	○	○
	이산화탄소 소화기			○				○				○		△
	할론 소화 설비			○				○				○		
	분말 소화기	인산염류 소화기	○	○		○		○	○			○		○
		탄산수소염류 소화기		○	○		○	○		○		○		
		그 밖의 것			○		○			○				
기타	물통 또는 수조		○			○		○	○		○		○	○
	건조사				○	○	○	○	○	○	○	○	○	○
	팽창 질석 또는 팽창 진주암				○	○	○	○	○	○	○	○	○	○

38 위험물 제조소 등에 설치하여야 하는 자동 화재 탐지 설비의 설치 기준에 대한 설명 중 틀린 것은?

① 자동 화재 탐지 설비의 경계 구역은 건축물, 그 밖의 공작물의 2 이상의 층에 걸치도록 할 것
② 하나의 경계 구역에서 그 한 변의 길이는 50m(광전식 분리형 감지기를 설치할 경우에는 100m) 이하로 할 것
③ 자동 화재 탐지 설비의 감지기는 지붕 또는 벽의 옥내에 면한 부분에 유효하게 화재의 발생을 감지할 수 있도록 설치할 것
④ 자동 화재 탐지 설비에는 비상 전원을 설치할 것

해설 ① 자동 화재 탐지 설비의 경계 구역은 건축물, 그 밖의 공작물의 2 이상의 층에 걸치지 아니하도록 할 것

정답 34 ③ 35 ② 36 ② 37 ④ 38 ①

39 통로 유도등은 바로 밑으로부터 0.5m 떨어진 바닥에서 측정하였을 때 조도는 얼마 이상이어야 하는가?

① 0.2Lux 이상 ② 0.5Lux 이상
③ 1Lux 이상 ④ 2Lux 이상

해설 ㉠ 통로 유도등의 조명도는 1Lux 이상
㉡ 객석 유도등의 조명도는 0.2Lux 이상

40 아염소산염류 500kg과 질산염류 3,000kg을 함께 저장하는 경우 위험물의 소요 단위는?

① 2 ② 4 ③ 6 ④ 8

해설 $소요\ 단위 = \frac{저장량}{지정\ 수량 \times 10배}$

$= \frac{500}{50 \times 10} + \frac{3,000}{300 \times 10} = 2$

제3과목 위험물의 성질과 취급

41 제1류 위험물의 일반적인 성질이 아닌 것은?

① 불연성 물질이다.
② 유기 화합물이다.
③ 산화성 고체로서 강산화제이다.
④ 알칼리 금속의 과산화물은 물과 작용하여 발열한다.

해설 ② 모두 무기 화합물이다.

42 일반적으로 다음에서 설명하는 성질을 가지고 있는 위험물은?

• 불안정한 고체 화합물로서, 분해가 용이하여 산소를 방출한다.
• 물과 격렬하게 반응하여 발열한다.

① 무기 과산화물 ② 과망가니즈산염류
③ 과염소산염류 ④ 다이크로뮴산염류

해설 무기 과산화물의 설명이다.

43 위험물안전관리법령상 제2류 위험물의 위험 등급에 대한 설명으로 옳은 것은?

① 제2류 위험물은 위험 등급 I에 해당되는 품명이 없다.
② 제2류 위험물 중 위험 등급 III에 해당되는 품명은 지정 수량이 500kg인 품명만 해당된다.
③ 제2류 위험물 중 황화인, 적린, 황 등 지정 수량이 100kg인 품명은 위험 등급 I에 해당한다.
④ 제2류 위험물 중 지정 수량이 1,000kg인 인화성 고체는 위험 등급 II에 해당한다.

해설 제2류 위험물의 품명과 지정 수량

성 질	품 명	지정 수량	위험 등급
가연성 고체	1. 황화인	100kg	II
	2. 적린	100kg	
	3. 황	100kg	
	4. 철분	500kg	III
	5. 금속분	500kg	
	6. 마그네슘	500kg	
	7. 그 밖에 행정안전부령이 정하는 것 8. 제1호에서 제7호까지의어느 하나에 해당하는 위험물을 하나 이상 함유한 것	100kg 또는 500kg	II, III
	9. 인화성 고체	1,000kg	

44 다음은 황의 동소체를 나열한 것이다. 이들 중 이황화탄소(CS_2)에 녹는 것들로 바르게 짝지어 놓은 것은?

㉠ 사방황 ㉡ 단사황
㉢ 고무상황

① ㉠, ㉡ ② ㉠, ㉢
③ ㉡, ㉢ ④ ㉠, ㉡, ㉢

해설 고무상황은 CS_2에 녹지 않는다.

정답 39 ③ 40 ① 41 ② 42 ① 43 ① 44 ①

45 제3류 위험물의 공통적인 성질을 설명한 것 중 옳은 것은? (단, 황린은 제외)

① 모두 무기 화합물이다.
② 저장액으로 석유류를 이용한다.
③ 햇빛에 노출되는 순간 발화된다.
④ 물과 반응 시 발열 또는 발화된다.

해설 제3류 위험물의 공통적 성질은 물과 반응 시 발열 또는 발화하고, 가연성 가스의 발생 위험이 있어야 한다.

46 나트륨(Na)을 잘못 취급해 표면이 회백색으로 변했다. 이 나트륨 표면에 생성된 물질의 분자식을 올바르게 표시한 것은?

① Na_2O ② NaCl
③ $NaNO_3$ ④ NaOH

해설 $4Na + O_2 \longrightarrow 2Na_2O$

47 다음 물질 중 공기보다 증기 비중이 낮은 것은?

① 이황화탄소(CS_2)
② 시안화수소(HCN)
③ 아세트알데하이드(CH_3CHO)
④ 에테르($C_2H_5OC_2H_5$)

해설 제4류 위험물의 증기는 공기보다 무겁다. 단, HCN은 $\frac{27}{29}=0.98$이므로 예외이다.

48 물보다 무겁고, 물에 녹지 않아 저장 시 가연성 증기 발생을 억제하기 위해 콘크리트 수조 속의 위험물 탱크에 저장하는 물질은?

① 디에틸에테르
② 에탄올
③ 이황화탄소
④ 아세트알데하이드

해설 이황화탄소(CS_2)의 설명이다.

49 동·식물유류 중 넝마, 섬유류 등에 스며든 건성유가 자연 발화를 일으키는 이유는?

① 인화점이 상온보다 낮기 때문에
② 수분과 만나서 분해되기 때문에
③ 공기 중의 산소와 산화 중합하기 때문에
④ 공기 중의 수소와 반응하기 때문에

해설 건성유는 이중 결합이 많아 불포화도가 크므로 공기 중에서 산화 중합되어 자연 발화를 일으키기 쉬운 동·식물유류이다.

50 위험물안전관리법령은 위험물의 유별에 따른 저장·취급상의 유의 사항을 규정하고 있다. 이 규정에서 특히 과열, 충격, 마찰을 피하여야 할 류(類)에 속하는 위험물 품명을 나열한 것은?

① 하이드록실아민, 금속의 아지 화합물
② 금속의 산화물, 칼슘의 탄화물
③ 무기 금속 화합물, 인화성 고체
④ 무기 과산화물, 금속의 산화물

해설 제5류 위험물은 특히 과열, 충격, 마찰을 피하여야 할 위험물이다.
예 하이드록실아민, 금속의 아지 화합물

51 질화면을 강면약과 약면약으로 구분하는 기준은?

① 물질의 경화도 ② 수산기의 수
③ 질산기의 수 ④ 탄소 함유량

해설 질화면은 질산기의 수를 기준으로 강면약과 약면약으로 구분한다.

52 제6류 위험물을 저장하는 제조소 등에 적응성이 없는 소화 설비는?

① 옥외 소화전 설비
② 탄산수소염류 분말 소화 설비
③ 스프링클러 설비
④ 포 소화 설비

해설 37번 해설 참조

정답 45 ④ 46 ① 47 ② 48 ③ 49 ③ 50 ① 51 ③ 52 ②

53 과산화수소의 저장 방법으로 옳은 것은?

① 분해를 막기 위해 하이드라진을 넣고 완전히 밀전하여 보관한다.
② 분해를 막기 위해 하이드라진을 넣고 가스가 빠지는 구조로 마개를 하여 보관한다.
③ 분해를 막기 위해 요산을 넣고 완전히 밀전하여 보관한다.
④ 분해를 막기 위해 요산을 넣고 가스가 빠지는 구조로 마개를 하여 보관한다.

해설 과산화수소의 저장 방법 : 분해를 막기 위해 요산을 넣고 가스가 빠지는 구조로 마개를 하여 보관한다.

54 위험물안전관리법령에 근거하여 자체 소방대에 두어야 하는 제독차의 경우 가성소다 및 규조토를 각각 몇 kg 이상 비치하여야 하는가?

① 30 ② 50
③ 60 ④ 100

해설 제독차 : 가성소다 및 규조토를 각각 50kg 이상 비치할 것

55 옥내 저장 창고의 바닥을 물이 스며 나오거나 스며들지 아니하는 구조로 해야 하는 위험물은?

① 과염소산칼륨
② 나이트로셀룰로오스
③ 적린
④ 트라이에틸알루미늄

해설 방수성이 있는 피복 조치

유별	적용 대상
제1류 위험물	알칼리 금속의 과산화물
제2류 위험물	· 철분 · 금속분 · 마그네슘
제3류 위험물	금수성 물품(트라이에틸알루미늄)

56 그림의 원통형 종으로 설치된 탱크에서 공간 용적을 내용적의 10%라고 하면 탱크 용량(허가 용량)은 약 얼마인가?

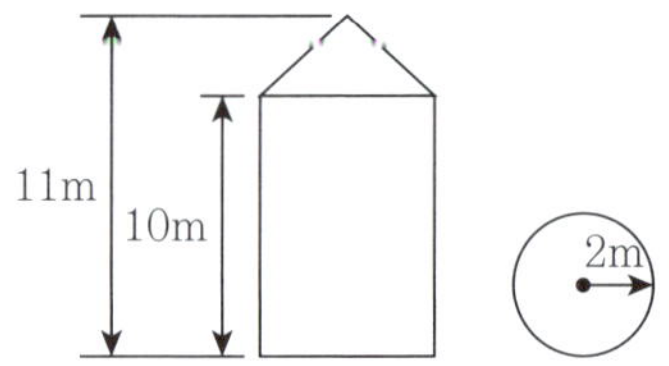

① 113.04 ② 124.34
③ 129.06 ④ 138.16

해설 탱크 용량(허가 용량)=내용적−공간 용적
$=0.9\pi r^2 l$
$=0.9\times\pi\times2^2\times10$
$=113.04\text{m}^3$

57 위험물 제조소의 건축물 환기 설비 중 급기구의 크기로 옳은 것은?

① 200cm^2 ② 400cm^2
③ 600cm^2 ④ 800cm^2

해설 제조소 등의 환기 설비의 설치 기준
㉠ 환기는 자연 배기 방식으로 할 것
㉡ 환기구는 지붕 위 또는 지상 2m 높이에 회전식 고정 벤틸레이터 또는 루프팬 방식으로 할 것
㉢ 급기구는 바닥 면적 150m^2마다 1개 이상으로 하되, 그 크기는 800cm^2 이상으로 할 것
㉣ 급기구는 낮은 곳에 설치하고, 가는 눈의 동망 등으로 인화방지망을 설치할 것

58 제4류 위험물의 옥외 저장 탱크에 대기 밸브 부착 통기관을 설치할 때 몇 kPa 이하의 압력 차이로 작동하여야 하는가?

① 5kPa 이하 ② 10kPa 이하
③ 15kPa 이하 ④ 20kPa 이하

해설 옥외 저장 탱크의 통기 장치
1. 밸브 없는 통기관
㉠ 직경 : 30mm 이상
㉡ 끝부분 : 45° 이상

정답 53 ④ 54 ② 55 ④ 56 ① 57 ④ 58 ①

㉢ 인화 방지 장치 : 가는 눈의 구리망 사용

2. 대기 밸브 부착 통기관

㉠ 작동 압력 차이 : 5kPa 이하

㉡ 인화 방지 장치 : 가는 눈의 구리망 사용

59 위험물 간이 탱크 저장소의 간이 저장 탱크 수압 시험 기준으로 옳은 것은?

① 50kPa의 압력으로 7분간의 수압 시험
② 70kPa의 압력으로 10분간의 수압 시험
③ 50kPa의 압력으로 10분간의 수압 시험
④ 70kPa의 압력으로 7분간의 수압 시험

해설 간이 저장 탱크 수압 시험 기준

두께 3.2mm 이상의 강판으로 흠이 없도록 제작하여야 하며, 70kPa의 압력으로 10분간의 수압 시험을 실시하여 새거나 변형되지 않아야 한다.

60 위험물안전관리법령상 옥내 수유 취급소의 소화 난이도 등급은?

① I ② II
③ III ④ IV

해설 소화 난이도 등급 II에 해당하는 제조소 등

구분	적용 대상
제조소 일반 취급소	· 연면적 600m^2 이상 · 지정 수량 10배 이상
옥내 저장소	· 단층 건물 이외의 것 · 지정 수량 10배 이상 · 연면적 150m^2 초과
옥외 저장소	· 괴상의 황 등을 저장하는 것으로서 경계 표시 내부의 면적이 5~100m^2 미만 · 지정 수량 100배 이상
수유 취급소	옥내 수유 취급소
판매 취급소	제2종 판매 취급소

정답 59 ② 60 ②

위험물 산업기사 (2023. 5. 13 시행)

제1과목 일반화학

01 다음 중에서 분자가 가지는 Energy가 가장 큰 상태는?

① 기체 ② 액체
③ 고체 ④ 액체 및 고체

해설 분자가 가지는 에너지 크기
기체 > 액체 > 고체

02 다음 중 단원자 분자에 해당하는 것은?

① 산소 ② 질소
③ 네온 ④ 염소

해설 분자의 종류
㉠ 단원자 분자 : 1개의 원자로 구성된 분자
  예 He, Ne, Ar 등 주로 불활성 기체
㉡ 이원자 분자 : 2개의 원자로 구성된 분자
  예 H_2, O_2, N_2, Cl_2 등

03 1기압에서 100L를 차지하고 있는 용기를 내용적 5L의 용기에 넣으면 압력은 몇 기압이 되겠는가? (단, 온도는 일정하다.)

① 10 ② 20
③ 30 ④ 40

해설 보일의 법칙 : $PV=P_1V_1$, $1\times100=P_1\times5$
$P_1=\dfrac{1\times100}{5}$, $P_1=20$

04 에너지는 결코 생성될 수도 없어질 수도 없고 단지 형태의 이변이라는 에너지의 보존 법칙은?

① 열역학 제1법칙 ② 열역학 제2법칙
③ 열역학 제3법칙 ④ 열역학 제4법칙

해설 열역학 제1법칙을 에너지 불변의 법칙이라고도 한다.

05 80℃와 40℃에서 물에 대한 용해도가 각각 50, 30인 물질이 있다. 80℃의 이 포화 용액 75g을 40℃로 냉각시키면 몇 g의 물질이 석출되겠는가?

① 25 ② 20
③ 15 ④ 10

해설 ㉠ 80℃에서의 용해도가 50이다.
80℃에서 용매 100g에 녹을 수 있는 용질의 최대량은 50g이다.
∴ 80℃의 포화 용액 75g은 용매 50g과 용질 25g이다.
㉡ 40℃에서의 용해도가 30이다.
40℃에서 용매 100g에 녹을 수 있는 용질의 최대량은 30g이다.
∴ 40℃에서 용매 50g에는 15g의 용질이 녹아 있다.
→ 따라서 80℃에서 40℃로 냉각시키면 $(25-15)g=10g$이 석출된다.

06 원자를 이루고 있는 전자의 발견자는?

① 러더퍼드 ② 채드윅
③ 돌턴 ④ 톰슨

해설 러더퍼드는 양성자 발견, 채드윅은 중성자 발견, 돌턴은 원자설 주장, 톰슨은 전자 발견

07 주기율표를 보면 같은 족이 아래로 갈수록 점차 증가하는 성질이 있는데, 이에 해당되지 않는 것은?

① 원자 번호 ② 원자량
③ 가전자의 수 ④ 오비탈의 총수

해설 주기율표를 보면 같은 족이 아래로 갈수록 가전자의 수는 같다.

정답 01 ① 02 ③ 03 ② 04 ① 05 ④ 06 ④ 07 ③

08 비금속 원소와 금속 원소 사이의 결합은 일반적으로 어떤 결합에 해당되는가?

① 공유 결합　② 금속 결합
③ 비금속 결합　④ 이온 결합

해설 이온 결합에 대한 설명이다.

09 다음 반응 중 평형 상태가 압력의 영향을 받지 않는 것은?

① $2NO_2 \rightleftarrows N_2O_4$
② $2CO+O_2 \rightleftarrows 2CO_2$
③ $N_2+O_2 \rightleftarrows 2NO$
④ $NH_3+HCl \rightleftarrows NH_4Cl$

해설 반응물과 생성물의 몰수, 즉 분자수가 같은 것은 압력의 영향을 받지 않는다.

10 다음 물질 중 환원제로 이용되는 물질인 것은?

① H_2SO_4　② HNO_3
③ $KMnO_4$　④ SO_2

해설 환원제란 다른 물질을 환원시켜 주는 물질로서 자기 자신은 산화된다.

11 다음 합금 중 니켈(Ni)이 들어 있는 것은?

① 양은　② 놋쇠
③ 땜납　④ 활자금

해설 ① 양은(Cu+Ni+Zn), ② 놋쇠(Cu+Zn), ③ 땜납(Pb+Sn), ④ 활자금(Al+Cu+Mn+Mg)

12 가성소다(NaOH)를 전해법으로 만들 때 격막법이나 수은법을 사용하는 데 격막을 사용하는 이유는 무엇을 막기 위해서인가?

① NaOH, Cl_2
② NaOH, H_2
③ H_2, Cl_2
④ NaCl, NaClO

해설 NaOH의 제조법 중 소금물의 전해법
$2NaCl+2H_2O \longrightarrow 2NaOH+H_2+Cl_2$
이때 양극에서 발생한 Cl_2와 음극에서 생성된 NaOH가 반응하여 NaCl과 NaClO를 만든다.
$2NaOH+Cl_2 \longrightarrow NaCl+NaClO+H_2O$
따라서, 이런 반응을 막기 위해서 석면으로 된 격막을 사용하는 격막법이나 수은법을 사용한다.

13 자철광 제조법으로 빨갛게 달군 철에 수증기를 통할 때의 반응식으로 옳은 것은?

① $3Fe+4H_2O \longrightarrow Fe_3O_4+4H_2$
② $2Fe+3H_2O \longrightarrow Fe_2O_3+3H_2$
③ $Fe+H_2O \longrightarrow FeO+H_2$
④ $Fe+2H_2O \longrightarrow FeO_2+2H_2$

해설 자철광 제조법 : $3Fe+4H_2O \rightarrow Fe_3O_4+4H_2$

14 비활성 기체의 설명으로 적당하지 않은 것은?

① 단원자 분자이다.
② 화합물을 잘 만든다.
③ 대부분 최외각 전자는 8개이다.
④ 저압에서 방전되면 색을 나타낸다.

해설 비활성 기체는 안정하여 화합물을 만들지 않는다.

15 CO_2와 CO의 성질에 대하여 틀리게 설명한 것은?

① CO_2는 불연성 기체이며, CO는 가연성 기체로 파란 불꽃을 내며 탄다.
② 모두 무색 기체로서 CO_2는 독성이 없고, CO는 독성이 있다.
③ CO_2와 CO는 모두 석회수와 반응하여 흰색 침전이 생긴다.
④ CO_2는 환원력이 없고, CO는 환원력이 있다.

해설 ㉠ CO_2는 석회수와 반응한다[$CO_2+Ca(OH)_2 \longrightarrow CaCO_3+H_2O$].
㉡ CO는 독성이 있고 환원 작용이 있으나 석회수[$Ca(OH)_2$]와는 반응하지 않는다.

정답 08 ④ 09 ③ 10 ④ 11 ① 12 ④ 13 ① 14 ② 15 ③

16 다음의 질소 비료 중 질소 함량이 가장 많은 것은?

① $(NH_4)_2SO_4$　　② NH_4NO_3
③ NH_4Cl　　④ $(NH_2)_2CO$

해설 ① $\frac{N_2}{(NH_4)_2SO_4} \times 100 = \frac{28}{132} \times 100 = 21.2\%$

② $\frac{N_2}{NH_4NO_3} \times 100 = \frac{28}{80} \times 100 = 35\%$

③ $\frac{N}{NH_4Cl} \times 100 = \frac{14}{53.5} \times 100 = 26.1\%$

④ $\frac{N_2}{(NH_2)_2CO} \times 100 = \frac{28}{60} \times 100 = 46.7\%$

17 다음 화합물들 가운데 기하학적 이성질체를 가지고 있는 것은?

① $CH_2=CH_2$
② $CH_3-CH_2-CH_2-OH$
③ 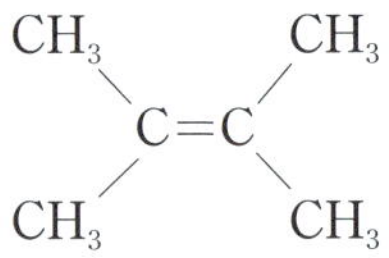
④ $CH_3-CH=CH-CH_3$

해설 기하학적 이성질체 : 두 탄소 원자가 이중 결합으로 연결될 때 탄소에 결합된 원자나 원자단의 위치가 다름으로 인하여 생기는 이성질체로 *cis*형과 *trans*형이 있다.

예 2-부텐($CH_3-CH=CH-CH_3$)

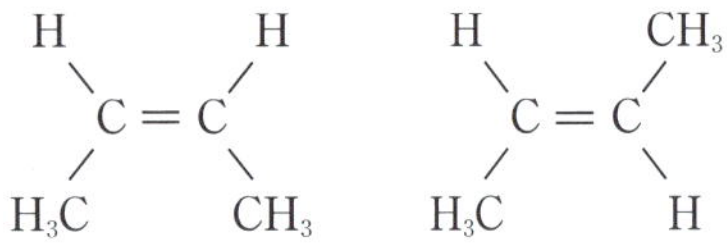

cis-2-부텐　　*trans*-2-부텐

18 다음 중 지방족 화합물이 아닌 것은?

① CH_4　　② C_2H_4
③ C_2H_2　　④ C_6H_6

해설 ① CH_4 : 메탄(알칸계, 파라핀계)
② C_2H_4 : 에틸렌(올레핀계, 알켄계)
③ C_2H_2 : 아세틸렌(알킨계) – 지방족 탄화수소
④ C_6H_6 : 벤젠 – 방향족 탄화수소

19 다음 중 방향족 화합물이 아닌 것은?

① 톨루엔　　② 아세톤
③ 페놀　　④ 아닐린

해설 ① CH_3　② CH_3COCH_3　③ OH　④ NH_2

20 녹말을 염산과 더불어 가수 분해할 때 마지막으로 생성되는 물질은?

① $C_{12}H_{22}O_{11}$　　② $C_6H_{10}O_6$
③ $(C_6H_{10}O_5)_n$　　④ $C_6H_{12}O_6$

해설 녹말(전분 : Starch)은 염산과 가수 분해하여 최종 포도당($C_6H_{12}O_6$)을 생성한다.

제2과목 화재예방과 소화방법

21 다음 중 연소할 수 있는 조건을 갖춘 것은?

① 아세톤+수소+성냥불
② 알코올+수소+산소
③ 가솔린+공기+수소
④ 성냥불+황+산소

해설 연소의 3요소
가연물(황), 산소 공급원(산소), 점화원(성냥불)

22 연소가 잘 일어나지 못하는 이유는?

① 산소와 화학적 친화력이 클 것
② 산소와 접촉 면적이 클 것
③ 열전도율이 클 것
④ 발열량이 클 것

해설 가연물이 되기 쉬운 조건
㉠ 산소와의 친화력이 클 것(화학적 활성이 강할 것)
㉡ 열전도율이 작을 것
㉢ 산소와의 접촉 면적이 클 것

정답 16 ④ 17 ④ 18 ④ 19 ② 20 ④ 21 ④ 22 ③

㉣ 발열량(연소열)이 클 것
㉤ 활성화 에너지가 작을 것(발열 반응을 일으키는 물질)
㉥ 건조도가 좋을 것(수분의 함유가 적을 것)

23 일반적인 석유난로의 연소 형태로, 점도가 높고 비휘발성인 액체를 안개상으로 분사하여 액체의 표면적을 넓혀 연소시키는 방법은?

① 액적 연소　　② 증발 연소
③ 분해 연소　　④ 표면 연소

해설 액적(분무) 연소의 설명이다.

24 가연성 액체로부터 발생한 증기가 액체 표면에서 연소 범위의 하한에 도달할 수 있는 최저 온도를 무엇이라 하는가?

① 비점　　② 인화점
③ 발화점　　④ 연소점

해설 인화점의 정의이다.

25 아세톤의 위험도를 구하면 얼마인가? (단, 아세톤의 연소 범위는 2~13vol%이다.)

① 0.846　　② 1.23
③ 5.5　　④ 7.5

해설 $H=\frac{U-L}{L}=\frac{13-2}{2}=5.5$

여기서, H : 위험도
U : 연소 범위의 상한치
L : 연소 범위의 하한치

26 폭발 시 연소파의 전파 속도 범위에 가장 가까운 것은?

① 0.1~10m/s
② 100~1,000m/s
③ 2,000~3,500m/s
④ 5,000~10,000m/s

해설 폭발 시 연소파의 전파 속도 범위는 0.1~10m/s이다.

27 열의 이동 원리 중 복사에 관한 예로 적당하지 않은 것은?

① 그늘이 시원한 이유
② 더러운 눈이 빨리 녹는 현상
③ 보온병 내부를 거울벽으로 만드는 것
④ 해풍과 육풍이 일어나는 원리

해설 대류
액체와 기체를 가열하면 가열된 물질은 가벼워져 위로 올라가고, 차가운 물질은 아래로 내려오면서 전체의 온도가 올라가게 된다. 이와 같은 물질이 이동하면서 열이 이동하는 것

28 화학포 소화 약제의 주성분은?

① 탄산수소나트륨과 황산알루미늄
② 탄산나트륨과 황산알루미늄
③ 탄산나트륨과 황산나트륨
④ 탄산수소나트륨과 황산나트륨

해설 화학포 소화 약제의 주성분
① A제 : 탄산수소나트륨($NaHCO_3$)
② B제 : 황산알루미늄[$Al_2(SO_4)_3$]

29 수성막포 소화 약제를 수용성 알코올 화재 시 사용하면 소화 효과가 떨어지는 가장 큰 이유는?

① 유독 가스가 발생하므로
② 화염의 온도가 높으므로
③ 알코올은 포와 반응하여 가연성 가스를 발생하므로
④ 알코올은 소포성을 가지므로

해설 수성막포 소화 약제를 수용성 알코올 화재 시 사용하면 소화 효과가 떨어지는 이유 : 알코올은 소포성을 가지므로

30 제1종 분말 소화 약제의 적응 화재 급수는?

① A급　　② B, C급
③ A, B급　　④ A, B, C급

정답　23 ①　24 ②　25 ③　26 ①　27 ④　28 ①　29 ④　30 ②

해설 분말 소화 약제

종 별	분자식	적응 화재
제1종	중탄산나트륨($NaHCO_3$)	B, C
제2종	중탄산칼륨($KHCO_3$)	B, C
제3종	제1인산암모늄($NH_4H_2PO_4$)	A, B, C
제4종	중탄산칼륨+요소[$KHCO_3+(NH_2)_2CO$]	B, C

31 분말 소화 약제인 인산암모늄을 사용하였을 때 열분해되어 부착성인 막을 만들어 공기를 차단시키는 것은?

① HPO_3　② PH_3
③ NH_3　④ P_2O_3

해설 $NH_4H_2PO_4 \longrightarrow HPO_3+NH_3+H_2O$

32 Halon 1011에 함유되지 않은 원소는?

① H　② Cl　③ Br　④ F

해설 ㉠ Halon 번호
첫째 – 탄소수, 둘째 – 불소수, 셋째 – 염소수, 넷째 – 브롬수
㉡ Halon 1011 – CH_2ClBr

33 질소와 아르곤과 이산화탄소의 용량비가 52 : 40 : 8인 혼합물 소화 약제에 해당하는 것은?

① IG–541　② HCFC BLEND A
③ HFC–125　④ HFC–23

해설 불활성 가스 청정 소화 약제

소화 약제	상품명	화학식
IG-541	Inergen	N_2 : 52%, Ar : 40%, CO_2 : 8%
HCFC BLEND A	NAFS-III	· HCFC-22($CHClF_2$) : 82% · HCFC-123($CHCl_2CF_3$) : 4.75% · HCFC-124($CHClFCF_3$) : 9.5% · $C_{10}H_6$: 3.75%
HFC-125	FE-25	CHF_2CF_3
HFC-23	FE-13	CHF_3

34 옥내 소화전의 법정 방수량과 방수 압력은?

① 100L/min 이상, 170kPa 이상
② 260L/min 이상, 350kPa 이상
③ 350L/min 이상, 250kPa 이상
④ 80L/min 이상, 100kPa 이상

해설 ㉠ 옥내 소화전 노즐 선단의 성능 기준
방수압 350kPa 이상, 방수량 260L/min 이상
㉡ 옥외 소화전 노즐 선단의 성능 기준
방수압 350kPa 이상, 방수량 450L/min 이상
㉢ 스프링클러 헤드의 성능 기준
방수압 100kPa 이상, 방수량 80L/min 이상

35 고정식 포 소화 설비의 포 방출구의 형태 중 고정 지붕 구조의 위험물 탱크에 적합하지 않은 것은?

① 특형　② Ⅱ형
③ Ⅲ형　④ Ⅳ형

해설 포 방출구

탱크의 구조	포 방출구
고정 지붕 구조	· I형 방출구　· II형 방출구 · III형 방출구　· IV형 방출구
부상 덮개 부착 고정 지붕 구조	II형 방출구
부상 지붕 구조	특형 방출구

36 3%의 포 원액을 사용하여 500 : 1의 발포 배율로 할 때 고팽창 포 1,700L에는 몇 L의 물이 포함되어 있는가?

① 1.3　② 2.3　③ 3.3　④ 4.3

해설 발포 배율(팽창비)

$$=\frac{\text{방출된 포의 체적(L)}}{\text{방출 전 포 수용액의 체적(L)}}\text{에서}$$

$$\text{방출 전 포 수용액의 체적}=\frac{\text{방출된 포의 체적(L)}}{\text{발포 배율(팽창비)}}$$

$$=\frac{1{,}700}{500}=3.4\text{L}$$

포 수용액=포 원액+물에서, 포 원액이 3%이므로 물은 97%($w-3=97\%$)가 된다.
즉, 물=3.4L×0.97=3.298≒3.3L

정답 31 ① 32 ④ 33 ① 34 ② 35 ① 36 ③

37 할로겐 화합물 소화 설비의 작동 경로가 바르게 된 것은?

① 화재 발생 – 기동 장치 – 수신반 – 감지기 동작 – 선택 밸브 – 할로겐 화합물 방출
② 화재 발생 – 수신반 – 감지기 동작 – 기동 장치 – 선택 밸브 – 할로겐 화합물 방출
③ 화재 발생 – 감지기 동작 – 수신반 – 선택 밸브 – 기동 장치 – 할로겐 화합물 방출
④ 화재 발생 – 감지기 동작 – 수신반 – 기동 장치 – 선택 밸브 – 할로겐 화합물 방출

해설 **할로겐 화합물 소화 설비의 작동 경로**
화재 발생 – 감지기 동작 – 수신반 – 기동 장치 – 선택 밸브 – 할로겐 화합물 방출

38 자동 화재 탐지 설비 중 발신기의 누름 스위치의 설치 위치는?

① 0.3~1.9m 이하 ② 0.5~1.7m 이하
③ 0.8~1.5m 이하 ④ 1.0~1.3m 이하

해설 자동 화재 탐지 설비의 발신기 누름 스위치는 바닥으로부터 높이 0.8~1.5m 이하의 위치에 설치하여야 한다.

39 소화 용수 설비가 아닌 것은?

① 상수도 소화 용수 설비
② 저수조 설비
③ 하수도 소화 용수 설비
④ 소화 수조 설비

해설 **소화 용수 설비** : 화재를 진압하는 데 필요한 물을 공급하거나 저장하는 설비
㉠ 상수도 용수 설비
㉡ 소화 수조 · 저수조 그 밖의 소화 용수 설비

40 탄화칼슘 60,000kg으로 소화 설비의 설치 소요 단위는 몇 단위인가?

① 10 ② 20 ③ 30 ④ 40

해설 소요 단위 $= \dfrac{\text{저장량}}{\text{지정 수량} \times 10\text{배}} = \dfrac{60,000}{300 \times 10} = 20$

제3과목 위험물의 성질과 취급

41 다음 위험물에 해당되는 것은?

• 대부분 무색의 결정, 백색 분말이다.
• 물과 작용하여 열과 산소를 발생시키는 것도 있다.
• 가열 등에 의해 산소를 발생한다.

① 제1류 위험물 ② 제2류 위험물
③ 제3류 위험물 ④ 제5류 위험물

해설 제1류 위험물에 대한 설명이다.

42 분자량이 약 110인 무기 과산화물로 물과 접촉하여 발열하는 것은?

① 과산화마그네슘 ② 과산화벤젠
③ 과산화칼슘 ④ 과산화칼륨

해설 과산화칼륨의 설명이다.

43 위험물안전관리법령에서 정한 위험물의 지정 수량으로 틀린 것은?

① 적린 : 100g ② 황화인 : 100kg
③ 마그네슘 : 100kg ④ 금속분 : 500kg

해설 ③ 마그네슘 : 500kg

44 황에 대한 설명으로 옳지 않은 것은?

① 연소 시 황색 불꽃을 보이며, 유독한 이황화탄소를 발생한다
② 미세한 분말 상태에서 부유하면 분진 폭발의 위험이 있다.
③ 마찰에 의해 정전기가 발생할 우려가 있다.
④ 고온에서 용융된 유황은 수소와 반응한다.

해설 ① 연소 시 푸른 불꽃을 보이며, 유독한 이산화황을 발생한다.

정답 37 ④ 38 ③ 39 ③ 40 ② 41 ① 42 ④ 43 ③ 44 ①

45 제3류 위험물의 성질로서 적합한 것은?

① 산화력이 강하다.
② 물과 반응하여 화학적으로 활성화된다.
③ 전부 보호액 중에 보관해야 된다.
④ 전부 단체 금속이다.

해설 제3류 위험물은 자연 발화성 물질 및 금수성 물질이다.

46 금속 나트륨 화재에 적응하는 소화 약제는?

① 팽창 질석, 마른 모래
② 할로젠 화합물 소화 설비
③ 분말 소화 약제
④ 이산화탄소

해설 소화 설비의 적응성

소화 설비의 구분			건축물·그 밖의 공작물	전기 설비	제1류 위험물: 알칼리 금속 과산화물 등	제1류 위험물: 그 밖의 것	제2류 위험물: 철분·금속분·마그네슘 등	제2류 위험물: 인화성 고체	제2류 위험물: 그 밖의 것	제3류 위험물: 금수성 물품	제3류 위험물: 그 밖의 것	제4류 위험물	제5류 위험물	제6류 위험물
옥내 소화전 설비 또는 옥외 소화전 설비			○			○		○	○		○		○	○
스프링클러 설비			○			○		○	○		○	△	○	○
물분무 등 소화 설비	물분무 소화 설비		○	○		○		○	○		○	○	○	○
	포 소화 설비		○			○		○	○		○	○	○	○
	불활성 가스 소화 설비			○				○				○		
	할로젠 화합물 소화 설비			○				○				○		
	분말 소화 설비	인산염류 등	○	○		○		○	○			○		○
		탄산수소염류 등		○	○		○	○		○		○		
		그 밖의 것			○		○			○				
대형·소형 수동식 소화기	봉상수(棒狀水) 소화기		○			○		○	○		○		○	○
	무상수(無狀水) 소화기		○	○		○		○	○		○		○	○
	봉상 강화액 소화기		○			○		○	○		○		○	○
	무상 강화액 소화기		○	○		○		○	○		○	○	○	○
	포 소화기		○			○		○	○		○	○	○	○
	이산화탄소 소화기			○				○				○		△
	할론 소화 설비			○				○				○		
	분말 소화기	인산염류 소화기	○	○		○		○	○			○		○
		탄산수소염류 소화기		○	○		○	○		○		○		
		그 밖의 것			○		○			○				
기타	물통 또는 수조		○			○		○	○		○		○	○
	건조사				○	○	○	○	○	○	○	○	○	○
	팽창 질석 또는 팽창 진주암				○	○	○	○	○	○	○	○	○	○

47 화재발생 시 소화 방법으로 공기를 차단하는 것이 효과가 있으며, 연소 물질을 제거하거나 액체를 인화점 이하로 냉각시켜 소화할 수도 있는 위험물은?

① 제1류 위험물 ② 제4류 위험물
③ 제5류 위험물 ④ 제6류 위험물

해설 제4류 위험물 소화 방법 : 질식 효과, 제거 효과, 냉각 효과

48 1몰의 이황화탄소와 고온의 물이 반응하여 생성되는 유독한 기체 물질의 부피는 표준 상태에서 얼마인가?

① 22.4L ② 44.8L
③ 67.2L ④ 134.4L

해설 $CS_2 + 2H_2O \longrightarrow CO_2 + \underline{2H_2S}$
유독한 기체 물질

즉, $2 \times 22.4L = 44.8L$

49 다음 중 아이오딘가가 가장 큰 것은?

① 땅콩기름 ② 해바라기기름
③ 면실유 ④ 아마인유

해설 ① 82~109
② 113~146
③ 88~121
④ 222

50 제5류 위험물인 자기 반응성 물질에 포함되지 않는 것은?

① CH_3ONO_2 ② $[C_6H_7O_2(ONO_2)_3]_n$
③ $C_6H_2CH_3(NO_2)_3$ ④ $C_6H_5NO_2$

해설 ① 질산메틸 : 제5류 위험물 중 질산에스터류(자기 반응성 물질)
② 나이트로셀룰로오스 : 제5류 위험물 중 질산에스터류(자기 반응성 물질)
③ 트라이나이트로톨루엔(TNT) : 제5류 위험물 중 나이트로 화합물(자기 반응성 물질)
④ 나이트로벤젠 : 제4류 위험물 중 제3석유류(인화성 액체)

정답 45 ② 46 ① 47 ② 48 ② 49 ④ 50 ④

51 나이트로셀룰로오스 중 강질화면의 질화도는?

① 6.77% ② 10.18%
③ 10.5% ④ 12.76%

해설 나이트로셀룰로오스(질화면)는 질화도에 따라, 강질화면은 12.76% 이상, 약질화면은 10.8~12.76%이다. 즉 질화도란 나이트로셀룰로오스 중 질소의 농도이다.

52 제6류 위험물의 화재 예방 및 진압 대책으로 옳은 것은?

① 과산화수소는 화재 시 주수 소화를 절대 금한다.
② 질산은 소량의 화재 시 다량의 물로 희석한다.
③ 과염소산은 폭발 방지를 위해 철제 용기에 저장한다.
④ 제6류 위험물의 화재에는 건조사만 사용하여 진압할 수 있다.

해설 ① 과산화수소 화재 시 다량의 물로 주수 소화함으로써 희석, 연소 확대를 방지한다.
③ 과염소산은 밀폐 용기에 넣어 저장하고, 통풍이 잘 되는 냉암소에 보관한다.
④ 제6류 위험물의 화재 시 마른 모래나 건조 분말로 질식 소화하거나 다량의 물로 희석 및 연소 확대를 방지한다.

53 위험물안전관리법상 위험물 분류 기준이 되는 질산의 비중은 얼마 이상인가?

① 1.49 ② 1.24
③ 1.14 ④ 1.04

해설 질산의 비중은 1.49이다.

54 다음 중 소방 신호에 해당하지 않는 것은?

① 경계 신호
② 발화 신호
③ 대피 신호
④ 훈련 신호

해설 소방 신호
㉠ 경계 신호, ㉡ 발화 신호, ㉢ 해제 신호, ㉣ 훈련 신호

55 위험물안전관리법령상 위험물의 운반에 관한 기준에 따라 차광성이 있는 피복으로 가리는 조치를 하여야 하는 위험물에 해당하지 않는 것은?

① 특수 인화물
② 제1석유류
③ 제1류 위험물
④ 제6류 위험물

해설 차광성이 있는 피복 조치

유별	적용 대상
제1류 위험물	전부
제3류 위험물	자연 발화성 물품
제4류 위험물	특수 인화물
제5류 위험물	전부
제6류 위험물	

56 그림과 같은 위험물을 저장하는 탱크의 내용적은 약 몇 m^3인가? (단, r은 10m, L은 25m이다.)

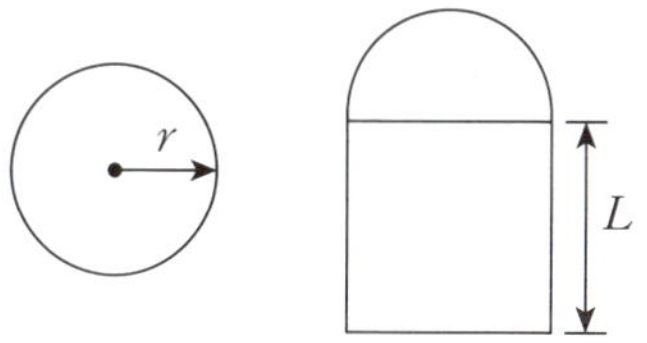

① 3,612 ② 4,754
③ 5,812 ④ 7,854

해설 $V=\pi r^2 l=\pi\times(10\text{m})^2\times 25\text{m}=7{,}854\text{m}^3$

57 가연성의 증기 또는 미분이 체류할 우려가 있는 건축물에는 배출 설비를 하여야 하는데 배출 능력은 1시간당 배출 장소 용적의 몇 배 이상인 것으로 하여야 하는가? (단, 국소 방식의 경우이다.)

① 5배 ② 10배
③ 15배 ④ 20배

해설 배출 설비
배출 능력은 1시간당 배출 장소 용적의 20배 이상인 것으로 하여야 한다. 다만, 전역 방식의 경우에는 바닥 면적 1m^2당 18m^3 이상으로 할 수 있다.

정답 51 ④ 52 ② 53 ① 54 ③ 55 ② 56 ④ 57 ④

58 제4류 위험물의 옥외 저장 탱크에 설치하는 밸브 없는 통기관은 직경이 얼마 이상인 것으로 설치해야 되는가? (단, 압력 탱크는 제외한다.)

① 10mm ② 20mm
③ 30mm ④ 40mm

해설 옥외 저장 탱크의 통기 장치

1. 밸브 없는 통기관
   ㉠ 직경 : 30mm 이상
   ㉡ 끝부분 : 45° 이상
   ㉢ 인화 방지 장치 : 가는 눈의 구리망 사용
2. 대기 밸브 부착 통기관
   ㉠ 작동 압력 차이 : 5kPa
   ㉡ 인화 방지 장치 : 가는 눈의 구리망 사용

59 다음 ( ) 안에 알맞은 수치를 차례대로 옳게 나열한 것은?

> 위험물 암반 탱크의 공간 용적은 해당 탱크 내에 용출하는 ( )일 간의 지하수 양에 상당하는 용적과 해당 탱크 내용적의 100분의 ( )의 용적 중에서 보다 큰 용적을 공간 용적으로 한다.

① 1, 1
② 7, 1
③ 1, 5
④ 7, 5

해설 위험물 암반 탱크의 공간 용적은 해당 탱크 내에 용출하는 7일 간의 지하수 양에 상당하는 용적과 해당 탱크 내용적의 100분의 1의 용적 중에서 보다 큰 용적을 공간 용적으로 한다.

60 제6류 위험물의 화재에 적응성이 없는 소화 설비는?

① 옥내 소화전 설비
② 스프링클러 설비
③ 포 소화 설비
④ 불활성 가스 소화 설비

해설 소화 설비의 적응성

소화 설비의 구분		대상물 구분											
		건축물·그 밖의 공작물	전기설비	제1류 위험물		제2류 위험물			제3류 위험물		제4류 위험물	제5류 위험물	제6류 위험물
				알칼리금속과산화물 등	그 밖의 것	철분·금속분·마그네슘 등	인화성고체	그 밖의 것	금수성물품	그 밖의 것			
옥내 소화전 설비 또는 옥외 소화전 설비		○			○		○	○		○		○	○
스프링클러 설비		○			○		○	○		○	△	○	○
물분무 등 소화 설비	물분무 소화 설비	○	○		○		○	○		○	○	○	○
	포 소화 설비	○			○		○	○		○	○	○	○
	불활성 가스 소화 설비		○				○				○		
	할로젠 화합물 소화 설비		○				○				○		
	분말 소화 설비 - 인산염류 등	○	○		○		○	○			○		○
	분말 소화 설비 - 탄산수소염류 등		○	○		○	○		○		○		
	분말 소화 설비 - 그 밖의 것			○		○			○				

정답 58 ③ 59 ② 60 ④

위험물 산업기사 (2023. 9. 2 시행)

제1과목 일반화학

01 다음 중 화학 변화가 일어날 때 관계되는 사항은?

① 원자량 ② 원자 구조
③ 물질의 성질 ④ 운동 에너지

해설 화학 변화란 물질의 성질이 변화가 일어나는 것이다.

02 염화칼슘의 화학식 양은? (단, 염소의 원자량은 35.5, 칼슘의 원자량은 40, 황의 원자량은 32, 요오드의 원자량은 127이다.)

① 111 ② 121
③ 131 ④ 141

해설 염화칼슘($CaCl_2$)의 화학식 양 : $40+35.5\times2=111$

03 게이지 압력이 7atm일 때, 4L로 압축 충전되어 있는 공기를 온도를 바꾸지 않고 게이지 압력 1atm으로 하면 몇 L의 체적을 차지하는가?

① 10L ② 16L
③ 20L ④ 28L

해설 보일의 법칙 : $PV=P_1V_1$, $(7+1)\times4=(1+1)\times V_1$

$$V_1=\frac{(7+1)\times4}{(1+1)}=\frac{32}{2}=16$$

04 다음 중 에너지 보존의 법칙 또는 에너지 방정식의 정의식은? (단, Q : 열량, Δv : 내부 에너지 변화량, A : 일의 열당량, W : 일)

① $Q=\Delta v+AW$ ② $Q=\Delta v-AW$
③ $Q=\Delta v\times AW$ ④ $Q=AW/\Delta v$

해설 에너지 보존의 법칙(열역학 제1법칙)은 열은 일에너지로 일에너지는 열로 상호 쉽게 바뀔 수 있다.

05 다음 중 용해도의 정의로 옳은 것은?

① 용매 1L에 녹는 용질의 몰수
② 용매 1,000g에 녹는 용질의 몰수
③ 용매 100g 중에 녹아 있는 용질의 g수
④ 용매 100g 중에 녹아 있는 용질의 g당량수

해설 용해도
용매 100g 중에 녹아 있는 용질의 g수

06 원자의 질량수는?

① 양성자수+전자수
② 중성자수+원자량
③ 양성자수+중성자수
④ 전자수+원자 번호

해설 ㉠ 원자 번호=양성자수=전자수
㉡ 질량수=양성자수(전자수)+중성자수

07 주기율표의 알칼리족에서는 위에서 아래로 갈수록 점차 증가하는 성질이 있는데, 옳지 않은 것은?

① 원자 번호 ② 원자 반지름
③ 가전자의 수 ④ 금속성

해설 같은 족의 최외각 전자수는 같으므로 성질이 비슷하다.

08 융해점이 가장 높다고 생각되는 화합물은?

① LiCl ② $BeCl_2$
③ CCl_4 ④ NCl_3

해설 용융점이 가장 높은 것은 이온성이 큰 이온 화합물이다.

정답 01 ③ 02 ① 03 ② 04 ① 05 ③ 06 ③ 07 ③ 08 ②

09 다음의 반응 화합물 중 가장 안정한 화합물의 반응식은?

① $H_2 + F_2 \rightarrow 2HF + 128kcal$
② $H_2 + Cl_2 \rightarrow 2HCl + 44kcal$
③ $H_2 + Br_2 \rightarrow 2HBr + 25kcal$
④ $H_2 + I_2 \rightarrow 2HI + 2.5kcal$

해설 방출되는 반응열이 클수록 생성 물질이 안정하다.

10 A는 B 이온과 반응하나 C 이온과는 반응하지 않고 D는 C 이온과 반응한다고 할 때 A, B, C, D 이온의 환원력의 세기는?

① B>A>C>D
② D>C>A>B
③ B>D>A>C
④ C>A>D>B

해설 A>B, C>A, D>C ∴ D>C>A>B이다.

11 알칼리 금속에 대한 설명으로 틀린 것은?

① 공기 중에서 쉽게 산화되어 금속 광택을 잃는다.
② 원자 가전자가 1개이므로 +1가의 양이온이 되기 쉽다.
③ 할로겐 원소와 직접 반응하여 할로겐 화합물을 만든다.
④ 원자 번호가 증가함에 따라 금속 결합력이 강해지므로 용점과 끓는점이 높아진다.

해설 결합이 약해져서 용점과 끓는점이 낮아진다.

12 솔베이법에서 탄산나트륨(Na_2CO_3)을 만들 때 부산물로 얻어지는 조해성이 있는 물질은 무엇인가?

① NaOH ② $(NH_4)_2CO$
③ $CaCl_2$ ④ Na_2CO_3

해설 솔베이법(암모니아 소다법)의 주 생성물은 Na_2CO_3(탄산나트륨)이며, 부산물로 얻어지는 것은 염화칼슘($CaCl_2$)이다.

13 독성이 강한 물질로서 약 0.1%의 용액을 소독약으로 사용하며 "승홍"이라고 불리는 것의 화학식은?

① $HgCl_2$ ② Hg_2Cl_2
③ HgCl ④ AgCl

해설 ㉠ $HgCl_2$: 승홍 ㉡ Hg_2Cl_2 : 감홍

14 수성 가스(water gas)의 주성분을 옳게 나타낸 것은?

① CO_2, CH_4 ② CO, H_2
③ CO_2, H_2, O_2 ④ H_2, H_2O

해설 $C + H_2O \longrightarrow \underset{\text{수성 가스}}{\underline{CO + H_2}}$

15 탄소와 모래를 전기로에 넣어서 가열하면 연마제로 쓰이는 물질이 생긴다. 다음 중 어느 것인가?

① 카보런덤 ② 카바이드
③ 카본 블랙 ④ 규소

해설 ㉠ 탄화규소(SiC : 카보런덤) : 코크스(탄소 성분)와 규사(모래)를 전기로 속에서 1,800~1,900℃로 가열하여 만든다.
㉡ 카본 블랙 : 천연가스, 석유 등을 불완전 연소 또는 열분해하여 얻는 탄소(C) 가루이다.

16 유기 화합물 간의 반응이 무기 화합물 간의 반응에 비해 일반적으로 더디게 일어나는 이유는 유기 화합물이 대체로 어떤 화합물이기 때문인가?

① 공유 결합 ② 분자량이 큰 화합물
③ 이온 결합 ④ 끓는점이 높은 화합물

해설 유기 화합물은 공유 결합을 하고 있어 비전해질의 성질을 띠며, 반응 속도도 대체로 느리다. 그에 반해 무기 화합물은 이온 결합을 하고 있어 반응 속도가 빠르다.

17 펜탄(C_5H_{12}) 이성질체의 수는 몇 개인가?

① 2개 ② 3개
③ 4개 ④ 5개

정답 09 ① 10 ② 11 ④ 12 ③ 13 ① 14 ② 15 ① 16 ① 17 ②

해설 이성질체란 분자를 구성하는 원소의 수는 같으나 원자의 배열이나 구조가 달라 물리적, 화학적 성질이 다르게 되는 관계가 있는 화합물 즉, 분자식은 같으나 구조식과 시성식이 다른 물질이다.

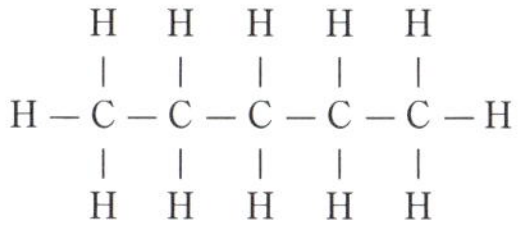

n − pentane

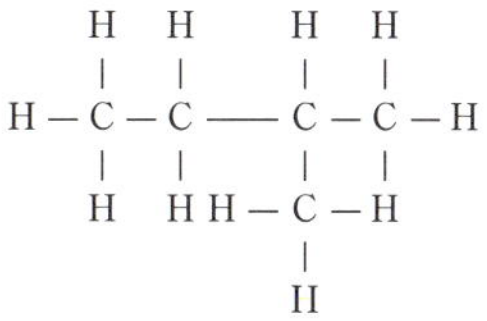

iso − pentane

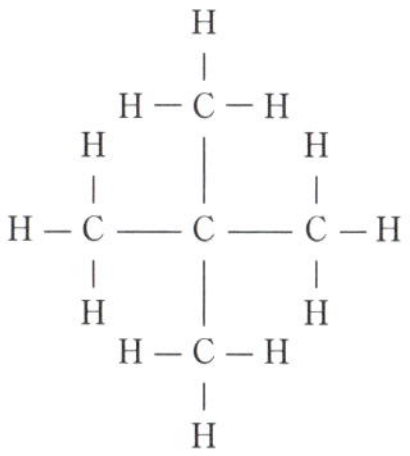

neo − pentane

18 사슬 모양의 탄화수소 분자식이 $C_{16}H_{28}$인 물질 1분자 속에 이중 결합이 몇 개 있을 수 있는가?

① 1개 ② 2개
③ 3개 ④ 4개

해설 알칸족 탄화수소(C_nH_{2n+2})는 단일 결합으로 이중 결합이 없다. 이중 결합은 수소 원자(H)가 2개 감소됨에 따라 1개가 생기므로 알칸족 탄화수소에서 감소된 수소(H)의 수에 의해 계산한다.

$C_{16}H_{34}(C_nH_{2n+2}) \longrightarrow C_{16}H_{28}$

감소된 수소수 $= 34 - 28 = 6$

이중 결합수 $= \frac{6}{2} = 3$개

19 벤젠의 구조에 관한 설명 중 틀린 것은?

① C−C 결합의 길이는 모두 같다.
② 한 탄소 원자가 다른 두 탄소 원자와 형성하는 결합각은 120°이다.
③ 6개의 C−C 결합 중 3개는 단일 결합이며, 나머지 3개는 2중 결합이다.
④ 같은 탄소수를 가진 사슬 모양의 포화 탄화수소보다 8개의 수소가 부족하다.

해설 벤젠의 구조는 고리 모양으로 된 공명 혼성체로 되어 있다(원자 간의 거리는 1.39Å).

20 다음 반응식은 어떤 과정을 나타낸 것인가?

$$C_6H_{12}C_6 \xrightarrow{\text{치마제}} 2C_2H_5OH + 2CO_2$$

① 에스테르화 ② 가수 분해
③ 축합 ④ 발효

해설 알코올 발효
포도당(glucose)은 물에 녹으면 단맛이 있는 흰색 고체로 효소 치마제(zymase)와 반응하여 알코올을 만든다.

제2과목 화재예방과 소화방법

21 가연물에 대한 일반적인 설명으로 옳지 않은 것은?

① 주기율표에서 0족의 원소는 가연물이 될 수 없다.
② 활성화 에너지가 작을수록 가연물이 되기 쉽다.
③ 산화 반응이 완결된 산화물은 가연물이 아니다.
④ 질소는 비활성 기체이므로 질소의 산화물은 존재하지 않는다.

해설 ④ 질소는 불연성 기체이며 질소 산화물이 생성된다.

22 가연물이 고체일 때 덩어리보다 가루가 불타기 쉬운 이유는?

① 발화점이 낮기 때문에
② 발열량이 크기 때문에
③ 공기와의 접촉 면적이 크기 때문에
④ 열전도율이 크기 때문에

해설 석탄을 미분탄으로 하면 괴상일 때보다 산소와의 접촉 면적이 커지므로 연소하기 쉽다.

정답 18 ③ 19 ③ 20 ④ 21 ④ 22 ③

23 중유의 주된 연소 형태는?

① 표면 연소 ② 분해 연소
③ 증발 연소 ④ 자기 연소

해설 ② 분해 연소 : 점도가 높고 비휘발성인 가연성 액체의 연소로, 열분해에 의하여 발생된 분해 가스의 연소 형태
예 중유, 제4석유류 등

24 다음 중 "인화점 50℃"의 의미를 가장 옳게 설명한 것은?

① 주변의 온도가 50℃ 이상이 되면 자발적으로 점화원 없이 발화한다.
② 액체의 온도가 50℃ 이상이 되면 가연성 증기를 발생하여 점화원에 의해 인화한다.
③ 액체를 50℃ 이상으로 가열하면 발화한다.
④ 주변의 온도가 50℃일 경우 액체가 발화한다.

해설 인화점 50℃란 액체의 온도가 50℃ 이상이 되면 가연성 증기를 발생하여 점화원에 의해 인화하는 것을 말한다.

25 가연물이 스스로 산화되어 산화열이 축적됨으로써 발열, 발화하는 현상은?

① 연소 폭발 ② 혼합 발화
③ 자연 발화 ④ 준자연 발화

해설 자연 발화의 설명이다.

26 폭굉 유도 거리(DID)가 짧아지는 요건에 해당되지 않는 것은?

① 정상 연소 속도가 큰 혼합 가스일 경우
② 관 속에 방해물이 없거나 관경이 큰 경우
③ 압력이 높을 경우
④ 점화원의 에너지가 클 경우

해설 ② 관 속에 방해물이 없거나 관 지름이 가늘수록

27 다음 중 화학적 소화에 해당하는 것은?

① 냉각 소화 ② 질식 소화
③ 제거 소화 ④ 억제 소화

해설 화학적 소화 방법 : 억제 소화

28 탄산수소나트륨과 황산알루미늄으로 만든 소화기를 사용했을 경우 생성되는 것이 아닌 것은?

① 일산화탄소 ② 이산화탄소
③ 수산화알루미늄 ④ 황산나트륨

해설 $6NaHCO_3 + Al_2(SO_4)_3 + 18H_2O$
$\longrightarrow 3Na_2SO_4 + 2Al(OH)_3 + 6CO_2 + 18H_2O$

29 물과 친화력이 있는 수용성 용매의 화재에 보통의 포 소화 약제를 사용하면 포가 파괴되기 때문에 소화 효과를 잃게 된다. 이와 같은 단점을 보완한 소화 약제로 가연성인 수용성 용매의 화재에 유효한 효과를 가지고 있는 것은?

① 알코올형 포 소화 약제
② 단백포 소화 약제
③ 합성 계면활성제 포 소화 약제
④ 수성막포 소화 약제

해설 수용성 유류 화재, 가연성 액체 화재 시 내알코올형(알코올형) 포 소화 약제를 사용한다.

30 B, C 화재에 효과가 있는 드라이케미컬의 주성분은?

① 인산염류 ② 할로겐화물
③ 탄산수소나트륨 ④ 수산화알루미늄

해설 ③ 제1종 분말 : $NaHCO_3$(B, C급 화재)

31 $NH_4H_2PO_4$가 열분해하여 생성되는 물질 중 암모니아와 수증기의 부피 비율은?

① 1:1 ② 1:2
③ 2:1 ④ 3:2

해설 인산암모늄($NH_4H_2PO_4$)의 열분해 반응

$NH_4H_2PO_4 \longrightarrow HPO_3 + NH_3 + H_2O$
메타인산 암모니아 수증기
1 : 1

정답 23 ② 24 ② 25 ③ 26 ② 27 ④ 28 ① 29 ① 30 ③ 31 ①

32 할로겐 화합물 소화기에서 사용되는 할론의 명칭과 화학식을 옳게 짝지은 것은?

① CBr_2F_2 − 1202 ② $C_2Br_2F_2$ − 2422
③ $CBrClF_2$ − 1102 ④ $C_2Br_2F_4$ − 1242

해설 할론의 명칭 순서
㉠ 첫째−탄소
㉡ 둘째−불소
㉢ 셋째−염소
㉣ 넷째−브롬

33 간이 소화제인 마른 모래의 보관법으로 옳지 않은 것은?

① 가연물이 함유되어 있지 않을 것
② 부속 기구로 삽, 양동이를 비치할 것
③ 포대 또는 반절 드럼에 넣어 보관할 것
④ 충분한 습기를 함유할 것

해설 ④ 습기가 생기지 않도록 항상 건조한 곳에 둔다.

34 압력 수조를 이용한 옥내 소화전 설비의 가압 송수 장치에서 압력 수조의 최소 압력(MPa)은? (단, 소방용 호스의 마찰 손실 수두압은 3MPa, 배관의 마찰 손실 수두압은 1MPa, 낙차의 환산 수두압은 1.35MPa이다.)

① 5.35 ② 5.70
③ 6.00 ④ 6.35

해설 $P = P_1 + P_2 + P_3 + 0.35\text{MPa}$
$= 3 + 1 + 1.35 + 0.35 = 5.70\text{MPa}$

35 위험물 제조소 등에 설치하는 포 소화 설비에 있어서 포 헤드 방식의 포 헤드는 방호 대상물의 표면적(m^2) 얼마당 1개 이상의 헤드를 설치하여야 하는가?

① 3 ② 6
③ 9 ④ 12

해설 **포 헤드** : 특정 소방 대상물의 천장 또는 반자에 설치하되, 바닥 면적 $9m^2$/1개 이상으로 하여 해당 방호 대상물의 화재를 유효하게 소화할 수 있도록 한다.

36 포 소화 설비의 가압 송수 장치에서 압력 수조의 압력 산출 시 필요 없는 것은?

① 낙차의 환산 수두압
② 배관의 마찰 손실 수두압
③ 노즐선의 마찰 손실 수두압
④ 소방용 호스의 마찰 손실 수두압

해설 압력 수조를 이용한 가압 송수 장치
$P = P_1 + P_2 + P_3 + P_4$
여기서, P : 필요한 압력(MPa)
P_1 : 방출구의 설계 압력 또는 노즐 선단의 방사 압력(MPa)
P_2 : 배관의 마찰 손실 수두압(MPa)
P_3 : 낙차의 환산 수두압(MPa)
P_4 : 소방용 호스의 마찰 손실 수두압(MPa)

37 할로겐 화합물의 소화제에서 할론 2402의 화학식은?

① CF_2Br_2 ② ClF_2Br
③ CF_3Br ④ $C_2F_4Br_2$

해설 순서가 CFClBr이므로 할론 2402는 $C_2F_4Br_2$이다.

38 인명 구조 기구에 해당되지 않는 것은?

① 안전모 ② 공기 호흡기
③ 방열복 ④ 인공 소생기

해설 인명 구조 기구
방열복, 방화복(안전모, 보호 장갑 및 안전화 포함), 공기 호흡기, 인공 소생기

39 소화 활동 설비가 아닌 것은?

① 제연 설비 ② 연소 방지 설비
③ 소화 용수 설비 ④ 비상 콘센트 설비

해설 **소화 활동 설비** : 화재를 진압하거나 인명 구조 활동을 위하여 사용하는 설비
㉠ 제연(배연) 설비
㉡ 연결 송수관 설비
㉢ 연결 살수 설비

정답 32 ① 33 ④ 34 ② 35 ③ 36 ③ 37 ④ 38 ① 39 ③

㉣ 비상 콘센트 설비
㉤ 무선 통신 보조 설비
㉥ 연소 방지 설비

40 알코올류 20,000L의 소화 설비설치 시 소요 단위는?

① 5　　② 10
③ 15　　④ 20

해설 소요 단위 $= \frac{\text{저장량}}{\text{지정 수량} \times 10\text{배}} = \frac{20,000}{400 \times 10} = 5$

제3과목 위험물의 성질과 취급

41 제1류 위험물과 제6류 위험물의 공통 성상은?

① 금수성
② 가연성
③ 산화성
④ 자기 반응성

해설 ㉠ 제1류 위험물 : 산화성 고체
㉡ 제6류 위험물 : 산화성 액체

42 제1류 위험물 중의 과산화칼륨을 다음과 같이 반응시켰을 때 공통적으로 발생되는 기체는?

- 물과 반응을 시켰다.
- 가열하였다.
- 탄산 가스와 반응시켰다.

① 수소　　② 이산화탄소
③ 산소　　④ 이산화황

해설 ㉠ $2K_2O_2 + 2H_2O \longrightarrow 4KOH + O_2$
㉡ $2K_2O_2 \longrightarrow 2K_2O + O_2$
㉢ $2K_2O_2 + 2CO_2 \longrightarrow 2K_2CO_3 + O_2$

43 제2류 위험물의 일반적인 특징에 대한 설명으로 가장 옳은 것은?

① 비교적 낮은 온도에서 연소하기 쉬운 물질이다.
② 위험물 자체 내에 산소를 갖고 있다.
③ 연소 속도가 느리지만 지속적으로 연소한다.
④ 대부분 물보다 가볍고 물에 잘 녹는다.

해설 ② 위험물 자체 내에 산소를 갖고 있지 않다.
③ 연소 속도가 매우 빠르다.
④ 대부분 물보다 무겁고 물에 잘 녹지 않는다.

44 황이 연소할 때 발생하는 가스는?

① H_2S　　② SO_2
③ CO_2　　④ H_2O

해설 $S + O_2 \longrightarrow SO_2$

45 제3류 위험물에 물을 가했을 때 일어나는 반응은?

① 흡열 반응　　② 산화 반응
③ 발열 반응　　④ 연쇄 반응

해설 제3류 위험물은 자연 발화성 물질 또는 금수성 물질로서, 물과 접촉하면 가연성 가스가 발생하거나 많은 열을 내는 물질을 말한다(발열 반응).

46 물과 접촉하였을 때 에탄이 발생되는 물질은?

① CaC_2　　② $(C_2H_5)_3Al$
③ $C_6H_3(NO_2)_3$　　④ $C_2H_5ONO_2$

해설 ① $CaC_2 + 2H_2O \longrightarrow Ca(OH)_2 + C_2H_2$
② $(C_2H_5)_3Al + 3H_2O \longrightarrow Al(OH)_3 + 3C_2H_6$
③ 물에 녹지 않는다.
④ 물에 녹지 않는다.

47 제4류 위험물의 물에 대한 성질과 화재 위험이 직접 관계가 있는 것은?

① 수용성과 인화성　　② 비중과 인화점
③ 비중과 발화점　　④ 비중과 화재 확대

정답 40 ①　41 ③　42 ③　43 ①　44 ②　45 ③　46 ②　47 ④

해설 제4류 위험물은 대부분 물보다 가볍고, 물에 녹지 않으므로 소화 시 주수하면 화재 확대 위험성이 커진다.

48 다음 중 고무의 용제로 사용되며, 연소할 때 매우 유독한 기체를 생성하는 휘발성 액체는?

① 톨루엔 ② 아세톤
③ 이황화탄소 ④ 클로로포름

해설 $CS_2 + 3O_2 \longrightarrow CO_2 + \underline{2SO_2}$
유독한 기체

49 짚, 헝겊 등을 다음의 물질로 적셔서 대량으로 쌓아 두었을 경우 자연 발화의 위험성이 제일 높은 것은?

① 동유 ② 야자유
③ 올리브유 ④ 피마자유

해설 ① 건성유(동유)가 자연 발화 위험성이 가장 높다.
②, ③, ④는 불건성유이다.

50 제5류 위험물의 위험성에 대한 설명으로 옳지 않은 것은?

① 가연성 물질이다.
② 대부분 외부의 산소 없이도 연소하며, 연소 속도가 빠르다.
③ 물에 잘 녹지 않으며, 물과의 반응 위험성이 크다.
④ 가열, 충격, 타격 등에 민감하며, 강산화제 또는 강산류와 접촉 시 위험하다.

해설 ③ 대부분 물에 잘 녹지 않으며, 물과의 직접적인 반응 위험성은 작다.

51 나이트로셀룰로오스의 안전한 저장 및 운반에 대한 설명으로 옳은 것은?

① 습도가 높으면 위험하므로 건조한 상태로 취급한다.
② 아닐린과 혼합한다.
③ 산을 첨가하여 중화시킨다.
④ 알코올 수용액으로 습면시킨다.

해설 ① 습도가 높으면 안전하므로 즉시 습한 상태를 유지시킨다.
② 아닐린과 혼합하면 자연 발화의 위험이 있다.
③ 산을 첨가하면 직사광선과 습기의 영향에 따라 분해하여 자연 발화하고, 폭발 위험이 증가한다.

52 다음에 설명하는 위험물에 해당하는 것은?

- 지정 수량은 300kg이다.
- 산화성 액체 위험물이다.
- 가열하면 분해하여 유독성 가스를 발생한다.
- 증기 비중은 약 3.5이다.

① 브로민산칼륨 ② 클로로벤젠
③ 질산 ④ 과염소산

해설 과염소산($HClO_4$)의 설명이다.

53 제6류 위험물인 질산에 대한 설명으로 틀린 것은?

① 강산이다.
② 물과 접촉 시 발열한다.
③ 불연성 물질이다.
④ 열분해 시 수소를 발생한다.

해설 ④ 열분해 시 산소를 발생한다.

54 위험물안전관리법령상의 규제에 관한 설명 중 틀린 것은?

① 지정 수량 미만의 위험물의 저장 · 취급 및 운반은 시 · 도 조례에 의하여 규제한다.
② 항공기에 의한 위험물의 저장 · 취급 및 운반은 위험물안전관리법의 규제 대상이 아니다.
③ 궤도에 의한 위험물의 저장 · 취급 및 운반은 위험물안전관리법의 규제 대상이 아니다.
④ 선박법의 선박에 의한 위험물의 저장 · 취급 및 운반은 위험물안전관리법의 규제 대상이 아니다.

해설 ① 지정 수량 미만의 위험물의 저장·취급 및 운반은 특별시·광역시 및 도의 조례로 행한다.

정답 48 ③ 49 ① 50 ③ 51 ④ 52 ④ 53 ④ 54 ①

55 **위험물안전관리법령에서 정하는 위험 등급 I에 해당하지 않는 것은?**

① 제3류 위험물 중 지정 수량이 10kg인 위험물
② 제4류 위험물 중 특수 인화물
③ 제1류 위험물 중 무기 과산화물
④ 제5류 위험물 중 지정 수량이 100kg인 위험물

해설

구분	위험등급 I	위험등급 II	위험등급 III
제1류 위험물	아염소산염류, 염소산염류, 과염소산염류, 무기과산화물, 그 밖에 지정수량이 50kg인 위험물	브로민산염류, 질산염류, 아이오딘산염류, 그 밖에 지정수량이 300kg인 위험물	위험등급 I, 위험등급 II 외의 것
제2류 위험물		황화인, 적린, 황, 그 밖에 지정수량이 100kg인 위험물	
제3류 위험물	칼륨, 나트륨, 알킬알루미늄, 알킬리튬, 황린, 그 밖에 지정수량이 10kg 또는 20kg인 위험물	알칼리금속(칼륨 및 나트륨을 제외) 알칼리토금속, 유기금속화합물(알킬알루미늄 및 알킬리튬을 제외), 그 밖에 지정수량이 50kg인 위험물	
제4류 위험물	특수인화물	제1석유류, 알코올류	
제5류 위험물	지정수량이 제1종 : 10kg인 위험물	지정수량이 제2종 : 100kg인 위험물	
제6류 위험물	모두		

56 **혼합물인 위험물이 복수의 성상을 가지는 경우에 적용하는 품명에 관한 설명으로 틀린 것은?**

① 산화성 고체의 성상 및 가연성 고체의 성상을 가지는 경우 : 산화성 고체의 품명
② 산화성 고체의 성상 및 자기 반응성 물질의 성상을 가지는 경우 : 자기 반응성 물질의 품명
③ 가연성 고체의 성상과 자연 발화성 물질의 성상 및 금수성 물질의 성상을 가지는 경우 : 자연 발화성 물질 및 금수성 물질의 품명
④ 인화성 고체의 성상 및 자기 반응성 물질의 성상을 가지는 경우 : 자기 반응성 물질의 품명

해설 혼합물인 위험물이 복수의 성상을 가지는 경우에 적용하는 품명

㉠ 1류와 2류와의 복합 성상일 때 : 2류
㉡ 1류와 5류와의 복합 성상일 때 : 5류
㉢ 2류와 3류와의 복합 성상일 때 : 3류
㉣ 3류와 4류와의 복합 성상일 때 : 3류
㉤ 4류와 5류와의 복합 성상일 때 : 5류

57 **제조소에서 위험물을 취급함에 있어서 정전기를 유효하게 제거할 수 있는 방법으로 가장 거리가 먼 것은?**

① 접지에 의한 방법
② 상대 습도를 70% 이상 높이는 방법
③ 공기를 이온화하는 방법
④ 부도체 재료를 사용하는 방법

해설 ④ 전기의 도체를 사용한다.

58 **인화점이 21℃ 미만인 액체 위험물의 옥외 저장 탱크 주입구에 설치하는 "옥외 저장 탱크 주입구"라고 표시한 게시판의 바탕 및 문자색을 옳게 나타낸 것은?**

① 백색 바탕 – 적색 문자
② 적색 바탕 – 백색 문자
③ 백색 바탕 – 흑색 문자
④ 흑색 바탕 – 백색 문자

해설 인화점이 21℃ 미만인 액체 위험물의 옥외 저장 탱크 주입구 게시판은 백색 바탕에 흑색 문자로 한다.

59 **주유 취급소의 보유 공지 기준은?**

① 너비 15m 이상, 길이 5m 이상
② 너비 15m 이상, 길이 6m 이상
③ 너비 10m 이상, 길이 6m 이상
④ 너비 10m 이상, 길이 8m 이상

해설 **주유 취급소의 보유 공지 기준** : 너비 15m 이상, 길이 6m 이상의 콘크리트로 포장된 공지를 보유할 것

정답 55 ④ 56 ① 57 ④ 58 ③ 59 ②

60 인화점이 38℃ 이상인 제4류 위험물 취급을 주된 작업 내용으로 하는 장소에 스프링클러 설비를 설치할 경우 확보하여야 하는 1분당 방사 밀도는 몇 L/m^2 이상이어야 하는가? (단, 살수 기준 면적은 $250m^2$이다.)

① 12.2 ② 13.9
③ 15.5 ④ 16.3

해설 제4류 위험물을 지장·취급하는 장소의 살수 기준 면적에 따른 스프링클러 설비의 살수 밀도

<table>
<tr><th rowspan="2">살수 기준 면적(m^2)</th><th colspan="2">방사 밀도(L/m^2)</th><th rowspan="2">비고</th></tr>
<tr><th>인화점 38℃ 미만</th><th>인화점 38℃ 이상</th></tr>
<tr><td>279 미만</td><td>16.3 이상</td><td>12.2 이상</td><td rowspan="4">살수 기준 면적은 내화 구조의 벽 및 바닥으로 구획된 하나의 실의 바닥 면적을 말하고, 하나의 실의 바닥 면적이 $465m^2$ 이상인 경우의 살수 기준 면적은 $465m^2$로 한다. 다만, 위험물의 취급을 주된 작업 내용으로 하지 아니하고 소량의 위험물을 취급하는 설비 또는 부분이 넓게 분산되어 있는 경우에는 방사 밀도 $8.2L/m^2$ 이상, 살수 기준 면적은 $279m^2$ 이상으로 할 수 있다.</td></tr>
<tr><td>279~372 미만</td><td>15.5 이상</td><td>11.8 이상</td></tr>
<tr><td>372~465 미만</td><td>13.9 이상</td><td>9.8 이상</td></tr>
<tr><td>465 이상</td><td>12.2 이상</td><td>8.1 이상</td></tr>
</table>

정답 60 ①

위험물 산업기사 (2024. 2. 15 시행)

제1과목 일반화학

01 다음 중 3차 알코올에 해당되는 것은?

①
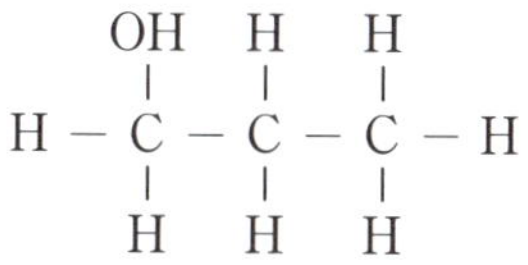

②
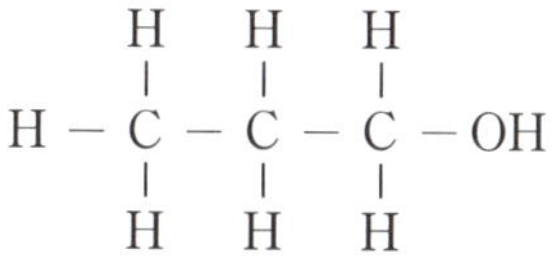

③
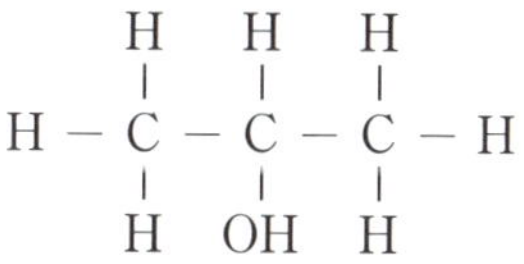

④
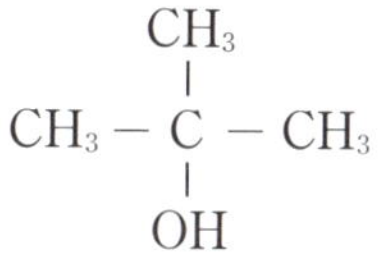

해설 ① 1차(제1급) 알코올($R-CH_2OH$) : OH기가 결합된 탄소가 다른 탄소 1개와 연결된 알코올

② 2차(제2급) 알코올($R-\overset{R}{\overset{|}{C}}HOH$) : OH기가 결합된 탄소가 다른 탄소 2개와 연결된 알코올

③ 3차(제3급) 알코올($R-\overset{R}{\overset{|}{\underset{R}{\underset{|}{C}}}}-OH$) : OH기가 결합된 탄소가 다른 탄소 3개와 연결된 알코올

예 $CH_3-\overset{CH_3}{\overset{|}{\underset{OH}{\underset{|}{C}}}}-CH_3$: 트리메틸카르비놀(3차 알코올은 산화가 안된다.)

02 3N 황산 용액 200mL 중에는 몇 g의 H_2SO_4를 포함하고 있는가? (단, S의 원자량은 32이다)

① 29.4　② 58.8
③ 98.0　④ 117.6

해설 $1N-H_2SO_4$는 49g/L
$3N-H_2SO_4$는 147g/L
여기서, 147g : 1L
xg : 0.2L
$\therefore x = \frac{147 \times 0.2}{1}$
$x = 29.4$g

03 다음 중 헨리의 법칙으로 설명되는 것은?

① 극성이 큰 물질일수록 물에 잘 녹는다.
② 비눗물은 0℃보다 낮은 온도에서 언다.
③ 높은 산 위에서는 물이 100℃ 이하에서 끓는다.
④ 사이다의 병마개를 따면 거품이 난다.

해설 헨리의 법칙
용해도가 작은 기체 또는 무극성 분자일 때 잘 적용이 된다. 사이다의 병마개를 따면 거품이 나는 것은 탄산음료수에 탄산가스가 압축되어 있다가 병마개를 따면 압축된 탄산가스가 분출되어 용기 내부 압력이 내려가면서 용해도가 줄어들기 때문이다.
예 N_2, CO_2, H_2, O_2 등 무극성 분자

04 물 200g에 A 물질 2.9g을 녹인 용액의 빙점은? (단, 물의 어는점 내림 상수는 1.86℃ · kg/mol이고, A 물질의 분자량은 58이다.)

① −0.465℃
② −0.932℃
③ −1.871℃
④ −2.453℃

해설 $\triangle Tf = \frac{2.9}{58} \times \frac{1,000}{200} \times 1.86 = 0.465℃$

정답 01 ④ 02 ① 03 ④ 04 ①

05 화학 반응에서 발생 또는 흡수되는 열량은 그 반응 전의 물질의 종류와 상태 및 반응 후의 물질의 종류와 상태가 결정되면 그 도중의 경로에는 관계가 없다는 법칙은?

① 반트-호프의 법칙
② 르샤틀리에의 법칙
③ 아보가드로의 법칙
④ 헤스의 법칙

해설 헤스의 법칙(Hess's law)
총열량 불변의 법칙이라고도 한다.

06 A+2B → 3C+4D와 같은 기초 반응에서 A, B의 농도를 각각 2배로 하면 반응 속도는 몇 배로 되겠는가?

① 2 ② 4
③ 8 ④ 16

해설 A+2B → 3C+4D에서 A와 B의 농도를 각각 2배하면
$V=[A][B]^2=2\times2^2=8$배

07 탄화알루미늄에 물을 작용시켰을 때 생성되는 물질은?

① 메탄 ② 수소
③ 산소 ④ 부탄

해설 $Al_4C_3+12H_2O \rightarrow 4Al(OH)_3+3CH_4$

08 어떤 반사능 물질의 반감기가 10년이라면 10g의 물질이 20년 후에는 몇 g이 남는가?

① 2.5 ② 5.0
③ 7.5 ④ 10.0

해설 $m=M\times\left(\frac{1}{2}\right)^{\frac{t}{T}}=10\times\left(\frac{1}{2}\right)^{\frac{20}{10}}$
$=10\times\frac{1}{4}=2.5g$
여기서, m : t 시간 후에 남은 질량
M : 처음 질량
t : 경과된 시간
T : 반감기

09 벤젠의 유도체 TNT의 구조식을 옳게 나타낸 것은?

①
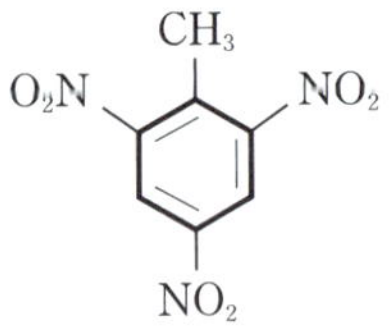

②
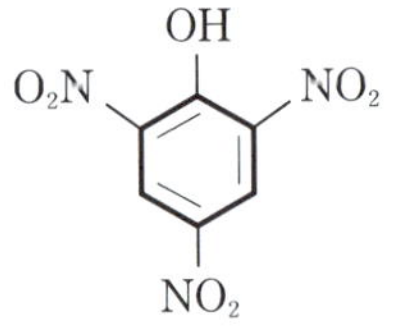

③
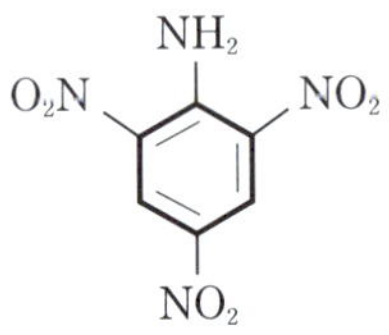

④
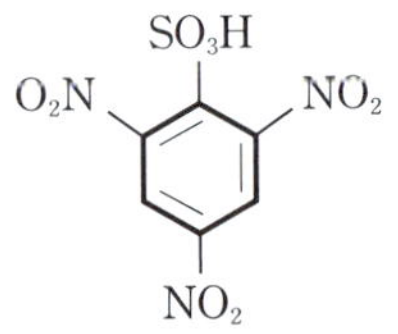

해설 구조식
분자 내의 원자의 결합상태를 원소기호와 결합선을 이용하여 표시한 식

10 방사성 원소에서 방출되는 방사선 중 전기장의 영향을 받지 않아 휘어지지 않는 선은?

① α선
② β선
③ γ선
④ α, β, γ선

해설 방사선의 종류와 작용
㉠ α선 : 전기장을 작용하면 (−)쪽으로 구부러지므로 그 자신은 (+)전기를 가진 입자의 흐름이다.
㉡ β선 : 전기장을 작용하면 (+)쪽으로 구부러지므로 그 자신은 (−)전기를 가진 입자의 흐름이다.
㉢ γ선 : 전기장의 영향을 받지 않아 휘어지지 않는 선으로 그 자신은 전기를 띤 알맹이가 아니며 광선이나 X선과 같은 일종의 전자파이다.

11 다음 산화 환원에 관한 설명 중 틀린 것은?

① 산화수가 감소하는 것은 산화이다.
② 산소와 화합하는 것은 산화이다.
③ 전자를 얻는 것은 환원이다.
④ 양성자를 잃는 것은 산화이다.

해설 ① 산화수가 감소하는 것은 환원이다.

정답 05 ④ 06 ③ 07 ① 08 ① 09 ① 10 ③ 11 ①

12 쌍극자 모멘트의 합이 0인 것으로만 나열된 것은?

① H_2O, CS_2 ② NH_3, HCl
③ HF, H_2S ④ C_6H_6, CH_4

해설 대칭적인 CH_4는 알짜 쌍극자 값이 0이다. 각각의 C−H 결합 네개(정사면체의 네 꼭지를 향하고 있는)는 쌍극자 모멘트를 갖고 있지만 이들의 벡터 합은 0이다. H_2O처럼 쌍극자 모멘트가 0이 아닌 분자를 극성이라 하고 비록 극성 결합이 있다 할지라도 C_6H_6, CH_4처럼 알짜 쌍극자 모멘트가 없는 분자를 비극성이라고 한다. 극성과 비극성 분자 사이에는 분자 간 힘이 다르므로, 이러한 사실은 물리적 및 화학적 성질에 매우 큰 영향을 미치게 된다.

13 커플링(coupling) 반응 생성물과 관계있는 것은?

① $-NH_2$ ② $-CH_3$
③ −COOH ④ −N=N−

해설 커플링 반응
디아조늄에 페놀류나 방향족 아민을 작용시키면 아조기(−N=N−)를 갖는 새로운 아조 화합물을 만든다.

14 다음 중 아르곤(Ar)과 같은 전자수를 갖는 이온들로 이루어진 것은?

① NaCl ② MgO
③ KF ④ CaS

해설 Ar : 18개, 전자수=원자번호=양성자수
㉮ NaCl=11−1과 17+1
㉯ MgO=12−2와 8+2
㉰ KF=19−1과 9+1
㉱ CaS=20−2와 16+2

15 96wt% H_2SO_4(A)와 60wt% H_2SO_4(B)를 혼합하여 80wt% H_2SO_4 100kg을 만들려고 한다. 각각 몇 kg씩 혼합하여야 하는가?

① A : 30, B : 70
② A : 44.4, B : 55.6
③ A : 55.6, B : 44.4
④ A : 70, B : 30

해설 혼합 공식

$$C_{mix}=\frac{C\cdot Q_1+C_2\cdot Q_1}{Q_1+Q_2}$$

여기서, $Q_1 \to A$, $Q_2 \to B$로 본다.

$$C_{mix}=\frac{C_1\cdot A+C_2\cdot B}{(A+B)}$$

$C_1=96wt\%(H_2SO_4)$, $C_2=60wt\%(H_2SO_4)$,
$C_{mix}=80wt\%$(혼합 H_2SO_4)
$A+B=100kg$이므로 $B=100-A$가 된다.

$$\therefore 80\%=\frac{96\cdot A+60(100-A)}{100}$$

양변에 ×100하면

$$8{,}000=96A+60(100-A)$$
$$=96A+6{,}000-60A$$
$$=36A+6{,}000$$

$\therefore 36A=8{,}000-6{,}000=2{,}000$

즉, $A=\frac{2{,}000}{36}=55.556$kg이므로
$B\text{kg}=100-A=100-55.556\text{kg}=44.44\text{kg}$

16 다음 물질 중 산성 산화물은?

① CaO ② Na_2O
③ CO_2 ④ MgO

해설 (1) 산성 산화물
① 물에 녹아 산이 되거나 염기와 반응할 때 염과 물을 만드는 비금속 산화물
예 CO_2, SiO_2, NO_2, SO_3, P_2O_5 등
② 산성 산화물은 대부분이 산화수가 +3가 이상의 비금속 산화물이다.

(2) 염기성 산화물
① 물에 녹아 염기가 되거나 산과 반응하여 염과 물을 만드는 금속 산화물
예 CaO, HgO, BaO, Na_2O, CuO 등
② 염기성 산화물은 대부분이 산화수가 +2가 이하의 금속 산화물이다.

17 다음 화합물의 0.1mol 수용액 중에서 가장 약한 산성을 나타내는 것은?

① H_2SO_4 ② HCl
③ CH_3COOH ④ HNO_3

정답 12 ④ 13 ④ 14 ④ 15 ③ 16 ③ 17 ③

해설 ㉠ 강산 : HCl, HNO_3, H_2SO_4 등
㉡ 약산 : CH_3COOH, H_2S, H_2CO_3 등

18 8g의 메탄을 완전 연소시키는 데 필요한 산소 분자의 수는?

① 6.02×10^{23}　② 1.204×10^{23}
③ 6.02×10^{24}　④ 1.204×10^{24}

해설 $CH_4 + 2O_2 \rightarrow CO_2 + 2H_2O$
16g : 2×32g
8g : xg

$x = \frac{8 \times 2 \times 32}{16}$, $x = 32$g

산소는 32g(1mole)이다. 그러므로 원자, 분자, 이온 각 1mole 속에는 원자, 분자, 이온이 각각 6.02×10^{23}개가 들어 있다. 이것을 아보가드로수라 한다.

19 산 염기 지시약인 페놀프탈레인의 PH 변색 범위는?

① 3.5~4.5　② 3.5~6.5
③ 4.5~8.0　④ 8.3~10.0

해설 ① 지시약 : 색의 변화로 용액의 액성을 나타내는 시약
②

성 질	지정 수량
메틸오렌지	3.2~4.4
메틸레드	4.2~6.3
리트머스	6.0~8.0
크레졸레드	7.0~8.8
페놀프탈레인	8.3~10.0

20 연실법 또는 접촉법을 사용하여 제조하는 물질로서 건조제로 사용될 수 있는 것은?

① CaO　② $NaOH$
③ H_2SO_4　④ KOH

해설 제법
① 연실법 : 황이나 황화광을 연소시켜 이산화황을 얻고, 이를 정제한 다음 산화질소와 연실에서 농도가 묽은 황산을 제조하는 법
② 접촉법 : 백금(Pt), 오산화바나듐(V_2O_5), 산화철(Ⅲ) 등을 촉매로 사용하면서 삼산화황으로 산화시켜 농도가 진한 황산을 제조하는 법

제2과목 화재예방과 소화방법

21 펌프와 발포기의 중간에 설치된 벤투리관의 벤투리 작용과 펌프 가압수의 포 소화 약제 저장 탱크에 대한 압력에 의하여 포 소화 약제를 흡입·혼합하는 방식은?

① 라인 프로포셔너 방식
② 프레셔 프로포셔너 방식
③ 프레셔 사이드 프로포셔너 방식
④ 펌프 프로포셔너 방식

해설 포 소화 약제 혼합 장치의 종류
㉠ 라인 프로포셔너 방식(관로 혼합 방식) : 펌프와 발포기 중간에 설치된 벤투리관의 벤투리 작용에 의해 포 소화약제를 흡입하여 혼합하는 방식
㉡ 프레셔 프로포셔너 방식(차압 혼합 방식) : 펌프와 발포기의 중간에 설치된 벤투리관의 벤투리 작용과 펌프 가압수의 포 소화약제 저장탱크에 대한 압력에 의하여 포 소화약제를 흡입·혼합하는 방식
㉢ 프레셔 사이드 프로포셔너 방식(압입 혼합 방식) : 포 원액을 송수관에 압입하기 위하여 포 원액용 펌프를 별도로 설치하여 혼합하는 방식
㉣ 펌프 프로포셔너 방식(펌프 혼합 방식) : 펌프의 토출관과 흡입관 사이의 배관 도중에 설치한 흡입기에 펌프에서 토출된 물의 일부를 보내고 농도 조정 밸브에서 조정된 포 소화 약제의 필요량을 포 소화 약제 탱크에서 펌프 흡입측으로 보내어 이를 혼합하는 방식이다.

22 제3류 위험물에서 금수성 물질의 화재에 적응성이 있는 소화 약제는?

① 할로젠 화합물 소화 설비
② 이산화탄소
③ 탄산수소염류
④ 인산염류

정답 18 ① 19 ④ 20 ③ 21 ② 22 ③

해설 소화 설비의 적응성

소화 설비의 구분			건축물·그 밖의 공작물	전기 설비	제1류 위험물: 알칼리 금속 과산화물 등	제1류 위험물: 그 밖의 것	제2류 위험물: 철분·금속분·마그네슘 등	제2류 위험물: 인화성 고체	제2류 위험물: 그 밖의 것	제3류 위험물: 금수성 물품	제3류 위험물: 그 밖의 것	제4류 위험물	제5류 위험물	제6류 위험물
옥내 소화전 설비 또는 옥외 소화전 설비			○			○		○	○		○		○	○
스프링클러 설비			○			○		○	○		○	△	○	○
물분무 등 소화 설비	물분무 소화 설비		○	○		○		○	○		○	○	○	○
물분무 등 소화 설비	포 소화 설비		○			○		○	○		○	○	○	○
물분무 등 소화 설비	불활성 가스 소화 설비			○				○				○		
물분무 등 소화 설비	할로젠 화합물 소화 설비			○				○				○		
물분무 등 소화 설비	분말 소화 설비	인산염류 등	○	○		○		○	○			○		○
물분무 등 소화 설비	분말 소화 설비	탄산수소염류 등		○	○		○	○		○		○		
물분무 등 소화 설비	분말 소화 설비	그 밖의 것			○		○			○				
대형·소형 수동식 소화기	봉상수(棒狀水) 소화기		○			○		○	○		○		○	○
대형·소형 수동식 소화기	무상수(無狀水) 소화기		○	○		○		○	○		○		○	○
대형·소형 수동식 소화기	봉상 강화액 소화기		○			○		○	○		○		○	○
대형·소형 수동식 소화기	무상 강화액 소화기		○	○		○		○	○		○	○	○	○
대형·소형 수동식 소화기	포 소화기		○			○		○	○		○	○	○	○
대형·소형 수동식 소화기	이산화탄소 소화기			○				○				○		△
대형·소형 수동식 소화기	할론 소화 설비0			○				○				○		
대형·소형 수동식 소화기	분말 소화기	인산염류 소화기	○	○		○		○	○			○		○
대형·소형 수동식 소화기	분말 소화기	탄산수소염류 소화기		○	○		○	○		○		○		
대형·소형 수동식 소화기	분말 소화기	그 밖의 것			○		○			○				
기타	물통 또는 수조		○			○		○	○		○		○	○
기타	건조사				○	○	○	○	○	○	○	○	○	○
기타	팽창 질석 또는 팽창 진주암				○	○	○	○	○	○	○	○	○	○

23 화재의 종류 중 C급 화재에 속하는 것은?

① 일반 화재 ② 유류 화재
③ 전기 화재 ④ 금속 화재

해설 화재의 구분

화재별 급수	가연 물질의 종류
A급 화재	목재, 종이, 섬유류 등 일반 가연물
B급 화재	유류(가연성·인화성 액체 포함)
C급 화재	전기
D급 화재	금속
K급 화재	동식물류

24 제5류 위험물의 화재시에 가장 적당한 소화 방법은?

① 인산염류를 사용한다.
② 할로젠 화합물을 사용한다.
③ 탄산가스를 사용한다.
④ 다량의 물을 사용한다.

해설 제5류 위험물 화재 시 가장 적당한 소화 방법 : 다량의 물을 사용한다.

25 산화프로필렌을 이동 저장탱크에 저장하고자 할 때 유의할 사항으로 틀린 것은?

① 항상 불활성 기체를 봉입하여 두어야 한다.
② 보냉 장치가 있는 것은 비점 이하의 온도로 유지하여야 한다.
③ 탱크의 재질은 마그네슘을 함유한 합금이어야 한다.
④ 보냉 장치가 없는 것은 40℃ 이하로 유지하여야 한다.

해설 ③ 탱크의 재질은 구리, 은, 수은, 마그네슘을 함유한 합금은 안 된다.

26 소요 단위에 대한 설명으로 옳은 것은?

① 소화 설비의 설치 대상이 되는 건축물 그 밖의 공작물의 규모 또는 위험물의 양의 기준 단위이다.
② 소화 설비 소화 능력의 기준 단위이다.
③ 저장소의 건축물은 외벽이 내화구조인 것은 연면적 $75m^2$를 1소요 단위로 한다.
④ 지정수량 100배를 1소요 단위로 한다.

해설 제조소등에 설치되는 소화기구의 소요단위는 건축물, 공작물 및 위험물로 나누어 산출한다.

27 이동식 이산화탄소 소화 설비의 호스 접속구는 모든 방호 대상물에 대하여 당해 방호대상물의 각 부분으로부터 하나의 호스 접속구까지의 수평 거리가 몇 m이하가 되도록 설치하여야 하는가?

① 10 ② 15 ③ 20 ④ 30

정답 23 ③ 24 ④ 25 ③ 26 ① 27 ②

해설 이동식 이산화탄소 소화 설비의 호스 접속구까지의 수평 거리가 15m 이하가 되도록 설치한다.

28 포 소화 설비의 기준에서 포헤드 방식의 포헤드는 방호 대상물의 표면적 및 몇 m^2당 1개 이상의 헤드를 설치해야 하는가?

① 3　　③ 6
③ 9　　④ 12

해설 포헤드 방식의 포헤드는 방호 대상물의 표면적 $9m^2$당 1개 이상의 헤드를 설치해야 한다.

29 위험물 제조소 등에서 옥내 소화전이 가장 많이 설치된 층의 옥내 소화전 설치 개수가 6개일 때 수원의 수량은 몇 m^3 이상이 되어야 하는가?

① 7.8　　② 22
③ 39　　④ 46.8

해설 $Q = N \times 7.8m^3 = 5 \times 7.8m^3 = 39m^3$
여기서, Q : 수원의 수량
N : 옥내 소화전 설비 설치 개수(설치 개수가 5개 이상인 경우는 5개의 옥내 소화전)

30 소화기의 외부에 표시해야 하는 사항이 아닌 것은?

① 유효 기간과 폐기 날짜
② 적응 화재 표시
③ 소화 능력 단위
④ 취급상의 주의 사항

해설 소화기 외부 표시 사항
① 소화기의 명칭
② 적응 화재 표시
③ 사용 방법
④ 용기 합격 및 중량 표시
⑤ 취급싱 주의 사항
⑥ 능력 단위
⑦ 재조연월일

31 다음 중 화재시 주수소화를 하면 위험성이 증가하는 것은?

① 염소산칼륨　　② 과산화칼륨
③ 과염소산나트륨　　④ 과산화수소

해설 무기 과산화물(과산화칼륨, 과산화나트륨)은 물과 급격히 발열 반응을 하므로 건조사에 의한 피복 소화를 실시한다. (단, 주수소화는 절대엄금)

32 아닐린 취급을 주된 작업 내용으로 하는 장소에 스프링클러 설비를 설치할 경우 확보하여야 하는 1분당 방사 밀도는 몇 L/m^2 이상이어야 하는가? (단, 살수 기준 면적은 $250m^2$이다.)

① 12.2　　② 13.9
③ 15.5　　④ 16.3

해설 아닐린($C_6H_5NH_2$)은 제3석유류이므로 인화점이 70℃이다.

살수 기준 면적(m^2)	방사 밀도(L/m^2) 인화점 38℃ 미만	방사 밀도(L/m^2) 인화점 38℃ 이상	비고
279 미만	16.3 이상	12.2 이상	살수 기준 면적은 내화 구조의 벽 및 바닥으로 구획된 하나의 실의 바닥 면적을 말하고, 하나의 실의 바닥 면적이 $465m^2$ 이상인 경우의 살수 기준 면적은 $465m^2$로 한다. 다만, 위험물의 취급을 주된 작업 내용으로 하지 아니하고 소량의 위험물을 취급하는 설비 또는 부분이 넓게 분산되어 있는 경우에는 방사 밀도 $8.2L/m^2$ 이상, 살수 기준 면적은 $279m^2$ 이상으로 할 수 있다.
279 이상 372 미만	15.5 이상	11.8 이상	
372 이상 465 미만	13.9 이상	9.8 이상	
465 이상	12.2 이상	8.1 이상	

33 화재의 종류와 표시 색상의 연결이 옳은 것은?

① 금속 화재 – 청색　　② 유류 화재 – 황색
③ 일반 화재 – 녹색　　④ 전기 화재 – 백색

정답 28 ③　29 ③　30 ①　31 ②　32 ①　33 ②

해설 화재의 종류 및 표시 색상

급수	화재의 종류	표시 색상
A급	일반 화재	백색
B급	유류 화재	황색
C급	전기 화재	청색
D급	금속 화재	–
K급	주방 화재	–

34 소화 작용에 대한 설명으로 옳지 않은 것은?

① 연소에 필요한 산소의 공급원을 차단하는 것은 제거 작용이다.
② 온도를 떨어뜨려 연소 반응을 정지시키는 것은 냉각 작용이다.
③ 가스 화재시 주 밸브를 닫아서 소화하는 것은 제거 작용이다.
④ 물에 의해 온도를 낮추는 것은 냉각 작용이다.

해설 ① 연소에 필요한 산소의 공급원을 차단하는 것은 질식 작용이다.

35 분말 소화 약제와 함께 사용하여도 소포 현상이 일어나지 않고 트윈 에이전트 시스템에 사용되어 소화 효과를 높일 수 있는 포 소화 약제는?

① 단백포 ② 불화단백포
③ 수성막포 ④ 내알코올형포

해설 수성막포 소화 약제의 설명이다.

36 다음 산·알칼리 소화기의 화학 반응식에서 ( )에 들어갈 분자식은?

$2NaHCO_3 + H_2SO_4 \rightarrow Na_2SO_4 + 2CO_2 + 2(\ \ )$

① Na_2CO_3 ② H_2O
③ H_2S ④ $NaCl$

해설 산·알칼리 소화기 화학 반응식
$2NaHCO_3 + H_2SO_4 \rightarrow Na_2SO_4 + 2CO_2 + 2H_2O$

37 위험물에 따라 적응성이 있는 소화 설비를 연결한 것은?

① $C_6H_5NO_2$ – 이산화탄소 소화기
② Ca_3P_2 – 물통(수조)
③ $C_2H_5OC_2H_5$ – 물통(수조)
④ $C_3H_5(ONO_2)_3$ – 이산화탄소 소화기

해설 22번 해설 참조

38 기체의 연소 형태에 해당하는 것은?

① 표면 연소 ② 증발 연소
③ 분해 연소 ④ 확산 연소

해설 (1) 기체 연소(발염 연소, 확산 연소) : 산소 아세틸렌 등
(2) 액체(증발) 연소 : 에테르, 가솔린, 석유, 알코올 등
(3) 고체 연소
① 표면(직접) 연소 : 목탄, 코크스, 금속분 등
② 분해 연소 : 목재, 석탄, 종이, 플라스틱 등
③ 증발 연소 : 황, 나프탈렌, 장뇌, 촛불 등
④ 내부(자기) 연소 : 질산에스터류, 셀룰로이드류, 나이트로 화합물, 하이드라진 유도제, 제5류위험물 등

39 다음 중 자연 발화의 인자가 아닌 것은?

① 발열량 ② 수분
③ 열의 축적 ④ 증발 잠열

해설 자연 발화에 영향을 주는 인자
열의 축적, 열전도율, 퇴적 방법, 공기의 유동 상태, 발열량, 수분(건조 상태), 촉매 물질 등

40 다음 조건하에서 국소 방출 방식의 할로겐 화합물 소화 설비를 설치하는 경우 저장하여야 하는 소화 약제의 양은 몇 kg 이상이어야 하는가?

- 저장하는 위험물 : 휘발유
- 윗면이 개방된 용기에 저장함
- 방호 대상물의 표면적 : $40m^3$
- 소화 약제의 종류 : 할론1301

① 222 ② 340 ③ 467 ④ 570

정답 34 ① 35 ③ 36 ② 37 ① 38 ④ 39 ④ 40 ②

해설 할로겐화합물 소화 설비

국소 방출 방식(면적식 화재) : 액체 위험물 상부를 개방한 용기에 저장하는 경우 등 화재시 연소면이 한면에 한정되고 위험물이 비산할 우려가 없는 경우

① 기본량

약제종별	1301	1211	2402
약재량(kg/m^2)	6.8	7.6	8.8

② 할증 계수

약제종별	1301	1211	2402
약재량(kg/m^2)	1.25	1.10	1.10

③ 위험물의 종류에 대한 소화 약제의 계수

위험물의 종류	이산화 탄소	위험물의 종류	이산화 탄소
아크릴로니트릴	1.2	다이에틸아민	1.0
아세트알데하이드	1.1	디에틸에테르	1.8
아세트니트릴	1.0	다이옥산	1.0
아세톤	1.0	중유(重油)	1.0
아닐린	1.1	윤활유	1.2
이소옥탄	1.0	테트라하이드로퓨란	1.6
이소프렌	1.0	등유	1.0
아이소프로필아민	1.0	트라이에틸아민	1.0
이소프로필에테르	1.0	톨루엔	1.0
이소헥산	1.0	나프타	1.0
이소헵탄	1.0	채종유	1.0
이소펜탄	1.0	이황화탄소	1.0
에탄올	1.2	비닐에틸에테르	1.0
에틸아민	1.0	피리딘	1.1
염화비닐	1.1	부탄올	3.0
옥탄	1.2	프로판올	1.2
휘발유	1.0	2-프로판올	1.1
폼산(개미산)에틸	1.0	프로필아민	1.1
폼산(개미산)프로필	1.0	헥산	1.0
폼산(개미산)메틸	1.0	헵탄	1.0
경유	1.0	벤젠	1.0
원유	1.0	펜탄	1.0
초산(아세트산)	1.1	메탄올	1.0
초산에틸	1.0	메틸에틸케톤	1.0
초산메틸	1.0	모노클로로벤젠	1.0
산화프로필렌	1.8	그 밖의 것	1.6
사이클로헥세인	1.0		

Q(약제량, kg) = 방호 대상물의 표면적(m^2) × 기본량(kg/m^2) × 할증 계수 × 위험물의 종류에 대한 소화 약제의 계수

$= 40m^2 \times 6.8(kg/m^2) \times 1.25 \times 1.0$

$= 340kg$

제3과목 위험물의 성질과 취급

41 위험물 운반 용기 외부에 표시하는 주의 사항을 모두 나타낸 것 중 틀린 것은?

① 질산나트륨 : 화기 · 충격 주의, 가연물 접촉 주의
② 마그네슘 : 화기 주의, 물기엄금
③ 황린 : 공기 노출 금지
④ 과염소산 : 가연물 접촉 주의

해설 ① 황린 : 화기엄금 및 공기접촉엄금
② 제3류 위험물 중 자연 발화성 물질에 있어서는 화기엄금 및 공기접촉엄금, 금수성 물질에 있어서는 물기엄금

42 인화칼슘이 물과 반응하면 어떤 가스가 발생하는가?

① 포스겐 ② 포스핀
③ 메탄 ④ 이산화황

해설 $Ca_3P_2 + 6H_2O \rightarrow 3Ca(OH)_2 + 2PH_3$

43 제3류 위험물 제조소와 3백명 이상의 인원을 수용하는 영화 상영관과의 안전 거리는 몇 m 이상이어야 하는가?

① 10 ② 20
③ 30 ④ 50

해설 위험물 제조소와 학교 · 병원 · 공연장 · 영화관(300명 이상 수용)과의 안전 거리는 30m 이상이다.

정답 41 ③ 42 ② 43 ③

44 규조토에 어떤 물질을 흡수시켜 다이너마이트를 제조하는가?

① 페놀　② 나이트로글리세린
③ 질산에틸　④ 장뇌

해설 규조토에 나이트로글리세린($C_3H_5(ONO_2)_3$)을 흡수시켜 다이너마이트를 제조한다.

45 등유에 관한 설명 중 틀린 것은?

① 물보다 가볍다.
② 가솔린보다 인화점이 높다.
③ 물에 용해되지 않는다.
④ 증기는 공기보다 가볍다.

해설 등유의 증기 비중은 4～5이므로 공기보다 무겁다.

46 질산나트륨 90kg, 황 20kg, 클로로벤젠 2,000L를 저장하고 있을 경우 각각 지정 수량의 배수의 총합은 얼마인가?

① 2　② 2.5
③ 3　④ 3.5

해설 $\frac{90}{300}+\frac{20}{100}+\frac{2,000}{1,000}=0.3+0.2+2=2.5$배

47 다음 중 인화점이 가장 낮은 것은?

① 초산메틸　② 초산에틸
③ 무수초산　④ 초산벤질

해설

위험물 종류	인화점
초산메틸	−10℃
초산에틸	−4.4℃
무수초산	53.9℃
초산벤질	102℃

48 다음 중 제1석유류에 해당하는 것은?

① 염화아세틸　② 아크릴산
③ 클로로벤젠　④ 아세트산

해설

위험물 종류	품명
염화아세틸	제1석유류
아크릴산	제2석유류
클로로벤젠	제2석유류
아세트산	제2석유류

49 칼륨에 관한 설명 중 틀린 것은?

① 보라색의 불꽃을 내며 연소한다.
② 물과 반응하여 수소를 발생한다.
③ 화재시 탄산가스 소화기가 가장 효과적이다.
④ 피부와 접촉하면 화상의 위험이 있다.

해설 칼륨(K) 화재시에는 건조사가 가장 효과적이다.

50 위험물안전관리법에서 규정한 운반 용기의 재질이 아닌 것은?

① 플라스틱　② 도자기
③ 유리　④ 짚

해설 위험물 운반 용기의 재질
강판, 알루미늄, 양철판, 유리, 금속관, 종이, 플라스틱, 섬유판, 고무류, 합성섬유, 삼, 짚, 나무

51 나이트로셀룰로오스의 저장 및 취급 방법으로 틀린 것은?

① 가열, 마찰을 피한다.
② 열원을 멀리하고 냉암소에 저장한다.
③ 알코올 용액으로 습면하여 운반한다.
④ 물과의 접촉을 피하기 위해 석유에 저장한다.

해설 ④ 물과 혼합할수록 위험성이 감소되므로 운반시는 물(20%), 용체 또는 알코올(30%)을 첨가·습윤시킨다. 건조상태에 이르면 즉시 습한상태를 유지시킨다.

52 다음 물질 중 증기 비중이 가장 작은 것은?

① 이황화탄소　② 아세톤
③ 아세트알데하이드　④ 에테르

정답 44 ② 45 ④ 46 ② 47 ① 48 ① 49 ③ 50 ② 51 ④ 52 ③

해설

위험물 종류	증기비중
이황화탄소	2.64
아세톤	2.0
아세트알데하이드	1.52
에테르	2.6

53 다음 ( ) 안에 알맞은 용어는?

> 지정 수량이라 함은 위험물의 종류별로 위험성을 고려하여 ( )이(가) 정하는 수량으로서 규정에 의한 제조소 등의 설치 허가 등에 있어서 최저의 기준이 되는 수량을 말한다.

① 대통령령 ② 국무총리령
③ 시 · 도지사 ④ 소방방재청장

해설 지정 수량이 적은 물품은 큰 물품보다는 같은 양, 같은 조건일 때 더 위험하다는 정도이며, 안전관리는 모두 같다.

54 디에틸에테르 중의 과산화물을 검출할 때 그 검출 시약과 정색 반응의 색이 옳게 짝지어진 것은?

① 아이오딘화칼륨 용액 – 적색
② 아이오딘화칼륨 용액 – 황색
③ 브로민화칼륨 용액 – 무색
④ 브로민화칼륨 용액 – 청색

해설 ① 에테르 중에 과산화물의 확인 방법으로 시료 10ml를 무색의 마개 달린 시험관에 취하고 새로 만든 아이오딘화칼륨 용액(10%) 1ml를 가한 후 1분간 계속 흔든다. 흰 종이를 배경으로 하여 정면에서 보았을 때 두 층에 색이 나타나면 과산화물이 생성된 증거로 본다.
② 아이오딘화칼륨 용액 – 황색

55 질산에틸의 성상에 관한 설명 중 틀린 것은?

① 향기를 갖는 무색의 액체이다.
② 휘발성 물질로 증기 비중은 공기보다 작다.
③ 물에는 녹지 않으나 에테르에 녹는다.
④ 비점 이상으로 가열하면 폭발의 위험이 있다.

해설 ② 휘발하기 쉽고 증기는 낮은 곳에 체류하며 증기 비중은 3.1이다.

56 옥내 저장소에서 반드시 자동 화재 탐지 설비를 경보 설비로 설치하여야 하는 대상은 지정 수량 몇 배 이상을 저장 또는 취급하는 경우인가? (단, 지정 수량 배수와 관련한 조건만 고려하며, 고인화점 위험물만을 저장 또는 취급하는 경우는 제외한다.)

① 10 ② 50
③ 100 ④ 200

해설

제조소 등의 구분	제조소 등의 규모, 저장 또는 취급하는 위험물의 종류 및 최대 수량 등	경보 설비
옥내 저장소	· 지정 수량의 100배 이상을 저장 또는 취급하는 것(고인화점 위험물만을 저장 또는 취급하는 것을 제외한다.) · 저장 창고의 연면적이 150m²를 초과하는 것[해당 저장 창고가 연면적 150m² 이내마다 불연 재료의 격벽으로 개구부 없이 완전히 구획된 것과 제2류 또는 제4류의 위험물(인화성 고체 및 인화점이 70℃ 미만인 제4류 위험물을 제외한다)만을 저장 또는 취급하는 것에 있어서는 저장 창고의 연면적이 500m² 이상의 것에 한한다.] · 처마 높이가 6m 이상인 단층 건물의 것 · 옥내 저장소로 사용되는 부분 외의 부분이 있는 건축물에 설치된 옥내 저장소[옥내 저장소와 옥내 저장소 외의 부분이 내화 구조의 바닥 또는 벽으로 개구부 없이 구획된 것과 제2류 또는 제4류의 위험물(인화성 고체 및 인화점이 70℃ 미만인 제4류 위험물을 제외한다.)만을 저장 또는 취급하는 것을 제외한다.]	자동화재 탐지설비

57 위험물안전관리법에서 구분한 취급소에 해당되지 않는 것은?

① 주유 취급소
② 옥내 취급소
③ 이송 취급소
④ 판매 취급소

정답 53 ① 54 ② 55 ② 56 ③ 57 ②

해설 위험물안전관리법상 취급소의 구분
① 주유 취급소
② 판매 취급소
③ 이송 취급소
④ 일반 취급소

58 운반할 때 빗물의 침투를 방지하기 위하여 방수성이 있는 피복으로 덮어야 하는 위험물은?

① TNT　② 이황화탄소
③ 과염소산　④ 마그네슘

해설 방수성이 있는 피복 조치 위험물

유 별	적용 대상
제1류 위험물	알칼리 금속의 과산화물
제2류 위험물	· 철분 · 금속분 · 마그네슘
제3류 위험물	금수성 물품

59 다음 중 제2류 위험물에 속하는 것은?

① 과산화수소　② 황화린
③ 글리세린　④ 나이트로셀룰로오스

해설 ① 과산화수소 : 제6류 위험물
② 황화린 : 제2류 위험물
③ 글리세린 : 제4류 위험물
④ 나이트로셀룰로오스 : 제5류 위험물

60 제2류 위험물과 제5류 위험물의 공통적인 성질은?

① 가연성 물질이다.
② 강한 산화제이다.
③ 액체 물질이다.
④ 산소를 함유한다.

해설 ㉠ 제2류 위험물 : 가연성 고체, 제5류 위험물 : 자기반응성 물질
㉡ 제2류 위험물과 제5류 위험물은 가연성 물질이다.

정답 58 ④ 59 ② 60 ①

위험물 산업기사 (2024. 5. 9 시행)

제1과목 일반화학

01 다음 중 요오드 값이 가장 큰 것은?

① 아마씨기름
② 올리브기름
③ 야자기름
④ 땅콩기름

해설 ① 건성유 : 168~190
② 불건성유 : 75~90
③ 불건성유 : 7~16
④ 불건성유 : 82~109

02 중성 원자가 무엇을 잃으면 양이온으로 되는가?

① 중성자
② 핵전하
③ 양성자
④ 전자

해설 중성 원자는 전자를 잃으면 양이온으로 된다.

03 다음에서 설명하는 법칙은 무엇인가?

> 일정한 온도에서 비휘발성이며, 비전해질인 용질이 녹는 묽은 용액의 증기 압력 내림은 일정량의 용매에 녹아 있는 용질의 몰수에 비례한다.

① 헨리의 법칙
② 라울의 법칙
③ 아보가드로의 법칙
④ 보일－샤를의 법칙

해설 라울의 법칙의 설명이다.

04 SiO_2의 특성에 대한 설명 중 틀린 것은?

① 수정, 석영, 모래의 주성분이다.
② 공유 결합은 없고 이온 결합을 하고 있다.
③ 3차원 그물 구조로 육각기둥 모양을 하고 있다.
④ 수산화나트륨과 작용시키면 물유리의 원료인 규산나트륨을 만든다.

해설 SiO2는 공유 결합을 하고 있다.

05 다음 반응식에 관한 설명 중 옳은 것은?

$$SO_2 + 2H_2S \rightarrow 2H_2O + 3S$$

① SO_2는 산화제로 작용
② H_2S는 산화제로 작용
③ SO_2는 촉매로 작용
④ H_2S는 촉매로 작용

해설 환원 (SO_2의 S → S)

$$SO_2 + 2H_2S \rightarrow 2H_2O + 3S$$

(+4) (−2) (O)

산화 (H_2S의 S → S)

SO_2는 산화제이고 H_2S는 환원제이다.

06 할로겐 원소에 대한 설명 중 옳지 않은 것은?

① 요오드의 최외각 전자는 7개이다.
② 할로겐 원소 중 원자 반지름이 가장 작은 원소는 F이다.
③ 염화이온은 염화은의 흰색 침전 생성에 관여한다.
④ 브롬은 상온에서 적갈색 기체로 존재한다.

해설 ④ 브롬(Br_2)은 비금속 중 유일한 적갈색의 액체이다.

정답 01 ① 02 ④ 03 ② 04 ② 05 ① 06 ④

07 다음 중 디에틸에테르와 구조 이성질체의 관계에 있는 것은?

① CH_3COOH ② C_2H_5OH
③ CH_3CHO ④ CH_3OH

해설
1. 이성질체
㉠ 구조 이성질체 : 사슬 이성질체, 위치 이성질체
㉡ 입체 이성질체 : 기하 이성질체, 광학 이성질체
2. ㉠ 사슬 이성질체 : 탄소 골격이 다르므로 생기는 이성질체. 알칸계(메탄계) 탄화수소는 탄소수가 4 이상부터 이성질체가 존재한다.
㉡ 위치 이성질체 : 치환체나 이중 결합의 위치에 따라 생기는 이성질체
예 $C_2H_5OC_2H_5$와 C_2H_5OH

08 1기압의 수소 2L와 3기압의 산소 2L를 동일 온도에서 5L의 용기에 넣으면 전체 압력은 몇 기압이 되는가?

① $\frac{4}{5}$ ② $\frac{8}{5}$
③ $\frac{12}{5}$ ④ $\frac{16}{5}$

해설 $PV=P_1V_1+P_2V_2$

$P=\frac{P_1V_1+P_2V_2}{V}=\frac{1\times2+3\times2}{5}$

$=\frac{8}{5}$기압

09 0.1N HCl 100mL 용액에 수산화나트륨 0.16g을 넣고 물을 첨가하여 1L로 만든 용액의 pH 값은 얼마인가? (단, Na의 원자량은 23이다.)

① 2.22 ② 2.79
③ 3.22 ④ 3.79

해설 $N=\frac{N_1V_1-N_2V_2}{V_1+V_2}$

여기서, HCl : N_1V_1
NaOH : N_2V_2

$$NaOH(eq/L)=\frac{0.16g}{}\left|\frac{1eq}{40g}\right|\frac{}{0.9L}=0.00444$$

$$N=\frac{0.1\times0.1L-0.0044\times0.9L}{0.1+0.9}=0.00604$$

여기서, 0.00604N−HCl 1L

$HCl \rightleftarrows H^+ + Cl^-$
1mol 1mol

즉, $pH=-\log[H^+]$
$=-\log 0.00604$
$=2.22$

10 다음 화합물 중 2mol이 완전 연소될 때 6mol의 산소가 필요한 것은?

① CH_3-CH_3 ② $CH_2=CH_2$
③ $CH\equiv CH$ ④ C_6H_6

해설 ① $2C_2H_6+7O_2 \rightarrow 4CO_2+6H_2O$
② $2C_2H_4+6O_2 \rightarrow 4CO_2+4H_2O$
③ $2C_2H_2+5O_2 \rightarrow 4CO_2+2H_2O$
④ $C_6H_6+7.5O_2 \rightarrow 6CO_2+3H_2O$

11 다음 중 완충 용액에 해당하는 것은?

① CH_3COONa와 CH_3COOH
② NH_4Cl과 HCl
③ CH_3COONa와 NaOH
④ HCOONa와 Na_2SO_4

해설 **완충 용액** : 약산과 그 짝염기 또는 약염기의 그 짝산의 혼합물로 구성되어 있으며 산이 첨가된 염기와 반응하고 짝염기가 첨가된 산과 반응하기 때문에 pH의 변화가 작다.
예 $CH_3COOH+CH_3COONa$(약산+산의 염)
NH_4OH+NH_4Cl(역염기+약염기의 염)

12 다음과 같은 반응에서 평형을 왼쪽으로 이동시킬 수 있는 조건은?

$$A_2(g)+2B_2(g) \rightleftarrows 2AB_2(g)+열$$

① 압력 감소, 온도 감소
② 압력 증가, 온도 증가
③ 압력 감소, 온도 증가
④ 압력 증가, 온도 감소

정답 07 ② 08 ② 09 ① 10 ② 11 ① 12 ③

해설 $A_2(g)+2B_2(g) \rightleftarrows 2AB_2(g)+$열
오른쪽의 몰수가 작으므로 압력을 낮추거나 온도가 증가하면 반응이 왼쪽으로 진행된다.

13 20℃, 28wt% 황산용액의 농도는 몇 M인가? (단, S의 원자량은 32이고 20℃에서 28wt% 황산용액 1mL 무게는 1.202g이다.)

① 3.43　② 3.97
③ 4.11　④ 5.16

해설 $M = \frac{1.202g}{1mL} \times \frac{1mol}{98g} \times \frac{1,000mL}{1L} \times \frac{28}{100} = 3.43M$

14 솔베이법으로 만들어진 물질이 아닌 것은?

① Na_2CO_3　② NH_4Cl
③ $CaCl_2$　④ H_2SO_4

해설 암모니아 소다법(solvay 법)의 이론
㉠ 암모니아 소다법은 우선 소금 수용액(함수)에 암모니아와 이산화탄소가스를 순서대로 흡수시켜 용해도가 작은 중조를 침전시킨다.
$NaCl+NH_3+CO_2+H_2O \rightarrow NaHCO_3+NH_4Cl$
㉡ 중조를 침전 분리하고, 200℃ 정도에서 하소하여 제품 탄산소다를 얻는다.
$2NaHCO_3 \rightarrow Na_2CO_3+CO_2+H_2O$
㉢ 중조는 여과한 모액(NH_4Cl)에 석회유($Ca(OH)_2$) 용액을 첨가하고 증류하면 암모니아를 얻고 그 부산물로 $CaCl_2$를 얻는다(증류탑).

15 분자량이 120인 물질 12g을 물 500g에 녹였다. 이 용액의 몰랄 농도는 몇 m인가?

① 0.1　② 0.2
③ 0.3　④ 0.4

해설 m 농도

$$= \frac{\text{용질의 무게}(W)(g)}{\text{용질의 분자량}(M)(g)} \times \frac{1,000}{\text{용매의 무게(g수)}}$$

$$= \frac{12}{120} \times \frac{1,000}{500} = 0.2m$$

16 다음 중 염기성 $-NH_2$기를 가지고 있는 것은?

① 벤조산　② 아닐린
③ 페놀　④ 크레졸

해설 ① 벤조산 : C_6H_5COOH
② 아닐린 : $C_6H_5NH_2$
③ 페놀 : C_6H_5OH
④ 크레졸 : $C_6H_4(OH)CH_3$

17 각 원소의 1차 이온화 에너지가 큰 것부터 차례로 배열된 것은?

① Cl>P>Li>K
② Cl>P>K>Li
③ K>Li>Cl>P
④ Li>K>Cl>P

해설 **1차 이온화 에너지** : 원자에서는 중성 원자에서 전자를 1개 꺼내는 경우이다.

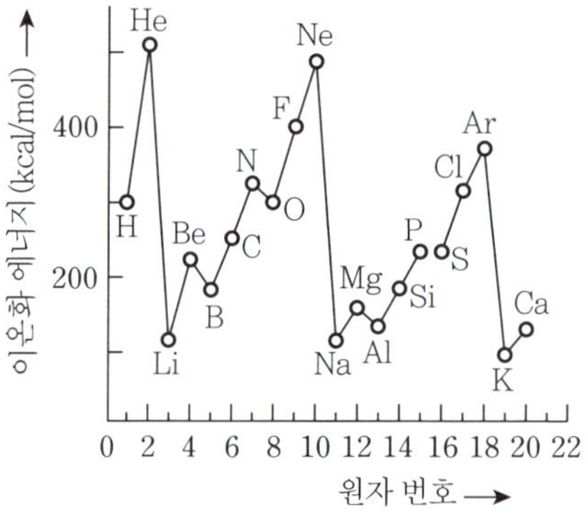

18 다음 금속을 질산은 용액에 담갔을 때 은(Ag)이 석출되지 않는 것은?

① 백금　② 납
③ 구리　④ 아연

해설 ㉠ 금속의 이온화 경향
K>Ca>Na>Mg>Al>Zn>Fe>Ni>Sn>Pb>H>Cu>Hg>Ag>Pt>Au
㉡ 백금은 은보다 이온화 경향이 작으므로 은이 석출되지 않는다.

정답 13 ① 14 ④ 15 ② 16 ② 17 ① 18 ①

19 다음 중 준금속(metalloid) 원소로만 이루어진 것은?

① B와 Si ② Sn과 Ag
③ Mn과 Sb ④ Pb과 Cu

해설 준금속(metalloid) 원소는 붕소(E), 규소(Si), 게르마늄(Ge), 비소(As), 안티몬(Sb), 텔루륨(Te), 폴로늄(Po) 등이 있다.

20 유기 화합물을 질량 분석한 결과 C 84%, H 16%의 결과를 얻었다. 다음 중 이 물질에 해당하는 실험식은?

① C_5H ② C_2H_2
③ C_7H_8 ④ C_7H_{16}

해설 $C : H = \frac{84}{12} : \frac{16}{1} = 7 : 16$

$\therefore C_7H_{16}$

제2과목 화재예방과 소화방법

21 공기 포 발포 배율을 측정하기 위해 중량 340g, 용량 1,800mL의 포 수집 용기에 가득히 포를 채취하여 측정한 용기의 무게가 540g이었다면 발포 배율은? (단, 포 수용액의 비중은 1로 가정한다.)

① 3배 ② 5배
③ 7배 ④ 9배

해설 발포 배율(팽창비)

$$= \frac{\text{내용적(용량)}}{\text{전체 중량} - \text{빈 시료 용기의 중량}} = \frac{1,800}{540-340} = 9\text{배}$$

22 공기 중의 상대 습도를 높여 정전기를 유효하게 제거할수 있는 설비를 설치하고자 한다. 공기 중의 상대 습도는 몇 % 이상 되게 하여야 하는가?

① 40% ② 50%
③ 60% ④ 70%

해설 실내의 경우 상대 습도를 70% 이상으로 한다.

23 제2류 위험물의 소화 방법에 대한 설명으로 틀린 것은?

① 적린과 황은 물에 의한 냉각 소화가 가능하다.
② 연소시 유독한 연소 생성물이 발생할 수 있으므로 주의하여야 한다.
③ 철분은 직접 주수가 위험하여 물분무 소화 설비가 적응성이 있다.
④ 마그네슘은 건조사에 의한 질식 소화가 가능하다.

해설 ③ 철분은 주수엄금, 건조사, 소금분말, 건조분말, 소석회로 질식 소화한다.

24 다음 중 C급 화재의 표시 색상은?

① 청색 ② 백색
③ 황색 ④ 무색

해설 화재의 종류 및 표시 색상

급수	화재의 종류	표시 색상
A급	일반 화재	백색
B급	유류 화재	황색
C급	전기 화재	청색
D급	금속 화재	–
K급	주방 화재	–

25 저연 발화의 방지 방법이 아닌 것은?

① 저장실의 온도를 낮출 것
② 습도가 높은 곳에 저장할 것
③ 통풍을 잘 시킬 것
④ 열이 축적되지 않게 할 것

해설 ② 습도가 높은 곳을 피한다.

26 소화 난이도 등급 I에 해당하는 옥외 탱크 저장소 중 유황만을 저장 취급하는 것에 설치하여야 하는 소화 설비는? (단, 지중 탱크와 해상 탱크는 제외한다.)

① 스프링클러 소화 설비
② 이산화탄소 소화 설비
③ 분말 소화 설비
④ 물분무 소화 설비

정답 19 ① 20 ④ 21 ④ 22 ④ 23 ③ 24 ① 25 ② 26 ④

해설 소화 난이도 등급 Ⅰ의 제조소 등에 설치하여야 하는 소화 설비

제조소 등의 구분			소화 설비
옥외 탱크 저장소	지중 탱크 또는 해상 탱크 외의 것	황만을 저장·취급하는 것	물분무 소화 설비
		인화점 70℃ 이상의 제4류 위험물만을 저장 취급하는 것	물분무 소화 설비 또는 고정식 포 소화 설비
		그 밖의 것	고정식 포 소화 설비 (포 소화 설비가 적응성이 없는 경우에는 분말 소화 설비)
	지중 탱크		고정식 포 소화 설비, 이동식 외의 불활성 가스 소화 설비 또는 이동식 이외의 할로겐 화합물 소화 설비
	해상 탱크		고정식 포 소화 설비, 물분무 소화 설비, 이동식 외의 불활성 가스 소화 설비 또는 이동식 외의 할로겐 화합물 소화 설비

27 위험물안전관리법령상 가솔린의 화재 시 적응성이 없는 소화기는?

① 봉상 강화액 소화기 ② 무상 강화액 소화기
③ 이산화탄소 소화기 ④ 포 소화기

해설 소화 설비의 적응성

소화 설비의 구분			건축물·그 밖의 공작물	전기 설비	제1류 위험물: 알칼리 금속 과산화물 등	제1류 위험물: 그 밖의 것	제2류 위험물: 철분·금속분·마그네슘 등	제2류 위험물: 인화성 고체	제2류 위험물: 그 밖의 것	제3류 위험물: 금수성 물품	제3류 위험물: 그 밖의 것	제4류 위험물	제5류 위험물	제6류 위험물
옥내 소화전 설비 또는 옥외 소화전 설비			○			○		○	○		○		○	○
스프링클러 설비			○			○		○	○		○	△	○	○
물분무 등 소화 설비	물분무 소화 설비		○	○		○		○	○		○	○	○	○
	포 소화 설비		○			○		○	○		○	○	○	○
	불활성 가스 소화 설비			○				○				○		
	할로젠 화합물 소화 설비			○				○				○		
	분말 소화 설비	인산염류 등	○	○		○		○	○			○		○
		탄산수소염류 등		○	○		○	○		○		○		
		그 밖의 것			○		○			○				

소화 설비의 구분			건축물·그 밖의 공작물	전기 설비	제1류 위험물: 알칼리 금속 과산화물 등	제1류 위험물: 그 밖의 것	제2류 위험물: 철분·금속분·마그네슘 등	제2류 위험물: 인화성 고체	제2류 위험물: 그 밖의 것	제3류 위험물: 금수성 물품	제3류 위험물: 그 밖의 것	제4류 위험물	제5류 위험물	제6류 위험물
대형·소형 수동식 소화기	봉상수(棒狀水) 소화기		○			○		○	○		○		○	○
	무상수(無狀水) 소화기		○	○		○		○	○		○		○	○
	봉상 강화액 소화기		○			○		○	○		○		○	○
	무상 강화액 소화기		○	○		○		○	○		○	○	○	○
	포 소화기		○			○		○	○		○	○	○	○
	이산화탄소 소화기			○				○				○		△
	할론 소화 설비			○				○				○		
	분말 소화기	인산염류 소화기	○	○		○		○	○			○		○
		탄산수소염류 소화기		○	○		○	○		○		○		
		그 밖의 것			○		○			○				
기타	물통 또는 수조		○			○		○	○		○		○	○
	건조사				○	○	○	○	○	○	○	○	○	○
	팽창 질석 또는 팽창 진주암				○	○	○	○	○	○	○	○	○	○

28 위험물과 적응성이 있는 소화 약제의 연결이 틀린 것은?

① K－탄산수소염류 분말
② $C_2H_5OC_2H_5$－CO_2
③ Na－건조사
④ CaC_2－H_2O

해설 27번 해설 참조

29 특정 옥외 탱크 저장소라 함은 저장 또는 취급하는 액체 위험물의 최대 수량이 몇 L 이상의 것을 말하는가?

① 50만 ② 100만
③ 150만 ④ 200만

해설 ㉠ 특정 옥외 탱크 저장소 : 옥외 탱크 저장소 중 그 저장 또는 취급하는 액체 위험물의 최대 수량이 100만 L 이상의 것

정답 27 ① 28 ④ 29 ②

㉡ 준특정 옥외 탱크 저장소 : 옥외 탱크 저장소 중 그 저장 또는 취급하는 액체 위험물의 최대 수량이 50만 이상 100만 L 미만의 것

30 **표준 상태에서 2kg의 이산화탄소가 모두 기체 상태의 소화 약제로 소화 약제로 방사될 경우 부피는 약 몇 L인가?**

① 10.18 ② 22.4
③ 224 ④ 1,018

해설 CO_2의 분자량 : 44g

44g : 22.4L = 2,000g : x

$\therefore x = \frac{2{,}000 \times 22.4}{44}$

$x = 1{,}018$L

31 **위험물안전관리법령상 지정 수량의 10배 이상의 위험물을 저장, 취급하는 제조소 등에 설치하여야 할 경보 설비 종류에 해당되지 않는 것은?**

① 확성 장치
② 비상 방송 설비
③ 자동 화재 탐지 설비
④ 무선 통신 설비

해설 ④ 무선 통신 설비 : 소화 활동상 필요한 설비

32 **탄산칼륨을 첨가한 것으로 물의 빙점을 낮추어 한냉지 또는 겨울철에 사용이 가능한 소화기는?**

① 산 · 알칼리 소화기 ② 할로겐화물 소화기
③ 분말 소화기 ④ 강화액 소화기

해설 강하액 수화기의 설명이다.

33 **분말 소화 약제의 종별 주성분을 옳게 연결한 것은?**

① 1종 분말 약제 − $NaHCO_3$
② 2종 분말 약제 − $NaHCO_3$
③ 3종 분말 약제 − $KHCO_3$
④ 4종 분말 약제 − $NaHCO_3 + NH_4H_2PO_4$

해설 분말 소화 약제

종 별	명 칭	착 색
제1종	중탄산나트륨($NaHCO_3$)	백색
제2종	탄산수소칼륨($KHCO_3$)	보라색(담회색)
제3종	제1인산암모늄($NH_4H_2PO_4$)	담홍색(핑크색)
제4종	탄산수소칼륨 + 요소 [$KHCO_3 + (NH_2)_2CO$]	회백색

34 **일반적으로 제4류 위험물 중 비수용성 액체의 화재시 물로 소화하는 것은 적당하지 않다. 그 이유를 가장 옳게 설명한 것은?**

① 가연성 가스를 발생한다.
② 인화점이 낮아진다.
③ 화재면의 확대 위험성이 있다.
④ 물을 분해하여 수소가스를 발생한다.

해설 비수용성 액체란 물에 떠 있는 것이 많다는 것이다. 즉 기름 종류가 물에 뜨는 경우 그 두께는 얇고 광범위하게 퍼지므로 제4류 위험물 화재에서는 물을 뿌려 소화하려면 가연물이 수면 위에 떠 있어서 오히려 화재를 확대시킬 우려가 있다.

35 **위험물 안전 관리자를 반드시 선임하여야 하는 시설이 아닌 것은?**

① 옥내 저장소 ② 옥외 탱크 저장소
③ 주유 취급소 ④ 이동 탱크 저장소

해설 이동 탱크 저장소는 위험물 안전 관리자를 반드시 선임하여야 하는 시설이 아니다.

36 **단층의 위험물 제조소에 옥내 소화전을 3개 설치하였을 때 수원의 수량은 몇 m^3 이상이어야 하는가?**

① 7.8 ② 9.9
③ 10.4 ④ 23.4

해설 옥내 소화전 수원의 양

$Q(m^3) = N \times 7.8m^3$

$= 3 \times 7.8m^3 = 23.4m^3$

(N : 옥내 소화전 설비의 설치개수로 설치개수가 5개 이상인 경우는 5개임)

정답 30 ④ 31 ④ 32 ④ 33 ① 34 ③ 35 ④ 36 ④

37 이동식 분말 소화 설비에서 노즐 1개에서 매분당 방사하는 제1종 분말 소화 약제의 양은 몇 kg 이상으로 하여야 하는가?

① 18 ② 27 ③ 32 ④ 45

해설

소화 약제의 종별	소화 약제의 양
제1종 분말	45kg/min
제2종 분말 또는 제3종 분말	27kg/min
제4종 분말	18kg/min

38 Halon 1301 소화 약제의 특성에 관한 설명으로 옳지 않은 것은?

① 상온, 상압에서 기체로 존재한다.
② 비전도성이다.
③ 공기보다 가볍다.
④ 고압 용기 내에 액체로 보존한다.

해설 ③ 공기보다 무겁다.

39 분말 소화 약제 중 탄산수소나트륨의 표시색상은?

① 백색 ② 보라색
③ 담홍색 ④ 회백색

해설 33번 해설 참조

40 다음 소화 설비 중 능력 단위가 0.5인 것은?

① 삽 1개를 포함한 마른 모래 50L
② 삽 1개를 포함한 마른 모래 150L
③ 삽 1개를 포함한 팽창질석 100L
④ 삽 1개를 포함한 팽창질석 160L

해설 **능력 단위** : 소방 기구의 소화 능력을 나타내는 수치. 즉 소요 단위에 대응하는 소화 설비 소화 능력의 기준 단위이다.

1. 마른 모래(50L, 삽 1개를 포함) : 0.5단위
2. 팽창질석 또는 팽창진주암(160L, 삽 1개 포함) : 1단위
3. 소화 전용 물통(8L) : 0.3단위
4. 수조
   ㉠ 190L(8L, 소화 전용 물통 6개 포함) : 2.5단위
   ㉡ 80L(8L, 소화 전용 물통 3개 포함) : 1.5단위

제3과목 위험물의 성질과 취급

41 지정 수량 10배의 위험물을 취급할 때 혼재가 가능한 것은?

① 제1류 위험물과 제2류 위험물
② 제2류 위험물과 제3류 위험물
③ 제3류 위험물과 제4류 위험물
④ 제5류 위험물과 제6류 위험물

해설 유별을 달리하는 위험물의 혼재 기준

구 분	제1류	제2류	제3류	제4류	제5류	제6류
제1류		×	×	×	×	○
제2류	×		×	○	○	×
제3류	×	×		○	×	×
제4류	×	○	○		○	×
제5류	×	○	×	○		×
제6류	○	×	×	×	×	

42 제4류 위험물의 일반적인 취급상 주의 사항으로 옳은 것은?

① 정전기가 축적되어 있으면 화재의 우려가 있으므로 정전기가 축적되지 않게 할 것
② 위험물이 유출하였을 때 액면이 확대되지 않게 흙 등으로 잘 조치한 후 자연 증발시킬 것
③ 물에 녹지 않는 위험물은 폐기할 경우 물을 섞어 하수구에 버릴 것
④ 증기의 배출은 지표로 향해서 할 것

해설 ② 위험물이 유출하였을 때 확대되지 않는 구조로 하고 적당한 경사와 집유구를 설치 운영하며 방유제의 관리에 철저를 가한다.
③ 물에 녹지 않는 위험물을 폐기할 경우 소각은 안전한 장소에서 연소 또는 폭발에 의하여 타인에게 위해나 손해를 미칠 우려가 없는 방법으로 실시하는 한편, 감시원을 배치한다.
④ 증기의 배출은 대기 중에 누출된 경우 인화의 위험성이 크므로 누출 방지의 대책은 밀폐 용기를 사용하고 용도상 밀폐하기 곤란한 경우는 후드 등을 통하여 발산된 증기의 확산을 방지한다.

정답 37 ④ 38 ③ 39 ① 40 ① 41 ③ 42 ①

43 이황화탄소를 물속에 저장하는 주된 이유는?

① 공기와 접촉하면 발화하기 때문에
② 화재 발생시 대응을 빠르게 하기 위하여
③ 가연성 증기의 발생을 방지하기 위하여
④ 불순물을 물에 용해하여 유출시키기 위하여

해설 이황화탄소(CS_2)를 물속에 저장하는 이유는 가연성 증기의 발생을 방지하기 위해서이다.

44 산화프로필렌 300L, 메탄올 400L, 벤젠 200L를 저장하고 있는 경우 각각 지정 수량배수의 총 합은 얼마인가?

① 4 ② 6
③ 8 ④ 10

해설 $\frac{300}{50}+\frac{400}{400}+\frac{200}{200}=8$배

45 과산화수소에 대한 설명 중 틀린 것은?

① 이산화망간이 있으면 분해가 촉진된다.
② 농도가 높아질수록 위험성이 커진다.
③ 분해되면 산소를 방출한다.
④ 산소를 포함하고 있는 가연물이다.

해설 과산화수소(H_2O_2)는 O와 H로 이루어진 화합물로써 많은 과산화물의 출발점이다.

46 이동 탱크 저장소의 용량이 19,000L일 때 탱크의 칸막이는 최소 몇 개를 설치해야 하는가?

① 2 ② 3
③ 4 ④ 5

해설 이동 탱크 저장소는 그 내부에 4,000L 이하마다 칸막이를 설치한다.

	1개	2개	3개	4개
4,000L	4,000L	4,000L	4,000L	3,000L

용량이 19,000L이므로 칸막이는 최소 4개를 설치할 수 있다.

47 적재시 일광의 직사를 피하기 위하여 차광성이 있는 피복으로 가려야 하는 것은?

① 메탄올 ② 과산화수소
③ 철분 ④ 가솔린

해설 차광성이 있는 피복 조치

유별	적용대상
제1류 위험물	전부
제3류 위험물	자연 발화성 물품
제4류 위험물	특수 인화물
제5류 위험물	전부
제6류 위험물	전부

48 화재 발생시 물을 사용하면 위험성이 더 커지는 것은?

① 염소산칼륨 ② 질산나트륨
③ 과산화나트륨 ④ 브로민산칼륨

해설 과산화나트륨(Na_2O_2)은 화재 발생시 물을 사용하면 물과 접촉시 격렬히 반응하여 위험하다.

49 다음 중 인화점이 20℃ 이상인 것은?

① CH_3COOCH_3 ② CH_3COCH_3
③ CH_3COOH ④ CH_3CHO

해설 ① −10℃
② −18℃
③ 42.8℃
④ −37.7℃

50 $C_2H_5ONO_2$와 $C_6H_2(NO_2)_3OH$의 공통 성질에 해당하는 것은?

① 품명이 나이트로화합물이다.
② 인화성과 폭발성이 있는 고체이다.
③ 무색 또는 담황색 액체로서 방향성이 있다.
④ 알코올에 녹는다.

해설
1. $C_2H_5ONO_2$(질산에틸)
㉠ 품명이 질산 에스터류이다.

정답 43 ③ 44 ③ 45 ④ 46 ③ 47 ② 48 ③ 49 ③ 50 ④

㉡ 비점 이상으로 가열하면 격렬하게 폭발한다.
㉢ 무색 투명한 액체로서 인화점(−10℃)이 낮기 때문에 인화하기 쉽다.
㉣ 물에는 녹지 않지만 유기 용제에는 잘 녹는다.

2. $C_6H_2(NO_2)_3OH$
㉠ 나이트로화합물이다.
㉡ 300℃ 이상으로 급격히 가열하면 폭발하고 건조상태에 있는 것은 위험성이 증대한다.
㉢ 순수한 것은 무색이지만 보통 공업용은 휘황색의 침상 결정이다.
㉣ 더운물, 알코올, 에테르, 아세톤, 벤젠 등에 녹는다.

51 금속칼륨의 보호액으로 가장 적당한 것은?

① 알코올 ② 경유
③ 아세트산 ④ 물

해설 금속칼륨(K)은 반드시 석유, 경유, 유동 파라핀 등의 보호액으로 넣은 내통에 밀봉하여 저장하고 외부로의 누출 방지를 위해 외통을 별도 설치한다. 경우에 따라 불활성 가스를 봉입하기도 한다.

52 질산칼륨의 성질에 대한 설명 중 틀린 것은?

① 물에 녹는다.
② 분자량은 약 101이다.
③ 열분해하면 산소를 방출한다.
④ 비중은 1보다 작다.

해설 ④ 비중은 2.1이다.

53 다음 제4류 위험물 중 연소 범위가 가장 넓은 것은?

① 아세트알데하이드
② 산화프로필렌
③ 휘발유
④ 아세톤

해설 ① 4.1~57%
② 2.1~38.5%
③ 1.4~7.6%
④ 2.6~12.8%

54 다음 ( ) 안에 알맞은 수치와 용어를 옳게 나열한 것은?

> 이황화탄소의 옥외 저장 탱크는 벽 및 바닥의 두께가 ( )m 이상이고, 누수가 되지 아니하는 철근콘크리트의 ( )에 넣어 보관되어야 한다.

① 0.2, 수조 ② 1.2, 수조
③ 1.2, 진공 탱크 ④ 0.2, 진공 탱크

해설 이황화탄소의 옥외 저장 탱크는 벽 및 바닥의 두께가 0.2m 이상이고 누수가 되지 아니하는 철근콘크리트의 수조에 넣어 보관한다.
이 경우 보유 공지, 통기관 및 자동 계량 장치는 생략할 수 있다.

55 다음과 같은 성질을 가진 물질은?

> • 무색, 무취의 결정
> • 비중 약 2.3, 녹는점 368℃
> • 열분해하여 산소를 발생

① $KClO_3$ ② $NaClO_3$
③ $Zn(ClO_3)_2$ ④ K_2O_2

해설 염소산칼륨($KClO_3$)의 설명이다.

56 물과 반응하면 폭발적으로 반응하여 에탄을 생성하는 물질은?

① $(C_2H_5)_2O$ ② CS_2
③ CH_3CHO ④ $(C_2H_5)_3Al$

해설 $(C_2H_5)_3Al + 3H_2O \rightarrow Al(OH)_3 + 3C_2H_6$

57 초산메틸의 성질에 대한 설명으로 옳은 것은?

① 마취성이 있는 액체로 향기가 난다.
② 끓는점이 100℃ 이상이고 안전한 물질이다.
③ 불연성 액체이다.
④ 초록색의 액체로 물보다 무겁다.

정답 51 ② 52 ④ 53 ① 54 ① 55 ① 56 ④ 57 ①

해설 ② 끓는점이 60℃이고 휘발성 및 인화의 위험이 있다.
③ 향기가 나는 무색 휘발성의 액체로 마취성이 있다.
④ 비중은 0.92이다.

58 과산화벤조일에 대한 설명으로 틀린 것은?

① 발화점이 약 425℃로 상온에서 비교적 안전하다.
② 상온에서 고체이다.
③ 산소를 포함하는 산화성 물질이다.
④ 물을 혼합하면 폭발성이 줄어든다.

해설 ① 발화점이 125℃로 상온에서는 안정하지만 발화점이 낮아서 위험하며 가열, 충격, 마찰에 의해 분해하기 쉽고 폭발한다.

59 위험물 운반 용기 외부에 표시하는 주의 사항을 잘못 나타낸 것은?

① 저린 : 하기주이
② 탄화칼슘 : 물기엄금
③ 아세톤 : 화기엄금
④ 과산화수소 : 화기주의

해설 위험물 운반 용기의 주의 사항

위험물		주의 사항
제1류 위험물	알칼리 금속의 과산화물	· 화기 · 충격 주의 · 물기 엄금 · 가연물 접촉 주의
	기타	· 화기 · 충격 주의 · 가연물 접촉 주의
제2류 위험물	철분, 금속분, 마그네슘	· 화기 주의 · 물기 엄금
	인화성 고체	화기 엄금
	기타(적린)	화기 주의
제3류 위험물	자연 발화성 물질	· 화기 엄금 · 공기 접촉 엄금
	금수성 물질(탄화칼슘)	물기 엄금
제4류 위험물(아세톤)		화기 엄금
제5류 위험물		· 화기 엄금 · 충격 주의
제6류 위험물(과산화수소)		가연물 접촉 주의

60 다음 각 물질의 저장 방법에 대한 설명 중 틀린 것은?

① 황린은 산화제와 혼합되지 않게 저장한다.
② 황은 정전기가 축적되지 않도록 저장한다.
③ 적린은 인화성 물질로부터 격리 저장한다.
④ 마그네슘분은 물에 적시어 저장한다.

해설 ④ 산, 물 또는 습기와의 접촉을 피한다. 저장용기는 밀폐 건조시키고 습기나 빗물이 침투되지 않도록 한다.

정답 58 ① 59 ④ 60 ④

위험물 산업기사 (2024. 7. 5 시행)

제1과목 일반화학

01 다음 물질 중 비전해질에 해당되는 것은?

① HCl
② HNO_3
③ C_2H_5OH
④ CH_3COOH

해설 ① 강산(전해질)
② 강산(전해질)
③ 비전해질
④ 약산(전해질)

02 미지 농도의 염산 용액 100mL를 중화하는데 0.2N NaOH 용액 250mL가 소모되었다. 이 염산의 농도는 몇 N인가?

① 0.05 ② 0.2
③ 0.25 ④ 0.5

해설 $100mL \times x = 250mL \times 0.2N$
즉, $x = 0.5N$

03 다음 각 화합물 1mol이 완전 연소할 때 3mol의 산소를 필요로 하는 것은?

① CH_3-CH_3
② $CH_2=CH_2$
③ C_6H_6
④ $CH\equiv CH$

해설 ① $2C_2H_6 + 7O_2 \rightarrow 4CO_2 + 6H_2O$
② $C_2H_4 + 3O_2 \rightarrow 2CO_2 + 2H_2O$
③ $2C_6H_6 + 15O_2 \rightarrow 12CO_2 + 6H_2O$
④ $2C_2H_2 + 5O_2 \rightarrow 4CO_2 + 2H_2O$

04 커플링(coupling) 반응시 생성되는 작용기는?

① $-NH_2$
② $-CH_3$
③ $-COOH$
④ $-N=N-$

해설 다아조늄 커플링 리액션

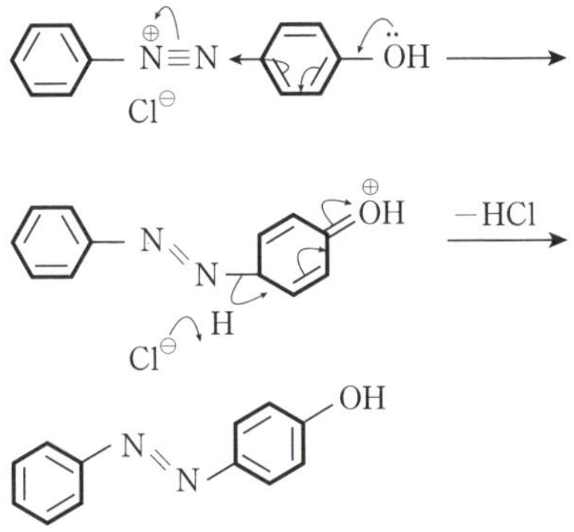

05 다음 중 어떤 조건하에서 실제 기체가 이상기체에 가깝게 거동하는가?

① 낮은 온도, 높은 압력
② 높은 온도, 낮은 압력
③ 낮은 온도, 낮은 압력
④ 높은 온도, 높은 압력

해설 이상 기체식의 정밀성은 기체의 밀도가 0에 가깝고(낮은 압력) 기체의 온도가 높아질수록 커진다. 밀도가 0에 가까워지면 분자의 운동시 기체 분자끼리 부딪히는 정도가 적어지고 분자 자신의 부피를 무시할 정도가 된다. 또 고온이 됨으로서 분자의 운동이 고속이 되어 분자 간의 힘이 무시할 정도가 된다.

정답 01 ③ 02 ④ 03 ② 04 ④ 05 ②

06 2, 3−demethyl−1, 3−butadiene의 화학 구조식을 옳게 나타낸 것은?

① $CH_2=C-CH=CH_2$ (C에 CH_3)

② $CH_2=C-C=CH_2$ (각 C에 CH_3, CH_3)

③ $CH_3-C=CH-CH_3$ (C에 CH_3)

④ $\begin{matrix}CH_3\\CH_3\end{matrix}>CH-CH=CH_2$

해설 ① 2−methyl−1, 3−butadiene
② 2, 3−dimethyl−1, 3−butadiene
③ 2−methyl−2−butene
④ 3−methyl−1−butene

07 다음 물질의 상태와 관련된 용어의 설명 중 틀린 것은?

① 삼중점 : 기체, 액체, 고체의 3가지 상이 동시에 존재하는 점
② 임계 온도 : 물질이 액화될 수 있는 가장 높은 온도
③ 임계 압력 : 임계 온도에서 기체를 액화하는 데 가해야 할 최소한의 압력
④ 표준 상태 : 각 원소별로 이상적인 결정형태를 이루는 온도 및 압력

해설 STP(standard temperature and pressure) : 0℃, 1atm

08 방사능 붕괴의 행태 중 $^{226}_{88}Ra$이 α붕괴할 때 생기는 원소는?

① $^{222}_{86}Rn$ ② $^{232}_{90}Th$
③ $^{231}_{91}$231Pa ④ $^{238}_{92}U$

해설 α붕괴 : 원자번호 2 감소, 질량수는 4 감소한다.

09 질산나트륨의 물 100g에 대한 용해도는 80℃에서 148g, 20℃에서 88g이다. 80℃의 포화 용액 100g을 70g으로 농축시켜서 20℃로 냉각시키면, 약 몇 g의 질산나트륨이 석출되는가?

① 29.4 ② 40.3
③ 50.6 ④ 59.7

해설 ㉠ 80℃의 포화 용액 100g에 용해되어 있는 질산나트륨의 질량(X)은

$$\frac{148g_{질산나트륨}}{(100g+148g)_{용액}}=\frac{X_{질산나트륨}}{100g_{용액}}$$

$\therefore X=59.68g$

㉡ 포화 용액 100g을 70g으로 농축시켜서 20℃로 냉각한 용액에 용해되어 있는 질산나트륨의 질량(Y)은

$$\frac{Y_{질산나트륨}}{(70g-59.68g)_{물}}=\frac{88g_{질산나트륨}}{100g_{물}}$$

$\therefore Y=9.08$

㉢ 석출된 질산나트륨의 질량은

$\therefore X-Y=50.6g$

10 1패러데이(Faraday)의 전기량으로 물을 전기분해하였을 때 생성되는 기체 중 산소 기체는 0℃, 1기압에서 몇 L인가?

① 5.6 ② 11.2
③ 22.4 ④ 44.8

해설

$H_2O \xrightarrow[1F]{전기분해}$ { (+)극 : O_2 → 1g당량 생성 : 8g : 5.6L / (−)극 : H_2 → 1g당량 생성 : 1g : 11.2L }

11 CH_4에서 탄소의 혼성 궤도 함수에 해당하는 것은?

① s ② sp
③ sp^2 ④ sp^3

해설 sp^3 : 혼성화된 한 개의 탄소 원자의 동일한 네 개 궤도 함수는 수소 원자의 1s 궤도 함수와 겹쳐서 동일한 네 개의 C−H 결합을 형성하여 methane이 된다.

정답 06 ② 07 ④ 08 ① 09 ③ 10 ① 11 ④

12 다음 중 1차 이온화 에너지가 가장 큰 것은?

① He ② Ne ③ Ar ④ Xe

해설 각 족에서 이온화 에너지는 일반적으로 원자번호의 증가에 따라 감소한다. 유효 핵 전하는 일정한 반면 원자 반지름이 증가하여 핵과 전자 사이의 인력이 감소하기 때문이다.

13 15wt%의 식염수 100g을 가열해서 질량이 처음의 $\frac{2}{5}$로 되었다면 이때 식염수의 농도는 몇 wt%인가?

① 15.5 ② 25.5 ③ 32.5 ④ 37.5

해설 가열하여 질량이 줄어든 것은 물이 증발하였기 때문이다. 그러므로 용액이 처음 질량 100g의 2/5(40g)로 줄어들었다면 최종적으로 남아 있는 물의 양은

$100g_{용액}-15g_{NaCl}-60g_{증발된\ 물}=25g$이므로

식염수의 농도는

$\{15g_{NaCl}/(15g_{NaCl}+25g_{물})\}\times 100=37.5\%$이다.

14 다음 중 산소와 같은 족의 원소가 아닌 것은?

① S ② Se ③ Te ④ Bi

해설 산소와 같은 족의 원소는 O, S, Se, Te, Po이다.

15 다전자 원자에서 에너지 준위의 순서가 옳은 것은?

① 1s<2s<3s<4s<2p<3p<4p
② 1s<2s<2p<3s<3p<3d<4s
③ 1s<2s<2p<3s<3p<4s<4p
④ 1s<2s<2p<3s<3p<4s<3d

해설

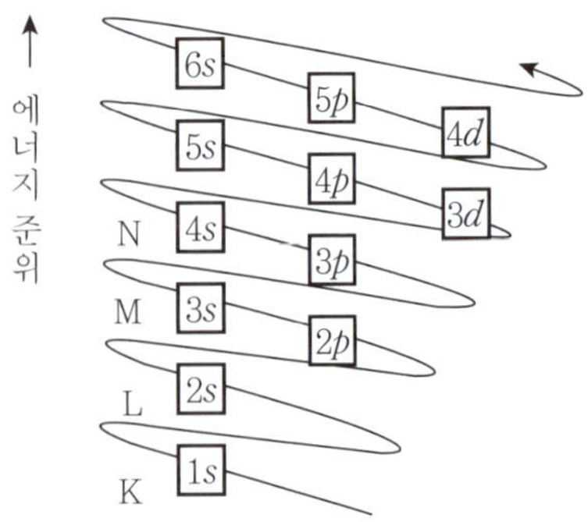

16 탄소 3g이 산소 16g 중에서 완전 연소되었다면, 연소한 후 혼합 기체의 부피는 표준 상태에서 몇 L가 되는가?

① 5.6 ② 6.8
③ 11.2 ④ 22.4

해설 탄소의 연소 반응식은 $C+O_2 \rightarrow CO_2$이다. C는 0.25mol, O_2는 0.5mol이 주어졌으므로 C가 한계 반응물이다. 그러므로 CO_2는 0.25mol이 생성된다. 남은 기체의 부피는 생성된 CO_2와 반응하지 못한 O_2의 합이므로

$(0.25mol\times 22.4L/mol)+\{(0.5mol-0.25mol)\times 22.4L/mol\}=11.2L$이다.

17 100mL 메스플라스크로 10ppm 용액 100mL를 만들려고 한다. 1,000ppm 용액 몇 mL를 취해야 하는가?

① 0.1 ② 1
③ 10 ④ 100

해설 $10ppm\times 100mL=1{,}000ppm\times X$

$X=1mL$

18 어떤 물질의 불꽃 반응은 노란색을 나타내며, 이 물질의 수용액에 $AgNO_3$ 용액을 넣었더니 흰색 침전이 생겼다. 이 물질은 무엇인가?

① NaCl ② $BaCl_2$
③ $CuSO_4$ ④ K_2SO_4

해설 노란색 불꽃 반응이 나타나는 원소는 Na이고, Ag^+와 반응하여 흰색 침전이 생기는 원소는 Cl이므로 이 물질은 NaCl이다.

19 에탄올의 탈수로 만들어지는 물질로 물에 잘 녹지 않으며 마취성과 휘발성이 있는 액체는?

① C_6H_6 ② CH_3COOH
③ $C_2H_5OC_2H_5$ ④ CH_3CHO

해설

$$2C_2H_5OH \xrightarrow{C-H_2SO} C_2H_5OC_2H_5+H_2O$$

정답 12 ① 13 ④ 14 ④ 15 ④ 16 ③ 17 ② 18 ① 19 ③

20 아레니우스의 이론에 의한 산 · 염기 정의에 따르면 다음 중 산에 해당하는 물질은?

① 물에 녹아 수소 이온을 내놓는 물질
② 물에 녹아 수소 이온을 받아들이는 물질
③ 물에 녹아 색깔이 변하는 물질
④ 물과 반응하지 않는 물질

해설

유별	산(acid)	염기(base)
아레니우스	물에서 H_3O^+를 생성하는 물질	물에서 OH^-를 생성하는 물질
브뢴스테드	H^+ 주는 물질	H^+ 받는 물질
루이스	전자쌍을 받는 물질	전자쌍을 주는 물질

제2과목 화재예방과 소화방법

21 다음 중 물분무 소화 설비가 적응성이 없는 대상물은?

① 전기 설비
② 제4류 위험물
③ 인화성 고체
④ 알칼리 금속의 과산화물

해설 소화 설비의 적응성

소화 설비의 구분		건축물 · 그 밖의 공작물	전기 설비	제1류 위험물: 알칼리 금속 과산화물 등	제1류 위험물: 그 밖의 것	제2류 위험물: 철분 · 금속분 · 마그네슘 등	제2류 위험물: 인화성 고체	제2류 위험물: 그 밖의 것	제3류 위험물: 금수성 물품	제3류 위험물: 그 밖의 것	제4류 위험물	제5류 위험물	제6류 위험물
옥내 소화전 설비 또는 옥외 소화전 설비		○			○		○	○		○		○	○
스프링클러 설비		○			○		○	○		○	△	○	○
물분무 등 소화 설비	물분무 소화 설비	○	○		○		○	○		○	○	○	○
물분무 등 소화 설비	포 소화 설비	○			○		○	○		○	○	○	○
물분무 등 소화 설비	불활성 가스 소화 설비		○				○				○		
물분무 등 소화 설비	할로젠 화합물 소화 설비		○				○				○		
물분무 등 소화 설비	분말 소화 설비: 인산염류 등	○	○		○		○	○			○		○
물분무 등 소화 설비	분말 소화 설비: 탄산 수소 염류 등		○	○		○	○		○		○		
물분무 등 소화 설비	분말 소화 설비: 그 밖의 것			○		○			○				

22 칼륨에 대한 설명 중 틀린 것은?

① 보호액을 사용하여 저장한다.
② 가급적 소분하여 저장하는 것이 좋다.
③ 화재시 주수 소화는 위험하므로 CO_2 약제를 사용한다.
④ 화재 초기에는 건조사 질식 소화가 적당하다.

해설 칼륨(K)은 주수는 절대 엄금하며, 포, 건조, 분말, CO_2, 할론 소화 약제(할론 1211, 할론 1301)를 사용하지 말아야 한다.

23 제조소 등에서 위험물의 저장 및 취급에 관한 기준 중 틀린 것은?

① 위험물을 저장 또는 취급하는 건축물 그 밖의 공작물 또는 설비는 당해 위험물의 성질에 따라 차광 또는 환기를 실시하여야 한다.
② 위험물은 온도계, 습도계, 압력계 그 밖의 계기를 감시하여 당해 위험물의 성질에 맞는 적정한 온도, 습도 또는 압력을 유지하도록 저장 또는 취급하여야 한다.
③ 위험물을 보호액 중에 보존하는 경우에는 당해 위험물이 보호액으로부터 일정 부분 이상 노출되도록 하여야 한다.
④ 가연성의 미분이 현저하게 부유할 우려가 있는 장소에서는 전선과 전기 기구를 완전히 접속한다.

해설 ③ 위험물은 보호액 중에 보존하는 경우에는 당해 위험물이 보호액으로부터 노출되지 아니하도록 하여야 한다.

정답 20 ① 21 ④ 22 ③ 23 ③

24 자체 소방대에 두어야 하는 화학 소방 자동차 중 포수용액을 방사하는 화학 소방 자동차는 전체 법정 화학 소방 자동차 대수의 얼마 이상으로 하여야 하는가?

① 1/3 ② 2/3
③ 1/5 ④ 2/5

해설 포 수용액을 방사하는 화학 소방 자동차의 대수 : 화학 소방 자동차 대수의 $\frac{2}{3}$ 이상

25 대형 수동식 소화기를 설치하는 경우 방호 대상물의 각 부분으로부터 하나의 대형 수동식 소화기까지의 거리는 보행 거리가 몇 m 이하가 되도록 하여야 하는가? (단, 원칙적인 경우에 한한다.)

① 10 ② 20
③ 25 ④ 30

해설 ① 소형 수동식 소화기 : 20m 이하
② 대형 수동식 소화기 : 30m 이하

26 다음 중 분말 소화 설비의 기준에서 가압용 가스로 정한 것에 해당하는 가스는?

① 공기 ② 질소
③ 산소 ④ 염소

해설 분말 소화기의 가압원 : N_2, CO_2 가스 등

27 다음에서 설명하는 소화 약제는?

㉠ 무색, 무취이며 비전도성이다.
㉡ 증기 상태의 비중은 약 1.5이다.
㉢ 임계 온도는 약 31℃이다.

① 탄산수소나트륨 ② 이산화탄소
③ 할론 1302 ④ 황산알루미늄

해설 이산화탄소 소화 약제의 설명이다.

28 화학 포 소화기에서 중탄산나트륨과 황산알루미늄의 수용액이 반응할 때 생성되는 물질이 아닌 것은?

① 수산화알루미늄
② 이산화탄소
③ 황산나트륨
④ 인산암모늄

해설 $6NaHCO_3 + Al_2(SO_4)_3 + 18H_2O$
$\rightarrow 3Na_2SO_4 + 2Al(OH)_3 + 6CO_2 + 18H_2O$

29 Halon 1211인 물질의 분자식은?

① CF_2Br_2 ② CF_2ClBr
③ CF_3Br ④ $C_2F_4Br_2$

해설 Halon의 번호는 탄소, 불소, 염소, 브롬순이다.
② CF_2ClBr : Halon 1211

30 가연성 물질이 공기 중에서 연소할 때의 연소 형태에 대한 설명으로 틀린 것은?

① 공기와 접촉하는 표면에서 연소가 일어나는 것을 표면 연소라 한다.
② 황의 연소는 표면 연소이다.
③ 산소 공급원을 가진 물질 자체가 연소하는 것을 자기 연소라 한다.
④ TNT의 연소는 자기 연소이다.

해설 ② 황의 연소는 증발 연소이다.

31 소화 설비의 설치 기준에 있어서 위험물 저장소의 건축물로서 외벽이 내화 구조로 된 것은 연면적 몇 m^2를 1소요 단위로 하는가?

① 50 ② 75
③ 100 ④ 150

해설 저장소 건축물의 경우
㉠ 외벽이 내화 구조로 된 것으로 연면적 $150m^2$
㉡ 외벽이 내화 구조로 아닌 것으로 연면적 $75m^2$

정답 24 ② 25 ④ 26 ② 27 ② 28 ④ 29 ② 30 ② 31 ④

32 ABC급 분말 소화 약제의 주성분은?

① 탄산수소나트륨
② 제1인산암모늄
③ 인산칼륨
④ 탄산수소칼륨

해설 분말 소화 약제

종별	소화 약제 주성분	적응 화재
제1종	$NaHCO_3$	B·C
제2종	$KHCO_3$	B·C
제3종	$NH_4H_2PO_4$	A·B·C
제4종	$KHCO_3+(NH_2)_2CO$	B·C

33 할로겐 화합물 소화 약제가 전기 화재에 사용될 수 있는 이유에 대한 다음 설명 중 가장 적합한 것은?

① 전기적으로 부도체이다.
② 액체의 유동성이 좋다.
③ 탄산가스와 반응하여 포스겐가스를 만든다.
④ 증기의 비중이 공기보다 작다.

해설 할로겐화물 소화 약제가 전기 화재에 사용될 수 있는 이유는 전기적으로 부도체이기 때문이다.

34 피리딘 40,000L에 대한 소화 설비의 소요 단위는?

① 5단위
② 10단위
③ 15단위
④ 100단위

해설 C_5H_5N(제1석유류에서 수용성) : 400L

$$\text{소요단위} = \frac{\text{저장량}}{\text{시성 수량} \times 10\text{배}} = \frac{40{,}000}{400 \times 10} = 10\text{단위}$$

35 옥내 소화전 설비에서 펌프를 이용한 가압송수 장치의 전양정 H는 소정의 산식에 의한 수치 이상 이어야 한다. 전양정 H를 구하는 식으로 옳은 것은? (단, h_1은 소방용 호스의 마찰 손실 수두, h_2는 배관의 마찰 손실 수두, h_3는 낙차이며, h_1, h_2, h_3의 단위는 모두 m이다.)

① $H=h_1+h_2+h_3$
② $H=h_1+h_2+h_0+0.35\text{m}$
③ $H=h_1+h_2+h_3+35\text{m}$
④ $H=h_1+h_2+h_3+3.5\text{m}$

해설 옥내 소화전 설비의 펌프를 이용한 가압송수장치
전양정$(H)=h_1+h_2+h_3+35\text{m}$

36 옥내 소화전 설비의 기준에서 옥내 소화전 설비 비상전원의 용량은 옥내 소화전 설비를 유효하게 몇 분 이상 작동시킬 수 있어야 하는가?

① 15　② 30
③ 45　④ 60

해설 옥내 소화전 설비의 비상전원의 용량은 옥내 소화전 설비를 유효하게 45분 이상 작동시킬 수 있어야 한다.

37 제4류 위험물의 탱크 화재에서 발생되는 보일 오버(boil over)에 대한 설명으로 가장 거리가 먼 것은?

① 원추형 탱크의 지붕판이 폭발에 의해 날아가고 화제가 확대될 때 저장된 연소 중인 기름에서 발생할 수 있는 현상이다.
② 화재가 지속된 부유식 탱크나 지붕과 측판을 약하게 결합한 구조의 기름 탱크에서도 일어난다.
③ 원유, 중유 등을 저장하는 탱크에서 발생할 수 있다.
④ 대량으로 증발된 가연성 액체가 갑자기 연소했을 때 커다란 구형의 불꽃을 빌하는 것을 의미한다.

해설 ④ 파이어 볼(fire ball)의 설명이다.

정답 32 ② 33 ① 34 ② 35 ③ 36 ③ 37 ④

38 **소화기의 본체 용기에 표기하여야 하는 사항이 아닌 것은?**

① 제조 회사 대표자명과 제조자명
② 총 중량
③ 취급상 주의 사항
④ 사용 방법

해설 소화기의 본체 용기에 표시 사항
㉠ 소화기의 명칭
㉡ 적응 화재 표시
㉢ 사용 방법
㉣ 용기 합격 및 중량 표시
㉤ 취급상 주의 사항
㉥ 능력 단위
㉦ 제조연월일

39 **다음 소화 설비와 능력 단위의 연결이 옳은 것은?**

① 마른 모래(삽 1개 포함) 50L : 0.5 능력 단위
② 팽창질석(삽 1개 포함) 80L : 1.0 능력 단위
③ 소화 전용 물통 3L : 0.3 능력 단위
④ 수조(소화 전용 물통 6개 포함) 190L : 1.5 능력 단위

해설 **능력 단위** : 소방 기구의 소화 능력을 나타내는 수치. 즉 소요 단위에 대응하는 소화 설비 소화 능력의 기준 단위이다.
1. 마른 모래(50L, 삽 1개를 포함) : 0.5단위
2. 팽창질석 또는 팽창진주암(160L, 삽 1개 포함) : 1단위
3. 소화 전용 물통(8L) : 0.3단위
4. 수조
㉠ 190L(8L, 소화 전용 물통 6개 포함) : 2.5단위
㉡ 80L(8L, 소화 전용 물통 3개 포함) : 1.5단위

40 **화재 예방을 위하여 이황화탄소는 액면 자체 위에 물을 채워주는데 그 이유로 가장 타당한 것은?**

① 공기와 접촉하면 불쾌한 냄새가 나기 때문에
② 발화점을 낮추기 위하여
③ 불순물을 물에 용해시키기 위하여
④ 가연성 증기의 발생을 방지하기 위하여

해설 이황화탄소(CS_2) 저장시 액면 자체 위에 물을 채워주는 이유는 가연성 증기의 발생을 방지하기 위해서이다.

제3과목 위험물의 성질과 취급

41 **옥내 저장 창고의 바닥을 물이 스며나오거나 스며들지 아니하는 구조로 해야 하는 위험물은?**

① 과염소산칼륨
② 나이트로셀룰로오스
③ 적린
④ 트라이에틸알루미늄

해설 옥내 저장소의 바닥 방수 구조 적용 위험물

유별	적용대상
제1류 위험물	• 알칼리 금속의 과산화물
제2류 위험물	• 철분 • 금속분 • 마그네슘
제3류 위험물	• 금수성 물질
제4류 위험물	• 전부

42 **염소산칼륨에 대한 설명 중 틀린 것은?**

① 촉매없이 가열하면 약 400℃에서 분해한다.
② 열분해하여 산소를 방출한다.
③ 불연성 물질이다.
④ 냉수, 알코올, 에테르에 잘 녹는다.

해설 ④ 글리세린, 온수, 알칼리에 잘 녹으며 알코올에는 약간 녹고 냉수, 에테르에는 녹지 않는다.

43 **위험물 제조소 등의 안전 거리의 단축 기준과 관련해서 $H \le pD^2 + a$인 경우 방화상 유효한 담의 높이는 2m 이상으로 한다. 다음 중 a에 해당하는 것은?**

① 인근 건축물의 높이(m)
② 제조소 등의 외벽의 높이(m)
③ 제조소 등과 공작물과의 거리(m)
④ 제조소 등과 방화상 유효한 담과의 거리(m)

정답 38 ① 39 ① 40 ④ 41 ④ 42 ④ 43 ②

해설 방화상 유효한 담의 높이

$H \le pD^2 + a$

여기서, H : 인근 건축물 또는 공작물의 높이(m)

p : 상수

D : 제조소 등과 인근 건축물 또는 공작물과의 거리(m)

a : 제조소 등의 외벽의 높이(m)

44 아밀알코올에 대한 설명으로 틀린 것은?

① 8가지 이성체가 있다.
② 청색이고 무취의 액체이다.
③ 분자량은 약 88.15이다.
④ 포화 지방족 알코올이다.

해설 ② 불쾌한 냄새가 나는 무색의 투명한 액체이다.

45 짚, 헝겊 등을 다음의 물질과 적셔서 대량으로 쌓아두었을 경우 자연 발화의 위험성이 제일 높은 것은?

① 동유 ② 야자유
③ 올리브유 ④ 피마자유

해설 ① 동유(건성유) : 146~176
② 야자유(불건성유) : 7~16
③ 올리브유(불건성유) : 75~90
④ 피마자유(불건성유) : 81~91

46 질산나트륨에 대한 안전 조치 사항으로 틀린 것은?

① 가열하면 열분해하므로 주의한다.
② 충격, 마찰, 타격 등을 피한다.
③ 유기물과의 혼합을 피한다.
④ 화재 발생시 주수 소화는 금한다.

해설 ④ 화재 발생시 주수 소화를 한다.

47 다음 위험물의 유별 구분이 나머지 셋과 다른 하나는?

① 다이크로뮴산나트륨 ② 과염소산마그네슘
③ 과염소산칼륨 ④ 과염소산

해설 ㉠ 제1류 위험물 : ①, ②, ③
㉡ 제6류 위험물 : ④

48 제3류 위험물의 성질을 설명한 것으로 옳은 것은?

① 물에 의한 냉각 소화를 모두 금지한다.
② 알킬알루미늄, 나트륨, 수소화나트륨은 비중은 모두 물보다 무겁다.
③ 모두 무기 화합물로 구성되어 있다.
④ 지정 수량은 모두 300kg 이하의 값을 갖는다.

해설 ① 황린을 제외하고 절대 주수를 엄금하며 어떠한 경우든 물에 의한 냉각 소화는 불가능하다.

②

위험물	비중
알킬알루미늄	0.83
나트륨	0.97
수소화나트륨	0.92

③ 칼륨, 나트륨, 황린, 알칼리 금속류, 알칼리토 금속류, 금속 수소화합물류, 인화합물류 그리고 칼륨 또는 알루미늄 탄화물은 무기 화합물이며, 알킬알루미늄, 알킬리튬과 유기 금속 화합물류는 유기 화합물이다.

49 간이 탱크 저장소의 위치 · 구조 및 설비의 기준에서 간이 저장 탱크 1개의 용량은 몇 L 이하이어야 하는가?

① 300 ② 600
③ 1,000 ④ 1,200

해설 간이 저장 탱크의 용량 : 600L

50 과산화수소의 성질에 대한 설명 중 틀린 것은?

① 에테르에 녹지 않으며, 벤젠에 녹는다.
② 산화제이지만 환원제로서 작용하는 경우도 있다.
③ 물보다 무겁다.
④ 분해 방지 안정제로 인산, 요산 등을 사용할 수 있다.

해설 ① 알코올, 에테르에는 녹지만, 벤젠, 석유에는 녹지 않는다.

정답 44 ② 45 ① 46 ④ 47 ④ 48 ④ 49 ② 50 ①

51 그림과 같은 위험물을 저장하는 탱크의 내용적은 약 몇 m^3인가? (단, r은 10m, l은 25m이다.)

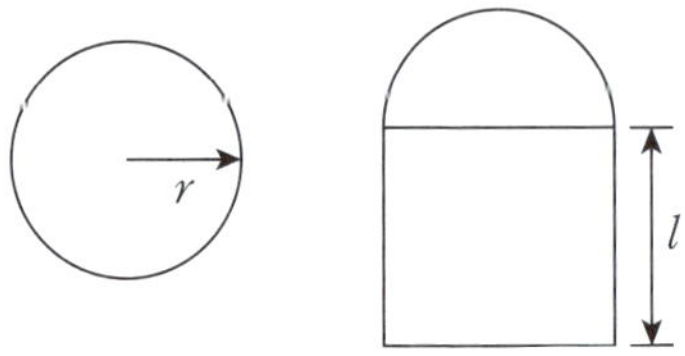

① 3,612 ② 4,712
③ 5,812 ④ 7,854

해설 $V = \pi r^2 l = \pi \times (10m)^2 \times 25m$
$= 7,854m^3$

52 위험물안전관리법령에서 정의한 제2석유류의 인화점 범위는 1기압에서 얼마인가?

① 21℃ 미만
② 21℃ 이상, 70℃ 미만
③ 70℃ 이상, 200℃ 미만
④ 200℃ 이상

해설 ① 제1석유류 : 인화점이 21℃ 미만인 것
② 제2석유류 : 인화점이 21℃ 이상 70℃ 미만인 것
③ 제3석유류 : 인화점이 70℃ 이상 200℃ 미만인 것
④ 제4석유류 : 인화점이 200℃ 이상 250℃ 미만인 것

53 메틸에틸케톤에 대한 설명으로 옳은 것은?

① 물보다 무겁다.
② 증기는 공기보다 가볍다
③ 지정 수량은 200L이다.
④ 물과 접촉하면 심하게 발열하므로 주수소화는 금한다.

해설 ① 물보다 가볍다(비중 0.8).
② 증기는 공기보다 무겁다(증기 비중 2.5).
④ 약 4배의 물에 녹으며 초기 화재시는 분말, CO_2, 포가 유효하며 기타의 경우는 알코올형 포로 일시에 소화된다. 소규모 화재시는 물분무로 소화한다.

54 특정 옥외 저장 탱크를 원통형으로 설치하고자 한다. 지반면으로부터의 높이가 16m일 때 이 탱크가 받는 풍하중은 $1m^2$당 얼마 이상으로 계산하여야 하는가? (단, 강풍을 받을 우려가 있는 장소에 설치하는 경우는 제외한다.)

① 0.7640kN ② 1.2348kN
③ 1.6464kN ④ 2.348kN

해설 $q = 0.588k\sqrt{h}$
$= 0.588 \times 0.7 \times \sqrt{16}$
$= 1.646kN$

여기서, q : 풍하중[kN/m^2]
k : 풍력 계수(원통형 탱크의 경우는 0.7, 그 외의 탱크 1.0)
h : 지반면으로부터의 높이[m]

55 다음 중 가연성 물질이 아닌 것은?

① 수소화나트륨
② 황화린
③ 과산화나트륨
④ 적린

해설 과산화나트륨 : 산화성 고체

56 P_4S_7에 더운물을 가하면 분해된다. 이때 주로 발생하는 유독 물질의 명칭은?

① 아황산
② 황화수소
③ 인화수소
④ 오산화린

해설 $P_4S_7 + 13H_2O \rightarrow 3H_3PO_3 + H_3PO_4 + 7H_2S$

57 과산화칼슘의 성질에 대한 설명으로 틀린 것은?

① 백색의 분말이다.
② 에테르에 용해되지 않는다.
③ 염산과 반응하여 과산화수소를 발생한다.
④ 가열하면 50℃ 이하에서 분해하여 산소를 발생하고 폭발한다.

정답 51 ④ 52 ② 53 ③ 54 ③ 55 ③ 56 ② 57 ④

해설 ④ 가열하면 100℃에서 결정수를 잃고 분해 온도(257℃)에서 폭발적으로 산소를 방출한다.

58 유기 과산화물에 대한 설명으로 틀린 것은?

① 소화 방법으로는 질식 소화가 가장 효과적이다.
② 벤조일퍼옥사이드, 메틸에틸케톤퍼옥사이드 등이 있다.
③ 저장시 고온체나 화기의 접근을 피한다.
④ 지정 수량은 10kg이다.

해설 유기 과산화물의 내부에는 산소가 존재하기 때문에 질식 소화는 효과가 없고, 고체인 경우는 분무 주수하면 유효하며 액체인 경우 또는 유기 용제의 경우는 CO_2나 건조 분말은 양이 적거나 화재 초기에는 일부 효과가 있다.

59 다음 위험물의 저장시 보호액으로 물을 사용하는 것이 적합하지 않은 것은?

① 황린 ② 인화칼슘
③ 이황화탄소 ④ 나이트로셀룰로오스

해설 ② $Ca_3P_2 + 6H_2O \rightarrow 3Ca(OH)_2 + 2PH_3$

60 다음 중 위험물안전관리법상 품명이 다른 하나는?

① 클로로벤젠 ② 에틸렌글리콜
③ 큐멘 ④ 벤즈알데하이드

해설 ① 클로로벤젠(C_6H_5Cl) : 제4류 위험물 제2석유류
② 에틸렌글리콜[$(C_2H_4(OH)_2$] : 제4류 위험물 제3석유류
③ 큐멘[$(CH_3)_2CHC_6H_5$] : 제4류 위험물 제2석유류
④ 벤즈알데하이드[$(C_6H_5)CHO$] : 제4류 위험물 제2석유류

정답 58 ① 59 ② 60 ②

위험물 산업기사 (2025. 2. 7 시행)

제1과목 일반화학

01 원소 질량의 표준이 되는 것은?

① ^{1}H ② ^{12}C
③ ^{16}O ④ ^{235}U

해설 원소 질량의 표준
탄소원자 $^{12}_{6}C$ 1개의 질량을 12로 정하고, 이와 비교한 다른 원자들의 질량비를 원자량이라 한다.

02 분자식 $HClO_2$의 명명으로 옳은 것은?

① 염소산 ② 아염소산
③ 차아염소산 ④ 과염소산

해설 ① 염소산 : $HClO_3$ ② 아염소산 : $HClO_2$
③ 차아염소산 : $HClO$ ④ 과염소산 : $HClO_4$

03 다음 중 카르보닐기를 갖는 화합물은?

① $C_6H_5CH_3$ ② $C_6H_5NH_2$
③ CH_3OCH_3 ④ CH_3COCH_3

해설 카르보닐기 : $-CO-$이다.
예 CH_3COCH_3(아세톤)

04 백금 전극을 사용하여 물을 전기 분해할 때 (+)극에서 5.6L의 기체가 발생하는 동안 (−)극에서 발생하는 기체의 부피는?

① 5.6L ② 11.2L
③ 22.4L ④ 44.8L

해설 (+)극 : $H_2O \rightarrow \frac{1}{2}O_2(g)+2H^+(aq)+2e^-$
(−)극 : $2H_2O+2e^- \rightarrow H_2(g)+2OH^-(aq)$
전체 반응식 : $H_2O(l) \rightarrow H_2(g)+\frac{1}{2}O_2(g)$
∴ O_2가 5.6L 발생했다면 H_2는 $5.6\times2=11.2$L의 기체가 발생한다.

05 80℃와 40℃에서 물에 대한 용해도가 각각 50, 30인 물질이 있다. 80℃의 이 포화 용액 75g을 40℃로 냉각시키면 몇 g의 물질이 석출되겠는가?

① 25 ② 20
③ 15 ④ 10

해설 ㉠ 80℃에서의 용해도가 50이다.
=80℃에서 용매 100g에 녹을 수 있는 용질의 최대량은 50g이다.
∴ 80℃의 포화 용액 75g은 용매 50g과 용질 25g 이다.
㉡ 40℃에서의 용해도가 30이다.
=40℃에서 용매 100g에 녹을 수 있는 용질의 최대량은 30g이다.
∴ 40℃에서 용매 50g에는 15g의 용질이 녹아있다.
→ 따라서 80℃에서 40℃로 냉각시키면 $(25-15)g=10g$이 석출된다.

06 주양자수가 4일 때 이 속에 포함된 오비탈수는?

① 4 ② 9
③ 16 ④ 32

해설 주양자수 $n=4$
$=s, p, d, f$의 오비탈 종류를 가진다.
∴ s는 1개, p는 3개, d는 5개, f는 7개의 오비탈을 가지므로 주양자수 4일 때의 오비탈수는 $1+3+5+7=16$이 된다.

07 아세토페논의 화학식에 해당하는 것은?

① C_6H_5OH ② $C_6H_5NO_2$
③ $C_6H_5CH_3$ ④ $C_6H_5COCH_3$

해설 ① C_6H_5OH : 페놀
② $C_6H_5NO_2$: 나이트로벤젠
③ $C_6H_5CH_3$: 톨루엔
④ $C_6H_5COCH_3$: 아세토페논

정답 01 ② 02 ② 03 ④ 04 ② 05 ④ 06 ③ 07 ④

08 $10.0mL$의 $0.1M-NaOH$을 $25.0mL$의 $0.1M-HCl$에 혼합하였을 때 이 혼합 용액의 PH는 얼마인가?

① 1.37 ② 2.82
③ 3.37 ④ 4.82

해설 $10.0mL$의 $0.1M-NaOH$, $25.0mL$의 $0.1M-HCl$에서

$$=\frac{N_1V_1-N_2V_2}{V_1+V_2}=\frac{25\times0.1-10\times0.1}{10+25}=0.04286$$

$$\therefore pH=-\log[H^+]$$
$$=-\log(0.04286)=1.37$$

09 $CO+2H_2 \rightarrow CH_3OH$의 반응에 있어서 평형상수 K를 나타내는 식은?

① $K=\frac{[CH_3OH]}{[CO][H_2]}$ ② $K=\frac{[CH_3OH]}{[CO][H_2]^2}$
③ $K=\frac{[CO][H_2]}{[CH_3OH]}$ ④ $K=\frac{[CO][H_2]^2}{[CH_3OH]}$

해설 $CO+2H_2 \rightarrow CH_3OH$의 반응에서 평형 상수 K는 $K=\frac{[CH_3OH]}{[CO][H_2]^2}$이다.

10 0℃, 일정 압력하에서 1L의 물에 이산화탄소 10.8g을 녹인 탄산 음료가 있다. 동일한 온도에서 압력을 1/4로 낮추면 방출되는 이산화탄소의 질량은 몇 g인가?

① 2.7 ② 5.4
③ 8.1 ④ 10.8

해설 $PV=nRT$
㉠ V, R, T는 모두 일정하므로 $P=n$으로 볼 수 있다.
㉡ CO_2의 $n=\frac{10.8g}{(16\times2)+12g/mol}$
$= 0.25mol$

㉠에서 압력이 $\frac{1}{4}$로 감소하면 n도 $\frac{1}{4}$ 감소한다.

$$\frac{0.25}{4}mol=\frac{x}{44g/mol}$$

$x=2.75g$

∴ 2.75g의 CO_2가 물에 녹고 $(10.8-2.75)g=8.1g$의 CO_2가 방출된다.

11 4℃의 물이 얼음의 밀도보다 큰 이유는 물분자의 무슨 결합 때문인가?

① 이온 결합 ② 공유 결합
③ 배위 결합 ④ 수소 결합

해설 4℃의 물이 얼음의 밀도보다 큰 이유
보통 다른 물질들은 고체가 되면 분자끼리 최대한 거리를 줄이는 배열을 하게 되어 부피가 줄어들지만, 물의 경우, 수소 결합을 하게 되면 사이 공간이 약간 벌어지면서 육각형 구조를 형성하기 때문에 부피가 늘어나게 된다. 그러므로 물은 얼음이 되면서 부피가 늘어나기 때문에 밀도가 낮아진다.

12 프로판 1몰을 완전 연소하는 데 필요한 산소의 이론량을 표준 상태에서 계산하면 몇 L가 되는가?

① 22.4 ② 44.8
③ 89.6 ④ 112.0

해설 0℃, 1기압의 표준 상태에서, 기체 1몰이 차지하는 부피는 22.4L이다. 프로판 1몰이 완전 연소하는 반응식은 $C_3H_8(g)+5O_2(g) \rightarrow 3CO_2(g)+4H_2O(l)$이므로 완전 연소에 필요한 산소의 이론량은 $5\times22.4=112.0L$가 된다.

13 다음 중 공유 결합 화합물이 아닌 것은?

① NaCl ② HCl
③ CH_3COOH ④ CCl_4

해설 1. 공유결합(covalent bond)
㉠ 극성(이온성) 공유 결합 : 전기 음성도가 다른 두 원자 사이에 결합이 이루어질 때는 전기 음성도가 큰 쪽의 원자가 더 강하게 전자쌍을 잡아당기게 되고, 이때 한쪽의 원자는 음성을, 다른 한쪽의 원자는 양성을 띠어 극성을 가지며 결합하는 것을 말한다.
예 HCl, CH_3COOH, H_2O, HF, NH_3 등
㉡ 비극성(완전) 공유 결합 ; 전기 음성도가 같거나 비슷한 원자들은 그 전자쌍이 두 개의 원자로부터 같은 거리에 있게 되는데. 이러한 결합을 비극성 공유 결합이라 하며 극성 공유 결합 물질이 대칭 구조를 이룰 때는 극성이 서로 상쇄되어 비극성 분자가 된다.
예 CCl_4, CO_2, CH_4, C_6H_6 등
2. 이온 결합(ionic bond)
양이온과 음이온 간의 전기적 인력이 작용하며 쿨롱의 힘

정답 08 ① 09 ② 10 ③ 11 ④ 12 ④ 13 ①

에 의하여 결합하는 화학결합이다.

예 NaCl, KCl, MgO, CaO 등

14 같은 분자식을 가지면서 각각을 서로 겹치게 할 수 없는 거울상의 구조를 갖는 분자를 무엇이라 하는가?

① 구조 이성질체 ② 기하 이성질체
③ 광학 이성질체 ④ 분자 이성질체

해설 이성질체의 종류

① 구조 이성질체(constitutional isomer) : 분자식은 같지만 구조가 다르므로 다른 성질을 갖는 화합물
② 기하 이성질체(geometrical isomer) : 분자 내의 같은 원자나 원자단의 상대적 위치 차이로 생기는 이성질체로, 이중 결합을 가지는 탄소 화합물(또는 착이온)에서는 흔히 시스(cis)형과 트랜스(trans)형 등 두 가지 기하 이성질체를 갖는다. 시스형은 이중 결합을 중심으로 같은 종류의 원자나 원자단이 같은 쪽에 있는 것으로, cis는 '같은쪽'에 라는 뜻이다. 트랜스형은 이중 결합을 중심으로 같은 종류의 원자나 원자단이 반대쪽에 있는 것으로 trans는 '반대쪽에' 라는 뜻이다. 이중 결합에서 이와 같은 이성질체가 생기는 이유는 회전하지 못하기 때문이다.
③ 광학 이성질체(optical isomer) : 같은 분자식을 가지면서 각각을 서로 겹치게 할 수 없는 거울상의 구조를 갖는 분자
④ 입체 이성질체(stereoisomer) : 입체 이성의 관계에 있는 화합물. 즉, 같은 구조식을 가지는 분자 내의 원자나 원자단의 공간적 배열 상태가 달라져 성질이 다른 물질이 생기는 현상을 나타내는 화합물을 말한다. 광학 이성질체와 기하 이성질체가 있다.

15 물이 브뢴스테드의 산으로 작용한 것은?

① $HCl+H_2O \rightleftarrows H_3O^+ + Cl^-$
② $HCOOH+H_2O \rightleftarrows HCOO^- + H_3O^+$
③ $NH_3+H_2O \rightleftarrows NH_4^+ + OH^-$
④ $3Fe+4H_2O \rightleftarrows Fe_3O_4+4H_2$

해설 브뢴스테드(J. N. Bronsted)설

H^+을 주는 물질을 산, H^+을 받는 물질을 염기라 한다.

$NH_3+H_2O \rightleftarrows NH_4^+ + OH^-$
염기 산 산 염기

16 불꽃 반응 시 보라색을 나타내는 금속은?

① Li ② K ③ Na ④ Ba

해설 불꽃 반응(flame reaction) : 염색 반응이라고도 하며 홑원소 물질 또는 화합물을 불꽃 속에 넣어 가열하면 불꽃이 그 원소 특유의 색을 띠는 반응이다. 이때의 색은 열에 의해 들뜬 원자가 불안정한 들뜬 상태에서 안정된 들뜬 상태로 돌아올 때 발하는 휘선 스펙트럼 때문인데, 알칼리 금속이나 알칼리 토금속 등 원소의 정성 분석의 보조 수단으로 이용된다.

① Li : 빨강색 ② K : 보라색
③ Na : 노랑색 ④ Ba : 황록색

17 일정한 온도하에서 물질 A와 B가 반응을 할 때 A의 농도만 2배로 하면 반응 속도가 2배가 되고 B의 농도만 2배로 하면 반응 속도가 4배로 된다. 이 반응의 속도식은? (단, 반응 속도 상수는 k이다.)

① $v=k[A][B]^2$ ② $v=k[A]^2[B]$
③ $v=k[A][B]^{0.5}$ ④ $v=k[A][B]$

해설 ㉠ A의 농도를 2배로 하면 반응 속도가 2배가 되므로, 반응 속도(v)는 A 농도에 비례한다.
㉡ B의 농도를 2배로 하면 반응 속도가 4배로 된다. 반응 속도(v)는 B 농도의 제곱에 비례한다.
$v=k[B]^2$
∴ $v=k[A][B]^2$

18 귀금속인 금이나 백금 등을 녹이는 왕수의 제조 비율로 옳은 것은?

① 질산 3부피 + 염산 1부피
② 질산 3부피 + 염산 2부피
③ 질산 1부피 + 염산 3부피
④ 질산 2부피 + 염산 3부피

해설 왕수(aqua regia)

염산이나 질산에도 녹지 않는 금, 백금과 같은 귀금속도 염화물로 녹이기 때문에 이런 이름이 붙었다. 보통 사용되는 것은 진한 질산 1부피와 진한 염산 3부피의 혼합물이지만 오래 보존하면 조성이 변화하므로 사용할 때마다 새로 조제한다. 특유한 자극성 냄새가 나는 노란색 액체이며, 이 용액 속에서는 $HNO_3+3HCl \rightarrow Cl_2+NOCl+2H_2O$와 같은 반응에 의해서 발생기의 염소와 염화나이트로실(NOCl)이 생기기 때문에

정답 14 ③ 15 ③ 16 ② 17 ① 18 ③

강력한 산화 용해성을 지닌다. 왕수는 금이나 백금 외에 황화물 광석, 텔루륨, 셀레늄 광물, 납이나 구리의 합금, 여러 가지 금속의 비화물 광석, 아연 합금, 니켈 광석, 페로텅스텐 등의 분석 시료를 잘 용해시키므로 화학 분석에서 용해제로 사용된다.

19 솔베이법으로 만들어지는 물질이 아닌 것은?

① Na_2CO_3 ② NH_4Cl
③ $CaCl_2$ ④ H_2SO_4

해설 암모니아소다법(Solvay 법)의 이론
㉠ 암모니아소다법은 우선 소금 수용액(함수)에 암모니아와 이산화탄소 가스를 순서대로 흡수시켜 용해도가 작은 중조를 침전시킨다.
$NaCl+NH_3+CO_2+H_2O \rightarrow NaHCO_3+NH_4Cl$
㉡ 중조를 침전 분리하고, 200℃ 정도에서 하소하여 제품 탄산소다를 얻는다.
$2NaHCO_3 \rightarrow Na_2CO_3+CO_2+H_2O$
㉢ 중조는 여과한 모액(NH_4Cl)에 석회유($Ca(OH)_2$) 용액을 첨가하고 증류하면 암모니아를 얻고 그 부산물로 $CaCl_2$를 얻는다(증류탑).

20 니트로벤젠의 증기에 수소를 혼합한 뒤 촉매를 사용하여 환원시키면 무엇이 되는가?

① 페놀 ② 톨루엔
③ 아닐린 ④ 나프탈렌

해설 아닐린(aniline, $C_6H_5NH_2$ 제법)

$$\underset{\text{니트로벤젠}}{C_6H_5NO_2}+6(H) \xrightarrow[\text{환원}]{Fe,\ Sn+HCl} \underset{\text{아닐린}}{C_6H_5NH_2}+2H_2O$$

제2과목 화재예방과 소화방법

21 인화점이 38℃ 이상인 제4류 위험물 취급을 주된 작업 내용으로 하는 장소에 스프링클러 설비를 설치할 경우 확보하여야 하는 1분당 방사 밀도는 몇 L/m^2 이상이어야 하는가? (단, 살수 기준 면적은 $250m^2$이다.)

① 12.2 ② 13.9 ③ 15.5 ④ 16.3

해설 제4류 위험물을 저장·취급하는 장소의 살수 기준 면적에 따른 스프링클러 설비의 살수 밀도

살수 기준 면적 (m^2)		279 미만	279 이상 372 미만	372 이상 465 미만	465 이상
방사 밀도 (L/m^2)	인화점 38℃ 미만	16.3 이상	15.5 이상	13.9 이상	12.2 이상
	인화점 38℃ 이상	12.2 이상	11.8 이상	9.8 이상	8.1 이상
비 고		살수 기준 면적은 내화 구조의 벽 및 바닥으로 구획된 하나의 실의 바닥 면적을 말하고, 하나의 실의 바닥 면적이 $465m^2$ 이상인 경우의 살수 기준 면적은 $465m^2$로 한다. 다만, 위험물의 취급을 주된 작업 내용으로 하지 아니하고 소량의 위험물을 취급하는 설비 또는 부분이 넓게 분산되어 있는 경우에는 방사 밀도는 8.2L $/m^2$ 이상, 살수 기준 면적은 $279m^2$ 이상으로 할 수 있다.			

22 과산화칼륨에 의한 화재 시 주수 소화가 적합하지 않은 이유로 가장 타당한 것은?

① 산소가스가 발생하기 때문에
② 수소가스가 발생하기 때문에
③ 가연물이 발생하기 때문에
④ 금속 칼륨이 발생하기 때문에

해설 과산화칼륨(K_2O_2)은 자신은 불연성이지만 물과 급격히 반응하여 발열하고 산소를 발생한다.
$2K_2O_2+2H_2O \rightarrow 4KOH+O_2+Qkcal$

23 다음 중 소화기의 외부 표시 사항으로 가장 거리가 먼 것은?

① 유효 기간
② 적응 화재 표시
③ 능력 단위
④ 취급상 주의 사항

해설 소화기의 외부 표시 사항
㉠ 소화기의 명칭 ㉡ 적응 화재 표시
㉢ 사용 방법 ㉣ 용기 합격 및 중량 표시
㉤ 취급상 주의 사항 ㉥ 능력 단위
㉦ 제조 연월일

정답 19 ④ 20 ③ 21 ① 22 ① 23 ①

24 화재를 잘 일으킬 수 있는 일반적인 경우에 대한 설명 중 틀린 것은?

① 산소와 친화력이 클수록 연소가 잘 된다.
② 온도가 상승하면 연소가 잘 된다.
③ 연소 범위가 넓을수록 연소가 잘 된다.
④ 발화점이 높을수록 연소가 잘 된다.

해설 ④ 발화점이 낮을수록 연소가 잘 된다.

25 공기 포 발포 배율을 측정하기 위해 중량 340g, 용량 1,800mL의 포 수집 용기에 가득히 포를 채취하여 측정한 용기의 무게가 540g이었다면 발포 배율은? (단, 포 수용액의 비중은 1로 가정한다.)

① 3배　　② 5배
③ 7배　　④ 9배

해설 발포 배율(팽창비)

$$= \frac{\text{내용적(용량)}}{\text{전체 중량} - \text{빈 시료 용기의 중량}} = \frac{1,800}{540-340} = 9\text{배}$$

26 옥내 탱크 전용실에 설치하는 탱크 상호 간에는 얼마의 간격을 두어야 하는가?

① 0.1m 이상　　② 0.3m 이상
③ 0.5m 이상　　④ 0.6m 이상

해설 옥내 탱크 전용실에 설치하는 탱크 상호 간에는 0.5m 이상의 간격을 둔다.

27 다음 중 화재 시 물을 사용할 경우 가장 위험한 물질은?

① 염소산칼륨
② 인화칼슘
③ 황린
④ 과산화수소

해설 물과 심하게 반응하여 포스핀을 발생한다.
$Ca_3P_2 + 6H_2O \rightarrow 3Ca(OH)_2 + 2PH_3$
그러므로 주수 엄금, 마른 모래, 건조 흙, 건조 소석회 등으로 질식 소화한다.

28 위험물 제조소 등에 설치하는 옥내 소화전 설비의 기준으로 옳지 않은 것은?

① 옥내 소화전함에는 그 표면에 "소화전"이라고 표시하여야 한다.
② 옥내 소화전함의 상부 벽면에 적색의 표시등을 설치하여야 한다.
③ 표시등 불빛은 부착면과 10도 이상의 각도가 되는 방향으로 8m 이내에서 쉽게 식별할 수 있어야 한다.
④ 호스 접속구는 바닥면으로부터 1.5m 이하의 높이에 설치하여야 한다.

해설 ③ 옥내 소화전 설비의 위치를 표시하는 표시등은 함의 상부에 설치하되, 그 불빛은 부착면으로부터 15° 이상의 범위 안에서 부착 지점으로부터 10m 이내의 어느 곳에서도 쉽게 식별할 수 있는 적색등으로 한다.

29 제1종 분말 소화 약제의 소화 효과에 대한 설명으로 가장 거리가 먼 것은?

① 열분해 시 발생하는 이산화탄소와 수증기에 의한 질식 효과
② 열분해 시 흡열 반응에 의한 냉각 효과
③ H^+에 의한 부촉매 효과
④ 분말 운무에 의한 열방사의 차단 효과

해설 ③ 부촉매 효과 : 화학적으로 활성을 가진 물질이 가연 물질의 연속적인 연소의 연쇄 반응을 더 이상 진행하지 않도록 억제·차단 또는 방해하여 소화시키는 역할을 하므로 부촉매 소화 작용을 일명 화학 소화작용이라 한다. 제1종 분말 소화 약제는 탄산수소나트륨($NaHCO_3$)으로부터 유리되어 나온 나트륨이온(Na^+)이 가연 물질 내부에 함유되어 있는 화염의 연락 물질인 활성화된 수산 이온(OH^-)과 반응하여 더 이상 연쇄 반응이 진행되지 않도록 함으로써 화재가 소화되도록 한다.

30 주된 소화 작용이 질식 소화와 가장 거리가 먼 것은?

① 할론 소화기　　② 분말 소화기
③ 포 소화기　　④ 이산화탄소 소화기

정답 24 ④ 25 ④ 26 ③ 27 ② 28 ③ 29 ③ 30 ①

해설 ① 할론 소화기 : 화재에 대한 냉각, 질식, 부촉매 소화 작용을 갖는다. 이 중 냉각 소화 작용이 가장 큰 영향을 준다. 저비점 물질로서 대부분 비점이 낮고 액체에서 기체로 기화하는 과정에서 주위로부터 많은 증발열을 흡수하며 흡수되는 증발 잠열의 값이 크므로 화재를 발화점 이하로 냉각시켜 소화하는 냉각 소화 작용을 한다.

31 위험물안전관리법령상 지정 수량의 10배 이상의 위험물을 저장, 취급하는 제조소 등에 설치하여야 할 경보 설비 종류에 해당되지 않는 것은?

① 확성 장치
② 비상 방송 설비
③ 자동 화재 탐지 설비
④ 무선 통신 설비

해설 ④ 무선 통신 설비 : 소화 활동상 필요한 설비

32 자연 발화가 일어날 수 있는 조건으로 가장 옳은 것은?

① 주위의 온도가 낮을 것
② 표면적이 작을 것
③ 열전도율이 작을 것
④ 발열량이 작을 것

해설 자연 발화가 일어날 수 있는 조건
㉠ 표면적이 넓을 것
㉡ 발열량이 많을 것
㉢ 열전도율이 작을 것
㉣ 발화되는 물질보다 주위 온도가 높을 것

33 위험물 제조소에서 옥내 소화전이 1층에 4개, 2층에 6개가 설치되어 있을 때 수원의 수량은 몇 L 이상이 되도록 설치하여야 하는가?

① 13,000 ② 15,600
③ 39,000 ④ 46,800

해설 옥내 소화전 수원의 양(L)
소화전 최대 설치 개수(최대 5개)
$\therefore Q(\text{L}) = 5 \times 7{,}800\text{L} = 39{,}000\text{L}$

34 제1인산암모늄 분말 소화 약제의 색상과 적응 화재를 옳게 나타낸 것은?

① 백색, BC급 ② 담홍색, BC급
③ 백색, ABC급 ④ 담홍색, ABC급

해설 분말 소화 약제

종별	소화 약제 주성분	적응 화재
제1종	$NaHCO_3$	B·C
제2종	$KHCO_3$	B·C
제3종	$NH_4H_2PO_4$	A·B·C
제4종	$KHCO_3 + (NH_2)_2CO$	B·C

35 위험물안전관리법령에 따라 관계인이 예방 규정을 정하여야 할 옥외 탱크 저장소에 저장되는 위험물의 지정 수량 배수는?

① 100배 이상 ② 150배 이상
③ 200배 이상 ④ 250배 이상

해설 예방 규정

작성 대상	지정 수량의 배수
제조소	10배 이상
옥내 저장소	150배 이상
옥외 탱크 저장소	200배 이상
옥외 저장소	100배 이상
이송 취급소	전 대상
일반 취급소	10배 이상
암반 탱크 저장소	전 대상

36 소화기에 "B−2"라고 표시되어 있었다. 이 표시의 의미를 가장 옳게 나타낸 것은?

① 일반 화재에 대한 능력 단위 2단위에 적용되는 소화기
② 일반 화재에 대한 압력 단위 2단위에 적용되는 소화기
③ 유류 화재에 대한 능력 단위 2단위에 적용되는 소화기
④ 유류 화재에 대한 압력 단위 2단위에 적용되는 소화기

정답 31 ④ 32 ③ 33 ③ 34 ④ 35 ③ 36 ③

해설 소화기에 "B−2"표시란 유류 화재에 대한 능력 단위 2단위에 적용되는 소화기를 말한다.

37 할로겐 화합물 소화 약제의 구비 조건으로 틀린 것은?

① 전기 절연성이 우수할 것
② 공기보다 가벼울 것
③ 증발 잔유물이 없을 것
④ 인화성이 없을 것

해설 할로겐 화합물 소화 약제의 구비 조건
㉠ 비점이 낮을 것
㉡ 기화되기 쉽고, 증발 잠열이 클 것
㉢ 공기보다 무겁고(증기 비중이 클 것) 불연성일 것
㉣ 기화 후 잔유물을 남기지 않을 것
㉤ 전기 절연성이 우수할 것
㉥ 인화성이 없을 것

38 다음 중 나이트로셀룰로오스 위험물의 화재 시에 가장 적절한 소화 약제는?

① 사염화탄소　　② 이산화탄소
③ 물　　④ 인산염류

해설 소화 설비의 적응성

소화 설비의 구분			건축물·그 밖의 공작물	전기 설비	제1류 위험물: 알칼리 금속 과산화물 등	제1류 위험물: 그 밖의 것	제2류 위험물: 철분·금속분·마그네슘 등	제2류 위험물: 인화성 고체	제2류 위험물: 그 밖의 것	제3류 위험물: 금수성 물품	제3류 위험물: 그 밖의 것	제4류 위험물	제5류 위험물	제6류 위험물
옥내 소화전 설비 또는 옥외 소화전 설비			○			○		○	○		○		○	○
스프링클러 설비			○			○		○	○		○	△	○	○
물분무 등 소화 설비	물분무 소화 설비		○	○		○		○	○		○	○	○	○
물분무 등 소화 설비	포 소화 설비		○			○		○	○		○	○	○	○
물분무 등 소화 설비	불활성 가스 소화 설비			○				○				○		
물분무 등 소화 설비	할로젠 화합물 소화 설비			○				○				○		
물분무 등 소화 설비	분말 소화 설비	인산염류 등	○	○		○		○	○			○		○
물분무 등 소화 설비	분말 소화 설비	탄산수소염류 등		○	○		○	○		○		○		
물분무 등 소화 설비	분말 소화 설비	그 밖의 것			○		○			○				
대형·소형 수동식 소화기	봉상수(棒狀水) 소화기		○			○		○	○		○		○	○
대형·소형 수동식 소화기	무상수(無狀水) 소화기		○	○		○		○	○		○		○	○
대형·소형 수동식 소화기	봉상 강화액 소화기		○			○		○	○		○		○	○
대형·소형 수동식 소화기	무상 강화액 소화기		○	○		○		○	○		○	○	○	○
대형·소형 수동식 소화기	포 소화기		○			○		○	○		○	○	○	○
대형·소형 수동식 소화기	이산화탄소 소화기			○				○				○		△
대형·소형 수동식 소화기	할론 소화 설비			○				○				○		
대형·소형 수동식 소화기	분말 소화기	인산염류 소화기	○	○		○		○	○			○		○
대형·소형 수동식 소화기	분말 소화기	탄산수소염류 소화기		○	○		○	○		○		○		
대형·소형 수동식 소화기	분말 소화기	그 밖의 것			○		○			○				
기타	물통 또는 수조		○			○		○	○		○		○	○
기타	건조사				○	○	○	○	○	○	○	○	○	○
기타	팽창 질석 또는 팽창 진주암				○	○	○	○	○	○	○	○	○	○

39 위험물안전관리법령상 이동 탱크 저장소로 위험물을 운송하게 하는 자는 위험물 안전 카드를 위험물 운송자로 하여금 휴대하게 하여야 한다. 다음 중 이에 해당하는 위험물이 아닌 것은?

① 휘발유　　② 과산화수소
③ 경유　　④ 벤조일퍼옥사이드

해설 위험물 운송 시 위험물 운송자가 위험물 안전 카드를 휴대하여야 하는 위험물
㉠ 제1류 위험물　㉡ 제2류 위험물　㉢ 제3류 위험물
㉣ 제4류 위험물(특수 인화물, 제1석유류)
㉤ 제5류 위험물　㉥ 제6류 위험물

40 위험물 취급소의 건축물 연면적이 $500m^2$인 경우 소요 단위는? (단, 외벽은 내화 구조이다.)

① 4단위　　② 5단위
③ 6단위　　④ 7단위

해설 소요 단위(1단위)
제조소 또는 취급소용 건축물의 경우
㉠ 외벽이 내화 구조로 된 것으로 연면적이 $100m^2$
㉡ 외벽이 내화 구조가 아닌 것으로 연면적이 $50m^2$
$\therefore 500m^2/100m^2 = 5$단위

정답 37 ② 38 ③ 39 ③ 40 ②

제3과목 위험물의 성질과 취급

41 위험물의 반응성에 대한 설명 중 틀린 것은?

① 마그네슘은 온수와 작용하여 산소를 발생하고 산화마그네슘이 된다.
② 황린은 공기중에서 연소하여 오산화인을 발생한다.
③ 아연분말은 공기 중에서 연소하여 산화아연을 발생한다.
④ 삼황화인은 공기 중에서 연소하여 오산화인을 발생한다.

해설 $Mg+2H_2O \rightarrow Mg(OH)_2+H_2$

42 물보다 무겁고, 물에 녹지 않아 저장 시 가연성 증기 발생을 억제하기 위해 콘크리트 수조 속의 위험물 탱크에 저장하는 물질은?

① 디에틸에테르 ② 에탄올
③ 이황화탄소 ④ 아세트알데하이드

해설 이황화탄소(CS_2)의 설명이다.

43 고체 위험물은 운반 용기 내용적의 몇 % 이하의 수납률로 수납하여야 하는가?

① 94% ② 95%
③ 98% ④ 99%

해설 운반 용기의 수납률

위험물	수납률
알킬알루미늄 등	90% 이하 (50℃에서 5% 이상 공간 용적 유지)
고체 위험물	95% 이하
액체 위험물	98% 이하(55℃에서 누설되지 않는 것)

44 위험물안전관리법령상 다음 ( ) 안에 알맞은 수치는?

> 이동 저장 탱크로부터 위험물을 저장 또는 취급하는 탱크에 인화점이 ( )℃ 미만인 위험물을 주입할 때에는 이동 탱크 저장소의 원동기를 정지시킬 것

① 40 ② 50
③ 60 ④ 70

해설 이동 저장 탱크로부터 위험물을 저장 또는 취급하는 탱크에 인화점이 40℃ 미만인 위험물을 주입할 때에는 이동 탱크 저장소의 원동기를 정지시킨다.

45 다음 위험물 중에서 인화점이 가장 낮은 것은?

① $C_6H_5CH_3$
② $C_6H_5CHCH_2$
③ CH_3OH
④ CH_3CHO

해설 ① 톨루엔($C_6H_5CH_3$) : 4.5℃
② 스타이렌($C_6H_5CH=CH_2$) : 31℃
③ 메탄올(CH_3OH) : 11℃
④ 아세트알데하이드(CH_3CHO) : −37.7℃

46 제2류 위험물과 제5류 위험물의 공통점에 해당하는 것은?

① 유기 화합물이다.
② 가연성 물질이다.
③ 자연 발화성 물질이다.
④ 산소를 포함하고 있는 물질이다.

해설 ㉠ 제2류 위험물 : 대표적인 성질은 가연성 고체
㉡ 제5류 위험물 : 자기 반응성 물질이란 외부로부터 공기 중의 산소 공급 없이도 가열 충격 등에 의해 발열 분해를 일으켜 급속한 가스의 발생이나 연소 폭발을 일으키는 물질이다.
㉢ 제2류 위험물과 제5류 위험물의 공통점은 가연성 물질이다.

정답 41 ① 42 ③ 43 ② 44 ① 45 ④ 46 ②

47 **위험물안전관리법령상 위험물의 운반 용기 외부에 표시해야 할 사항이 아닌 것은? (단, 용기의 용적은 10L이며, 원칙적인 경우에 한한다.)**

① 위험물의 화학명　② 위험물의 지정 수량
③ 위험물의 품명　④ 위험물의 수량

해설 위험물의 운반 용기 외부에 표시해야 할 사항
㉠ 위험물의 품명·위험등급·화학명 및 수용성(제4류 위험물로서 수용성에 한함)
㉡ 위험물의 수량
㉢ 수납하는 위험물에 따른 주의사항

48 **취급하는 위험물 최대 수량이 지정 수량의 10배를 초과할 경우 제조소 주위에 보유하여야 하는 공지의 너비는?**

① 3m 이상　② 5m 이상
③ 10m 이상　④ 15m 이상

해설

위험물의 최대 수량	공지 너비
지정 수량 10배 이하	3m 이상
지정 수량 10배 초과	5m 이상

49 **위험물안전관리법령 중 위험물의 운반에 관한 기준에 따라 운반 용기의 외부에 주의 사항으로 "화기·충격 주의","물기 엄금" 및 "가연물 접촉주의"를 표시하였다. 어떤 위험물에 해당하는가?**

① 제1류 위험물 중 알칼리 금속의 과산화물
② 제2류 위험물 중 철분·금속분·마그네슘
③ 제3류 위험물 중 자연 발화성 물질
④ 제5류 위험물

해설 위험물 운반 용기의 주의사항

위험물		주의 사항
제1류 위험물	알칼리 금속의 과산화물	·화기·충격 주의 ·물기 엄금 ·가연물 접촉 주의
	기타	·화기·충격 주의 ·가연물 접촉 주의
제2류 위험물	철분·금속분·마그네슘	·화기 주의 ·물기 엄금
	인화성 고체	화기 엄금
	기타	화기 주의
제3류 위험물	자연 발화성 물질	·화기 엄금 ·공기 접촉 엄금
	금수성 물질	물기 엄금
제4류 위험물		화기 엄금
제5류 위험물		·화기 엄금 ·충격 주의
제6류 위험물		가연물 접촉 주의

50 **벤젠의 성질에 대한 설명 중 틀린 것은?**

① 증기는 유독하다.
② 물에 녹지 않는다.
③ CS_2보다 인화점이 낮다.
④ 독특한 냄새가 있는 액체이다.

해석

③

구분	C_6H_6	CS_2
인화점	−11.1℃	−30℃

51 **과산화벤조일에 대한 설명으로 틀린 것은?**

① 발화점이 약 425℃로 상온에서 비교적 안전하다.
② 상온에서 고체이다.
③ 산소를 포함하는 산화성 물질이다.
④ 물을 혼합하면 폭발성이 줄어든다.

해설 ① 발화점이 125℃로 상온에서 비교적 안전하다.

52 **위험물 간이 탱크 저장소의 간이 저장 탱크 수압 시험 기준으로 옳은 것은?**

① 50kPa의 압력으로 7분간의 수압 시험
② 70kPa의 압력으로 10분간의 수압 시험
③ 50kPa의 압력으로 10분간의 수압 시험
④ 70kPa의 압력으로 7분간의 수압 시험

해설 간이 저장 탱크 수압 시험 기준
70kPa의 압력으로 10분간의 수압 시험을 실시하여 새거나 변형되지 않아야 한다.

정답 47 ② 48 ② 49 ① 50 ③ 51 ① 52 ②

53 다음 중 연소 범위가 가장 넓은 위험물은?

① 휘발유 ② 톨루엔
③ 에틸알코올 ④ 디에틸에테르

해설 ① 1.4~7.6% ② 1.1~7.1%
③ 3.3~19% ④ 1.9~48%

54 아세톤의 물리적 특성으로 틀린 것은?

① 무색, 투명한 액체로서 독특한 자극성의 냄새를 가진다.
② 물에 잘 녹으며 에테르, 알코올에도 녹는다.
③ 화재 시 대량 주수 소화로 희석 소화가 가능하다.
④ 증기는 공기보다 가볍다.

해설 ④ 증기는 공기보다 무겁다(증기 비중 : 2.0).

55 오황화인이 물과 반응하였을 때 발생하는 물질로 옳은 것은?

① 황화수소, 오산화인
② 황화수소, 인산
③ 이산화황, 오산화인
④ 이산화황, 인산

해설 $P_2S_5+8H_2O \rightarrow 5H_2S+2H_3PO_4$

56 과산화수소 용액의 분해를 방지하기 위한 방법으로 가장 거리가 먼 것은?

① 햇빛을 차단한다.
② 암모니아를 가한다.
③ 인산을 가한다.
④ 요산을 가한다.

해설 과산화수소 용액의 분해를 방지하기 위한 방법
㉠ 햇빛을 차단한다.
㉡ 인산, 요산, 요소, 글리세린, 인산나트륨을 가한다.

57 염소산칼륨이 고온으로 가열되었을 때의 현상으로 가장 거리가 먼 것은?

① 분해한다.
② 산소를 발생한다.
③ 염소를 발생한다.
④ 염화칼륨이 생성된다.

해설 $2KClO_3 \rightarrow 2KCl+3O_2$

58 가솔린의 저장량이 2,000L일 때 소화 설비 설치를 위한 소요 단위는?

① 1 ② 2
③ 3 ④ 4

해설 $소요단위=\dfrac{저장량}{지정\ 수량\times 10배}$

$\therefore \dfrac{2,000L}{200L\times 10}=1$

59 다음 위험물 중 물과 반응하여 연소 범위가 약 2.5~81%인 위험한 가스를 발생시키는 것은?

① Na ② P
③ CaC_2 ④ Na_2O_2

해설 $CaC_2+2H_2O \rightarrow Ca(OH)_2+C_2H_2$
아세틸렌은 고도의 가연성 가스로서 연소 범위가 2.5~81%로 대단히 넓다.

60 다음 중 제3류 위험물이 아닌 것은?

① 황린 ② 나트륨
③ 칼륨 ④ 마그네슘

해설 ④ 마그네슘 : 제2류 위험물

정답 53 ④ 54 ④ 55 ② 56 ② 57 ③ 58 ① 59 ③ 60 ④

위험물 산업기사 (2025. 5. 10 시행)

제1과목 일반화학

01 다음 중 완충 용액에 해당하는 것은?

① CH_3COONa와 CH_3COOH
② NH_4Cl와 HCl
③ CH_3COONa와 $NaOH$
④ $HCOONa$와 Na_2SO_4

해설 완충 용액(buffer solution)
약산에 그 약산의 염을 포함한 혼합 용액에 산을 가하거나 약염기에 그 약염기의 염을 포함한 혼합 용액에 염기를 가하여도 pH의 변화가 거의 없는 용액이다.

예 $CH_3COOH + CH_3COONa$(약산+약산의 염)
$NH_4OH + NH_4Cl$(약염기+약염기의 염)

02 $H^+ = 2 \times 10^{-6}$M인 용액의 pH는 약 얼마인가?

① 5.7 ② 4.7
③ 3.7 ④ 2.7

해설 $pH = -\log[H^+] = -\log(2 \times 10^{-6}) = 5.699 = 5.7$

03 730mmHg, 100℃에서 257mL 부피의 용기 속에 어떤 기체가 채워져 있으며, 그 무게는 1.671g이다. 이 물질의 분자량은 약 얼마인가?

① 28 ② 56
③ 207 ④ 257

해설 $PV = \dfrac{W}{M}RT$이므로

$$\therefore M = \frac{WRT}{PV}$$
$$= \frac{1.671\text{g} \times (0.082\text{atm}\cdot\text{L/K}\cdot\text{mol}) \times (100+273)\text{K}}{(730/760)\text{atm} \times 0.257\text{L}}$$
$$= 207.04 \fallingdotseq 207$$

04 디에틸에테르에 관한 설명으로 옳지 않은 것은?

① 휘발성이 강하고, 인화성이 크다.
② 증기는 마취성이 있다.
③ 2개의 알킬기가 있다.
④ 물에 잘 녹지만 알코올에는 불용이다.

해설 ④ 물에는 잘 녹지 않지만 알코올에는 잘 녹는다.

05 암모니아 분자의 구조는?

① 평면 ② 선형
③ 피라밋 ④ 사각형

해설 암모니아 분자의 구조(피라밋, p^3형)
질소 원자는 그 궤도 함수가 $1s^2 2s^2 2p^3$로서, $2p$ 궤도 3개에 쌍을 이루지 않은 전자가 3개여서 3개의 H 원지의 $1s^1$과 공유 결합하여 Ne형의 전자 배열이 된다. 이 경우 3개의 H는 N 원자를 중심으로 이론상 90°이지만 실제는 107°의 각도를 유지하며, 그 모형이 피라밋이다.

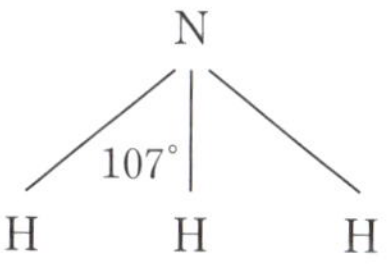

06 표준상태에서의 생성 엔탈피가 다음과 같다고 가정할 때 가장 안정한 것은?

① $\Delta H_{HF} = -269$kcal/mol
② $\Delta H_{HCl} = -92.30$kcal/mol
③ $\Delta H_{HBr} = -36.2$kcal/mol
④ $\Delta H_{HI} = 25.21$kcal/mol

해설 생성 엔탈피가 작을수록 안정하다.

07 어떤 기체의 환산 속도는 SO_2의 2배이다. 이 기체의 분자량은 얼마인가?

① 8 ② 16 ③ 32 ④ 64

정답 01 ① 02 ① 03 ③ 04 ④ 05 ③ 06 ① 07 ②

해설 그레이엄의 확산 속도 법칙

$$\frac{u_A}{u_B}=\sqrt{\frac{M_B}{M_A}}$$

여기서, u_A, u_B : 기체의 확산 속도

M_A, M_B : 분자량

$$\frac{2SO_2}{SO_2}=\sqrt{\frac{64g/mol}{M_A}}$$

$$\therefore M_A=\frac{64g/mol}{2^2}=16g/mol$$

08 원자에서 복사되는 빛은 선 스펙트럼을 만드는데 이것으로부터 알 수 있는 사실은?

① 빛에 의한 광전자의 방출
② 빛이 파동의 성질을 가지고 있다는 사실
③ 전자 껍질의 에너지의 불연속성
④ 원자핵 내부의 구조

해설 원자로에서 복사되는 빛은 선 스펙트럼을 만든다. 이것은 전자 껍질의 에너지의 불연속성이다.

09 밀도가 2g/mL인 고체의 비중은 얼마인가?

① 0.002 ② 2
③ 20 ④ 200

해설 고체의 비중 $=\frac{\rho_s(\text{물질의 밀도})}{\rho_w(\text{물의 밀도})}$

$=\frac{2g/mL}{1g/mL}$

$=2$

10 CH_4 16g 중에는 C가 몇 mol 포함되어 있는가?

① 1 ② 2 ③ 4 ④ 16

해설 CH_4 16g=1mol, C=1mol이므로

$CH_4 \rightarrow C+4H$

11 방사성 원소에서 방출되는 방사선 중 전기장의 영향을 받지 않아 휘어지지 않는 선은?

① α선 ② β선
③ γ선 ④ α, β, γ선

해설 방사선의 종류와 작용

㉠ α선 : 전기장을 작용하면 (−)쪽으로 구부러지므로 그 자신은 (+)전기를 가진 입자의 흐름임을 알게 된다.

㉡ β선 : 전기장을 작용하면 (+)쪽으로 구부러지므로 그 자신은 (−)전기를 가진 입자의 흐름임을 알게 된다. 즉 전자의 흐름이다.

㉢ γ선 : 전기장의 영향을 받지 않아 휘어지지 않는 선이며, 광선이나 X선과 같은 일종의 전자파이다.

12 산(acid)의 성질을 설명한 것 중 틀린 것은?

① 수용액 속에서 H^+를 내는 화합물이다.
② pH 값이 작을수록 강산이다.
③ 금속과 반응하여 수소를 발생하는 것이 많다.
④ 붉은색 리트머스 종이를 푸르게 변화시킨다.

해설 ④ 푸른색 리트머스 종이를 붉게 변화시킨다.

13 다음중 전자의 수가 같은 것으로 나열된 것은?

① Ne, Cl^- ② Mg^{2+}, O^{2-}
③ F, Ne ④ Na, Cl^-

해설 ① Ne : 10, Cl^- : 17+1
② Mg^{2+} : 12−2, O^{2-} : 8+2
③ F : 9, Ne : 10
④ Na : 11, Cl^- : 17+1

14 할로겐 원소에 대한 설명 중 옳지 않은 것은?

① 요오드의 최외각 전자는 7개이다.
② 할로겐 원소 중 원자 반지름이 가장 작은 원소는 F이다.
③ 염화이온은 염화은의 흰색 침전 생성에 관여한다.
④ 브롬은 상온에서 적갈색 기체로 존재한다.

해설 ④ 브롬은 상온에서 적갈색 액체로 존재한다.

15 분자식이 같은면서도 구조가 다른 유기 화합물을 무엇이라고 하는가?

① 이성질체 ② 동소체
③ 동위원소 ④ 방향족 화합물

정답 08 ③ 09 ② 10 ① 11 ③ 12 ④ 13 ② 14 ④ 15 ①

해설 ② 동소체 : 같은 원소로 되어있으나 성질과 모양이 다른 단체이다.

③ 동위 원소 : 양성자수는 같으나 질량수가 다른 원소, 즉 중성자수가 다른 원소이다.

④ 방향족 화합물 : 벤젠 고리나 나프탈렌 고리를 가진 탄화수소를 방향족 탄화수소라 하며, 지방족 탄화수소는 대부분 석유를 분별 증류하여 얻지만, 방향족 탄화수소는 석탄을 건류할 때 생기는 콜타르를 분별 증류하여 얻는다.

16 $CH_4(g)+2O_2(g) \rightarrow CO_2(g)+2H_2O(g)$**의 반응에서 메탄의 농도를 일정하게 하고 산소의 농도를 2배로 하면 동일한 온도에서 반응 속도는 몇 배로 되는가?**

① 2배 ② 4배 ③ 6배 ④ 8배

해설 반응 속도는 반응하는 물질의 농도의 곱에 비례하므로 $[CH_4][O_2]^2=1\times2^2=4$배

17 다음은 열역학 제 몇 법칙에 대한 내용인가?

> 0K(절대 영도)에서 물질의 엔트로피는 0이다.

① 열역학 제0법칙
② 열역학 제1법칙
③ 열역학 제2법칙
④ 열역학 제3법칙

해설 ① 열역학 제0법칙 : 열의 평형 법칙

② 열역학 제1법칙 : 에너지는 결코 생성될 수도, 없어질 수도 없고 단지 형태의 이변이라는 에너지의 보존 법칙

③ 열역학 제2법칙 : 일을 열로 바꾸는 것은 용이하나, 열을 일로 바꾸는 것은 제한을 받는다는 법칙

18 $CuSO_4$ **수용액을 10A의 전류로 32분 10초동안 전기 분해시켰다. 음극에서 석출되는 Cu의 질량은 몇 g인가? (단, Cu의 원자량은 63.6이다.)**

① 3.18 ② 6.36 ③ 9.54 ④ 12.72

해설 전기량 1F(패러데이)=96,500C에 의하여 석출되는 Cu의 양은 63.6/2=31.8g(1g당량)이다.

전기량(C)=I(전류)×T(시간)

$=10\times(32\times60+10)=19{,}300C$

여기서 석출되는 Cu의 양은 다음과 같다.

$96{,}500C : 31.8g = 19{,}300C : x$

$\therefore x=6.36g$

19 원자 번호 19, 질량수 39인 칼륨 원자의 중성자수는 얼마인가?

① 19 ② 20 ③ 39 ④ 58

해설 원자 번호=양성자수=전자수

원자량=양성자+중성자수

$39=19+x$

$\therefore x=20$

20 다음 중 부동액으로 사용되는 것은?

① 에탄 ② 아세톤
③ 이황화탄소 ④ 에틸렌글리콜

해설 부동액

내연 기관의 냉각용으로서 물에 염류를 혼합하여 물의 비등점을 높게, 응고점은 낮게 한 수용액 염류로 에틸렌글리콜을 널리 이용한다. 냉각액은 비등점이 높을수록 대기와의 온도차를 크게 취하기 때문에 냉각기는 소형으로도 가능하다. 응고점이 낮으면, 한랭 시 동결의 걱정이 없다.

제2과목 화재예방과 소화방법

21 위험물안전관리법령상 제1류 위험물에 속하지 않는 것은?

① 염소산염류 ② 무기과산화물
③ 유기과산화물 ④ 다이크로뮴산염류

해설 ③ 유기과산화물 : 제5류 위험물

22 탄화칼슘 60,000kg을 소요 단위로 산정하면?

① 10단위 ② 20단위 ③ 30단위 ④ 40단위

정답 16 ② 17 ④ 18 ② 19 ② 20 ④ 21 ③ 22 ②

해설 소요 단위 $= \dfrac{\text{저장량}}{\text{지정 수량} \times 10\text{배}}$

$= \dfrac{60,000}{300 \times 10} = 20\text{단위}$

23 위험물안전관리법령상 디에틸에테르 화재 발생 시 적응성이 없는 소화기는?

① 이산화탄소 소화기
② 포소화기
③ 봉상 강화액 소화기
④ 할로젠 화합물 소화기

해설 소화 설비의 적응성

소화 설비의 구분			건축물·그 밖의 공작물	전기 설비	제1류 위험물: 알칼리 금속 과산화물 등	제1류 위험물: 그 밖의 것	제2류 위험물: 철분·금속분·마그네슘 등	제2류 위험물: 인화성 고체	제2류 위험물: 그 밖의 것	제3류 위험물: 금수성 물품	제3류 위험물: 그 밖의 것	제4류 위험물	제5류 위험물	제6류 위험물
옥내 소화전 설비 또는 옥외 소화전 설비			○			○		○	○		○		○	○
스프링클러 설비			○			○		○	○		○	△	○	○
물분무 등 소화 설비	물분무 소화 설비		○	○		○		○	○		○	○	○	○
물분무 등 소화 설비	포 소화 설비		○			○		○	○		○	○	○	○
물분무 등 소화 설비	불활성 가스 소화 설비			○				○				○		
물분무 등 소화 설비	할로젠 화합물 소화 설비			○				○				○		
물분무 등 소화 설비	분말 소화 설비	인산염류 등	○	○		○		○	○			○		○
물분무 등 소화 설비	분말 소화 설비	탄산수소염류 등		○	○		○	○		○		○		
물분무 등 소화 설비	분말 소화 설비	그 밖의 것			○		○			○				
대형·소형 수동식 소화기	봉상수(棒狀水) 소화기		○			○		○	○		○		○	○
대형·소형 수동식 소화기	무상수(無狀水) 소화기		○	○		○		○	○		○		○	○
대형·소형 수동식 소화기	봉상 강화액 소화기		○			○		○	○		○		○	○
대형·소형 수동식 소화기	무상 강화액 소화기		○	○		○		○	○		○	○	○	○
대형·소형 수동식 소화기	포 소화기		○			○		○	○		○	○	○	○
대형·소형 수동식 소화기	이산화탄소 소화기			○				○				○		△
대형·소형 수동식 소화기	할론 소화 설비			○				○				○		
대형·소형 수동식 소화기	분말 소화기	인산염류 소화기	○	○		○		○	○			○		○
대형·소형 수동식 소화기	분말 소화기	탄산수소염류 소화기		○	○		○	○		○		○		
대형·소형 수동식 소화기	분말 소화기	그 밖의 것			○		○			○				
기타	물통 또는 수조		○			○		○	○		○		○	○
기타	건조사				○	○	○	○	○	○	○	○	○	○
기타	팽창 질석 또는 팽창 진주암				○	○	○	○	○	○	○	○	○	○

24 분말 소화 약제로 사용할 수 있는 것을 모두 옳게 나타낸 것은?

㉠ 탄산수소나트륨　㉡ 탄산수소칼륨
㉢ 황산구리　㉣ 인산암모늄

① ㉠, ㉡, ㉢, ㉣　② ㉠, ㉣
③ ㉠, ㉡, ㉢　④ ㉠, ㉡, ㉣

해설 분말 소화 약제

종별	소화 약제 주성분	적응 화재
제1종	$NaHCO_3$	B·C
제2종	$KHCO_3$	B·C
제3종	$NH_4H_2PO_4$	A·B·C
제4종	$KHCO_3 + (NH_2)_2CO$	B·C

25 고정 지붕 구조 위험물 옥외 탱크 저장소의 탱크 안에 설치하는 고정포 방출구가 아닌 것은?

① 특형 방출구　② Ⅰ형 방출구
③ Ⅱ형 방출구　④ 표면하 주입식 방출구

해설 고정 지붕 구조 위험물 옥외 탱크 저장소의 탱크 안에 설치하는 고정포 방출구의 종류

㉠ Ⅰ형 방출구　㉡ Ⅱ형 방출구
㉢ 표면하 주입식 방출구(반고정식)

26 위험물안전관리법령상 지정 수량의 3천배 초과 4천배 이하의 위험물을 저장하는 옥외 탱크 저장소에 확보하여야 하는 보유 공지는 얼마인가?

① 6m이상　② 9m이상
③ 12m이상　④ 15m이상

해설 옥외 탱크 저장소 보유 공지

저장 또는 취급하는 위험물의 최대 수량	공지의 너비
지정 수량의 500배 이하	3m 이상
지정 수량의 500배 초과 1,000배 이하	5m 이상

정답 23 ③　24 ④　25 ①　26 ④

지정 수량의 1,000배 초과 2,000배 이하	9m 이상
지정 수량의 2,000배 초과 3,000배 이하	12m이상
지정 수량의 3,000배 초과 4,000배 이하	15m 이상
지정 수량의 4,000배 초과	당해 탱크의 수평 단면의 최대 지름(횡형인 경우에는 긴 변)과 높이 중 큰 것과 같은 거리 이상, 다만 30m 초과의 경우에는 30m 이상으로 할 수 있고, 15m 미만의 경우에는 15m 이상으로 하여야 한다.

27 공기 중 산소는 부피 백분율과 질량 백분율로 각각 약 몇 %인가?

① 79, 21 ② 21, 23
③ 23, 21 ④ 21, 79

해설 산소는 공기 중에 21%(용량) 또는 23%(중량) 존재하고 있으므로 공급되는 공기 중의 산소의 양에 따라 화재가 확대 또는 축소되기도 하므로 가연 물질의 연소 또는 화재에 미치는 산소의 역할은 크다.

28 다음 중 착화점에 대한 설명으로 가장 옳은 것은?

① 연소가 지속될 수 있는 최저의 온도
② 점화원과 접촉했을 때 발화하는 최저 온도
③ 외부의 점화원 없이 발화하는 최저 온도
④ 액체 가연물에서 증기가 발생할 때의 온도

해설 착화점(발화점)
외부의 점화원 없이 발화하는 최저 온도

29 가연성의 증기 또는 미분이 체류할 우려가 있는 건축물에는 배출 설비를 하여야 하는데 배출 능력은 1시간당 배출 장소 용적의 몇 배 이상인 것으로 하여야 하는가? (단, 국소 방식의 경우이다.)

① 5배 ② 10배
③ 15배 ④ 20배

해설 배출 설비
배출 능력은 1시간당 배출 장소 용적의 20배 이상인 것으로 하여야 한다. 다만, 전역 방식의 경우에는 바닥면적 $1m^2$당 $18m^3$ 이상으로 할 수 있다.

30 포 소화 약제의 주된 소화 효과를 모두 옳게 나타낸 것은?

① 촉매 효과와 억제 효과
② 억제 효과와 제거 효과
③ 질식 효과와 냉각 효과
④ 연소 방지와 촉매 효과

해설 포 소화 약제 화학 반응식
$6NaHCO_3 + Al_2(SO_4)_3 + 18H_2O$
$\rightarrow 2Na_2SO_4 + 2Al(OH)_3 + \underline{6CO_2} + \underline{18H_2O}$
질식효과 냉각효과

31 고체의 일반적인 연소 형태에 속하지 않는 것은?

① 표면 연소 ② 확산 연소
③ 자기 연소 ④ 증발 연소

해설 연소의 형태
㉠ 기체의 연소 : 발염 연소, 확산 연소
㉡ 액체의 연소 : 증발 연소
㉢ 고체의 연소 : 표면(직접)연소, 분해 연소, 증발 연소, 내부(자기) 연소

32 Halon 1011에 함유되지 않은 원소는?

① H ② Cl ③ Br ④ F

해설 ㉠ Halon 번호
첫째-탄소수, 둘째-불소수, 셋째-염소수, 넷째-브롬수
㉡ Halon 1011 – CH_2ClBr

33 고온체의 색깔과 온도 관계에서 다음 중 가장 낮은 온도의 색깔은?

① 적색 ② 암적색
③ 휘적색 ④ 백적색

정답 27 ② 28 ③ 29 ④ 30 ③ 31 ② 32 ④ 33 ②

해설 1. 발광에 따른 온도 구분
㉠ 적열 상태 : 500℃ 부근
㉡ 백열 상태 : 1,000℃ 이상
2. 고온체의 색깔과 온도의 관계
㉠ 암적색 : 700℃　　㉡ 적색 : 850℃
㉢ 휘적색 : 950℃　　㉣ 황적색 : 1,100℃
㉤ 백적색 : 1,300℃　　㉥ 휘백색 : 1,500℃

34 94wt% 드라이아이스 100g은 표준 상태에서 몇 L의 CO_2가 되는가?

① 22.40　　② 47.85
③ 50.90　　④ 62.74

해설 94wt% 드라이아이스 100g은 100g×0.94=94g이므로 44g : 22.4L=94g : x(L)
∴ x=47.85L

35 제1종 분말 소화 약제가 1차 열분해되어 표준 상태를 기준으로 $10m^3$의 탄산가스가 생성되었다. 몇 kg의 탄산수소나트륨이 사용되었는가? (단, 나트륨의 원자량은 23이다.)

① 18.75　　② 37
③ 56.25　　④ 75

해설 $2NaHCO_3 \rightarrow Na_2CO_3 + CO_2 + H_2O$
$2\times84kg$ — $22.4m^3$
$x(kg)$ — $10m^3$

$$\therefore x = \frac{2\times84\times10}{22.4} = 75kg$$

36 다음 중 위험물안전관리법상의 기타 소화설비에 해당하지 않는 것은?

① 마른 모래　　② 수조
③ 소화기　　④ 팽창 질석

해설 기타 소화 설비
㉠ 물통 또는 수조
㉡ 건조사
㉢ 팽창 질석 또는 팽창 진주암

37 제3종 분말 소화 약제의 표시 색상은?

① 백색　　② 담홍색
③ 검은색　　④ 회색

해설 분말 소화 약제

종별	소화 약제 주성분	적응 화재
제1종	$NaHCO_3$	B·C
제2종	$KHCO_3$	B·C
제3종	$NH_4H_2PO_4$	A·B·C
제4종	$KHCO_3+(NH_2)_2CO$	B·C

38 할로겐화물 소화 약제의 조건으로 옳은 것은?

① 비점이 높을 것
② 기화되기 쉬울 것
③ 공기보다 가벼울 것
④ 연소되기 좋을 것

해설 할로겐화물 소화 약제의 조건
㉠ 비점이 낮을 것
㉡ 기화되기 쉽고, 증발 잠열이 클 것
㉢ 공기보다 무겁고(증기 비중이 클 것) 불연성일 것
㉣ 기화 후 잔유물을 남기지 않을 것
㉤ 전기 전연성이 우수할 것
㉥ 인화성이 없을 것

39 위험물안전관리법령에 따라 폐쇄형 스프링클러 헤드를 설치하는 장소의 평상시 최고 주위 온도가 28℃ 이상, 39℃ 미만일 경우 헤드의 표시 온도는?

① 52℃ 이상 76℃ 미만
② 52℃ 이상 79℃ 미만
③ 58℃ 이상 76℃ 미만
④ 58℃ 이상 79℃ 미만

해설 스프링클러 헤드 부착 장소의 평상시 최고 주위 온도와 표시 온도(℃)

부착 장소의 최고 주위 온도(℃)	표시 온도(℃)
28 미만	58 미만
28 이상 39 미만	58 이상 79 미만
39 이상 64 미만	79 이상 121 미만

정답 34 ② 35 ④ 36 ③ 37 ② 38 ② 39 ④

64 이상 106 미만	121 이상 162 미만
106 이상	162 이상

40 위험물안전관리법령에 따른 불활성 가스 소화설비의 소화 약제의 저장용기 설치 장소에 대한 설명으로 틀린 것은?

① 방호 구역 내의 장소에 설치하여야 한다.
② 직사일광 및 빗물이 침투할 우려가 적은 장소에 설치하여야 한다.
③ 온도 변화가 적은 장소에 설치하여야 한다.
④ 온도가 섭씨 40도 이하인 곳에 설치하여야 한다.

해설 ① 방호 구역 외의 장소에 설치하여야 한다.

제3과목 위험물의 성질과 취급

41 제5류 위험물 중 나이트로 화합물에서 나이트로기(nitro group)를 옳게 나타낸 것은?

① $-NO$　② $-NO_2$
③ $-NO_3$　④ $-NON_3$

해설 나이트로 화합물이란 유기 화합물의 알킬기(C_nH_{2n+1}) 또는 페닐기(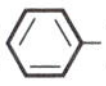) 등의 탄소 원자에 나이트로기($-NO_2$)가 직접 결합(나이트로화 반응)하고 있는 화합물을 말하며, 위험물안전관리법상 나이트로기가 2개 이상 결합하고 있는 것이다.

42 구리, 은, 마그네슘과 접촉 시 아세틸라이드를 만들고, 연소 범위가 2.5~38.5%인 물질은?

① 아세트알데하이드　② 알킬알루미늄
③ 산화프로필렌　④ 콜로디온

해설 산화프로필렌(CH_3CHOCH_2)의 설명이다.

43 다음 중 인화점이 가장 낮은 것은?

① $C_6H_5NH_2$　② $C_6H_5NO_2$
③ C_5H_5N　④ $C_6H_5CH_3$

해설

위험물	인화점
$C_6H_5NH_2$	70℃
$C_6H_5NO_2$	88℃
C_5H_5N	20℃
$C_6H_5CH_3$	4.5℃

44 위험물안전관리법령에 따른 지하 탱크 저장소의 지하 저장 탱크의 기준으로 옳지 않은 것은?

① 탱크의 외면에는 녹 방지를 위한 도장을 하여야 한다.
② 탱크의 강철판 두께는 3.2mm 이상으로 하여야 한다.
③ 압력 탱크는 최대 상용 압력의 1.5배의 압력으로 10분간 수압 시험을 한다.
④ 압력 탱크 외의 것은 50kPa의 압력으로 10분간 수압 시험을 한다.

해설 지하 탱크 저장소의 수압 시험
㉠ 압력 탱크 : 최대 상용 압력의 1.5배 압력으로 10분간 실시
㉡ 압력 탱크 외 : 70kPa의 압력으로 10분간 실시

45 다음과 같이 위험물을 저장할 경우 각각의 지정수량 배수의 총합은 얼마인가?

- 클로로벤젠 : 1,000L
- 동·식물유류 : 5,000L
- 제4석유류 : 12,000L

① 2.5　② 3.0
③ 3.5　④ 4.0

해설 $\frac{1,000}{1,000}+\frac{5,000}{10,000}+\frac{12,000}{6,000}=3.5$배

46 다음 중 적린과 황린에서 동일한 성질을 나타내는 것은?

① 발화점　② 색상
③ 유독성　④ 연소 생성물

정답 40 ① 41 ② 42 ③ 43 ④ 44 ④ 45 ③ 46 ④

해설

구분	적린	황린
발화점	260℃	34℃
색상	암적색 분말	백색 또는 담황색 고체
유독성	독성 없음	독성 있음
연소 생성물	P_2O_5	P_2O_5

47 지정 수량 이상의 위험물을 차량으로 운반할 때 게시판의 색상에 대한 설명으로 옳은 것은?

① 흑색 바탕에 청색의 도료로 "위험물"이라고 게시한다.
② 흑색 바탕에 황색의 반사 도료로 "위험물"이라고 게시한다.
③ 적색 바탕에 흰색의 반사 도료로 "위험물"이라고 게시한다.
④ 적색 바탕에 흑색의 도료로 "위험물"이라고 게시한다.

해설 지정 수량 이상 위험물을 차량으로 운반 시 게시판의 색상
흑색 바탕에 황색의 반사도료로 "위험물"이라고 게시한다.

48 과산화나트륨이 물과 반응해서 일어나는 변화로 옳은 것은?

① 격렬히 반응하여 산소를 내며 수산화나트륨이 된다.
② 격렬히 반응하여 산소를 내며 산화나트륨이 된다.
③ 물을 흡수하여 과산화나트륨 수용액이 된다.
④ 물을 흡수하여 탄산나트륨이 된다.

해설 $2Na_2O_2+2H_2O \rightarrow 4NaOH+O_2+69.8kcal$

49 [보기]의 물질이 K_2O_2와 반응하였을 때 주로 생성되는 가스의 종류가 같은 것으로만 나열된 것은?

[보기] 물, 이산화탄소, 아세트산, 염산

① 물, 이산화탄소
② 물, 이산화탄소, 염산
③ 물, 아세트산
④ 이산화탄소, 아세트산, 염산

해설 ㉠ $2K_2O_2+2H_2O \rightarrow 4KOH+O_2$
㉡ $2K_2O_2+2CO_2 \rightarrow 2K_2CO_3+O_2$
㉢ $K_2O_2+2CH_3COOH \rightarrow 2CH_3COOK+H_2O_2$
㉣ $K_2O_2+2HCl \rightarrow 2KCl+H_2O_2$

50 다음 중 금수성 물질로만 나열된 것은?

① K, CaC_2, Na
② $KClO_3$, Na, S
③ KNO_3, CaO_2, Na_2O_2
④ $NaNO_3$, $KClO_3$, CaO_2

해설 ① K, CaC_2, Na : 금수성 물질(제3류 위험물)
② $KClO_3$: 산화성 고체(제1류 위험물)
Na : 금수성 물질(제3류 위험물)
S : 가연성 고체(제2류 위험물)
③ KNO_3, CaO_2, Na_2O_2 : 산화성 고체(제1류 위험물)
④ $NaNO_3$, $KClO_3$, CaO_2 : 산화성 고체(제1류 위험물)

51 다음 중 물에 가장 잘 녹는 것은?

① CH_3CHO
② $C_2H_5OC_2H_5$
③ P_4
④ $C_2H_5ONO_2$

해설 ① 물, 에탄올, 에테르에 잘 녹는다.
② 물에 잘 녹지 않는다.
③ 물에 녹지 않는다.
④ 물에 잘 녹지 않지만 에틸알코올, 에테르에 녹는다.

52 옥내 저장소에서 위험물 용기를 겹쳐 쌓는 경우에 있어서 제4류 위험물 중 제 3석유류만을 수납하는 용기를 겹쳐 쌓을 수 있는 높이는 최대 몇 m인가?

① 3 ② 4 ③ 5 ④ 6

해설 옥내 저장소
㉠ 기계에 의하여 하역하는 구조로 된 용기만을 겹쳐 쌓는 경우 : 6m
㉡ 제4류 위험물 제3석유류, 제4석유류 및 동·식물유류를 수납하는 용기만을 겹쳐 쌓는 경우 : 4m
㉢ 그 밖의 경우 : 3m

정답 47 ② 48 ① 49 ① 50 ① 51 ① 52 ②

53 동·식물유류에 대한 설명으로 틀린 것은?

① 건성유는 자연 발화의 위험성이 높다.
② 불포화도가 높을수록 아이오딘이 크며, 산화되기 쉽다.
③ 아이오딘값이 130 이하인 것이 건성유이다.
④ 1기압에서 인화점이 섭씨 250도 미만이다.

해설 ③ 아이오딘값이 130 이상인 것이 건성유이다.

54 메틸알코올의 성질로 옳은 것은?

① 인화점 이하가 되면 밀폐된 상태에서 연소하여 폭발한다.
② 비점은 물보다 높다.
③ 물에 녹기 어렵다.
④ 증기 비중이 공기보다 크다.

해설 ① 인화점 이상이 되면 밀폐된 상태에서 연소하여 폭발한다.
② 메틸알코올(64℃)은 물(100℃)보다 비점이 낮다.
③ 물에 잘 녹는다.

55 다음 각 위험물을 저장할 때 사용하는 보호액으로 틀린 것은?

① 나이트로셀룰로오스 – 알코올
② 이황화탄소 – 알코올
③ 금속 칼륨 – 등유
④ 황린 – 물

해설 ② 이황화탄소 – 물

56 제4류 위험물의 성질 및 취급 시 주의 사항에 대한 설명 중 가장 거리가 먼 것은?

① 액체의 비중은 물보다 가벼운 것이 많다.
② 대부분 증기는 공기보다 무겁다.
③ 제1석유류와 제2석유류는 비점으로 구분한다.
④ 정전기 발생에 주의하여 취급하여야 한다.

해설 ③ 제1석유류와 제2석유류는 인화점으로 구분한다.

57 적린이 공기 중에서 연소할 때 생성되는 물질은?

① P_2O　② PO_2
③ PO_3　④ P_2O_5

해설 $4P + 5O_2 \rightarrow 2P_2O_5$

58 벤젠의 성질로 옳지 않은 것은?

① 휘발성을 갖는 갈색, 무취의 액체이다.
② 증기는 유해하다.
③ 인화점은 0℃보다 낮다
④ 끓는점은 상온보다 높다.

해설 ① 휘발성이 강하고, 무색 투명하며, 독특한 냄새를 가진 액체이다.

59 제조소에서 위험물을 취급함에 있어서 정전기를 유효하게 제거할 수 있는 방법으로 가장 거리가 먼 것은?

① 접지에 의한 방법
② 상대 습도를 70% 이상 높이는 방법
③ 공기를 이온화하는 방법
④ 부도체 재료를 사용하는 방법

해설 ④ 전기의 도체를 사용한다.

60 위험물안전관리법령에 따른 안전 거리 규제를 받는 위험물 시설이 아닌 것은?

① 제6류 위험물 제조소
② 제1류 위험물 일반 취급소
③ 제4류 위험물 옥내 저장소
④ 제5류 위험물 옥외 저장소

해설 안전 거리 규제 적용 대상
㉠ 위험물 제조소(제6류 위험물을 취급하는 제조소 제외)
㉡ 일반 취급소　㉢ 옥내 저장소
㉣ 옥외 탱크 저장소　㉤ 옥외 저장소

정답 53 ③　54 ④　55 ②　56 ③　57 ④　58 ①　59 ④　60 ①

위험물 산업기사 (2025. 8. 9 시행)

제1과목 일반화학

01 물 분자들 사이에 작용하는 수소 결합에 의해 나타나는 현상과 가장 관계가 없는 것은?

① 물의 기화열이 크다.
② 물의 끓는 점이 높다.
③ 무색 투명한 액체이다.
④ 얼음이 물 위에 뜬다.

해설 1. 수소 결합
물 분자의 수소 원자는 다른 물 분자의 산소 원자의 고립 전자쌍과 약한 결합을 이루는 것이다.
2. 수소 결합에 의해 나타나는 현상
㉠ 물의 기화열이 크다.
㉡ 물의 끓는점이 높다.
㉢ 얼음이 물 위에 뜬다.

02 염화나트륨 수용액의 전기 분해 시 음극(cathode)에서 일어나는 반응식을 옳게 나타낸 것은?

① $2H_2O(l)+2Cl^-(aq) \rightarrow H_2(g)+Cl_2(g)+2OH^-(aq)$
② $2Cl^-(aq) \rightarrow Cl_2(g)+2e^-$
③ $2H_2O(l)+2e^- \rightarrow H_2(g)+2OH^-(aq)$
④ $2H_2O \rightarrow O_2+4H^++4e^-$

해설 1. 전기 분해의 원리
전해질 ⇄ (+)이온+(−)이온
(+)극 : (−)이온$-e^-$ → 중성(산화)
(−)극 : (+)이온$+e^-$ → 중성(환원)
2. NaCl 수용액의 전기 분해시 반응식
(−) : $2H_2O(l)+2e^- \rightarrow H_2(g)+2OH^-(aq)$
(+) : $2Cl^-(aq) \rightarrow Cl_2(g)+2e^-$

03 A는 B 이온과 반응하지만 C 이온과는 반응하지 않고, D는 C이온과 반응한다고 할 때 A, B, C, D의 환원력 세기를 큰 것부터 차례대로 나타낸 것은? (단, A, B, C, D는 모두 금속이다.)

① A>B>D>C
② D>C>A>B
③ C>D>B>A
④ B>A>C>D

해설 A>B, C>A, D>C
∴ D>C>A>B

04 이상 기체의 밀도에 대한 설명으로 옳은 것은?

① 절대온도에 비례하고, 압력에 반비례한다.
② 절대온도와 압력에 반비례한다.
③ 절대온도에 반비례하고, 압력에 비례한다.
④ 절대온도와 압력에 비례한다.

해설 $PV=\frac{W}{M}RT$에서 밀도$=\frac{W}{V}=\frac{PM}{RT}$
∴ 이상 기체의 밀도는 절대온도에 반비례하고, 압력에 비례한다.

05 공유 결정(원자 결정)으로 되어 있어 녹는점이 매우 높은 것은?

① 얼음 ② 수정
③ 소금 ④ 나프탈렌

해설 그물 구조를 이루고 있는 공유 결정(원자 결정)은 녹는 점이 높고, 단단하다.
예 수정(SiO_2), 다이아몬드(C)

06 다음 중 기하 이성질체가 존재하는 것은?

① C_5H_{12} ② $CH_3CH=CHCH_3$
③ C_3H_7Cl ④ $CH\equiv CH$

정답 01 ③ 02 ③ 03 ② 04 ③ 05 ② 06 ②

해설 기하 이성질체

두 탄소 원자가 이중 결합으로 연결될 때 탄소에 결합된 원자나 원자 단위 위치가 다름으로 인하여 생기는 이성질체로 cis형과 trans형이 있다.

예 2－뷰테인(부탄)($CH_3CH=CHCH_3$)

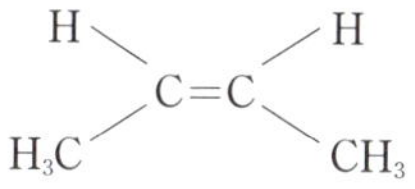

cis－2－뷰테인(부탄)

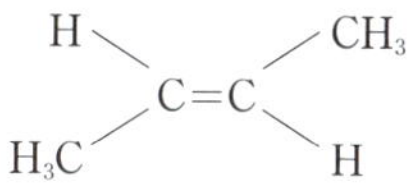

trans－2－뷰테인(부탄)

07 어떤 기체가 탄소 원자 1개당 2개의 수소 원자를 함유하고 0℃, 1기압에서 밀도가 1.25g/L일 때 이 기체에 해당하는 것은?

① CH_2　② C_2H_4
③ C_3H_6　④ C_4H_8

해설 $\text{밀도(g/L)}=\dfrac{\text{분자량(g)}}{22.4(L)}$

① $CH_2=\dfrac{12+2g}{22.4L}=0.625g/L$

② $C_2H_4=24+4=\dfrac{28g}{22.4L}=1.25g/L$

③ $C_3H_6=36+6=\dfrac{42g}{22.4L}=1.875g/L$

④ $C_4H_8=48+8=\dfrac{56g}{22.4L}=2.5g/L$

08 0.001N－HCl의 pH는?

① 2　② 3　③ 4　④ 5

해설 $pH=-\log[H^+]=-\log[10^{-3}]=3$

09 평면 구조를 가진 $C_2H_2Cl_2$의 이성질체의 수는?

① 1개　② 2개
③ 3개　④ 4개

해설 $C_2H_2Cl_2$의 이성질체는 3가지이다.

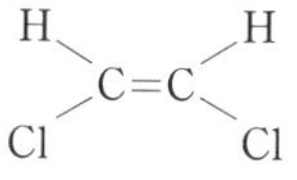

*cis*형

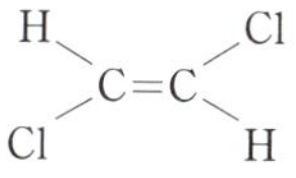

*trans*형

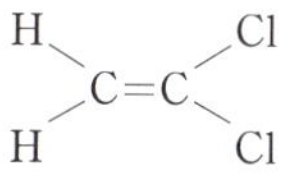

구조 이성질체

10 산성 산화물에 해당하는 것은?

① CaO　② Na_2O
③ CO_2　④ MgO

해설 산성 산화물

물에 녹아 산이 되거나 염기와 반응할 때 염과 물을 만드는 비금속 산화물

예 $CO_2+H_2O \rightarrow H_2CO_3$

$CO_2+2NaOH \rightarrow Na_2CO_3+H_2O$

11 염소는 2가지 동위원소로 구성되어 있는데 원자량이 35인 염소가 75% 존재하고, 37인 염소는 25% 존재한다고 가정할 때, 이 염소의 평균 원자량은 얼마인가?

① 34.5　② 35.5
③ 36.5　④ 37.5

해설 평균 원자량$=35\times0.75+37\times0.25=35.5$

12 염소 원자의 최외각 전자수는 몇 개인가?

① 1　② 2
③ 7　④ 8

해설 전자 껍질의 종류

전자 껍질	K	L	M
Cl	2	8	7

13 가열하면 부드러워져 소성을 나타내고, 식히면 경화하는 수지는?

① 페놀 수지　② 멜라민 수지
③ 요소 수지　④ 폴리염화비닐 수지

해설 ㉠ 열가소성 수지 : 가열하면 부드러워져 소성을 나타내고, 식히면 경화하는 수지

예 폴리염화비닐 수지(PVC), 폴리에틸렌, 폴리스티렌, 아크릴 수지, 규소(실리콘) 수지

㉡ 열경화성 수지 : 축중합에 의한 중합체로 한 번 성형되어 경화된 후에는 재차 용융하지 않는 수지

예 페놀 수지, 멜라민 수지, 요소 수지

정답 07 ② 08 ② 09 ③ 10 ③ 11 ② 12 ③ 13 ④

14 다음 반응식에서 산화된 성분은?

$$MnO_2 + 4HCl \rightarrow MnCl_2 + 2H_2O + Cl_2$$

① Mn　② O　③ H　④ Cl

해설 $MnO_2 + 4HCl \rightarrow MnCl_2 + 2H_2O + Cl_2$

㉠ 반응물 산화수

MnO_2에서 $Mn = +4$, $O = -2$

HCl에서 $H = +1$, $Cl = -1$

㉡ 생성물 산환수

$MnCl_2$에서 $Mn = +2$, $Cl = -1$

H_2O에서 $H = +1$, $O = -2$

Cl_2에서 $Cl = 0$

즉, Mn은 $+4 \rightarrow +2$ (환원, 산화수 감소)

Cl은 $-1 \rightarrow 0$ (산화, 산화수 증가)

- 산화반응 : $2Cl^- \rightarrow Cl_2 + 2e^-$
- 환원반응 : $MnO_2 + 4H^+ + 2e^- \rightarrow Mn^{2+} + 2H_2O$

15 옥텟 규칙(octet rule)에 따르면 게르마늄이 반응할 때, 다음 중 어떤 원소의 전자수와 같아지려고 하는가?

① Kr　② Si

③ Sn　④ As

해설 옥텟 규칙(octet rule)

모든 원자들은 주기율표 0족에 있는 비활성 기체(Ne, Ar, Kr, Xe 등)와 같이 최외각 전자 8개를 가져서 안정되려는 경향(단, He은 2개의 가전자를 가지고 있으며 안정하다.)

16 $Fe(CN)_6^{4-}$와 4개의 K^+이온으로 이루어진 물질 $K_4Fe(CN)_6$을 무엇이라고 하는가?

① 착화합물　② 할로겐 화합물

③ 유기 혼합물　④ 수소 화합물

해설 $\underbrace{K_4Fe(CN)_6}_{\text{착염}} \rightarrow \underbrace{4K^+ + Fe(CN)_6^{4-}}_{\text{착이온}}$

17 공유 결합과 배위 결합에 의하여 이루어진 것은?

① NH_3　② $Cu(OH)_2$

③ K_2CO_3　④ $[NH_4]^+$

해설 공유·배위 결합을 모두 가지는 화합물 : $[NH_4]^+$

예 $N + 3H \xrightarrow{\text{공유}} NH_3$, $NH_3 + H^+ \xrightarrow{\text{배위}} [NH_4]^+$

18 아미노기와 카르복시기가 동시에 존재하는 화합물은?

① 식초산　② 석탄산

③ 아미노산　④ 아민

해설 아미노산은 이름에서 알 수 있듯이, 아미노기($-NH_2$)와 카르복시기($-COOH$)를 포함하고 있다.

예 가장 간단한 아미노산인 글라이신의 분자 구조

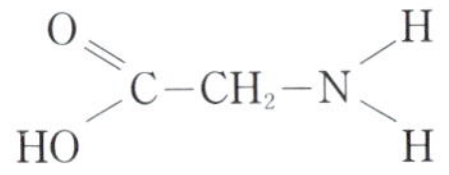

19 Be의 원자핵에 α 입자를 충격하였더니 중성자 n이 방출되었다. 다음 반응식을 완결하기 위하여 ( ) 속에 알맞은 것은?

$$Be + {}^{4}_{2}He \rightarrow (\quad) + {}^{1}_{0}n$$

① Be　② B

③ C　④ N

해설 ${}^{9}_{4}Be + {}^{4}_{2}He \rightarrow ({}^{12}_{6}C) + {}^{1}_{0}n$

20 산화 – 환원에 대한 설명 중 틀린 것은?

① 한 원소의 산화수가 증가하였을 때 산화되었다고 한다.

② 전자를 잃은 반응을 산화라 한다.

③ 산화제는 다른 화학종을 환원시키며, 그 자신의 산화수는 증가하는 물질을 말한다.

④ 중성인 화합물에서 모든 원자와 이온들의 산화수의 합은 0이다.

해설 ③ 산화제는 다른 화학종을 산화시키며, 그 자신의 산화수는 감소하는 물질이다.

정답 14 ④　15 ①　16 ①　17 ④　18 ③　19 ③　20 ③

제2과목 화재예방과 소화방법

21 전기 설비에 화재가 발생하였을 경우에 위험물 안전관리법령상 적응성을 가지는 소화 설비는?

① 이산화탄소 소화기
② 포 소화기
③ 봉상 강화액 소화기
④ 마른 모래

해설 소화 설비의 적응성

소화 설비의 구분			대상물 구분											
			건축물·그 밖의 공작물	전기 설비	제1류 위험물		제2류 위험물			제3류 위험물		제4류 위험물	제5류 위험물	제6류 위험물
					알칼리 금속 과산화물 등	그 밖의 것	철분·금속분·마그네슘 등	인화성 고체	그 밖의 것	금수성 물품	그 밖의 것			
옥내 소화전 설비 또는 옥외 소화전 설비			○			○		○	○		○		○	○
스프링클러 설비			○			○		○	○		○	△	○	○
물분무 등 소화 설비	물분무 소화 설비		○	○		○		○	○		○	○	○	○
	포 소화 설비		○			○		○	○		○	○	○	○
	불활성 가스 소화 설비			○				○				○		
	할로젠 화합물 소화 설비			○				○				○		
	분말 소화 설비	인산염류 등	○	○		○		○	○			○		○
		탄산수소염류 등		○	○		○	○		○		○		
		그 밖의 것			○		○			○				
대형·소형 수동식 소화기	봉상수(棒狀水) 소화기		○			○		○	○		○		○	○
	무상수(無狀水) 소화기		○	○		○		○	○		○		○	○
	봉상 강화액 소화기		○			○		○	○		○		○	○
	무상 강화액 소화기		○	○		○		○	○		○	○	○	○
	포 소화기		○			○		○	○		○	○	○	○
	이산화탄소 소화기			○				○				○		△
	할론 소화 설비			○				○				○		
	분말 소화기	인산염류 소화기	○	○		○		○	○			○		○
		탄산수소염류 소화기		○	○		○	○		○		○		
		그 밖의 것			○		○			○				
기타	물통 또는 수조		○			○		○	○		○		○	○
	건조사				○	○	○	○	○	○	○	○	○	○
	팽창 질석 또는 팽창 진주암				○	○	○	○	○	○	○	○	○	○

22 분말 소화 설비에서 분말 소화 약제의 가압용 가스로 사용하는 것은?

① CO_2　　② He
③ CCl_4　　④ Cl_2

해설 분말 소화 약제의 가압용 가스 : N_2, CO_2 등

23 다음 중 산소와 화합하지 않는 원소는?

① 황　　② 질소　　③ 인　　④ 헬륨

해설 ④ 헬륨 : 비활성 기체이므로 산소와 화합하지 않는다.

24 폭굉 유도 거리(DID)가 짧아지는 요건에 해당하지 않는 것은?

① 정상 연소 속도가 큰 혼합 가스일 경우
② 관 속에 방해물이 없거나 관경이 큰 경우
③ 압력이 높을 경우
④ 점화원의 에너지가 클 경우

해설 ② 관 속에 방해물이 있거나 관경이 가는 경우

25 질소 함유량 약 11%의 나이트로셀룰로오스를 장뇌와 알코올에 녹여 교질 상태로 만든 것을 무엇이라고 하는가?

① 셀룰로이드　　② 펜트리트
③ TNT　　④ 나이트로글리콜

해설 셀룰로이드 제법 : 일종의 인조 플라스틱으로 질화도가 낮은 나이트로셀룰로오스(질소 함유량 10.5~11.5%)에 장뇌와 알코올을 녹여 교질 상태로 만든다. 보통 나이트로셀룰로오스 40~45%, 장뇌 15~20%, 알코올 40% 비율로 배합하여 24시간 반숙하여 식어 만든다.

26 위험물 제조소에 옥내 소화전이 가장 많이 설치된 층의 옥내 소화전 설치 개수가 2개이다. 위험물안전관리법령의 옥내 소화전 설비 설치 기준에 의하면 수원의 수량은 얼마 이상이 되어야 하는가?

① $10.6m^3$　　② $15.6m^3$
③ $20.6m^3$　　④ $25.6m^3$

정답 21 ① 22 ① 23 ④ 24 ② 25 ① 26 ②

해설 수원의 양 $Q(m^3)=N\times7.8m^3=2\times7.8m^3=15.6m^3$
(N : 옥내 소화전 설비의 설치 개수로 설치 개수가 5개 이상인 경우에는 5개임)

27 위험물 제조소 등에 설치하는 포 소화 설비에 있어서 포 헤드 방식의 포 헤드는 방호 대상물의 표면적(m^2) 얼마 당 1개 이상의 헤드를 설치하여야 하는가?

① 3 ② 6
③ 9 ④ 12

해설 포 헤드 : 특정 소방 대상물의 천장 또는 반자에 설치하되, 바닥 면적 $9m^2$/1개 이상으로 하여 해당 방호 대상물의 화재를 유효하게 소화할 수 있도록 한다.

28 분말 소화 약제의 착색된 색상으로 틀린 것은?

① $KHCO_3+(NH_2)_2CO$: 회색
② $NH_4H_2PO_4$: 담홍색
③ $KHCO_3$: 담회색
④ $NaHCO_3$: 황색

해설 분말 소화 약제

종별	소화 약제 주성분	적응 화재
제1종	$NaHCO_3$	B·C
제2종	$KHCO_3$	B·C
제3종	$NH_4H_2PO_4$	A·B·C
제4종	$KHCO_3+(NH_2)_2CO$	B·C

29 위험물안전관리법령상 지정 수량의 몇 배 이상의 제4류 위험물을 취급하는 제조소에는 자체 소방대를 두어야 하는가?

① 1,000배 ② 2,000배
③ 3,000배 ④ 5,000배

해설 자체 소방대를 두어야 할 대상의 기준
㉠ 지정 수량의 3천배 이상의 제4류 위험물을 저장·취급하는 제조소 또는 일반 취급소
㉡ 옥외 탱크 저장소에 저장하는 제4류 위험물의 최대 수량이 지정 수량의 50만 배 이상의 사업소

30 이산화탄소 소화기 사용 중 소화기 방출구에서 생길 수 있는 물질은?

① 포스겐 ② 일산화탄소
③ 드라이아이스 ④ 수소가스

해설 줄-톰슨 효과에 의하여 CO_2가 발생한다.

31 옥내 저장소 내부에 체류하는 가연성 증기를 지붕 위로 방출시키는 배출 설비를 하여야 하는 위험물은?

① 과염소산 ② 과망간산칼륨
③ 피리딘 ④ 과산화나트륨

해설 배출 설비는 인화성 액체 위험물(피리딘)에서 가연성 증기가 발생하므로 지붕 위로 방출시켜야 한다.

32 외벽이 내화 구조인 위험물 저장소 건축물의 연면적이 $1,500m^2$인 경우 소요 단위는?

① 6 ② 10
③ 13 ④ 14

해설 소요 단위(1단위)
㉠ 제조소 또는 취급소용 건축물의 경우
- 외벽이 내화 구조로 된 것으로 연면적 $100m^2$
- 외벽이 내화 구조가 아닌 것으로 연면적 $50m^2$

㉡ 저장소 건축물의 경우
- 외벽이 내화 구조로 된 것으로 연면적 $150m^2$
- 외벽이 내화 구조가 아닌 것으로 연면적 $75m^2$

∴ 소요 단위 $\dfrac{1,500m^2}{150m^2}=10$

33 다음 위험물 중 자연 발화 위험성이 가장 낮은 것은?

① 알킬리튬 ② 알킬알루미늄
③ 칼륨 ④ 황

해설 ①, ② ③ : 자연 발화성 및 금수성 물질
④ : 가연성 고체

정답 27 ③ 28 ④ 29 ③ 30 ③ 31 ③ 32 ② 33 ④

34 제3종 분말 소화 약제 사용 시 방진(방신)효과로 A급 화재의 진화에 효과적인 물질은?

① 암모늄 이온 ② 메타인산
③ 물 ④ 수산화 이온

해설 방진 효과 : 가연 물질이 화염을 외부로 발생하지 않고 숯불 모양으로 연소하는 것을 잔신 연소라 하며, 대부분 1차 연소 물질인 목탄(숯), 코크스(cokes) 등의 연소 과정에서 제3종 소화 분말의 열분해 시에 발생하는 액체 상태의 메타인산(HPO_3)이 숯불 모양으로 연소하는 가연 물질에 접촉하여 더 이상 연소하는 현상을 방지하는 소화 작용

$NH_4H_2PO_4 \rightarrow \underline{HPO_3} + NH_3 + H_2O - 76.95kcal$

유리(glass)상의 피막 형성(방진 효과)

35 위험물안전관리법령에서 정한 다음의 소화 설비 중 능력 단위가 가장 큰 것은?

① 팽창 진주암 160L(삽 1개 포함)
② 수조 80L(소화 전용 물통 3개 포함)
③ 마른 모래 50L(삽 1개 포함)
④ 팽창 질석 160L(삽 1개 포함)

해설 능력 단위
소방 기구의 소화 능력을 나타내는 수치, 즉 소요 단위에 대응하는 소화 설비 소화 능력의 기준 단위
㉠ 마른 모래(50L, 삽 1개 포함) : 0.5단위
㉡ 팽창 질석 또는 팽창 진주암 (160L, 삽 1개 포함) : 1단위
㉢ 소화 전용 물통(8L) : 0.3단위
㉣ 수조
- 190L(8L 소화 전용 물통 6개 포함) : 2.5단위
- 80L(8L 소화 전용 물통 3개 포함) : 1.5단위

36 오황화인의 저장 및 취급 방법으로 틀린 것은?

① 산화제와의 접촉을 피한다.
② 물속에 밀봉하여 저장한다.
③ 불꽃과의 접근이나 가열을 피한다.
④ 용기의 파손, 위험물의 누출에 유의한다.

해설 ② 빗물의 침투를 막고, 습기와의 접촉을 피한다.

37 수성막 포 소화 약제를 수용성 알코올 화재 시 사용하면 소화 효과가 떨어지는 가장 큰 이유는?

① 유독가스가 발생하므로
② 화염의 온도가 높으므로
③ 알코올은 포와 반응하여 가연성 가스를 발생하므로
④ 알코올은 소포성을 가지므로

해설 수성막 포 소화 약제를 수용성 알코올 화재 시 사용하면 소화 효과가 떨어지는 이유 : 알코올은 소포성을 가지므로

38 할로겐 화합물 소화 약제를 구성하는 할로겐 원소가 아닌 것은?

① 불소(F) ② 염소(Cl)
③ 브롬(Br) ④ 네온(Ne)

해설 할로겐 원소 : F, Cl, Br, I

39 위험물안전관리법령상 제6류 위험물을 저장 또는 취급하는 제조소 등에 적응성이 없는 소화설비는?

① 팽창 질석
② 할로젠 화합물 소화기
③ 포 소화기
④ 인산염류 분말 소화기

해설 21번 해설 참조

40 유기 과산화물의 화재 예방상 주의사항으로 틀린 것은?

① 열원으로부터 멀리 한다.
② 직사광선을 피한다.
③ 용기의 파손 여부를 정기적으로 점검한다.
④ 가급적 환원제와 접촉하고, 산화제는 멀리한다.

해설 ④ 가급제 환원제 또는 산화제와 멀리한다.

정답 34 ② 35 ② 36 ② 37 ④ 38 ④ 39 ② 40 ④

제3과목 위험물의 성질과 취급

41 위험물안전관리법령상 위험물의 운반에 관한 기준에 따라 차광성 있는 피복으로 가리는 조치를 하여야 하는 위험물에 해당하지 않는 것은?

① 특수 인화물 ② 제1석유류
③ 제1류 위험물 ④ 제6류 위험물

해설 차광성이 있는 피복조치

유별	적용 대상
제1류 위험물	전부
제3류 위험물	자연 발화성 물품
제4류 위험물	특수 인화물
제5류 위험물	전부
제6류 위험물	

42 옥외 저장소에서 저장할 수 없는 위험물은?(단, 시·도 조례에서 정하는 위험물 또는 국제해상위험물 규칙에 적합한 용기에 수납된 위험물은 제외한다.)

① 과산화수소 ② 아세톤
③ 에탄올 ④ 황

해설 옥외 저장소에 저장할 수 있는 위험물
㉠ 제2류 위험물 중 황 또는 인화성 고체(인화점 0℃ 이상인 것에 한한다.)
㉡ 제4류 위험물 중 제1석유류(인화점 0℃ 이상인 것에 한한다.), 알코올류, 제2석유류, 제3석유류, 제4석유류, 동·식물유류
㉢ 제6류 위험물

43 안전한 저장을 위해 첨가하는 물질로 옳은 것은?

① 과망가니즈산나트륨에 목탄을 첨가
② 질산나트륨에 유황을 첨가
③ 금속칼륨에 등유를 첨가
④ 다이크로뮴산칼륨에 수산화칼슘을 첨가

해설

위험물	보호액
K, Na, 적린	등유(석유)
황린, CS_2	물속(수조)

44 TNT가 폭발·분해하였을 때 생성되는 가스가 아닌 것은?

① CO ② N_2
③ SO_2 ④ H_2

해설 $2C_6H_2CH_3(NO_2)_3 \longrightarrow 12CO + 2C + 3N_2 + 5H_2$

45 황린의 연소 생성물은?

① 삼황화인 ② 인화수소
③ 오산화인 ④ 오황화인

해설 $P_4 + 5O_2 \rightarrow 2P_2O_5$

46 다음 ( ) 안에 알맞은 수치는? (단, 인화점이 200℃ 이상인 위험물은 제외한다.)

> 옥외 저장 탱크의 지름이 15m 미만인 경우에 방유제는 탱크의 옆판으로부터 탱크 높이의 ( ) 이상 이격하여야 한다.

① $\frac{1}{3}$ ② $\frac{1}{2}$
③ $\frac{1}{4}$ ④ $\frac{2}{3}$

해설 옥외 탱크 저장소의 방유제와 탱크 측면의 이격 거리

탱크 지름	이격 거리
15m 미만	탱크 높이의 $\frac{1}{3}$ 이상
15m 이상	탱크 높이의 $\frac{1}{2}$ 이상

47 피크린산의 각 특성 온도 중 가장 낮은 것은?

① 인화점 ② 발화점
③ 녹는점 ④ 끓는점

해설 ① 인화점 : 150℃
② 발화점 : 300℃
③ 녹는점 : 122.5℃
④ 끓는점 : 255℃

정답 41 ② 42 ② 43 ③ 44 ③ 45 ③ 46 ① 47 ③

48 다음 중 과망가니즈산칼륨과 혼촉하였을 때 위험성이 가장 낮은 물질은?

① 물　② 에테르
③ 글리세린　④ 염산

해설 **혼촉 발화** : 일반적으로 2가지 이상 물질의 혼촉에 의해 위험한 상태가 생기는 것을 말하지만, 혼촉 발화가 모두 발화 위험을 일으키는 것은 아니며 유해 위험도 포함된다.
② $KMnO_4+(C_2H_5)_2O$: 최대 위험 비율＝8wt%
③ $KMnO_4+CH_2OHCHOHCH_2OH$: 최대 위험 비율＝15wt%
④ $KMnO_4+HCl$: 최대 위험 비율＝63wt%

49 디에틸에테르의 성상에 해당하는 것은?

① 청색 액체　② 무미, 무취 액체
③ 휘발성 액체　④ 불연성 액체

해설 **디에틸에테르** : 무색 투명한 휘발성 액체로 자극성, 마취 작용이 있다.

50 옥내 저장 창고의 바닥을 물이 스며 나오거나 스며들지 아니하는 구조로 해야 하는 위험물은?

① 과염소산칼륨
② 나이트로셀룰로오스
③ 적린
④ 트라이에틸알루미늄

해설 **방수성이 있는 피복 조치**

유별	적용 대상
제1류 위험물	알칼리 금속의 과산화물
제2류 위험물	· 철분 · 금속분 · 마그네슘
제3류 위험물	금수성 물품(트라이에틸알루미늄)

51 휘발유를 저장하던 이동 저장 탱크에 탱크의 상부로부터 등유나 경유를 주입할 때 액표면이 주입관의 선단을 넘는 높이가 될 때까지 그 주입관 내의 유속을 몇 m/s 이하로 하여야 하는가?

① 1　② 2　③ 3　④ 5

해설 **이동 저장 탱크**
㉠ 휘발유 저장 – 등유, 경유 주입 : 1m/s 이하
㉡ 등유, 경유 저장 – 휘발유 주입 : 1m/s 이하

52 위험물 제조소 등이 안전 거리의 단축 기준과 관련해서 $H \le pD^2+a$인 경우 방화상 유효한 담의 높이는 2m 이상으로 한다. 다음 중 a에 해당되는 것은?

① 인근 건축물의 높이(m)
② 제조소 등의 외벽의 높이(m)
③ 제조소 등과 공작물과의 거리(m)
④ 제조소 등과의 방화상 유효한 담과의 거리(m)

해설 **방화상 유효한 담의 높이**
$H \le pD^2+a$인 경우
$h=2$
위 식에서 D, H, a, d, h 및 p는 다음과 같다.

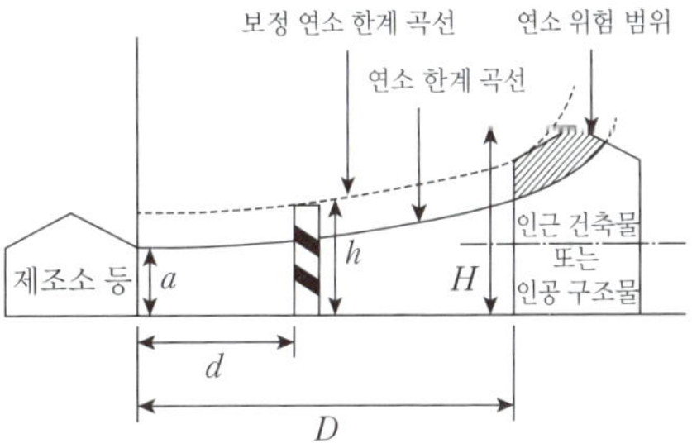

여기서, D : 제조소 등과 인근 건축물 또는 공작물과의 거리(m)
H : 인근 건축물 또는 공작물의 높이(m)
a : 제조소 등의 외벽의 높이(m)
d : 제조소 등과 방화상 유효한 담과의 거리(m)
h : 방화상 유효한 담의 높이(m)
p : 상수

53 위험물안전관리법령상 어떤 위험물을 저장 또는 취급하는 이동 탱크 저장소가 불활성 기체를 봉입할 수 있는 구조를 하여야 하는가?

① 아세톤　② 벤젠
③ 과염소산　④ 산화프로필렌

해설 이동탱크 저장소에 불활성 기체를 봉입하는 구조로 하여야 하는 것 : 산화프로필렌

정답 48 ① 49 ③ 50 ④ 51 ① 52 ② 53 ④

54 적린에 관한 설명 중 틀린 것은?

① 황린의 동소체이고, 황린에 비하여 안정하다.
② 성냥, 화약 등에 이용된다.
③ 연소 생성물은 황린과 같다.
④ 자연 발화를 막기 위해 물속에 보관한다.

해설 ④ 적린은 석유 속에 보관한다.

55 위험물안전관리법령에서 정하는 제조소와의 안전 거리 기준이 다음 중 가장 큰 것은?

① 「고압가스 안전관리법」의 규정에 의하여 허가를 받거나 신고를 하여야 하는 고압가스 저장 시설
② 사용 전압이 35,000V를 초과하는 특고압 가공전선
③ 병원, 학교, 극장
④ 「문화재보호법」의 규정에 의한 유형 문화재

해설 ① 20m 이상 ② 5m 이상
③ 30m 이상 ④ 50m 이상

56 위험물안전관리법령상의 동·식물유류에 대한 설명으로 옳은 것은?

① 피마자유는 건성유이다.
② 아이오딘값이 130 이하인 것이 건성유이다.
③ 불포화도가 클수록 자연 발화하기 쉽다.
④ 동·식물유류의 지정 수량은 20,000L이다.

해설 ① 피마자유는 불건성유이다.
② 아이오딘값이 130 이상인 것이 건성유이다.
④ 동·식물유류의 지정 수량은 10,000L이다.

57 나이트로셀룰로오스의 안전한 저장 및 운반에 대한 설명으로 옳은 것은?

① 습도가 높으면 위험하므로 건조한 상태로 취급한다.
② 아닐린과 혼합한다.
③ 산을 첨가하여 중화시킨다.
④ 알코올 수용액으로 습면시킨다.

해설 ㉠ 습도가 높으면 안전하므로 즉시 습한 상태를 유지시킨다.
㉡ 아닐린과 혼합하면 자연 발화의 위험이 있다.
㉢ 산을 첨가하면 직사광선과 습기의 영향에 따라 분해하여 자연 발화하고, 폭발 위험이 증가한다.

58 옥내 저장소의 안전 거리 기준을 적용하지 않을 수 있는 조건으로 틀린 것은?

① 지정 수량 20배 미만의 제4석유류를 저장하는 경우
② 제6류 위험물을 저장하는 경우
③ 지정 수량 20배 미만의 동·식물유류를 저장하는 경우
④ 지정 수량의 20배 이하를 저장하는 것으로서 창에 망입 유리를 설치한 것

해설 안전 거리 기준을 적용하지 않을 수 있는 조건
㉠ 제4석유류 또는 동·식물유류의 위험물을 저장 또는 취급하는 옥내 저장소로 그 최대 수량의 20배 미만인 것
㉡ 제6류 위험물을 저장 또는 취급하는 옥내 저장소
㉢ 지정수량이 20배(하나의 저장창고의 바닥면적이 $150m^2$ 이하인 경우에는 50배) 이하의 위험물을 저장 또는 취급하는 옥내저장소로서 벽, 기둥, 바닥, 보 및 지붕이 내화구조, 출입구는 자동폐쇄방식의 60분+방화문 또는 60분 방화문, 저장창고에 창을 설치하지 아니할 것

59 위험물안전관리법령에서 정한 위험물의 운반에 관한 설명으로 옳은 것은?

① 위험물을 화물 차량으로 운반하면 특별히 규제받지 않는다.
② 승용 차량으로 위험물을 운반할 경우에만 운반의 규제를 받는다.
③ 지정 수량 이상의 위험물을 운반할 경우에만 운반의 규제를 받는다.
④ 위험물을 운반할 경우 그 양의 다소를 불문하고 운반의 규제를 받는다.

해설 위험물의 운반 : 위험물을 운반할 경우 그 양의 다소를 불문하고 운반의 규제를 받는다.

정답 54 ④ 55 ④ 56 ③ 57 ④ 58 ④ 59 ④

60 위험물안전관리법령상의 지정 수량이 나머지 셋과 다른 하나는?

① 질산에스터류
② 나이트로소 화합물
③ 다이아조 화합물
④ 하이드라진 유도체

해설 제5류 위험물의 품명과 지정 수량

성 질	품 명	지정 수량	위험 등급
자기 반응성 물질	1. 유기 과산화물 2. 질산에스터류 3. 나이트로 화합물 4. 나이트로소 화합물 5. 아조 화합물 6. 다이아조 화합물 7. 하이드라진 유도체 8. 하이드록실아민 9. 하이드록실아민염류 10. 그 밖에 행정안전부령이 정하는 것 11. 제1호부터 제10호까지의 어느 하나에 해당하는 위험물을 하나 이상 함유한 것	제1종 : 10kg 제2종 : 100kg	제1종 : I 제2종 : II

정답 60 ①

〈저자 약력〉

저자 **김 재 호**

- 한국폴리텍Ⅱ대학 겸임교수
- 경남정보대학 외래교수
- 한국소방안전원 외래교수

위험물 산업기사 필기

1판 1쇄 발행 2023년 1월 10일
3판 1쇄 발행 2025년 1월 11일
4판 1쇄 발행 2026년 1월 12일

저자 김재호
펴낸이 박 용
펴낸곳 도서출판 세화
주소 경기도 파주시 회동길 325-22(서패동69-2)
영업부 (031)955-9331~2
편집부 (031)955-9333
FAX (031)955-9334
등록 1978년 12월 26일 제1-338호

ISBN 978-89-317-1356-5 (13530)
정가 **25,000원**